Springer-Lehrbuch

Heinrich Rommelfanger

Fuzzy Decision Support-Systeme

Entscheiden bei Unschärfe

Zweite, verbesserte und erweiterte Auflage

Mit 129 Abbildungen

Springer-Verlag
Berlin Heidelberg New York
London Paris Tokyo
Hong Kong Barcelona
Budapest

Professor Dr. Heinrich Rommelfanger
Johann Wolfgang Goethe-Universität Frankfurt
Institut für Statistik und Mathematik
Fachbereich Wirtschaftswissenschaften
Mertonstraße 17
D-60054 Frankfurt am Main

Die erste Auflage erschien in der Reihe „Hochschultexte".

ISBN 3-540-57793-9 Springer-Verlag Berlin Heidelberg New York Tokyo
ISBN 3-540-19364-2 1. Auflage Springer-Verlag Berlin Heidelberg New York Tokyo

42/2202-5 4 3 2 1 0 - Gedruckt auf säurefreiem Papier

VORWORT ZUR ZWEITEN AUFLAGE

Seit der Publikation der ersten Auflage vor fünf Jahren hat die Theorie unscharfer Mengen viele neue Freunde gefunden. Das Interesse der Öffentlichkeit und der Industrie gilt zwar in erster Linie den regelbasierten Steuerungverfahren auf der Grundlage der Fuzzy-Logik, aber auch Fuzzy-Datenanalyseverfahren und Fuzzy-Entscheidungsmodelle wurden für zahlreiche Anwendungsgebiete konzipiert. Erfreulicherweise beschäftigt sich eine wachsende Anzahl junger Wissenschaftler mit der Fuzzy Set-Theorie und ihren Anwendungen. Das steigende Interesse an Fuzzy-Entscheidungsunterstützungsverfahren läßt sich auch am Umfang der Literaturliste ablesen, die in der zweiten Auflage fast die doppelte Seitenzahl aufweist.

Durch die wachsende Dynamik in der Weiterentwicklung der Fuzzy Set-Theorie war es notwendig, das Lehrbuch "Entscheiden bei Unschärfe - Fuzzy Decision Support-Systeme" an vielen Stellen zu überarbeiten und zu ergänzen. So wurde der Teil über Alternativentscheidungen um ein neues Kapitel erweitert, in dem eine regelbasierte Aggregation mittels Fuzzy-Inferenz vorgestellt und diskutiert wird. Im Bereich Programmentscheidungen wird u.a. eine neue Version des interaktiven Lösungsprozesses FULPAL präsentiert, die eine flexible erweiterte Addition der linken Restriktionsseiten gestattet. Weiterhin wird ein neues Verfahren zur Lösung stochastischer Optimierungsmodelle mit Fuzzy-Daten vorgestellt.

Bei der Neugestaltung des Buches wurde das bisher maschinengeschriebene Manuskript mittels des Textverarbeitungssystems WINWORD neu gestaltet. Das Resultat ist nicht nur ein bedeutend besseres Schriftbild, sondern die verwendete Proportionalschrift führte auch zu einer Reduzierung des ursprünglichen Seitenbedarfes auf 70%, so daß trotz der zahlreichen Ergänzungen der bisherige Seitenumfang eingehalten werden konnte.

Die Erstellung eines druckreifen Manuskriptes war nur dank der tatkräftigen Unterstützung meiner Mitarbeiter realisierbar. Frau Dipl. Kff. SUSANNE DIERKS und Frau Dipl. Kff. PAMELA ANTES haben den größten Teil des Manuskriptes neu geschrieben, unterstützt von Frau stud. rer. pol. KERSTIN KÖTTER und Herrn stud. rer. pol. GREGOR WOLF. Die mit CORELL DRAW neu gestalteten Zeichnungen wurden von Herr Dipl. Kfm. MICHAEL SCHÜPKE erarbeitet. Alle Mitarbeiter und Herr Dr. ROLAND ENGELMANN haben sich am Korrekturlesen beteiligt und in vielfacher Weise wertvolle Verbesserungsvorschläge eingebracht.

Herzlichen Dank auch allen Lesern der ersten Auflage, die mir Hinweise zur Verbesserung des Buches zukommen ließen.

Frankfurt am Main, den 14.12.1993 — Heinrich Rommelfanger

VORWORT ZUR ERSTEN AUFLAGE

Seit der ersten Veröffentlichung über Fuzzy Sets durch Lofti A. ZADEH im Jahre 1965 hat die Theorie unscharfer Mengen weltweit eine große Verbreitung gefunden. Mittlerweile existieren über diese Theorie und ihre Anwendung mehr als 5000 Publikationen in zahlreichen Wissensgebieten. Neben dem Einfluß auf andere Teilgebiete der Mathematik, wie Algebra, Analysis, Logik, Maßtheorie und Topologie, hat die Theorie unscharfer Mengen u.a. Eingang gefunden in die Clusteranalyse, die Entscheidungstheorie, die Ingenieurwissenschaften, die Informatik, die mathematische Optimierung, die Medizin, die Meteorologie und die Psychologie. Es ist heute schier unmöglich, die Gesamtentwicklung im einzelnen zu überblicken.

Das Interesse von Wissenschaft und Praxis an der Fuzzy Set-Theorie und ihren möglichen Anwendungen ist groß und wird in Gesprächen immer wieder betont. Dabei wird häufig bedauert, daß es keine geeignete Einstiegsliteratur gebe. In der Tat existieren neben den zahlreichen Aufsätzen in Zeitschriften und Sammelbänden nur wenige Lehrbücher. Außer dem ausgezeichneten Übersichtsband von DUBOIS und PRADE [1980], der aber eher den mathematisch geschulten Leser anspricht, ist hier vor allem das Lehrbuch von ZIMMERMANN [1984] zu nennen.

Während in diesen beiden Publikationen eine Vielzahl von Wissensgebieten behandelt wird, möchte ich mich in dem vorliegenden Buch auf die Darstellung und die kritische Analyse von Fuzzy-Entscheidungs- und Fuzzy-Optimierungssystemen beschränken. Die Theorie unscharfer Mengen hat auf vielfältige Weise Eingang in die Modelle der Entscheidungsunterstützung gefunden, und es stellt sich die Frage, wie weit dies sinnvoll und praxisrelevant ist.

Da für das Verständnis und die Bewertung von Fuzzy-Systemen eine fundierte Kenntnis der Theorie unscharfer Mengen notwendige Voraussetzung ist, werden zunächst im 1. Kapitel die wesentlichen Grundlagen dieser Theorie dargestellt. Im Vordergrund steht dabei weniger die mathematische Eleganz als vielmehr die Verständlichkeit und die Transparenz der Ausführungen. Zahlreiche Beispiele unterstützen die Darstellung; Übungsaufgaben dienen zum Einüben des Gelesenen und zur Selbstkontrolle.

Mein Dank gilt allen, die mich bei der Erstellung des Buches unterstützt haben: Frau Marie-Luise KRAMER hat mit großer Geduld und Sorgfalt das mit zahlreichen Formeln gespickte Manuskript in eine druckreife Form gebracht. Frau Dipl. Hdl. Ute GOEDECKE-FRIEDRICH und Herr Dr. Jochen WOLF haben den Text kritisch gelesen und in vielfacher Weise wertvolle Verbesserungsvorschläge eingebracht. Herr Dipl. Geogr. Vito BILELLO hat die Tuschzeichnungen angefertigt und die Literaturliste verwaltet.

Danken möchte ich auch den vielen, hier ungenannt bleibenden Personen, deren Hinweise und Diskussionsbeiträge auf Tagungen, bei Seminarsitzungen und in Gesprächskreisen zur Verbesserung der Textvorlage geführt haben.

Frankfurt am Main, den 24.März 1988 Heinrich Rommelfanger

INHALTSVERZEICHNIS

EINLEITUNG

Nur allein der Mensch vermag das Unmögliche:
Er unterscheidet,
Wählet und richtet;
Er kann dem Augenblick
Dauer verleihen.

aus: Das Göttliche
von Johann Wolfgang von Goethe

Nach GOETHE ist es eine der göttlichen Eigenschaften des Menschen, daß er Entscheidungen treffen kann; und man sollte hinzufügen, auch muß. Dies gilt für jeden allein und als Mitglied in einer Gruppe, sowohl im Privat- als auch im Berufsleben. Neben Entscheidungen mit geringen Folgen sind auch solche von existentieller Bedeutung zu treffen, welche die Zukunft von Menschen, Unternehmen und dgl. nachhaltig beeinflussen können.

Entscheidungen mit weitreichenden Folgen sollten deshalb sorgfältig vorbereitet werden. Das Formulieren und Lösen von Entscheidungsproblemen ist daher auch zentrales Thema vieler wissenschaftlicher Disziplinen, u.a. der Betriebswirtschaftslehre, der Soziologie, der Psychologie und der Mathematik.

Um in komplexen Entscheidungssituationen eine sachgerechte Wahl treffen zu können, ist es sinnvoll und üblich, das Realproblem aus der Sicht des Entscheidungsträgers in ein Entscheidungsmodell abzubilden. Unter einem Modell wollen wir dabei im Sinne von BAMBERG, COENENBERG [1992, S.12] und SCHNEEWEISS [1983, S.2] eine vereinfachende Abbildung eines realen Sachverhaltes verstehen. Dabei soll das Realmodell, vgl. Abbildung 0.1, trotz aller Vereinfachungen Strukturgleichheit oder Strukturähnlichkeit mit dem Realproblem besitzen, um Rückschlüsse von den Ergebnissen der Modellanalyse auf das Realproblem zu ermöglichen. Die Forderung nach Vereinfachung ist dabei vorrangig von pragmatischer Natur, da wegen der Komplexität der Realität erst durch eine Reduktion auf die für die jeweilige Problemstellung wesentlichen Elemente und Relationen eine gedankliche Erfassung des Problems ermöglicht wird. Das Realmodell kann aufgefaßt werden als ein System von Hypothesen, die empirisch überprüft sind. Dabei wird im allgemeinen unterschieden zwischen Aussagen, welche die relevante Umgebung des Entscheidungsträgers, sein *Entscheidungsfeld,* betreffen und solche über die von ihm verfolgten Ziele, sein *Zielsystem.* Das Entscheidungsfeld umfaßt dabei

- den Alternativenraum A, die Menge der dem Entscheidungsträger zur Verfügung stehenden Aktionen (Alternativen, Handlungsweisen, Entscheidungsvariablen, Strategien). Dabei kann der Alternativenraum durch Aufzählung der Alternativen oder durch ein Restriktionensystem beschrieben werden.

- den Zustandsraum S, wobei jeder Zustand eine Kombination aller relevanten Umweltdaten repräsentiert.
- eine Ergebnisfunktion $g : A \times S \rightarrow E$, die jedem Paar $(a,s) \in A \times S$ eine Konsequenz $g(a,s) \in E$ zuordnet.
- ein Informationssystem, das Aussagen darüber gibt, welche zusätzliche Informationen möglich sind, welche Auswirkungen sie haben können und was sie kosten.

Zu dem Zielsystem gehören nicht nur die Zielgrößen (Zielfunktionen), sondern auch die Präferenzrelationen des Entscheidungsträgers bzgl. der Ausprägungen jedes einzelnen Zieles und im Vergleich zwischen den Zielen. Es umfaßt auch die Bestimmung von (Teil-)Nutzenfunktionen und deren Aggregation zu einer Gesamtnutzenfunktion.

Der Aufstellung eines quantitativen Realmodells ist i.a. ein *Modellkonzept* vorgelagert, in dem die Hypothesen über die Realität zunächst gesammelt sind. Diese können quantitativer oder qualitativer Natur sein, sie können Kausalbeziehungen ausdrücken oder lediglich Vermutungen wiedergeben. Um aus dieser Zusammenstellung ein Entscheidungsfeld und ein Zielsystem zu konzipieren, müssen

- die vagen Hypothesen konsolidiert,
- die qualitativen und verbalen Aussagen quantifiziert und
- die Anspruchsniveaus gesetzt werden.

Das Realmodell ist dann Ausgangspunkt zur Konstruktion operationaler Modelle. Dabei wird es notwendig sein, weitere Vereinfachungen vorzunehmen, um zur Ermittlung einer optimalen Entscheidung recheneffiziente Lösungsmethoden einsetzen zu können.

Die gefundene Lösung ist am Realmodell zu überprüfen, insbesondere ist darauf zu achten, daß sie den Restriktionen und Anspruchsniveaus genügt. Die Erkenntnisse aus der errechneten Lösung können dazu führen, daß Anspruchsniveaus geändert, zusätzliche Informationen über das Realproblem eingeholt, Daten präzisiert oder ein anderer Entscheidungsgeneratortyp verwendet werden, vgl. Abbildung 0.1.

Schon bei der Formulierung des Modellkonzepts stößt man manchmal auf die Schwierigkeit, daß die Umgangssprache nicht immer ausreicht, um die mit einem realen Entscheidungsproblem zusammenhängenden Gedanken, Empfindungen und Vorstellungen vollständig und präzise auszudrücken. Noch schwieriger ist aber der Übergang zum Realmodell, da die Sprache der Mathematik um vieles wortärmer ist. Sie bietet zwar die Möglichkeit, mittels statistischer Methoden Ungewißheiten von stochastischem Charakter in das Modell aufzunehmen, andere Arten der Unsicherheit konnten aber bislang nicht berücksichtigt werden. Vor allem die Quantifizierung verbal ausgedrückter qualitativer Daten bereitete große Mühe und erfolgte zumeist durch fragwürdige Reduktion auf "mittlere" Werte. Mit der von ZADEH [1965] begründeten Theorie unscharfer Mengen (Fuzzy Set-Theorie) ist es nun möglich, auch Ungenauigkeit von nicht-stochastischem Charakter mathematisch auszudrücken. Solche Arten von Ungenauigkeit, Unschärfe, Vagheit sind u.a.:

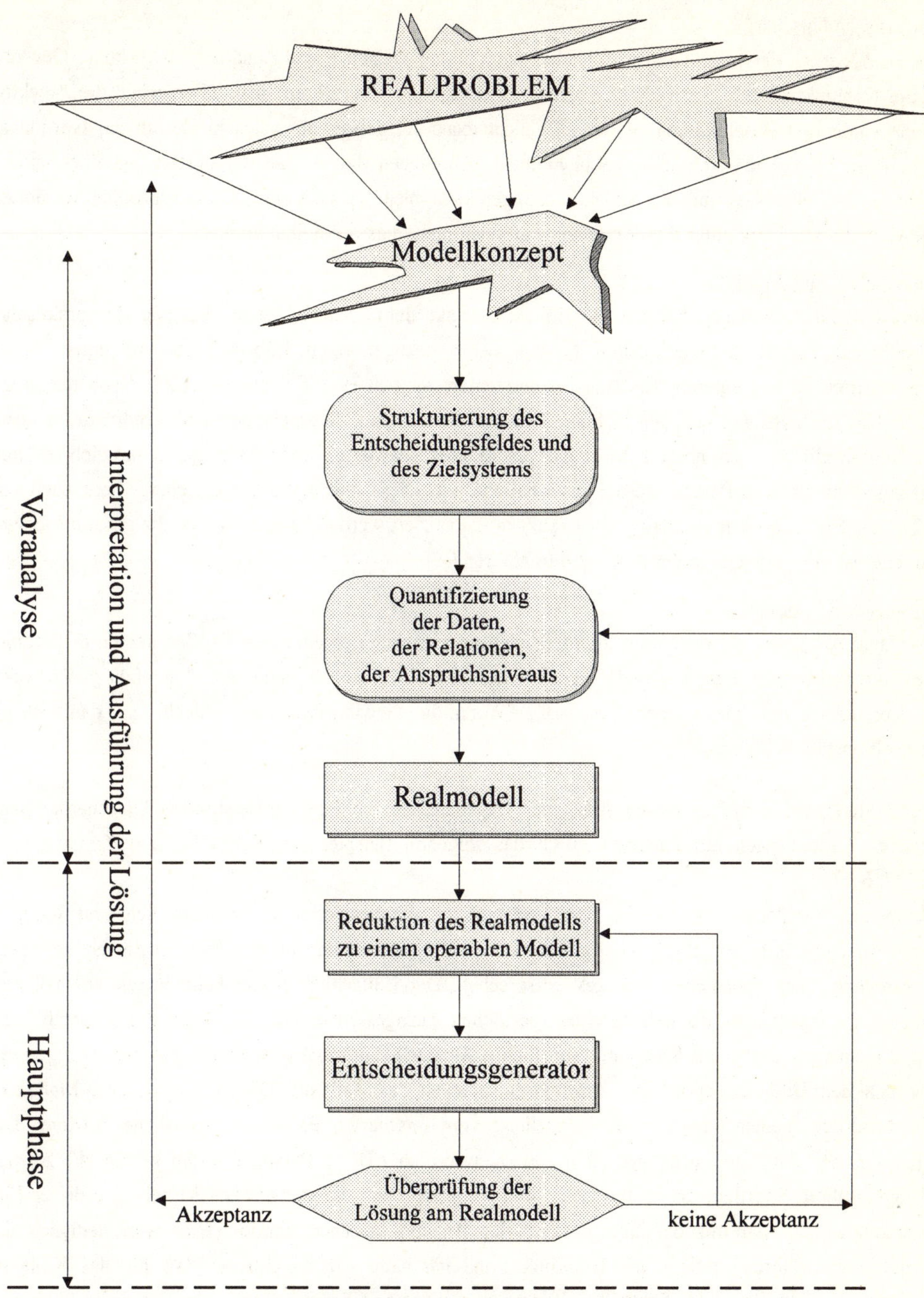

Abb.0.1: Struktur des Entscheidungsprozesses

Intrinsische Unschärfe

Sie ist Ausdruck der Unschärfe menschlicher Empfindung. Beispiele sind Ausdrücke wie "hoher Gewinn", "gute Konjunkturlage", "vertretbare Kosten", "kleines Kind", "alte Frau" usw. Hier geben die Adjektive keine eindeutige Beschreibung. Es ist z.B. nicht exakt festgelegt, ab welchem Betrag ein Gewinn als "hoch" zu bezeichnen ist und wann nicht mehr. Abgesehen davon, daß die Festlegung einer unteren Grenze für "hohen Gewinn" nur subjektiv erfolgen kann, bleibt es stets ein Erklärungsproblem,warum ein Gewinn, der um 1 Pfg unter dieser Grenze liegt, nicht mehr dieses Prädikat verdient.

Informationale Unschärfe

Sie ist dadurch bedingt, daß der Begriff zwar exakt definierbar ist, man aber bei der praktischen Handhabung große Schwierigkeiten hat,die vielen dazugehörigen Informationen zu einem klaren Gesamturteil zu aggregieren. Als Beispiel betrachten wir den Begriff "kreditwürdig". Nach der in der Betriebswirtschaftslehre üblichen Definition ist eine Person (ein Unternehmen) dann kreditwürdig, wenn sie den Kredit wie vereinbart zurückzahlt. Es ist aber schwierig, wenn nicht gar unmöglich, ex ante festzustellen, ob eine Person diese Eigenschaft besitzt. Diese informationale Unschärfe liegt auch vor, wenn das Ergebnis einer Handlung nicht exakt prognostiziert werden kann, weil z.B. die genaue Messung zu teuer ist oder sich erst in der Zukunft durchführen läßt.

Unscharfe Relationen

Dies sind Aussagen, bei denen die Interdependenzen zwischen den einzelnen Größen keinen dichotomen Charakter aufweisen. Beispiele sind: "nicht viel größer als", "erheblich jünger als", "ungefähr gleich" oder, in Verbindung mit intrinsischer Unschärfe, "Wenn die Gewinnerwartung schlecht ist, dann ist die Investitionstätigkeit gering".

Der Unterschied zwischen diesen Arten der Ungenauigkeit und der stochastischen Unsicherheit wird unserer Ansicht nach gut illustriert durch das folgende Beispiel von ROEDDER und ZIMMERMANN [1977, S.2]:

"In meinem Kleiderschrank befinden sich 5 Anzüge, die alle mehr oder weniger 'sportlich' sind. Ich kann diese Anzüge nun entsprechend meiner (subjektiven) Empfindung danach bewerten, inwieweit sie meiner Vorstellung eines 'sportlichen Anzuges' entsprechen. Der Einfachheit halber nehmen wir an, daß dem Anzug, der voll meiner Vorstellung eines sportlichen Anzuges entspricht, das Kompatibilitätsmaß (oder der Zugehörigkeitsgrad zur Klasse der 'sportlichen Anzüge') Eins zugewiesen wird und den Anzügen, die gar nicht dem Bild eines sportlichen Anzuges entsprechen, das Maß Null. Die so zugewiesenen Maße sind ein Ausdruck meiner (subjektiven) Vorstellung vom unscharfen Phänomen 'sportliche Anzüge'. Der Charakter der Aussage würde sich nicht ändern, wenn ich z.B. 10 Personen bitten würde, die Anzüge bezüglich ihrer 'Sportlichkeit' zu bewerten, und wenn ich dann die statistischen Mittelwerte dieser Einschätzungen als Maß für die 'Sportlichkeit' des Anzuges ansehen würde. (Hier wäre lediglich das 'Ermittlungsverfahren' statistischen Ursprungs, und ich hätte ein subjektives Maß für das Kollektiv gewonnen - nicht für mich!) Schließlich könnte man sogar eine Formel entwickeln, mit deren Hilfe man zum Beispiel auf Grund verschiedener charakteristischer Abmessungen oder ihrer Verhältnisse zueinander die 'Sportlichkeit' der Anzüge ermitteln könnte. Das Ergebnis bleibt stets ein Ausdruck für den Grad der Wahrheit des Satzes 'Dieser Anzug ist sportlich'.

Stellt man dagegen während eines bestimmten Zeitraumes, z.B. eines Jahres, fest, wie oft jeder der Anzüge bei sportlichen Anlässen getragen wird, so erhält man eine Häufigkeitsverteilung, die man als Grundlage für die Bestimmung einer Dichtefunktion im Sinne der Wahrscheinlichkeitstheorie oder Statistik verwenden kann. Diese Funktion hat zwar eine Ähnlichkeit zu der oben genannten Kompatibilitätsfunktion. Die Art der durch sie ausgedrückten Information ist jedoch sehr verschieden von der Art der Information, die durch die zunächst beschriebenen Funktionen zum Ausdruck kommt."

Die Theorie unscharfer Mengen kann sowohl bei der Formulierung eines Realmodells als auch beim Generieren einer Lösung wertvolle Hilfe leisten. Sie erleichtert eine sachadäquate Modellierung des Problems, da nun die Daten und Relationen mit der Genauigkeit in das Modell integriert werden können, wie dies der Entscheidungsträger sieht. Durch die Verwendung von Fuzzy-Koeffizienten und flexiblen Restriktionsgrenzen werden die starren Interdependenzen zwischen den Variablen aufgeweicht. Das viel diskutierte Problem der Aufstellung und Aggregation von Nutzenfunktionen läßt sich dadurch abschwächen, daß die Nutzenbewertung nur größenordnungsmäßig erfolgt.

Die Befürchtung, daß die Formulierung eines Realmodells mit Fuzzy-Komponenten eine zu starke Reduktion erfordert, um zu einem operablen Entscheidungsgenerator zu gelangen, ist, wie in dieser Arbeit demonstriert wird, unbegründet. Mittlerweile existieren leistungsfähige Lösungsalgorithmen für eine Vielzahl von Fuzzy-Modellen.

Selbstverständlich bleibt auch hier der Grundsatz erhalten, daß eine Entscheidung um so besser getroffen werden kann, je präziser die Kenntnis über die Entscheidungssituation ist. Der Entscheidungsträger ist daher gut beraten, wenn er die ermittelte Lösung am Realmodell überprüft und sich gegebenenfalls durch zielgerichtetes Einholen zusätzlicher Informationen bemüht, die Entscheidung zu verbessern.

Um Fuzzy-Modelle verstehen und diskutieren zu können, sind profunde Kenntnisse über die Theorie unscharfer Mengen notwendig. Da dieses Wissen nicht allgemein vorausgesetzt werden kann, werden in Kapitel 1 die Definitionen und Sätze eingeführt, die für das Verständnis der Fuzzy-Entscheidungsmodelle gebraucht werden.
Der Hauptteil A, der die Kapitel 2 bis 7 umfaßt, ist den Wahlentscheidungen gewidmet, bei denen nur eine endliche Anzahl Alternativen zur Auswahl steht.
Im Hauptteil B mit den Kapiteln 8 und 9 werden dann Fuzzy-Optimierungssysteme dargestellt.

1. GRUNDLAGEN DER THEORIE UNSCHARFER MENGEN

1.1 BASISDEFINITIONEN

Zur Einführung des Begriffs "unscharfe Menge" gehen wir von der klassischen Definition einer Menge im Sinne von CANTOR aus:

"Unter einer Menge verstehen wir jede Zusammenfassung von bestimmten wohl unterschiedenen Objekten unserer Anschauung oder unseres Denkens zu einem Ganzen".

Die klassische Menge ist scharf abgegrenzt. Für ein beliebiges Objekt a gilt entweder $a \in A$ oder $a \notin A$, ganz im Sinne der zweiwertigen Logik, die nur Wahr-Falsch-Aussagen zuläßt. Diese harte Abgrenzung einer Menge, im Englischen spricht man daher auch von "crisp sets", bereitet bei der Anwendung auf reale Problemstellungen oft große Schwierigkeiten. Betrachten wir hierzu die folgenden beiden Beispiele:

< **1.1** > Ein Automobilwerk könne aufgrund seiner Produktionsstruktur pro Arbeitstag mindestens 3 und höchstens 9 Sportwagen herstellen. Der mögliche Tagesoutput läßt sich dann eindeutig abgrenzen von den nicht produzierbaren Tagesstückzahlen, und man kann die Menge der möglichen Tagesproduktionen darstellen als $M = \{3, 4, \ldots, 9\}$. Jedes Element von M ist gleichrangig, d.h., alle diese Stückzahlen sind (gleichermaßen) produzierbar. Ordnen wir nun als weitere Information jeder möglichen Tagesproduktion die zugehörigen Stückkosten (in 1.000 DM ausgedrückt) zu, so läßt sich diese Gesamtinformation darstellen als die Menge der geordneten Paare (Stückzahl; Stückkosten):

$$S = \{(3; 65), (4; 60), (5; 57), (6; 54), (7; 50), (8; 53), (9; 62)\}.$$

Hat das Automobilwerk das Ziel, mit "minimalen Stückkosten" zu produzieren, so wird es 7 Sportwagen pro Tag herstellen. Die "Produktionsmenge bei minimalen Stückkosten" ist eine klar abgrenzbare Teilmenge von M, es gilt $\{7\} \subset M$.

Verfolgt das Unternehmen aber das Ziel, "zu vertretbaren Stückkosten" zu produzieren, so reicht diese Charakterisierung nicht aus, um eine Teilmenge von M eindeutig abzugrenzen. Als Auswahlkriterien kommen neben den Stückkosten und dem auf 28.500 DM festgelegten Verkaufspreis noch viele weitere Bezugsgrößen wie Höhe des gebundenen Kapitals, Marktzins u.dgl. in Betracht. Ob dabei die Stückzahl 5, die zu einem Gesamttagesgewinn in Höhe von 7.500 DM führt, Element der Menge "Tagesproduktion zu vertretbaren Stückkosten" ist oder nicht, hängt von den subjektiven Zielvorstellungen der Unternehmensleitung und den vorliegenden Rahmenbedingungen ab. Aber auch die übrigen Produktionszahlen gehören nicht mit jeweils der gleichen Gewißheit zu der gesuchten Teilmenge. Vielmehr weist diese Stückzahl um so eher die gewünschte Eigenschaft auf, je höher der Stückgewinn ist.

♦

< **1.2** > Aus der Menge der bei einem großen Familientreffen anwesenden Personen ist die Teilmenge A der "jüngeren Männer" auszuwählen. Wenn irgendein Anwesender diese Teilmenge A auswählen sollte, so fiele es ihm zumeist nicht schwer, einige Personen direkt als Elemente von A zu benennen und andere als nicht zu dieser Gruppe gehörend auszuschließen. Es blieben aber auch Grenzfälle, deren Zugehörigkeit zu A strittig ist. ♦

Einem Vorschlag von ZADEH [1965] folgend, kann man nun für jedes Element x einer Grundmenge X den Grad der Zugehörigkeit zu einer unscharf beschriebenen Teilmenge $\tilde{A}$ durch die Zuordnung einer reellen Zahl $\mu_A(x)$ ausdrücken. Dabei ist es üblich, den Wertebereich der Bewertungsfunktion μ_A auf das abgeschlossene Intervall [0, 1] zu beschränken und den Funktionswert 0 den Objekten zuzuordnen, die nach Ansicht des Urteilenden die gewünschte Eigenschaft mit Sicherheit nicht aufweisen.

Definition 1.1:

Ist X eine Menge von Objekten, die hinsichtlich einer unscharfen Aussage zu bewerten sind, so heißt

$$\tilde{A} = \{(x, \mu_A(x)) \mid x \in X\} \text{ mit } \mu_A : X \to [0,1]$$

eine *unscharfe Menge auf* X *(fuzzy set in X)*. Die Bewertungsfunktion μ_A wird *Zugehörigkeitsfunktion (membership function), charakteristische Funktion* oder *Kompatibilitätsfunktion* genannt.

Die Verwendung einer numerischen Skala, hier des Intervalls [0, 1] erlaubt eine einfache und übersichtliche Darstellung der Zugehörigkeitsgrade. Um aber Fehlinterpretationen zu vermeiden, ist zu beachten, daß diese Zugehörigkeitswerte stets Ausdruck der subjektiven Einschätzung von Individuen oder von Gruppen sind. Im Beispiel < 1.2 > wird eine 30-jährige Frau höchstwahrscheinlich andere Zugehörigkeitsgrade festlegen als ein 80-jähriger Mann. Die Zugehörigkeitswerte hängen darüber hinaus auch von der Grundmenge X ab.
Offensichtlich kommt in den Zugehörigkeitswerten eine "Ordnung" der Objekte der Grundmenge X zum Ausdruck. Die unscharfe (Teil-)Menge $\tilde{A}$ wird durch das beschreibende Prädikat induziert.

< **1.3** > Die Menge "Tagesproduktion zu vertretbaren Stückkosten" aus Beispiel < 1.1 > könnte ein Entscheider bewerten durch:

$$\tilde{A} = \{(3; 0), (4; 0), (5; 0,1), (6; 0,5), (7; 1), (8; 0,8), (9; 0)\}$$

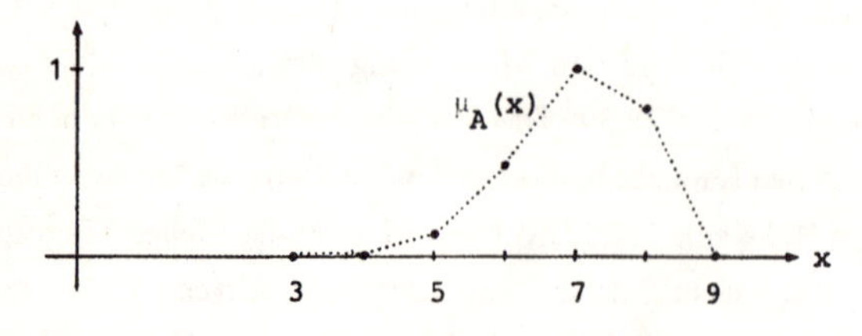

Abb. 1.1: Zugehörigkeitsfunktion μ_A

Der Graph dieser Funktion besteht nur aus den in $\tilde{A}$ zusammengefaßten isolierten Punkten. Lediglich zur Erleichterung der Anschauung wurden die Punkte mit gepunkteten Geradenstücken verbunden. ♦

< **1.4** > Die Abbildung 1.2 zeigt eine Zugehörigkeitsfunktion für die unscharfe Menge "Junge Männer", die von ZIMMERMANN und ZYSNO [1982] durch empirische Beobachtungen ermittelt wurde, vgl. auch [ZIMMERMANN 1987, S. 211].

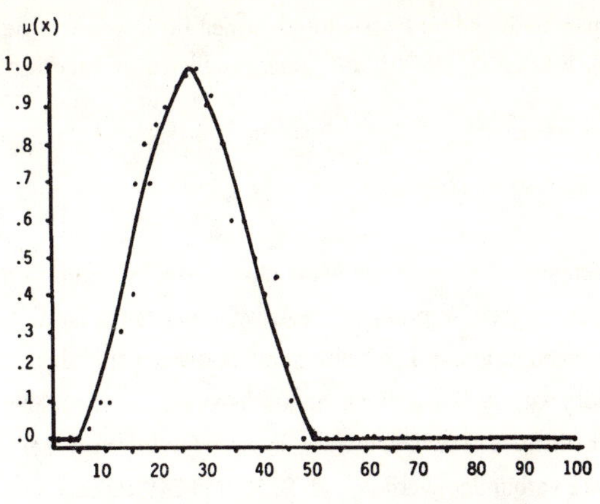

Abb. 1.2: Unscharfe Menge "Junge Männer" ♦

< **1.5** > Die unscharfe Menge "ungefähr gleich 8" auf X = **R** läßt sich u.a. modellieren durch

$$\tilde{A} = \left\{ (x, \mu_A(x)) \in \mathbf{R}^2 \;\middle|\; \mu_A(x) = \left(1 + (x-8)^2\right)^{-1} \right\},$$

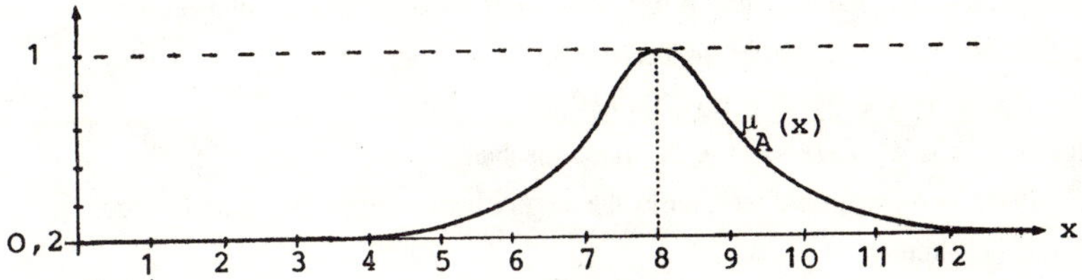

Abb. 1.3: "ungefähr gleich 8"

aber auch durch $\tilde{B} = \{(x, \mu_B(x)) \in \mathbf{R}^2\}$ mit $\mu_B(x) = \begin{cases} \dfrac{x-6,5}{1,5} & \text{für } 6,5 \le x < 8 \\ \dfrac{10-x}{2} & \text{für } 8 \le x \le 10 \\ 0 & \text{sonst} \end{cases}$.

♦

Bemerkungen:

1. Zur Kennzeichnung unscharfer Mengen wollen wir in dieser Arbeit stets die wellenförmige Überstreichung "~" verwenden, auch wenn in der Literatur oft darauf verzichtet wird.

2. Aus schreibtechnischen Gründen wird hier zur Darstellung von Zugehörigkeitsfunktionen die in DUBOIS; PRADE [1980] benutzte Form $\mu_A(x)$ verwendet. Eine aufwendigere Schreibweise verwendet ZIMMERMANN [1985A], der auch bei Zugehörigkeitsfunktionen das Mengenzeichen mit einer Schlangenlinie versieht: $\mu_{\tilde{A}}(x)$ In [BANDEMER; GOTTWALD 1989] werden Zugehörigkeitsfunktion mit $m_A(x)$ symbolisiert und RAMÍK [1986] verwendet die Darstellung $\tilde{A}(x)$.

3. In der Literatur findet man auch andere Darstellungsformen für unscharfe Mengen. So benutzen ZADEH [1972] und NEGOITA; RALESCU [1975] auf einer endlichen Grundmenge $X = \{x_1, \ldots, x_n\}$ die Schreibweise: $\tilde{A} = \mu_{\tilde{A}}(x_1)/x_1 + \cdots + \mu_{\tilde{A}}(x_n)/x_n = \sum_{i=1}^{n} \mu_{\tilde{A}}(x_i)/x_i$

   Ist X keine endliche Menge, so schreiben sie $\tilde{A} = \int_X \mu_{\tilde{A}}(x)/x$.

Die Theorie unscharfer Mengen bietet zwar die Möglichkeit, Abstufungen in der Zugehörigkeit zu einer Menge beliebig genau zu beschreiben, in praktischen Anwendungsfällen ist dies aber kaum und auch dann nur mit beträchtlichem Aufwand möglich. Die benutzten Funktionen sind daher als mehr oder minder gute Darstellungsformen der subjektiven Vorstellung anzusehen. Bei der Modellierung benutzt man daher zumeist einfache Funktionsformen, wie stückweise lineare Funktionen, bei denen wenige festgelegte Punkte durch Geradenstücke verbunden werden, vgl. S. 72 und 219 ff, oder Funktionen, die durch wenige Parameter beschrieben werden, wie dies bei Fuzzy-Zahlen des L-R-Typs, vgl. S. 40 ff der Fall ist.

Interpretiert man, wie in Beispiel < 1.5 > die Bewertungsskala [0, 1] so, daß Objekte mit dem Zugehörigkeitswert 1 mit Sicherheit zu der gesuchten Menge gehören, so läßt sich zeigen, daß das ZADEHsche Konzept einer unscharfen Menge eine Erweiterung des klassischen Mengenbegriffs im CANTORschen Sinne ist. Beschränkt man nämlich die Wertemenge der Zugehörigkeitsfunktion auf die zweielementige Menge {0, 1}, so entspricht die unscharfe Teilmenge

$$\tilde{A} = \{(x, \mu_A(x)) \mid x \in X\} \quad \text{mit} \quad \mu_A : X \to \{0, 1\}$$

der Teilmenge $A = \{x \in X \mid \mu_A(x) = 1\} \subseteq X$ im klassischen Sinn.
Zur Unterscheidung von *fuzzy sets* werden in der englischsprachigen Literatur Mengen im CANTORschen Sinn als *crip sets* bezeichnet.

Zur Beschreibung einer klassischen Menge werden üblicherweise nur die Objekte mit dem Zugehörigkeitsgrad 1, die sogenannten Elemente dieser Menge, herangezogen. Das analoge Vorgehen bei unscharfen Mengen führt zur Definition der stützenden Menge.

<u>Definition 1.2:</u>
Die *stützende Menge* $\text{supp}(\tilde{A})$ einer unscharfen Menge $\tilde{A}$ ist

$$\text{supp}(\tilde{A}) = \{x \in X \mid \mu_A(x) > 0\}.$$

$\text{supp}(\tilde{A})$ ist eine klassische Teilmenge von X.

< 1.6 > Die stützende Menge der unscharfen Menge $\tilde{A}$ im Beispiel < 1.3 > ist $\text{supp}(\tilde{A}) = \{5, 6, 7, 8\}$.

♦

Im Extremfall kann die stützende Menge einer unscharfen Menge $\tilde{A}$ gleich der leeren Menge $\emptyset$ sein. Dies ist dann gegeben, wenn kein $x \in X$ mit positivem Zugehörigkeitswert $\mu_A(x)$ existiert.

<u>Definition 1.3:</u>
Eine unscharfe Menge $\tilde{A} = \{(x, \mu_A(x)) \mid x \in X\}$ heißt *leer* und wird mit $\tilde{\emptyset}$ symbolisiert, wenn ihre Zugehörigkeitsfunktion über X identisch gleich Null ist, d.h. $\mu_A(x) = 0 \;\; \forall\, x \in X$.

Die stützende Menge einer leeren unscharfen Menge ist die leere Menge $\emptyset$.

Nach Definition 1.1 bildet die Zugehörigkeitsfunktion μ_A eine unscharfe Menge $\tilde{A}$ in das Intervall $[0,1]$ und nicht notwendig auf das Intervall $[0,1]$ ab. Da aber im vielen Anwendungen für unscharfe Mengen nur sinnvoll sind, wenn die auftretenden Zugehörigkeitsfunktionen die gleiche Wertemenge besitzen, wollen wir der Einfachheit halber voraussetzen, daß ab dem Abschnitt 1.2 alle unscharfen Mengen im Sinne der nachfolgenden Definition 1.4 normalisiert sind.

Definition 1.4:
Die *Höhe* einer unscharfen Menge $\tilde{A}$ *(height of* $\tilde{A}$) ist die kleinste obere Grenze von μ_A auf X, d.h.

$$\text{hgt}(\tilde{A}) = \sup_{x \in X} \mu_A(x).$$

Hat eine unscharfe Menge $\tilde{A}$ die Eigenschaft $\text{hgt}(\tilde{A}) = 1$, so heißt $\tilde{A}$ *normalisiert (normalized).*

Offensichtlich kann eine nichtleere unscharfe Menge $\tilde{A}$ immer dadurch normalisiert werden, daß man ihre Zugehörigkeitsfunktion $\mu_A(x)$ durch $\sup_{x \in X} \mu_A(x)$ dividiert.

< **1.7** > Die unscharfe Menge $\tilde{A} = \{(1; 0{,}2), (2; 0{,}5), (3; 0{,}7), (4; 0{,}8), (5; 0{,}6), (6; 0{,}3)\}$ läßt sich durch Division der Zugehörigkeitswerte durch 0,8 normalisieren zu

$$\tilde{A} = \{(1; 0{,}25), (2; 0{,}625), (3; 0{,}875), (4; 1), (5; 0{,}75), (6; 0{,}375)\}.$$ ♦

Viele Begriffe der klassischen Mengenlehre lassen sich auf unscharfe Mengen erweitern:

Definition 1.5:
Die Menge aller unscharfen Mengen auf einer Menge X wird als *Fuzzy-Potenzmenge (fuzzy power set)* bezeichnet und mit $\tilde{\wp}(X)$ symbolisiert.

Definition 1.6:
Zwei unscharfe Mengen $\tilde{A}$, $\tilde{B} \in \tilde{\wp}(X)$ sind genau dann *gleich,* geschrieben $\tilde{A} = \tilde{B}$, wenn ihre Zugehörigkeitsfunktionen über X identisch sind, d.h.

$$\tilde{A} = \tilde{B} \Leftrightarrow \mu_A(x) = \mu_B(x) \quad \forall x \in X. \tag{1.1}$$

Definition 1.7 (*Inklusion):*
Eine unscharfe Menge $\tilde{A} \in \tilde{\wp}(X)$ ist genau dann in der unscharfen Menge $\tilde{B} \in \tilde{\wp}(X)$ *enthalten,* geschrieben $\tilde{A} \subseteq \tilde{B}$, wenn für die Zugehörigkeitsfunktionen gilt: $\mu_A(x) \le \mu_B(x) \quad \forall x \in X$.
Gilt für **alle** $x \in X$ das strenge Ungleichheitszeichen, so heißt $\tilde{A}$ *echt enthalten* in $\tilde{B}$.

$$\tilde{A} \subset \tilde{B} \Leftrightarrow \mu_A(x) < \mu_B(x) \quad \forall x \in X. \tag{1.2}$$

< **1.8** > Auf der Menge X = {1000, 2000, 3000, 4000, 5000, 6000, 7000}, wobei $x \in X$ das Bruttoeinkommen pro Monat bedeutet, bilden drei Personen A, B und C die folgenden unscharfen Mengen in Bezug auf die unscharfe Aussage "x ist für mich ein gutes Monatseinkommen":

$$\tilde{A} = \{(1000; 0), (2000; 0{,}2), (3000; 0{,}4), (4000; 0{,}7), (5000; 1), (6000; 1), (7000; 1)\}$$
$$\tilde{B} = \{(1000; 0), (2000; 0), (3000; 0), (4000; 0), (5000; 0{,}3), (6000; 0{,}6), (7000; 1)\}$$
$$\tilde{C} = \{(1000; 0{,}2), (2000; 0{,}5), (3000; 0{,}8), (4000; 1), (5000; 1), (6000; 1), (7000; 1)\}$$

Es gilt dann $\tilde{B} \subseteq \tilde{A} \subseteq \tilde{C}$. ♦

Leicht einzusehen sind die nachfolgenden Aussagen:

Satz 1.1:

a. $\tilde{\emptyset} \subseteq \tilde{A} \quad \forall \tilde{A} \in \tilde{\wp}(X)$

b. $(\tilde{A} \subseteq \tilde{B}$ und $\tilde{B} \subseteq \tilde{A}) \Leftrightarrow \tilde{A} = \tilde{B}$ (1.3)

c. $\tilde{A} \subseteq \tilde{B} \Rightarrow \operatorname{supp}(\tilde{A}) \subseteq \operatorname{supp}(\tilde{B})$ (1.4)

d. $(\tilde{A} \subseteq \tilde{B}$ und $\tilde{B} \subseteq \tilde{C}) \Rightarrow \tilde{A} \subseteq \tilde{C}$ *Transitivität* (1.5)

Aus (1.5) folgt, daß die Inklusion "$\subseteq$" eine Halbordnung auf der Menge $\tilde{\wp}(X)$ aller unscharfen Teilmengen von X bildet.

In Verallgemeinerung des Begriffes einer stützenden Menge ist es manchmal nützlich, weitere gewöhnliche Teilmengen der Grundmenge X zu definieren, deren Elemente dadurch charakterisiert sind, daß ihr Zugehörigkeitswert zur Menge $\tilde{A}$ nicht kleiner als ein vorgegebenes Niveau $\alpha \in [0, 1]$ ist.

Definition 1.8:

Für eine unscharfe Menge $\tilde{A} \in \tilde{\wp}(X)$ und eine reelle Zahl $\alpha \in [0, 1]$ bezeichnet man die gewöhnliche Menge $A_\alpha = \{x \in X \mid \mu_A(x) \geq \alpha\}$ als *α-Niveau-Menge (α-level set) oder α-Schnitt (α-cut)* von $\tilde{A}$.
Die Menge $A_{\overline{\alpha}} = \{x \in X \mid \mu_A(x) > \alpha\}$ heißt dann *strenge α-Niveau-Menge (strong α-level set)*.

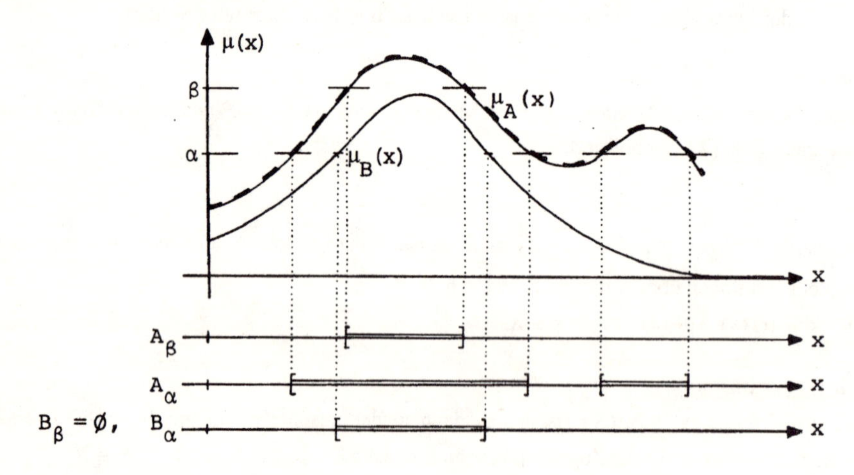

Abb.1.4: α-Niveau-Mengen

Die stützende Menge supp($\tilde{A}$) entspricht demzufolge der strengen 0-Menge.

Satz 1.2:

Für unscharfe Mengen $\tilde{A}, \tilde{B} \in \tilde{\wp}(X)$ gilt:

a. $\alpha < \beta \Rightarrow A_\beta \subset A_\alpha$ (1.6)

b. $\tilde{B} \subset \tilde{A} \Leftrightarrow B_\alpha \subset A_\alpha \quad \forall \alpha \in [0,1]$ (1.7)

Auch der Begriff "konvexe Menge" läßt sich auf unscharfe Mengen übertragen.

Definition 1.9:

Eine unscharfe Menge $\tilde{A} = \{(x, \mu_A(x)) | \; x \in X\}$ auf einer konvexen Menge X heißt *konvex,* wenn

$$\mu_A(\lambda x_1 + (1-\lambda)x_2) \;\geq\; \mathrm{Min}(\mu_A(x_1), \mu_A(x_2)) \qquad \forall\, x_1, x_2 \in X \quad \forall\, \lambda \in [0,1]. \tag{1.8}$$

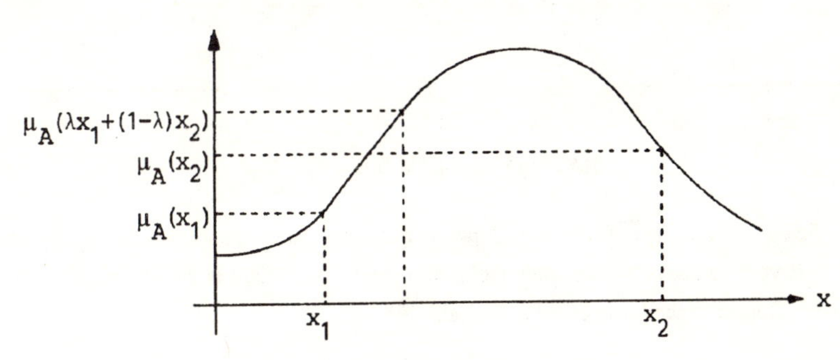

Abb.1.5: Konvexe Menge

Bemerkung:

Wie Abb.1.5 zeigt, impliziert die Eigenschaft, eine konvexe unscharfe Menge zu sein, nicht, daß die Zugehörigkeitsfunktion $\mu_A(x)$ eine konvexe Funktion ist.
Offensichtlich ist eine unscharfe Menge $\tilde{A}$ genau dann konvex, wenn alle ihre α-Niveau-Mengen konvexe klassische Mengen sind. Ist $X \subseteq \mathbf{R}$, so stellen konvexe α-Schnitte Intervalle dar. In Abb.1.4 ist $\tilde{B}$ eine konvexe unscharfe Menge, während $\tilde{A}$ nicht konvex ist, da u.a. die eingezeichnete Menge A_α aus nichtzusammenhängenden Intervallen besteht.

Für die Anwendung von großer Bedeutung ist der Begriff einer Fuzzy-Zahl:

Definition 1.10:

Eine konvexe, normalisierte unscharfe Menge $\tilde{A}$ auf der Menge der reellen Zahlen **R** wird *Fuzzy-Zahl (fuzzy number)* genannt, wenn

i. genau eine reelle Zahl x_0 existiert mit $\mu_A(x_0) = 1$ und

ii. μ_A stückweise stetig ist.

Die Stelle x_0 heißt dann *Gipfelpunkt von* $\tilde{A}$ *(mean value of* $\tilde{A}$).
Eine Fuzzy-Zahl $\tilde{A}$ heißt *positiv,* und man schreibt $\tilde{A} > 0$, wenn $\mu_A(x) = 0 \quad \forall\, x \leq 0$.
EineFuzzy-Zahl $\tilde{A}$ heißt *negativ,* und man schreibt $\tilde{A} < 0$, wenn $\mu_A(x) = 0 \quad \forall\, x \geq 0$.

< **1.9** > Die unscharfe Menge $\tilde{A}$ auf **R** mit der Zugehörigkeitsfunktion

$$\mu_A(x) = \begin{cases} \dfrac{x-1}{2} & \text{für} \quad x \in [1,3] \\[2ex] \dfrac{6-x}{3} & \text{für} \quad x \in]3,6] \\[2ex] 0 & \text{sonst} \end{cases}$$

ist eine Fuzzy-Zahl "ungefähr 3", sie ist eine positive Fuzzy-Zahl.

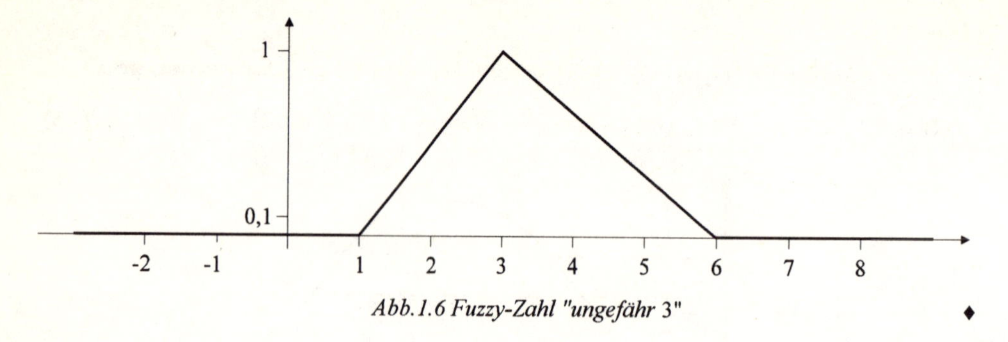

Abb.1.6 Fuzzy-Zahl "ungefähr 3" ♦

Liegt, wie in vielen praktischen Problemstellungen gegeben, nur eine endliche oder abzählbare Grundmenge $X \subset \mathbf{R}$ vor, so ist die vorstehende Definition einer Fuzzy-Zahl nicht verwendbar. Wir führen daher zusätzlich den Begriff einer "diskreten Fuzzy-Zahl" ein.

Definition 1.11:

Eine unscharfe Menge $\tilde{N}$ auf einer abzählbaren Grundmenge $X \subset \mathbf{R}$ heißt *diskrete Fuzzy-Zahl,* wenn eine Fuzzy-Zahl $\tilde{A}$ auf $\mathbf{R}$ so existiert, daß

$$\mu_N(x) = \mu_A(x) \qquad \forall x \in X . \tag{1.9}$$

Ein einfacher Weg, zu einer gegebenen unscharfen Menge $\tilde{N}$ mit endlicher Grundmenge X eine unscharfe Menge $\tilde{A}$ auf $\mathbf{R}$ so zu bilden, daß die Bedingung ii. in Definition 1.10 erfüllt ist, ist die Verknüpfung aller Punkte $(x, \mu_N(x))$ mittels eines Polygonzuges, vgl. Abb. 1.7 .

< **1.10** > Betrachten Sie die unscharfen Mengen

$\tilde{B} = \{(1; 0{,}2), (2; 0{,}7), (3; 1), (4; 0{,}8), (5; 0{,}4), (6; 0{,}1)\}$
$\tilde{C} = \{(2; 0{,}1), (3; 0{,}7), (4; 1), (5; 1), (6; 0{,}6), (7; 0{,}2)\}$,
$\tilde{D} = \{(0; 0{,}3), (1; 0{,}8), (2; 0{,}4), (3; 0{,}7), (4; 0{,}9), (5; 1), (6; 0{,}5), (7; 0{,}1)\}$,

so läßt sich aus der Abbildung 1.7 ablesen, daß nur $\tilde{B}$ eine diskrete Fuzzy-Zahl ist. Offensichtlich existiert für $\tilde{C}$ kein eindeutiger Gipfelpunkt und für $\tilde{D}$ kann die Konvexitätsbedingung nicht erfüllt werden.

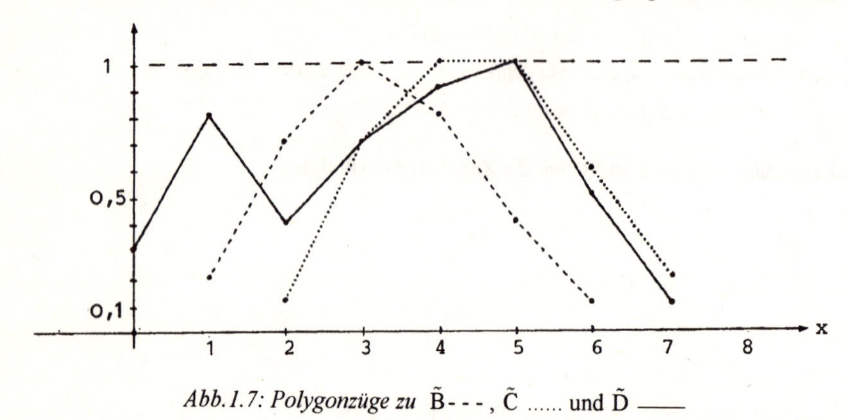

Abb.1.7: Polygonzüge zu $\tilde{B}$ - - - , $\tilde{C}$ ...... und $\tilde{D}$ —— ♦

Neben Fuzzy-Zahlen sind in der Anwendung auch Fuzzy-Intervalle von Bedeutung.

Definition 1.12:

Eine konvexe, normalisierte unscharfe Menge $\tilde{A}$ auf **R** wird als *Fuzzy-Intervall (fuzzy interval* oder *flat fuzzy number)* bezeichnet, wenn

i. mehr als eine reelle Zahl existiert mit $\mu_A(x) = 1$ und

ii. μ_A stückweise stetig ist.

Offensichtlich folgt aus der Konvexitätsannahme, daß mit zwei beliebigen Zahlen x_1, x_2 mit $\mu_A(x_1) = \mu_A(x_2) = 1$, ohne Beschränkung der Allgemeinheit $x_1 < x_2$, auch gilt:

$$\mu_A(x) = 1 \quad \forall\, x \in [x_1, x_2].$$

Die 1-Niveau-Menge $A_1 = \{x \in \mathbf{R} \mid \mu_A(x) = 1\}$ ist dann ein klassisches Intervall.

< 1.11 >

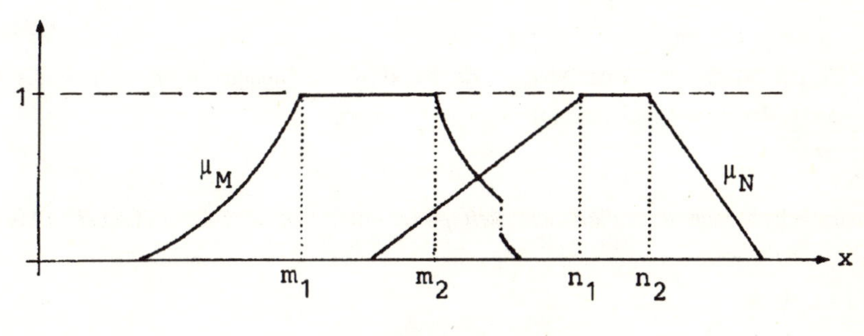

Abb.1.8: Fuzzy-Intervalle ♦

Die in Abb. 1.8 dargestellten Zugehörigkeitsfunktionen beschreiben Fuzzy-Intervalle. Aufgrund des Kurvenverlaufs von μ_N wird $\tilde{N}$ als *trapezförmige* Fuzzy-Menge bezeichnet.

Wird in Definition 1.10 die Grundmenge erweitert auf einen beliebigen $\mathbf{R}^n$, so wird ein *Fuzzy-Punkt* in $\mathbf{R}^n$ definiert, vgl. in Abb. 1.9 die Zugehörigkeitsfunktion $\mu(x,y) = \sqrt{\text{Max}\left(0, 1-(x-2)^2+(y-\frac{3}{2})^2\right)}$.

Auch die Definition eines Fuzzy-Intervalls läßt sich auf beliebige Grundmengen $\mathbf{R}^n$ erweitern, indem man Fuzzy-Intervalle auf **R** mittels des auf Seite 34 definierten cartesischen Produktes verknüpft.

1.12 >

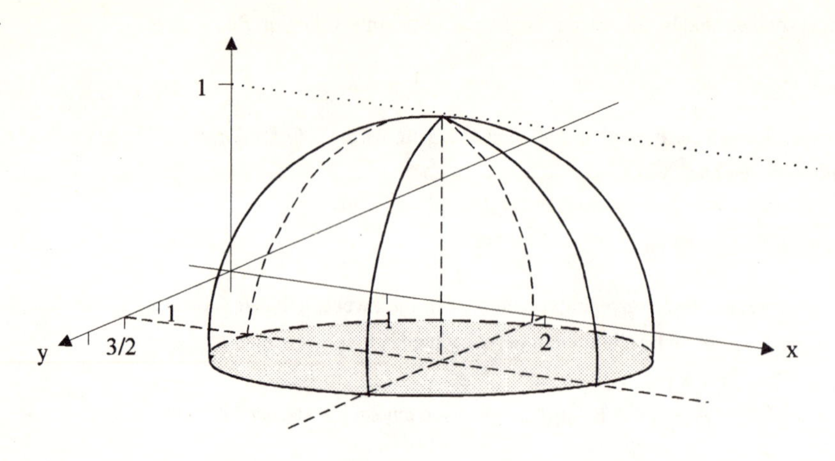

Abb.1.9.: Kugelförmiger unscharfer Punkt "ungefähr (2, 3/2)"

Auch der Begriff "Mächtigkeit einer Menge", der für klassische Mengen definiert ist als die Anzahl der Elemente dieser Menge, wird auf unscharfe Mengen erweitert.

Definition 1.13:

Ist X eine endliche Menge, so ist die *Mächtigkeit (power* oder *cardinality)* einer unscharfen Menge $\tilde{A} \in \tilde{\wp}(X)$ definiert als

$$\text{card}(\tilde{A}) = |\tilde{A}| = \sum_{x \in X} \mu_A(x) \tag{1.10}$$

Die Größe $\text{card}_X(\tilde{A}) = \|\tilde{A}\| = \dfrac{|\tilde{A}|}{|X|}$ wird als *relative Mächtigkeit* bezeichnet.

Ist dagegen X eine kontinuierliche Menge mit einem Inhaltsmaß P, so ist die Mächtigkeit einer unscharfen Menge $\tilde{A} \subseteq X$ definiert als

$$\text{card}(\tilde{A}) = |\tilde{A}| = \int_X \mu_A(x)\, dP$$

und die relative Mächtigkeit als

$$\text{card}_X(\tilde{A}) = \|\tilde{A}\| = \frac{\int_X \mu_A(x)\, dP}{\int_X 1 dP}.$$

Ist $X \subseteq \mathbf{R}^n$, so nimmt man das übliche Inhaltsmaß, also das gewöhnliche n-dimensionale Integral. Für n = 1 ist das dP = dx. Natürlich dürfen die Mächtigkeitsdefinitionen bei kontinuierlichen Mengen X nur für unscharfe Teilmengen mit integrierbarer Zugehörigkeitsfunktion verwendet werden.

< 1.13 >

a. Die Mächtigkeit der unscharfen Menge

$$\tilde{A} = \{(5; 0{,}1), (6; 0{,}3), (7; 0{,}7), (8; 1), (9; 0{,}8), (10; 0{,}5), (11; 0{,}2)\} \text{ auf } X = \{4, 5, \ldots, 12\}$$

ist card $(\tilde{A}) = |\tilde{A}| = 0{,}1 + 0{,}3 + 0{,}7 + 1 + 0{,}8 + 0{,}5 + 0{,}2 = 3{,}6$;
ihre relative Mächtigkeit ist $\text{card}_X(\tilde{A}) = \|\tilde{A}\| = \frac{3{,}6}{9} = 0{,}4$.

b. Die Mächtigkeit der Fuzzy-Zahl "ungefähr 3" aus Beispiel < 1.9 > hat die Mächtigkeit

$$\text{card}(\tilde{A}) = |\tilde{A}| = \int_1^3 \frac{x-1}{2}\,dx + \int_3^6 \frac{6-x}{3}\,dx = \frac{5}{2}$$

und bezogen auf X = [1, 6] die relative Mächtigkeit

$$\text{card}_X(\tilde{A}) = \|\tilde{A}\| = \frac{\text{card}(\tilde{A})}{5} = \frac{1}{2}\,.$$

♦

ÜBUNGSAUFGABEN

1.1 Gegeben sind die unscharfen Mengen

$\tilde{A} = \{(1; 0{,}2), (2; 0{,}5), (3; 1), (4; 1), (5; 0{,}7), (6; 0{,}3), (7; 0{,}1)\}$,
$\tilde{B} = \{(x, \mu_B(x)) \mid \mu_B(x) = (4 + (x-6)^2)^{-1}\}$,
$\tilde{C} = \{(1; 0{,}2), (2; 0{,}4), (3; 0{,}45), (4; 0{,}5), (5; 0{,}3), (6; 0{,}2), (7; 0{,}1)\}$,
$\tilde{D} = \{(x, \mu_D(x) \mid x \in [0, 2\pi] \text{ und } \mu_D(x) = |\sin x|\}$.

a. Welche dieser vier Mengen sind normalisiert? Normalisieren Sie auch die restlichen Mengen.
b. Wie lassen sich die normalisierten Mengen $\tilde{A}$ und $\tilde{C}$ verbal charakterisieren?
c. Überprüfen Sie, ob für die normalisierten Mengen $\tilde{A}$ und $\tilde{C}$ gilt: $\tilde{A} \subseteq \tilde{C}$.
d. Bilden Sie für die Menge $\tilde{A}$ alle möglichen α-Niveau-Mengen für $\alpha \in\,]0, 1]$.
e. Bilden Sie für die normalisierte Menge $\tilde{B}$ die strengen α-Niveau-Mengen für $\alpha = 0{,}1$ und $\alpha = 0.5$.
f. Welche dieser normalisierten unscharfen Mengen sind Fuzzy-Zahlen bzw. diskrete Fuzzy-Zahlen ? Begründen Sie Ihre (negativen) Aussagen.
g. Berechnen Sie die Mächtigkeit und die relative Mächtigkeit der normalisierten Mengen $\tilde{A}$ und $\tilde{C}$.

1.2. Modellieren Sie die nachfolgenden vagen Aussagen mittels unscharfer Mengen:

a. "ungefähr gleich 7" auf der Menge der reellen Zahlen,
b. "sehr kleine natürliche Zahlen",
c. "etwa zwischen 5 und 9" auf **R**.

1.2 MENGENOPERATIONEN FÜR UNSCHARFE MENGEN

< **1.14** > Betrachten wir nochmals das in Beispiel < 1.1 > beschriebene Automobilwerk, so beschreibt die Menge

$$\tilde{A} = \{(3; 0), (4; 0), (5; 0{,}1), (6; 0{,}5), (7; 1), (8; 0{,}8), (9; 0)\}$$

die "Tagesproduktion zu vertretbaren Stückkosten" nur unter der Prämisse, daß alle hergestellten Sportwagen zum angegebenen Marktpreis abgesetzt werden können. Anderenfalls wäre $\tilde{A}$ eine ungeeignete Entscheidungsgrundlage.
Nehmen wir nun an, daß Marktbeobachtungen zur Formulierung der unscharfen Menge

$$\tilde{B} = \{(3; 1), (4; 1), (5; 0{,}9), (6; 0{,}8), (7; 0{,}4), (8; 0{,}1), (9; 0)\}$$

führen, wobei die Funktion μ_B die Zugehörigkeit zur "Menge der pro Tag absetzbaren Sportwagen" angibt.

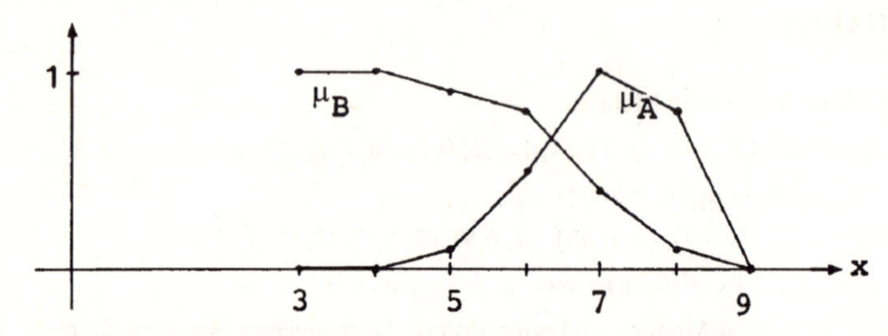

Abb.1.10: Zugehörigkeitsfunktionen μ_A und μ_B

Die Graphen dieser Funktionen bestehen nur aus isolierten Punkten. Lediglich zur Erleichterung der Anschauung wurden die Punkte durch Geradenstücke verbunden. ♦

Um geeignete Aggregationsmechanismen für Zugehörigkeitsfunktionen zu finden, ist es naheliegend, zunächst die klassischen Mengenoperatoren auf unscharfe Mengen zu übertragen. Dabei zeigt sich, daß es mehrere widerspruchsfreie Erweiterungen gibt, d.h. bei Beschränkung auf die Bewertungsmenge $\{0,1\}$ stimmen sie mit den gewöhnlichen Mengenoperatoren überein. Wir werden nun zunächst das 1965 von ZADEH [1965] vorgeschlagene Operatorenpaar *Maximum- und Minimumoperator* einführen und danach alternative Mengenoperatoren diskutieren.

1.2.1 MINIMUM- UND MAXIMUMOPERATOR

Definition 1.14:

Seien $\tilde{A}$ und $\tilde{B}$ unscharfe Mengen auf X.

a. Als *Durchschnitt von* $\tilde{A}$ *und* $\tilde{B}$, geschrieben $\tilde{A} \cap \tilde{B}$, bezeichnet man die unscharfe Menge mit der Zugehörigkeitsfunktion

$$\mu_{A \cap B}(x) = \mathrm{Min}(\mu_A(x), \mu_B(x)) \qquad \forall x \in X. \tag{1.11}$$

b. Als *Vereinigung von* $\tilde{A}$ *und* $\tilde{B}$, geschrieben $\tilde{A} \cup \tilde{B}$, bezeichnet man die unscharfe Menge mit der Zugehörigkeitsfunktion

$$\mu_{A \cup B}(x) = \text{Max}(\mu_A(x), \mu_B(x)) \qquad \forall x \in X. \tag{1.12}$$

< **1.15** > Für die Mengen $\tilde{A}$ und $\tilde{B}$ aus Beispiel < 1.14 > gilt:

$\tilde{A} \cap \tilde{B} = \{(3; 0), (4; 0), (5; 0{,}1), (6; 0{,}5), (7; 0{,}4), (8; 0{,}1), (9; 0)\}$

$\tilde{A} \cup \tilde{B} = \{(3; 1), (4; 1), (5; 0{,}9), (6; 0{,}8), (7; 1), (8; 0{,}8), (9; 0)\}$

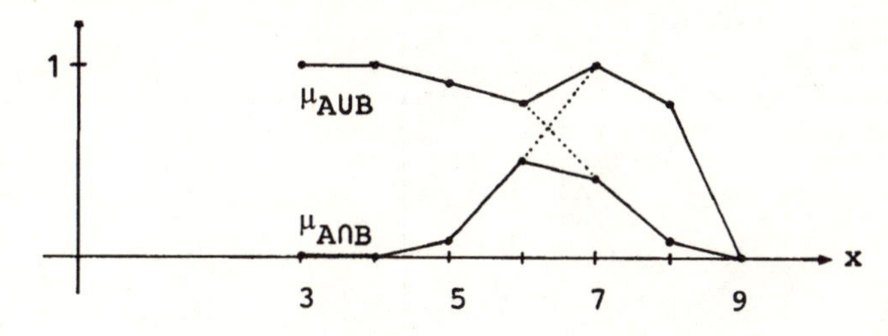

Abb. 1.11: Zugehörigkeitsfunktionen $\mu_{A \cup B}$ *und* $\mu_{A \cap B}$

Definition 1.15:

Als *Komplement* einer unscharfen Menge $\tilde{A} \in \tilde{\wp}(X)$, geschrieben $C\tilde{A}$, bezeichnet man die unscharfe Menge mit der Zugehörigkeitsfunktion

$$\mu_{CA}(x) = 1 - \mu_A(x) \quad \forall x \in X \;. \tag{1.13}$$

< **1.16** > Das Komplement zur Menge "ungefähr gleich 8" in Beispiel < 1.5 > ist die Menge $\tilde{A} \in \tilde{\wp}(\mathbf{R})$ mit der Zugehörigkeitsfunktion

$$\mu_{CA}(x) = 1 - \frac{1}{1+(x-8)^2} = \frac{(x-8)^2}{1+(x-8)^2} \qquad \forall x \in \mathbf{R}. \qquad \blacklozenge$$

Die vorstehend definierten Mengenoperationen $\cap$, $\cup$ und C weisen fast alle Eigenschaften auf, die auch die entsprechenden klassischen Operatoren besitzen. Lediglich das Gesetz der Komplementarität, auch Gesetz *der ausgeschlossenen Mitte* (*excluded-middle law*) genannt, ist nicht länger gültig, denn für eine unscharfe Menge $\tilde{A} \in \tilde{\wp}(X)$, die nicht gleich $\tilde{\emptyset}$ oder X ist, gilt

$$\tilde{A} \cap C\tilde{A} \neq \tilde{\emptyset} \quad \text{und} \quad \tilde{A} \cup C\tilde{A} \neq X. \tag{1.14}$$

Die in der klassischen Mengenlehre übliche Illustration von Teilmengen mittels Venn-Diagrammen ist nicht auf unscharfe Mengen übertragbar. Zur Veranschaulichung unscharfer Teilmengen auf **R** können aber die Flächen unterhalb der Zugehörigkeitsfunktionen dienen, wie die nachfolgenden Abbildungen 1.12 zeigen. DUBOIS; PRADE [1980, S.14] bezeichnen diese Darstellungsform als *erweiterte Venn-Diagramme*.

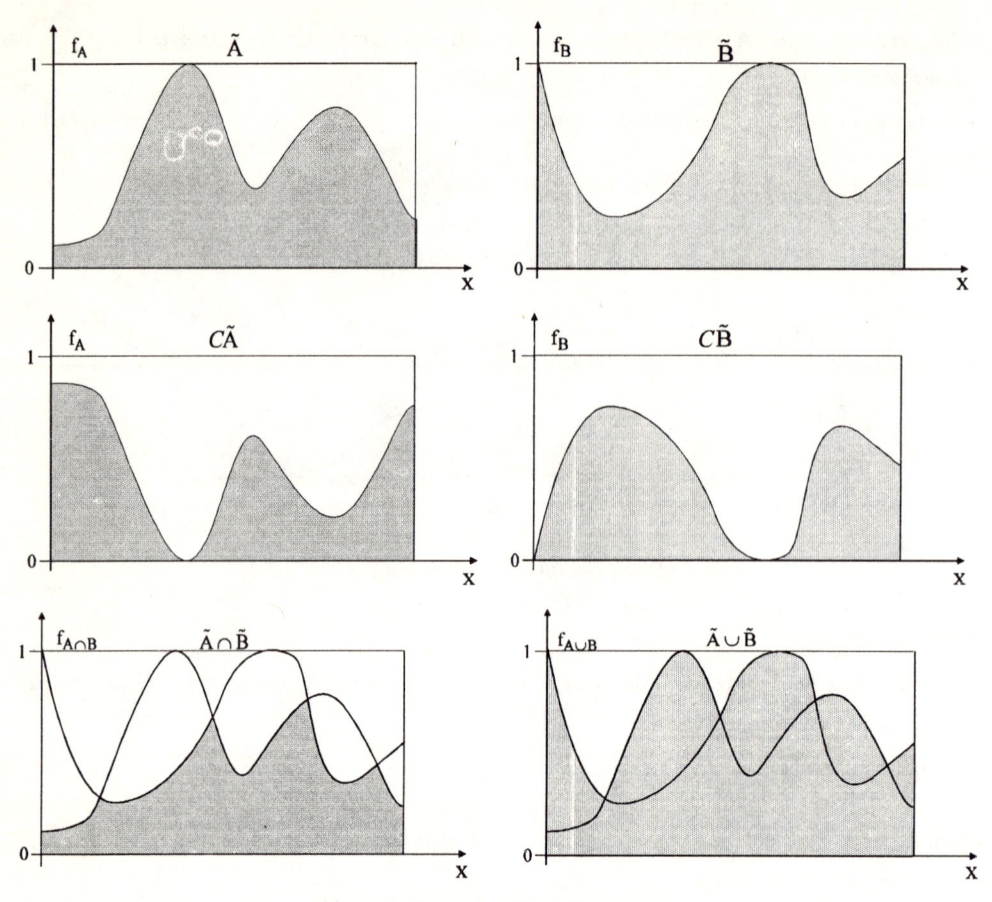

Abb. 1.12: Erweiterte Venn-Diagramme

Durch Einsetzen der Definitionsgleichung leicht nachweisbar ist der

Satz 1.3:

Für Mengen $\tilde{A}, \tilde{B}, \tilde{D} \in \tilde{\wp}(X)$ gelten die folgenden Gesetze:

(Ia)	$\tilde{A} \cap \tilde{B} = \tilde{B} \cap \tilde{A}$	*Kommutativität*
(Ib)	$\tilde{A} \cup \tilde{B} = \tilde{B} \cup \tilde{A}$	
(IIa)	$(\tilde{A} \cap \tilde{B}) \cap \tilde{D} = \tilde{A} \cap (\tilde{B} \cap \tilde{D})$	*Assoziativität*
(IIb)	$(\tilde{A} \cup \tilde{B}) \cup \tilde{D} = \tilde{A} \cup (\tilde{B} \cup \tilde{D})$	
(IIIa)	$\tilde{A} \cap (\tilde{A} \cup \tilde{B}) = \tilde{A}$	*Adjunktivität*
(IIIb)	$\tilde{A} \cup (\tilde{A} \cap \tilde{B}) = \tilde{A}$	
(IVa)	$\tilde{A} \cap (\tilde{B} \cup \tilde{D}) = (\tilde{A} \cap \tilde{B}) \cup (\tilde{A} \cap \tilde{D})$	*Distributivität*
(IVb)	$\tilde{A} \cup (\tilde{B} \cap \tilde{D}) = (\tilde{A} \cup \tilde{B}) \cap (\tilde{A} \cup \tilde{D})$	

D.h., das System $\tilde{\wp}(X)$ aller unscharfer Teilmengen auf X, bildet bezüglich der Operatoren $\cap$ und $\cup$ einen distributiven Verband, der wegen (1.14) aber nicht komplementär ist.

Darüber hinaus gelten die Eigenschaften

(Va) $\tilde{A} \cap \tilde{A} = \tilde{A}$

(Vb) $\tilde{A} \cup \tilde{A} = \tilde{A}$ *Idempotenz*

(VIa) $\tilde{A} \subseteq \tilde{B} \Rightarrow \tilde{A} \cap \tilde{C} \subseteq \tilde{B} \cap \tilde{C}$

(VIb) $\tilde{A} \subseteq \tilde{B} \Rightarrow \tilde{A} \cup \tilde{C} \subseteq \tilde{B} \cup \tilde{C}$ *Monotonie*

und mit dem gemäß (1.13) definierten Komplement die Gesetze:

(VIIa) $C(\tilde{A} \cap \tilde{B}) = C\tilde{A} \cup C\tilde{B}$

(VIIb) $C(\tilde{A} \cup \tilde{B}) = C\tilde{A} \cap C\tilde{B}$ *Gesetze von DE MORGAN*

(VIII) $CC\tilde{A} = \tilde{A}$ *Involution*

Aufgrund der hohen Übereinstimmung in den Eigenschaften können der Minimum- und der Maximum-Operator als natürliche Erweiterung der klassischen Mengenoperatoren Durchschnitt bzw. Vereinigung angesehen werden; sie verkörpern daher das "logische und" bzw. das "logische oder" bei der Aggregation unscharfer Mengen.

Zur Rechtfertigung der Definitionsgleichungen (1.11), (1.12) und damit zur Abgrenzung gegenüber den anderen widerspruchsfreien Erweiterungen der klassischen Operatoren "$\cap$" und "$\cup$" wurden von BELLMANN; GIERTZ [1973] und von FUNG; FU [1975] Axiomensysteme aufgestellt und gezeigt, daß der Minimum- und der Maximum-Operator die einzigen binären Abbildungen von $[0, 1] \times [0, 1]$ in $[0, 1]$ sind, die den dort geforderten Eigenschaften genügen.

Fraglich ist aber, ob die Axiomensysteme selbst ausreichend begründet sind, um als normative Verhaltensregel bei der "und"- bzw. "oder"-Aggregation unscharfer Mengen zu dienen.

Um dem Leser ein eigenes Urteil zu ermöglichen, wird hier beispielhaft das Axiomensystem von BELLMANN und GIERTZ dargestellt:

(BG 1) Der Zugehörigkeitswert für ein $x \in X$ in einer zusammengefaßten Menge hängt ausschließlich von den Zugehörigkeitswerten für x in den Ausgangsmengen ab, d.h., die binäre "und"-Verknüpfung $D(\mu_A(x), \mu_B(x))$ und die binäre "oder"-Verknüpfung $V(\mu_A(x), \mu_B(x))$ sind Abbildungen von $[0, 1] \times [0, 1]$ in $[0, 1]$.

(BG 2) D und V sind kommutativ, assoziativ und gemeinsam distributiv.

(BG 3) D und V sind stetig auf $[0, 1] \times [0, 1]$ und dort monoton steigend in beiden Variablen.

(BG 4) D(u, u) und V(u, u) sind streng monoton steigend in $u \in [0, 1]$.

(BG 5) $D(\mu_A(x), \mu_B(x)) \leq \text{Min}(\mu_A(x), \mu_B(x)) \quad \forall x \in X$ und
$V(\mu_A(x), \mu_B(x)) \geq \text{Max}(\mu_A(x), \mu_B(x)) \quad \forall x \in X.$

(BG 6) $D(1, 1) = 1$ und $V(0, 0) = 0$.

In diesem Anforderungskatalog sind vor allem zwei Bedingungen entscheidend für die Wahl des Minimum- und Maximumoperators:

i. die Distributivität in (BG 2), vgl. dazu in Satz 1.1 die Distributivgesetze (IVa) und (IVb), und

ii. die Bedingung (BG 5) , die es verbietet, daß der Durchschnitt oder die Vereinigung zu Werten führen, die zwischen den Ausgangswerten liegen. Ein Ausgleich zwischen niedrigen und hohen Zugehörigkeitswerten ist nicht gestattet.

Verzichtet man lediglich auf die Forderung, daß das Operatorenpaar den Distributivgesetzen (IVa,b) genügt, dann existieren weitere Operatoren auf unscharfen Mengen, die dem restlichen Anforderungsprofil von BELLMANN; GIERTZ genügen, vgl. HAMACHER [1978]. Einige dieser Operatoren wollen wir nachfolgend diskutieren. Anschließend werden dann sogenannte kompensatorische Operatoren dargestellt, welche die einschränkende Bedingung (BG 5) nicht beachten, sondern zulassen, daß schlechte Bewertungen durch gute ausgeglichen werden.

1.2.2 WEITERE OPERATOREN AUF $\tilde{\wp}(X)$

Bereits in seiner ersten Veröffentlichung über unscharfe Mengen hatte ZADEH [1965, S.344] neben dem Minimum- und dem Maximum-Operator auch die Operatoren algebraisches Produkt und algebraische Summe zur Beschreibung des Durchschnitts bzw. der Vereinigung unscharfer Mengen vorgeschlagen.

Definition 1.16:

Seien $\tilde{A}$ und $\tilde{B}$ unscharfe Mengen auf X.

a. Als *algebraisches Produkt von* $\tilde{A}$ *und* $\tilde{B}$, geschrieben $\tilde{A} \cdot \tilde{B}$, bezeichnet man die unscharfe Menge mit der Zugehörigkeitsfunktion

$$\mu_{A \cdot B}(x) = \mu_A(x) \cdot \mu_B(x) \qquad \forall\, x \in X, \tag{1.15}$$

b. Als *algebraische Summe von* $\tilde{A}$ *und* $\tilde{B}$, geschrieben $\tilde{A} + \tilde{B}$, bezeichnet man die unscharfe Menge mit der Zugehörigkeitsfunktion

$$\mu_{A+B}(x) = \mu_A(x) + \mu_B(x) - \mu_A(x) \cdot \mu_B(x) \qquad \forall\, x \in X \tag{1.16}$$

Wegen der formalen Analogie der Formel (1.16) zu dem Additionssatz für die Wahrscheinlichkeit zweier beliebiger Ereignisse wird $\tilde{A} + \tilde{B}$ auch als *probabilistische Summe* bezeichnet.

< **1.17** > Für die Mengen $\tilde{A}$ und $\tilde{B}$ aus Beispiel < 1.14 > gilt:

$\tilde{A} \cdot \tilde{B}$ = {(3; 0), (4; 0), (5; 0,09), (6; 0,4), (7; 0,4), (8; 0,08), (9; 0)}
$\tilde{A} + \tilde{B}$ = {(3; 1), (4; 1), (5; 0,91), (6; 0,9), (7 ;1), (8; 0,82), (9;0)}

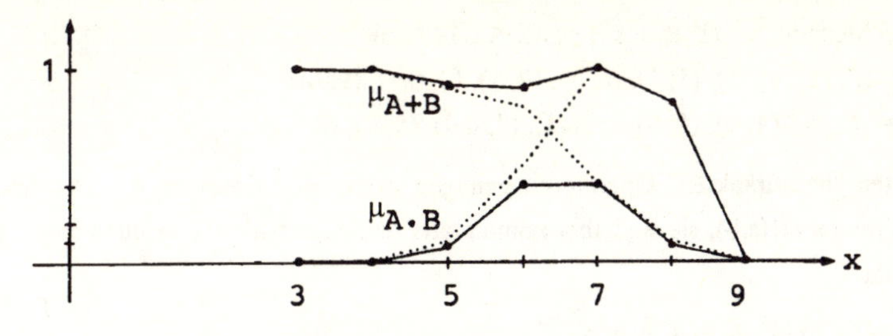

Abb.1.13: Zugehörigkeitsfunktionen $\mu_{A \cdot B}$ *und* μ_{A+B} ♦

Diese algebraischen Operatoren sind nicht distributiv, wie sich durch Überprüfen der Regeln (IVa) und (IVb) leicht zeigen läßt. Z.B. gilt nicht $\tilde{A} \cdot (\tilde{B} + \tilde{C}) \neq \tilde{A} \cdot \tilde{B} + \tilde{A} \cdot \tilde{C}$, da für $\mu_A \neq 1$

$$\mu_A \cdot (\mu_B + \mu_C - \mu_B \cdot \mu_C) = \mu_A\mu_B + \mu_A\mu_C - \mu_A\mu_B\mu_C \neq \mu_A\mu_B + \mu_A\mu_C - \mu_A\mu_B\mu_A\mu_C.$$

Da für reelle Zahlen a, b mit $0 < a, b < 1$ stets gilt

$$a \cdot b < a \quad \text{und} \quad a \cdot b < b, \quad \text{d.h.} \quad a \cdot b < \text{Min}(a, b),$$

und weiter aus den äquivalenten Umformungen

$$a - ab > 0 \quad \text{und} \quad b - ab > 0 \quad \text{bzw.}$$

$$a + b - ab > b \quad \text{und} \quad a + b - ab > a$$

folgt $a + b - ab > \text{Max}(a, b)$,

erfüllen die algebraischen Operatoren die Bedingung (BG 5) im strengen Sinne für Zugehörigkeitswerte ungleich 0 und 1. D.h.:

Satz 1.4:

Für unscharfe Mengen $\tilde{A}, \tilde{B} \in \tilde{\wp}(X)$ gilt

$$\tilde{A} \cdot \tilde{B} \subseteq \tilde{A} \cap \tilde{B} \quad \text{und} \quad \tilde{A} \cup \tilde{B} \subseteq \tilde{A} + \tilde{B}. \tag{1.17}$$

Darüber hinaus gilt für $\forall\, x \in X$ mit $0 < \mu_A(x), \mu_B(x) < 1$:

$$\mu_A(x) \cdot \mu_B(x) < \text{Min}(\mu_A(x), \mu_B(x)) \tag{1.18}$$

$$\mu_A(x) + \mu_B(x) - \mu_A(x) \cdot \mu_B(x) > \text{Max}(\mu_A(x), \mu_B(x)) \tag{1.19}$$

Auch die folgenden Operatoren wurden von ZADEH [1975] entwickelt:

Definition 1.17:

Seien $\tilde{A}$ und $\tilde{B}$ unscharfe Mengen auf X. Dann bezeichnet man

a. als *beschränkte Summe (bounded sum) von* $\tilde{A}$ *und* $\tilde{B}$, geschrieben $\tilde{A} +_b \tilde{B}$, die unscharfe Menge mit der Zugehörigkeitsfunktion

$$\mu_{A+_bB}(x) = \text{Min}(1, \mu_A(x) + \mu_B(x)) \quad \forall\, x \in X, \tag{1.20}$$

b. als *beschränkte Differenz (bounded difference) von* $\tilde{A}$ *und* $\tilde{B}$, geschrieben $\tilde{A} -_b \tilde{B}$, die unscharfe Menge mit der Zugehörigkeitsfunktion

$$\mu_{A-_bB}(x) = \text{Max}(0, \mu_A(x) + \mu_B(x) - 1) \quad \forall\, x \in X. \tag{1.21}$$

< **1.18** > Für die Mengen $\tilde{A}$ und $\tilde{B}$ aus Beispiel < 1.14 > gilt

$$\tilde{A} +_b \tilde{B} = \{(3;1), (4;1), (5;1), (6;1), (7;1), (8;0{,}9), (9;0)\}$$

$$\tilde{A} -_b \tilde{B} = \{(3;0), (4;0), (5;0), (6;0{,}3), (7;0{,}4), (8;0), (9;0)\}\ .$$

♦

Die so definierten "beschränkten" Operatoren genügen weder den Gesetzen der Distributivität (IVa,b) noch der Adjunktivität (IIIa,b), sie sind aber kommutativ und assoziativ und erfüllen sogar das Gesetz der Komplementarität

$$\tilde{A} -_b C\tilde{A} = \emptyset \quad \text{und} \quad \tilde{A} +_b C\tilde{A} = X. \tag{1.22}$$

Mit diesen "gebundenen" Operatoren ist daher CA das echte Komplement von A.

Da für reelle Zahlen a, b $\in$ [0, 1] gilt

$$a + b - 1 \le a \cdot b \iff a - 1 \le b\,(a-1) \iff 1 \ge b,$$

lassen sich bei zusätzlicher Beachtung des Satzes 1.4 die Operatoren wie folgt anordnen:

Satz 1.5:

Für unscharfe Mengen $\tilde{A}, \tilde{B} \in \tilde{\wp}(X)$ gilt

$$\tilde{A} -_b \tilde{B} \subseteq \tilde{A} \cdot \tilde{B} \subseteq \tilde{A} \cap \tilde{B} \tag{1.23}$$

$$\tilde{A} \cup \tilde{B} \subseteq \tilde{A} + \tilde{B} \subseteq \tilde{A} +_b \tilde{B}\ . \tag{1.24}$$

GILES [1976] bezeichnet daher die beschränkte Differenz als *bold intersection* und die beschränkte Summe als *bold union.* In neuen Arbeiten werden diese Operatoren auch als LUKASEWICZsche t-Conorm bezeichnet, vgl. [KERESZTFALVI 1992] und S. 48.

Der Minimum- und der Maximumoperator unterscheiden sich von den übrigen Verknüpfungsoperatoren dadurch, daß nur sie die Idempotenzregeln (Va) bzw. (Vb) erfüllen. Da als Ergebnis beim Minimum- und Maximumoperator stets nur $\mu_A(x)$ oder $\mu_B(x)$ auftreten können, werden diese Operatoren als *nicht-interaktive* Verknüpfungen bezeichnet. Im Unterschied dazu nennt man Operatoren *interaktiv*, wenn i.a. weder $\mu_A(x)$ noch $\mu_B(x)$ als Operationsergebnis auftreten.

Eine allgemeinere Definition des Durchschnitts und der Vereinigung unscharfer Mengen wurde von YAGER [1980B] vorgeschlagen:

Definition 1.18:

Seien $\tilde{A}$ und $\tilde{B}$ unscharfe Mengen auf X. Dann bezeichnet man

a. als *Durchschnitt von* $\tilde{A}$ *und* $\tilde{B}$, geschrieben $\tilde{A} \cap_p \tilde{B}$, die unscharfe Menge mit der Zugehörigkeitsfunktion

$$\mu_{A \cap_p B}(x) = 1 - \mathrm{Min}\left(1, \left((1-\mu_A(x))^p + (1-\mu_B(x))^p\right)^{\frac{1}{p}}\right) \tag{1.25}$$

$$= \mathrm{Max}\left(0, 1 - \left((1-\mu_A(x))^p + (1-\mu_B(x))^p\right)^{\frac{1}{p}}\right), \qquad \forall x \in X\ ,$$

b. als *Vereinigung von* $\tilde{A}$ *und* $\tilde{B}$, geschrieben $\tilde{A} \cup_p \tilde{B}$, die unscharfe Menge mit der Zugehörigkeitsfunktion

$$\mu_{A \cup_p B}(x) = \operatorname{Min}\left(1, ((\mu_A(x))^p + (\mu_B(x)^p)^{\frac{1}{p}}\right), \quad \forall x \in X. \tag{1.26}$$

Dabei ist p eine beliebig festzulegende reelle Zahl aus dem Intervall $[1, +\infty[$.

Offensichtlich gilt für p = 1

$$\tilde{A} \cap_p \tilde{B} = \tilde{A} -_b \tilde{B} \quad \text{und} \quad \tilde{A} \cup_p \tilde{B} = \tilde{A} +_b \tilde{B},$$

während man für $p \to +\infty$ die Grenzwerte

$$\lim_{p \to +\infty} \mu_{A \cap_p B}(x) = \operatorname{Min}(\mu_A(x), \mu_B(x)) \quad \forall x \in X \qquad \text{und}$$

$$\lim_{p \to +\infty} \mu_{A \cup_p B}(x) = \operatorname{Max}(\mu_A(x), \mu_B(x)) \quad \forall x \in X$$

erhält. Da außerdem $\mu_{A \cap_p B}(x)$ monoton steigend und $\mu_{A \cup_p B}(x)$ monoton fallend in p sind, gestatten diese allgemeinen Operatoren eine individuelle Festlegung des Durchschnittes und der Vereinigung unscharfer Mengen in dem gesamten Bereich zwischen der beschränkten Differenz und dem Minimumoperator bzw. zwischen dem Maximumoperator und der beschränkten Summe. Diese parameterabhängigen Operatoren sind jedoch nur dann von Bedeutung für die Anwendung, wenn die Festlegung des Parameters p begründet werden kann. Auch sprechen empirische Untersuchungen, vgl. dazu den nachfolgenden Abschnitt 1.2.3, gegen Verknüpfungsoperatoren, die zu kleineren Werten als der Minimumoperator und zu größeren Werten als der Maximumoperator führen.

Alle vorstehend dargestellten Durchschnitts- bzw. Vereinigungsoperatoren sind Spezialfälle eines allgemeineren binären Operatorenpaares, das nach SCHWEIZER und SKLAR [1961, 1983] als t-Norm bzw. t-Conorm bezeichnet wird, vgl. hierzu auch BONISSONE [1987], KRUSE, SCHWENCUE, HEINSOHN [1991].

Definition 1.19:

Ein binärer Operator $T : [0, 1] \times [0, 1] \to [0, 1]$ wird als *triangular Norm* oder kurz *t-Norm* bezeichnet, wenn für alle $a, b, c, d \in [0, 1]$ gilt:

(T1) $T(a, 1) = a$ — *1 ist neutrales ELement*

(T2) $T(a, b) = T(b, a)$ — *Kommutativität*

(T3) $T(a, T(b, c)) = T(T(a, b), c)$ — *Assoziativität*

(T4) $T(a, b) \leq T(c, d)$, wenn $a \leq c$ und $b \leq d$ — *Monotonie*

Definition 1.20:

Eine binäre Operation $S : [0, 1] \times [0, 1] \to [0, 1]$ heißt triangular Conorn oder kurz t-Conorm, wenn für alle $a, b, c, d \in [0, 1]$ gilt:

(S1) $S(0, a) = a$ — *0 ist neutrales ELement*

(S2) $S(a, b) = S(b, a)$ — *Kommutativität*

(S3) $S(a, S(b, c)) = S(S(a, b), c)$ — *Assoziativität*

(S4) $S(a, b) \leq S(c, d)$, wenn $a \leq c$ und $b \leq d$ — *Monotonie*

Üblicherweise werden noch die zusätzliche Randbedingung

$$T(0, 0) = 0 \quad \text{und} \quad S(1, 1) = 1$$

unterstellt.

Von Bedeutung ist, daß für jede t-Norm T und jede t-Conorm S gilt

$$T_W(a, b) \leq T(a, b) \leq \mathrm{Min}\,(a, b) \tag{1.27}$$

$$\mathrm{Max}\,(a, b) \leq S(a, b) \leq S_W(a, b), \tag{1.28}$$

wobei die Extremoperatoren T_W und S_W definiert sind als:

$$T_W(a,b) = \begin{cases} a & \text{für } b = 1 \\ b & \text{für } a = 1, \\ 0 & \text{sonst} \end{cases} \qquad S_W(a,b) = \begin{cases} a & \text{für } b = 0 \\ b & \text{für } a = 0 \\ 1 & \text{sonst} \end{cases}$$

Die Operatoren T_W und S_W lassen sich auch als Durchschnitts- und Vereinigungsoperatoren auffassen, sie werden dann als *drastisches Produkt* bzw. *drastische Summe* bezeichnet.

1.2.3 KOMPENSATORISCHE OPERATOREN

Wir betrachten nochmals das Beispiel < 1.14 > auf Seite 18 und stellen uns nun die Frage, welcher der vorstehend definierten Operatoren am besten geeignet ist, um die beiden gegebenen unscharfen Mengen $\tilde{A}$ und $\tilde{B}$ zu einer neuen unscharfen Menge zu verknüpfen, die sowohl die Stückkosten als auch die Absatzmöglichkeiten berücksichtigt. Nach unserer Ansicht ist dies im vorliegenden Fall der Minimum-Operator. Fraglich ist aber, ob dieser Schluß auch dann gilt, wenn die zu verknüpfenden unscharfen Mengen nicht unabhängig voneinander sind.

Um Informationen darüber zu erhalten, welcher Operator die der Umgangssprache entsprechende "und"-Verknüpfung am besten prognostiziert, wurden mehrere empirische Studien durchgeführt.

In einer der ersten Untersuchungen kommt RÖDDER [1975, S.13] zu dem Ergebnis "the minimum-hypothesis was tested and rejected". Die Ursache für das schlechte Abschneiden des Minimum-Operators sieht er in dessen Eigenschaft, jeweils nur den schlechtesten Zugehörigkeitswert zu berücksichtigen, unabhängig davon, wie hoch der andere Zugehörigkeitswert ist. Da hier der Grundsatz "Eine Kette ist nur so stark wie ihr schwächstes Glied" befolgt wird, gibt der Minimum-Operator eine äußerst pessimistische Einschätzung der Situation wieder.

Eine weitere, ebenfalls an der RWTH Aachen durchgeführte Studie "Metallbehälter" legt den Schluß nahe, daß die mittels des Minimum-Operators prognostizierten Zugehörigkeitswerte i.a. geringer sind als die Werte, die sich üblicherweise bei der "und"-Verknüpfung zweier unscharfer Aussagen ergeben, vgl. ZIMMERMANN [1978A]. Der gleichzeitig getestete Operator "Algebraisches Produkt" liefert dabei noch schlechtere Prognoseergebnisse, wie die nachfolgenden Abbildungen 1.14 belegen.

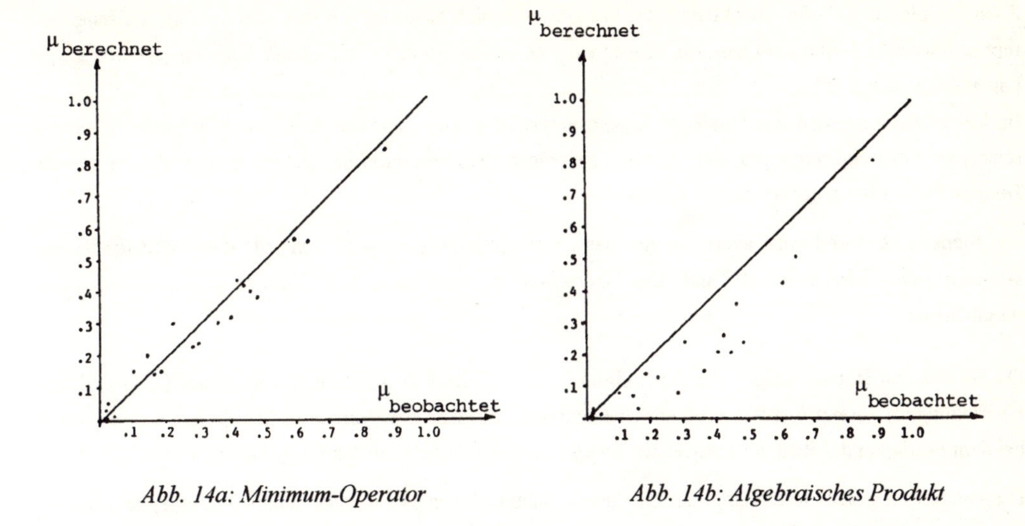

Abb. 14a: Minimum-Operator *Abb. 14b: Algebraisches Produkt*

HERSCH; CARAMAZZA [1976] stellten bei ihren empirischen Untersuchungen fest, daß bei "oder"-Verknüpfungen die beobachteten Werte kleiner waren als die mit dem Maximum-Operator prognostizierten.

Beide Ergebnisse wurden in einer weiteren Studie "Ideale Kachel" bestätigt, vgl. [ZIMMERMANN 1979], [ZIMMERMANN; ZYSNO 1980].

Diese empirischen Untersuchungen legen den Schluß nahe, die "logische und"-Verknüpfung, die noch am besten durch den Minimum-Operator ausgedrückt wird, durch einen "und"-Verknüpfungstyp zu ersetzen, der nicht so pessimistisch wie der Minimum-Operator, aber auch nicht so optimistisch wie der Maximum-Operator ist. ZIMMERMANN [1979, S.35-36] nennt diesen Typ *"kompensatorisches und"* und erläutert ihn anhand des folgenden Beispiels:

"Angenommen, für eine Person (im folgenden P genannt) bedeute 'attraktives Auto' ein schönes und schnelles Auto. Der Idealfall ist sicherlich dann gegeben, wenn ein Automobil erstens alle Eigenschaften besitzt, die in den Augen von P den Begriff 'Schönheit von Autos' ausmachen, und wenn es zweitens die Leistung(en) zu erbringen vermag, die P mit 'schnelles Auto' assoziiert. Ein solcher Wagen gehörte für P zweifelsohne im Grade 1 zur Menge der attraktiven Autos. Ein Wagen dagegen, der weder das Attribut 'schön' noch das Attribut 'schnell' verdient, würde für P nur in geringem Grade, wenn überhaupt, Element der Menge der attraktiven Automobile sein. Wie aber sieht es aus, wenn ein Auto einerseits phantastisch leistungsstark und schnell ist, andererseits, was das Styling anbelangt, im unteren Drittel der Skala rangiert, wenn es, sagen wir, mit $\mu = 0{,}9$ zur Menge der schnellen Autos und mit $\mu = 0{,}3$ zur Menge der schönen Automobile gehört? Wie wird ein solcher Wagen bei der Bewertung seiner Attraktivität 'abschneiden'?

Es ist leicht vorstellbar - jeder hat derartige Erfahrungen schon gemacht -, daß in einem solchen Fall P bereit wäre, 'Konzessionen zu machen', daß er angesichts der unbestreitbaren Vorteile, die das Auto in punkto Schnelligkeit, Sportlichkeit bietet, willens wäre, einen (klar erkennbaren) Mangel zu tolerieren.

P wird in diesem Fall die Attraktivität des Wagens sicherlich nicht mit $\mu = 0{,}3$, wie der das 'logische und' repräsentierende Minimum-Operator vorschreibt, bewerten, sondern mit einem höheren μ-Wert, sagen wir, mit 0,5 oder 0,6."

In diesem Beispiel wird das "mäßige" Erscheinungsbild kompensiert durch den sehr positiven Eindruck über das Leistungsvermögen der Autos, und diese "Kompromißfreudigkeit" soll in der Wortwahl *kompensatorisches und* angedeutet werden.

Ein Mensch kann und wird allerdings nur dann Kompromisse eingehen, wenn die dabei überschrittenen Grenzen nicht "lebenswichtig" sind. Die Überschreitung wird auch nur in einem gewissen Spielraum möglich sein.

Da bei unseren Betrachtungen die Restriktionen nicht willkürlich, sondern mit Verstand (aufgrund von Überlegungen) gesetzt werden, wird ein Überschreiten nur dann bzw. um so mehr toleriert werden, wenn bei dem Festlegen der Restriktionsgrenzen subjektive Vorstellungen im Vordergrund standen.

Die vorstehend geschilderten empirischen Untersuchungen legen es nun nahe, einen Operator, der zu einer "kompensatorischen und"-Verknüpfung führt, zwischen dem Minimum- und dem Maximum-Operator anzusiedeln:

Definition 1.21:

Seien $\tilde{A}$ und $\tilde{B}$ unscharfe Mengen auf $X \subseteq \mathbf{R}$. Dann bezeichnet man

a. als *arithmetisches Mittel* von $\tilde{A}$ und $\tilde{B}$, geschrieben $\frac{\tilde{A}+\tilde{B}}{2}$, die unscharfe Menge mit der Zugehörigkeitsfunktion

$$\mu_{\frac{A+B}{2}}(x) = \frac{1}{2}(\mu_A(x)+\mu_B(x)) \qquad \forall\, x \in X, \tag{1.29}$$

b. als *geometrisches Mittel* von $\tilde{A}$ und $\tilde{B}$, geschrieben $\sqrt{\tilde{A}\cdot\tilde{B}}$, die unscharfe Menge mit der Zugehörigkeitsfunktion

$$\mu_{\sqrt{A \cdot B}}(x) = \sqrt{\mu_A(x)\cdot\mu_B(x)} \qquad \forall\, x \in X. \tag{1.30}$$

Bemerkung:

Da für $\mu_A(x) \neq \mu_B(x)$ stets gilt

$$\frac{1}{2}(\mu_A + \mu_B) > \sqrt{\mu_A \cdot \mu_B} \Leftrightarrow (\mu_A + \mu_B)^2 > 4\,\mu_A \cdot \mu_B \Leftrightarrow (\mu_A - \mu_B)^2 > 0,$$

führt das geometrische Mittel im Vergleich zum arithmetischen Mittel stets zu geringeren Überschreitungen der Minimumwerte $\mathrm{Min}(\mu_A(x), \mu_B(x))$.

< **1.19** > Für die Mengen $\tilde{A}$ und $\tilde{B}$ aus Beispiel < 1.14 > gilt

$$\frac{\tilde{A}+\tilde{B}}{2} = \{(3; 0{,}5), (4; 0{,}5), (5; 0{,}5), (6; 0{,}65), (7; 0{,}7), (8; 0{,}45), (9, 0)\},$$

$$\sqrt{\tilde{A}\cdot\tilde{B}} = \{(3; 0), (4; 0), (5; 0{,}3), (6; 0{,}63), (7; 0{,}63), (8; 0{,}28), (9; 0)\}\ .$$

♦

Eine Überprüfung dieser beiden Operatoren anhand der in der empirischen Studie "Ideale Kachel" gewonnenen Daten ergab, vgl. z.B. [ZIMMERMANN; ZYSNO 1980], daß die mittels des Operators "geometrisches Mittel" berechneten Werte den gewählten Signifikanzbedingungen genügten und somit den empirisch gewonnenen Werte hinreichend genau entsprechen.

Daraus darf aber keineswegs der Schluß gezogen werden, daß hiermit ein für alle Situationen "idealer" Operator zur "und"-Verknüpfung unscharfer Mengen gefunden ist. Da die Kompromißbereitschaft bei den einzelnen Problemstellungen recht unterschiedlich sein dürfte, erhebt sich die Frage, ob es nicht einen Operator gibt, der auf die jeweilige Kompromißbereitschaft "eingestellt" werden kann.

Berücksichtigt man, daß das geometrische Mittel, das den empirisch beobachteten Werte bisher am besten entsprach, auch geschrieben werden kann in der Form

$$\sqrt{\mu_A \cdot \mu_B} = \mu_A^{1/2} \cdot \mu_B^{1/2} = (\mathrm{Min}(\mu_A, \mu_B))^{1/2} \cdot (\mathrm{Max}(\mu_A, \mu_B))^{1/2},$$

so kann einer wechselnden Kompromißbereitschaft dadurch Rechnung getragen werden, indem man die Zugehörigkeitswerte nicht gleichgewichtet, sondern einen Ansatz in der Form

$$(\mathrm{Min}(\mu_A, \mu_B))^{1-\gamma} \cdot (\mathrm{Max}(\mu_A, \mu_B))^{\gamma} \tag{1.31}$$

wählt, wobei der *Kompensationsgrad* γ, $0 \le \gamma \le 1$, die Kompromißbereitschaft wiedergibt.

ZIMMERMANN und ZYSNO [1980] wählen nicht diesen Ansatz für einen "kompensatorischen und"-Operator mit variablem Kompensationsgrad, sondern präferieren als Extremoperatoren das algebraische Produkt und die algebraische Summe. Ihre Entscheidung für diese sehr extremen und als Einzeloperatoren untauglichen Operatoren begründen sie damit, daß bei Verallgemeinerung auf mehr als zwei unscharfe Mengen der Minimum- und der Maximum-Operator zu viele Informationen vernachlässigen, da sie jeweils nur den extremen Wert berücksichtigen.

<u>Definition 1.22:</u>

Seien $\tilde{A}$ und $\tilde{B}$ unscharfe Mengen auf X.
Als *γ-Verknüpfung von* $\tilde{A}$ *und* $\tilde{B}$, geschrieben $\tilde{A} \cdot\gamma\, \tilde{B}$, bezeichnet man die unscharfe Menge mit der Zugehörigkeitsfunktion

$$\begin{aligned} \mu_{A \cdot_\gamma B}(x) &= (\mu_{A \cdot B}(x))^{1-\gamma} \cdot (\mu_{A+B}(x))^{\gamma} \quad \forall x \in X \\ &= (\mu_A(x) \cdot \mu_B(x))^{1-\gamma} \cdot (\mu_A(x) + \mu_B(x) - \mu_A(x) \cdot \mu_B(x))^{\gamma} \end{aligned} \tag{1.32}$$

und einem beliebigen *Kompensationsgrad* $\gamma \in [0, 1]$.

< **1.20** > Für die Mengen $\tilde{A}$ und $\tilde{B}$ aus Beispiel < 1.14 > erhält man für $\gamma = 0{,}3$

$$\tilde{A} \cdot_{0,3} \tilde{B} = \{(3; 0), (4; 0), (5; 0{,}18), (6; 0{,}51), (7; 0{,}53), (8; 0{,}16), (9; 0)\} .$$ ♦

Bemerkung:

Nach Formel (1.32) wird, unabhängig vom gewählten γ, der Wert $\mu_{A\cdot_\gamma B}(x) = 0$ gesetzt, sobald ein Zugehörigkeitswert $\mu_A(x)$ oder $\mu_B(x)$ den Wert 0 annimmt.

Beachtet man, daß für reelle Zahlen a, b gilt

$$1 - (1 - a)(1 - b) = 1 - (1 - a - b + ab) = a + b - ab,$$

so läßt sich (1.32) auch schreiben als

$$\mu_{A_\gamma B}(x) = (\mu_A(x)\cdot\mu_B(x))^{1-\gamma}(1-(1-\mu_A(x))(1-\mu_B(x)))^\gamma \quad \forall \quad x \in X.$$

In dieser Form läßt sich die γ-Verknüpfung leicht auf mehr als zwei Mengen erweitern:

Definition 1.23:

Seien $\tilde{A}_1,\ldots,\tilde{A}_m$ unscharfe Mengen auf X.
Als *γ-Verknüpfung der Mengen* $\tilde{A}_i = \{(x, \mu_i(x))\ x \in X\}$, i = 1,..,m , bezeichnet man die unscharfe Menge mit der Zugehörigkeitsfunktion

$$\mu_{\cdot\gamma}(x) = (\prod_{i=1}^{m} \mu_i(x))^{1-\gamma}\cdot(1-\prod_{i=1}^{m}(1-\mu_i(x)))^\gamma \quad \forall x \in X \tag{1.33}$$

und einem beliebigen *Kompensationsparameter* $\gamma \in [0, 1]$.

Löst man für $\mu_i(x) \neq 0 \quad \forall\ i = 1,\ldots,m$ die Gleichung (1.33) nach γ auf, so erhält man:

$$(1.33) \Leftrightarrow \frac{\mu_{\cdot\gamma}(x)}{\prod\limits_{i=1}^{m}\mu_i(x)} = \left(\frac{1-\prod\limits_{i=1}^{m}(1-\mu_i(x))}{\prod\limits_{i=1}^{m}\mu_i(x)}\right)^\gamma \Leftrightarrow \log\frac{\mu_{\cdot\gamma}(x)}{\prod\limits_{i=1}^{m}\mu_i(x)} = \gamma\cdot\log\frac{1-\prod\limits_{i=1}^{m}(1-\mu_i(x))}{\prod\limits_{i=1}^{m}\mu_i(x)}$$

$$\Leftrightarrow \gamma = \frac{\log\mu_{\cdot\gamma}(x) - \log\prod\limits_{i=1}^{m}\mu_i(x)}{\log(1-\prod\limits_{i=1}^{m}(1-\mu_i(x))) - \log\prod\limits_{i=1}^{m}\mu_i(x))} \tag{1.34}$$

Bei bekanntem $\mu_{\cdot\gamma}(x)$-Wert läßt sich dann für diesen x-Wert der bei der Verknüpfung angewandte Kompensationsgrad $\gamma(x)$ berechnen.

Um bei praktischen Problemen den adäquaten Kompensationsgrad γ zu erhalten, schlagen ZIMMERMANN, ZYSNO [1980, S.47] vor, in empirischen (Vor-)Tests für eine Teilmenge $X_0 \subset X$ neben den Werten $\mu_i(x)$ auch die Größen $\mu_{\cdot\gamma}(x)$ zu ermitteln, dann gemäß (1.34) die speziellen Kompensationsgrade $\gamma(x)$ zu berechnen und anschließend über X_0 zu mitteln:

$$\gamma = \frac{1}{|X_0|}\sum_{x\in X_0}\gamma(x). \tag{1.35}$$

Nach diesem Verfahren lassen sich auch für die anderen Verknüpfungsoperatoren die ihnen entsprechenden Kompensationsgrade ermitteln, indem man in Gleichung (1.34) anstelle von $\mu_{\cdot\gamma}$ die mit diesen Operatoren errechneten Werte einsetzt:

< **1.21** > Für die Mengen $\tilde{A}$ und $\tilde{B}$ aus Beispiel < 1.14 > ergeben sich die folgenden Kompensationsgrade, wobei wegen der Bedingung $\mu_i(x) \neq 0$ nur die Teilmenge $X_0 = \{5, 6, 7, 8\}$ berücksichtigt wurde.

Operator	Kompensationsgrad γ
Algebraische Summe	1
Maximum	0,96
Arithmetisches Mittel	0,67
Geometrisches Mittel	0,53
Minimum	0,11
Algebraisches Produkt	0

Tabelle 1.1: Kompensationsgrade verschiedener Operatoren ♦

Die in Beispiel < 1.21 > ermittelte Rangfolge der Operatoren in bezug auf die Kompromißbereitschaft ist aufgrund des Satzes 1.5 und der Bemerkung nach Definition 1.21 allgemein gültig. Dagegen sind die einzelnen Kompensationsgrade (außer bei den algebraischen Operatoren) nicht auf andere Fälle übertragbar, sondern variieren mit den Daten.

Sowohl bei der empirischen Studie "Ideale Kachel" als auch bei einem weiteren an der RWTH Aachen durchgeführten praxisnahen Forschungsprojekt "Kreditwürdigkeit", vgl. z.B. [ZIMMERMANN, ZYSNO 1980], konnte der γ-Operator die empirisch ermittelten Werte von allen überprüften Verknüpfungsoperatoren am besten prognostizieren und genügte in allen Fällen den geforderten Signifikanzbedingungen. Dabei wurden in der letzteren Studie die zu verknüpfenden unscharfen Mengen zusätzlich nach ihrer Bedeutung gewichtet, indem die Zugehörigkeitswerte vor Anwendung des Verknüpfungsoperators transformiert wurden. Die Gewichte δ_i in den Gewichtungsgleichungen

$$\mu_i(x) := (\mu_i(x))^{\delta_i}, \quad 1 - \mu_i(x) := (1 - \mu_i(x))^{\delta_i} \quad \forall x \in X \tag{1.36}$$

sind hierbei so zu wählen, daß $\sum_{i=1}^{m} \delta_i = m$.

Eine solche zusätzliche Gewichtung der zu verknüpfenden unscharfen Mengen kann natürlich auch vor Anwendung der übrigen Operatoren erfolgen.

Dagegen konnte bei einer anderen, an der Universität Frankfurt durchgeführten empirischen Studie "Kreditwürdigkeitsprüfung im mittelständischen Unternehmensbereich", vgl. [ROMMELFANGER; UNTERHARNSCHEIDT 1987], der γ-Operator nicht die gesetzten Erwartungen erfüllen. Zwar genügte auch keiner der übrigen getesteten Operatoren in allen 17 Aggregationsverfahren den vorgegebenen Signifikanzkriterien, das einfache arithmetische Mittel versagte aber nur in halb so vielen Fällen wie der γ – Operator. Noch etwas günstiger schnitt eine Konvexkombination aus Minimum- und Maximumoperator ab.

Definition 1.24:

Seien $\tilde{A}$ und $\tilde{B}$ unscharfe Mengen auf X.
Als *ε-Verknüpfung von* $\tilde{A}$ *und* $\tilde{B}$, geschrieben $\tilde{A} \, \|_{\varepsilon} \, \tilde{B}$, bezeichnet man die unscharfe Menge mit der Zugehörigkeitsfunktion

$$\mu_{A\|_{\varepsilon}B}(x) = (1-\varepsilon)\cdot \mathrm{Min}(\mu_A(x), \mu_B(x)) + \varepsilon \cdot \mathrm{Max}(\mu_A(x), \mu_B(x)) \quad \forall x \in X \tag{1.37}$$

und einem beliebigen *Kompensationsgrad* $\varepsilon \in [0, 1]$.

< **1.22** > Für die Mengen $\tilde{A}$ und $\tilde{B}$ aus Beispiel < 1.14 > erhält man für $\varepsilon = 0{,}3$

$$\tilde{A} \, \|_{0,3} \, \tilde{B} = \{(3; 0{,}3), (4, 0{,}3), (5; 0{,}34), (6; 0{,}59), (7; 0{,}58), (8; 0{,}31), (9; 0)\}.$$ ♦

Auch dieser Kompensationsgrad läßt sich in der Praxis mit Hilfe von (Vor-)Tests ermitteln. Dann ist analog dem vorstehend beschriebenen Verfahren vorzugehen, wobei nun die Gleichung (1.37) nach ε aufzulösen ist.

$$\varepsilon = \frac{\mu_{A\|_{\varepsilon}B}(x) - \mathrm{Min}(\mu_A(x), \mu_B(x))}{\mathrm{Max}(\mu_A(x), \mu_B(x)) - \mathrm{Min}(\mu_A(x), \mu_B(x))} \tag{1.38}$$

Da bei geringen Differenzen $\mu_A(x) - \mu_B(x)$ eine Kompensation überflüssig und somit ein nach (1.38) berechneter ε(x)-Wert leicht willkürlich ist, empfiehlt es sich, bei der Schätzung von ε gemäß

$$\varepsilon = \frac{1}{|X_0|} \sum_{x \in X_0} \varepsilon(x) \tag{1.39}$$

nur x-Werte stärker differierender Zugehörigkeitswerte zu berücksichtigen, vgl. [ROMMELFANGER; UNTERHARNSCHEIDT 1987, S.34]. Ein ganz wesentlicher Vorteil des ε-Operators gegenüber dem γ-Operator ist seine einfache rechnerische Handhabbarkeit.
Aus der Vielzahl der in der Literatur erwähnten Operatoren zur Verknüpfung unscharfer Mengen sollen lediglich noch die von WERNERS [1984] vorgeschlagenen Aggregationsoperatoren genannt werden, da sie bei einer empirischen Prüfung gute Prognoseeigenschaften aufwiesen, vgl. WERNERS [1984, S.171-193]. Darüber hinaus lassen sie sich problemlos auf mehr als zwei unscharfe Mengen erweitern, wobei sie im Vergleich zum ε-Operator den Vorteil aufweisen, daß alle Zugehörigkeitswerte in die Berechnung eingehen.

Definition 1. 25:

Seien $\tilde{A}_i = \{(x, \mu_i(x)) \mid x \in X\}$, i = 1,...,m, unscharfe Mengen, dann bezeichnet man

a. als *uñd-Verknüpfung der* $\tilde{A}_i$, i = 1,...,m, die unscharfe Menge mit der Zugehörigkeitsfunktion

$$\mu_{\tilde{und}}(x) = \delta \cdot \mathrm{Min}(\mu_1(x), \ldots, \mu_m(x)) + (1-\delta)\frac{1}{m}\sum_{i=1}^{m}\mu_i(x), \quad \forall x \in X, \tag{1.40}$$

b. als *oder͂-Verknüpfung der* $\tilde{A}_i$, i = 1,...,m, die unscharfe Menge mit der Zugehörigkeitsfunktion

$$\mu_{\tilde{oder}}(x) = \delta \cdot \mathrm{Max}(\mu_1(x), \ldots, \mu_m(x)) + (1-\delta)\frac{1}{m}\sum_{i=1}^{m}\mu_i(x), \quad \forall x \in X. \tag{1.41}$$

Hierbei drückt $(1-\delta) \in [0, 1]$ die Bereitschaft aus, sich von dem extremen Minimum- bzw. Maximumwert aus mehr nach dem arithmetischen Mittel zu orientieren.

ÜBUNGSAUFGABEN

1.3 Gegeben seien $X = \{1,2,...,9\}$ und die unscharfen Mengen

$\tilde{A} = \{(1; 0,1), (2; 0,3), (3; 0,6), (4; 0,9), (5; 1), (6; 0,7), (7; 0,2)\}$,

$\tilde{B} = \{(4; 0,2), (5; 0,4), (6; 0,6), (7; 0,8), (8; 0,9), (9; 1)\}$,

$\tilde{C} = \{(2; 0,2), (3; 0,5), (4; 0,8), (5; 1), (6; 0,9), (7; 0,6), (8; 0,3)\}$.

a. Bilden Sie den Durchschnitt und die Vereinigung von $\tilde{A}$ und $\tilde{B}$.

b. Bilden Sie das algebraische Produkt und die algebraische Summe von $\tilde{A}$ und $\tilde{B}$.

c. Bilden Sie die beschränkte Differenz und die beschränkte Summe von $\tilde{A}$ und $\tilde{C}$.

d. Bilden Sie das arithmetische Mittel und das geometrische Mittel von $\tilde{A}$ und $\tilde{B}$.

e. Berechnen Sie für den Kompensationsgrad $\gamma = 0,4$ die γ-Verknüpfung.

f. Berechnen Sie für den Kompensationsgrad $\varepsilon = 0,7$ die ε-Verknüpfung.

g. Schätzen Sie für das geometrische Mittel $\sqrt{\tilde{A} \cdot \tilde{B}}$ den entsprechenden Kompensationsgrad ε.

h. Bilden Sie zunächst das arithmetische Mittel von $\tilde{A}$, $\tilde{B}$ und $\tilde{C}$ und bestimmen Sie dann die $\tilde{\text{und}}$- und die $\tilde{\text{oder}}$-Verknüpfung von $\tilde{A}$, $\tilde{B}$ und $\tilde{C}$ mit $\delta = 0,3$.

1.4 Gegeben seien auf $X = [0, 10]$ die unscharfen Mengen $\tilde{A}$ und $\tilde{B}$ mit den Zugehörigkeitsfunktionen

$$\mu_A(x) = 1 - \frac{1}{5}|x-5| \quad \text{und} \quad \mu_B(x) = \begin{cases} \frac{x}{7} & \text{für} \quad x \in [0,7] \\ \frac{10-x}{3} & \text{für} \quad x \in]7,10] \end{cases}.$$

a. Bestimmen Sie den Durchschnitt und die Vereinigung von $\tilde{A}$ und $\tilde{B}$.

b. Bestimmen Sie für $\varepsilon = 0,7$ die ε-Verknüpfung von $\tilde{A}$ und $\tilde{B}$.

1.3 DAS ERWEITERUNGSPRINZIP UND DIE ERWEITERTEN REELLEN OPERATOREN

Eines der fundamentalsten Konzepte der Theorie unscharfer Mengen ist das Erweiterungsprinzip von ZADEH [1965, 1975], das eine allgemeine Verfahrensweise darstellt, um mathematische Konzepte der klassischen Mathematik auf unscharfe Mengen zu übertragen.

1.3.1 DAS ERWEITERUNGSPRINZIP

Um mehrstellige Aussageformen auf unscharfen Mengen allgemein formulieren zu können, wird zunächst der Begriff *cartesisches Produkt* auf unscharfe Mengen erweitert.

Definition 1.26:

Gegeben seien das cartesische Produkt $X = X_1 \times \cdots \times X_n$ klassischer Mengen X_i und n unscharfe Mengen $\tilde{A}_i = \{(x_i, \mu_{A_i}(x)) \mid x_i \in X_i\}$, i = 1, ..., n. Als *cartesisches Produkt von* $\tilde{A}_1, \ldots, \tilde{A}_n$, geschrieben $\tilde{A}_1 \times \cdots \times A_n$, bezeichnet man dann die unscharfe Menge auf $X = X_1 \times \cdots \times X_n$ mit der Zugehörigkeitsfunktion

$$\mu_{A_1 \times \cdots \times A_n}(x_1, \ldots, x_n) = \mathrm{Min}\left(\mu_{A_1}(x_1), \ldots, \mu_{A_n}(x_n)\right) . \tag{1.42}$$

< 1.23 >

a. Für die unscharfen Mengen

$\tilde{A}_1 = \{(4; 0{,}4), (5; 0{,}7), (6; 1), (7; 0{,}5)\}$ und

$\tilde{A}_2 = \{(2; 0{,}2), (3; 0{,}6), (4; 1), (5; 0{,}7), (6; 0{,}3)\}$

auf **N** weist das cartesische Produkt $\tilde{A}_1 \times \tilde{A}_2$ die in Tabelle 1.2 gegebenen Zugehörigkeitswerte auf

x_1 \ x_2	2	3	4	5	6
4	0,2	0,4	0,4	0,4	0,3
5	0,2	0,6	0,7	0,7	0,3
6	0,2	0,6	1	0,7	0,3
7	0,2	0,5	0,5	0,5	0,3

Tab. 1.2: Zugehörigkeitswerte von $\tilde{A}_1 \times \tilde{A}_2$ ♦

b. Das cartesische Produkt $\tilde{B} \times \tilde{C}$ der unscharfen Mengen

$$\tilde{B} = \{(x, \mu_B(x)) \mid x \in [1, 8]\} \quad \text{und} \quad \tilde{C} = \{(y, \mu_C(y)) \mid y \in [2, 6]\}$$

$$\mu_B(x) = \begin{cases} \frac{x-1}{3} & \text{für } 1 \le x < 4 \\ 11 & \text{für } 4 \le x \le 5 \\ \frac{8-x}{3} & \text{für } 5 < x \le 8 \end{cases} \quad \text{und} \quad \mu(y) = \begin{cases} \frac{y-2}{2} & \text{für } 2 \le y \le 4 \\ \frac{6-y}{2} & \text{für } 4 < y \le 6 \end{cases}$$

ist in der nachfolgenden Abbildung 1.15 dargestellt.

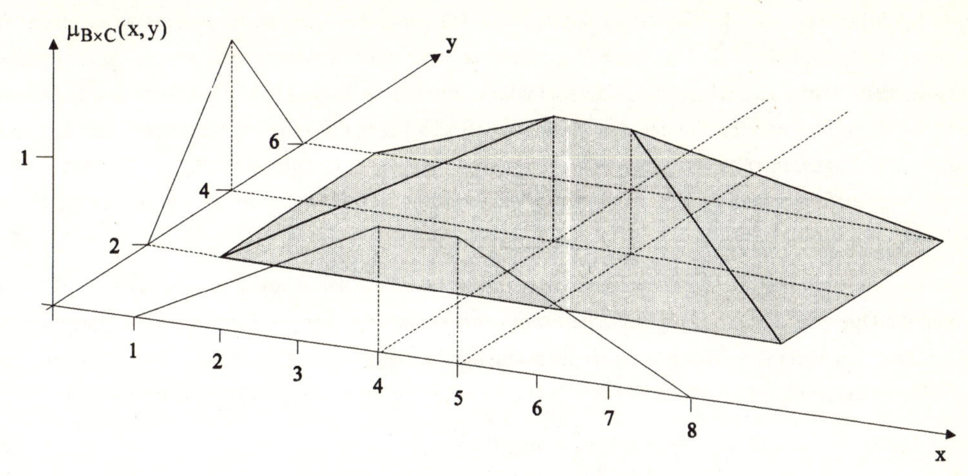

Abb. 1.15: Cartesisches Produkt $\tilde{B} \times \tilde{C}$

Definition 1.27:

Gegeben seien

i. die klassischen Mengen $X_1,...,X_n$, Y,

ii. n unscharfe Mengen $\tilde{A}_i$ auf X_i, i = 1,...,n,

iii. eine Abbildung $g : X_1 \times ... \times X_n \to Y$

$$(x_1,...,x_n) \to y = g(x_1,...,x_n).$$

Nach dem *Erweiterungsprinzip (extension principle)* von ZADEH wird dann durch die Abbildung g eine unscharfe Bildmenge $\tilde{B}$ auf Y induziert mit der Zugehörigkeitsfunktion

$$\mu_B(y) = \begin{cases} \sup\limits_{(x_1,...,x_n) \in g^{-1}(y)} \operatorname{Min}\left(\mu_{A_1}(x_1),...,\mu_{A_n}(x_n)\right) & \text{falls} \quad g^{-1}(y) \neq \varnothing \\ 0 & \text{sonst} \end{cases}, \qquad (1.43)$$

wobei $g^{-1}(y)$ die Urbildmenge von y symbolisiert.

$\mu_B(y)$ ist somit - zumindest bei endlicher Urbildmenge der größte Zugehörigkeitswert $\mu_{A_1 \times \cdots \times A_n}(x_1,...,x_n)$ der von einem Tupel $(x_1,...,x_n) \in X$ mit dem Bild $y = g(x_1,...,x_n)$ realisiert wird.

< **1.24** > Betrachten wir nochmals die Mengen $\tilde{A}_1$ und $\tilde{A}_2$ aus dem Beispiel < 1.23 >. Nach dem Erweiterungsprinzip wird dann auf **N**

a. durch die Abbildung $g(x_1, x_2) = x_1 + x_2$ die Menge
$\tilde{A}_1 \oplus \tilde{A}_2 = \{(6; 0{,}2), (7; 0{,}4), (8; 0{,}6), (9; 0{,}7), (10; 1), (11; 0{,}7), (12; 0{,}5), (13; 0{,}3)\}$,

b. durch die Abbildung $g(x_1,x_2) = \operatorname{Max}(x_1,x_2)$ die Menge
$\widetilde{\operatorname{Max}}(\tilde{A}_1, \tilde{A}_2) = \{(4; 0{,}4), (5; 0{,}7), (6; 1), (7; 0{,}5)\}$
induziert. ♦

Das in Definition 1.27 formulierte Erweiterungsprinzip ist die übliche, aber offensichtlich nicht die einzige Möglichkeit, Abbildungen auf unscharfe Mengen zu übertragen.

JAIN [1976] schlägt vor, die Supremumbildung in (1.43) durch die algebraische Summe zu ersetzen. Für DUBOIS; PRADE [1980, S.37] ist diese Variante eher wahrscheinlichkeitstheoretisch als "fuzzy-mäßig", insbesondere, wenn zusätzlich die Minimumbildung durch eine Produktbildung ersetzt wird. Darüber hinaus hat die algebraische Summe den Nachteil, daß sich bei der Summenbildung über viele Elemente leicht ein Zugehörigkeitswert $\mu_B(y)$ in der Nähe von 1 einstellt. Für $X_i = \mathbf{R}$ und stetige Zugehörigkeitsfunktionen wird $\tilde{B}$ dann nahezu eine klassische Teilmenge von Y, vgl. [DUBOIS; PRADE 1978A].

DUBOIS; PRADE [1980, S.38] weisen darauf hin, daß in der Definitionsgleichung (1.43) der Minimum-Operator durch das algebraische Produkt ersetzt werden könnte. Ein flexibles Konzept ist der Vorschlag, den Minimum-Operator durch die parameterabhängige t-Norm (1.25) von YAGER zu ersetzen, vgl. [ROMMELFANGER; KERESZTFALVI 1991]. Die Erweiterungsgleichung (1.43) hat dann die Form

$$\mu_B(y) = \sup_{(x_1,\ldots,x_n)\in g^{-1}(y)} T_p\left(\mu_{A_1}(x_1),\ldots,\mu_{A_n}(x_n)\right), \tag{1.44}$$

wobie T_p die Verallgemeinerung von (1.25) ist.

$$T_p\left(\mu_{A_1}(x_1),\ldots,\mu_{A_n}(x_n)\right) = \operatorname{Max}\left(0, 1-\left(\sum_{j=1}^{n}(1-\mu_{A_j}(x_j))^p\right)^{1/p}\right) \tag{1.45}$$

Darüber hinaus stellt sich angesichts der Diskussion in den Abschnitten 1.2.2 und 1.2.3 die Frage, ob nicht auch "kompensatorische und"-Operatoren anstelle des "logisch und"-Operators in (1.43) getestet werden sollten.

1.3.2 ERWEITERTE REELLE OPERATOREN

Das wichtigste Anwendungsgebiet des Erweiterungsprinzips ist die Ausdehnung der algebraischen Operatoren wie Addition und Multiplikation auf unscharfe Mengen. Der besseren Übersicht wegen beschränken wir dabei unsere Betrachtung auf zweistellige Operatoren auf **R** und weisen nur darauf hin, daß die Sätze auch auf mehrstellige Operatoren übertragen werden können, vgl. [DUBOIS; PRADE 1979].

Rechentechnische Schwierigkeiten bereiten dabei vor allem unscharfe Mengen mit überabzählbaren stützenden Mengen. Bevor wir die Erweiterungen der bekannten algebraischen Operatoren einzeln betrachten, wollen wir daher zunächst allgemeine Eigenschaften der erweiterten Operatoren und Aussagen zu deren Berechnung kennenlernen.

Mit Hilfe des Erweiterungsprinzips kann eine binäre Operation $*$ in **R** erweitert werden zu einer Operation $\circledast$, mit der zwei Fuzzy-Zahlen $\tilde{M}$ und $\tilde{N}$ miteinander verknüpft werden. Die so gebildete unscharfe Menge $\tilde{M} \circledast \tilde{N}$ auf **R** hat dann die Zugehörigkeitsfunktion

$$\mu_{M*N}(z) = \sup_{\substack{(x,y)\in\mathbf{R}^2 \\ \text{mit } z=x*y}} \operatorname{Min}\left(\mu_M(x), \mu_N(y)\right), \tag{1.46}$$

falls $z \in \mathbf{R}$ darstellbar ist als $z = x * y$, sonst ist $\mu_{M\circledast N}(z) = 0$.

Aus dieser Definitionsgleichung (1.46) folgt unmittelbar der

Satz 1.6:

a. Für jede kommutative Operation * ist auch die erweiterte Operation ⊛ kommutativ.

b. Für jede assoziative Operation * ist auch die erweiterte Operation ⊛ assoziativ.

Zur leichteren Formulierung der nachfolgenden Sätze benötigen wir noch die

Definition 1.28:

Eine Fuzzy-Zahl $\tilde{M}$ mit stetiger Zugehörigkeitsfunktion μ_M wird als *stetige Fuzzy-Zahl* bezeichnet; und die

Definition 1.29:

Eine zweistellige Operation $*$ in **R** heißt

a. *streng monoton steigend*, wenn gilt:

$$x_1 < y_1 \text{ und } x_2 < y_2 \;\Rightarrow\; x_1 * x_2 < y_1 * y_2 \,, \tag{1.47}$$

b. *streng monoton fallend*, wenn gilt:

$$x_1 < y_1 \text{ und } x_2 < y_2 \;\Rightarrow\; x_1 * x_2 > y_1 * y_2 \,. \tag{1.48}$$

< **1.25** > $g(x_1, x_2) = x_1 + x_2$ ist eine streng monoton steigende Operation in **R**
$g(x_1, x_2) = x_1 \cdot x_2$ ist eine streng monoton steigende Operation in $\mathbf{R}_0$
$g(x_1, x_2) = -(x_1 + x_2)$ ist eine streng monoton fallende Operation in **R** ♦

Für die klassischen algebraischen Operatoren +, -, ·, : werden die entsprechenden erweiterten Operatoren mit ⊕, ⊖, ⊙, ⊙ symbolisiert.

Nach DUBOIS; PRADE [1980, S.42-44] gelten die beiden folgenden Sätze:

Satz 1.7:

Seien $\tilde{M}$ und $\tilde{N}$ zwei stetige Fuzzy-Zahlen und $*$ eine stetige, streng monoton steigende binäre Verknüpfung in **R**. Seien weiterhin $[p_M, q_M]$ und $[p_N, q_N]$ reelle Intervalle, in denen die Zugehörigkeitsfunktionen μ_M und μ_N monoton steigen (bzw. monoton fallen). Existieren Teilintervalle $[\bar{p}_M, \bar{q}_M] \subseteq [p_M, q_M]$ und $[\bar{p}_N, \bar{q}_N] \subseteq [p_N, q_N]$, so daß

$$\mu_M(x) = \mu_N(y) = w \quad \forall x \in [\bar{p}_M, \bar{q}_M] \quad \forall y \in [\bar{p}_N, \bar{q}_N],$$

so gilt

$$\mu_{M*N}(t) = w \qquad \forall t \in [\bar{p}_M * \bar{p}_N,\ \bar{q}_M * \bar{q}_N].$$

Dieser Satz gilt auch für "einpunktige Teilintervalle", d.h. bei $\bar{p}_M = \bar{q}_M$ bzw. bei $\bar{p}_N = \bar{q}_N$.

< **1.26** > Für die Fuzzy-Zahlen $\tilde{M}$ und $\tilde{N}$ in Abb. 1.16a und 1.16b

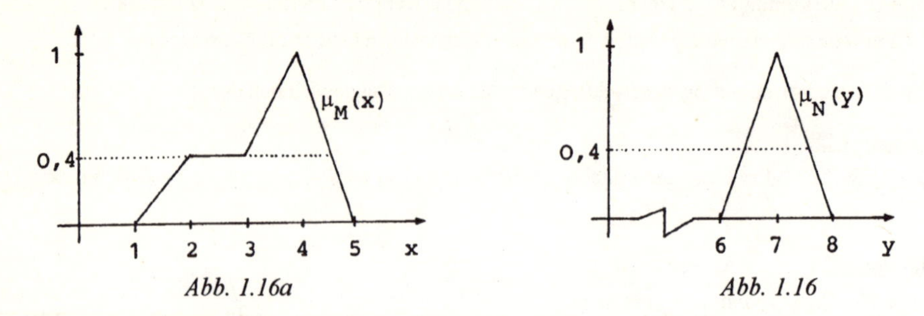

Abb. 1.16a *Abb. 1.16*

und für die Operation + (Addition reeller Zahlen) gilt nach Satz 1.7:

$$\mu_{M\oplus N}(t) = 0,4 \quad \forall t \in [2+6,4;\, 3+6,4] \quad \text{und auch für } t = 4,6 + 7,6 \; .$$

Die Fuzzy-Zahl $\tilde{M} \oplus \tilde{N}$ hat dann die in Abb. 1.16c dargestellte Zugehörigkeitsfunktion:

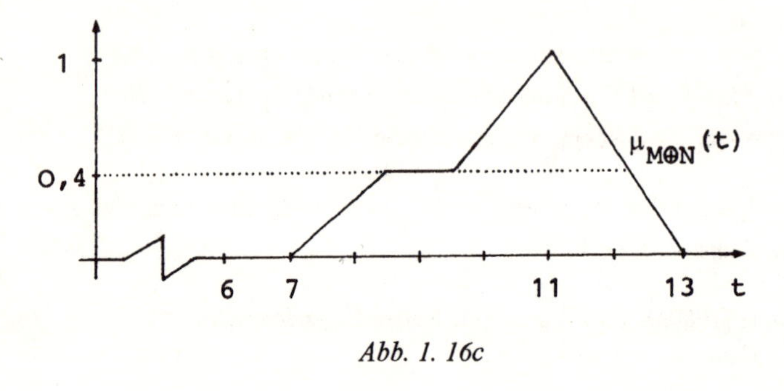

Abb. 1. 16c ♦

Satz 1.8:

Seien $\tilde{M}$ und $\tilde{N}$ stetige Fuzzy-Zahlen, und sei * eine stetige, streng monoton steigende binäre Operation in **R**. Dann wird durch die erweiterte Operation ⊛ eine Fuzzy-Zahl $\tilde{M}$ ⊛ $\tilde{N}$ definiert, deren Zugehörigkeitsfunktion stetig ist.

Bemerkung:

Die Sätze 1.7 und 1.8 lassen sich analog auch für streng monoton fallende binäre Operatoren formulieren. Dabei ist darauf zu achten, daß die monoton steigenden Teile von μ_M und μ_N die monoton fallenden Teile von μ_{M*N} bilden und umgekehrt.

Zur praktischen Berechnung einer Fuzzy-Zahl $\tilde{M}$ ⊛ $\tilde{N}$ empfiehlt es sich, die Intervalle, in denen μ_M und μ_N monoton steigend bzw. monoton fallend sind, getrennt zu untersuchen und das Berechnungsverfahren aus Satz 1.7 zu verwenden.

< **1.27** > Max und Min sind in **R** streng monoton steigende, stetige Funktionen. Das mittels des Erweiterungsprinzips gebildete erweiterte Maximum (bzw. erweiterte Minimum) zweier Fuzzy-Zahlen $\tilde{M}$ und $\tilde{N}$ ist dann ebenfalls eine Fuzzy-Zahl, die wir mit $\tilde{\text{Max}}(\tilde{M},\tilde{N})$ bzw. $\tilde{\text{Min}}(\tilde{M},\tilde{N})$ symbolisieren.

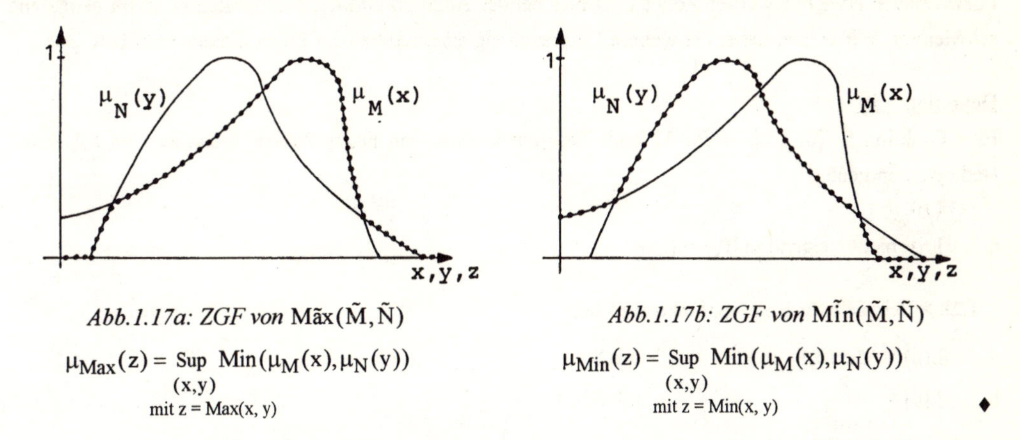

Abb.1.17a: ZGF von $\tilde{\text{Max}}(\tilde{M},\tilde{N})$ *Abb.1.17b: ZGF von* $\tilde{\text{Min}}(\tilde{M},\tilde{N})$

$$\mu_{Max}(z) = \sup_{\substack{(x,y) \\ \text{mit } z = \text{Max}(x,y)}} \text{Min}(\mu_M(x), \mu_N(y)) \qquad \mu_{Min}(z) = \sup_{\substack{(x,y) \\ \text{mit } z = \text{Min}(x,y)}} \text{Min}(\mu_M(x), \mu_N(y))$$

♦

Das vorstehend skizzierte Berechnungsverfahren für die erweiterte Operation ⊛ zur Verknüpfung zweier Fuzzy-Zahlen läßt sich erweitern zur Verknüpfung beliebiger stetiger Fuzzy Sets über **R**, vgl. [DUBOIS; PRADE 1980, S.46-48], Dies geschieht durch Zerlegung der Fuzzy Sets in konvexe, möglichst nicht normalisierte unscharfe Mengen, deren Zugehörigkeitsfunktionen in den einzelnen Intervallen der stützenden Menge entweder streng monoton oder konstant sind, vgl. Abb.1.18.

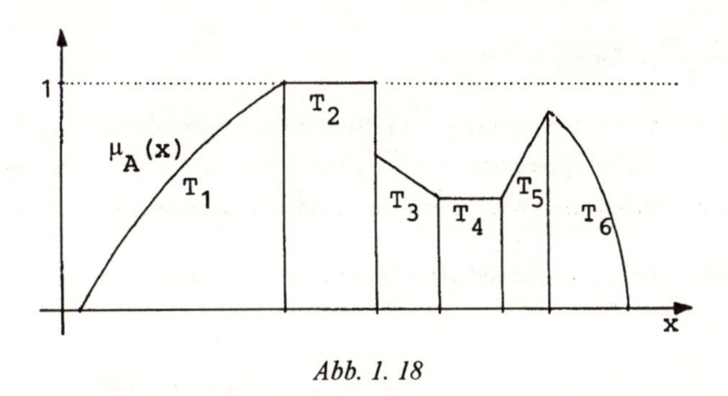

Abb. 1. 18

Da nach der Definitionsgleichung (1.46) gilt

$$\tilde{M} \circledast (\tilde{N} \cup \tilde{P}) = (\tilde{M} \circledast \tilde{N}) \cup (\tilde{M} \circledast \tilde{P}) \qquad \textit{Distributivität von } \circledast \textit{ über } \cup, \qquad (1.49)$$

kann die Operation ⊛ auf jeden Teil T_j getrennt übertragen werden.

Aber schon einfache Beispiele zeigen, daß der Rechenaufwand zur Ermittlung der mit Hilfe der erweiterten Operationen verknüpften unscharfen Mengen sehr groß ist. Man wird sich daher bei der Anwendung der erweiterten algebraischen Operationen auf sehr einfach strukturierte unscharfe Mengen wie Fuzzy-Zahlen oder Fuzzy-Intervalle beschränken.

1.3.3 ERWEITERTE OPERATIONEN FÜR FUZZY-ZAHLEN MIT L-R-DARSTELLUNG

Während die Maximum- und die Minimumbildung noch ohne größere Rechenprobleme auf beliebige Fuzzy-Zahlen erweitert werden können, ist dies bei der Addition und der Multiplikation schon bedeutend schwieriger. Wir wollen daher die weitere Untersuchung einschränken auf Fuzzy-Zahlen vom L-R-Typ.

Definition 1.30:

Eine Funktion L: $[0, +\infty[\rightarrow [0, 1]$ heißt *Referenzfunktion* von Fuzzy-Zahlen, wenn sie den folgenden Bedingungen genügt:

. $L(0) = 1$

ii. L ist nicht steigend in $[0, +\infty[$.

< **1.28** > Beispiele für Referenzfunktionen sind:

a. $L(u) = \text{Max}(0, 1 - u^{\delta})$ mit $\delta > 0$

b. $L(u) = \dfrac{1}{1 + u^{\delta}}$ mit $\delta > 0$

c. $L(u) = e^{-u^{\delta}}$ mit $\delta > 0$ ♦

Definition 1.31:

Eine Fuzzy-Zahl $\tilde{M}$ heißt L-R-*Fuzzy-Zahl*, wenn sich ihre Zugehörigkeitsfunktion mit geeigneten Referenzfunktionen L und R darstellen läßt als

$$\mu_M(x) = \begin{cases} L\left(\dfrac{m-x}{\alpha}\right) & \text{für } x \leq m, \quad \alpha > 0 \\ R\left(\dfrac{x-m}{\beta}\right) & \text{für } x > m, \quad \beta > 0 \end{cases} \tag{1.50}$$

Der eindeutig bestimmte Wert m mit $\mu_M(m) = 1 = L(0)$ ist der *Gipfelpunkt* der Fuzzy-Zahl. Die Größen α und β werden linke bzw. rechte *Spannweite* von $\tilde{M}$ genannt. Für $\alpha = \beta = 0$ ist $\tilde{M}$ vereinbarungsgemäß eine normale reelle Zahl. Andererseits wird $\tilde{M}$ mit wachsenden Ausdehnungen α oder β immer unschärfer.

Für eine L-R-Fuzzy-Zahl wollen wir die verkürzte Notation $\tilde{M} = (m; \alpha; \beta)_{LR}$ verwenden.

< **1.29** >

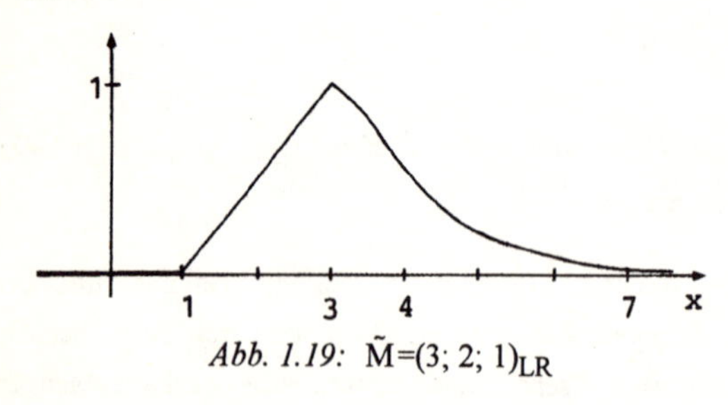

Abb. 1.19: $\tilde{M}=(3; 2; 1)_{LR}$

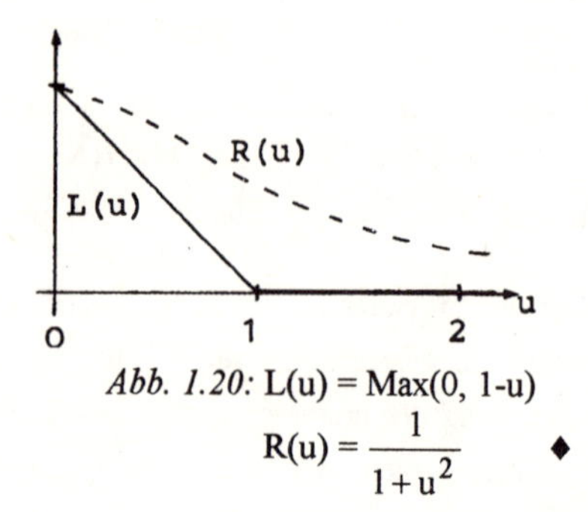

Abb. 1.20: $L(u) = \text{Max}(0, 1-u)$

$R(u) = \dfrac{1}{1+u^2}$ ♦

Erweiterte Addition

Fuzzy-Zahlen $\tilde{M} = (m; \alpha; \beta)_{LR}$ und $\tilde{N} = (n; \gamma; \delta)_{LR}$ des gleichen L-R-Typs, die sich aber im Gipfelpunkt und den Spannweiten unterscheiden dürfen, lassen sich leicht mittels Satz 1.7 addieren:
Existieren zu einem festen Wert $w \in [0, 1]$ eindeutig bestimmte reelle Zahlen x und y, die der Gleichung

$$L(\frac{m-x}{\alpha}) = w = L(\frac{n-y}{\gamma}) \tag{1.51}$$

genügen, d.h.L ist streng monoton fallend in einer Umgebung von $\frac{m-x}{\alpha} = \frac{n-y}{\gamma}$ und existiert damit eine im Punkt w definierte Umkehrfunktion L^{-1}, o ist (1.51) äquivalent zu

$$x = m - \alpha L^{-1}(w) \quad \text{und} \quad y = n - \gamma L^{-1}(w). \tag{1.52}$$

Daraus folgt

$$z = x + y = m + n - (\alpha + \gamma)L^{-1}(w) \qquad \text{oder}$$

$$\frac{(m+n)-z}{\alpha+\gamma} = L^{-1}(w) \quad \text{oder} \quad L\left(\frac{(m+n)-z}{\alpha+\gamma}\right) = w.$$

Analog gilt für die rechten Seiten von $\tilde{M}$ und $\tilde{N}$

$$R\left(\frac{z-(m+n)}{\beta+\delta}\right) = w$$

und somit insgesamt

$$(m;\alpha;\beta)_{LR} \oplus (n;\gamma;\delta)_{LR} = (m+n; \alpha+\gamma; \beta+\delta)_{LR} \tag{1.53}$$

Der Nachweis von (1.53) für konstante Teile von L bzw. R gelingt ebenfalls mit Satz 1.7.

< **1.30** > Für die Fuzzy-Zahlen $\tilde{M} = (4; 3; 2)_{LR}$ und $\tilde{N} = (2; 1; 2)_{LR}$ ergibt sich mit (1.53)

$$\tilde{M} \oplus \tilde{N} = (6; 4; 4)_{LR}.$$

Mit $L(u) = \text{Max}(0, 1-u^2)$ und $R(u) = \text{Max}(0, 1-u)$ sind diese u.a. Mengen in der Abb. 1.21 dargestellt.

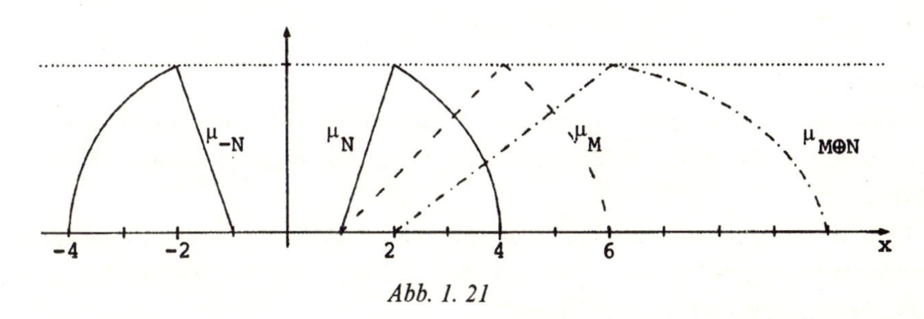

Abb. 1. 21 ♦

Die Gleichung (1.53) läßt sich mit analoger Beweisführung verallgemeinern für die Addition von Fuzzy-Zahlen von unterschiedlichem L-R-Typ

$$(m;\alpha;\beta)_{LR} \oplus (n;\gamma;\delta)_{L'R'} = (m+n; 1; 1)_{L''R''} \tag{1.54}$$

mit $\quad L'' = (\alpha L^{-1} + \gamma L'^{-1})^{-1} \quad$ und $\quad R'' = (\beta R^{-1} + \delta R'^{-1})^{-1}$,

wobei die Bildung der Umkehrfunktionen wiederum auf die streng monotonen Abschnitte der Risikofunktionen einzuschränken ist.

Erweiterte Subtraktion

Bezeichnen wir die Fuzzy-Zahl, deren Zugehörigkeitsfunktion gerade das um x = 0 spiegelsymmetrische Bild der Zugehörigkeitsfunktion μ_N ist, mit $-\tilde{N}$, vgl. Abb. 1.21, so gilt

$$-\tilde{N} = -(n;\gamma;\delta)_{LR} = (-n;\delta;\gamma)_{RL} \tag{1.55}$$

Bemerkung:

Bei der Spiegelung um x = 0 ist darauf zu achten, daß die Referenzfunktionen vertauscht werden. In der formalen Darstellung einer Fuzzy-Zahl wird jeweils zunächst die linke und dann die rechte Referenzfunktion aufgeführt.

Nach (1.55) gilt dann

$$(m;\alpha;\beta)_{LR} \ominus (n;\gamma;\delta)_{RL} = (m;\alpha;\beta)_{LR} \oplus (-n;\delta;\gamma)_{LR}$$

und somit mit (1.53) die Subtraktionsregel

$$(m;\alpha;\beta)_{LR} \ominus (n;\gamma;\delta)_{RL} = (m-n;\alpha+\delta;\beta+\gamma)_{LR} \tag{1.56}$$

< **1.31** > Für die Fuzzy-Zahlen $\tilde{M} = (5; 3; 2)_{LR}$ und $\tilde{N} = (2; 1; 2)_{RL}$ ergibt sich nach (1.56)

$$\tilde{M} \ominus \tilde{N} = (3; 5; 3)_{LR}.$$

Mit L(u) = R(u) = Max(0, 1-u) sind diese Mengen in der Abb. 1.22 dargestellt.

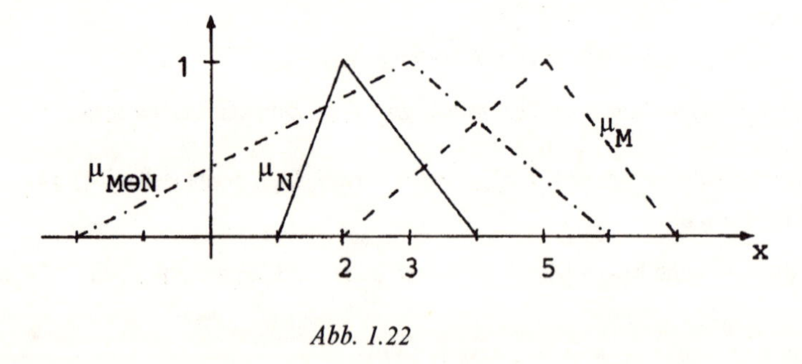

Abb. 1.22 ♦

Bemerkungen:

1. Auf Grund der Erscheinungsform ihrer Zugehörigkeitsfunktion werden L-R-Fuzzy-Zahlen mit der Referenzfunktion L(u) = R(u) = Max(0, 1-u) als *triangulare unscharfe Mengen* (Fuzzy-Zahlen) bezeichnet.
2. Im Gegensatz zum Rechnen mit reellen Zahlen, ist bei Fuzzy-Zahlen die erweiterte Subtraktion i. a. nicht die Umkehrung der erweiterten Addition. Dies läßt sich leicht für L-R-Fuzzy-Zahlen mit der gleichen Referenzfunktion L(u) = R(u) zeigen.

$$\begin{aligned}(\tilde{M}\oplus\tilde{N}) \ominus \tilde{N} &= ((m;\alpha;\beta)_{LL} \oplus (n;\gamma;\delta)_{LL}) - (n;\gamma;\delta)_{LL} \\ &\overset{(1.53)}{=} (m+n;\alpha+\gamma;\beta+\delta)_{LL} - (n;\gamma;\delta)_{LL} \\ &\overset{(1.56)}{=} (m;\alpha+\gamma+\delta;\beta+\delta+\gamma)_{LL} \neq (m;\alpha;\beta)_{LL} = \tilde{M}.\end{aligned}$$

Offensichtlich führt jede Anwendung der erweiterten Operation zu einer Fuzzy-Zahl, die "fuzzier" als die beiden Ausgangszahlen ist.

Erweiterte Multiplikation

Für positive Fuzzy-Zahlen $\tilde{M} = (m; \alpha; \beta)_{LR}$ und $\tilde{N} = (n; \gamma; \delta)_{LR}$ folgt aus den Gleichungen (1.52)

$$z = x \cdot y = m \cdot n - (m\gamma + n\alpha)L^{-1}(w) + \alpha\gamma(L^{-1}(w))^2 \tag{1.57}$$

Die Auflösung dieser quadratischen Gleichung in $L^{-1}(w)$ führt im allgemeinen nicht mehr zu einer Referenzfunktion des vorgegebenen L-R-Typs für $\tilde{M} \odot \tilde{N}$.

Ist aber α und γ genügend klein im Vergleich zu m und n und/oder ist w nahe bei 1, so kann in (1.57) der quadratische Term vernachlässigt werden. Man erhält dann für $\tilde{M} \odot \tilde{N}$ die Näherungsformel

$$(m;\alpha;\beta)_{LR} \odot (n;\gamma;\delta)_{LR} \approx (mn; m\gamma + n\alpha; m\delta + n\beta)_{LR}. \tag{1.58}$$

Sind die Spannweiten nicht klein genug im Vergleich zu den Gipfelpunkten, so empfehlen DUBOIS; PRADE [1980, S.55], die Näherungsformel

$$(m;\alpha;\beta)_{LR} \odot ((n;\gamma;\delta)_{LR} \approx (mn; m\gamma + n\alpha - \alpha\gamma; m\delta + n\beta + \beta\delta)_{LR} \tag{1.59}$$

zu verwenden. Sie ergibt sich, wenn in (1.57) der quadratische Term durch den entsprechenden linearen Ausdruck ersetzt wird.

Offensichtlich stimmt die gemäß (1.59) berechnete Zugehörigkeitsfunktion zumindestens in den drei Punkten

$$(m \cdot n; 1),\ ((m-\alpha)(n-\gamma); L(1)),\ ((m+\beta)(n+\delta); R(1)) \quad \text{mit } \mu_{M\odot N} \text{ überein}$$

< **1.32** > Für die Fuzzy-Zahlen $\tilde{M} = (2; 1; 2)_{LR}$ und $\tilde{N} = (4; 2; 2)_{LR}$ mit $L(u) = R(u) = \text{Max}(0, 1-u)$ hat das Produkt $\tilde{M} \odot \tilde{N}$ die Näherungswerte $(8; 8; 12)_{LR}$ mit (1.58) und $(8; 6; 16)_{LR}$ mit (1.59), vgl. Abb.1.23.

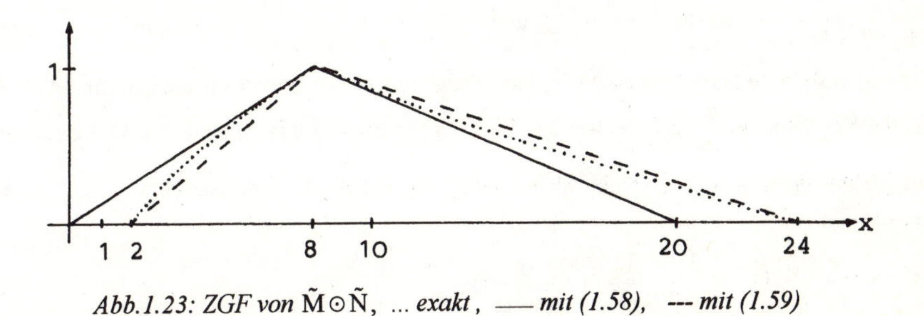

Abb.1.23: ZGF von $\tilde{M} \odot \tilde{N}$, ... exakt, —— mit (1.58), --- mit (1.59) ♦

Auch für Fuzzy-Zahlen mit unterschiedlichen bzw. mit negativem Vorzeichen lassen sich Näherungsformeln analog zu (1.58) bzw. (1.59) herleiten.
So gilt z.B. für $\tilde{M} = (m; \alpha; \beta)_{LR} > 0$ und $\tilde{N} = (n; \gamma; \delta)_{RL} < 0$ die Näherungsformel

$$(m;\alpha;\beta)_{LR} \odot (n;\gamma;\delta)_{RL} \approx (mn; m\gamma - n\beta + \beta\gamma; m\delta - n\alpha - \alpha\delta)_{RL} \tag{1.60}$$

Speziell gilt für die Multiplikation mit einem Skalar

$$\lambda \cdot (m;\alpha;\beta)_{LR} = (\lambda m; \lambda\alpha; \lambda\beta)_{LR} \quad \text{für } \lambda > 0,\ \lambda \in \mathbf{R} \tag{1.61}$$

$$\lambda \cdot (m;\alpha;\beta)_{LR} = (\lambda m; -\lambda\beta; -\lambda\alpha)_{RL} \quad \text{für } \lambda < 0,\ \lambda \in \mathbf{R} \tag{1.62}$$

Inverse einer Fuzzy-Zahl

Die *Inverse einer Fuzzy-Zahl* $\tilde{M}$ in Bezug auf die Multiplikation wollen wir mit $\tilde{M}^{-1}$ symbolisieren und definieren durch

$$\mu_{M^{-1}}(x) = \mu_M(\frac{1}{x}) \quad \forall x \in R \setminus \{0\}. \tag{1.63}$$

Für eine <u>positive</u> L-R-Fuzzy-Zahl $\tilde{M} = (m, \alpha, \beta)_{LR}$ folgt dann für die rechte Seite von $\tilde{M}^{-1}$, d.h. für $x \geq \frac{1}{m}$

$$\mu_{M^{-1}}(x) = L(\frac{m - \frac{1}{x}}{\alpha}) = L(\frac{mx-1}{\alpha x}). \tag{1.64}$$

$\tilde{M}^{-1}$ ist aber weder eine Fuzzy-Zahl vom R-L- noch vom L-R-Typ.

In der Umgebung von $\frac{1}{m}$ läßt sich aber eine Näherungsformel angeben, denn hier gilt

$$\frac{mx-1}{\alpha x} = \frac{x - \frac{1}{m}}{\frac{\alpha}{m} x} \approx \frac{x - \frac{1}{m}}{\frac{\alpha}{m^2}} \quad \text{und somit}$$

$$\tilde{M}^{-1} = (m, \alpha, \beta)_{LR}^{-1} \approx (m^{-1}, \frac{\beta}{m^2}, \frac{\alpha}{m^2})_{RL}. \tag{1.65}$$

Um Aussagen über die Güte der Näherung (1.65) geben zu können, vergleichen wir für eine positive Fuzzy-Zahl $\tilde{M} = (m;\alpha;\beta)_{LR}$ mit den Referenzfunktionen L(u) = R(u) = Max(0, 1- u) die stützende Menge $\left]\frac{1}{m+\beta}; \frac{1}{m-\alpha}\right[$ der Fuzzy-Zahl $\tilde{M}^{-1}$ mit der stützenden Menge $\left]\frac{1}{m} - \frac{\beta}{m^2}; \frac{1}{m} + \frac{\alpha}{m^2}\right[$ der mit (1.65) berechneten Näherung.

Aus $\frac{1}{m+\beta} > \frac{1}{m} - \frac{\beta}{m^2} \Leftrightarrow m^2 > m^2 - \beta^2$ und $\frac{1}{m-\alpha} > \frac{1}{m} + \frac{\alpha}{m^2} \Leftrightarrow m^2 > m^2 - \alpha^2$ folgt, daß die mit (1.65) bestimmte Näherung zu $\tilde{M}^{-1}$ "linkslastig" ist und daß sie um so stärker von $\tilde{M}^{-1}$ abweicht, je größer die Verhältnisse $\frac{\alpha}{m}$ und $\frac{\beta}{m}$ werden. Dies wird auch in dem Beispiel in < 1.33 > deutlich.

Sind die Spannweiten α und β nicht klein genug im Vergleich zum Gipfelpunkt m, so kann die Näherungsformel

$$\tilde{M}^{-1} \approx (\frac{1}{m}; \frac{\beta}{m^2}(1 - \frac{\beta}{m+\beta}); \frac{\alpha}{m^2}(1 + \frac{\alpha}{m-\alpha}))_{RL} \tag{1.66}$$

$$= (\frac{1}{m}; \frac{\beta}{m(m+\beta)}; \frac{\alpha}{m(m-\alpha)})_{RL} \tag{1.66'}$$

verwendet werden. Die so berechnete Zugehörigkeitsfunktion stimmmt zumindest in den drei Punkten

$(\frac{1}{m}; 1)$, $(\frac{1}{m+\beta}, R(1))$, $(\frac{1}{m-\alpha}, L(1))$ mit $\mu_{M^{-1}}$ überein.

Da $-(\tilde{M}^{-1}) = (-\tilde{M})^{-1}$, gelten für <u>negative</u> L-R-Fuzzy-Zahlen ähnliche Näherungsformeln.

< 1.33 >

a. Für $\tilde{M}_1 = (2; 1; 2)_{LR}$ mit $L(u) = R(u) = \text{Max}(0, 1\text{-}u)$ erhält man mit Formel (1.65) die Näherung $\tilde{M}_1^{-1} = (\frac{1}{2};\frac{1}{2};\frac{1}{4})_{RL}$ mit der stützenden Menge $]0, \frac{3}{4}[$. Dagegen weisen $\tilde{M}^{-1}$ und die mittels (1.66) berechnete Näherung $(\frac{1}{2};\frac{1}{2};\frac{1}{4})_{RL}$ die stützende Menge $]\frac{1}{4}, 1[$ auf.

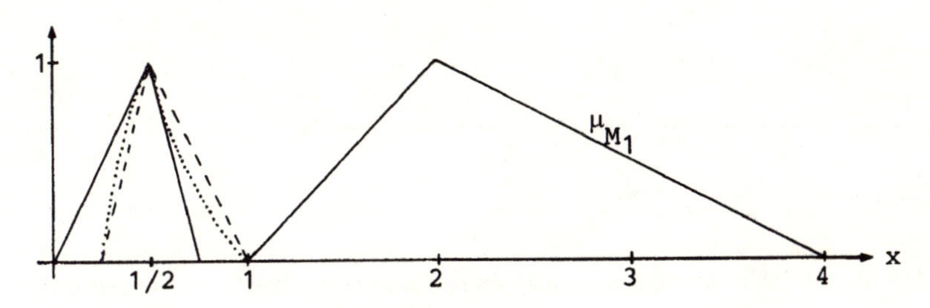

Abb. 1.24: ZGF von $\tilde{M}$ ——
und von $\tilde{M}^{-1}$ ······· *exakt,* ——— *mit (1.61),* ----- *mit 1.62*

b. Für $\tilde{M}_2 = (8; 1; 2)_{LR}$ mit $L(u) = R(u) = \text{Max}(0, 1\text{-}u)$ liefert (1.65) die Näherung $\tilde{M}_2^{-1} \approx (\frac{1}{8};\frac{1}{32};\frac{1}{64})_{RL}$ mit der stützenden Menge]0,0938; 0,1406[. Im Vergleich dazu haben sowohl $\tilde{M}_2^{-1}$ als auch die gemäß (1.66) bestimmte Näherung $(\frac{1}{8};\frac{1}{40};\frac{1}{56})_{RL}$ die stützende Menge]0,1000; 0,1429 [. ♦

Erweiterte Division

Aus der Identität $\tilde{N} \odot \tilde{M} = \tilde{N} \odot \tilde{M}^{-1}$ folgt dann für <u>positive</u> FuzzyZahlen bei Verwendung von (1.58) und (1.65) die Näherungsformel

$$(n;\gamma;\delta)_{LR} \odot (m;\alpha;\beta)_{RL} \approx (\frac{n}{m};\frac{n\beta+m\gamma}{m^2};\frac{n\alpha+m\delta}{m^2})_{LR} \tag{1.67}$$

und bei Benutzung von (1.59) und (1.66) die Näherungsformel

$$(n;\gamma;\delta)_{LR} \odot (m;\alpha;\beta)_{RL} \approx (\frac{n}{m};\frac{n\beta+m\gamma}{m^2}(1-\frac{\beta}{m+\beta});\frac{n\alpha+m\delta}{m^2}(1+\frac{\alpha}{m-\alpha}))_{LR}, \tag{1.68}$$

die zur praktischen Berechnung einfacher geschrieben werden kann als

$$(n;\gamma;\delta)_{LR} \odot (m;\alpha;\beta)_{RL} \approx (\frac{n}{m};\frac{n\beta+m\gamma}{m(m+\beta)};\frac{n\alpha+m\delta}{m(m-\alpha)})_{LR}. \tag{1.68'}$$

Analoge Näherungsformeln lassen sich auch angeben für den Fall, daß $\tilde{M}$ und/oder $\tilde{N}$ <u>negativ</u> sind.

< **1.34** > Für die Fuzzy-Zahlen $\tilde{N} = (4; 2; 2)_{LR}$ und $\tilde{M} = (2; 1; 2)_{RL}$ mit $L(u) = R(u) = Max(0, 1-u)$ hat der Quotient $\tilde{N} \odot \tilde{M}$ die Näherungswerte $(2; 3; 2)_{LR}$ mit (1.67) bzw. $(2; 1{,}5; 4)_{LR}$ mit (1.68). vgl. Abb. 1.25.

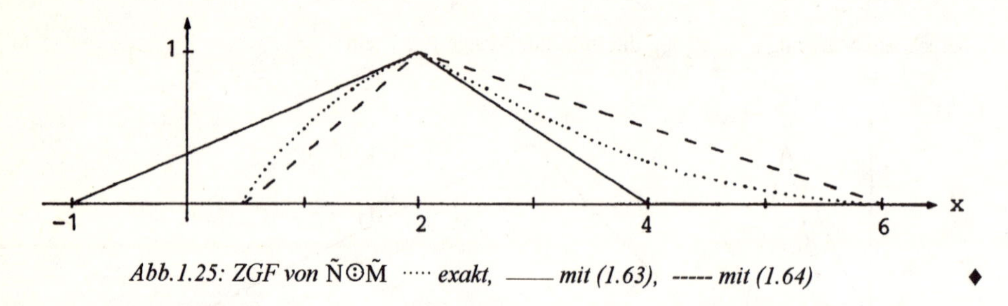

Abb.1.25: ZGF von $\tilde{N} \odot \tilde{M}$ ····· *exakt,* —— *mit (1.63),* ----- *mit (1.64)* ♦

Neben den L-R-Fuzzy-Zahlen im engeren Sinn lassen sich auch Fuzzy-Intervalle vom L-R-Typ definieren.

Definition 1.32:

Ein Fuzzy-Intervall M heißt *L-R-Fuzzy-Intervall,* wenn sich seine Zugehörigkeitsfunktion mit geeigneten Referenzfunktionen L und R darstellen läßt als

$$\mu_M(x) = \begin{cases} L(\frac{m_1 - x}{\alpha}) & \text{für} \quad x \leq m_1 \\ 1 & \text{für } m_1 < x \leq m_2 \\ R(\frac{x - m_2}{\beta}) & \text{für } m_2 < x \end{cases} \tag{1.69}$$

Für ein L-R-Fuzzy-Intervall wollen wir die verkürzte Notation $\tilde{M} = (m_1; m_2; \alpha; \beta)_{LR}$ verwenden.

In der Literatur ist noch eine zweite Abkürzungsform für L-R-Fuzzy-Intervalle gebräuchlich, vgl. z.B. [TANAKA; ASAI 1984A]. Mit den Symbolen

$$m = \frac{m_1 + m_2}{2} \quad \text{und} \quad c = \frac{m_2 - m_1}{2}$$

läßt sich $\tilde{M} = (m_1; m_2; \alpha; \beta)_{LR}$ auch eindeutig kennzeichnen durch $\tilde{M} = [m; c; \alpha; \beta]_{LR}$.

< **1.35** >

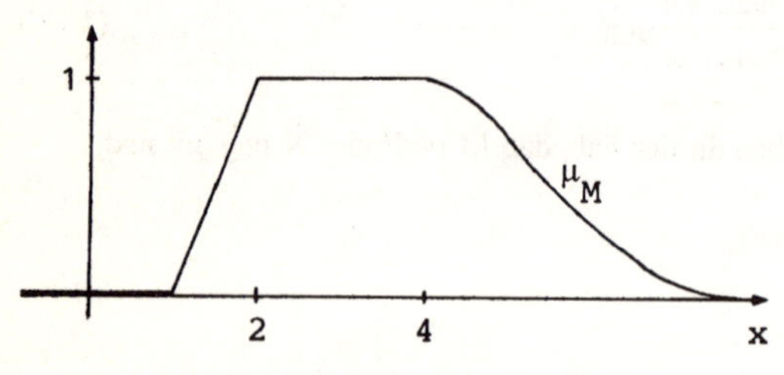

Abb. 1.26: ZGF von $\tilde{M} = (2; 4; 1; 2)_{LR}$
$= [3; 1; 1; 2]_{LR}$

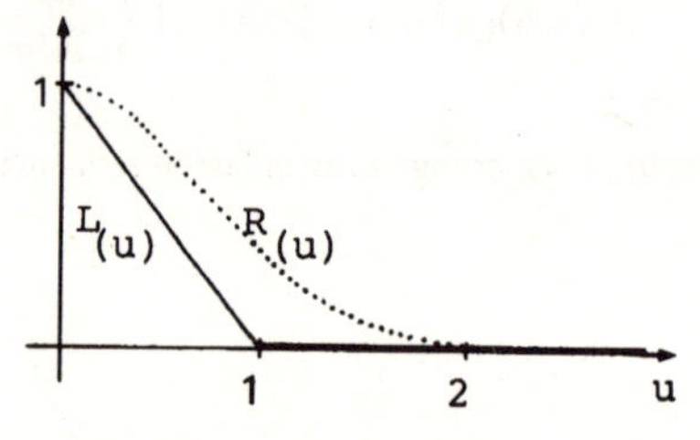

Abb. 1.27: $L(u) = Max(0, -u)$
$R(u) = e^{-u^2}$

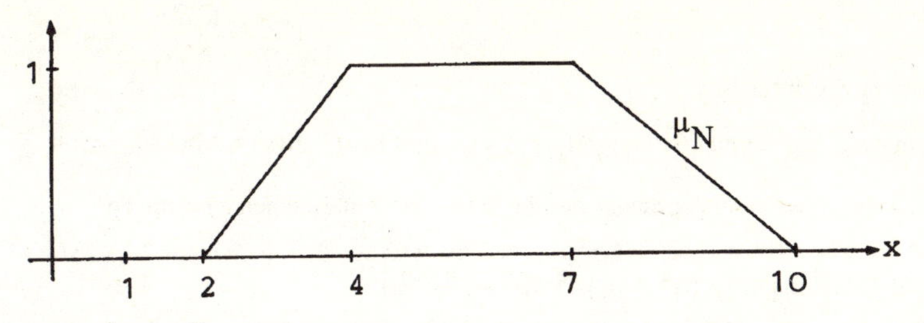

Abb. 1.28: ZGF von $\tilde{N} = (4; 7; 2; 3)_{LR} = [5{,}5; 1{,}5; 2{,}3]_{LR}$ *mit* $L(u) = R(u) = Max(0, 1\text{-}u)$ ♦

Bemerkung:

Auf Grund des Erscheinungsbildes ihrer Zugehörigkeitsfunktion werden L-R-Fuzzy-Intervalle mit der Referenzfunktion $L(u) = R(u) = Max(0, 1\text{-}u)$ auch als *trapezförmige unscharfe Mengen (Fuzzy-Intervalle)* bezeichnet.

Die vorstehenden Formeln für die erweiterten algebraischen Operationen auf L-R-Fuzzy-Zahlen lassen sich auf L-R-Fuzzy-Intervalle übertragen. So gilt z.B.

$$(a; b; \alpha; \beta)_{LR} \oplus (c; d; \gamma; \delta)_{LR} = (a+c; b+d; \alpha+\gamma; \beta+\delta)_{LR} \tag{1.70}$$

$$(a; b; \alpha; \beta) \odot (c; d; \gamma; \delta) \approx (a \cdot c; b \cdot d; a\gamma + c\alpha; b\delta + d\beta)_{LR} \tag{1.71}$$

$$(a; b; \alpha; \beta) \odot (c; d; \gamma; \delta)_{LR} \approx (a \cdot c; b \cdot d; a\gamma + c\alpha - \alpha\gamma; b\delta + d\beta + \beta\delta)_{LR} \tag{1.72}$$

< **1.36** > Für $\tilde{M} = (2;4;1;2)_{LR}$ und $\tilde{N} = (5;7;2;3)_{LR}$ gilt

$\tilde{M} \oplus \tilde{N} = (7; 11; 3; 5)_{LR}$

$\tilde{M} \odot \tilde{N} \approx (10; 28; 7; 32)_{LR}$. ♦

1.3.4 ERWEITERTE ADDITION UND MULTIPLIKATION AUF DER BASIS DER YAGERSCHEN T-NORM T_p

Wird zur Erweiterung der algebraischen Operatoren auf unscharfe Mengen das allgemeine Erweiterungsprinzip

$$\mu_B(y) = \sup_{(x_1,\ldots,x_n) \in g^{-1}(y)} T_p\left(\mu_{A_1}(x_1), \ldots, \mu_{A_n}(x_n)\right) \tag{1.44}$$

benutzt, das auf der YAGERschen t-Norm

$$T_p\left(\mu_{A_1}(x_1), \ldots, \mu_{A_n}(x_n)\right) = \operatorname{Max}\left(0, 1 - \left(\sum_{j=1}^{n} (1 - \mu_{Aj}(x_j))^p\right)^{1/p}\right) \tag{1.45}$$

basiert, so wird i.a. die Berechnung sehr umständlich. Eine Ausnahme bildet die erweiterte Addition und die erweiterte Multiplikation von L-R-Zahlen bzw. L-R-Fuzzy-Intervallen mit linearen Referenzfunktionen $L(u) = R(u) = Max (0, 1\text{-}u)$.

Nach KOVACS [1991], KERESZTFALVI; ROMMELFANGER [1991], KERESZTFALVI [1992A] gelten die folgenden Sätze:

Satz 1.9:

Für trapezförmige Fuzzy-Intervalle

$$\tilde{M} = (m_1; m_2; \alpha; \beta)_{LR} \quad \text{und} \quad \tilde{N} = (n_1; n_2; \gamma; \delta)_{LR} \quad \text{mit } L(u) = R(u) = \text{Max}\,(0,\, 1\text{-}u)$$

gilt bei Benutzung des Erweiterungsprinzips auf der Basis der YAGERschen t-Norm Tp

$$\tilde{M} \oplus \tilde{N} = \left(m_1 + n_1;\, m_2 + n_2;\, (\alpha^q + \gamma^q)^{1/q};\, (\beta^q + \delta^q)^{1/q} \right)_{LR} \tag{1.73}$$

$$\tilde{M} \odot \tilde{N} = \left(m_1 \cdot n_1;\, m_2 \cdot n_2;\, \left((m_1\gamma)^q + (n_1\alpha)^q\right)^{1/q};\, \left((m_2\delta)^q + (n_2\beta)^q\right)^{1/q} \right)_{LR} \tag{1.74}$$

wobei $q \geq 1$, so daß $\frac{1}{p} + \frac{1}{q} = 1$.

Bemerkungen:

1. Offensichtlich wird sowohl bei der erweiterten Addition (1.73) als auch bei der erweiterten Multiplikation (1.74) die 1-Niveau-Ebene nicht durch die Wahl des Parameters q beeinflußt.

2. Wie auf S. 25 gezeigt wurde, geht die YAGERsche t-Norm Tp für $p \to +\infty$, d.h. für $q = 1$ in den Min-Operator über. Offensichtlich stimmen dann die Formeln (1.73) und (1.74) mit der erweiterten Additions (1.70) bzw. der Näherungsformel der erweiterten Multiplikation (1.71) überein.

3. Im anderen Extremfall, d.h. für $p = 1$ und $q \to +\infty$, stellt

$$T_1(\mu_M(x), \mu_N(y)) = \text{Max}\left(0, 1 - \left((1-\mu_M(x))^1 + (1-\mu_N(y))^1\right)^{1/1}\right) = \text{Max}\left(0, \mu_M(x) + \mu_N(x) - 1\right)$$

   die beschränkte Differenz, vgl. Definition 1.17, bzw. die LUKASIEWICZsche t-Norm dar.
   Die Spannweiten erhalten dann für die erweiterte Addition (1.73) die Form

$$(\alpha^q + \gamma^q)^{1/q} = \text{Max}(\alpha, \gamma)$$

$$(\beta^q + \delta^q)^{1/q} = \text{Max}(\beta, \delta)$$

   und für die erweiterte Multiplikation (1.74) die Form

$$\left((m_1\gamma)^q + (n_1\alpha)^q\right)^{1/q} = \text{Max}(m_1\gamma, n_2\alpha)$$

$$\left((m_2\delta)^q + (n_1\beta)^q\right)^{1/q} = \text{Max}(m_2\delta, n_1\beta)$$

4. Da trianguläre Fuzzy-Zahlen Spezialfälle von trapezförmigen Fuzzy-Intervallen sind, lassen sich die Formeln (1.73) und (1.74) direkt auf L-R-Fuzzy-Zahlen mit L(u) = R(u) = Max(0, 1-u) übertragen.

5. Da für a, b > 0, s, r ≥ 1 stets gilt[1]

$$(a^r + b^r)^{1/r} < (a^s + b^s)^{1/s} \quad \Leftrightarrow \quad r > s$$

sind die Spannweiten in der Formel (1.73) und (1.74) streng monoton steigend mit fallendem q. Je kleiner q gewählt wird, um so "fuzzier" wird das Ergebnis der Addition bzw. Multiplikation.

Der Unterschied zwischen den Extremfällen q = 1 und q → +∞ wird besonders deutlich, wenn wir das gleiche Fuzzy-Intervall miteinander addieren bzw. multiplizieren, denn es gilt

$$\tilde{M} \oplus \tilde{M} = (m_1 + m_1; m_2 + m_2; \alpha; \beta)_{LR} \quad \text{bzw.}$$
$$\tilde{M} \odot \tilde{M} = (m_1 \cdot m_1; m_2 \cdot m_2; m_1\alpha; m_2\beta)_{LR}$$

< 1.37 >

$\tilde{M} = (2; 3; 0,5; 1)_{LR}$, $L(u) = R(u) = \text{Max}(0, 1-u)$

mit $q = 1$ $\quad \tilde{M} \oplus \tilde{M} = (4; 6; 0,5; 1)_{LR}$

mit $q \to \infty$ $\quad \tilde{M} \oplus \tilde{M} = (4; 6; 1; 2)_{LR}$

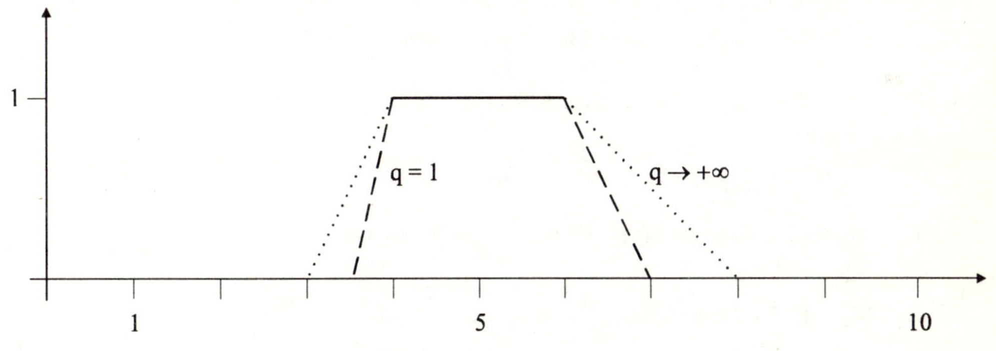

Abb. 1.29: Erweiterte Addition

mit $q = 1$ $\quad \tilde{M} \oplus \tilde{M} \approx (4; 9; 1; 3)_{LR}$

mit $q \to \infty$ $\quad \tilde{M} \oplus \tilde{M} \approx (4; 9; 2; 6)_{LR}$, vgl. Abbildung 1.30.

---

[1] Beweis: Sei t = r - s > 0

$$(a^{s+t} + b^{s+t})^{1/(s+t)} < (a^s + b^s)^{1/s}$$

$$\Leftrightarrow a^{s+t} + b^{s+t} < (a^s + b^s)^{(s+t)/s}$$

$$\Leftrightarrow a^s \cdot a^t + b^s \cdot b^t < a^s (a^s + b^s)^{t/s} + b^s (a^s + b^s)^{t/s}$$

$$\Leftrightarrow a^t < (a^s + b^s)^{t/s} \quad \text{und} \quad b^t < (a^s + b^s)^{t/s}$$

$$\Leftrightarrow a < (a^s + b^s)^{1/s} \quad \text{und} \quad b < (a^s + b^s)^{1/s} \qquad \text{q.e.d.}$$

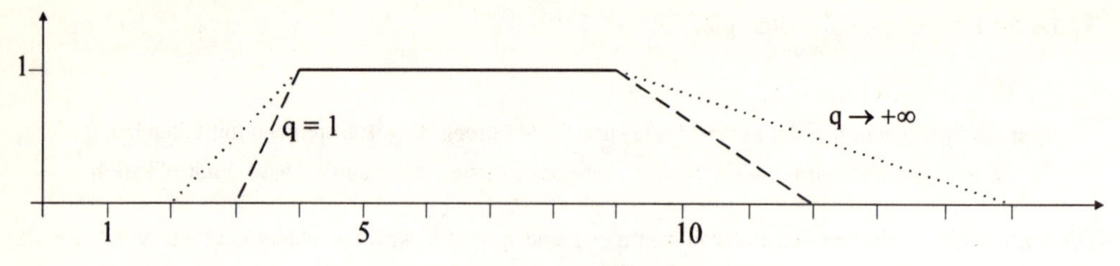

Abb. 1.30: Erweiterte Multiplikation

ÜBUNGSAUFGABEN

1.5 Gegeben seien die unscharfen Mengen

$\tilde{A}_1 = \{(2; 0{,}3), (3; 0{,}7), (4; 1), (5; 0{,}5)\}$ und

$\tilde{A}_2 = \{(4; 0{,}4), (5; 1), (6; 0{,}8), (7; 0{,}1)\}$

a. Berechnen Sie die Zugehörigkeitswerte des cartesischen Produktes $\tilde{A}_1 \times \tilde{A}_2$.

b. Bestimmen Sie mittels des Erweiterungsprinzips und

i. der Abbildung $g_1(x_1, x_2) = x_1 \cdot x_2$ die Menge $\tilde{A}_1 \odot \tilde{A}_2$

ii. der Abbildung $g_2(x_1, x_2) = \text{Min}(x_1, x_2)$ die Menge $\widetilde{\text{Min}}(\tilde{A}_1, \tilde{A}_2)$.

1.6 Zeichnen Sie die Zugehörigkeitsfunktionen der folgenden L-R-Fuzzy-Zahlen und L-R-Fuzzy-Intervalle:

a. $\tilde{M}_a = (5;2;1)_{LR}$ mit $L(u) = \text{Max}(0, 1-u)$ und $R(u) = \dfrac{1}{1+u^2}$

b. $\tilde{M}_b = (4;2;1)_{LR}$ mit $L(u) = e^{-u}$ und $R(u) = \text{Max}(0, 1-u)$

c. $\tilde{M}_c = -\tilde{M}_a$

d. $\tilde{M}_d = (3;5;1;2)$ mit $L(u) = \dfrac{1}{1+u}$ und $R(u) = \text{Max}(0, 1-u)$.

1.7 Gegeben sind die L-R-Fuzzy-Zahlen

$\tilde{M} = (3; 1; 2)_{RL}$, $\tilde{N} = (6; 2; 3)_{LR}$, $\tilde{K} = (2; 1; 2)_{RL}$.

Bestimmen Sie mit den vorstehend angegebenen (Näherungs-)Formeln

$\tilde{M} \oplus \tilde{N}$, $-\tilde{K}$, $\tilde{N} - \tilde{K}$, $\tilde{M} \odot \tilde{N}$, $\tilde{K}^{-1}$, $\tilde{N} \odot \tilde{K}$

1.8 Gegeben sind die L-R-Fuzzy-Intervalle

$\tilde{M} = (2;3;1;2)_{RL}$, $\tilde{N} = (8;9;2{:}3)_{LR}$ und $\tilde{K} = (5;7;2;1)_{LR}$.

a. Bestimmen Sie $\tilde{K} \oplus \tilde{N}$ und $-\tilde{M}$.

b. Berechnen Sie mit Formel (1.71) näherungsweise $\tilde{K} \odot \tilde{N}$.

c. Formulieren Sie für positive Fuzzy-Intervalle $\tilde{M} = (m_1; m_2; \alpha; \beta)_{RL}$ und $\tilde{N} = (n_1; n_2; \gamma; \delta)_{LR}$ zunächst allgemein Näherungsformeln für $\tilde{M}^{-1}$ und $\tilde{N} \odot \tilde{M}$ analog zu (1.66) bzw. (1.68). Berechnen Sie dann $\tilde{M}^{-1}$ und $\tilde{N} \odot \tilde{M}$ für das obige Zahlenbeispiel.

1.4 WAHRSCHEINLICHKEIT, MÖGLICHKEIT UND WEITERE FUZZY-MAßE

In diesem Abschnitt wollen wir uns mit Maßgrößen befassen, die den Grad des Glaubens, der Möglichkeit, der Wahrscheinlichkeit u.dgl. ausdrücken, daß sich ein Ereignis realisiert. Dabei wollen wir insbesondere den Unterschied zwischen *Wahrscheinlichkeit (probability)* und *Möglichkeit (possibility)* herausarbeiten. Während wir im ersten Abschnitt ausschließlich Mengen im klassischen Sinne betrachten, werden wir anschließend Wahrscheinlichkeitsmaße für Fuzzy-Ereignisse, d.h. für unscharfe Mengen formulieren.

1.4.1 WAHRSCHEINLICHKEIT UND MÖGLICHKEIT

Ausgangspunkt unserer Betrachtung ist der klassische Wahrscheinlichkeitsbegriff, der durch die nachfolgenden Definitionen etabliert wird.

Definition 1.33:

Ein System $f \subseteq \wp(\Omega)$ von Teilmengen einer (klassischen) Menge Ω heißt *σ-Algebra auf* Ω, wenn gilt

(A1) $\Omega \in f$

(A2) $A \in f \rightarrow CA \in f$

(A3) $A_i \in f,\ i = 1, 2, \ldots \Rightarrow \bigcup_i A_i \in f$

Eine σ-Algebra f auf Ω wird auch als *Ereignisraum* auf den *Ergebnisraum* Ω bezeichnet, und die Elemente von f werden *Ereignisse* genannt.

Definition 1.34:

Eine auf $f \subseteq \wp(\Omega)$ definierte Funktion $P : f \rightarrow [0, 1]$ heißt *Wahrscheinlichkeit(smaß) auf* f, wenn gilt:

(W1) $A \in f \Rightarrow P(A) \geq 0$

(W2) $P(\Omega) = 1$

(W3) $A_1, A_2, \ldots \in f$ und $A_i \cap A_j = \varnothing \quad \forall i \neq j \quad \Rightarrow \quad P(\bigcup_i A_i) = \sum_i P(A_i)$ (1.75)

Für eine endliche Menge Ω läßt sich die Bedingung (W3) abschwächen zu

(W3') $A, B \in f$ und $A \cap B = \varnothing \Rightarrow P(A \cup B) = P(A) + P(B)$. (1.76)

SUGENO [1974] verallgemeinert das Wahrscheinlichkeitsmaß, indem er die σ-Additivität (1.75) durch eine schwächere Bedingung, die Monotonie, ersetzt.

Definition 1.35:

Eine auf $f \subseteq \wp(\Omega)$ definierte Funktion $g : f \rightarrow [0, 1]$ heißt *Fuzzy-Maß auf* f, wenn gilt:

(FM1) $g(\varnothing) = 0$

(FM2) $g(\Omega) = 1$

(FM3) $A, B \in f$ und $A \subseteq B \Rightarrow g(A) \leq g(B)$ *Monotonie*

(FM4) $A_1, A_2, \ldots \in f$ und $A_1 \subseteq A_2 \subseteq \ldots \subseteq A_n \subseteq \ldots$ (oder $A_1 \supseteq A_2 \ldots$)

$\Rightarrow \lim_{i \rightarrow \infty} g(A_i) = g(\lim_{i \rightarrow \infty} A_i)$ *Stetigkeit* (1.77)

Offensichtlich genügt ein Wahrscheinlichkeitsmaß auf f sowohl der Monotonie als auch der Stetigkeitsbedingung, so daß ein Wahrscheinlichkeitsmaß stets ein Fuzzy-Maß ist. Beachten wir nun, daß die Wahrscheinlichkeit eines Ereignisses A interpretiert werden kann als die Wahrscheinlichkeit, daß das nach Durchführung des Zufallsexperimentes zu beobachtende Ergebnis $x \in \Omega$ ein Element von A ist. Dann läßt sich auch der Funktionswert g(A) auffassen als eine Bewertung der Aussage "$x \in A$". Die Monotonie von g bedeutet dabei, daß "$x \in A$" weniger oder gleich gewiß als "$x \in B$" ist, wenn $A \subseteq B$. SUGENO bezeichnet g(A) als *Grad der Fuzziness* von A.

Aus der Monotoniebedingung (FM3) folgt unmittelbar der

Satz 1.10:

$A, B \in f \quad \Rightarrow$

i. $g(A \cup B) \geq \text{Max}(g(A), g(B))$ (1.78)

ii. $g(A \cap B) \leq \text{Min}(g(A), g(B))$. (1.79)

Von SUGENO [1974] stammt noch ein weiterer Maßbegriff, bei dem die Additivität der Wahrscheinlichkeit in abgeschwächter Form erhalten bleibt.

Definition 1.36:

Eine auf $f \subseteq \wp(\Omega)$ definierte Funktion $g_\lambda : f \to [0, 1]$ heißt *λ-Fuzzy-Maß auf f*, wenn g_λ neben den Bedingungen (FM2) und (FM4) die Bedingung

(FM5) $A, B \in f$ und $A \cap B = \emptyset$ und $\lambda > -1$

$$\Rightarrow \quad g_\lambda(A \cup B) = g_\lambda(A) + g_\lambda(B) + \lambda \cdot g_\lambda(A) \cdot g_\lambda(B) \qquad (1.80)$$

erfüllt.

Es gilt der

Satz 1.11:

Ein λ-Fuzzy-Maß ist für $\lambda > -1$ stets ein Fuzzy-Maß im Sinne der Definition 1.35.

Beweis:

a. Für $A = \Omega$ und $B = \emptyset$ ist die Bedingung

$$g_\lambda(\Omega \cup \emptyset) = g_\lambda(\Omega) + g_\lambda(\emptyset) + \lambda g_\lambda(\Omega) \cdot g_\lambda(\emptyset)$$

$$\Leftrightarrow \quad 1 = 1 + g_\lambda(\emptyset)(1 + \lambda)$$

für $\lambda > -1$ nur erfüllt, wenn $g_\lambda(\emptyset) = 0$ gilt.

b. Sei $C \supseteq A$, so existiert eine Menge B, so daß $C = A \cup B$ und $A \cap B = \emptyset$.

$$\Rightarrow g_\lambda(C) = g_\lambda(A \cup B) = g_\lambda(A) + g_\lambda(B)(1 + g_\lambda(A)\lambda) \geq g_\lambda(A)$$

und somit die Monotonieeigenschaft (FM3).

Offensichtlich vereinfacht sich für $\lambda = 0$ die Bedingung (1.80) zum KOLMOGOROFFschen Additivitätsaxiom (1.76), so daß zumindest für eine endliche Menge Ω jedes 0-Fuzzy-Maß ein Wahrscheinlichkeitsmaß ist.

Für die Theorie unscharfer Mengen von besonderer Bedeutung ist das Möglichkeitsmaß, das erstmals in den Arbeiten von ZADEH [1978] behandelt wird.

Definition 1.37:

Eine auf $f \subseteq \wp(\Omega)$ definierte Funktion Π: $f \rightarrow [0, 1]$ heißt *Möglichkeit(smaß) auf f (possibility measure on f),* wenn gilt:

(M1) $\Pi(\varnothing) = 0$

(M2) $\Pi(\Omega) = 1$

(M3) $A_1, A_2, ... \in f \Rightarrow \Pi(\bigcup_i A_i) = \operatorname{Sup}_i \Pi(A_i)$ (1.81)

Ist Ω eine endliche Menge, so läßt sich die Bedingung (M3) abschwächen, vgl. [DUBOIS; PRADE 1980, S.131f]:

(M3') $A, B \subseteq \Omega$ und $A \cap B = \varnothing \Rightarrow \Pi(A \cup B) = \operatorname{Max}(\Pi(A), \Pi(B))$ (1.82)

Aus den Axiomen (M1), (M2), (M3), bzw. (M3') folgt unmittelbar, daß jedes Möglichkeitsmaß ebenfalls ein spezielles Fuzzy-Maß ist. Da hier mit $g(A \cup B) = \Pi(A \cup B) = \operatorname{Max}(\Pi(A), \Pi(B))$ der nach Bedingung (1.78) kleinstmögliche Wert zugeordnet wird, ist die Aussage "A ist möglich" die schwächste Formulierung über die Realisierung des Ereignisses A.

Die hier betrachtete *epistemische Möglichkeit* darf nicht verwechselt werden mit der *physikalischen Möglichkeit.* Während letztere eine objektive, allgemein überprüfbare Eigenschaft ausdrückt, z.B. "Ist es möglich, daß diese 50 Kugeln in dieses Gefäß passen?", besteht erstere aus einer subjektiven Beurteilung der Möglichkeit, daß sich ein Ereignis realisiert, z.B. "Kann es morgen regnen?"

< **1.38** > Sei $\Omega = A \cup B \cup C$ eine Zerlegung der Menge Ω in disjunkte nichtleere Teilmengen $A, B, C \subset \Omega$. Das Mengensystem $f = \{\varnothing, A, B, C, A \cup B, A \cup C, B \cup C, \Omega\}$ ist dann die kleinste σ -Algebra auf Ω, welche die vorgegebenen Mengen A, B, C als Elemente enthält.
Beispiele für Fuzzy-Maße auf f sind dann:

	$\varnothing$	A	B	C	$A \cup B$	$A \cup C$	$B \cup C$	Ω
P	0	0,3	0,5	0,2	0,8	0,5	0,7	1
g	0	0,4	0,6	0,3	0,8	0,6	0,7	1
$g_{\lambda=-\frac{1}{2}}$	0	0,4	0,6	0,21	0,88	0,57	0,75	1
Π	0	0,7	1	0,3	1	0,7	1	1

Tab. 1.3: Beispiele für Wahrscheinlichkeit, Fuzzy-Maß, λ-Fuzzy-Maß und Möglichkeit auf f.

♦

Ein einfacher Weg, ein Möglichkeitsmaß auf einem Mengensystem $f \in \wp(Q)$ zu definieren, basiert auf der Possibility-Verteilung.

Definition 1.38:

Eine Funktion $\pi : \Omega \rightarrow [0,1]$ heißt *Possibility-Verteilung auf* Ω, wenn gilt:

$$\sup_{x \in X} \pi(x) = 1 \qquad \textit{Normierung} \qquad (1.83)$$

Durch die Gleichung

$$\Pi(A) = \sup_{x \in A} \pi(x) \quad \text{für alle } A \in f \qquad (1.84)$$

wird dann aus einer Possibility-Verteilung auf Ω offensichtlich ein Möglichkeitsmaß auf f erzeugt.

Umgekehrt wird für eine abzählbare Menge X und ein Möglichkeitsmaß Π auf $\wp(X)$ durch die Beziehung

$$\pi(x) = \Pi(\{x\}) \quad \text{für alle } x \in X \qquad (1.85)$$

eine Possibility-Verteilung auf X bestimmt.

Bemerkung:
Vergleichen wir die Definitionen 1.1 und 1.38 miteinander, so wird ersichtlich, daß eine Possibility-Verteilung $\pi(x)$ auf Ω und eine (normalisierte) Zugehörigkeitsfunktion $\mu_A(x)$ einer unscharfen Menge $\tilde{A} = \{(x, \mu_A(x)) | x \in \Omega\}$ mathematisch gleich definiert sind, obwohl sie auf unterschiedlichen Konzepten basieren. Eine Fuzzy-Menge $\tilde{A}$ kann interpretiert werden als ein vager Wert, der einer Variablen zugeordnet wird, z.B. einer Aktion a_i der Nutzen $\tilde{U}(a_i) = (u_i; \underline{v}_i; \overline{v}_i)_{LR}$. Dagegen gibt das Möglichkeitsmaß $\Pi(A)$ eine Aussage über die Möglichkeit, daß sich ein Element der klassischen Menge A realisiert. Speziell drückt $\Pi(\{u_i\}) = \pi(u_i)$ die subjektive Einschätzung aus zu der Aussage: "Es ist möglich, daß die Ausführung der Aktion a_i zu einem Nutzen $u_i \in \mathbf{R}$ führt."

< **1.39** > Aus der Possibility-Verteilung

x	1	2	3	4	5	6	7	8	9	10	11
$\pi(x)$	0,2	0,5	0,8	1	0,9	0,8	0,6	0,4	0,2	0,1	0

Tab. 1.4: Possibility-Verteilung auf $\Omega = \{1,2,\ldots,11\}$

läßt sich für das aus $A = \{1, 2\}$, $B = \{3, 4, 5, 6\}$, $C = \{7, 8, 9\}$ und $D = \{10, 11\}$ erzeugte Mengensystem f mit (1.84) das Möglichkeitsmaß

	$\emptyset$	A	B	C	D	$A \cup B$	$A \cup C$	$A \cup D$	$B \cup C$
Π	0	0,5	1	0,6	0,1	1	0,6	0,5	1

	$B \cup D$	$C \cup D$	$A \cup B \cup C$	$A \cup B \cup D$	$A \cup C \cup D$	$B \cup C \cup D$	Ω
Π	1	0,6	1	1	0,6	1	1

Tab. 1.5: Möglichkeitsmaß auf $f \subseteq \wp(\Omega)$

ableiten. ♦

Im Gegensatz zu den Wahrscheinlichkeitswerten, die auf dem Intervall [0, 1] metrisch skaliert sein müssen, verlangt die Definition 1.37 lediglich, daß Möglichkeitswerte ordinal skaliert sind. Dies reicht zum Vergleich zweier Möglichkeitswerte aus, während Wahrscheinlichkeitswerte addiert werden müssen.

Für Wahrscheinlichkeiten gilt die Bedingung

$$P(A) + P(CA) = 1 \tag{1.86}$$

d.h., wenn ein Ereignis die Wahrscheinlichkeit P(A) hat, so muß das Komplementärereignis die Restwahrscheinlichkeit 1 - P(A) haben. Eine analoge Folgerung läßt sich bei Kenntnis der Möglichkeit $\Pi(A)$, $0 < \Pi(A) < 1$, nicht ziehen. Man kann lediglich schließen, daß $\Pi(CA) > 0$ ist.

Vom üblichen Sprachgebrauch her ist die Möglichkeit eine schwächere Bewertung als die Wahrscheinlichkeit. Was wahrscheinlich ist, muß auch möglich sein. Die Umkehrung dieser Aussage ist nicht immer richtig. Ein unmögliches Ereignis ist aber immer auch unwahrscheinlich.

Dieser Unterschied zwischen einer Wahrscheinlichkeits- und einer Möglichkeitsaussage wird gut durch das folgende Beispiel illustriert, vgl. ZADEH [1978, S.8]:

< **1.40** > Für die Aussage "Hans ißt x Eier zum Frühstück" läßt sich sowohl eine Möglichkeits- als auch eine Wahrscheinlichkeitsaussage auf der Menge $X = \{1,2,...\}$ formulieren. Die Möglichkeit $\Pi(\{x\})$ kann dabei interpretiert und dann subjektiv geschätzt werden als der Grad der Leichtigkeit, mit dem Hans x Eier ißt. Dagegen läßt sich die Wahrscheinlichkeit $P(\{x\})$ zum Beispiel dadurch bestimmen, indem man Hans 100 Tage lang beim Frühstück beobachtet.

Die Tabelle 1.6

x	1	2	3	4	5	6	7	8	9	...
$\Pi(\{x\})$	1	1	1	1	0,8	0,6	0,4	0,2	0	...
$P(\{x\})$	0,1	0,8	0,1	0	0	0	0	0	0	...

Tab. 1.6: Possibility- und Wahrscheinlichkeitsverteilung für die Aussage "Hans ißt x Eier zum Frühstück"

macht deutlich, daß aus einem hohen Möglichkeitsgrad nicht unbedingt ein hoher Wahrscheinlichkeitsgrad folgt. ♦

Im Einklang mit dem üblichen Sprachgebrauch können die Wahrscheinlichkeitswerte als untere Grenzen für die entsprechenden Möglichkeitswerte ansehen :

$$\Pi(A) \geq P(A) \quad \text{für alle } A \in f \tag{1.87}$$

Aus (1.86) folgt dann bei Beachtung von (1.87):

$$\Pi(A) + \Pi(CA) \geq 1 \qquad \text{für alle } A \in f\,. \tag{1.88}$$

Aus der Beziehung (1.87) wird deutlich, daß Wahrscheinlichkeits- und Möglichkeitswerte so miteinander verbunden sind, daß sie - im schwachen Sinne - miteinander wachsen bzw. schrumpfen. Um die Übereinstimmung zu messen, schlug ZADEH [1978] den folgenden Index vor:

Definition 1.39:

Sind $\pi_i = \Pi(\{x_i\})$, $i = 1,...,n$ die Möglichkeiten und

$P_i = P(\{x_i\})$, $i = 1,...,n$ die Wahrscheinlichkeiten

der Elementarereignisse $\{x_i\}$ der endlichen Menge $\Omega = \{x_1,...,x_n\}$, so bezeichnen wir die Größe

$$\gamma = \sum_{i=1}^{n} \pi_i \cdot p_i \quad \in \; [0,1] \tag{1.89}$$

als *Übereinstimmungsindex (consistency index)* zwischen $\pi = (\pi_1,...,\pi_n)$ und $p = (p_1,...,p_n)$.

Die höchstmögliche Übereinstimmung $\gamma = 1$ wird offensichtlich dann erreicht, wenn für alle $p_i > 0$ der zugehörige Möglichkeitsgrad π_i gleich 1 ist.

Der Unterschied zwischen dem Wahrscheinlichkeits- und Möglichkeitsmaß wird auch deutlich, wenn wir die von SHAFER [1976] vorgeschlagenen Glaubens- und Plausibilitätsfunktionen betrachten. Grundlage dieser Definition sind sogenannte Basis-Wahrscheinlichkeitsfunktionen.

Definition 1.40:

Eine Funktion $m : \wp(Q) \rightarrow [0, 1]$ heißt *Basiswahrscheinlichkeitsfunktion* der endlichen Menge Ω, wenn es ein Mengensystem $\{F_1,...,F_m \mid m(F_j) > O\} \subseteq \wp\{\Omega\}$ so gibt, daß

$$m(\varnothing) = 0 \tag{1.90}$$

$$\sum_{F_j \subseteq \Omega} m(F_j) = 1 \tag{1.91}$$

Die Mengen $F_j \in \wp(\Omega)$ werden als *Brennpunkte* bezeichnet. Sie werden so gewählt, daß man mit Sicherheit weiß, in welchem Grad sich ein Ereignis F_j, $j=1,...,m$ realisiert.

Definition 1.41:

Eine Funktion $b : \wp(\Omega) \rightarrow [0, 1]$ heißt *Glaubensfunktion (belief function)*, wenn gilt

$$b(A) = \sum_{F_j \subseteq A} m(F_j). \tag{1.92}$$

Eine Funktion $pl : \wp(\Omega) \rightarrow [0, 1]$ heißt *Plausibilitätsfunktion*, wenn gilt

$$pl(A) = \sum_{F_j \cap A \neq \varnothing} m(F_j). \tag{1.93}$$

Aus den Formeln (1.92) und (1.93) folgen unmittelbar die Beziehungen

$$b(A) \leq pl(A) \quad \text{und} \tag{1.94}$$

$$b(A) = 1 - pl(CA). \tag{1.95}$$

Die Wahrscheinlichkeit ist dann der Spezialfall einer Glaubens- und einer Plausibilitätsfunktion, für die gilt:

$$b(A) = pl(A) \qquad \text{für alle } A \in \wp(\Omega). \tag{1.96}$$

Als Brennpunkte der zugrundeliegenden Basiswahrscheinlichkeitsfunktion kommen dann nur Elementarereignisse in Betracht.

Dagegen sind Möglichkeiten spezielle Plausibilitätsfunktionen, und zwar ist ein Plausibilitätsmaß nur dann ein Möglichkeitsmaß, wenn die Brennpunkte der zugehörigen Basiswahrscheinlichkeitsfunktion Teilmengen voneinander sind, d.h. $F_1 \subseteq F_2 \subseteq \ldots \subseteq F_m$.

< **1.41** > Für das aus A = {1, 2}, B = {3, 4, 5, 6, 7}, C = {8, 9, 10} aufgebaute Mengensystem *f* liegen die Basiswahrscheinlichkeiten m({1, 2, 3}) = 0,2; m({4, 5}) = 0,1; m({5, 6, 7}) = 0,4 und m({8, 9, 10}) = 0,3 vor. Mit den Definitionsgleichungen (1.86) und (1.87) erhält man dann

	∅	A	B	C	A ∪ B	A ∪ C	B ∪ C	Ω
b	0	0	0,5	0,3	0,7	0,3	0,8	1
pl	0	0,2	0,7	0,3	0,7	0,5	1	1

Tab.1.7: Glaubens- und Plausibilitätsfunktion auf f

< **1.42** > Für das Mengensystem *f* in Beispiel < 1.41 > seien die Basiswahrscheinlichkeiten m ({3, 4, 5, 6, 7}) = 0,3; m({3, 4,...,7 ,8 ,9 ,10}) = 0,2 und m({1, 2, 3,..., 10}) = 0,5 gegeben. Die mit (1.87) berechnete Plausibilitätsfunktion auf *f*

	∅	A	B	C	A ∪ B	A ∪ C	B ∪ C	Ω
pl	0	0,5	1	0,7	1	0,7	1	1

Tab.1.8: Plausibilitätsfunktion auf f

stellt offensichtlich ein Möglichkeitsmaß auf *f* dar. ♦

Der Zusammenhang zwischen den vorstehend dargestellten Fuzzy-Maßen auf einer endlichen Menge Ω läßt sich übersichtlich veranschaulichen, wie die nachfolgende, auf DUBOIS; PRADE [1980, S.132] zurückgehende Abbildung 1.31 zeigt. (Im Spezialfall *f* = {0, Ω} fallen sogar Möglichkeit und Wahrscheinlichkeit zusammen!)

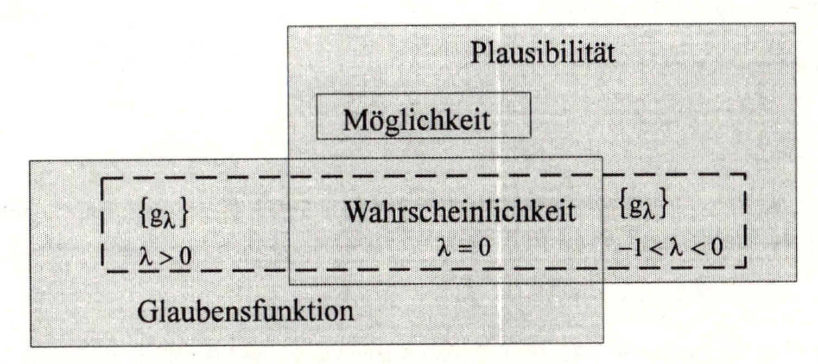

Abb.1.31: Fuzzy-Maße

1.4.2 WAHRSCHEINLICHKEIT UND MÖGLICHKEIT EINES FUZZY-EREIGNISSES

Da Ereignisse häufig nicht klar genug beschrieben und somit nicht als klassische Mengen eindeutig eingegrenzt werden können, vgl. dazu die Abschnitte 3.7 und 4.3 dieses Buches, liegt es nahe, Fuzzy-Ereignisse zu definieren. Damit stellt sich aber auch die Frage nach der Wahrscheinlichkeit bzw. der Möglichkeit solcher Fuzzy-Ereignisse. Zum Beispiel: "Wie groß ist die Wahrscheinlichkeit, daß morgen schönes Wetter ist!".

Eine Verbindung zwischen der klassischen Wahrscheinlichkeitstheorie und unscharfen Ereignissen wurde erstmals von ZADEH [1968] konstruiert und dann später von SMETS [1982] axiomatisch begründet.

Definition 1.42:

A. Sei $(\Omega, \wp(\Omega), P)$ ein Wahrscheinlichkeitsraum mit der endlichen Ergebnismenge Ω, der Ereignismenge $\wp(\Omega)$ und der Wahrscheinlichkeitsfunktion $P: \wp(\Omega) \to [0, 1]$.
Eine unscharfe Menge $\tilde{A} = \{(x, \mu_A(x)) \mid x \in \Omega\}$ heißt dann Fuzzy-Ereignis in Ω, wenn ihre Zugehörigkeitsfunktion $\mu_A(x)$ BOREL-meßbar ist. Die *Wahrscheinlichkeit eines Fuzzy-Ereignisses* $\tilde{A}$ ist dann definiert als

$$P(\tilde{A}) = \sum_{x \in \Omega} \mu_A(x) \cdot P(\{x\}). \quad (1.97)$$

B. Sei $(\mathbf{R}^n, \mathbf{L}, P)$ ein Wahrscheinlichkeitsraum mit der Ergebnismenge $\mathbf{R}^n$, der BORELschen σ-Algebra $\mathbf{L}$ auf $\mathbf{R}^n$ und der Wahrscheinlichkeitsfunktion $P: \mathbf{L} \to [0, 1]$.
Eine unscharfe Menge $\tilde{A} = \{(x, \mu_A(x)) \mid x \in \mathbf{R}^n\}$ heißt dann *Fuzzy-Ereignis in* $\mathbf{R}^n$, wenn ihre Zugehörigkeitsfunktion $\mu_A(x)$ BOREL-meßbar ist. Die *Wahrscheinlichkeit des Fuzzy-Ereignisses* $\tilde{A}$ ist dann definiert als LEBESQUES-STIELJES-Integral

$$P(\tilde{A}) = \int_{\mathbf{R}^n} \mu_A(x)\, dP. \quad (1.98)$$

Ist n = 1 und läßt sich die Wahrscheinlichkeit P durch eine Dichtefunktion g(x) beschreiben

$$P([-\infty, x]) = \int_{-\infty}^{x} g(x) dx,$$

so kann $P(\tilde{A})$ auch geschrieben werden als

$$P(\tilde{A}) = \int_{-\infty}^{+\infty} \mu_A(x)\, g(x)\, dx. \quad (1.99)$$

Betrachtet man die Form der Definitionsgleichungen (1.97) und (1.99), so wird deutlich, warum ZADEH [1968, S.423] die Wahrscheinlichkeit $P(\tilde{A})$ auch als *Erwartungswert der Zugehörigkeitsfunktion* μ_A bezeichnet.

Offensichtlich ist in der Definition 1.42 der Fall, daß A eine klassische Menge ist, als Spezialfall enthalten und führt dann zum gleichen Wahrscheinlichkeitswert wie in der klassischen Wahrscheinlichkeitstheorie.

< **1.43** > In [SOMMER 1980, S.31f] finden wir das folgende Beispiel für die Berechnung der Wahrscheinlichkeiten unscharfer Ereignisse:

In einem Großhandel für Genußartikel wird die Frage nach der Wahrscheinlichkeit für das Eintreffen eines befriedigenden Weihnachtsgeschäftes gestellt. Man bezeichnet ein Weihnachtsgeschäft dann als voll zufriedenstellend, wenn der Umsatz im relevanten Zeitraum zwischen 8 und 10 Millionen beträgt.

Zur numerischen Berechnung werden Umsatzintervalle

$I_r =]r-1, r]$, $r = 1,...,10$ angenommen.

Jede potentielle Umsatzgröße $y \in]0, 10]$, gemessen in Millionen DM, liegt dann im Intervall I_r, falls $y \in]r-1, r]$. Die Zufriedenheit mit einem Umsatz y wird mittels einer Zugehörigkeitsfunktion μ_B beschrieben, die der Einfachheit halber definiert wird als:

$$\mu_B : \{I_r, \mid r = 1,...,10\} \rightarrow [0, 1]$$

r	1	2	3	4	5	6	7	8	9	10
$\mu_B(I_r)$	0	0,05	0,1	0,2	0,5	0,7	0,9	1	1	1

Tab. 1.9: Werte der Zugehörigkeitsfunktion μ_B

Aktualisierte Umsatzstatistiken geben Aufschluß über die Wahrscheinlichkeitsverteilung der Umsatzgrößen. Die Wahrscheinlichkeiten $p(I_r)$, daß sich ein Umsatz $y \in I_r$ realisiert, sind:

r	1	2	3	4	5	6	7	8	9	10
$P(I_r)$	0,05	0,05	0,05	0,1	0,1	0,15	0,2	0,15	0,1	0,05

Tab.1.10: Werte der Wahrscheinlichkeiten $P(I_r)$

Mit Formel (1.97) erhält man dann die Wahrscheinlichkeit

$$P(\tilde{B}) = \sum_{r=1}^{10} \mu_B(I_r)P(I_r) = 0{,}6625,$$

daß sich ein befriedigendes Weihnachtsgeschäft einstellt. ♦

< **1.44** > Sei $\tilde{A} = (4; 1; 2)_{LR}$ mit $L(u) = R(u) = e^{-u}$ das Fuzzy-Ereignis "ungefähr gleich 4" und seien die Ergebnisse x exponential verteilt mit der Dichtefunktion

$$g(x) = \begin{cases} 2e^{-2x} & \text{für } x \geq 0 \\ 0 & \text{sonst} \end{cases}.$$

Dann hat nach (1.99) das Fuzzy-Ereignis $\tilde{A}$ die Wahrscheinlichkeit

$$P(\tilde{A}) = \int_0^4 e^{-(4-x)} 2e^{-2x}\,dx + \int_4^{+\infty} e^{-(\frac{x-4}{2})} 2e^{-2x}\,dx = 2\int_0^4 e^{-x-4}\,dx + 2\int_4^{+\infty} e^{-\frac{5}{2}x+2}\,dx$$

$$= 2e^{-4}\left[-e^{-x}\right]_0^4 + \lim_{z\to+\infty} 2e^2\left[-\frac{2}{5}e^{-\frac{5}{2}x}\right]_5^z = 2e^{-4}(-e^{-4}+\frac{1}{e^0}) + 2e^2\cdot\frac{2}{5}e^{-\frac{25}{2}}$$

$$= 0{,}036.$$

♦

Aus der Definition 1.42 lassen sich die folgenden Eigenschaften über die Wahrscheinlichkeit von Fuzzy-Ereignissen leicht ableiten:

Satz 1.12:

Sind $\tilde{A}$ und $\tilde{B}$ Fuzzy-Ereignisse des gleichen Wahrscheinlichkeitsraumes, so gilt

$$\tilde{A} \subseteq \tilde{B} \quad \Rightarrow \quad P(\tilde{A}) \leq P(\tilde{B}) \tag{1.100}$$

$$P(\tilde{A} + \tilde{B}) = P(\tilde{A}) + P(\tilde{B}) - P(\tilde{A} \cdot \tilde{B}) \tag{1.101}$$

$$P(\tilde{A} \cup \tilde{B}) = P(\tilde{A}) + P(\tilde{B}) - P(\tilde{A} \cap \tilde{B}). \tag{1.102}$$

< **1.45** > Betrachten wir das Zufallsexperiment, das aus dem einmaligen Werfen eines Würfels und dem Ziehen einer Kugel aus einer Urne besteht, in der fünf gleichartige, aber verschiedenfarbige Kugeln mit den Farben weiß, gelb, rot, blau und schwarz liegen. Der Ergebnisraum Ω besteht dann aus den Paaren (x, y), wobei $x \in X = \{1, 2, 3, 4, 5, 6\}$ die oben liegende Augenzahl auf dem Würfel und $y \in Y = \{w, g, r, b, s\}$ die Farbe der gezogenen Kugel darstellt, d.h., $\Omega = X \times Y$. Bei Verwendung eines idealen Würfels hat jedes der $6 \cdot 5 = 30$ Elementarereignisse $\{(x, y)\}$ die gleiche Realisierungswahrscheinlichkeit, d.h., $p(x, y) = P(\{(x, y)\}) = \frac{1}{30}$ für alle $(x, y) \in \Omega$.

Beschränken wir unsere Betrachtung zunächst auf die Einzelexperimente und definieren wir die Fuzzy-Ereignisse "sehr kleine Augenzahl beim Würfeln" bzw. "die gezogene Kugel ist von dunkler Farbe" durch die nachfolgenden angegebenen Zugehörigkeitswerte.

x	1	2	3	4	5	6
$\mu_A(x)$	1	0,5	0,1	0	0	0

y	w	g	r	b	s
$\mu_B(y)$	0	0	0,2	0,7	1

Tab. 1.11: Zugehörigkeitswerte der Fuzzy-Ereignisse $\tilde{A}_X$ auf X und $\tilde{B}_Y$ auf Y. ♦

Übertragen auf das Gesamtexperiment lassen sich diese Fuzzy-Ereignisse dann durch die unscharfen Mengen $\tilde{A}$ bzw. $\tilde{B}$ beschreiben mit

$\mu_A(x, y) = \mu_A(x)$ für alle $y \in Y$

$\mu_B(x, y) = \mu_B(y)$ für alle $x \in X$

Die stützenden Mengen von $\tilde{A}$ und $\tilde{B}$ sind in der nachfolgenden Abbildung 1.32 als VENN-Diagramme dargestellt.

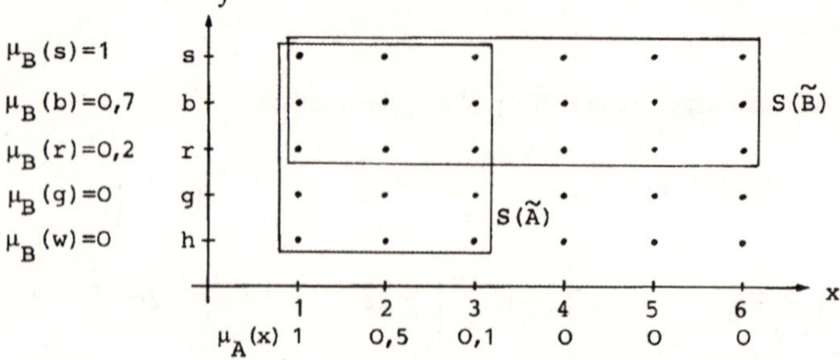

Abb. 1.32: Ergebnisraum Ω

Beachtet man die Definition von Durchschnitt und algebraischem Produkt unscharfer Mengen, so gilt offensichtlich für die stützende Menge

$$\operatorname{supp}(\tilde{A} \cap \tilde{B}) = \operatorname{supp}(\tilde{A} \cdot \tilde{B}) = \operatorname{supp}(\tilde{A}) \cap \operatorname{supp}(\tilde{B}).$$

Mit der Formel (1.97) lassen sich die folgenden Wahrscheinlichkeiten berechnen:

$$P(\tilde{A}) = \frac{1}{30}(5 \cdot 1 + 5 \cdot 0{,}5 + 5 \cdot 0{,}1) = \frac{1{,}6}{6} = 0{,}2\overline{6}\ldots$$

$$P(\tilde{B}) = \frac{1}{30}(6 \cdot 1 + 6 \cdot 0{,}7 + 6 \cdot 0{,}2) = \frac{1{,}9}{5} = 0{,}38$$

$$P(\tilde{A} \cap \tilde{B}) = \frac{1}{30}(1 + 0{,}7 + 0{,}2 + 0{,}5 + 0{,}5 + 0{,}2 + 3 \cdot 0{,}1) = \frac{3{,}4}{30} = 0{,}11\overline{3}\ldots$$

$$P(\tilde{A} \cdot \tilde{B}) = \frac{1}{30}(1 + 0{,}7 + 0{,}2 + 0{,}5 + 0{,}35 + 0{,}1 + 0{,}1 + 0{,}07 + 0{,}02) = \frac{3{,}04}{30} = 0{,}101\overline{3}\ldots$$

Daraus folgt $P(\tilde{A}) \cdot P(\tilde{B}) = \frac{1{,}6}{6} \cdot \frac{1{,}9}{5} = \frac{3{,}04}{30} = P(\tilde{A} \cdot \tilde{B})$.

Das Beispiel < 1.45 > macht deutlich, daß es sinnvoll ist, die *gemeinsame Wahrscheinlichkeit* zweier Fuzzy-Ereignisse $\tilde{A}_X$ und $\tilde{B}_Y$ nicht mit dem Minimum-Operator sondern mit dem algebraischen Produkt zu bilden, damit die klassische Wahrscheinlichkeitstheorie als Spezialfall erhalten bleibt.

Definition 1.43:

Seien $\tilde{A}$ und $\tilde{B}$ Fuzzy-Ereignisse des gleichen Wahrscheinlichkeitsraumes.

i. Als *bedingte Wahrscheinlichkeit des Fuzzy-Ereignisses* $\tilde{A}$ unter der Bedingung, daß das Fuzzy-Ereignis $\tilde{B}$ mit $P(\tilde{B}) > O$ eingetreten ist, bezeichnet man die Größe

$$P(\tilde{A}|\tilde{B}) = \frac{P(\tilde{A} \cdot \tilde{B})}{P(\tilde{B})} \tag{1.103}$$

ii. Zwei Fuzzy-Ereignisse $\tilde{A}$ und $\tilde{B}$ heißen *unabhängig*, wenn gilt

$$p(\tilde{A} \cdot \tilde{B}) = P(\tilde{A}) \cdot P(\tilde{B}). \tag{1.104}$$

Durch Einsetzen von (1.104) in (1.103) folgt, daß, analog zur klassischen Wahrscheinlichkeitstheorie, die Unabhängigkeit zweier (Fuzzy-)Ereignisse auch ausgedrückt werden kann durch

$$P(\tilde{A}|\tilde{B}) = P(\tilde{A}). \tag{1.105}$$

Auch weitere Konzepte und Sätze der klassischen Wahrscheinlichkeitstheorie lassen sich auf Fuzzy-Ereignisse erweitern, vgl. [ZADEH 1968], [SMETS 1982]. So läßt sich z.B. der Erwartungswert eines Fuzzy-Ereignisses $\tilde{A}$ berechnen als

$$\overline{x}_{\tilde{A}} = \frac{1}{P(\tilde{A})} \sum_{x \in \Omega} x \cdot \mu_A(x) \cdot P(\{x\}) \quad \text{für eine endliche Teilmenge } \Omega \text{ des } \mathbf{R}^n \tag{1.106}$$

bzw.

$$\overline{x}_{\tilde{A}} = \frac{1}{P(\tilde{A})} \int_{\mathbf{R}^n} x \cdot \mu_A(x)\, dP. \tag{1.107}$$

Im Zusammenhang mit Fuzzy-Informationen, vgl. Abschnitt 3.7, und Fuzzy-Zuständen, vgl. Abschnitt 4.3, stellt sich die Aufgabe, in einem endlichen Wahrscheinlichkeitsraum (Ω, $\wp(\Omega)$, P) eine Menge $A = \{\tilde{A}_k\}_{k=1,\dots,K}$ von Fuzzy-Ereignissen so zu bestimmen, daß gilt $\sum_{k=1}^{K} P(\tilde{A}_k) = 1$.

Um diese Eigenschaft zu sichern, reicht es nach [OKUDA; TANAKA; ASAI 1974] aus, daß die Menge A orthogonal auf Ω ist gemäß der

Definition 1.44:

Eine Menge $A = \{\tilde{A}_k\}_{k=1,\dots,K}$ unscharfer Mengen $\tilde{A}_k = \{(x, \mu_k(x)) \mid x \in \Omega\}$ heißt genau dann *orthogonal* auf Ω, wenn gilt

$$\sum_{k=1}^{K} \mu_k(x) = 1 \quad \text{für alle} \quad x \in \Omega. \tag{1.108}$$

Beispiele für orthogonale Mengen findet man in diesem Buch in den Anwendungsbeispielen < 3.19 > und < 4.4 >.

Auch das Möglichkeitsmaß wird von ZADEH [1978a] auf Fuzzy-Ereignisse übertragen.

Definition 1.45:

Sei $\pi(x)$ eine Possibility-Verteilung auf einer Ergebnismenge Ω und $\tilde{A} = \{(x, \mu_A(x)) \mid x \in \Omega\}$ ein Fuzzy-Ereignis in Ω.

Als *Möglichkeitsmaß* von $\tilde{A}$ bezeichnet man den Wert

$$\Pi(\tilde{A}) = \sup_{x \in \Omega} \operatorname{Min}(\mu_A(x), \pi(x)). \tag{1.109}$$

< **1.46** > Mit der Possibility-Verteilung aus Beispiel < 1.39 > hat das Fuzzy-Ereignis

$\tilde{A} = \{(2; 0{,}1), (3; 0{,}5), (4; 0{,}8), (5; 1), (6; 0{,}6), (7; 0{,}2)\}$ den Möglichkeitswert $\Pi(\tilde{A}) = 0{,}9$. ♦

Die Definitionen 1.40 und 1.45 sind nicht die einzigen Wege, um die Wahrscheinlichkeit bzw. die Möglichkeit eines Fuzzy-Ereignisses zu beschreiben. In der Literatur finden sich noch weitere Vorschläge, die aber in den nachfolgenden Entscheidungsmodellen keine Rolle spielen und daher hier nicht behandelt werden. Wir verweisen aber insbesondere auf die Arbeiten von YAGER [1979B, 1986].

ÜBUNGSAUFGABEN

1.9 Gegeben ist eine Zerlegung des Ergebnisraumes $\Omega = \{1, 2, ..., 9\}$ in die disjunkten Teilmengen $A = \{1, 2, 3, 4\}$, $B = \{5, 6\}$ und $C = \{7, 8, 9\}$.

a. Ergänzen Sie die nachstehende Tabelle so, daß sich eine Wahrscheinlichkeits-, eine Möglichkeits- bzw. ein λ- Fuzzy-Maß (mit $\lambda = -\frac{1}{4}$) ergibt.

	$\varnothing$	A	B	C	$A \cup B$	$A \cup C$	$B \cup C$	Ω
P		0,5	0,1	0,4				
Π		1	0,3	0,6				
$g_{-\frac{1}{4}}$		0,5	0,2	0,308				

b. Berechnen Sie aus der Possibility-Verteilung

x	1	2	3	4	5	6	7	8	9
$\pi(x)$	0	0,1	0,2	0,3	0,4	0,6	0,8	1	1

das Möglichkeitsmaß für die aus A, B und C aufgebaute BOOLEsche Mengenalgebra f.

c. Berechnen Sie auf f die Glaubens- und die Plausibilitätsfunktion, wenn die Basiswahrscheinlichkeiten $m(\{1, 2\}) = 0{,}2$; $m(\{3, 4, 5\}) = 0{,}3$; $m(\{6\}) = 0{,}1$ und $m(\{6, 7, 8, 9\}) = 0{,}4$ vorliegen.

1.10 Berechnen Sie für das Beispiel < 1.40 > den Übereinstimmungsindex.

1.11 Für das Zufallsexperiment in Beispiel < 1.45 > werde nun eine "mittlere Augenzahl beim Würfeln" beschrieben durch die Zugehörigkeitsfunktion:

x	1	2	3	4	5	6
$\mu_C(x)$	0	0,3	1	1	0,3	0

a. Wie groß ist die Wahrscheinlichkeit dieses Fuzzy-Ereignisses $\tilde{C}$?

b. Überprüfen Sie für die Fuzzy-Ereignisse $\tilde{C}$ und $\tilde{B}$ ("Kugel von dunkler Farbe wird gezogen") die Formel

$$P(\tilde{C} \cup \tilde{B}) = P(\tilde{C}) + P(\tilde{B}) - P(\tilde{C} \cap \tilde{B}).$$

c. Zeigen Sie, daß $\tilde{C}$ und $\tilde{B}$ unabhängig sind.

1.5 UNSCHARFE MENGEN VOM TYP 2 UND WEITERE DEFINITIONEN

Bei realen Problemstellungen ist es oft schwierig, die Zugehörigkeitsfunktion $\mu_A(x)$ einer unscharfen Menge $\tilde{A}$ zu bestimmen. Es stellt sich dann die Frage, ob es nicht realistischer wäre, die Zugehörigkeitswerte nur größenordnungsmäßig zu beschreiben. Von ZADEH [1973, S.52] stammt der Vorschlag, in einem solchen Fall auch die Zugehörigkeitswerte $\mu_A(x)$ als unscharfe Mengen zu definieren. Kennzeichnet man die in Definition 1.1 eingeführte unscharfe Menge mit dem Zusatz vom *Typ 1,* so gilt die

Definition 1.46:

Eine unscharfe Menge $\tilde{A}$ heißt *unscharfe Menge vom Typ 2,* wenn ihre Zugehörigkeitswerte selbst unscharfe Mengen vom Typ 1 sind.

< **1.47** > Betrachten wir die unscharfe Menge $\tilde{A}$ vom Typ 1, die durch die Zugehörigkeitsfunktion $\mu_A(x)$ in Abbildung 1.33 beschrieben wird.

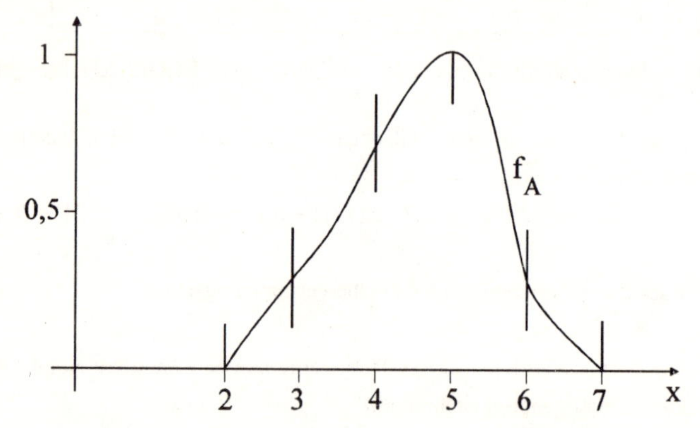

Abb. 1.33: Zugehörigkeitsfunktion $\mu_A(x)$ *der unscharfen Menge* $\tilde{A}$ *vom Typ 1*

Wir wollen nun annehmen, daß $\tilde{A}$ eigentlich eine unscharfe Menge vom Typ 2 ist. Die Zugehörigkeitswerte $\mu_A(x)$ sind dann selbst unscharfe Mengen auf dem Intervall [0, 1], die wir daher mit $\tilde{A}(x)$ abkürzen wollen und deren Zugehörigkeitsfunktionen wir mit $\mu_{A(x)}(y)$ symbolisieren. Der Einfachheit halber unterstellen wir, daß alle $\tilde{A}(x)$ trianguläre Fuzzy-Zahlen mit dem Gipfelpunkt $\mu_A(x)$ sind. Dann läßt sich die unscharfe Menge $\tilde{A}$ vom Typ 2 durch die nachfolgende Abbildung 1.34 veranschaulichen. Um die Darstellung verständlich zu halten, wurden dabei nur die Zugehörigkeitsfunktionen $\mu_{A(x)}(y)$ für x = 2, 3, 4, 5, 6, 7 eingezeichnet. Die stützenden Mengen dieser sechs unscharfen Mengen $\tilde{A}(x)$ sind auch in der Abbildung 1.33 markiert.

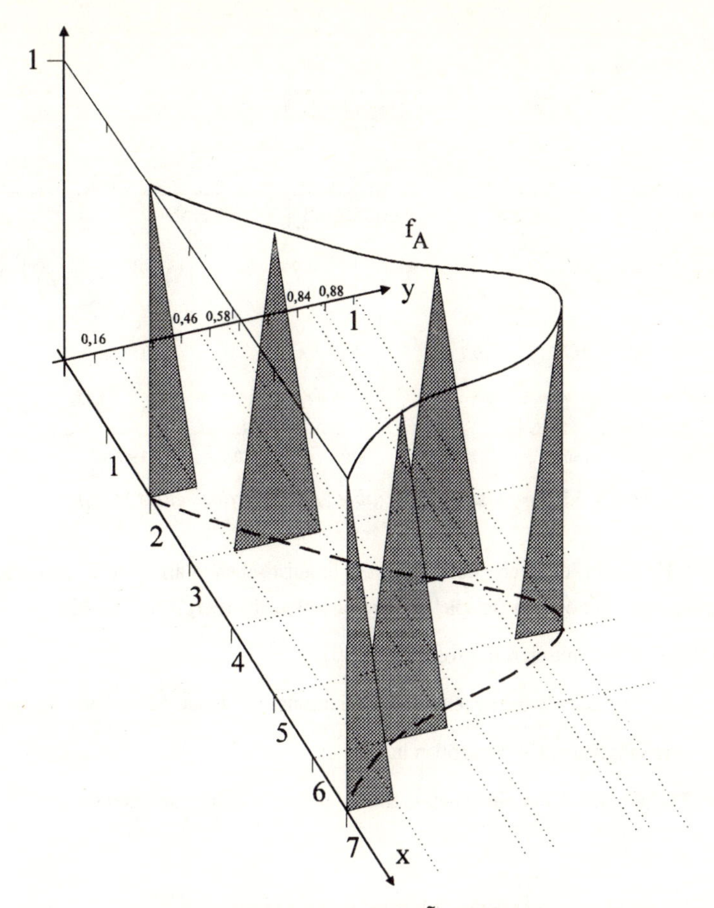

Abb. 1.34: Unscharfe Menge $\tilde{A}$ vom Typ 2 ♦

Naheliegend ist die weitergehende Fragestellung, ob man die Zugehörigkeitswerte $\mu_{A(x)}(y)$ eindeutig bestimmen kann oder ob auch diese nur näherungsweise fixiert werden können. Man kommt dann zu unscharfen Mengen vom Typ 3 usw..

Definition 1.47:

Eine unscharfe Menge $\tilde{A}$ heißt *unscharfe Menge vom Typ m,* wenn ihre Zugehörigkeitswerte unscharfe Mengen vom Typ m-1 sind.

Da es in praktischen Anwendungsfällen sehr schwierig ist, unscharfe Mengen vom Typ m mit $m \geq 2$ zu definieren und mit diesen Mengen zu arbeiten, wollen wir uns in den nachfolgenden Untersuchungen nur mit unscharfen Mengen vom Typ 1 befassen. Dabei sollte uns aber stets bewußt sein, daß die Zugehörigkeitswerte zumeist nur Näherungswerte sind.

Für die Praxis von großer Bedeutung ist, daß die Ausprägungen linguistischer Variablen mittels unscharfer Mengen quantifiziert werden können. Betrachten wir dazu zunächst das Beispiel < 1.48 >.

< 1.48 >

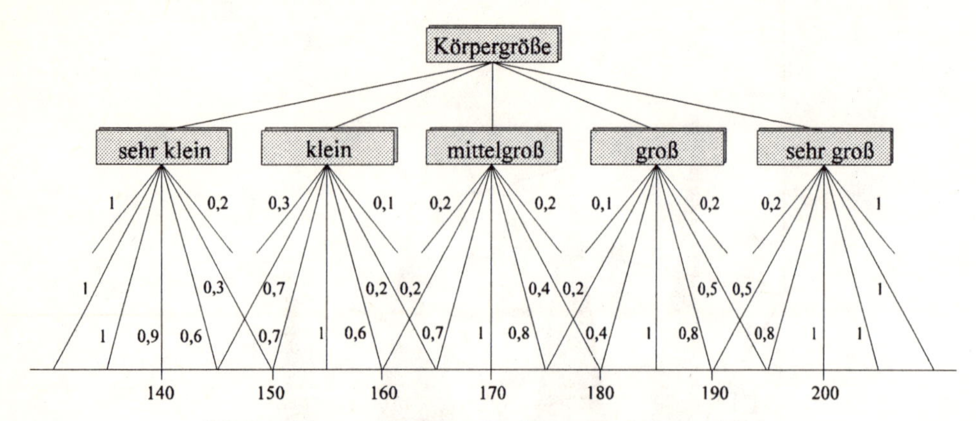

Abb. 1.35: Linguistische Variable "Körpergröße" eines Mannes

Die Abbildung 1.35 macht deutlich, daß zu einer linguistischen Variablen L zunächst eine Menge möglicher Ausprägungen gehört. Im Beispiel zu der Variablen "Körpergröße" die Menge

$A = \{$sehr klein, klein, mittelgroß, groß, sehr groß$\}$.

Jedes Element $x \in A$ wird dann beschrieben durch eine unscharfe Menge $\tilde{M}(x)$ über der Grundmenge

$U =$ Menge der möglichen Körpergrößen in cm .

Nach ZADEH [1975] läßt sich daher eine linguistische Variable wie folgt definieren:

Definition 1.48:

Eine *linguistische Variable* ist ein Quadrupel $L = (A, U, G, M)$ mit

- einer Menge A von Begriffen, welche die möglichen Ausprägungen der linguistischen Variablen enthält,
- einer Grundmenge U,
- einer Menge G syntaktischer Regeln, mit denen sich der Name der linguistischen Variablen aus den Ausprägungen in A ableiten läßt,
- einer Menge M semantischer Regeln, die jedem Element $x \in A$ seine Bedeutung $\tilde{M}(x)$ in Form einer unscharfen Menge auf U zuordnen.

Als weitere Beispiele für linguistische Variablen und die Beschreibung ihrer Ausprägungen mittels unscharfer Mengen findet man in diesem Buch u.a. die Begriffe "Wahrscheinlichkeit" auf Seite 135 und "Wichtigkeit", "Bewertung" auf Seite 139 und 161 ff.

Der klassische Begriff *Relation* läßt sich direkt auf unscharfe Mengen übertragen:

Definition 1.49:

Als *n-stellige Relation auf* $X_1 \times \cdots \times X_n$ bezeichnet man jede unscharfe Menge
$\tilde{R} = \{((x_1,...,x_n), \mu_R(x_1,...,x_n)) \mid (x_1,...,x_n) \in X_1 \times ... \times X_n\}$ auf dem cartesischen Produkt
$X_1 \times \cdots \times X_n$.

In [DUBOIS; PRADE 1980, S.69] finden wir dazu das folgende Beispiel:

< **1.49** > Auf der Grundmenge $X \times Y = \mathbf{R}_0{}^2 \setminus \{0, 0\}$ sei die Relation "viel größer als" definiert durch die Zugehörigkeitsfunktion

$$\mu_R(x,y) = \begin{cases} 0 & \text{für} \quad x < y \\ \dfrac{x-y}{9y} & \text{für} \quad y < x \le 10y \\ 1 & \text{für } 10y \le x \end{cases}$$

♦

Hat eine 2-stellige Fuzzy-Relation eine endliche stützende Menge, so läßt sie sich auch durch eine Matrix charakterisieren:

< **1.50** > Die Relation "viel größer als" läßt sich z.B. auf der Menge
$X \times Y = \{60, 150, 300\} \times \{10, 20, 50, 100\}$ beschreiben durch die Matrix

	$y_1 = 10$	$y_2 = 20$	$y_3 = 50$	$y_4 = 100$
$x_1 = 60$	$0,\overline{5}..$	$0,\overline{2}..$	0	0
$x_2 = 150$	1	$0,7\overline{2}..$	$0,\overline{2}..$	$0,0\overline{5}..$
$x_3 = 300$	1	1	$0,\overline{5}..$	$0,\overline{2}..$

♦

Wie klassische Relationen so lassen sich auch Fuzzy-Relationen miteinander verbinden. In der Literatur findet man mehrere Kombinationsformen,vgl. dazu [ZIMMERMANN 1985A, S.66f.]. Wir wollen aber hier nur die bekannteste Verknüpfung darstellen.

Definition 1.50:

Als *Max-Min-Verknüpfung* der Fuzzy-Relationen

$$\tilde{R}_1 = \{((x,y), \mu_{R_1}(x,y)) \mid (x,y) \in X \times Y\} \quad \text{und}$$
$$\tilde{R}_2 = \{((y,z), \mu_{R_2}(y,z)) \mid (y,z) \in Y \times Z\}$$

bezeichnet man die unscharfe Menge

$$\tilde{R}_1 \circ \tilde{R}_2 = \left\{((x,z), \underset{y \in Y}{\text{Max}} \ \text{Min}(\mu_{R_1}(x,y), \mu_{R_2}(y,z))) \mid (y,z) \in X \times Z\right\}.$$

< **1.51** > Bezeichnen wir mit $\tilde{R}_1$ die Relation "viel größer als" im Beispiel < 1.50 > und wird die Relation $\tilde{R}_2$ auf $Y \times Z \subset \mathbf{R}^2$ durch die nachfolgende Matrix

	z_1	z_2	z_3	z_4
y_1	0,8	0,4	0,3	0,1
y_2	0,4	0,7	0	0
y_3	0,3	0	1	0,2
y_4	0,1	0	0,2	0,3

charakterisiert, so wird $\tilde{R}_1 \circ \tilde{R}_2$ beschrieben durch die Matrix

	z_1	z_2	z_3	z_4
x_1	$0,\bar{5}..$	0,4	0,3	0,1
x_2	0,8	0,7	0,3	0,2
x_3	0,8	0,7	$0,\bar{5}..$	$0,\bar{2}..$

♦

Auch die Eigenschaften klassischer Relationen lassen sich auf Fuzzy-Relationen übertragen:

Definition 1.51:

Eine Fuzzy-Relation $\tilde{R}$ auf $X \times X$ heißt

i. *reflexiv* ⇔ $\mu_R(x, x) = 1 \quad \forall x \in X$

ii. *symmetrisch* ⇔ $\mu_R(x, y) = \mu_R(y, x) \quad \forall x, y \in X$

iii. *transitiv* ⇔ $\tilde{R} \circ \tilde{R} \subset \tilde{R}$

iv. *antisymmetrisch* ⇔ $(\mu_R(x, y) \neq \mu_R(y, x)$ oder $\mu_R(x, y) = \mu_R(y, x) = 0)$ $\forall (x, y) \in X^2$ mit $x \neq y$

v. *perfekt antisymmetrisch* ⇔ $(\mu_R(x, y) > 0 \Rightarrow \mu_R(y, x) = 0)$ $\forall (x, y) \in X^2$ mit $x \neq y$

Definition 1.52:

Eine Fuzzy-Relation $\tilde{R}$ in X heißt *Ähnlichkeitsrelation* oder *Fuzzy-Äquivalenzrelation,* wenn $\tilde{R}$ reflexiv, transitiv und symmetrisch ist.

Eine Fuzzy-Relation $\tilde{R}$ in X heißt *Fuzzy-(Halb-)Ordnung,* wenn $\tilde{R}$ reflexiv, transitiv und perfekt antisymmetrisch ist.

< **1.52** > Die in Beispiel < 1.51 > definierte Relation $\tilde{R}_2$ ist offensichtlich symmetrisch, aber nicht reflexiv, wenn $z_i = y_i$ für i = 1, 2, 3, 4 und damit Z = Y gesetzt wird. ♦

< **1.53** > Die durch die Matrizen

$\mathbf{R}_1$

	x_1	x_2	x_3
x_1	1	0,8	0,2
x_2	0,8	1	0,5
x_3	0,2	0,5	1

und $\mathbf{R}_2$

	x_1	x_2	x_3
x_1	1	0,8	0,6
x_2	0	1	0,4
x_3	0	0	1

definierten Relationen $\tilde{R}_1$ und $\tilde{R}_2$ sind reflexiv.

Weiterhin sieht man sofort, daß $\tilde{R}_1$ symmetrisch und $\tilde{R}_2$ perfekt antisymmetrisch ist. ♦

ÜBUNGSAUFGABEN

1.12 Überprüfen Sie die beiden Relationen in Beispiel < 1.53 > auf Transitivität. Ist $\tilde{R}_1$ bzw. $\tilde{R}_2$ eine Ähnlichkeitsrelation oder eine Fuzzyordnung ?

1.13 Beschreiben Sie für die linguistische Variable "Alter" eines Mannes die Ausprägungen "sehr jung", "jung", "mittelalt", "alt", "sehr alt" durch geeignete unscharfe Mengen auf der Lebensaltersskala [0, 100]. Veranschaulichen Sie die linguistische Variable "Alter" auch durch eine Abbildung analog zur Abbildung 1.35.

A. FUZZY-ENTSCHEIDUNGSMODELLE

In Hauptteil A soll der Frage nachgegangen werden, ob die Theorie unscharfer Mengen hilfreich sein kann bei dem Bemühen, Wahlentscheidungsprobleme realitätsnah durch ein Entscheidungsmodell abzubilden und sachadäquat zu lösen.

In der Literatur findet man eine Vielzahl an Vorschlägen, Fuzzy-Konzepte in Entscheidungsmodelle zu integrieren. Die Skala reicht von Fuzzy-Alternativen über Fuzzy-Nutzen, Fuzzy-Wahrscheinlichkeiten bis zu Fuzzy-Zuständen. Um die Bedeutung dieser Ansätze richtig beurteilen zu können, erscheint es uns nützlich, zunächst allgemein den Ablauf eines Entscheidungsprozesses zu rekapitulieren, vgl. dazu auch LAUX [1991, S. 3-32].

Ein Entscheidungsprozeß wird im allgemeinen dadurch in Gang gesetzt, daß der Entscheidungsträger den Entschluß faßt, ein gewisses, in diesem Anfangsstadium zumeist nur vage formuliertes Ziel zu erreichen. Dazu muß er Ausschau halten nach Handlungsalternativen, die geeignet sind, zur Verwirklichung dieses Zieles beizutragen. Die gleichzeitig einsetzende Problemanalyse erfordert die Herausarbeitung von Bedingungen, denen die zu realisierende Aktion genügen muß. Ist gemäß diesem Restriktionskomplex mehr als eine Handlungsalternative zulässig, so erhebt sich die Frage, welche davon ausgeführt werden soll. Damit diese Entscheidung rational getroffen werden kann, ist es zunächst notwendig, die Zielvorstellung des Entscheidungsträgers zu konkretisieren und dann die Alternativen in bezug auf die gesetzten Zielkriterien zu bewerten. Um die so ermittelten Konsequenzen zu einem Gesamturteil zu verdichten, werden diese Ergebnisse üblicherweise in Nutzenwerte abgebildet. Auszuführen ist dann die Handlungsalternative, die zum höchsten Nutzenwert führt.

In den nachfolgenden Kapiteln 2 bis 4 wird zur Vereinfachung der Darstellung und zur besseren Herausarbeitung der neuen Modellansätze angenommen, daß der Entscheidungsträger in der Lage ist, jeder Alternative direkt Nutzenwerte zuzuordnen. Erst in Kapitel 5 wird dann die Abbildung von Konsequenzen in Nutzenwerte genauer untersucht.

Liegt der Idealfall vor, daß jede Alternative a_i durch einen eindeutig bestimmten Nutzenwert $u(a_i)$ bewertet werden kann, so wird durch die natürliche Ordnung der reellen Zahlen eine Präferenzordnung auf der Menge A der zulässigen Alternativen impliziert, und es gilt für zwei Alternativen $a_i, a_j \in A$:

$$a_i \succ a_j \quad \Leftrightarrow \quad u(a_i) > u(a_j) .$$

Optimal ist dann jede Alternative $a^* \in A$ mit $u(a^*) = \underset{a \in A}{\text{Max}}\, u(a)$.

In vielen realen Entscheidungssituationen reicht die Information des Entscheidungsträgers aber nicht aus, um allen Alternativen einen eindeutigen Nutzenwert zuzuordnen. Oft sind die Konsequenzen und damit auch der Nutzen einer Alternative nur größenordnungsmäßig angebbar, z. B. mit verbalen Formulierungen der Art "ungefähr gleich 3", "etwa zwischen 5 und 6", "in der Nähe von 8", "etwas über 10". Anstatt nun diese vagen Bewertungen in einen einzigen (Nutzen-)Wert zu verdichten, wie dies im klassischen Entscheidungsmodell unter Sicherheit vorausgesetzt wird, könnte man versuchen, sie in Form unscharfer Mengen auszudrücken. Damit ergibt sich aber das neue Problem, unscharfe Mengen in einer Rangfolge anzuordnen, zumindest aber die "optimale" dieser unscharfen Nutzenbewertungen zu bestimmen. In Kapitel 2 werden deshalb Präferenzordnungen und Rangordnungsverfahren für unscharfe Mengen vorgestellt und analysiert.

Erstrecken sich diese vagen Nutzenbewertungen über einen größeren Bereich der Nutzenskala und weisen bei einer Beschreibung in Form unscharfer Mengen die Zugehörigkeitsfunktionen mehrere Maxima auf, so liegt die Vermutung nahe, daß dies auf den Einfluß unterschiedlicher äußerer Rahmenbedingungen zurückzuführen ist. Es empfiehlt sich dann, als Repräsentanten der Unsicherheit eine Menge S von Umweltzuständen s_j so auszuwählen, daß

i. die Konsequenzen aller Alternativen a_i beim Vorliegen eines Umweltzustandes s_j möglichst eng abgegrenzt werden,
ii. der Entscheidungsträger eine Wahrscheinlichkeitsverteilung $p(s_j)$ über der Menge der Umweltzustände S angeben kann.

Das Grundmodell der Entscheidungstheorie setzt nun voraus, daß die zustandsspezifischen Konsequenzen jeder Alternative eindeutig determiniert werden können, vgl. z.B. SCHNEEWEIß [1966, S.127]. Diese Prämisse kann in praktischen Entscheidungssituationen kaum erfüllt werden, insbesondere, wenn bei der Festlegung der Umweltzustände darauf geachtet wird, daß eine möglichst objektive Wahrscheinlichkeitsverteilung $p(s_j)$ zugrunde liegt. Zur Vermeidung von Fehlentscheidungen ist es daher auch bei Unterscheidung von Umweltzuständen angebracht, die vorliegenden vagen zustandsspezifischen Bewertungen in das Entscheidungsmodell zu integrieren. Dies ist in Form unscharfer Nutzenbewertungen stets möglich und in Kapitel 3 werden solche Entscheidungsmodelle mit Fuzzy-Nutzen untersucht. Auch wird analysiert, wie zusätzliche Informationen in diesen Modellen zu bewerten sind.

Ist der Entscheidungsträger nun in der Lage, die Realisierungswahrscheinlichkeiten der Umweltzustände näherungsweise anzugeben, so läßt sich dieses Wissen in Form unscharfer Wahrscheinlichkeiten $\tilde{P}(s_j)$, $j = 1,...,n$, ausdrücken. In Kapitel 4 werden Lösungsvorschläge für Entscheidungsmodelle mit unscharfen a priori-Wahrscheinlichkeiten diskutiert. Außerdem wird überprüft, ob die Verwendung von Fuzzy-Alternativen und/oder Fuzzy-Zuständen dazu beitragen kann, das Komplexionsproblem zu mildern.

Vage Nutzenwerte können darauf zurückgeführt werden, daß der Informationsstand des Entscheiders nur ausreicht, um den Handlungsergebnissen größenordnungsmäßig bestimmte Nutzenwerte zuzuordnen. Darüber hinaus kommt es in realen Entscheidungsproblemen nicht selten vor, daß sich auch die Konsequenzen nur näherungsweise beschreiben lassen. In Kapitel 5 wollen wir untersuchen, wie solche vagen Bewertungen durch Fuzzy-Nutzengrößen ausgedrückt werden können.

Vertritt ein Entscheidungsträger die Meinung, daß Nutzen nur ordinal meßbar ist, so bietet nach Ansicht mehrerer Autoren die Theorie unscharfer Mengen einen Weg, diese Nutzenwerte adäquat wiederzugeben. Entscheidungsmodelle dieses Typs werden in Kapitel 6 vorgestellt.

2. PRÄFERENZRELATIONEN UND RANGORDNUNGSVERFAHREN FÜR UNSCHARFE NUTZENBEWERTUNGEN

In diesem ersten Abschnitt wollen wir Entscheidungssituationen behandeln, in denen der Entscheidungsträger zwar nicht in der Lage ist, jeder Alternative einen eindeutigen Nutzenwert zuzuordnen, sein Informationsstand aber ausreicht, um alle Aktionen zumindestens größenordnungsmäßig zu bewerten. Neben der Einschränkung der für eine Alternative a_i überhaupt in Betracht kommenden Nutzenwerte auf ein Intervall U_i besitzt er darüber hinaus zumeist zusätzliche Vorstellungen über die unterschiedlichen Realisierungschancen der einzelnen Nutzenwerte. Solche vagen Nutzenbewertungen lassen sich mathematisch in Form unscharfer Nutzenmengen $\tilde{U}(a_i) = \{(u, \mu_i(u)) | u \in U_i\}$ darstellen.

Dabei umfaßt die Grundmenge $U \subset \mathbf{R}$ alle bei dem jeweiligen Entscheidungsproblem möglichen Nutzenwerte, d.h. $U \supseteq \bigcup_i U_i$, und die Zugehörigkeitsfunktion μ_i gibt den Zugehörigkeitsgrad jedes Nutzenwertes $u \in U_i$ zur Menge der wahren Nutzenwerte der Alternativen a_i wieder.

Werden normierte Zugehörigkeitsfunktionen verwendet, die nur Werte aus dem Intervall $[0,1]$ annehmen, so wird allen Nutzenwerten, die nicht als Konsequenz der Alternative a_i in Betracht kommen, ein Zugehörigkeitswert 0 zugeordnet, wogegen der Nutzenwert, der nach Meinung des Entscheidungsträgers die höchste Realisierungschance hat, den Zugehörigkeitswert 1 erhält.

Bei realen Entscheidungssituationen kann nicht davon ausgegangen werden, daß ein Entscheidungsträger jedem einzelnen Nutzenwert $u \in U_i$ einen individuellen Zugehörigkeitswert $\mu_i(u)$ zuordnen kann. Er wird daher entweder mit diskreten Nutzenwerten arbeiten, wie z.B. in [JAIN 1976] oder [ROMMELFANGER 1984A], oder er wird nur wenigen Nutzenwerten direkt Zugehörigkeitswerte zuordnen und dann diese Punkte mit geeigneten Kurvenstücken verbinden, vgl. dazu S. 219ff.

In praktischen Problemstellungen lassen sich die $\tilde{U}(a_i)$ ausreichend genau durch L-R-Fuzzy-Intervalle $(\underline{u}_i; \overline{u}_i; \underline{v}_i; \overline{v}_i)_{LR}$ mit einfachen Referenzfunktionen beschreiben. Es bietet sich dann das folgende Vorgehen an:

I. Zunächst gibt der Entscheidungsträger ein Intervall $[\underline{u}_i, \overline{u}_i]$ an, das die Nutzenwerte umfaßt, die seiner Ansicht nach die höchsten Realisierungschancen besitzen. Dabei ist natürlich auch der Spezialfall $\underline{u}_i = \overline{u}_i$ möglich. Allen Elementen $u \in [\underline{u}_i, \overline{u}_i]$ wird der Zugehörigkeitswert $\mu_i(u) = 1$ zugeordnet, vgl. Abb. 2.1.

II. Anschließend wählt er anhand vorliegender Graphiken Referenzfunktionen aus und bestimmt die Spannweiten $\underline{v}_i$ und $\overline{v}_i$, vgl. Abb.2.1.

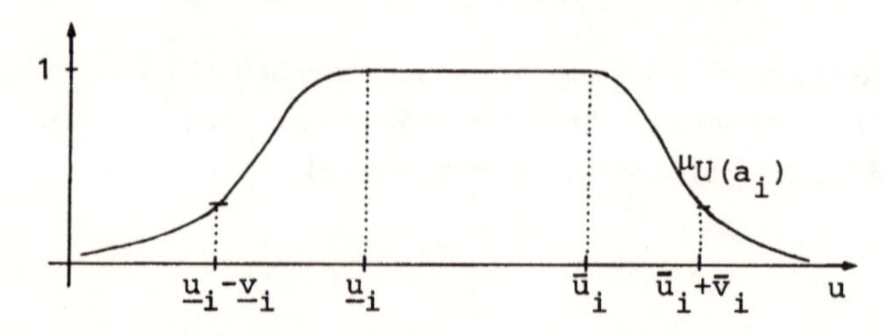

Abb.2.1: Zugehörigkeitsfunktion $\mu_{U(a_i)}$ *mit* $L(x) = R(x) = \exp(-x^2)$

Wird ein Entscheidungsträger durch den Schritt II überfordert, so reicht es unserer Ansicht nach für den ersten Lösungsversuch aus, mit trapezförmigen Zugehörigkeitsfunktionen zu arbeiten. Auch können diejenigen Nutzenwerte vernachlässigt werden, denen der Entscheidungsträger nur sehr geringe Realisierungschancen zubilligt. Denn gerade die Nutzenwerte, die bei Ausführung einer Aktion a_i zwar möglich sind, aber bei realistischer Betrachtung kaum erwartet werden, führen zu einer Aufblähung der stützenden Mengen von $U(a_i)$ und sind darüber hinaus schwer abgrenzbar. Es wird daher empfohlen, eine Größe ε_R, $0 \le \varepsilon_R < 1$ zu wählen und ε_R so zu interpretieren, daß nur die Nutzenwerte u mit einem Zugehörigkeitswert $\mu_i(u) \ge \varepsilon_R$ wirklich erwartet werden.

Zur Bestimmung von $\tilde{U}(a_i)$ genügt es dann, wenn der Entscheidungsträger im Schritt II ein Intervall $[\underline{\underline{u}}_i, \bar{\bar{u}}_i]$ ansetzt, das gerade die Nutzenwerte enthält, mit denen man bei Ausführung der Alternative a_i rechnen muß, vgl. Abb. 2.2. Die unscharfe Nutzenbewertung $\tilde{U}(a_i) = (\underline{u}_i; \bar{u}_i; \underline{v}_i; \bar{v}_i)_{LR}$ ist dann trapezförmig mit den Referenzfunktionen L(u) = R(u) = Max(0, 1-u) und den Spannweiten

$$\underline{v}_i = \frac{\underline{u}_i - \underline{\underline{u}}_i}{1-\varepsilon_R} \quad \text{und} \quad \bar{v}_i = \frac{\bar{\bar{u}}_i - \bar{u}_i}{1-\varepsilon_R} \quad .$$

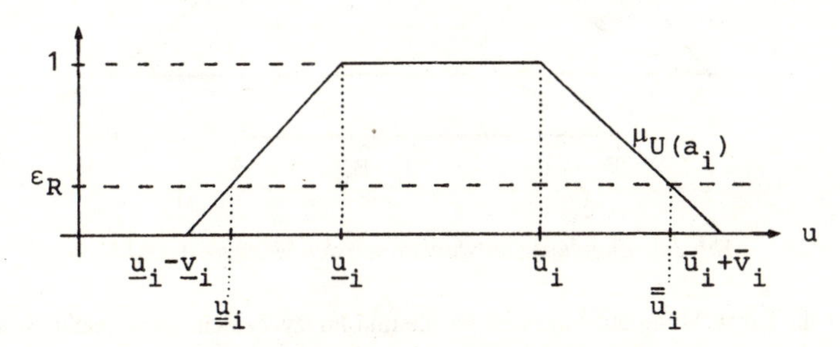

Abb.2.2: Trapezförmige unscharfe Menge $\tilde{U}(a_i)$

Mit der Bewertung der Alternativen durch unscharfe Nutzenmengen entsteht das Problem, eine Rangordnung der unscharfen Mengen $\tilde{U}_i$ aufzustellen oder zumindest die "optimale" dieser unscharfen Mengen zu bestimmen.

2.1 PRÄFERENZRELATIONEN

Allgemein akzeptabel ist sicherlich die folgende Definition einer Präferenzrelation für unscharfe Mengen auf einer Grundmenge $X \subseteq \mathbf{R}$.

Definition 2.1:

Eine unscharfe Menge $\tilde{B} \in \tilde{\wp}(X)$ wird einer unscharfen Menge $\tilde{C} \in \tilde{\wp}(X)$ *vorgezogen,* und man schreibt $\tilde{B} \succ \tilde{C}$, wenn gilt:

$$\operatorname{Inf}\operatorname{supp}(\tilde{B}) > \operatorname{Sup}\operatorname{supp}(\tilde{C}) . \tag{2.1}$$

Diese Präferenzrelation hat aber den gravierenden Nachteil, daß so eindeutige Präferenzverhältnisse, wie dies im Vorhandensein disjunkter stützender Mengen zum Ausdruck kommt, bei praktischen Entscheidungsproblemen kaum anzutreffen sind. Es liegt daher nahe, die Bedingung (2.1) abzuschwächen, wie dies u.a. ENTA [1982] vorschlägt.

Definition 2.2 *(ρ-Präferenz):*

Eine Menge $\tilde{B} \in \tilde{\wp}(X)$ wird einer Menge $\tilde{C} \in \tilde{\wp}(X)$ *auf dem Niveau* $\rho \in [0,1]$ *vorgezogen,* und man schreibt $\tilde{B} \succ_\rho \tilde{C}$, wenn ρ die kleinste reelle Zahl ist, so daß

$$\operatorname{Inf} B_\alpha \geq \operatorname{Sup} C_\alpha \qquad \text{für alle } \alpha \in [\rho, 1] \tag{2.2}$$

und für wenigstens ein $\alpha \in [\rho, 1]$ die Ungleichung (2.2) im strengen Sinne erfüllt ist.

Dabei sind $B_\alpha = \{x \in X \mid \mu_B(x) \geq \alpha\}$ und $C_\alpha = \{x \in X \mid \mu_C(x) \geq \alpha\}$ die α-Niveau-Mengen von $\tilde{B}$ bzw. $\tilde{C}$.

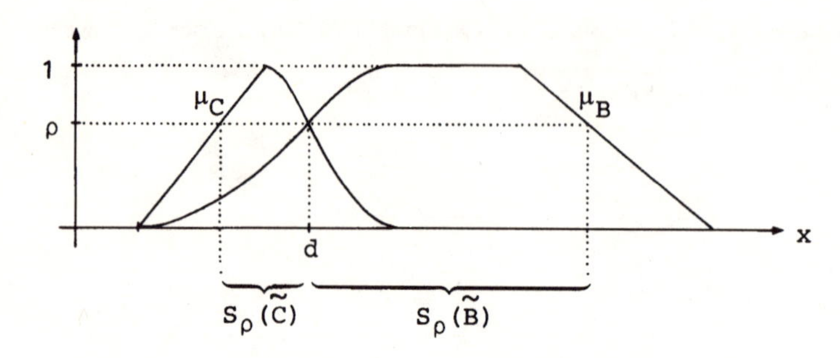

Abb. 2.3: Zugehörigkeitsfunktionen der Mengen $\tilde{B}$ und $\tilde{C}$

Beschränken wir die Betrachtung auf Fuzzy-Intervalle und Fuzzy-Zahlen, so ist leicht einzusehen, daß die Aussage "$\tilde{B} \succ_\rho \tilde{C}$" gleichwertig ausgedrückt werden kann als "$\tilde{B} \ominus \tilde{C}$" ist fast positiv auf dem Niveau $h = 1-\rho$" im Sinne der von TANAKA; ASAI [1984A, B] gegebenen Definition 2.3.

Definition 2.3:

Ein Fuzzy-Intervall $\tilde{M}$ heißt *fast positiv auf dem Niveau* $h \in [0,1]$, und man schreibt $\tilde{M} \succ_h 0$, wenn gilt:

$$\begin{aligned} &\text{i.} \quad \mu_M(0) = 1 - h \\ &\text{ii.} \quad \operatorname{Min}\{x \in X \mid \mu_M(x) = 1\} > 0 \end{aligned} \tag{2.3}$$

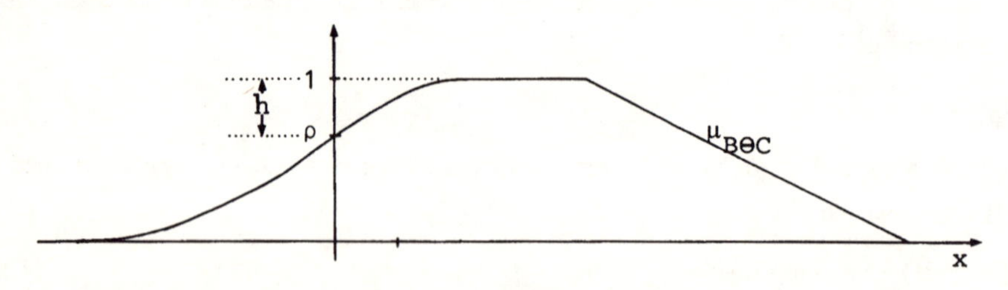

Abb. 2.4: ZGF von $\tilde{B} \ominus \tilde{C}$ für die unscharfen Mengen $\tilde{B}$ und $\tilde{C}$ aus Abb. 2.3

Bemerkungen

a. Für ein L-R-Fuzzy-Intervall $\tilde{M} = (\underline{m}; \overline{m}; \underline{\mu}; \overline{\mu})_{LR}$ vereinfacht sich die Bedingung ii. zu ii*: $\underline{m} > 0$.

b. Je größer das Sicherheitsniveau h ist, um so strenger ist die Bedeutung von "fast positiv".

c. Da man eine Fuzzy-Zahl auffassen kann als Spezialfall eines Fuzzy-Intervalls mit einelementigem Gipfelplateau, gilt die Definition 2.3 analog für Fuzzy-Zahlen. Im nachfolgenden wollen wir zur Abkürzung der Schreibweise bei Verwendung des Begriffs Fuzzy-Intervall stets den Spezialfall der Fuzzy-Zahl mit einschließen, ohne dies besonders zu erwähnen.

Ob ein Entscheidungsträger ein Sicherheitsniveau h für ausreichend hält, hängt von seiner subjektiven Risikoeinstellung ab. Ein praktikabler Weg ist die Vorgabe eines Mindestniveaus $h° > 0$ und das Präferenzverhalten

$$a_i \succ a_j \quad \Leftrightarrow \quad \tilde{U}(a_i) \ominus \tilde{U}(a_j) \succ_h 0 \qquad \text{mit } h \geq h° \tag{2.4}$$
$$\Leftrightarrow \quad \mu_{U(a_i)-U(a_j)}(0) \leq 1 - h°$$

Äquivalent dazu ist das Präferenzverhalten

$$a_i \succ a_j \quad \Leftrightarrow \quad \tilde{U}(a_i) \succ_\rho \tilde{U}(a_j) \qquad \text{mit} \quad \rho \leq \rho° = 1 - h° \quad . \tag{2.5}$$

Für Fuzzy-Intervalle $\tilde{U}(a_i)$ und $\tilde{U}(a_j)$ sind die Bedingungen genau dann erfüllt, wenn die Ordinate des Schnittpunktes des linken Astes von $\tilde{U}(a_i)$ mit dem rechten Ast von $\tilde{U}(a_j)$ kleiner gleich $\rho°$ ist.

Diese Ordinate läßt sich leicht berechnen, wenn Fuzzy-Intervalle der Form $\tilde{U}(a_i) = (\underline{u}_i; \overline{u}_i; \underline{v}_i; \overline{v}_i)_{LR}$ und $\tilde{U}(a_j) = (\underline{u}_j; \overline{u}_j; \underline{v}_j; \overline{v}_j)_{RL}$ mit $\underline{u}_i > \overline{u}_j$ vorliegen. Aus

$$\rho = L\left(\frac{x - \overline{u}_j}{\overline{v}_j}\right) = L\left(\frac{\underline{u}_i - x}{\underline{v}_i}\right) \quad \Leftrightarrow \quad \frac{x - \overline{u}_j}{\overline{v}_j} = \frac{\underline{u}_i - x}{\underline{v}_i} \quad \Leftrightarrow \quad x = \frac{\underline{u}_i \overline{v}_j + \overline{u}_j \underline{v}_i}{\underline{v}_i + \overline{v}_j}$$

folgt durch Einsetzen von x in $\rho = L\left(\frac{x - \overline{u}_j}{v_j}\right)$:

$$\rho = L\left(\frac{\underline{u}_i - \overline{u}_j}{\underline{v}_i + \overline{v}_j}\right) \quad . \tag{2.6}$$

Die Präferenzregel (2.5) läßt sich für diesen Spezialfall schreiben als

$$a_i \succ a_j \quad \Leftrightarrow \quad L\left(\frac{\underline{u}_i - \overline{u}_j}{\underline{v}_i + \overline{v}_j}\right) \leq \rho° \quad . \tag{2.7}$$

< **2.1** > Gegeben sind die unscharfen Nutzenbewertungen

$$\tilde{U}(a_1) = (5; 6; 1; 2)_{LR} \text{ und } \tilde{U}(a_2) = (3; 3,5; 1,5; 1)_{RL} \text{ mit } L(u) = R(u) = \frac{1}{1+u^2} \quad .$$

Da $L\left(\frac{5-3,5}{1+1}\right) = L\left(\frac{1,5}{2}\right) = L(0,75) = \frac{1}{1+0,75^2} = 0,64$ gilt $\tilde{U}(a_1) \succ_{\rho=0,64} \tilde{U}(a_2)$.

Dann wird nach der ρ-Präferenz auf dem Sicherheitsniveau $\rho^\circ = 0{,}5$ keine der beiden Alternativen bevorzugt. ♦

Die Definitionen 2.2 und 2.3 stehen im Einklang mit der Erweiterung der "≥"-Relation reeller Zahlen auf unscharfe Mengen, wenn man gemäß des Erweiterungsprinzips von ZADEH [1965] den *Grad der Möglichkeit*, daß die Menge $\tilde{B}$ der Menge $\tilde{C}$ im schwachen Sinne vorgezogen wird, definiert als

$$\pi(\tilde{B} \succsim \tilde{C}) = \sup_{\substack{(x,y)\in X^2 \\ \text{mit } x \geq y}} \operatorname{Min}(\mu_B(x), \mu_C(y)). \tag{2.8}$$

Für Fuzzy-Intervalle $\tilde{B} = (\underline{b};\overline{b};\underline{\beta};\overline{\beta})_{LR}$ und $\tilde{C} = (\underline{c};\overline{c};\underline{\gamma};\overline{\gamma})_{L'R'}$, gilt dann:

$$\pi(\tilde{B} \succsim \tilde{C}) = 1 \quad \text{falls } \overline{b} \geq \underline{c} \qquad \text{und}$$
$$\pi(\tilde{B} \succsim \tilde{C}) = \operatorname{hgt}(\tilde{B} \cap \tilde{C}) = \rho = 1 - h = \mu_{B\ominus C}(0) \quad \text{falls } \underline{b} \geq \overline{c}.$$

In den vorstehenden Definitionen kommt unserer Ansicht nach eine recht pessimistische Grundhaltung zum Ausdruck, da hier nur die negativen und nicht gleichzeitig auch die positiven Aspekte berücksichtigt werden. So bleibt z. B. in Definition 2.3 der Verlauf der Zugehörigkeitsfunktion $\mu_{B\ominus C}$ für $(x\text{-}y) > 0$ völlig unbeachtet.

Ausgewogen und für die Anwendung geeigneter ist nach unserer Meinung die folgende Präferenzrelation, die in der Extremform $\varepsilon = 0$ auf RAMIK; RIMANEK [1985] zurückgeht.

Definition 2.4 *(ε-Präferenz)*:

Eine Fuzzy-Menge $\tilde{B} \in \tilde{\wp}(X)$ wird einer Fuzzy-Menge $\tilde{C} \in \tilde{\wp}(X)$ auf dem Niveau $\varepsilon \in [0,1]$ vorgezogen, und man schreibt $\tilde{B} \succ_\varepsilon \tilde{C}$, wenn ε die kleinste reelle Zahl ist, so daß

$$\sup B_\alpha \geq \sup C_\alpha \qquad \text{und} \qquad \inf B_\alpha \geq \inf C_\alpha \qquad \text{für alle } \alpha \in [\varepsilon,\ 1] \tag{2.9}$$

und für wenigstens ein $\alpha \in [\varepsilon,\ 1]$ eine der Ungleichungen (2.9) im strengen Sinne erfüllt ist.

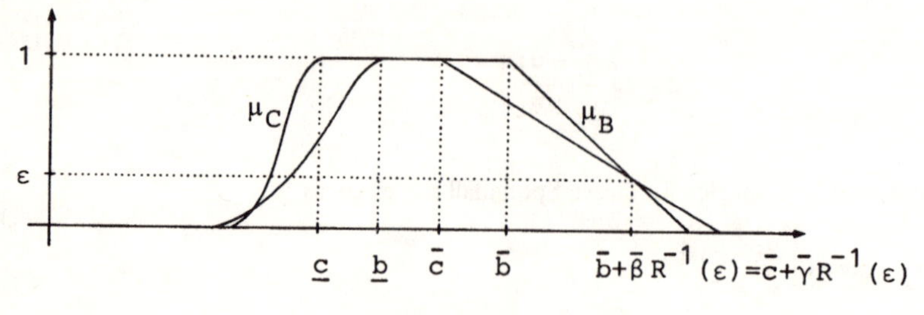

Abb.2.5: ε-Präferenz

Sind $\tilde{B} = (\underline{b};\overline{b};\underline{\beta};\overline{\beta})_{LR}$ und $\tilde{C} = (\underline{c};\overline{c};\underline{\gamma};\overline{\gamma})_{LR}$ Fuzzy-Intervalle des gleichen L-R-Typs, so läßt sich die Bedingung

$$\sup B_\alpha \geq \sup C_\alpha \qquad \text{schreiben als}$$
$$\Leftrightarrow \overline{b} + \overline{\beta} R^{-1}(\alpha) \geq \overline{c} + \overline{\gamma} R^{-1}(\alpha)$$
$$\Leftrightarrow \qquad \overline{b} - \overline{c} \geq (\overline{\gamma} - \overline{\beta}) R^{-1}(\alpha). \tag{2.10}$$

Da nach der Definition eine Referenzfunktion $R^{-1}(\alpha)$ mit wachsendem α monoton fällt, sind die Bedingungen

$$\begin{aligned} &\overline{b} - \overline{c} \geq (\overline{\gamma} - \overline{\beta})R^{-1}(1) = 0 \\ &\overline{b} - \overline{c} \geq (\overline{\gamma} - \overline{\beta})R^{-1}(\varepsilon) \end{aligned} \tag{2.11}$$

hinreichend dafür, daß die Ungleichung (2.10) für alle $\alpha \in [\varepsilon,\ 1]$ erfüllt ist.

Als spezielle Formen von (2.10) sind die beiden Ungleichungen (2.11) auch notwendig.

Da analoge Aussagen auch für die Bedingung Inf $B_\alpha \geq$ Inf C_α existieren, ist für Fuzzy-Intervalle des gleichen L-R-Typs die Restriktion (2.11) äquivalent zu dem Ungleichungssystem

$$\begin{array}{lcllcl} \operatorname{Sup} B_\varepsilon & \geq & \operatorname{Sup} C_\varepsilon & \Leftrightarrow & \overline{b} + \overline{\beta}R^{-1}(\varepsilon) & \geq & \overline{c} + \overline{\gamma}R^{-1}(\varepsilon) \\ \operatorname{Sup} B_1 & \geq & \operatorname{Sup} C_1 & \Leftrightarrow & \overline{b} & \geq & \overline{c} \\ \operatorname{Inf} B_1 & \geq & \operatorname{Inf} C_1 & \Leftrightarrow & \underline{b} & \geq & \underline{c} \\ \operatorname{Inf} B_\varepsilon & \geq & \operatorname{Inf} C_\varepsilon & \Leftrightarrow & \underline{b} - \underline{\beta}L^{-1}(\varepsilon) & \geq & \underline{c} - \underline{\gamma}L^{-1}(\varepsilon) \end{array} \tag{2.12}$$

Bei Anwendung der ε-Präferenz in praktischen Entscheidungssituationen wird empfohlen, als Ausdruck der subjektiven Risikoeinstellung ein Sicherheitsniveau $\varepsilon^0 < 1$ vorzugeben und nach der Regel

$$a_i \succ a_j \quad \Leftrightarrow \quad \tilde{U}(a_i) \succ_\varepsilon \tilde{U}(a_j) \quad \text{mit} \quad \varepsilon \leq \varepsilon^0 \tag{2.13}$$

zu verfahren.

Dann ist für zwei Fuzzy-Nutzenbewertungen

$\tilde{U}(a_i) = (\underline{u}_i; \overline{u}_i; \underline{v}_i; \overline{v}_i)_{LR}$ und $\tilde{U}(a_j) = (\underline{u}_j; \overline{u}_j; \underline{v}_j; \overline{v}_j)_{LR}$ des gleichen L-R-Typs die Präferenzrelation $a_i \succ a_j$ genau dann gegeben, wenn das Ungleichungssystem

$$\begin{aligned} \overline{u}_i + \overline{v}_i R^{-1}(\varepsilon^0) &\geq \overline{u}_j + \overline{v}_j R^{-1}(\varepsilon^0) \\ \overline{u}_i &\geq \overline{u}_j \\ \underline{u}_i &\geq \underline{u}_j \\ \underline{u}_i - \underline{v}_i L^{-1}(\varepsilon^0) &\geq \underline{u}_j - \underline{v}_j L^{-1}(\varepsilon^0) \end{aligned} \tag{2.14}$$

gültig ist.

< 2.2 > Gegeben sind die unscharfen Nutzenbewertungen
$\tilde{U}(a_1) = (4;\ 5;\ 1;\ 2)_{LR}$ und $\tilde{U}(a_2) = (4{,}5;\ 6;\ 2;\ 1)_{LR}$ mit den Referenzfunktionen $L(u) = \operatorname{Max}(0{,}1 - u)$ und $R(u) = e^{-u}$ und das Sicherheitsniveau $\varepsilon° = 0,\ 5$.

Da alle Ungleichungen des Systems (2.14)

$$\begin{aligned} 6{,}69 = 6 + 1 \cdot 0{,}69 &\geq 5 + 2 \cdot 0{,}69 = 6{,}39 \\ 6 &\geq 5 \\ 4{,}5 &\geq 4 \\ 3{,}5 = 4{,}5 - 2 \cdot 0{,}5 &\geq 4 - 1 \cdot 0{,}5 = 3{,}5 \end{aligned}$$

erfüllt sind und sogar mehrere im strengen Sinne gelten, ist die Alternative a_2 der Alternative a_1 im Sinne der ε-Präferenz bei dem vorgegebenen Sicherheitsniveau $\varepsilon° = 0{,}5$ vorzuziehen. ♦

2.2 RANGORDNUNGSVERFAHREN FÜR UNSCHARFE MENGEN

Durch Anwendung der vorstehenden Präferenzrelationen auf alle Paare einer gegebenen Menge $\{\tilde{U}(a_i)|i \in I\}$ unscharfer Nutzenbewertungen lassen sich Aussagen über die Rangordnung dieser unscharfen Mengen und damit auch der Alternativen machen. Diese Vorgehensweise hat aber den Nachteil, daß solche Präferenzausssagen nur für spezielle Fuzzy-Intervalle ohne großen Rechenaufwand ermittelt werden können. Noch gravierender ist aber, daß insbesondere bei Verwendung der ρ-Präferenz bei vielen Paarvergleichen keine Präferenzentscheidung möglich ist.

Das Fehlen einer allgemein anerkannten und leicht handhabbaren Methode zur Bestimmung der Rangordnung unscharfer Mengen hat dazu geführt, daß eine Vielzahl weiterer Rangordnungsverfahren vorgeschlagen wurde. Einige davon wollen wir nachstehend genauer untersuchen, wobei die Auswahl getroffen wurde in Abhängigkeit des Bekanntheitsgrades in der Literatur und der Beurteilung dieser Methoden in den Arbeiten von BORTOLAN; DEGANI [1985] und ROMMELFANGER [1986A]. Dabei analysieren die Autoren der ersten Arbeit die Güte der verschiedenen Rangordnungsverfahren anhand von 20 Beispielen mit jeweils zwei oder drei triangulären oder trapezförmigen unscharfen Mengen, wogegen in der letzteren Arbeit die Rangordnungsverfahren durch Vergleich mit empirisch gewonnenen Präferenzaussagen beurteilt werden. Beide Untersuchungen kommen zu dem Ergebnis, daß in unproblematischen Fällen alle Methoden zu den intuitiv erwarteten bzw. den beobachteten Präferenzordnungen führen, in kritischen Fällen aber deutliche Qualitätsunterschiede sichtbar werden. Bei der Diskussion der einzelnen Verfahren werden die Resultate beider Publikationen mit einfließen. Einen neueren Überblick über Fuzzy-Ranking-Methoden geben CHEN; HWANG [1992, S. 101-288]. Sie erläutern die Vor- und Nachteile der einzelnen Verfahren anhand von 15 Beispielen, in denen hauptsächlich trianguläre Fuzzy-Zahlen auf der Grundmenge [0, 1] verglichen werden.

Während bei der Verwendung einer Nutzenfunktion $u(a_i) \in \mathbf{R}$ die Menge der optimalen Alternativen definiert ist als die klassische Menge $C = \{i \in I \mid u(a_i) \geq u(a_j) \quad \forall j \in I\}$, ist es nach der in der Literatur vorherrschenden Meinung sinnvoll, bei der Benutzung unscharfer Nutzenbewertungen auch die Menge der optimalen Alternativen als eine unscharfe Menge zu formulieren, d.h. als $\tilde{C} = \{(i, \mu_C(i)) | i \in I\}$.

Das gemeinsame Grundkonzept fast aller Rangordnungsverfahren besteht nun darin, für jede Alternative a_i eine Kennzahl zu berechnen, die als Zugehörigkeitswert $\mu_C(i)$ interpretiert wird oder sich interpretieren läßt. Die natürliche Ordnung der reellen Zahlen impliziert dann die Ordnungsrelation

$$a_i \succ a_j \Leftrightarrow \mu_C(i) > \mu_C(j) \quad . \tag{2.15}$$

Die Mehrzahl der Autoren von Rangordnungsverfahren verwenden diese Regel (2.15), um eine Rangfolge der unscharfen Mengen $\tilde{U}(a_i)$ zu begründen. Sie empfehlen somit, die (bzw. eine der) Alternative(n) mit dem höchsten Zugehörigkeitswert $\underset{i \in I}{\text{Max}}\ \mu_C(i)$ auszuführen.

Bedenkt man aber, daß die Alternativenbewertungen $\tilde{U}_i = \tilde{U}(a_i) = \{(u, \mu_i(u)) \mid u \in U\}$ nur größenordnungsmäßige Nutzenbewertungen des Entscheidungsträgers sind und daß der Verlauf der Zugehörigkeitsfunktionen $\mu_i(u)$ zumeist nur näherungsweise bestimmt ist, so ist es unserer Ansicht nach nicht gerechtfertigt, daß kleinste Unterschiede in den $\mu_C(i)$-Werten eine Rangfolge begründen. Bei der Auswahl der auszuführenden Alternativen wird daher empfohlen, neben der (den) Alternative(n) mit dem maximalen Zugehörigkeitswert $\underset{i\in I}{\text{Max}}\ \mu_C(i)$ zusätzlich diejenigen mit einem geringfügig kleineren Zugehörigkeitsgrad einer weiteren vergleichenden Prüfung zu unterziehen, bei der dann auch neue Gesichtspunkte berücksichtigt werden können.

Verfahren von BAAS und KWAKERNAAK

Der von BAAS; KWAKERNAAK [1977] vorgeschlagene Ansatz

$$\mu_C(i) = \underset{\bar{u}\in\bar{U}_i}{\text{Max}}\ \text{Min}(\mu_1(\bar{u}_1),\ldots,\mu_m(\bar{u}_m)) \qquad (2.16)$$
$$\text{mit } \bar{U}_i = \left\{\bar{u} = (\bar{u}_1,\ldots,\bar{u}_m) \in U^m \mid \bar{u}_i \geq \bar{u}_j \quad \forall j \in I\right\}$$

basiert auf dem Erweiterungsprinzip und ist offensichtlich eine Verallgemeinerung der "≥"-Relation reeller Zahlen auf den gleichzeitigen Vergleich eines Nutzenwertes $\bar{u}_i$ mit (m-1) weiteren Nutzenwerten. Bei Beschränkung auf m = 2 entspricht (2.16) der Gleichung (2.8) auf Seite 71.

Da die ermittelten μ_C-Werte jeweils nur auf einem Nutzenvektor $\bar{u}$ basieren, fehlt diesem Verfahren die Trennschärfe, wie die Abbildung 2.6 und viele weitere Beispiele zeigen, vgl. u.a.[BALDWIN; GUILD 1979, S.229], [ROMMELFANGER 1986A, S.227-228], [CHEN; HWANG 1992, S. 124].

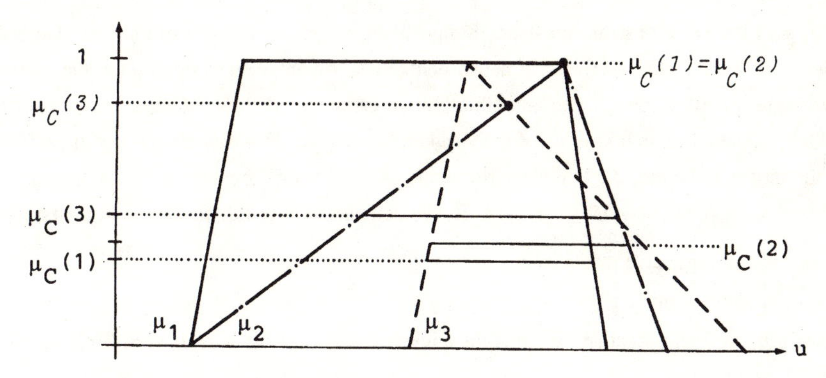

Abb. 2.6 BAAS u. KWAKERNAAK: $\mu_C(1) = \mu_C(2) = 1 > \mu_C(3) = 0{,}85$
BALDWIN u. GUILD: $\mu_C(3) = 0{,}46 \quad \mu_C(2)=0{,}36 > \mu_C(1) = 0{,}30$

Verfahren von BALDWIN und GUILD

Um das Verfahren von BAAS und KWAKERNAAK zu verbessern, schlagen BALDWIN und GUILD [1979] vor, neben den Zugehörigkeitswerten $\mu_i(u)$ auch die Abstände zwischen den Nutzenwerten zu berücksichtigen. Dazu führen sie eine zweidimensionale unscharfe Relation

$$\tilde{P}_{ij} = \left\{((\bar{u}_i,\bar{u}_j),\mu_{P_{ij}}(\bar{u}_i,\bar{u}_j)) \mid (\bar{u}_i,\bar{u}_j) \in U^2\right\}$$

ein und berechnen die Zugehörigkeitswerte $\mu_C(i)$ nach der Formel

$$\mu_C(i) = \underset{\substack{j\in I\\ j\neq i}}{\text{Min}}\left[\underset{(\bar{u}_i,\bar{u}_j)\in U^2}{\text{Max}}\ \text{Min}(\mu_i(\bar{u}_i),\mu_j(\bar{u}_j),\mu_{P_{ij}}(\bar{u}_i,\bar{u}_j))\right]. \qquad (2.17)$$

Wird z.B. eine lineare Relation unterstellt, so gilt:

$$\mu_{P_{ij}}(\bar{u}_i,\bar{u}_j) = \begin{cases} \dfrac{\bar{u}_i - \bar{u}_j}{u_{Max} - u_{Min}} & \text{für } \bar{u}_i \geq \bar{u}_j,\ u_{Min} = \text{Inf}\, U \\ 0 & \text{sonst} \end{cases} \quad . \tag{2.18}$$

Auch wenn im Verfahren von BALDWIN und GUILD i.a. bedeutend mehr Paare $(\bar{u}_i,\bar{u}_j)$ berücksichtigt werden als in der von BAAS und KWAKERNAAK vorgeschlagenen Ranking-Methode, basiert der Zugehörigkeitswert letztlich nur auf einem Nutzenpaar. Kleine Veränderungen der entsprechenden Zugehörigkeitsfunktionen können daher ausreichen, die Rangfolge der Alternativen zu ändern, während andererseits gravierende Änderungen an anderer Stelle oder bei den übrigen Zugehörigkeitsfunktionen ohne Einfluß bleiben können. Dennoch schneidet das Verfahren von BALDWIN und GUILD in der empirischen Untersuchung von ROMMELFANGER [1986A, S.227] hervorragend ab, solange die unscharfen Mengen nur paarweise verglichen werden. Dagegen liefert es unbefriedigende Ergebnisse, wenn mehrere Alternativen anzuordnen sind. Die nochmalige Anwendung des Minimumoperators in (2.17) führt dann dazu, daß die $\mu_C(i)$-Werte relativ klein werden und die Diskriminierungsfähigkeit verloren geht.

Verfahren von JAIN

JAIN [1976] geht bei der Konstruktion seines Rangordnungsverfahrens von dem richtigen Gedanken aus, daß bei der Bestimmung der $\mu_C(i)$-Werte neben den Zugehörigkeitswerten $\mu_i(u)$ auch die relative Höhe der Nutzenwerte u berücksichtigt werden sollte. Um zu erreichen, daß die höheren Nutzenwerte stärker berücksichtigt werden, beschränkt er die Zugehörigkeitswerte $\mu_i(u)$ in Abhängigkeit von u nach oben, und zwar um so stärker, je kleiner die Nutzenwerte u sind. Als Hilfsmittel benutzt er dabei die *maximierende Menge* $\tilde{M} = \{(u, \mu_M(u)) \mid u \in U\}$ in $U \subset \mathbf{R}$, die definiert wird durch die Zugehörigkeitsfunktion

$$\mu_M(u) = \left[\frac{u - \text{Inf}\, U}{\text{Sup}\, U - \text{Inf}\, U}\right]^k , \tag{2.19}$$

wobei k eine positive reelle Zahl ist, die in Abhängigkeit des Anwendungsfalles vom Entscheidungsträger festzulegen ist.

Der Zugehörigkeitswert einer Alternative a_i zur Menge $\tilde{C}$ der optimalen Alternativen ist dann nach JAIN gleich

$$\mu_C^M(i) = \sup_{u \in U} \text{Min}(\mu_i(u), \mu_M(u)) \quad . \tag{2.20}$$

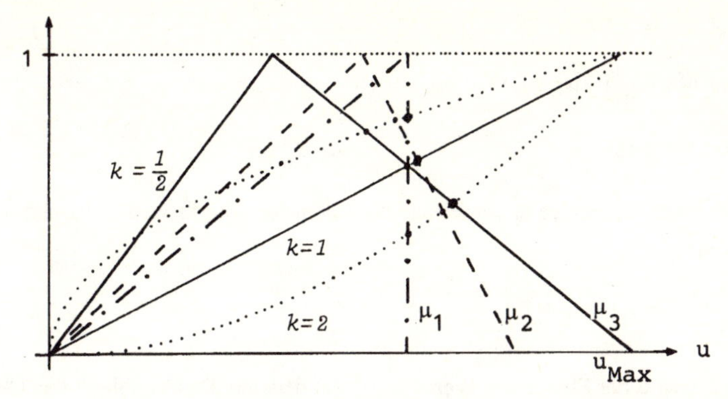

Abb. 2.7: JAIN-Verfahren I. Abhängigkeit der $\mu_C^M(i)$-Werte *von der Wahl des Exponenten k*

An diesem Ranking-Verfahren wird vor allem kritisiert, vgl. z.B. [BALDWIN; GUILD 1979], [CHANG 1980] oder [DUBOIS; PRADE 1983], daß die sich so ergebende Rangordnung sehr stark von der Wahl des Exponenten k abhängt, was auch in der Abbildung 2.7 deutlich erkennbar ist.

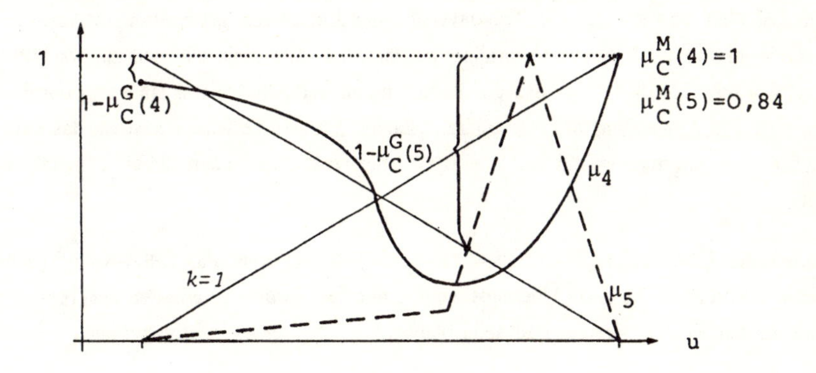

Abb. 2.8: JAIN-Verfahren II, CHEN-Verfahren I

Die wesentliche Schwäche dieses Verfahrens liegt aber unserer Ansicht nach darin, daß die Bewertung jeder Alternative a_i lediglich auf einem Wert basiert und der übrige Verlauf der Zugehörigkeitsfunktion unberücksichtigt bleibt. So wird einer Zugehörigkeitsfunktion μ_j mit μ_j (Sup U) = 1 stets der höchstmögliche Wert $\mu_C^M(j) = 1$ zugeordnet, unabhängig vom weiteren Verlauf dieser Funktion und auch unabhängig von k, vgl. dazu die Funktion μ_4 in Abb. 2.8, die intuitiv schlechter als μ_5 ist.

CHEN-Verfahren

Es dauerte fast 20 Jahre, bis jemand auf die naheliegende Idee kam, das Rangordnungsverfahren von JAIN dadurch zu verbessern, daß man neben der maximierenden Menge $\tilde{M}$ zusätzlich eine *minimierende Menge*

$$\tilde{G} = \{(u, \mu_G(u) \mid u \in U\} \qquad \text{auf U mit}$$

$$\mu_G(u) = \left[\frac{\text{Sup U - u}}{\text{Sup U - Inf U}}\right]^k \tag{2.21}$$

berücksichtigt und so mit

$$\mu_C^G(i) = \sup_{u \in U} \mathrm{Min}(\mu_i(u), \mu_G(u)) \tag{2.22}$$

eine zweite Bewertung erhält.

Die Zugehörigkeit einer Alternative a_i zur Menge der optimalen Alternativen $\tilde{C}$ ist nun nach SHAN-HUO CHEN [1985] gleich

$$\mu_C(i) = \frac{1}{2}\left[\mu_C^M(i) + (1 - \mu_C^G(i))\right] \tag{2.23}$$

In der Abbildung 2.8 wird der Einfluß der Werte $1 - \mu_C^G(i)$ deutlich. Das Verfahren von CHEN liefert mit

$$\mu_{C=}(4) = \frac{1+0,1}{2} = 0,55 \quad < \quad \mu_C(5) = \frac{0,84+0,68}{2} = \frac{1,52}{2} = 0,76$$

die intuitiv erwartete Rangordnung, während das Verfahren von JAIN die umgekehrte Rangfolge bestimmt.

Die Festlegung des Exponenten k überläßt auch CHEN dem Entscheidungsträger; er weist lediglich darauf hin, daß in der Wahl von k = ½ eine Risikoaversion des Entscheidungsträgers zum Ausdruck kommt, wogegen die Wahl von k = 2 eine Risikopräferenz signalisiert. Allgemein gilt, daß mit wachsendem k die Risikoneigung wächst. Nach CHEN wird die Rangordnung der Alternativen eindeutig durch die $\mu_C(i)$-Werte bestimmt. Bei Anwendung auf trianguläre unscharfe Mengen verfeinert er sogar das Kriterium und empfiehlt, für zwei Alternativen mit $\mu_C(1) = \mu_C(2)$ diejenige vorzuziehen, deren Scheitelpunkt weiter rechts liegt.

In der empirischen Untersuchung von ROMMELFANGER [1986A] weist das CHEN-Kriterium neben dem Niveau-Ebenen-Verfahren die beste Übereinstimmung mit dem Präferenzverhalten der Testpersonen auf. Darüber hinaus hat es den Vorteil, daß seine Anwendung nur einen relativ geringen Rechenaufwand erfordert.

Bemerkung:

Nach JAIN [1976] bezieht sich die maximierende Menge $\tilde{M}$ auf die Grundmenge des Problems und wird nicht für den Vergleich einzelner Teilmengen neu definiert. Daher ist die maximierende Menge von YAGER [1980] lediglich der Spezialfall der JAINschen Definition für die spezielle Grundmenge [0, 1] und die Wahl k = 1. S. H. CHEN ergänzt das JAIN-Verfahren um eine minimierende Menge, die offensichtlich ebenfalls über der Grundmenge des Problems definiert ist, vgl. [CHEN 1985], [ROMMELFANGER 1986A].
Es ist daher schwer verständlich, daß S. J. CHEN; C. L HWANG [1992, S. 233] unterstellen, daß S. H. CHEN die maximierende bzw. die minimierende Menge nicht über der Grundmenge des Gesamtproblems definiert, sondern für jeden Rangvergleich eine spezielle, i.a. eingeschränkte Definitionsmenge verwendet.
Mit der Kritik "Chen's method ignores the absolute locations of the fuzzy numbers in question", vgl. [CHEN, HWANG 1992, S. 246] rechtfertigen sie dann die "Verbesserung" des CHEN-Kriteriums, in dem sie die maximierende und die minimierende Menge so definieren, daß diese sich auf die von ihnen gewählte Grundmenge [0, 1] beziehen. Zusätzlich wird ohne weitere Begründung der Parameter k gleich 1 gesetzt.

Angesichts dieser Sachlage erscheint es mir nicht gerechtfertigt, das S. H. CHEN-Kriterium als CHEN-HWANG-Kriterium zu bezeichnen.

Während in den obigen Verfahren die Zugehörigkeitswerte $\mu_C(i)$ direkt berechnet werden, wird in den nachfolgenden Methoden zunächst eine Ranking-Funktion H bestimmt, die jede unscharfe Bewertungsmenge $\tilde{U}_i$ in die Grundmenge $U \subset \mathbf{R}$ abbildet. Die natürliche Ordnung der reellen Zahlen impliziert dann eine Ordnung der unscharfen Mengen $\tilde{U}_i$. Die reellen Zahlen $H(\tilde{U}_i)$ können dann als Zugehörigkeitswerte der unscharfen Menge $\tilde{C}$ der optimalen Alternative interpretiert werden. Möchte man aber mit normierten Zugehörigkeitsfunktionen arbeiten, so ist noch die rangneutrale Transformation

$$\mu_C(i) = \frac{H(\tilde{U}_i)}{\underset{i \in I}{\operatorname{Max}} H(\tilde{U}_i)} \tag{2.24}$$

auszuführen.

"Erwartungswert"-Verfahren

Beeinflußt durch formale Ähnlichkeiten zwischen Zugehörigkeitsfunktionen und Wahrscheinlichkeitsverteilungen schlagen viele Autoren die Verwendung der Ranking-Funktion

$$H_1(\tilde{U}_i) = \frac{\int_U u \cdot \mu_i(u) du}{\int_U \mu_i(u) du} \tag{2.25}$$

vor. Wegen der gravierenden konzeptionellen Unterschiede zwischen einer Zugehörigkeitsfunktion und einer Dichtefunktion, vgl. dazu die Ausführungen im Abschnitt 1.4, kommt dem Wert $H_1(\tilde{U}_i)$ aber nicht <u>die</u> Rolle eines mittleren Wertes zu, wie dies beim Erwartungswert der Fall ist. Darüber hinaus ist zu bedenken, ob ein Entscheidungsträger bei der Beurteilung unscharfer Mengen infinitesimal kleine Änderungen des Kurvenverlaufes berücksichtigen kann. Angesichts subjektiv und zumeist nur näherungsweise bestimmter Zugehörigkeitsfunktionen ist unserer Ansicht nach das Integralkonzept viel zu rechenaufwendig. Auch wenn das "Erwartungswert"-Verfahren sowohl in der Untersuchung von BORTOLAN; DEGAN [1985] als auch in der empirischen Studie von ROMMELFANGER [1986A] gute Ergebnisse liefert, existieren mit dem CHEN-Kriterium und dem Niveau-Ebenen-Verfahren zwei Methoden, die noch besser abschneiden und überdies einen geringeren Rechenbedarf haben.

Diese Kritik trifft gleichermaßen auf die von YAGER [1981] und CHANG [1980] vorgeschlagenen Varianten des "Erwartungswert"-Verfahrens zu. Dabei stellt im Ansatz von YAGER

$$H_2(\tilde{U}_i) = \frac{\int_U g(u) \cdot \mu_i(u) du}{\int_U \mu_i(u) du} \tag{2.26}$$

der Gewichtungsfaktor g(u) ein Maß für die Bedeutung des Wertes u dar. Der Vorschlag von CHANG

$$H_3(\tilde{U}_i) = \int_U u \cdot \mu_i(u) du \tag{2.27}$$

hat zudem den Nachteil, daß hier unberücksichtigt bleibt, daß i.a.

$$\int_U \mu_i(u) du \neq \int_U \mu_j(u) du \qquad \text{für } i \neq j \ .$$

Verfahren von ADAMO

Dem Charakter unscharfer Mengen eher entsprechend ist der Vorschlag von ADAMO [1980], der auf dem α-Niveau-Mengen-Konzept basiert:

$$H_4(\tilde{U}_i) = \mathrm{Max}\{u \mid \mu_i(u) \geq \alpha\} \tag{2.28}$$

Dabei ist α ein vom Entscheidungsträger zu wählendes Niveau $\alpha \in [0,1]$. Da die ermittelte Rangfolge sehr stark von der Festlegung des Niveaus abhängt und außerdem nur jeweils ein Zugehörigkeitswert die Ordnung bestimmt, führt die Verwendung der Funktion H_4 leicht zu schlechten Ergebnissen, vgl. die nachfolgende Abbildung 2.9 und [BORTOLAN; DEGAN 1985].

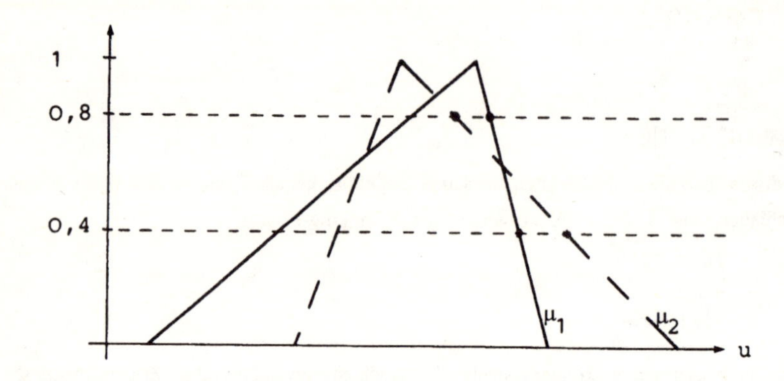

Abb. 2.9: Verfahren von ADAMO

Für $\alpha = 0{,}8$ gilt $H_4(\tilde{U}_2) > H_4(\tilde{U}_1)$, dagegen ergibt sich für $\alpha = 0{,}4$ die umgekehrte Rangfolge

Niveau-Ebenen-Verfahren

Mit die beste Übereinstimmung mit dem empirisch beobachteten Präferenzverhalten von Testpersonen lieferte das von ROMMELFANGER [1984A, 1986A] vorgeschlagene *Niveau-Ebenen-Verfahren*. Im Unterschied zu dem Ansatz von ADAMO werden hier sowohl mehrere α-Niveaus als auch die Ausdehnung der α-Niveau-Mengen berücksichtigt:

Legt man dem Rangordnungsverfahren r Niveaus zugrunde, so wird für jede α-Niveau-Menge

$$U_i^{\alpha} = \{u \in U \mid \mu_i(u) \geq \alpha\} = \left[u_{i1}^{\alpha}, u_{i2}^{\alpha}\right] \cup \ldots \cup \left[u_{ik-1}^{\alpha}, u_{ik}^{\alpha}\right], \qquad k = k(\alpha, i)$$

zunächst das gewogene arithmetische Mittel

$$\overline{U}_i^{\alpha} = \frac{\frac{u_{i1}^{\alpha} + u_{i2}^{\alpha}}{2}(u_{i2}^{\alpha} - u_{i1}^{\alpha}) + \ldots + \frac{u_{ik-1}^{\alpha} + u_{ik}^{\alpha}}{2}(u_{ik}^{\alpha} - u_{ik-1}^{\alpha})}{(u(_{i2}^{\alpha} - u_{i1}^{\alpha}) + \ldots + (u_{ik}^{\alpha} - u_{ik-1}^{\alpha})} \tag{2.29}$$

berechnet. Die Ranking-Funktion ist dann

$$H_5(\tilde{U}_i) = \frac{1}{r} \sum_{s=1}^{r} \overline{U}_i^{\alpha_s}. \tag{2.30}$$

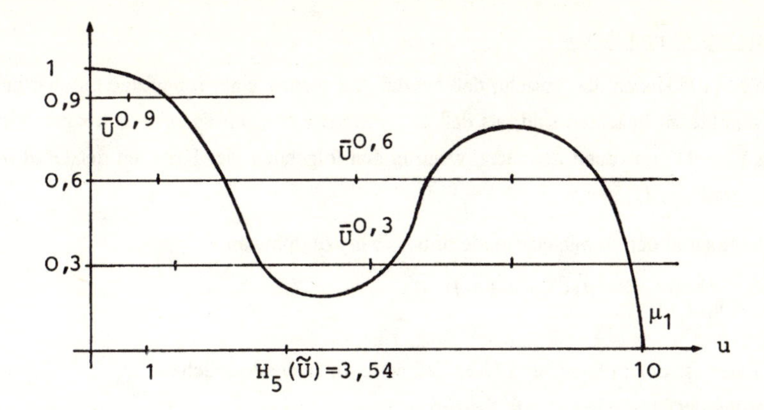

Abb.2.10: Niveau-Ebenen-Verfahren mit den drei Niveaus $\alpha = 0{,}9$, $\alpha = 0{,}6$ und $\alpha = 0{,}3$.

Durch Mittelung der drei Werte

$$\overline{U}^{0,9} = 0,7, \quad \overline{U}^{0,6} = \frac{1,2 \cdot 2,4 + 7,7 \cdot 3}{2,4 + 3} = 4,81, \qquad \overline{U}^{0,3} = \frac{1,5 \cdot 3,1 + 7,7 \cdot 4,3}{3,1 + 4,3} = 5,12$$

erhält man Ranking-Wert $H_5(\tilde{U}) = 3{,}54$

Schwierig scheint bei diesem Verfahren die Festlegung der α-Niveaus zu sein, denn durch die Anzahl und die Größe der α-Werte kann der Wert $H_5(\tilde{U}_i)$ und damit die Anordnung der unscharfen Mengen stark beeinflußt werden. Um diesem Problem Rechnung zu tragen, wird empfohlen, möglichst viele α-Niveaus in gleichmäßigem Abstand zu berücksichtigen. Wie die empirische Untersuchung in [ROMMELFANGER 1986A] aufzeigt, führt aber schon die Verwendung von drei α-Niveaus (α = 0,3; 0,6; 0,9) zu sehr guten Ergebnissen .

Darüber hinaus ist zu bedenken, daß in realen Entscheidungsproblemen ein Entscheidungsträger kaum in der Lage ist, den gesamten Verlauf der Zugehörigkeitsfunktionen festzulegen. Vielmehr wird es ihm zumeist nur möglich sein, in Abhängigkeit seines Informationsstandes mehr oder weniger viele α-Niveau-Mengen zur Beschreibung der unscharfen Nutzenbewertungen $\tilde{U}_i$ anzugeben. In der Form der α-Niveau-Mengen $\overline{U}_i^{\alpha}$ lassen sich somit gerade all die Informationen in den Anordnungsprozeß einbeziehen, die real vorliegen. Der zunächst befürchtete Informationsverlust findet also nicht statt; vielmehr kann dieses Rangordnungsverfahren dem jeweiligen konkreten Informationsstand des Entscheiders angepaßt werden.

Als Extremfall dieses Niveau-Ebenen-Verfahrens ist der Vorschlag von YAGER [1981] einzustufen, der empfiehlt, für den Vergleich konvexer Fuzzy Sets die Ranking-Funktion

$$H_6(\tilde{U}_i) = \int_0^1 M(U_i^{\alpha})\,d\alpha \tag{2.31}$$

zu benutzen, wobei $M(U_i^{\alpha})$ der Mittelwert der α-Niveau-Menge U_i^{α} ist.

Der Integralansatz (2.31) ist nicht nur extrem rechenaufwendig, die Berücksichtigung von unendlich vielen α-Niveau-Mengen erscheint auch übertrieben zu sein angesichts subjektiv und näherungsweise bestimmter Zugehörigkeitsfunktionen.

Verfahren von DUBOIS und PRADE

DUBOIS ; PRADE [1983] sind der Ansicht, daß bei der Aufstellung einer Rangfolge unscharfer Mengen zu viele Gesichtspunkte zu beachten sind, als daß ein einziges Kriterium ausreichen könnte. Sie sehen eine Rangordnung $\tilde{U}_i \succ \tilde{U}_j$ nur dann gesichert, wenn in den folgenden vier Kriterien der Grad von $\tilde{U}_i$ stets größer als der Grad von $\tilde{U}_j$ ist:

(i) Möglichkeitsgrad der Dominanz (grade of possibility of dominance)

$$PD(\tilde{U}_i) = \sup_{\substack{\bar{u}_i, \bar{u}_j \in U \\ \bar{u}_i \geq \bar{u}_j}} \operatorname{Min}(\mu_i(\bar{u}_i), \mu_j(\bar{u}_j)) \tag{2.32}$$

Dieser Index ist der in Gleichung (2.8) definierte Grad der Möglichkeit $\pi(\tilde{U}_i \succsim \tilde{U}_j)$ im Sinne der Erweiterung der "≥"-Relation, vgl. Seite76.

(ii) Möglichkeitsgrad der strengen Dominanz.

$$PSD(\tilde{U}_i) = \sup_{\bar{u}_i \in U} \inf_{\substack{\bar{u}_j \in U \\ \bar{u}_j \geq \bar{u}_i}} \operatorname{Min}(\mu_i(\bar{u}_i), 1 - \mu_j(\bar{u}_j)) \tag{2.33}$$

(iii) Notwendigkeitsgrad der Dominanz (grade of necessity of dominance)

$$ND(\tilde{U}_i) = \inf_{\bar{u}_i} \sup_{\substack{\bar{u}_j \\ \bar{u}_j \leq \bar{u}_i}} \operatorname{Max}(1 - \mu_i(\bar{u}_i), \mu_j(\bar{u}_j)) \tag{2.34}$$

(iv) Notwendigkeitsgrad der strengen Dominanz

$$NSD(\tilde{U}_i) = 1 - PD(\tilde{U}_j) \tag{2.35}$$

In der nachfolgenden Abbildung 2.11 ist die Berechnung dieser Grade für die unscharfe Menge $\tilde{U}_1$ veranschaulicht.

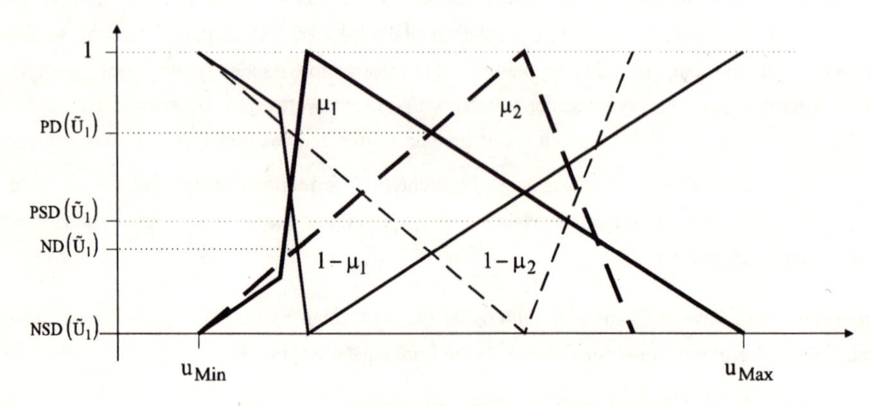

Abb. 2.11: Verfahren von DUBOIS und PRADE

Zur besseren Übersicht werden diese vier Kriterien hier nur für den paarweisen Vergleich zweier unscharfer Mengen formuliert; die Erweiterung auf endlich viele Zugehörigkeitsfunktionen besteht jeweils darin, daß das Ergebnis des Paarvergleichs zu wählen ist, bei dem die zu bewertende unscharfe Menge am schlechtesten abschneidet.

In der Untersuchung von BORTOLAN; DEGAN [1985] schnitt das Verfahren von DUBOIS und PRADE neben dem "Erwartungswert"-Verfahren und der Ranking-Funktion H_6 von YAGER am besten ab. (Das CHEN-Kriterium und das Niveau-Ebenen-Verfahren wurden dort nicht untersucht!). Dagegen konnte dieses Vier-Kriterium-Verfahren im empirischen Test von ROMMELFANGER [1986A, S. 227] selbst im Paarvergleich nicht überzeugen.

Verfahren von TONG und BONISSONE

Zur Abrundung der Übersicht über Rangordnungs-Verfahren bei unscharfen Mengen soll noch der Ansatz von TONG und BONISSONE [1984] dargestellt werden. Diese Autoren vertreten die Ansicht, daß es bei unscharf bewerteten Alternativen nicht ausreicht, die Lösung numerisch zu begründen. Vielmehr sollte eine linguistische Lösung der Form "Es ist τ wahr, daß a_k allen anderen Alternativen P vorgezogen wird" gesucht werden, die eine Differenzierung der Lösungen nach deren Wahrheitsgehalt und nach der Präferenzstärke zuläßt. So könnte z.B. anstelle von "τ wahr" stehen "sehr wahr" oder "mehr oder weniger wahr" bzw. die Präferenz P könnte durch "klar vorgezogen", "marginal vorgezogen" usw. genauer beschrieben werden.

Das Verfahren von TONG und BONISSONE zerfällt in drei Stufen. Zunächst wird die Teilmenge der nicht-dominierten Alternativen bestimmt, die für die Autoren als einzige für die Lösung in Betracht kommen. Dazu benutzen sie - bei Beschränkung ihres Verfahrens auf konvexe unscharfe Mengen - die Dominanzrelation δ

$$\delta_{ij} = \delta(a_i, a_j) = \underset{u \in U}{\text{Max}} \ \text{Min}(\hat{\mu}_i(u), \mu_j(u)) \tag{2.36}$$

$$\text{mit} \quad \hat{\mu}_i(u) = \begin{cases} 1 & \text{für } u < u_i^* \\ \mu_i(u) & \text{für } u \geq u_i^*, \quad i = 1, \ldots, m \end{cases} , \tag{2.37}$$

wobei u_i^* der kleinste u-Wert mit $\mu_i(u) = 1$ ist.

Die nicht-dominierten Alternativen sind in der (δ_{ij})-Matrix leicht zu identifizieren, denn die ihnen zugeordnete Zeile darf nur aus Einsen bestehen. Ordnet man jeder Alternative a_i das "Gewicht" $W(i) = \underset{j}{\text{Min}}\, \delta_{ij}$ zu, dann weisen alle nicht-dominierten Alternativen das Gewicht 1 auf.

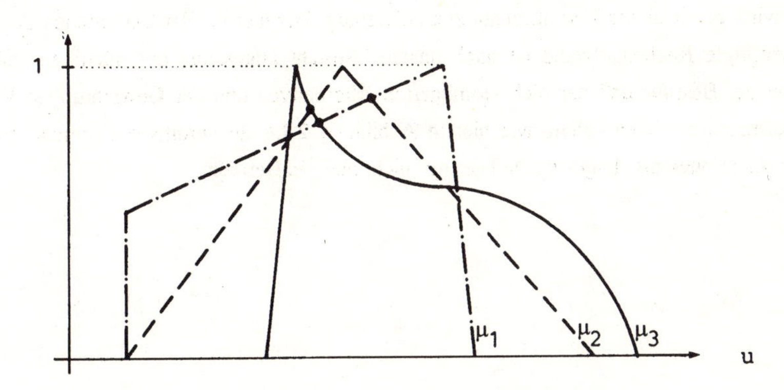

Abb.2.12: Verfahren von TONG und BONISSONE

Die Dominanzmatrix

$$(\delta_{ij}) = \begin{pmatrix} 1 & 1 & 1 \\ 0,88 & 1 & 1 \\ 0,80 & 0,85 & 1 \end{pmatrix}$$

der unscharfen Mengen in Abbildung 2.12 zeigt, daß nur die Alternative a_1 nicht dominiert wird. Nur sie kommt nach TONG und BONISSONE als optimale Alternative in Betracht, wobei noch der Wahrheitsgehalt und die Präferenzstärke zu bestimmen bleibt. Die dominierten Alternativen a_2 und a_3 werden nicht weiter untersucht, obwohl gute Argumente dafür sprechen, der Alternative a_3 den Vorzug zu geben.

An diesem Beispiel wird deutlich, daß die Verwendung der recht einfachen Dominanzrelation δ, die sich hauptsächlich an den Gipfelpunkten orientiert und den übrigen Verlauf der Zugehörigkeitsfunktionen weitgehend vernachlässigt, eine Schwachstelle dieses Rangordnungsverfahrens ist.

Jede der nicht dominierten Alternativen a_k wird nun mittels einer unscharfen "Präferenzmenge" $\tilde{Z}_k = \left\{(z, \mu_{Z_k}(z)) \mid z \in \mathbf{R}\right\}$ neu bewertet. Dabei werden den Differenzen

$$z = g_k(\bar{u}_1, \ldots \bar{u}_m) = \bar{u}_k - \frac{\sum\limits_{j=1, j \neq k}^{m} W(j)\, \bar{u}_j}{\sum\limits_{j=1, j \neq k}^{m} W(j)} \tag{2.38}$$

die mittels des Erweiterungsprinzips von ZADEH berechneten Zugehörigkeitswerte zugeordnet

$$\mu_{Z_k}(z) = \underset{(\bar{u}_1, \ldots, \bar{u}_m)}{\text{Max}} \; \text{Min}(\mu_1(\bar{u}_1), \ldots, \mu_m(\bar{u}_m)); \quad \text{so daß } g_k(\bar{u}_1, \ldots \bar{u}_m) = z \tag{2.39}$$

Um diese Präferenzsituation linguistisch beschreiben zu können, wird in einem dritten Schritt jede unscharfe Präferenzmenge $\tilde{Z}_k$ mit Kurven verglichen, die bzgl. Wahrheitsgehalt und Präferenzstärke klassifiziert sind. Obgleich nach TONG und BONISSONE [1984, S. 334] das komplexe Problem der Konstruktion solcher Musterkurven und die Mustererkennung durch den Einsatz von Computern durchführbar wird, bleibt dieses Verfahren äußerst aufwendig. Der hier bei der Berechnung der Präferenzmenge $\tilde{Z}_k$ benötigte Rechenaufwand ist nach unserer Ansicht angesichts der dürftigen Informationsausnutzung bei der Bestimmung der nicht-dominierten Alternativen und der Gewichtungen W(i) viel zu hoch. Auch kommen in vielen Fällen, wie hier in Abbildung 2.12, die intuitiv als optimal angesehenen Zugehörigkeitsfunktionen als "linguistische Lösung" nicht mehr in Betracht.

ÜBUNGSAUFGABEN

2.1 Auf der Menge U = [1, 10] seien die unscharfen Nutzenbewertungen $\tilde{U}_1, \tilde{U}_2$ und $\tilde{U}_3$ gegeben mit den in Abbildung 2.13 eingezeichneten Zugehörigkeitsfunktionen.

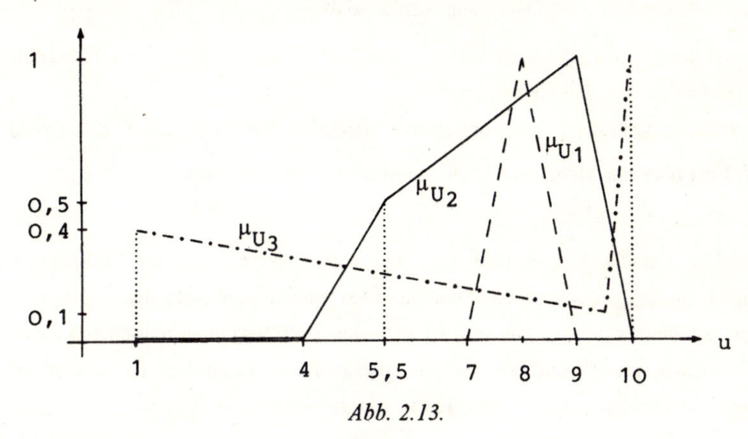

Abb. 2.13.

Berechnen Sie die Rangfolge von $\tilde{U}_1, \tilde{U}_2$ und $\tilde{U}_3$

a. nach dem Verfahren von BAAS und KWAKERNAAK,

b. nach dem Verfahren von JAIN,

c. nach dem Verfahren von CHEN,

d. nach dem Niveau-Ebenen-Verfahren mit $\alpha = 0{,}3;\ 0{,}6$ und $0{,}9$,

e. nach dem "Erwartungswert"-Verfahren.

2.2 Gegeben sind die Fuzzy-Zahlen bzw. Fuzzy-Intervalle

$\tilde{A} = (5; 6; 3; 3)_{LR}$, $\tilde{B} = (4; 2, 5; 1)_{LR}$ und $\tilde{C} = (3; 1; 1)_{LR}$ mit $L(u) = R(u) = \text{Max}(0, 1 - u)$.

a. Auf welchem Sicherheitsniveau $h \in\ ]0, 1[$ ist $A \ominus B$ bzw. $A \ominus C$ fast positiv?

b. Auf welchem Sicherheitsniveau $\rho \in [0, 1[$ gilt $\tilde{B} \succ_\rho \tilde{C}$?

c. Ist die Doppelungleichung $\tilde{A} \succ_\rho \tilde{B} \succ_\rho \tilde{C}$ auf dem vorgegebenen Niveau $p^* = 0{,}8$ erfüllt?

d. Auf welchem Sicherheitsniveau ε gilt $\tilde{A} \succ_\varepsilon \tilde{B}$ bzw. $\tilde{B} \succ_\varepsilon \tilde{C}$?

e. Ist bei vorgegebenem Niveau $\varepsilon^* = 0,5$ die Doppelungleichung $\tilde{A} \succ_\varepsilon \tilde{B} \succ_\varepsilon \tilde{C}$ erfüllt ?

3. ENTSCHEIDUNGSMODELLE MIT FUZZY-NUTZEN BEI RISIKO

Hängen die Konsequenzen und damit auch die Nutzenbewertungen der Handlungsalternativen von sich ändernden Rahmenbedingungen ab, so ist es sinnvoll, mehrere Umweltzustände zu unterscheiden. Dabei sollten die Zustände der Natur so ausgewählt werden, daß

i. die Konsequenzen $g(a_i,s_j)$ aller Alternativen a_i bei Vorliegen eines Umweltzustandes s_j möglichst genau beschrieben werden können und

ii. der Entscheidungsträger eine (möglichst objektive) Wahrscheinlichkeitsverteilung $p(s_j)$ mit $\sum_{j=1}^{n} p(s_j) = 1$ über der Menge der Umweltzustände S angeben kann.

In der klassischen Entscheidungstheorie wird nun vorausgesetzt, daß der Entscheidungsträger jedes Ergebnis $g(a_i,s_j)$ eindeutig determinieren und in einen eindeutigen Nutzenwert $u(a_i,s_j)$ abbilden kann. Dieser anspruchsvollen Prämisse kann er aber in realen Entscheidungssituationen kaum genügen; seine Informationen reichen im allgemeinen nur aus, die zustandsspezifischen Konsequenzen und/oder die entsprechenden Nutzenwerte größenordnungsmäßig zu bestimmen.

Will der Entscheidungsträger demnach sein Entscheidungsproblem in ein klassisches Entscheidungsmodell abbilden, so muß er für jedes Zusammentreffen einer Alternativen a_i mit einem Zustand s_j aus der Menge der möglichen Nutzenwerte einen eindeutigen Repräsentanten auswählen. Dieses Vorgehen birgt aber die Gefahr, daß er ein falsches Abbild der Realität erhält und somit ein Problem löst, das nicht das eigentliche ist.

Sind keine eindeutigen zustandsspezifischen Nutzenbewertungen $u(a_i,s_j) \in \mathbf{R}$ bekannt, so ist es unserer Ansicht nach sinnvoll, nur die real vorliegenden vagen Bewertungen in das Entscheidungsmodell zu integrieren. Dies ist immer in Form unscharfer Mengen möglich, wobei es zumeist ausreicht, mit einfachen Zugehörigkeitsfunktionen zu arbeiten. Wird vom Entscheidungsträger eine kontinuierliche Grundmenge $U \subseteq \mathbf{R}$ gewählt, so lassen sich im allgemeinen die Konsequenzen- bzw. Nutzenbewertungen durch Fuzzy-Zahlen und Fuzzy-Intervalle vom L-R-Typ hinreichend genau ausdrücken, vgl. dazu die Ausführungen auf S. 72f. Entscheidet er sich dagegen für eine diskrete Grundmenge $U \subset \mathbf{R}$, so reicht es aus, mit einer begrenzten Zahl von Zugehörigkeitsfunktionen zu arbeiten, wie dies in dem nachfolgenden Beispiel verdeutlicht wird.

< **3.1** > Auf der Grundmenge U = {1, 2,..., 9} unterscheidet JAIN [1976, S. 701] die folgenden fünf Nutzenbewertungen:

VL (very low):	$\mu_{VL}(1) = 1$;	$\mu_{VL}(2) = 0{,}4$			
L (low):	$\mu_L(1) = 0{,}4$;	$\mu_L(2) = 1$,	$\mu_L(3) = 0{,}5$		
M (medium):	$\mu_M(3) = 0{,}4$;	$\mu_M(4) = 0{,}7$;	$\mu_M(5) = 1$;	$\mu_M(6) = 0{,}7$;	$\mu_M(7) = 0\ 4$
H (high):	$\mu_H(7) = 0{,}5$;	$\mu_H(8) = 1$;	$\mu_H(9) = 0{,}5$		
VH (very high) :	$\mu_{VH}(8) = 0{,}5$;	$\mu_{VH}(9) = 1$			

und konstruiert damit das Entscheidungsmodell:

	s_1	s_2	s_3	s_4	s_5	s_6	s_7	s_8	s_9	s_{10}
a_1	VH	H	L	L	M	VL	H	VH	VH	M
a_2	L	VL	H	VH	VL	H	H	M	M	VL
a_3	H	M	L	M	M	H	VH	M	L	L

Tab. 3.1: Nutzenmatrix ♦

Liegen nun unscharfe zustandsspezifische Nutzenbewertungen

$$\tilde{U}_{ij} = \tilde{U}(a_i, s_j) = \{(u, \mu_{ij}(u)) | \; u \in U\} \tag{3.1}$$

vor und ist eine a priori-Wahrscheinlichkeitsverteilung $p(s_j)$ über dem Zustandsraum S bekannt, so ergibt sich die Aufgabe, diese Information zu <u>einer</u> Bewertung zu aggregieren, die sinnvollerweise wiederum als unscharfe Menge ausgedrückt werden sollte.

Bevor wir zwei recht unterschiedliche Lösungswege für dieses Problem betrachten, soll zunächst zum Vergleich das klassische Entscheidungsmodell dargestellt werden.

3.1 DAS KLASSISCHE ENTSCHEIDUNGSMODELL

Um ein Entscheidungsproblem in Form eines klassischen Entscheidungsmodells abbilden zu können, müssen die Informationen des Entscheidungsträgers ausreichen, um die folgenden Bauteile zu bestimmen:

I. Die Menge A aller vom Entscheidungsträger als relevant angesehenen Handlungsalternativen a_i, $i = 1,\ldots,m$.

II. Die Menge G aller möglichen Ergebnisse.

III. Die Menge S der Umweltzustände s_j, $j = 1,\ldots,n$.

IV. Die Ergebnisfunktion $g : A \times S \to G$ (3.2)

V. Die Zielfunktion $v : G \to \mathbf{R}$ (3.3)

Ergebnisfunktion g und Zielfunktion v lassen sich verketten zu der Nutzenfunktion

$$u = v \circ g: \quad A \times S \to \mathbf{R}. \tag{3.4}$$

Im allgemeinen ist der *Risikofall* anzunehmen, der besagt, daß der Entscheidungsträger den Umweltzuständen - zumindestens subjektiv -

VI. eine Wahrscheinlichkeitsverteilung $p(s_j)$ zuordnen kann.

Als rationales Entscheidungskriterium für den Risikofall $< A, S, u(a_i,s_j), p(s_j) >$ wird in der Literatur, vgl. z.B. [LAUX 1991, S.167-197], das BERNOULLI-Prinzip empfohlen, nach dem der Erwartungswert des Nutzens zu maximieren ist :

$$E(a^*) = \underset{a_i \in A}{\text{Max}} \sum_{j=1}^{n} u(a_i, s_j) \cdot p(s_j). \tag{3.5}$$

Ist der Entscheidungsträger *risikoneutral* eingestellt, d.h. ist seine Risiko-Nutzenfunktion linear, so ist die Maximierung des Erwartungsnutzens äquivalent der Maximierung der (reellwertigen) Zielfunktion, vgl. [LAUX 1991, S. 208].

Es ist dann nicht notwendig, die Funktion u in (3.4) als Nutzenfunktion im Sinne der Mikroökonomie zu interpretieren, sondern es reicht für die Bestimmung einer optimalen Lösung aus, unter u die reellwertige Zielfunktion des Entscheidungsproblems zu verstehen.

So bewertet im nachfolgenden Beispiel < 3.2 > die Funktion u die Alternativen durch die ihnen entsprechenden Gewinne in 1.000 DM.

Da die a priori-Verteilung $p(s_j)$ oft subjektiv und damit ungenau bestimmt ist, kann man versuchen, durch zusätzliche Informationen die Wahrscheinlichkeitsverteilung zu verbessern. Existieren

VII. die Informationsmenge $X = \{x_1,..., x_r,..., x_R\}$ und die bedingten Wahrscheinlichkeiten $p(x_r|s_j)$,

so kann bei Beobachtung der Information x_r anstelle der *a priori-Verteilung* $p(s_j)$ die *a posteriori-Verteilung*

$$p(s_j|x_r) = \frac{p(x_r|s_j)p(s_j)}{\sum_i p(x_r,s_i)p(s_i)} = \frac{p(x_r|s_j)p(s_j)}{p(x_r)} \qquad \textit{BAYESsche Formel} \qquad (3.6)$$

zur Bewertung des Erwartungsnutzens benutzt werden

$$E(a_i|x_r) = \sum_{j=1}^{n} u(a_i,s_j)p(s_j|x_r). \qquad (3.7)$$

Die optimale Alternative $a^*(x_r)$ berechnet sich dann aus

$$E(a^*(x_r)) = E(a^*(x_r)|\, x_r) = \operatorname*{Max}_{a_i \in A} E(a_i|x_r). \qquad (3.8)$$

Vor Abzug der Informationskosten ist dann der *ex ante-Erwartungsnutzen mit Information* gleich

$$E(X) = \sum_{r=1}^{R} E(a^*(x_r)) \cdot p(x_r) \qquad (3.9)$$

und der *ex ante-Wert der zusätzlichen Information* X

$$W(X) = E(X) - E(a^*) . \qquad (3.10)$$

Zum leichteren Verständnis wollen wir parallel zu den theoretischen Ausführungen das folgende einfache numerische Beispiel betrachten, das bis auf geringe Änderungen aus [LAUX 1991, S. 290 ff.] entnommen wurde.

< 3.2 > Gegeben sei die folgende Entscheidungssituation:

1. Der Entscheider steht vor dem Problem, ob von einem bestimmten Erzeugnis eine "große" (Alternative a_1), "mittlere" (Alternative a_2) oder "kleine" Menge (Alternative a_3) produziert werden soll.
2. Der Gewinn, der bei einer bestimmten Produktionsmenge erzielt wird, hängt von der noch nicht mit Sicherheit bekannten Nachfrage nach diesem Erzeugnis ab. Der Entscheider rechnet bei seinem bisherigen Informationsstand damit, daß entweder eine "große" (Zustand s_1), "mittlere" (Zustand s_2) oder "niedrige" Nachfrage (Zustand s_3) besteht. Er ordnet diesen Zuständen folgende a priori-Wahrscheinlichkeiten zu:

   $p(s_1) = 0{,}5, \quad p(s_2) = 0{,}3, \quad p(s_3) = 0{,}2.$

3. Die Gewinnmatrix in Tabelle 3.2 gibt an, welche Gewinne, in 1.000 DM gemessen, den alternativen Konstellationen aus Produktionsmenge und Nachfrage entsprechen:

	s_1	s_2	s_3	a priori-Gewinnerwartungswerte
a_1	210	100	-80	119
a_2	150	140	-10	115
a_3	50	50	50	50

Tab. 3.2: a priori-Gewinnmatrix des Entscheiders

4. Es besteht die Möglichkeit, das Produkt zunächst auf einem Testmarkt einzuführen und erst nach Kenntnis der Information "große" Absatzmenge x_1, "mittlere" Absatzmenge x_2 oder "kleine" Absatzmenge x_3 auf dem Testmarkt, die Produktionsmenge für den eigentlichen Markt festzulegen. Ferner sind die bedingten Wahrscheinlichkeiten $p(x_r|s_j)$ bekannt:

$p(x_r\|s_j)$	s_1	s_2	s_3
x_1	0,75	0,3	0,1
x_2	0,20	0,6	0,2
x_3	0,05	0,1	0,7

Tab.3.3: Matrix der bedingten Wahrscheinlichkeiten $p(x_r|s_j)$

Verzichtet der Entscheidungsträger auf zusätzliche Informationen, so wird er bei Verwendung des BERNOULLI-Kriteriums und bei risikoneutraler Einstellung die Alternative $a^* = a_1$ ausführen, da sie zum größten a priori-Gewinnerwartungswert führt, vgl. Tabelle 3.2. Im Lichte seiner a priori-Verteilung entscheidet er sich somit für die "große" Produktionsmenge.

Zieht der Entscheidungsträger aber die Möglichkeit des Testmarktes mit in seinen Entscheidungsprozeß ein, so ist zunächst mit Hilfe des *Satzes der totalen Wahrscheinlichkeit*

$$p(x_r) = \sum_{j=1}^{n} p(x_r|s_j)p(s_j) \tag{3.11}$$

die Wahrscheinlichkeitsverteilung über der Informationsmenge X zu berechnen:

$p(x_1) = 0{,}485;\quad p(x_2) = 0{,}32;\quad p(x_3) = 0{,}195.$

Die Anwendung der *BAYESschen Formel* (3.6) liefert dann die a posteriori-Wahrscheinlichkeiten $p(s_j|x_r)$:

$p(s_j\|x_r)$	x_1	x_2	x_3
s_1	0,77	0,31	0,13
s_2	0,19	0,56	0,15
s_3	0,04	0,13	0,72

Tab. 3.4: Matrix der a posteriori-Wahrscheinlichkeiten $p(s_j|x_r)$

Bei Beobachtung einer Information x_r ergeben sich dann die a posteriori-Gewinnerwartungswerte $E(a_i|x_r)$.

$E(a_i\|x_r)$	x_1	x_2	x_3
a_1	<u>177</u>	110,7	-15,3
a_2	141,7	<u>123,6</u>	33,3
a_3	50	50	<u>50</u>

Tab.3.5: Matrix der a posteriori-Gewinnerwartungswerte $E(a_i|x_r)$

Die optimalen Alternativen in Abhängigkeit der Beobachtung x_r sind somit

$a^*(x_1) = a_1,\ a^*(x_2) = a_2,\ a^*(x_3) = a_3$.

Ohne Berücksichtigung der Informationskosten K(X) ist der ex ante-Wert der Information X dann nach (3.10) gleich

$$W(X) = 177 \cdot 0{,}485 + 123{,}6 \cdot 0{,}32 + 50 \cdot 0{,}195 - 119 = 135{,}15 - 119 = 16{,}15.$$

Sind nun die Informationskosten K(X) kleiner als 16.150 DM, so sollte das Produkt zunächst auf dem Testmarkt eingeführt werden. ♦

Die in diesem Beispiel von LAUX gewählten Bezeichnungen für die Alternativen, die Zustände und die Informationen sind typische Beispiele für unscharfe Beschreibungen. Um diese Größen auf der Grundlage präziser beschriebener Begriffe zu definieren, könnte die Theorie unscharfer Mengen zur Anwendung kommen, wie dies z. B. in TANAKA; OKUDA; ASAI [1976] ausgeführt wird, vgl. dazu auch den Abschnitt 3.7 und das Kapitel 4 dieses Buches.

3.2 FUZZY-ERWARTUNGSWERTE

In diesem Abschnitt betrachten wir Entscheidungsmodelle des Typs $< A, S, \tilde{U}(a_i,s_j), p(s_j) >$, in denen zumindestens einige zustandsspezifische Bewertungen vom Entscheider nur in Form unscharfer Mengen angegeben werden können. Es ist dann zu klären, wie die Bewertungen $\tilde{U}(a_i,s_j)$ und die a priori-Verteilung $p(s_j)$ zu unscharfen Gesamtbewertungen für die einzelnen Alternativen a_i aggregiert werden können. Einen möglichen Lösungsweg, der u. a. von WATSON; WEISS; DONELL [1979] vorgeschlagen wird, ist die Berechnung von *Fuzzy-Erwartungswerten*

$$\tilde{E}(a_i) = \left\{(\hat{u}, \mu_i^E(\hat{u})) \mid \hat{u} \in \mathbf{R}\right\} \quad , \tag{3.12}$$

wobei die Zugehörigkeitswerte $\mu_i^E(\hat{u})$ nach dem Erweiterungsprinzip (1.43) ermittelt werden gemäß der Formel

$$\mu_i^E(\hat{u}) = \sup_{\substack{(u_1,\ldots,u_n) \in U^n \\ \text{so daß } \hat{u} = \sum_{j=1}^n u_j p(s_j)}} \operatorname{Min}(\mu_{i1}(u_1), \ldots, \mu_{in}(u_n)). \tag{3.13}$$

Mit den erweiterten Operationen lassen sich die Fuzzy-Erwartungswerte $\tilde{E}(a_i)$ auch darstellen als

$$\tilde{E}(a_i) = \tilde{U}(a_i,s_1) \cdot p(s_1) \oplus \cdots \oplus \tilde{U}(a_i,s_n) \cdot p(s_n) \tag{3.14}$$

Die Berechnung der unscharfen Erwartungsnutzen $\tilde{E}(a_i)$, $i = 1,...,m$, ist im allgemeinen sehr aufwendig, vgl. z.B. [DUBOIS; PRADE 1982, S.312-314].

Sie wird aber einfach, wenn alle unscharfen Nutzenbewertungen $\tilde{U}(a_i,s_j)$ Fuzzy-Zahlen bzw. Fuzzy-Intervalle vom gleichen L-R-Typ sind, vgl. S. 40f., und sich somit abgekürzt darstellen lassen als

$\tilde{U}(a_i,s_j) = (u_{ij}; \underline{v}_{ij}; \overline{v}_{ij})_{LR}$ L-R-*Fuzzy-Zahl* bzw.

$\tilde{U}(a_i,s_j) = (\underline{u}_{ij}; \overline{u}_{ij}; \underline{v}_{ij}; \overline{v}_{ij})_{LR}$ L-R-*Fuzzy-Intervall*

Durch Anwendung der Formeln (1.53) und (1.70) erhält man dann

$$\tilde{E}(a_i) = \left(\sum_{j=1}^{n} u_{ij} \cdot p(s_j); \sum_{j=1}^{n} \underline{v}_{ij} \cdot p(s_j); \sum_{j=1}^{n} \overline{v}_{ij} \cdot p(s_j) \right)_{LR} \tag{3.15}$$

$$\tilde{E}(a_i) = \left(\sum_{j=1}^{n} \underline{u}_{ij} \cdot p(s_j); \sum_{j=1}^{n} \overline{u}_{ij} \cdot p(s_j); \sum_{j=1}^{n} \underline{v}_{ij} \cdot p(s_j); \sum_{j=1}^{n} \overline{v}_{ij} \cdot p(s_j) \right)_{LR} . \tag{3.16}$$

Obwohl wir der Ansicht sind, daß ein Entscheidungsträger in realen Entscheidungssituationen zumeist nur in der Lage ist, Nutzenbewertungen in Form von Fuzzy-Intervallen anzugeben, soll hier zunächst der Fall untersucht werden, daß alle zustandsspezifischen Konsequenzen durch Fuzzy-Zahlen bewertet werden. Diese Vorgehensweise wird damit begründet, daß bei Verwendung von Fuzzy-Zahlen das klassische Entscheidungsmodell jeweils als Spezialfall des Fuzzy-Modells deutlich erkennbar ist. Die hier entwickelten Formeln lassen sich problemlos auf Fuzzy-Intervalle übertragen. Wie schon im Abschnitt 1.3 gezeigt wurde, ist dazu nur zu beachten, daß anstelle des eindeutigen Gipfelpunktes nun die beiden Endpunkte des Gipfelplateaus als Parameter in den Formeln auftreten. In Abschnitt 3.5 werden wir ein numerisches Entscheidungsproblem mit Fuzzy-Intervallen analysieren.

< **3.3** > In Abänderung des Beispiels < 3.2 > wollen wir nun annehmen, daß der Entscheidungsträger die Gewinne zwar nicht exakt prognostizieren kann, er aber die in Tabelle 3.2 genannten Gewinne für "am wahrscheinlichsten" hält. Davon abweichende Gewinne sind möglich, haben aber geringere "Realisierungschancen", wie dies in der nachfolgenden Tabelle 3.6 durch die linken und rechten Spannweiten und die Referenzfunktionen genauer beschrieben wird.

	s_1	s_2	s_3
a_1	$(210; 40; 20)_{LR}$	$(100; 30; 20)_{LR}$	$(-80; 30; 30)_{LR}$
a_2	$(150; 30; 20)_{LR}$	$(140; 30; 10)_{LR}$	$(-10; 20; 20)_{LR}$
a_3	$(50; 5; 10)_{LR}$	$(50; 10; 5)_{LR}$	$(50; 15; 0)_{LR}$

Tab.3.6: Gewinnmatrix bei unscharfer Bewertung

Mit der Formel (3.15) erhält man dann die a priori-Gewinnerwartungswerte

$\tilde{E}(a_1) = (119; 35; 22)_{LR}$

$\tilde{E}(a_2) = (115; 28; 17)_{LR}$

$\tilde{E}(a_3) = (50; 8,5; 6,5)_{LR}$,

die in der nachfolgenden Abbildung 3.1 anschaulich dargestellt sind. Um leichter zeichnen zu können, wurden die Referenzfunktionen L(x) = R(x) = Max(0, 1-x) angenommen.

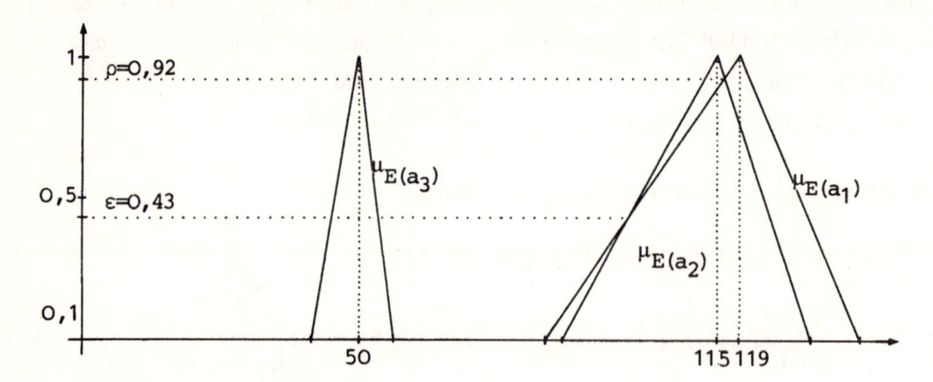

Abb.3.1: Zugehörigkeitsfunktionen der a priori-Gewinnerwartungswerte $E(a_i)$, i=1,2,3

Die Antwort auf die Frage, welche dieser drei Alternativen im Lichte der a priori-Gewinnerwartungswerte $\tilde{E}(a_i)$ die optimale ist, hängt nun von der Wahl der Präferenzrelation bzw. des Rangordnungsverfahrens für unscharfe Mengen ab. Wir wollen hier in unserer Untersuchung sowohl die ρ-Präferenz als auch die ε-Präferenz einbeziehen und beispielhaft für die Rangordnungsverfahren das Niveau-Ebenen-Verfahren heranziehen. Die Entscheidung für das letztere Verfahren läßt sich begründen mit dem guten Abschneiden dieser Methoden beim Vergleich mit empirisch ermittelten Präferenzaussagen, vgl. S. 85, und - im Hinblick auf Abschnitt 3.6 - mit der Anwendbarkeit auch bei nicht-konvexen unscharfen Mengen.

Nach der ρ-Präferenz steht eine Rangordnung $a_1 \succ a_2$ auf schwachen Füßen, da $\tilde{E}(a_1) \succ_\rho \tilde{E}(a_2)$ nur auf dem schlechten Niveau ρ = 0,92 gesichert ist. Dagegen gilt $\tilde{E}(a_1) \succ_\rho \tilde{E}(a_3)$ und $\tilde{E}(a_2) \succ_\rho \tilde{E}(a_3)$ auf dem bestmöglichen Niveau ρ = 0. Durch Berücksichtigung von Gewinnen mit geringeren Realisierungschancen wird somit im Gegensatz zum klassischen Entscheidungsmodell, in dem <u>nur</u> die "wahrscheinlichsten" Gewinne und damit das Sicherheitsniveau ρ = 1 berücksichtigt werden, die Präferenzordnung $a_1 \succ a_2$ in Frage gestellt.

Die Bedenken gegen eine Präferenzfolge $a_1 \succ a_2$ erscheinen geringer, wenn sich der Entscheidungsträger an der ε-Präferenz orientiert, denn es gilt:

$\tilde{E}(a_1) \succ_\varepsilon \tilde{E}(a_2)$ auf dem Niveau $\varepsilon = 0,43$ und

$\tilde{E}(a_1) \succ_\varepsilon \tilde{E}(a_3)$ und $\tilde{E}(a_2) \succ_\varepsilon \tilde{E}(a_3)$ auf dem Niveau $\varepsilon = 0$.

Möchte der Entscheidungsträger die optimale Alternative anhand des Niveau-Ebenen-Verfahrens auswählen und zieht er zur Berechnung nur die drei Niveaus α = 0,2; α = 0,6 und α = 0,9 heran, so ergibt sich für das Beispiel die Rangfolge

$$H_5(\tilde{E}(a_1)) = 116,2 \ > \ H_5(\tilde{E}(a_2)) = 112,6 \ > \ H_5(\tilde{E}(a_3)) = 49,6 \ .$$

Ob der Abstand $H_5(\tilde{E}(a_1)) - H_5(\tilde{E}(a_2)) = 3{,}6$ ausreicht, um auf $a_1 \succ a_2$ zu schließen, hängt von den subjektiven Vorstellungen des Entscheidungsträgers ab. Eine praktikable Entscheidungshilfe ist die Vorgabe einer kritischen Größe γ und die Ausführungsregel

$$a_i \succ a_2 \quad \Leftrightarrow \quad \frac{H_5(\tilde{E}(a_i)) - H_5(\tilde{E}(a_j))}{\mathrm{Max}(H_5(\tilde{E}(a_1)),\ldots,H_5(\tilde{E}(a_m))} > \gamma \,. \tag{3.17}$$

Alternativen, die nach dieser Regel nicht unterschieden werden können, sind als äquivalent anzusehen. Um beim Vorliegen mehrerer optimaler Alternativen die zu realisierende auszuwählen, kann der Entscheidungsträger dann zusätzliche Kriterien heranziehen.

Im Beispiel ist $\dfrac{H_5(\tilde{E}(a_1)) - H_5(\tilde{E}(a_2))}{\underset{i}{\mathrm{Max}}(H_5(\tilde{E}(a_i)))} = \dfrac{116{,}2 - 112{,}6}{116{,}2} = 0{,}031.$

Hätte der Entscheidungsträger den kritischen Mindestabstand auf γ = 0,03 festgelegt, so wäre diese Schranke geringfügig überschritten und damit die "große" Produktionsmenge a priori die optimale Alternative. ♦

Die mittels der a priori-Wahrscheinlichkeitsverteilung ermittelte optimale Alternative wollen wir auch im Falle unscharfer Nutzenbewertung allgemein mit a* symbolisieren. Der zugehörige Erwartungsnutzen wird bei Vorliegen des L-R-Typs mit $\tilde{E}(a^*) = (u^*, \underline{v}^*, \overline{v}^*)_{LR}$ abgekürzt.

3.3 A POSTERIORI-FUZZY-ERWARTUNGSWERTE UND WERT DER INFORMATION

Liegt eine Informationsmenge $X = \{x_1,\ldots,x_R\}$ vor und sind die bedingten Wahrscheinlichkeiten $p(x_r|s_j)$ bekannt, so können analog dem Vorgehen im klassischen Entscheidungsmodell die a posteriori-Wahrscheinlichkeitsverteilungen $p(s_j|x_r)$ berechnet werden.

Bei Beobachtung der Information x_r ergibt sich der unscharfe Erwartungswert

$$\tilde{E}(a_i|x_r) = \tilde{U}(a_i,s_1)\cdot p(s_1|x_r) \oplus \cdot\cdot\cdot \oplus \tilde{U}(a_i,s_n)\cdot p(s_n|x_r) \tag{3.18}$$

Sind alle Nutzen $\tilde{U}(a_i, s_j)$ Fuzzy-Zahlen des gleichen L-R-Typs, so vereinfacht sich die Berechnung von $E(a_i|x_r)$. Analog zu (3.15) gilt:

$$\tilde{E}(a_i|x_r) = \left(\sum_{j=1}^{n} u_{ij}\cdot p(s_j|x_r);\ \sum_{j=1}^{n} \underline{v}_{ij}\cdot p(s_j|x_r);\ \sum_{j=1}^{n} \overline{v}_{ij}\cdot p(s_j|x_r)\right)_{LR} \tag{3.19}$$

$$= \left(u_i(x_r); \underline{v}_i(x_r); \overline{v}_i(x_r)\right)_{LR}$$

< 3.4 > Benutzen wir für das Fuzzy-Entscheidungsmodell im Beispiel < 3.3 > die gleiche Informationsmenge und die gleichen bedingten Wahrscheinlichkeiten wie im Beispiel < 3.2 >, so erhält man mit den a posteriori-Wahrscheinlichkeiten aus Tabelle 3.4 die unscharfen a posteriori-Gewinnerwartungswerte:

	x_1	x_2	x_3
a_1	$\underline{(117; 37{,}7; 20{,}4)}_{LR}$	$(110{,}7; 33{,}1; 21{,}3)_{LR}$	$(-15{,}3; 31{,}3; 27{,}2)_{LR}$
a_2	$(141{,}7; 29{,}6; 18{,}1)_{LR}$	$\underline{(123{,}6; 28{,}7; 14{,}4)}_{LR}$	$(33{,}3; 22{,}8; 18{,}5)_{LR}$
a_3	$(50; 6{,}35; 8{,}65)_{LR}$	$(50; 9{,}1; 3{,}1)_{LR}$	$\underline{(50; 12{,}95; 2{,}05)}_{LR}$

Tab. 3.7: a posteriori-Gewinnerwartungswerte $\tilde{E}(a_i|x_r)$ *in Form von* L-R-*Fuzzy-Zahlen*

Wie die Abbildungen 3.2 - 3.4 auf der nachfolgenden Seite deutlich erkennen lassen, ist gemäß der ε-Präferenz in allen drei Fällen die Rangfolge der a posteriori-Gewinnerwartungswerte und damit der Alternativen auf dem bestmöglichen Niveau $\varepsilon = 0$ gesichert. Es gilt:

a. bei Beobachtung von $x_1 : a_1 \succ a_2 \succ a_3$

b. bei Beobachtung von $x_2 : a_2 \succ a_1 \succ a_3$

c. bei Beobachtung von $x_3 : a_3 \succ a_2 \succ a_1$

Dagegen sind bei Anwendung der pessimistischen ρ-Präferenz diese Rangfolgen nur gesichert auf den Niveaus

a. $\rho = 0{,}37$, b. $\rho \doteq 0{,}74$, c. $\rho = 0{,}47$. ♦

Zur Vereinheitlichung der Schreibweise wollen wir auch hier die optimale Alternative in Abhängigkeit der beobachteten Information x_r mit $a^*(x_r)$ symbolisieren. Ist der zugehörige Nutzenerwartungswert $\tilde{E}(a^*(x_r))$ vom L-R-Typ, so wird er in der Form

$$\tilde{E}(a^*(x_r)) = (u^*(x_r); \underline{v}^*(x_r); \overline{v}^*(x_r))_{LR} \quad \text{abgekürzt.}$$

Der ex ante-Erwartungsnutzen mit Information ist dann (vor Abzug der Informationskosten) gleich

$$\tilde{E}(X) = \tilde{E}(a^*(x_1)) \cdot p(x_1) \oplus \cdots \oplus \tilde{E}(a^*(x_R)) \cdot p(x_R) \tag{3.20}$$

und hat bei Vorliegen des L-R-Typs die Form

$$\begin{aligned} \tilde{E}(X) &= (u^*(X), \underline{v}^*(X), \overline{v}^*(X))_{LR} \\ &= \left(\sum_{r=1}^{R} u^*(x_r) \cdot p(x_r), \sum_{r=1}^{R} \underline{v}^*(x_r) \cdot p(x_r), \sum_{r=1}^{R} \overline{v}^*(x_r) \cdot p(x_r) \right) \end{aligned} \tag{3.21}$$

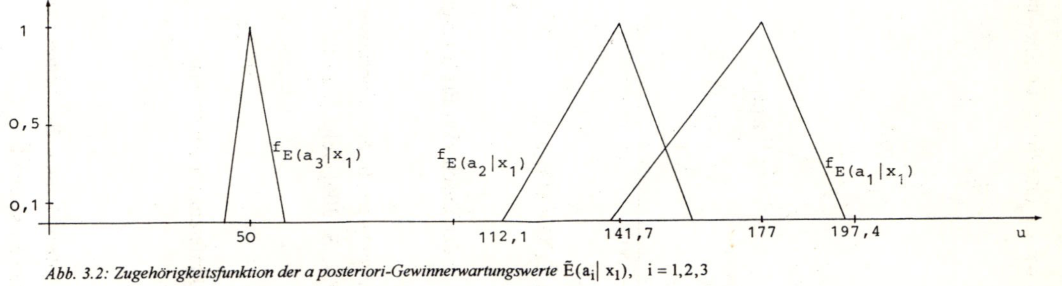

Abb. 3.2: Zugehörigkeitsfunktion der a posteriori-Gewinnerwartungswerte $\tilde{E}(a_i|\,x_1)$, $i = 1,2,3$

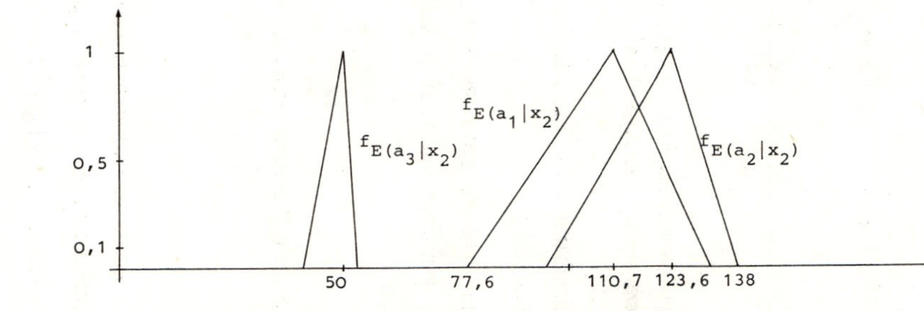

Abb. 3.3: Zugehörigkeitsfunktion der a posteriori-Gewinnerwartungswerte $\tilde{E}(a_i|\,x_2)$, $i = 1,2,3$

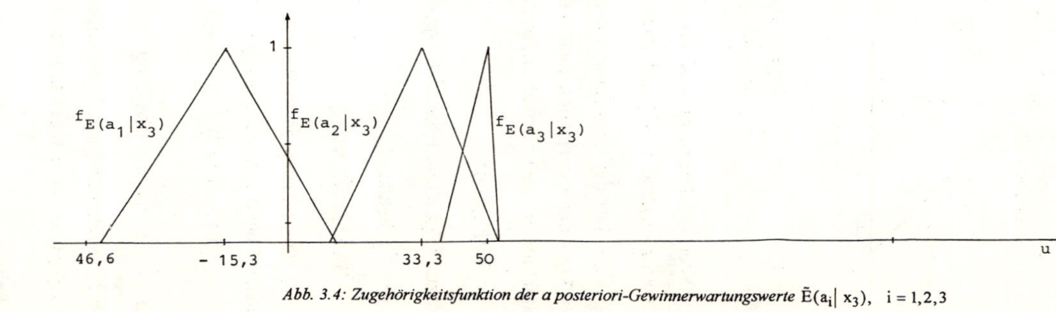

Abb. 3.4: Zugehörigkeitsfunktion der a posteriori-Gewinnerwartungswerte $\tilde{E}(a_i|\,x_3)$, $i = 1,2,3$

< **3.5** > Für das numerische Entscheidungsmodell in Beispiel < 3.4 > ist der ex ante-Erwartungsgewinn mit Information (vor Abgang der Informationskosten) gleich

$$\tilde{E}(X) = (135{,}15;\ 30{,}0;\ 14{,}9)_{LR}$$

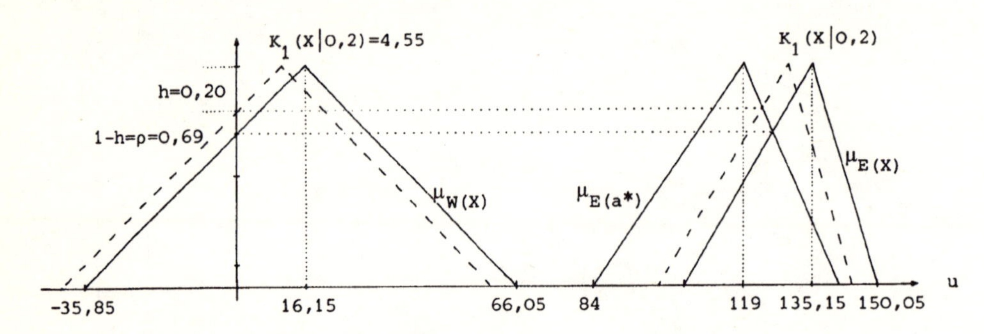

Abb.3.5: Zugehörigkeitsfunktionen der Erwartungsgewinne $\tilde{E}(X)$ *und* $\tilde{E}(a^*)$ *und der Differenz* $\tilde{W}(X) = \tilde{E}(X) \ominus \tilde{E}(a^*)$ ♦

Der Wert der Information X wird nun sichtbar in dem Unterschied zwischen den unscharfen Erwartungsnutzen $\tilde{E}(X)$ und $\tilde{E}(a^*)$, vgl. dazu Abbildung 3.5 .

Aus dem Satz der klassischen Entscheidungstheorie, daß (ohne Berücksichtigung der Informationskosten) der Wert der Information nicht negativ sein kann, vgl. z. B. [LAUX 1991, S. 306], folgt, daß für die Gipfelpunkte dieser Erwartungsnutzen gilt:

$$U^*(X) \geq u^*. \tag{3.22}$$

Daraus folgt unmittelbar, daß weder nach der ρ-Präferenz noch nach der ε-Präferenz für ein Niveau

$\rho, \varepsilon < 1$ gelten kann

$$\tilde{E}(a^*) \succ \tilde{E}(X) \quad ,$$

d. h., die Information X kann nicht zu einem schlechteren Erwartungsnutzen führen. Betrachten wir zunächst die ρ-Präferenz, so gilt offensichtlich für konvexe Erwartungsnutzen $\tilde{E}(X)$ und $\tilde{E}(a^*)$

$$\tilde{E}(X) \succ_\rho \tilde{E}(a^*) \qquad \text{auf dem Niveau } \rho = \rho^* = \text{hgt}\,(\tilde{E}(X) \cap \tilde{E}(a^*)).$$

< **3.6** > Für das Entscheidungsmodell in Beispiel < 3.4 > ist $\rho^* = 0{,}69$, vgl. Abbildung 3.5 .

Der Versuch, den Begriff des Informationswertes in der klassischen Entscheidungstheorie auf Modelle mit Fuzzy-Nutzen zu erweitern, führt zur

<u>Definition 3.1:</u>

Als *ex ante-Wert der zusätzlichen Information* X (vor Abzug der Informationskosten) bezeichnet man die erweiterte Differenz

$$\tilde{W}(X) = \tilde{E}(X) \ominus \tilde{E}(a^*) \tag{3.23}$$

Sind $\tilde{E}(X)$ und $\tilde{E}(a^*)$ Fuzzy-Zahlen des gleichen L-R-Typs und gilt darüber hinaus $L(x) = R(x)$ für alle $x \in [0,+\infty[$, so läßt sich $\tilde{W}(X)$ genauer schreiben als

$$\tilde{W}(X) = (u^*(X) - u^*;\ \underline{v}^*(X) + \overline{v}^*;\ \overline{v}^*(X) + \underline{v}^*)_{LR} \quad . \tag{3.24}$$

Nach den Ausführungen auf S. 75 ist der Informationswert $\tilde{W}(X)$ fast positiv auf dem Niveau

$$h^* = 1 - \rho^*.$$

< **3.7** > Das numerische Entscheidungsmodell in Beispiel < 3.4 > hat den Informationswert

$$\tilde{W}(X) = (135{,}15\text{-}119;\ 30\text{+}22;\ 14{,}9\text{+}35)_{LR} = (16{,}15;\ 52;\ 49{,}9)_{LR} \quad ,$$

der fast positiv auf dem Niveau $h^* = 1 - 0{,}69 = 0{,}31$ ist, vgl. Abbildung 3.5. ♦

In der Abbildung 3.5 wird die vorsichtige Grundeinstellung der erweiterten Substraktion sichtbar. Und es stellt sich angesichts der Ergebnisse in den Beispielen < 3.4 > bis < 3.7 > die Frage, ob der gemäß Definition 3.1 definierte ex ante-Wert der zusätzlichen Information X das normale Empfinden eines Entscheidungsträgers richtig wiedergibt, oder ob $\tilde{W}(X)$ nicht eher als Lösung der Gleichung

$$\tilde{E}(a^*) \oplus \tilde{W}(X) = \tilde{E}(X) \tag{3.25}$$

zu bestimmen ist. Da, vgl. die Ausführungen auf Seite 42, die erweiterte Subtraktion i.a. nicht die Umkehrung der erweiterten Addition ist, sind die Gleichungen (3.23) und (3.25) nicht identisch.

Die Gleichung (3.25) hat den Nachteil, daß bei vorgegebenen $\tilde{E}(a^*) = (u^*, \underline{v}^*, \overline{v}^*)_{LR}$ und $\tilde{E}(X) = (u^*(X), \underline{v}^*(X), \overline{v}^*(X))_{LR}$ die Unbekannte $\tilde{W}(X) = (w(X), \underline{w}(X), \overline{w}(X))_{LR}$ nicht immer exakt bestimmt werden kann. Dies ist nur unproblematisch, wenn neben $u^* \le u^*(X)$ auch gilt

$$\underline{v}^* \le \underline{v}^*(X) \qquad \text{und} \qquad \overline{v}^* \le \overline{v}^*(X) \quad ,$$

da dann (3.25) erfüllt wird durch

$$\tilde{W}(X) = (u^*(X) - u^*;\ \underline{v}^*(X) - \underline{v}^*;\ \overline{v}^*(X) - \overline{v}^*)_{LR} \quad . \tag{3.26}$$

Ist dagegen $\underline{v}^* > \underline{v}^*(X)$ oder $\overline{v}^* > \overline{v}^*(X)$ so führt die Anwendung der Formel (3.26) zu negativen Spannweiten, was nach Definition der Fuzzy-Zahlen vom L-R-Typ nicht zulässig ist.

Ein Weg zur Lösung dieses Problems bietet die nachfolgende Definition 3.2, mit der das Ziel verfolgt wird, "soweit wie möglich das Gleichheitszeichen in (3.25) zu erfüllen und, wenn dies in strenger Form nicht realisierbar ist, das Gleichheitszeichen als $\le$ -Zeichen im Sinne der ε-Präferenz zu interpretieren und $\tilde{W}(X)$ möglichst groß zu wählen". Diesen Ansatz findet man für $\varepsilon = 0$ auch in [ROMMELFANGER, SCHÜPKE 1993]. Darüber hinaus gibt es auch andere Interpretationen für "approximativ gleich", vgl. z.B. [RAMIK; ROMMELFANGER 1994].

Definition 3.2:

Als *ex ante-Wert der zusätzlichen Information* X (vor Abzug der Informationskosten) bezeichnet man die Lösung $\tilde{W}_\varepsilon(X)$ der Gleichung

$$\tilde{E}(a^*) \oplus \tilde{W}_\varepsilon(X) = \tilde{E}(X), \tag{3.25'}$$

die bei Vorgabe von Fuzzy-Zahlen $\tilde{E}(a^*)$ und $\tilde{E}(X)$ des gleichen L-R-Typs bestimmt werden kann als $\tilde{W}_\varepsilon(X) = (w_\varepsilon(X); \underline{\omega}_\varepsilon(X); \overline{\omega}_\varepsilon(X))_{LR}$ mit

$$w_\varepsilon(X) = u^*(X) - u^* - \mathrm{Max}(0, (\overline{v}^* - \overline{v}^*(X))R^{-1}(\varepsilon)) \tag{3.27a}$$

$$\underline{\omega}_\varepsilon(X) = \mathrm{Max}(0, (\underline{v}^*(X) - \underline{v}^*)L^{-1}(\varepsilon) - \mathrm{Max}(0, (\overline{v}^* - \overline{v}^*(X))R^{-1}(\varepsilon)) \tag{3.27b}$$

$$\overline{\omega}_\varepsilon(X) = \mathrm{Max}(0, (\overline{v}^*(X) - \overline{v}^*)R^{-1}(\varepsilon)) \tag{3.27c}$$

< **3.8** > Das numerische Entscheidungsmodell in Beispiel < 3.4 > hat den Informationswert

$$\tilde{W}_0(X) = (16{,}15 - 7{,}1;\ \mathrm{Max}(0;\ -5 - 7{,}1);\ \mathrm{Max}(0;\ -7{,}1))_{LR} = (9{,}05;\ 0;\ 0)$$

$$\tilde{W}_{0,5}(X) = (16{,}15 - \frac{7{,}1}{2};\ \mathrm{Max}(0;\ -\frac{5}{2} - \frac{7{,}1}{2});\ \mathrm{Max}(0;\ -\frac{7{,}1}{2})) = (12{,}6;\ 0;\ 0)$$

$$\tilde{W}_1(X) = (16{,}15 - 0;\ \mathrm{Max}(0;\ 0 - 0);\ \mathrm{Max}(0;\ 0)) = (16{,}15;\ 0;\ 0)$$ ♦

Während im klassischen Entscheidungsmodell die Kosten für die Informationsbeschaffung höchstens kleiner oder gleich dem Informationswert $\tilde{W}(X)$ sein dürfen, stellt sich bei einem Fuzzy-Informationswert $\tilde{W}(X)$ die Frage nach der Höhe akzeptierbarer Informationskosten.

Unter der in der Entscheidungstheorie üblichen Annahme, daß die Kosten für die Information X unabhängig vom Informationsergebnis x_r zu zahlen sind, ist dieser Betrag K(X) bei allen Konsequenzen $g(a_i,s_j)$ zu berücksichtigen. Die sich dann ergebenden Nutzenwerte wollen wir mit $\tilde{U}_{ij}(K(X))$ kennzeichnen und den damit berechneten ex ante-Erwartungsnutzen mit Information mit $\tilde{E}(X, K(X))$ abkürzen.

Da die ρ-Präferenz die gleiche Grundhaltung wie die erweiterte Subtraktion aufweist, vgl. dazu Seite 74 , wollen wir die ρ-Präferenz zusammen mit der Definition 3.1 verwenden, während zu der ε-Präferenz besser die Definition 3.2 paßt.

Da die nach (3.23) definierten Fuzzy-Informationswerte $\tilde{W}(X)$ sehr oft nur auf einem Niveau $h^* < 1$ fast positiv sind, erscheint es sinnvoll, auch die *maximal akzeptierbaren Informationskosten* in Abhängigkeit eines Sicherheitsniveaus h zu definieren, das dann kleiner oder gleich h* sein müßte.

Definition 3.3:

Bei Verwendung der ρ-Präferenz bezeichnen wir als *maximal akzeptierbare Kosten für die Information* X *auf dem Niveau* $h = 1 - \rho \in [0,1]$ die größte nicht-negative Zahl $K_1(X|h)$, die der Bedingung

$$\tilde{E}(X, K_1(X|h)) \succ_\rho E(a^*) \tag{3.28}$$

genügt.

Für den speziellen Fall, daß der Entscheidungsträger sich risikoneutral verhält und anstelle der Nutzenwerte im mikroökonomischen Sinne die unscharfe Bewertung $\tilde{U}(a_i, s_j)$ in Form von Geldeinheiten erfolgt, läßt sich (3.28) vereinfachen zu

$$\tilde{E}(X) \ominus K_1(X|h) \succ_\rho \tilde{E}(a^*). \tag{3.29}$$

Für Fuzzy-Zahlen des gleichen L-R-Typs mit Referenzfunktionen L(x) = R(x) läßt sich (3.29) gemäß Gleichung (2.6) auch schreiben als

$$L\left(\frac{u^*(X) - K_1(X|h) - u^*}{\underline{v}^*(X) + \overline{v}^*}\right) = \rho = 1 - h \qquad \text{oder}$$

$$u^*(X) - K_1(X|h) - u^* = (\underline{v}^*(X) + \overline{v}^*)L^{-1}(1-h) \qquad \text{oder}$$

$$K_1(X|h) = u^*(X) - u^* - (\underline{v}^*(X) + \overline{v}^*)L^{-1}(1-h) \ . \tag{3.30}$$

Da Referenzfunktionen und damit auch ihre Umkehrfunktionen monoton fallende Funktionen sind, sinken die maximal akzeptierbaren Kosten $K_1(X|h)$ mit wachsendem Sicherheitsniveau h.

< 3.9 > Wählen wir für das Beispiel < 3.4 > das relativ niedrige Sicherheitsniveau h = 0,2, so darf die Information X maximal $K_1(X|\ h = 0{,}2) = 135{,}15 - 119 - 0{,}2\ (30 + 22) = 4{,}55$ [1000 DM] kosten, vgl. Abbildung 3.5 ♦

Bei Verwendung von Definition 3.2 und der ε-Präferenz lassen sich die maximal akzeptierbaren Kosten analog definieren:

Definition 3.4:

Bei Verwendung der ε-Präferenz bezeichnen wir als *maximal akzeptierbare Kosten für die Information* X auf dem Niveau $\varepsilon \in [0,1]$ die größte nicht-negative Zahl $K_2(X|\varepsilon)$, die der Bedingung

$$\tilde{E}(X, K_2(X|\varepsilon)) \succ_\varepsilon \tilde{E}(a^*) \tag{3.31}$$

genügt.

Bei risikoneutralem Verhalten und einer unscharfen Bewertung $\tilde{U}(a_i, s_j)$ in Geldeinheiten vereinfacht sich (3.31) zu

$$\tilde{E}(X) \ominus K_2(X|\varepsilon) \succ_\varepsilon \tilde{E}(a^*). \tag{3.32}$$

Aus der Definitionsgleichung (3.32) folgt unmittelbar, daß für Nutzenerwartungswerte mit

$$\tilde{E}(X) \succ_\varepsilon \tilde{E}(a^*) \qquad \text{auf dem Niveau } \varepsilon = \varepsilon^*$$

nicht-negative Informationskosten nur auf einem Niveau $\varepsilon > \varepsilon^*$ existieren können.

Für Fuzzy-Erwartungswerte $\tilde{E}(X)$ und $\tilde{E}(a^*)$ des gleichen L-R-Typs sind dann gemäß den Ausführungen auf Seite 77 alle Kosten K_2 akzeptabel, die dem Ungleichungssystem

$$\begin{aligned} u^*(X) - K_2 - \underline{v}^*(X)L^{-1}(\varepsilon) &\geq u^* - \underline{v}^*L^{-1}(\varepsilon) \\ u^*(X) - K_2 &\geq u^* \\ u^*(X) - K_2 + \overline{v}^*(X)R^{-1}(\varepsilon) &\geq u^* + \overline{v}^*R^{-1}(\varepsilon) \end{aligned} \tag{3.33}$$

genügen.

Die maximale Höhe akzeptierbarer Informationskosten auf dem Niveau ε ist dann

$$K_2(X|\varepsilon) = \mathrm{Min}\Big[u^*(X) - u^*; u^*(X) - u^* - (\underline{v}^*(X) - \underline{v}^*)L^{-1}(\varepsilon); \quad u^*(X) - u^* + (\overline{v}^*(X) - \overline{v}^*)R^{-1}(\varepsilon)\Big] . \tag{3.34}$$

Offensichtlich ist die Bestimmungsgleichung (3.34) äquivalent zu

$$\mathrm{Max}\{K_2(X|\varepsilon) \mid K_2(X|\varepsilon) \lesssim \tilde{W}_\varepsilon(X)\} .$$

< **3.10** > Für das numerische Entscheidungsmodell in Beispiel < 3.4 > gilt $\tilde{E}(X) \succ_\varepsilon \tilde{E}(a^*)$ auf dem Niveau ε = 0, vgl. die Abbildung 3.6.

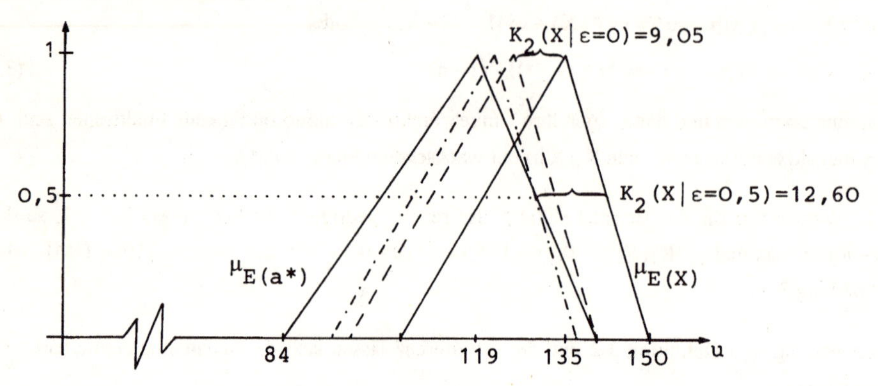

Abb. 3.6: Zugehörigkeitsfunktion von $\tilde{E}(X)$ *und* $\tilde{E}(a^*)$

Für ε = 0 ergeben sich mit (3.34) die maximal akzeptierbaren Informationskosten

$$K_2(X \mid \varepsilon = 0) = \mathrm{Min}[16{,}15;\ 24{,}15;\ 9{,}05] = 9{,}05 \quad [1.000\ \mathrm{DM}].$$

Ist der Entscheidungsträger mit dem schlechteren Sicherheitsniveau ε = 0,5 zufrieden, so darf er zur Beschaffung der Information X maximal

$$K_2(X \mid \varepsilon = 0{,}5) = \mathrm{Min}[16{,}15;\ 19;\ 12{,}60] = 12{,}60 \quad [1.000\ \mathrm{DM}]$$ ausgeben. ♦

Auch bei Verwendung von Rangordnungsverfahren als Entscheidungsgrundlage läßt sich eine obere Grenze für die Kosten bei der Beschaffung der Information X angeben:

Definition 3.5:

Bei Verwendung des Niveau-Ebenen-Verfahrens bezeichnen wir als *maximal akzeptierbare Kosten für die Information* X die größte nicht-negative Zahl $K_3(X)$, für welche die Gleichung

$$H_5(\tilde{E}(X, K_3(X))) = H_5(\tilde{E}(a^*)) \tag{3.35}$$

erfüllt ist.

Auch hier ist eine Berechnung von $K_3(X)$ nur einfach bei risikioneutralem Verhalten und einer unscharfen Bewertung $\tilde{U}_{ij}$ in Geldeinheiten, denn dann folgt aus (3.35)

$$K_3(X) = H_5(\tilde{E}(X)) - H_5(\tilde{E}(a^*)). \tag{3.36}$$

< 3.11 > Für das Entscheidungsmodell im Beispiel < 3.4 > ist bei Berücksichtigung der drei Niveaus

$\alpha = 0{,}2;\ 0{,}6$ und $0{,}9$

$$H_5(\tilde{E}(X)) = 131{,}9 \quad \text{und} \quad H_5(\tilde{E}(a^*)) = 116{,}2.$$

Der Entscheidungsträger sollte daher gemäß der Definition 3.5 höchstens

$$K_3(X) = 131{,}9 - 116{,}2 = 15{,}7 \quad [1.000 \text{ DM}]$$

für die Beschaffung der Information X ausgeben.

Der Wert $K_3(X) = 15{,}7$ ist kleiner als die Differenz der Gipfelpunkte $u^*(X) - u^* = 16{,}15$, da $\tilde{E}(X)$ eine stärkere "Linkslastigkeit" aufweist als $\tilde{E}(a^*)$, vgl. Abb.3.6. ♦

3.4 INFORMATION UND NUTZENBEWERTUNG

Während in der klassischen Entscheidungstheorie Informationen nur dazu dienen, das Wissen über die Wahrscheinlichkeitsverteilung der Umweltzustände zu verbessern, können bei unscharfen Alternativenbewertungen zusätzliche Informationen dazu führen, daß die zustandsspezifischen Bewertungen "genauer" angegeben werden können. Dabei kommt bei Fuzzy-Bewertungen der Form $\tilde{U}(a_i,s_j) = (u_{ij};\underline{v}_{ij};\overline{v}_{ij})_{LR}$ eine präzisere Beschreibung darin zum Ausdruck, daß die linke und/oder die rechte Spannweite der Fuzzy-Zahl $\tilde{U}(a_i,s_j)$ kleiner werden. Informationen dieser Art haben zur Folge, daß die Auswahl der optimalen Alternative im allgemeinen auf einem besseren Sicherheitsniveau erfolgt. Eine Verschlechterung des Sicherheitsniveaus ist auf jeden Fall ausgeschlossen!

< 3.12 > Um diesen Sachverhalt zu veranschaulichen, wollen wir für das Entscheidungsmodell im Beispiel < 3.3 > annehmen, daß eine Information I existiert, die es dem Entscheidungsträger ermöglicht, für alle Bewertungen $\tilde{U}(a_i,s_j)$ die Spannweiten $\underline{v}_{ij}$ und $\overline{v}_{ij}$ zu halbieren. Mit der Information I erhält man dann die a priori-Gewinnerwartungswerte

$$\tilde{E}(a_1|\, I) = (119;\ 17{,}5;\ 11)_{LR}$$

$$\tilde{E}(a_2|\, I) = (115;\ 14;\ 8{,}5)_{LR}$$

$$\tilde{E}(a_3|\, I) = (50;\ 4{,}25;\ 3{,}25)_{LR}$$

und somit die Rangfolgen

$$\tilde{E}(a_1|I) \underset{\rho=0,85}{\succ} \tilde{E}(a_2|I) \underset{\rho=0}{\succ} \tilde{E}(a_3|I) \qquad \text{bzw.}$$

$$\tilde{E}(a_1|I) \underset{\varepsilon=0}{\succ} \tilde{E}(a_2|I) \underset{\varepsilon=0}{\succ} \tilde{E}(a_3|I) \qquad \text{, vgl. Abb. 3.7 .}$$

Vergleichen wir diese mit den in Beispiel < 3.3 > festgestellten Rangfolgen $\tilde{E}(a_1) \underset{\rho=0,92}{\succ} \tilde{E}(a_2)$ und $\tilde{E}(a_1) \underset{\varepsilon=0,43}{\succ} \tilde{E}(a_2)$, so ist der Wert der Information I darin zu sehen, daß die Entscheidung für die Alternative a_1 nun auf einem besseren Sicherheitsniveau getroffen wird. ♦

Um diese Art von Information zu bewerten, könnte man den Preis heranziehen, den ein rational handelnder Entscheidungsträger maximal für diese Information zu zahlen bereit wäre. Zur Vereinfachung der Darstellung formulieren wir die Definitionen gleich für den rechnerisch praktikablen Fall, daß sich der

Entscheidungsträger risikoneutral verhält und daher direkt mit den Zielwerten arbeitet, die in Geldeinheiten ausgedrückt sind.

Definition 3.6:

Bei Verwendung der ρ-Präferenz bezeichnen wir als *maximal akzeptierbare Kosten für die Information* I die größte nicht-negative Zahl $K_4(I)$, die der Bedingung

$$\tilde{E}(a^*|I) \ominus K_4(I) \succ_{\rho_i} \tilde{E}(a_i|I) \qquad \text{mit } \rho_i \leq \rho^* \qquad \text{für alle } i = 1,\ldots,m, \tag{3.37}$$

genügt. Dabei bezeichnet ρ* das Niveau, auf dem die Auswahl der Alternativen a* vor Kenntnis der Information I gesichert ist.

Definition 3.7:

Bei Verwendung der ε-Präferenz bezeichnen wir als *maximal akzeptierbare Kosten für die Information* I die größte nicht-negative Zahl $K_5(I)$, die der Bedingung

$$\tilde{E}(a^*|I) \ominus K_5(I) \succ_{\varepsilon_i} \tilde{E}(a_i|I) \qquad \text{mit } \varepsilon_i \leq \varepsilon^* \qquad \text{für alle } i = 1,\ldots,m, \tag{3.38}$$

genügt. Dabei bezeichnet ε* das Niveau, auf dem die Optimalität der Alternative a* ohne die Information I gesichert ist.

< 3.13 > Für das Entscheidungsmodell in Beispiel < 3.11 > basieren die maximal akzeptierbaren Informationskosten $K_4(I)$ und $K_5(I)$ nur auf den Gewinnerwartungswerten $E(a_1|\, I)$ und $E(a_2|\, I)$, da $E(a_3|\, I)$ klar dominiert wird.

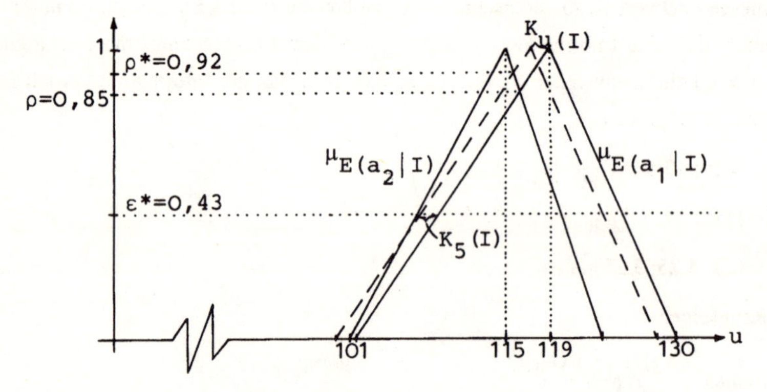

Abb.3.7: Zugehörigkeitsfunktion von $\tilde{E}(a_1|\, I)$ *und* $\tilde{E}(a_2|\, I)$

Da nach Beispiel < 3.3 > gilt: $\tilde{E}(a_1) \underset{\rho=0,92}{\succ} \tilde{E}(a_2)$, ist ρ* = 0,92 und $K_4(I)$ läßt sich aus der Restriktion

$$\tilde{E}(a_1|I) \ominus K_4(I) \underset{\rho=0,92}{\succ} \tilde{E}(a_2|I)$$

gemäß Gleichung (2.6) bestimmen als

$$K_4(I) = 119 - 115 - (17{,}5 + 8{,}5)(1 - 0{,}92) = 1{,}92 \quad [1.000 \text{ DM}] \ .$$

Basiert die Entscheidung auf der ε-Präferenz, so ist $K_5(I)$ aus der Bedingung

$$\tilde{E}(a_1|I) \ominus K_5(I) \underset{\varepsilon=0,43}{\succ} \tilde{E}(a_2|I)$$

zu berechnen, d.h. die Informationskosten dürfen höchstens

$$K_5(I) = \text{Min}[119 - 115;\ 119 - 115 - (17{,}5 - 14)(1 - 0{,}43);\ 119 - 115 - (11 - 8{,}5)(1 - 0{,}43)]$$

$$= \text{Min}[4;\ 2;\ 2{,}58] = 2 \quad [1.000\ \text{DM}]$$ betragen. ♦

Da das Niveau-Ebenen-Verfahren Mittelwerte liefert, hat eine Information I des symmetrischen Typs wie in Beispiel < 3.11 > keinen Einfluß auf die Ranking-Werte $H_5(\tilde{E}(a_i))$ und damit auf die induzierte Rangfolge. Diese Unabhängigkeit von I ist aber nicht mehr gegeben, wenn durch die Information die Spannweiten unsymmetrisch verkleinert werden. Dies kann zum einen dazu führen, daß die optimale Alternative a* nun deutlicher dominiert. Möglich ist aber auch, daß der Unterschied zu den anderen Alternativen geringer wird, vgl. dazu Beispiel < 3.14 >. Im Extremfall kann sich sogar die Rangfolge ändern.

< 3.14 > Gegeben seien die Mengen $\tilde{U}_1 = (5; 4; 4)_{LR}$ und $\tilde{U}_2 = (6; 1; 1)_{LR}$ mit

$$L(x) = R(x) = \text{Max}(0, 1-x).$$

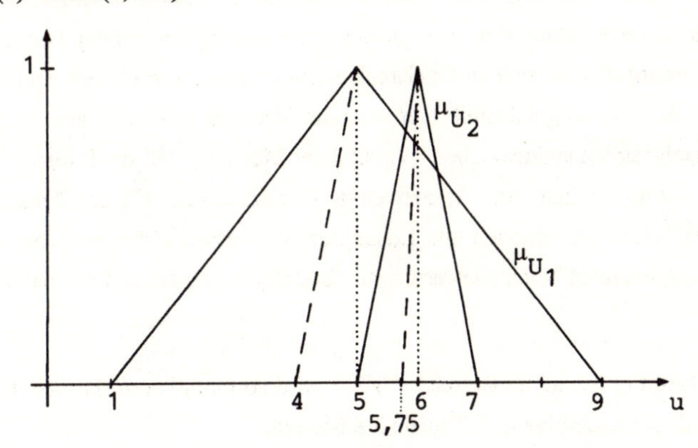

Abb.3.8: Zugehörigkeitsfunktion von $\tilde{U}_1$ und $\tilde{U}_2$

Nach dem Niveau-Ebenen-Verfahren ist $H_5(\tilde{U}_1) = 5 < H_5(\tilde{U}_2) = 6$.

Existiert nun die Information I, daß die linken Spannweiten beider unscharfen Mengen auf ein Viertel reduziert werden können, so bewirkt dies, daß sich die Differenz der Ranking-Werte verringert, denn bei Berücksichtigung der Niveaus $\alpha = 0{,}2;\ 0{,}6$ und $0{,}9$ gilt:

$$H_5(\tilde{U}_1(I)) = \frac{1}{3}(6{,}2 + 5{,}6 + 5{,}15) = 5{,}65 \qquad \text{und}$$

$$H_5(\tilde{U}_2(I)) = \frac{1}{3}(6{,}30 + 6{,}15 + 6{,}03) = 6{,}16\ .$$ ♦

Werden sowohl Informationen des Typs X als auch des Typs I zur Entscheidungsfindung herangezogen, so kann der Wert der Gesamtinformation höher sein als die Summe der maximal akzeptierbaren Kosten für die einzelnen Informationen, wie das nachfolgende Beispiel zeigt.

< 3.15 > Nach Beispiel < 3.11 > führt die Information I zu dem Erwartungswert

$$\tilde{E}(a^*|I) = \tilde{E}(a_1|I) = 119;17,5;11)_{LR}.$$

Kommt nun zusätzlich die Information X aus Beispiel < 3.4 > hinzu, so ergibt sich der ex ante-Erwartungswert $\tilde{E}(X,I) = (135,15;\ 15;\ 7,45)_{LR}$.

Nach Gleichung (3.29) ist dann gemessen in [1.000 DM]

$$K_1(X,I|h = 0,2) = 135,15 - 119 - 0,2(15+11) = 10,95$$

$$> K_1(X|h = 0,2) + K_4(I) = 4,55 - 1,92 = 6,47\ .$$

Bei Verwendung der ε-Präferenz folgt mit Gleichung (2.7)

$$K_2(X,I|\varepsilon = 0) = \text{Min}(16,15;18,65;12,6) = 12,6$$

$$> K_1(X|\varepsilon = 0) + K_5(I) = 9,05 + 2 = 11,05\ .$$

♦

3.5 NUTZENBEWERTUNG IN FORM VON FUZZY-INTERVALLEN

Die für die Abschnitte 3.2 - 3.4 getroffenen Annahmen, daß der Entscheidungsträger die Alternativen mittels Fuzzy-Zahlen bewerten kann, d.h., daß jeweils ein eindeutig bestimmter Nutzenwert mit höchster Realisierungschance existiert, erscheint uns bei realen Entscheidungsproblemen kaum erfüllbar zu sein. Modellansätze dieser Art wirken gekünstelt, hier wird der Versuch unternommen, "harte" klassische Entscheidungsmodelle nachträglich aufzuweichen. Wir sind der Meinung, daß die Informationen der Entscheidungsträger zumeist nur ausreichen, um Alternativen durch Fuzzy-Intervalle des Typs (3.16) zu bewerten. Die vorstehend entwickelten Definitionen und Lösungsansätze lassen sich aber problemlos auf Entscheidungsmodelle dieser allgemeinen Nutzenbewertungen übertragen, wie anhand des nachfolgenden Beispiels demonstriert wird.

< 3.16 > Das Entscheidungsmodell in Beispiel < 3.3 > wird so modifiziert, daß der Entscheidungsträger die Alternativen gemäß der nachfolgenden Tabelle 3.8 bewertet.

	s_1	s_2	s_3
a_1	(200; 220; 30;10)	(90; 110; 20; 10)	(-90; -70; 20; 20)
a_2	(140; 160; 20; 10)	(130; 145; 20; 5)	(-20; 0; 10; 10)
a_3	(50; 55; 5; 5)	(45; 50; 5; 5)	(45; 50; 10; 0)

Tab.3.8: Matrix der Gewinne $\tilde{U}(a_i, s_j)$ in Form trapezförmiger Fuzzy-Intervalle.

Auf die Angabe der Referenzfunktionen L(x) = R(x) = Max(0, 1-x) wird hier zur Abkürzung der Schreibweise verzichtet.

Mit der a priori-Wahrscheinlichkeitsverteilung

$p(s_1) = 0{,}5, \quad p(s_2) = 0{,}3, \quad p(s_3) = 0{,}2$

erhält man gemäß der Formel (3.16) die a priori-Gewinnerwartungswerte

$\tilde{U}(a_1) = (109;\ 119;\ 25;\ 12)$

$\tilde{U}(a_2) = (105;\ 123{,}5;\ 18;\ 8{,}5)$

$\tilde{U}(a_3) = (47{,}5;\ 52{,}5;\ 6;\ 4)$.

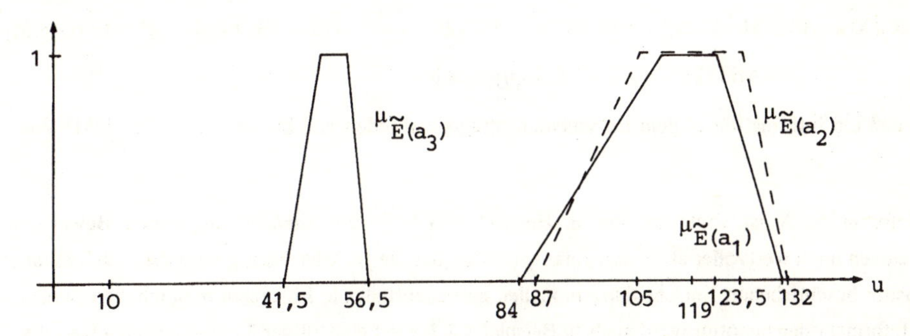

Abb. 3.9: Zugehörigkeitsfunktion von $\tilde{E}(a_1)$, $\tilde{E}(a_2)$ *und* $\tilde{E}(a_3)$

Sowohl nach der ρ- als auch nach der ε-Präferenz sind die Erwartungswerte $\tilde{U}(a_1)$ und $\tilde{U}(a_2)$ gleichwertig und beide dominieren die Bewertung $\tilde{U}(a_3)$ auf dem bestmöglichen Sicherheitsniveau $\rho = \varepsilon = 0$, vgl. Abbildung 3.9.

Auch mit dem Niveau-Ebenen-Verfahren läßt sich keine Präferenzfolge zwischen a_1 und a_2 begründen, denn es gilt $H_5(\tilde{U}(a_1)) = 111{,}98$ und $H_5(\tilde{U}(a_2)) = 112{,}19$ und somit

$$\frac{H_5(\tilde{U}(a_1)) - H_5(\tilde{U}(a_2))}{H_5(\tilde{U}(a_2))} = \frac{0{,}21}{112{,}19} = 0{,}0019 << 0{,}3.$$

Wird nun zur Entscheidungsfindung die zusätzliche Information X eingeholt, so erfolgt die Alternativenauswahl anhand der in Tabelle 3.9 angegebenen a posteriori-Gewinnerwartungswerte.

	x_1	x_2	x_3
a_1	<u>(167,5; 187,5; 27,7; 10,4)</u>	(100; 120,7; 23,1; 11,3)	(-25,3; -5,3; 21,3; 17,2)
a_2	(131,7; 150,75; 19,6; 9,05)	<u>(113,6; 130,6; 18,7; 7,2)</u>	(23,3; 42,55; 12,8; 9,25
a_3	(48,85; 53,85; 5,2; 4,8)	(46,55; 51,55; 4,1; 4,35)	<u>(45,65; 50,65; 8; 1,4)</u>

Tab. 3.9: Matrix der a posteriori-Gewinnerwartungswerte $\tilde{U}(a_i|x_r)$

Betrachten wir zur Abkürzung der Analyse hier nur die ε-Präferenz, so folgt aus Tabelle 3.9, daß für jede Beobachtung x_r genau eine optimale Alternative $a^*(x_r)$ existiert, deren Präferenz auf dem bestmöglichsten Niveau $\varepsilon = 0$ gesichert ist.

Der ex ante-Gewinnerwartungswert ist dann nach Formel (3.21) gleich

$\tilde{E}(X) = (126{,}5;\ 142{,}7;\ 21;\ 7{,}6)$.

Um dieses Ergebnis mit den a priori-Erwartungsnutzen $\tilde{E}(a_1)$ und $\tilde{E}(a_2)$ zu vergleichen, berechnen wir mit der auf Fuzzy-Intervalle erweiterten Formel (3.32) den Preis, den der Entscheidungsträger maximal für die Information X zahlen sollte. Aus

$$K_2(X|\,\varepsilon = 0) = \text{Min}\,[126{,}5 - 109;\ 142{,}7 - 119;\ 126{,}5 - 109 - (21 - 25)\cdot 1;\ 142{,}7 - 119 + (7{,}6 - 12)]$$

$$= \text{Min}\,[17{,}5;\ 23{,}7;\ 21{,}5;\ 19{,}3] = 17{,}5$$

und

$$K_2(X|\,\varepsilon = 0) = \text{Min}\,[126{,}5 - 105;\ 142{,}7 - 123;\ 126{,}5 - 105 - (21 - 18);\ 142{,}7 - 123 + (7{,}6 - 8{,}5)]$$

$$= \text{Min}\,[21{,}5;\ 19{,}7;\ 18{,}5;\ 18{,}6] = 18{,}5$$

folgt, daß die Information X dem Entscheidungsträger auf jeden Fall bis zu 17,5 [1000 DM] Wert sein sollte. ♦

Die Information X ist somit bei der in Beispiel < 3.16 > vorliegenden ungenauen Bewertung der Alternativen noch wertvoller als in den vorangehenden Beispielen. Gleichzeitig wird deutlich, daß auch bei ungenauer beschriebenen Entscheidungsmodellen zufriedenstellende Lösungen möglich sind, wobei nicht mehr Informationen benötigt wurden als in Beispiel < 3.2 > mit eindeutiger Konsequenzenbewertung.

3.6 ALTERNATIVBEWERTUNG AUF DER GRUNDLAGE ERWARTETER ZUGEHÖRIGKEITSWERTE

Während die vorstehend besprochenen Lösungsverfahren auf dem Nutzenerwartungskonzept basierten, wird an dem nun darzustellenden Lösungsweg die Wahrscheinlichkeitsverteilung über dem Zustandsraum dazu benutzt, um für die einzelnen Nutzenwerte die *erwartete Zugehörigkeit* zur Menge der wahren Nutzenwerte zu berechnen. Bei gegebener a priori-Verteilung $p(s_j)$ wird dann nach [ROMMELFANGER 1984] jede Alternative i bewertet durch eine unscharfe Nutzenmenge $\tilde{U}^B(a_i)$ mit der Zugehörigkeitsfunktion

$$\mu_i^B(u) = \sum_{j=1}^{n} \mu_{ij}(u)\cdot p(s_j) \qquad \text{für alle} \quad u \in U\ . \tag{3.39}$$

Die sich so ergebende Nutzenmenge $\tilde{U}^B(a_i)$ ist im allgemeinen nicht normalisiert. Da aber eine Zugehörigkeitsfunktion nur eine Aussage macht über die Realisierungschance eines Nutzenwertes u im Vergleich zu einem anderen Nutzenwert in bezug auf dieselbe Alternative i, wird durch eine Normierung die in den Zugehörigkeitswerten zum Ausdruck gebrachte subjektive Vorstellung nicht verändert. Zum besseren Vergleich der Nutzen $\tilde{U}^B(a_i)$ normieren wir daher die Zugehörigkeitswerte gemäß der Transformationsformel

$$\mu_i^B(u) = \frac{\mu_i^B(u)}{\underset{u \in U}{\text{Max}}\, \mu_i^B(u)} \qquad \text{für alle} \quad u \in U,\ i = 1,\ldots,m\ . \tag{3.40}$$

< **3.17** > Für das numerische Entscheidungsmodell < A, S, $\tilde{U}(a_i,s_j)$, $p(s_j)$ > aus Beispiel < 3.3 > ergeben sich mit den Formeln (3.39) und (3.40) die in Abbildung 3.10 auf Seite 112 dargestellten a priori-Nutzenbewertungen $\tilde{U}^B(a_i)$, i = 1,2,3.

Da sich weder die ρ-Präferenz noch die ε-Präferenz eignen, um eine Rangfolge dieser nicht-konvexen unscharfen Mengen $\tilde{U}^B(a_i)$ aufzustellen, wollen wir hier nur das Niveau-Ebenen-Verfahren anwenden. Bei Beschränkung auf die Niveaus $\alpha = 0{,}2$, $\alpha = 0{,}6$ und $\alpha = 0{,}9$ ergeben sich die Ranking-Werte

$H_5(\tilde{U}(a_1)) \approx 169, \quad H_5(\tilde{U}(a_2)) \approx 138, \quad H_5(\tilde{U}(a_3)) \approx 50.$

Da $\dfrac{H_5(\tilde{U}(a_1)) - H_5(\tilde{U}(a_2))}{H_5(\tilde{U}(a_1))} = \dfrac{169-138}{50} = 0{,}18 > 0{,}03$,

ist nach dem Niveau-Ebenen-Verfahren a_1 die mit Abstand beste Alternative. ♦

Nehmen wir weiter an, es existiere eine Information $X = \{x_r\}$, die bei Beobachtung eines Elementes $x_r \in X$ analog dem Vorgehen im klassischen Entscheidungsmodell zu einer a posteriori-Wahrscheinlichkeit $p(s_j|x_r)$ führt, so können wir mit diesem Wissen für jede Alternative i eine a posteriori-Nutzenbewertung $\tilde{U}^B(a_i|x_r)$ berechnen, deren Zugehörigkeitsfunktion der Gleichung

$$\mu_i^B(u|x_r) = \sum_{j=1}^{n} \mu_{ij}(u) \cdot p(s_j|x_r) \qquad \text{für alle } u \in U \tag{3.41}$$

genügt.

Auch hier ist im allgemeinen eine Normierung

$$\mu_i^B(u|x_r) = \frac{\mu_i^B(u|x_r)}{\underset{u \in U}{\mathrm{Max}}\, \mu_i^B(u|x_r)} \qquad \text{für alle } u \in U,\ i = 1,\ldots,m \tag{3.42}$$

notwendig.

< **3.18** > Nehmen wir für das Entscheidungsmodell im Beispiel < 3.17 > an, es existiere eine Information $X = \{x_1, x_2, x_3\}$, die bei Beobachtung von $x_r \in X$ zu den in Tabelle 3.4 angegebenen a posteriori-Wahrscheinlichkeiten führt, so erhalten wir die a posteriori-Nutzenbewertungen $\tilde{U}^B(a_i|x_r)$, deren Zugehörigkeitsfunktionen $\mu_i^B(u|x_r)$ in den Abbildungen 3.11, 3.12 und 3.13 auf Seite 112 bzw. Seite 113 dargestellt sind. In allen drei Fällen führt die Anwendung des Niveau-Ebenen-Verfahrens zu einer klar abgestuften Rangordnung, wie die nachfolgende Tabelle zeigt, in der die jeweils optimale Alternative durch Unterstreichen des zugehörigen Ranking-Wertes gekennzeichnet ist.

	x_1	x_2	x_3
a_1	<u>200</u>	107	-74
a_2	145	<u>139</u>	8
a_3	50	50	<u>50</u>

Tab.3.10: Mit Hilfe des Niveau-Ebenen-Verfahrens berechnete Rankingwerte $F_5(\tilde{U}(a_i|x_r))$ ♦

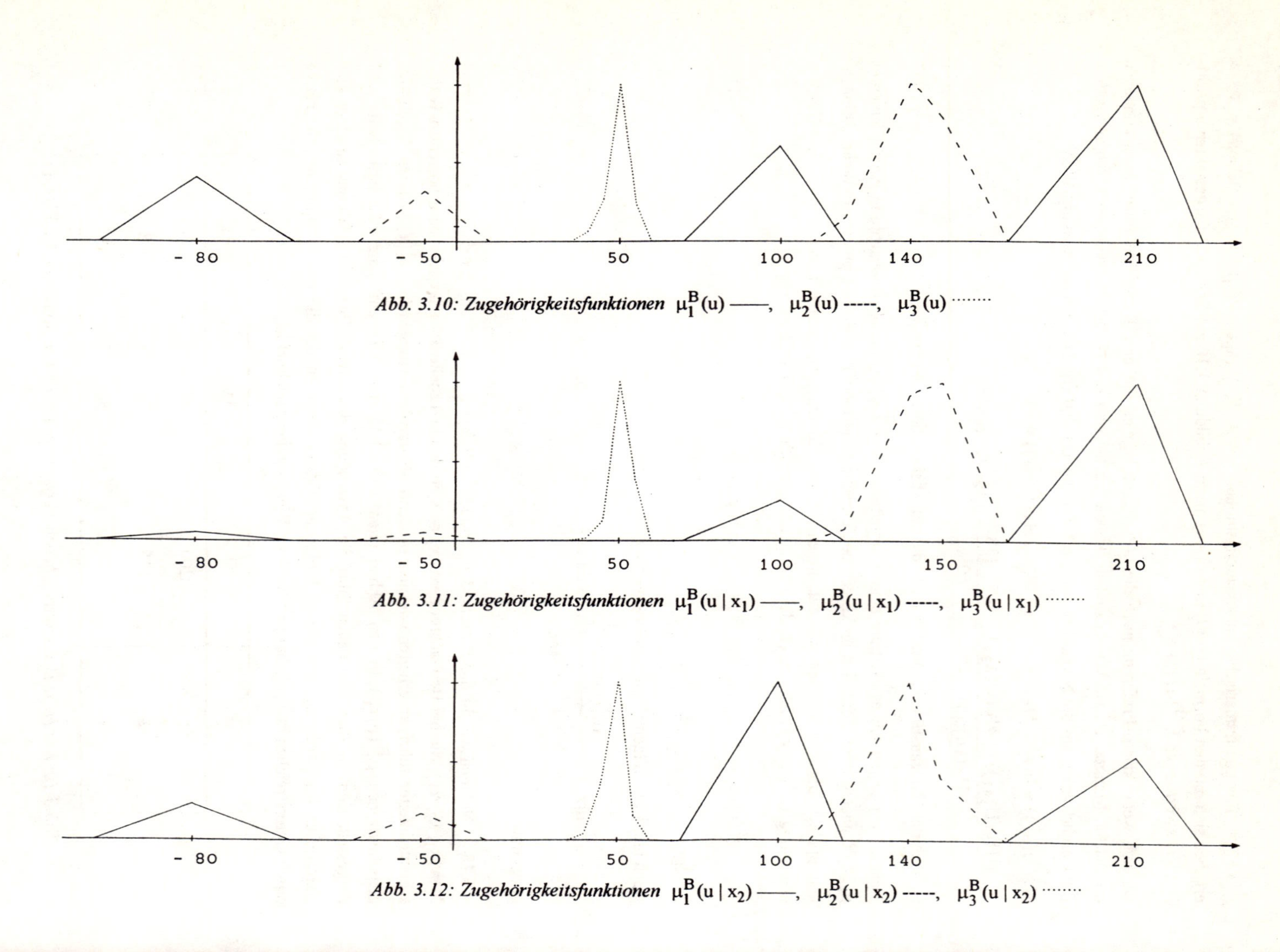

Abb. 3.10: Zugehörigkeitsfunktionen $\mu_1^B(u)$ ——, $\mu_2^B(u)$ ----, $\mu_3^B(u)$ ......

Abb. 3.11: Zugehörigkeitsfunktionen $\mu_1^B(u \mid x_1)$ ——, $\mu_2^B(u \mid x_1)$ ----, $\mu_3^B(u \mid x_1)$ ......

Abb. 3.12: Zugehörigkeitsfunktionen $\mu_1^B(u \mid x_2)$ ——, $\mu_2^B(u \mid x_2)$ ----, $\mu_3^B(u \mid x_2)$ ......

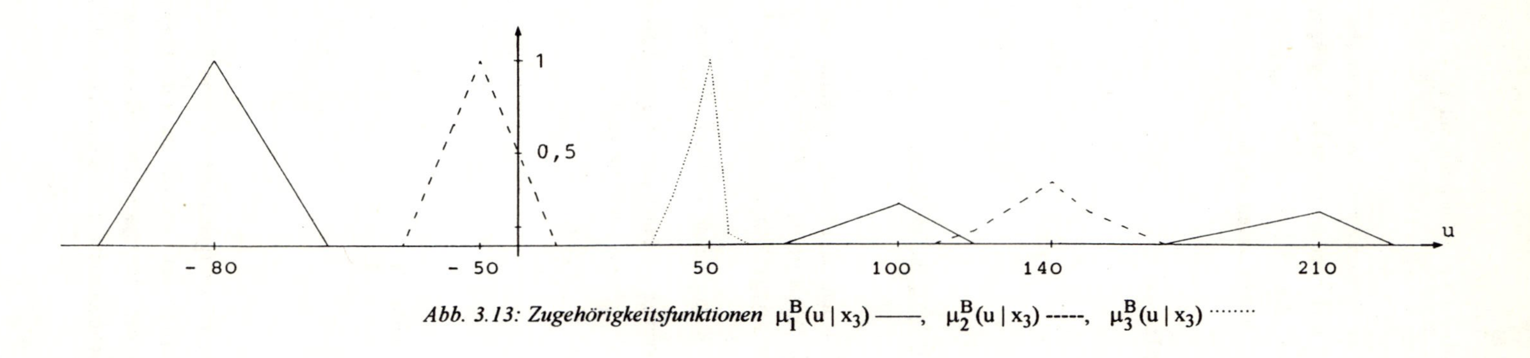

Abb. 3.13: Zugehörigkeitsfunktionen $\mu_1^B(u \mid x_3)$ ——, $\mu_2^B(u \mid x_3)$ -----, $\mu_3^B(u \mid x_3)$ ....

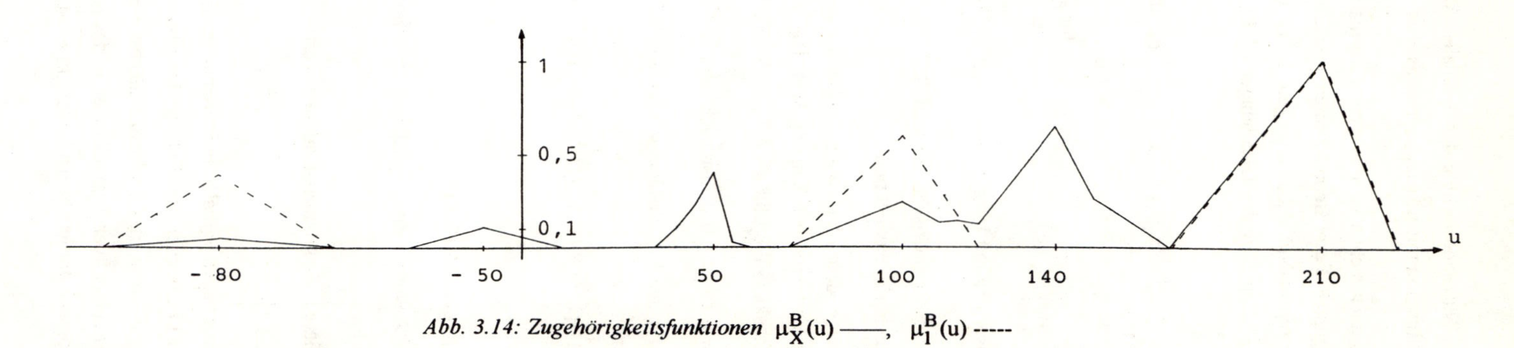

Abb. 3.14: Zugehörigkeitsfunktionen $\mu_X^B(u)$ ——, $\mu_1^B(u)$ -----

Die a posteriori-Nutzenbewertung der optimalen Alternativen $a^*(x_r)$ wollen wir mit $\tilde{U}^B(a^*(x_r))$ und ihre Zugehörigkeitsfunktion mit $\mu_*^B(u|x_r)$ symbolisieren.

Da wir ex ante noch nicht wissen, welche Information x_r wir beobachten werden und welche Alternative dann in Abhängigkeit dieser Beobachtung zu realisieren ist, sind zu einer ex ante-Bewertung mit Information die a posteriori-Nutzenbewertungen $\tilde{U}^B(a^*(x_r))$ mit den Eintrittswahrscheinlichkeiten $p(x_r)$ zu gewichten. In Analogie zu den Gleichungen (3.39) und (3.40) definieren wir durch die Zugehörigkeitsfunktion

$$\mu_X^B(u) = \sum_{r=1}^{B} \mu_*^B(u|x_r) \cdot p(x_r) \qquad \text{für alle } u \in U \qquad (3.43)$$

$$\mu_X^B(u) = \frac{\mu_X^B(u)}{\underset{u \in U}{\operatorname{Max}} \mu_X^B(u)} \qquad \text{für alle } u \in U \qquad (3.44)$$

die ex ante-Bewertung mit Information $\tilde{U}^B(X)$.

< **3.19** > Für das numerische Beispiel < 3.18 > hat $\tilde{U}^B(X)$ die in Abbildung 3.14 auf Seite 113 gezeichnete Zugehörigkeitsfunktion.

Um eine Aussage über den Wert der Information X geben zu können, berechnen wir mit dem Niveau-Ebenen-Verfahren den Ranking-Wert $H_5(\tilde{U}^B(X))$. Dieser ist mit $H_5(\tilde{U}^B(X)) \approx 188$ deutlich größer als der Ranking-Wert für a*, der gleich $H_5(\tilde{U}^B(a^*)) = H_5(\tilde{U}^B(a_1)) \approx 169$ ist.

Da $\frac{188-169}{188} = 0{,}10 > 0{,}03$ ist nach dem auf Seite 100 gewählten Kriterium die Hinzunahme der Information X für den Entscheidungsträger von Vorteil, solange die damit verbundenen Kosten nicht zu hoch sind. In Analogie zur Definition 3.5 darf der Preis für die Information X maximal

$$K_6(X) = H_5(\tilde{U}^B(X)) - H_5(\tilde{U}^B(a^*)) = 188 - 169 = 19 \quad [1000 \text{ DM}] \qquad (3.45)$$

betragen. ♦

3.7 FUZZY-INFORMATION

In Beispiel < 3.3 > wurden die möglichen Informationsergebnisse mit

$$\left.\begin{array}{l} x_1 = \text{große} \\ x_2 = \text{mittlere} \\ x_3 = \text{kleine} \end{array}\right\} \text{Absatzmenge auf dem Testmarkt}$$

bezeichnet. Solche vagen verbalen Beschreibungen der Informationsergebnisse findet man nicht nur in den Beispielen vieler Lehrbücher über Entscheidungstheorie. Auch bei der Beschreibung realer Entscheidungssituationen liegt es nahe, das Problem zunächst verbal in der Umgangssprache auszudrücken. Bei der Übertragung der subjektiven Vorstellungen in das Entscheidungsmodell gibt es dann aber oft Schwierigkeiten, da die Sprache der Mathematik wortärmer ist.

Um bei dem obigen Beispiel zu bleiben, es ist sicher möglich, die Absatzmenge auf dem Testmarkt exakt durch die Anzahl der verkauften Einheiten zu bestimmen, wobei es von der gewählten Maßeinheit abhängt, wieviele Beobachtungsergebnisse $y_1,\ldots, y_q,\ldots, y_Q$ möglich sind. Auf der Basis dieser exakten Meßergebnisse $Y = \{y_q\}$ sind nun die drei "globalen" Absatzmengen x_r, $r = 1, 2, 3$, zu definieren. Eine Zerlegung von Y in drei disjunkte Teilmengen x_1, x_2 und x_3 erscheint dabei wenig sinnvoll, da in den Grenzfällen die Zuordnung willkürlich vorgenommen werden müßte. Auch ist zu bedenken, daß die Elemente einer Teilmenge, z. B. x_1, die Vorstellung des Entscheidungsträgers von einer "großen" Absatzmenge nicht gleich gut wiedergeben.

Ein adäquaterer Weg zur Beschreibung dieser verbal charakterisierten Informationsergebnisse erlaubt die Theorie unscharfer Mengen, indem man definiert

$$\tilde{X}_r = \left\{\left(y_q, \mu_{X_r}(y_q)\right) | y_q \in Y\right\} , \tag{3.46}$$

wobei die Funktion μ_{X_r} den Grad der Zugehörigkeit eines Elementes y_q zur Menge $\tilde{X}_r$ angibt.

Kann der Entscheidungsträger direkt die bedingten Wahrscheinlichkeiten $p(\tilde{X}_r|s_j)$ schätzen, so ist in den vorstehend behandelten Entscheidungsmodellen unter Risiko lediglich x_r durch $\tilde{X}_r$ zu ersetzen; der formale Ablauf der Entscheidungsfindung bleibt dann der gleiche.

Denkbar ist aber auch der Fall, daß nur die bedingten Wahrscheinlichkeiten $p(y_q|s_j)$ bekannt sind, da es nach SOMMER [1980, S. 38] "schwerer ist, für grob umrissene Ereignisse Wahrscheinlichkeiten zu schätzen als für exakt definierte".

Dieser Informationsstand ist aber ausreichend, um die bedingte Wahrscheinlichkeit der Fuzzy-Ereignisse $\tilde{X}_r$ mit Hilfe der Formel (1.97) zu berechnen als

$$p(\tilde{X}_r|s_j) = \sum_{q=1}^{Q} p(y_q|s_j)\mu_{X_r}(y_q). \tag{3.47}$$

Um zu sichern, daß die Werte $p(\tilde{X}_r|s_j)$ und

$$p(\tilde{X}_r) = \sum_{j=1}^{n} p(\tilde{X}_r|s_j) \tag{3.48}$$

nur Werte zwischen 0 und 1 anrechnen, genügt nach OKUDA; TANAKA; ASAI [1974] die Voraussetzung, daß die Mengen $X = \{\tilde{X}_1,\ldots,\tilde{X}_R\}$ im Sinne der Definition 1.44 orthogonal über Y sind, d.h., es muß gelten:

$$\sum_{r=1}^{R} \mu_X(y_q) = 1 \qquad \text{für alle } y_q \in Y. \tag{3.49}$$

< **3.20** > Zu dem Entscheidungsmodell im Beispiel < 3.3 > existiere eine Informationsmenge $Y = \{y_1,\ldots,y_7\}$, welche die folgenden Beobachtungsergebnisse über die Absatzmenge y auf dem Testmarkt zuläßt:

$$y \geq 100 \text{ [kg]} \mathrel{\hat{=}} y_1$$

$$100 > y \geq 90 \text{ [kg]} \mathrel{\hat{=}} y_2$$

$$90 > y \geq 80 \text{ [kg]} \mathrel{\hat{=}} y_3$$

$80 > y \geq \; 70\,[kg] \mathrel{\hat{=}} y_4$

$70 > y \geq \; 60\,[kg] \mathrel{\hat{=}} y_5$

$60 > y \geq \; 50\,[kg] \mathrel{\hat{=}} y_6$

$y < \; 50\,[kg] \mathrel{\hat{=}} y_7$

Bekannt sind ferner die bedingten Wahrscheinlichkeiten $p(y_q|s_j)$:

	y_1	y_2	y_3	y_4	y_5	y_6	y_7
s_1	0,60	0,19	0,10	0,04	0,03	0,02	0,02
s_2	0,11	0,20	0,25	0,26	0,10	0,05	0,03
s_3	0,03	0,07	0,08	0,03	0,07	0,20	0,52

Tab. 3.11: Bedingte Wahrscheinlichkeiten $p(y_q|s_j)$

Für die Fuzzy-Informationen

große Absatzmenge $\tilde{X}_1 = \{(y_1; 1), (y_2; 0{,}7), (y_3; 0{,}2)\}$

mittlere Absatzmenge $\tilde{X}_2 = \{(y_2; 0{,}3), (y_3; 0{,}8), (y_4; 1), (y_5; 0{,}7), (y_6; 0{,}2)\}$

kleine Absatzmenge $\tilde{X}_3 = \{(y_5; 0{,}3), (y_6; 0{,}8), (y_7; 1)\}$

erhält man dann mit Formel (3.44) die in Tabelle 3.3 angegebenen bedingten Wahrscheinlichkeiten $p(\tilde{X}_r|s_j)$. (Wir empfehlen, diesen Rechengang als Übungsaufgabe nachzuvollziehen.)

Berechnen wir für das Beispiel < 3.3 > mit der klassischen Nutzenfunktion den Wert der exakten Information Y, so erhält man, vgl. die Lösung der Übungsaufgabe 3.2 auf Seite 290/291,

$W(Y) = 137{,}78 - 119 = 18{,}78.$ ♦

Da der Wert der Information $X = \{\tilde{X}_1, \tilde{X}_2, \tilde{X}_3\}$ nur gleich $W(X) = 16{,}15$ ist, bestätigt dieses Beispiel die intuitive Vermutung, daß der Wert einer exakten Information nicht schlechter als der Wert einer vagen Information sein kann.

Dieser Sachverhalt wurde von OKUDA; TANAKA; ASAI [1974, S. 8] auch allgemein für die Entscheidungsmodelle mit klassischer Nutzenfunktion bewiesen. Es gilt der

<u>Satz 3.1:</u>
Für ein Entscheidungsmodell $< A, S; u(a_i,s_j), p(s_j), Y, p(y_q|s_j), X >$ ist der Wert einer exakten Information Y stets größer oder gleich dem Wert einer unscharfen Information X auf Y,
d.h., $W(Y) \geq W(X)$.

Daß eine exakte Informationsmenge $Y = \{y_q\}$ für die Entscheidungsfindung wertvoller ist als eine unscharfe Information $X = \{\tilde{X}_r\}$, kann auch mit Hilfe der Entropie gezeigt werden, die in der Informationstheorie von SHANNON; WEAVER [1963] als Maß für die einer Wahrscheinlichkeitsverteilung zugrundeliegende Unsicherheit eingeführt wurde.

Definition 3.8:

a. Als *Entropie* des Zustandsraumes $S = \{s_1,..., s_n\}$ bezeichnet man die Größe

$$H(S) = -\sum_{j=1}^{n} p(s_j) \text{ ld } p(s_j) \quad , \tag{3.50}$$

wobei mit ld der *logarithmus dualis,* d.h. der Logarithmus zur Basis 2, abgekürzt wird.

Die Entropie ist ein Maß für die "Unordnung" und nimmt dementsprechend ihr Maximum für $p(s_j) = \frac{1}{n}$ für alle $j = 1,...,n$ an.

b. Analog bezeichnet man als *bedingte Entropie* bei Vorlage einer Information y_q die Größe

$$H(S|y_q) = -\sum_{j=1}^{n} p(s_j|y_q) \text{ ld } p(s_j|y_q) \quad . \tag{3.51}$$

c. Als *Entropie* des Zustandsraumes S bei gegebener Informationsmenge X bezeichnet man den Erwartungswert aller nach (3.51) gebildeten Entropiegrößen

$$H(S|Y) = \sum_{q=1}^{Q} H(S|y_q)\, p(y_q) \quad . \tag{3.52}$$

Die Differenz der Entropiemaße

$$I(Y) = H(S) - H(S|Y) \tag{3.53}$$

läßt eine Aussage über die Verminderung der Unkenntnis über den wahren Zustand der Natur aufgrund der Informationsmenge Y zu. Die Größe I(Y) wird in der Literatur als "SHANNON *measure*" oder *"quantity of information"* bezeichnet.

TANAKA, OKUDA, ASAI [1974, S. 9 ff] beweisen, daß allgemein gilt:

$$H(S) \geq H(S|Y) \geq 0 \, , \tag{3.54}$$

und daß somit die Unsicherheit bzgl. der Realisation eines Zustandes s_j geringer werden kann, wenn eine Informationsmenge Y bei der Entscheidungsfindung berücksichtigt wird.

SOMMER [1980, S. 90-104] konnte nachweisen, daß bei Berücksichtigung einer unscharfen Informationsmenge X über Y die zu (3.54) analoge Ungleichung

$$H(S) > H(S|X) > 0 \tag{3.55}$$

gilt.

Dabei ist die Entropie H(S|X) definiert als

$$H(S|X) = \sum_{r=1}^{R} H(S|\tilde{X}_r) W(\tilde{X}_r)$$

mit den bedingten Entropien

$$H(S|\tilde{X}_r) = -\sum_{j=1}^{n} p(s_j|\tilde{X}_r) \text{ ld } p(s_j|\tilde{X}_r). \tag{3.56}$$

Weiter konnte SOMMER [1980] zeigen, daß stets gilt:

$$H(S|X) \geq H(S|Y) \quad . \tag{3.57}$$

Somit wird die Vermutung allgemein bestätigt, daß die Berücksichtigung einer exakten Informationsmenge die Unsicherheit über den wahren Zustand der Natur stärker vermindert als die Berücksichtigung einer unscharfen Informationsmenge.

3.8 SCHLUSSFOLGERUNGEN

Die vorstehenden Ausführungen haben gezeigt, daß es sinnvolle und praktikable Verfahren gibt, um optimale Handlungsalternativen auch in den Entscheidungssituationen zu ermitteln, bei denen der Entscheidungsträger die zustandsspezifischen Konsequenzen nicht eindeutig, sondern nur größenordnungsmäßig in Form unscharfer Mengen angeben kann. Während die zuerst dargestellte Methode auf dem Erwartungsnutzenkonzept basiert und parallel zur klassischen Entscheidungstheorie entwickelt wird, beschreibt das zuletzt behandelte Verfahren einen völlig neuen Weg. Es hat den Vorteil, daß die Gesamtheit aller möglicher Konsequenzen sichtbar bleibt, da die Information über die Wahrscheinlichkeitsverteilung des Zustandsraumes die Realisierungschancen der einzelnen Nutzenwerte beeinflußt.

Bei der Beschränkung auf unscharfe Nutzenbewertungen des L-R-Typs ist das Erwartungswertkonzept ein rechnerisch einfach zu handhabendes Verfahren. Zur Auswahl der optimalen Alternativen sollte die ε – Präferenz oder das Niveau-Ebenen-Verfahren herangezogen werden. Das Konzept erwarteter Zugehörigkeitswerte verlangt bei kontinuierlicher Nutzenbewertung einen höheren Rechenaufwand, der im allgemeinen mit der Anzahl der Umweltzustände ansteigt, da die stützenden Mengen der Nutzenbewertung $\tilde{U}(a_i, s_j)$ weniger oft disjunkt sein dürften. In realen Entscheidungssituationen ist es aber stets möglich, ohne Qualitätsverlust mit einer diskreten Nutzenmenge U zu arbeiten. Dann ist aber eine EDV-unterstützte Berechnung der $\mu_i^B(u)$-Werte unproblematisch.

Der wesentliche Vorteil von Entscheidungsmodellen mit Fuzzy-Nutzen liegt darin, daß ein Realproblem so in ein operables Modell abgebildet werden kann, wie es der Entscheidungsträger sieht. Bei geringem Informationsstand kann dies dazu führen, daß keine eindeutige Lösung ermittelt werden kann. Dies ist unserer Ansicht nach aber besser, als wenn durch eine fehlerhafte Modellierung des Realproblems eine Entscheidung getroffen wird, die in Wirklichkeit nicht optimal ist.

Führt ein Fuzzy-Modell nicht zu einer eindeutigen Lösung, so sind durch Einholen zusätzlicher Informationen die Konsequenzen derjenigen Alternativen genauer zu bewerten, die im ersten Entscheidungsschritt nicht dominiert werden, während die dominierten ausscheiden. Hat das so gebildete neue (Fuzzy-) Entscheidungsmodell ebenfalls keine eindeutige Lösung, so sind weitere Informationen einzuholen, bis der Entscheidungsträger sich für eine einzige Alternative entscheiden kann. Das Beispiel < 3.16 > mit einer Nutzenbewertung in Form von Fuzzy-Intervallen zeigt, daß dazu nicht unbedingt viele Entscheidungsschritte benötigt werden. Insgesamt ist zu betonen, daß Entscheidungsmodelle mit Fuzzy-Nutzen eine Lösung des realen Problems gestatten, bei der schrittweise nur soviel Information verarbeitet wird, wie dies der Entscheidungsträger leisten kann bzw. will.

In [HANUSCHECK 1985, 1986] und in [GOEDECKE, HANUSCHECK 1986] wird aufgezeigt, daß die Verwendung von Fuzzy-Nutzenbewertungen den Komplexionsgrad von Entscheidungsmodellen wesentlich verringern kann. Die dort aufgezeigte Zusammenfassung von Umweltzuständen mit ähnlichen Konsequenzen ist aber in der Praxis schon bei der Formulierung klassischer Entscheidungsmodelle üblich. Die mit der Verwendung von Fuzzy-Nutzen zusammenhängende Komplexionsreduktion ist eher darin zu sehen, daß man - zumindestens bei der Formulierung des ersten Modells - nur diejenigen Umweltzustände berücksichtigt, die nach Vorstellung des Entscheidungsträgers zu deutlich unterschiedlichen Konsequenzen führen.

Die Möglichkeit, vage Informationen in Form unscharfer Mengen genauer zu beschreiben und damit für den Entscheidungsträger zu konkretisieren, ist sicherlich von Vorteil. Die Berechnung der bedingten Wahrscheinlichkeiten $p(\tilde{X}_r|s_j)$ über die Formel (3.48) ist aber sehr aufwendig, sowohl in Bezug auf den Rechenvorgang als auch im Hinblick auf die bedingten Informationen.

Die Hoffnung, für ein Entscheidungsmodell $< A, S, u(a_i,s_j), p(s_j), Y, p(y_q|s_j) >$ einen Lösungsweg für den Fall zu erhalten, daß der Informand entgegen seiner Zusage nur eine vage Information liefern kann, wird nicht erfüllt. Die Übermittlung einer Fuzzy-Information X_r reicht allein nicht aus; denn um sie verwerten zu können, muß man die Strukturierung der gesamten Menge $X = \{\tilde{X}_r\}$ kennen, insbesondere muß X orthogonal über Y sein.

ÜBUNGSAUFGABEN

3.1 Gegeben ist die a priori-Wahrscheinlichkeitsverteilung

$p(s_1) = 0{,}2$; $p(s_2) = 0{,}5$; $p(s_3) = 0{,}3$.

a. Berechnen Sie die a priori-Gewinnerwartungswerte $\tilde{E}(a_i)$ für die Gewinnmatrix in Tabelle 3.6 und bestimmen Sie auf dieser Grundlage die optimale Alternative nach der ρ- bzw. nach der ε – Präferenz.

b. Berechnen Sie zu den bedingten Wahrscheinlichkeiten $p(x_r|s_j)$ in Tabelle 3.3 die Wahrscheinlichkeitsverteilung $p(x_r)$ auf X und die a posteriori-Wahrscheinlichkeiten $p(s_j|x_r)$.

c. Bestimmen Sie mit den in Teilaufgabe b. berechneten a posteriori-Wahrscheinlichkeiten die a posteriori-Gewinnerwartungswerte $\tilde{E}(a_i|x_r)$ für die Gewinnmatrix in Tabelle 3.6.
Geben Sie dann die ε-Präferenzfolge der Alternativen an in Abhängigkeit der Beobachtung x_r, r = 1, 2, 3.

d. Berechnen Sie den ex ante-Erwartungsgewinn mit Information und den ex ante-Wert der zusätzlichen Information X. Wieviel darf bei Verwendung der ε-Präferenz maximal für die Information X bezahlt werden, wenn ε = 0 bzw ε = 0,4 gesetzt wird?

3.2 Berechnen Sie mit den bedingten Wahrscheinlichkeiten $p(y_q|s_j)$ in Tabelle 3.11 für die Entscheidungssituation im Beispiel < 3.2 >

a. die Wahrscheinlichkeiten $p(y_q)$, q = 1,...,7

b. die a posteriori-Wahrscheinlichkeiten $p(s_j|y_q)$

c. die a posteriori-Gewinnerwartungswerte

d. den ex ante-Erwartungsgewinne den ex ante-Wert der zusätzlichen Information Y.

4. FUZZY-WAHRSCHEINLICHKEITEN, FUZZY-ALTERNATIVEN, FUZZY-ZUSTÄNDE

Neben Entscheidungsmodellen, in denen vage Nutzenbewertungen und ungenaue Informationen in Gestalt unscharfer Mengen in das System integriert werden, findet man in der Literatur auch Modelle mit Fuzzy-Wahrscheinlichkeiten, Fuzzy-Alternativen und/oder Fuzzy-Zuständen.

4.1 ENTSCHEIDUNGSMODELLE MIT FUZZY-WAHRSCHEINLICHKEITEN

In realen Entscheidungssituationen verfügt der Entscheidungsträger nur selten über ein objektives Wahrscheinlichkeitsurteil bzgl. der Umweltzustände. Er ist daher bei der Abbildung seines Problems in Form eines Entscheidungsmodells bei Risiko gehalten, seine Glaubwürdigkeitsvorstellungen über das Eintreten bestimmter ungewisser Ereignisse in wohldefinierten subjektiven Wahrscheinlichkeiten auszudrücken, vgl. [LAUX 1991, S. 147].

Auch wenn wir der Meinung sind, daß es bei Ermangelung objektiver Wahrscheinlichkeitsurteile vernünftig ist, auf der Grundlage subjektiver Wahrscheinlichkeiten zu entscheiden, so halten wir dennoch die Annahme für bedenklich, daß die mittels direkter oder indirekter Methoden, vgl. z.B. [LAUX 1991, S. 220-226] ermittelten subjektiven Wahrscheinlichkeiten eindeutig bestimmt werden können. Realitätsnäher scheinen *linguistische Wahrscheinlichkeiten* zu sein, d.h. Wahrscheinlichkeitsaussagen der Form "ungefähr 0,3", "nahe bei 0,7" usw. Diese können als Fuzzy-Zahlen über dem Intervall [0, 1] dargestellt werden.

Wir erhalten dann ein Entscheidungsmodell des Typs $< A, S, \tilde{U}(a_i, s_j), \tilde{P}(s_j) >$, das neben den unscharfen Nutzenbewertungen $\tilde{U}(a_i, s_j)$ auch unscharfe a priori-Wahrscheinlichkeiten

$$\tilde{P}(s_j) = \left\{(p, \mu_{P_j}(p)) \mid p \in [0,1]\right\} \tag{4.1}$$

aufweist.

Um die vorliegenden Informationen zu einer Gesamtbewertung für die einzelnen Alternativen $a_i \in A$ zu aggregieren, schlagen u.a. WATSON; WEISS; DONNELL [1979] und DUBOIS; PRADE [1982] die Berechnung unscharfer Erwartungsnutzen vor:

$$\tilde{E}^P(a_i) = \left\{(\hat{u}, \mu_i^P(\hat{u})) \mid \hat{u} \in \mathbf{R}\right\}$$

mit $$\mu_i^P(\hat{u}) = \text{Sup Min}\left[\mu_{i1}(u_1), \ldots, \mu_{in}(u_n), \mu_{P_1}(p_1), \ldots, \mu_{P_n}(p_n)\right], \tag{4.2}$$

wobei das Supremum über alle möglichen Vektoren

$$(u_1, \ldots, u_n, p_1, \ldots, p_n) \in U^n \times [0,1]^n \text{ mit } \hat{u} = \sum_{j=1}^n u_j p_j \quad \text{und} \quad \sum_{j=1}^n p_j = 1$$

zu bilden ist.

Im Gegensatz zu den Ausführungen in Abschnitt 3.2 lassen sich diese Erwartungsnutzen nicht mehr mit Hilfe der erweiterten Operatoren darstellen, da diese definitionsgemäß die zusätzliche Bedingung $\sum_{j=1}^n p_j = 1$ nicht berücksichtigen.

Die Menge

$$\tilde{E}^W(a_i) = \tilde{U}(a_i, s_1) \odot \tilde{P}(s_1) \oplus \cdots \oplus \tilde{U}(a_i, s_n) \odot \tilde{P}(s_n) \qquad (4.3)$$

ist daher eine Obermenge von $\tilde{E}^P(a_i)$ im Sinne der Definition 1.7, d.h. $\tilde{E}^P(a_i) \subseteq \tilde{E}^W(a_i) \quad \forall i = 1,\ldots,m$. Vgl. dazu auch im nachfolgenden Beispiel < 4.1 > die Abbildung 4.1.

Die Berechnung der Erwartungsnutzen $\tilde{E}^P(a_i)$ ist daher selbst unter der Annahme, daß die $\tilde{U}(a_i, s_j)$ und die $\tilde{P}(s_j)$ Fuzzy-Zahlen sind, recht aufwendig. In [DUBOIS; PRADE 1982] findet man einen Algorithmus zur näherungsweisen Berechnung dieser Erwartungsnutzen, der von den Autoren als "sehr einfache Methode" angepriesen wird. Dieses Verfahren besteht darin, daß nicht die Nutzenerwartungswerte $\tilde{E}^P(a_i)$ selbst, sondern nur einzelne α-Niveau-Mengen dieser $\tilde{E}^P(a_i)$ berechnet werden. Durch die Berechnung weiterer α-Niveau-Mengen können die $\tilde{E}^P(a_i)$ auf diese Weise beliebig genau bestimmt werden.

Um den Algorithmus von DUBOIS; PRADE anwenden zu können, ist zunächst das vorliegende Entscheidungsmodell umzustrukturieren in die Form < A, $\tilde{U}_h$, $\tilde{P}_{ih}$ >, h = 1,..., H , wobei

$\{\tilde{U}_h\}$ die Menge aller Nutzenbewertungen des vorliegenden Entscheidungsmodells ist und

$\tilde{P}_{ih}$ die linguistische Wahrscheinlichkeit ist, daß $\tilde{U}_h$ eintritt, wenn die Alternative a_i realisiert wird.

< **4.1** > Das Entscheidungsmodell < A, S, $\tilde{U}(a_i, s_j)$, $\tilde{P}(s_j)$ > mit den in der nachfolgenden Tabelle 4.1 gegebenen Nutzenwerten und linguistischen Wahrscheinlichkeiten ist äquivalent dem Entscheidungsmodell < A, $\tilde{U}_h$, $\tilde{P}_{ih}$ >, das durch die Tabelle 4.2 beschrieben wird.

	s_1	s_2	s_3
a_1	(210; 40; 20)	(100; 30; 20)	(-80; 30; 30)
a_2	(150; 30; 20)	(150; 30; 20)	(-10; 20; 20)
a_3	(50; 10; 10)	(50; 10; 10)	(50; 10; 10)
$\tilde{P}(s_j)$	(0,5; 0,1; 0,2)	(0,3; 0,1; 0,1)	(0,2; 0,1; 0,05)

Tab. 4.1: $\tilde{U}(a_i, s_j)$ *und* $\tilde{P}(s_j)$ *mit den Referenzfunktionen des Typs* L(x) = R(x) = Max (0,1 - x)

$\tilde{U}_h$	(-80; 30; 30)	(-10; 20; 20)	(50; 10; 10)	(100; 30; 20)
$\tilde{P}_{1h}$	(0,2; 0,1; 0,05)	0	0	(0,3; 0,1; 0,1)
$\tilde{P}_{2h}$	0	(0,2; 0,1; 0,05)	0	0
$\tilde{P}_{3h}$	0	0	1	0

$\tilde{U}_h$	(150; 30; 20)	(210; 40; 20)
$\tilde{P}_{1h}$	0	(0,5; 0,1; 0,2)
$\tilde{P}_{2h}$	(0,8; 0,2; 0,3)	0
$\tilde{P}_{3h}$	0	0

Tab. 4.2: $\tilde{P}_{ih}$ *mit den Referenzfunktionen* L(x) = R(x) = Max (0, 1 - x),
wobei zusätzlich alle Werte außerhalb des Intervalls [0, 1] *den Zugehörigkeitswert 0 erhalten.*

Bezeichnen wir mit $U_h^\alpha = [\underline{u}_h(\alpha), \overline{u}_h(\alpha)]$ und $P_{ih}^\alpha = [\underline{p}_{ih}(\alpha), \overline{p}_{ih}(\alpha)]$ die α-Niveau-Mengen der Fuzzy-Zahlen (Fuzzy-Intervalle) $\tilde{U}_h$ bzw. $\tilde{P}_{ih}$, so läßt sich für jedes Niveau $\alpha \in [0, 1]$ die α-Niveau-Menge $E_i(\alpha)$ des Erwartungsnutzens $\tilde{E}^P(a_i)$ wie folgt berechnen:

Algorithmus von DUBOIS und PRADE

1. Schritt: Ordne die $\underline{u}_h(\alpha)$ (bzw. die $\overline{u}_h(\alpha)$) so, daß

$$\underline{u}_{k_1}(\alpha) \le \underline{u}_{k_2}(\alpha) \le \cdots \le \underline{u}_{k_H}(\alpha). \tag{4.4}$$

2. Schritt: Bestimme k^- und k^+ so, daß

$$\left(1 - \sum_{h=1}^{k^- -1} \overline{p}_{ih}(\alpha) - \sum_{h=k^- +1}^{H} \underline{p}_{ih}(\alpha)\right) \in \left[\underline{p}_{ik^-}(\alpha), \overline{p}_{ik^-}(\alpha)\right] \tag{4.5}$$

$$\left(1 - \sum_{h=1}^{k^+ -1} \underline{p}_{ih}(\alpha) - \sum_{h=k^+ +1}^{H} \overline{p}_{ih}(\alpha)\right) \in \left[\underline{p}_{ik^+}(\alpha), \overline{p}_{ik^+}(\alpha)\right] \tag{4.6}$$

3. Schritt: Berechne Inf $E_i(\alpha)$ und Sup $E_i(\alpha)$ gemäß

$$\text{Inf } E_i(\alpha) = \sum_{h=1}^{k^- -1} \overline{p}_{ih}(\alpha)\underline{u}_{k_h}(\alpha) + \left(1 - \sum_{h=1}^{k^- -1} \overline{p}_{ih}(\alpha) - \sum_{h=k^- +1}^{H} \overline{p}_{ih}(\alpha)\right)\underline{u}_{k^-}(\alpha) + \sum_{h=k^- +1}^{H} \underline{p}_{ih}(\alpha)\underline{u}_{k_h}(\alpha) \tag{4.7}$$

$$\text{Sup } E_i(\alpha) = \sum_{h=1}^{k^+ -1} \underline{p}_{ih}(\alpha)\overline{u}_{k_h}(\alpha) + \left(1 - \sum_{h=1}^{k^+ -1} \underline{p}_{ih}(\alpha) - \sum_{h=k^+ +1}^{H} \overline{p}_{ih}(\alpha)\right)\overline{u}_{k^+}(\alpha) + \sum_{h=k^+ +1}^{H} \overline{p}_{ih}(\alpha)\overline{u}_{k_h}(\alpha). \tag{4.8}$$

< **4.2** > Für das Entscheidungsmodell in Beispiel < 4.1 > wollen wir für den Erwartungsnutzen $\tilde{E}^P(a_1)$ die α-Niveau-Menge für $\alpha = 0{,}5$ berechnen. Es liegen dann die folgenden relevanten Daten vor:

	1	2	3
$U_h^{0,5}$	[-95; -65]	[85; 110]	[190; 220]
$P_{1h}^{0,5}$	[0,15; 0,225]	[0,25; 0,35]	[0,45; 0,6]

Tab. 4.3

Berechnung von Inf $E_1(0{,}5)$

1. Schritt: $-95 < 85 < 190$

2. Schritt: $k^- = 1$ $1 - (0{,}25 + 0{,}45) = 0{,}3 \notin [0{,}15; 0{,}225]$

$k^- = 2$ $1 - 0{,}225 - 0{,}45 = 0{,}325 \in [0{,}25; 0{,}35]$

3. Schritt: $\text{Inf } E_1(0{,}5) = 0{,}225 \cdot (-95) + (1 - 0{,}225 - 0{,}45) \cdot 85 + 0{,}45 \cdot 190 = 91{,}75$

Berechnung von Sup $E_1(0,5)$

1. Schritt: $-65 < 110 < 220$

2. Schritt: $k^+ = 1$: $1 - (0,35 + 0,6) = 0,05 \notin [0,15; 0,225]$

$k^+ = 2$: $1 - 0,15 - 0,6 = 0,25 \in [0,25; 0,35]$

3. Schritt: $\text{Sup } E_1(0,5) = 0,15 \cdot (-65) + (1 - 0,15 - 0,6) \cdot 110 + 0,6 \cdot 220 = 149,75.$

Berechnet man mit diesem Algorithmus auch die α-Niveau-Menge $E_1(\alpha)$ für $\alpha = 0; 0,25; 0,75; 1$, so erhält man

α	0	0,25	0,5	0,75	1
$U_h(\alpha)$	[65; 180]	[78,31; 164,94]	[91,75; 149,75	[105,31;134,44]	{119}

Tab. 4.4:

Mit diesen α-Niveau-Mengen läßt sich der unscharfe Erwartungsnutzen $\tilde{E}^P(a_1)$ näherungsweise bestimmen, vgl. Abb. 4.1.

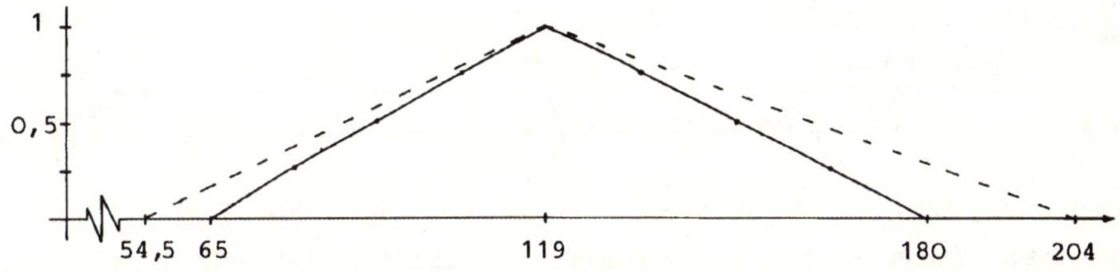

Abb. 4.1: Näherungsweise bestimmte Zugehörigkeitsfunktion von $\tilde{E}^P(a_1)$ und die mit den Formeln (1.53) und (1.59) bestimmte Zugehörigkeitsfunktion von $\tilde{E}^W(a_1)$

Schon dieses einfache Beispiel läßt erkennen, daß dieser Algorithmus zwar einfach strukturiert, aber auch rechenaufwendig ist. Die Verwendung von Fuzzy-Nutzenbewertungen und Fuzzy-Wahrscheinlichkeiten sollte daher den Entscheidungsproblemen vorbehalten bleiben, bei denen so wichtige Entscheidungen anstehen, daß der Rechenaufwand in Kauf genommen werden kann. Eine in diesem Sinne passende Anwendung ist das numerische Beispiel in [WATSON; WEISS; DONNELL 1979, S. 5 - 7], in dem der Kommandeur eines Kriegsschiffes, das vor einer feindlichen Küste patrouilliert, in kurzer Zeit entscheiden muß, ob er ein sich näherndes Flugzeug unbekannter Nationalität abschießen soll oder nicht.

4.2 ENTSCHEIDUNGSMODELLE MIT FUZZY-ALTERNATIVEN

Ist die Anzahl der in Betracht kommenden Handlungsalternativen groß, so liegt es nahe, zur Einengung der Alternativenmenge zunächst eine Grundsatzentscheidung zu treffen. TANAKA; OKUDA; ASAI [1976] sprechen in diesem Zusammenhang von einem "higher level problem". So könnte man bei einer Investitionsentscheidung in einer ersten Runde darüber entscheiden, ob ein "kleines", "mittleres" oder ein "großes Investitionsprojekt" realisiert werden soll. Erst anschließend wäre dann festzulegen, welche Investitionsalternative aus der Menge A auszuführen ist.

Solche Alternativen auf höherer Entscheidungsebene lassen sich i.a. nicht dadurch erhalten, daß man die Aktionenmenge A in disjunkte Teilmengen zerlegt. Das Problem liegt dabei weniger darin, daß die Einordnung einzelner Alternativen zu diesen Teilmengen schwierig ist und daher leicht willkürlich wirkt. Es gilt vor allem zu bedenken, daß die einzelnen Alternativen einer Teilmenge die Vorstellung des Entscheidungsträgers von der entsprechenden "higher level"-Alternative nicht gleich gut wiedergeben. Eine bessere Beschreibung solcher Alternativen auf höherer Entscheidungsebene erlaubt die Theorie unscharfer Mengen mit der Definition

$$\tilde{D}_h = \left\{(a_i; \mu_{D_h}(a_i)) \middle| a_i \in A\right\}, \qquad h = 1, \ldots, H.$$

< **4.3** > Bei einer Investitionsentscheidung stehen 10 alternative Projekte zur Auswahl, die mit $a_1, \ldots, a_{10}$ abgekürzt werden. Zu einem ersten Beschluß soll eine Grundsatzentscheidung gefällt werden, ob es besser ist, ein "kleines", ein "mittleres" oder ein "großes" Investitionsprojekt zu realisieren. Die Zugehörigkeit der Alternativen zu den Fuzzy-Alternativen auf höherer Ebene werden wie folgt festgelegt:

$\mu_{D_h}(a_i)$	a_1	a_2	a_3	a_4	a_5	a_6	a_7	a_8	a_9	a_{10}
großes Projekt $\tilde{D}_1$	1	0,9	0,5	0,1	0	0	0	0	0	0
mittleres Projekt $\tilde{D}_2$	0	0,2	0,4	0,8	1	0,9	0,6	0,3	0,1	0
kleines Projekt $\tilde{D}_3$	0	0	0	0	0	0,2	0,6	0,8	1	1

Tab. 4.5: Zugehörigkeitswerte $\mu_{D_h}(a_i)$ der Fuzzy-Alternativen $\tilde{D}_h$ ♦

Werden die Fuzzy-Alternativen $\tilde{D}_h$ durch eine Nutzenfunktion $u(\tilde{D}_h, s_j)$ bzw. $\tilde{U}(\tilde{D}_h, s_j)$ bewertet, so läßt sich analog den in Abschnitt 3.2 dargestellten Entscheidungsmodellen die optimale unscharfe Alternative $\tilde{D}^*$ ermitteln, indem man a_i formal durch $\tilde{D}_h$ ersetzt.

Bei der Auswahl der auszuführenden Alternative sind dann nur noch die Elemente der stützenden Menge $S(\tilde{D}^*) = \{a \mid \mu_{D^*}(a) > 0\}$ zu berücksichtigen.

Zur Ermittlung dieser optimalen Handlungsalternativen $a^* \in A$ schlagen OKUDA; TANAKA; ASAI [1975, S. 18] vor, ein α-Niveau, $0 < \alpha^* \leq 1$, so zu wählen, daß die zugehörige α-Niveau-Mengen $D^* = \{(a \in A) \mid \mu_{D^*}(a) \geq \alpha^*\}$ aus gleich guten Alternativen besteht, von denen dann eine zu realisieren ist. Ohne weitere Informationen über die Bewertungen der einzelnen $a \in D^*$ ist die Wahl eines Niveaus α^* mit der geforderten Eigenschaft aber sehr schwierig. Der Entscheidungsträger wird daher geneigt sein, α^* möglichst groß, evtl. sogar gleich dem Extremwert $\alpha^* = \underset{a \in D^*}{\text{Max}}\, \mu_{D^*}(a)$ zu wählen.

SOMMER [1980, S. 48f] warnt vor der Verwendung dieser Auswahlmethode, da die Zugehörigkeitsfunktion μ_{D^*} lediglich eine Beschreibung der "higher level"-Alternative $\tilde{D}^*$ darstellt, nicht aber eine Vorziehungswürdigkeit von Alternativen beinhaltet. Statt dessen empfiehlt er, ein weiteres Entscheidungsmodell zu lösen, bei dem nur noch die Alternativen der stützenden Menge von $\tilde{D}^*$ in Betracht kommen. Ist deren Auswahl noch sehr groß, so kann durch Bildung neuer Fuzzy-Alternativen das Problem auch in einer Folge von Entscheidungsprozessen gelöst werden, bei denen schrittweise die Anzahl der potentiellen Handlungsalternativen immer geringer wird.

4.3 ENTSCHEIDUNGSMODELLE MIT FUZZY-ZUSTÄNDEN

Eines der schwierigsten Probleme bei der Modellierung eines Entscheidungsproblems ist die Auswahl der Umweltzustände. Wünschenswert ist eine möglichst genaue Beschreibung der zustandsabhängigen Konsequenzen, was durch Berücksichtigung zusätzlicher Umweltzustände erreicht werden kann, vgl. SCHNEEWEIß [1966, S. 127]. Dies führt aber nicht nur zu einer Aufblähung des Modells und sondern auch zu höheren Planungskosten. Je umfangreicher die Anzahl der Umweltzustände wird, um so weniger kann der Entscheidungsträger sie mit konkreten Vorstellungen verbinden und um so schwerer fällt es ihm, ihnen Wahrscheinlichkeiten begründet zuzuordnen.

Da die optimale Auswahl der relevanten Umweltzustände ein eigenständiges, dem eigentlichen Entscheidungsmodell vorgelagertes Entscheidungsproblem ist, liegt der Gedanke nahe, zu seiner Lösung ebenfalls ein Entscheidungsmodell zu konstruieren. In diesem *Metamodell* zur Bestimmung des *optimalen Komplexionsgrades* könnte dann gleichzeitig die optimale Auswahl der in Betracht zu ziehenden Alternativen und der entscheidungsrelevanten Ziele festgelegt werden. Da ein solches Metamodell aber alle relevanten Gegebenheiten enthalten muß, die im eigentlichen Entscheidungsmodell sein können, ist es mindestens ebenso komplex wie das nicht vereinfachte eigentliche Problem und bedarf gleichermaßen der Vereinfachung, vgl. dazu u.a. [LAUX 1991, S. 329], [ZENTES 1976, S. 250f]. In Ermangelung einer theoretisch "exakt" fundierten Methode zur optimalen Auswahl der Umweltzustände empfiehlt LAUX [1991, S. 332] Bündel von Umweltzuständen durch einen "mittleren" Zustand zu repräsentieren. Dabei wird aber nicht weiter ausgeführt, welcher Zusammenhang zwischen den einzelnen Zuständen des Bündels und dem "mittleren" Umweltzustand bestehen soll.
Betrachten wir die anwendungsorientierten Beispiele in den Entscheidungstheorie-Lehrbüchern, so werden in der Regel die Umweltzustände verbal beschrieben. Im Produktionsmodell auf Seite 88 dieses Buches finden wir z. B. die Zustände "große", "mittlere" und "kleine" Nachfrage, und bei Investitionsmodellen wird die zukünftige Wirtschaftslage häufig mit "gute", "normale" bzw. "schlechte" Konjunkturlage beschrieben.

Um die zustandsspezifischen Konsequenzen der Handlungsalternativen und die Wahrscheinlichkeitsverteilung über dem Zustandsraum festlegen zu können, muß der Entscheidungsträger aber eine recht genaue Vorstellung darüber haben, was er unter diesen gewählten mittleren Zuständen versteht. Er sollte u.a. aussagen können, mit welchem (Zugehörigkeits-) Grad ein beliebiger potentieller Umweltzustand zu den einzelnen mittleren Zuständen gehört. Sowohl diese Eigenschaft als auch die verbale Formulierung legen es nahe, solche mittleren Umweltzustände als unscharfe Mengen aller potentiellen Umweltzustände aufzufassen und dementsprechend als Fuzzy-Zustände zu bezeichnen. Dabei ist es im Sinne der Vereinfachung des Entscheidungsmodells weder nötig, daß der Entscheidungsträger die Menge der potentiellen Umweltzustände $Z = \{Z_k\}_{k=1,\dots,K}$ festlegt, noch daß er für die Fuzzy-Zustände

$$\tilde{S}_j = \left\{(z, \mu_{S_j}(z)) \,\middle|\, z \in Z\right\}, \quad j = 1,\dots,n$$

Zugehörigkeitsfunktionen bestimmt. Der Entscheidungsträger muß nur in der Lage sein, auf Befragen für ein spezielles z den Zugehörigkeitsgrad $\mu_{S_j}(z)$, $j = 1,\dots,n$ anzugeben.

Um diese Eigenschaft mittlerer Umweltzustände herauszustellen, wollen wir sie mit $\tilde{S}_j$, j = 1,...,n, abkürzen. Diese Symbolik können wir auch für den in der Literatur und Praxis üblichen Fall benutzen, daß weder die Menge Z noch die Zugehörigkeitsfunktionen $\mu_{S_j}(z)$ vom Entscheidungsträger genauer beschrieben werden.

Die optimale Handlungsalternative eines Entscheidungsmodells $< A, S = \{\tilde{S}_j\}, u(a_i, \tilde{S}_j), p(\tilde{S}_j) >$ bzw. $< A, S, \tilde{U}(a_i, \tilde{S}_j), p(\tilde{S}_j) >$ läßt sich dann mit dem in Kapitel 3 dargestellten Verfahren bestimmen, da hier die s_j nur formal durch die $\tilde{S}_j$ ersetzt werden.

Zur Abrundung unserer Untersuchung über Entscheidungsmodelle mit Fuzzy-Zuständen stellen wir nachfolgend noch zwei Modellvarianten vor, die als erste Ansätze auf diesem Gebiet anzusehen sind.

TANAKA; OKUDA; ASAI [1976] betrachten das Entscheidungsmodell $< A, S=\{\tilde{S}_j\}, u(a_i, \tilde{S}_j), p(z_k) >$, bei dem der Entscheidungsträger nicht direkt eine Wahrscheinlichkeitsverteilung für die mittleren Zustände $\tilde{S}_j$ angeben kann, sondern nur für die potentiellen Zustände z_k.
Nach SOMMER [1980, S. 32] läßt sich diese Modellkonzeption damit begründen, "daß es schwerer ist, für grob umrissene Ereignisse Wahrscheinlichkeiten zu schätzen als für exakt definierte".

Ist der Entscheidungsträger in der Lage, die Umweltzustände $\tilde{S}_j$ so als unscharfe Mengen auf Z zu beschreiben, daß die Menge $S = \{\tilde{S}_j\}_{j=1,...,n}$ im Sinne der Definition 1.46 orthogonal auf Z ist, so läßt sich mit

$$p(\tilde{S}_j) = \sum_{k=1}^{K} \mu_{S_j}(z_k) \cdot p(z_k) \tag{4.9}$$

die gesuchte a priori-Verteilung über S berechnen. Somit kann das gegebene Entscheidungsmodell in ein Modell der Form $< A, S, u(a_i, \tilde{S}_j), p(\tilde{S}_j) >$ überführt und nach dem Bernoulli-Prinzip gelöst werden. Offensichtlich gelten analoge Aussagen auch für Entscheidungsprobleme mit unscharfer Nutzenbewertung $\tilde{U}(a_i, \tilde{S}_j)$.

< **4.4** > In einer Veröffentlichung eines namhaften Wirtschaftsinstitutes findet ein Investor die in der nachfolgenden Tabelle 4.6 angegebenen Wahrscheinlichkeiten, daß sich in den nächsten drei Jahren das Bruttosozialprodukt dieses Landes durchschnittlich um x% erhöht. In der gleichen Tabelle ist außerdem seine Einschätzung der Konjunkturlage in Abhängigkeit der Wachstumsrate des Bruttosozialproduktes dargestellt.

z_k	z_1 $x < -1$	z_2 $-1 \leq x < 0$	z_3 $0 \leq x < 0{,}5$	z_4 $0{,}5 \leq x < 1$	z_5 $1 \leq x < 1{,}5$	z_6 $1{,}5 \leq x < 2$
$p(z_k)$	0,07	0,05	0,05	0,05	0,08	0,1
$\mu_{S_1}(z_k)$	1	1	0,8	0,6	0,3	0,1
$\mu_{S_2}(z_k)$	0	0	0,2	0,4	0,7	0,9
$\mu_{S_3}(z_k)$	0	0	0	0	0	0

Tab. 4.6a: Wahrscheinlichkeiten $p(z_k)$ *und Zugehörigkeitswerte* $\mu_{S_j}(z_k)$, $j = 1,2,3,\ k = 1,...,6$

z_k	z_7 $2 \le x < 2{,}5$	z_8 $2{,}5 \le x < 3$	z_9 $3 \le x < 3{,}5$	z_{10} $3{,}5 \le x < 4$	z_{11} $4 \le x < 4{,}5$	z_{12} $4{,}5 \le x$
$p(z_k)$	0,15	0,15	0,1	0,1	0,05	0,05
$\mu_{S_1}(z_k)$	0	0	0	0	0	0
$\mu_{S_2}(z_k)$	0,9	0,7	0,5	0,3	0	0
$\mu_{S_3}(z_k)$	0,1	0,3	0,5	0,7	1	1

Tab. 4.6b: Wahrscheinlichkeiten $p(z_k)$ *und Zugehörigkeitswerte* $\mu_{S_j}(z_k)$, $j = 1,2,3,\ k = 7,\ldots,12$

Da die Fuzzy-Zustände $\tilde{S}_j$ orthogonal über der Menge Z sind, lassen sich mittels der Formel (4.9) die a priori-Wahrscheinlichkeiten $p(\tilde{S}_j)$ berechnen als

$$p(\tilde{S}_1) = 0{,}07 + 0{,}05 + 0{,}04 + 0{,}03 + 0 + 0{,}01 = 0{,}224$$
$$p(\tilde{S}_2) = 0{,}01 + 0{,}02 + 0{,}056 + 0{,}09 + 0{,}135 + 0{,}105 + 0{,}05 + 0{,}03 = 0{,}496$$
$$p(\tilde{S}_3) = 0{,}015 + 0{,}045 + 0{,}05 + 0{,}07 + 0{,}05 + 0{,}05 = 0{,}28.$$

Angesichts des Aufwandes, den der Entscheidungsträger leisten muß, um eine orthogonale Menge $S = \{\tilde{S}_j\}$ über Z zu konstruieren, dürfte dieser von TANAKA; OKUDA; ASAI [1976] betrachtete Modelltyp in der Praxis wenig Anwendung finden. Unserer Ansicht nach ist es zumeist einfacher, die Wahrscheinlichkeiten $p(\tilde{S}_j)$ direkt zu schätzen.

Aus einer völlig anderen Perspektive betrachtet JAIN [1976] Entscheidungsmodelle mit Fuzzy-Zuständen. Ausgehend von der klassischen Entscheidungsmatrix $< A, Z, u(a_i, z_k) >$ untersucht er den Fall, daß der Entscheidungsträger den Fuzzy-Zustand $\tilde{S} = \{(z_k, \mu_s(z_k)) \mid z_k \in Z\}$ als den wahren ansieht.
Bei diesem Informationsstand erscheint es angebracht, die Alternativen unscharf zu bewerten, wobei in die Fuzzy-Nutzenbewertung $\tilde{U}(a_i) = \{(u, \mu_i(u)) \mid u \in \{u(a_i, z_k)\}, i = 1,\ldots,n; k = 1,\ldots,K\}$ die Zugehörigkeitsfunktion des vorliegenden Fuzzy-Zustandes einfließen müßte. JAIN schlägt folgenden Ansatz vor

$$\mu_i(u) = \begin{cases} 0 & \text{für } \nexists k \mid u = u(a_i, z_k) \\ \mu_S(z_k) & \text{für } \exists! k \mid u = u(a_i, z_k) \\ 1 - \prod\limits_{k^+ \in I_{in}} (1 - \mu(z_k)) & \text{für } \exists I_{in} \subset \mathbf{N} \text{ mit } \left|I_{in}\right| > 1 \mid u = u(a_i, z_k)\ \forall k \in I_{in} \end{cases}, \quad (4.10)$$

wobei zur Verknüpfung der Zugehörigkeitswerte die algebraische Summe
$\mu_1 + \mu_2 - \mu_1 \cdot \mu_2 = 1 - (1 - \mu_1)(1 - \mu_2)$ verwendet wird, vgl. S. 22.

< **4.5** > JAIN [1976, S. 700] erläutert die Rechenregel anhand des Entscheidungsmodells

	z_1	z_2	z_3	z_4	z_5	z_6	z_7	z_8	z_9	z_{10}
a_1	9	7	2	2	3	1	7	8	8	4
a_2	2	1	7	8	1	7	6	4	3	8
a_3	6	4	3	4	5	6	8	5	2	3

Tab. 4.7: Entscheidungsmatrix $u(a_i,z_k)$

Ist nun bekannt, daß sich der Fuzzy-Umweltzustand $\tilde{S} = \{(z_3; 0{,}4), (z_4; 0{,}8), (z_5;1), (z_6; 0{,}7), (z_7; 0{,}3)\}$ mit Sicherheit realisiert, so lassen sich für die Alternativen a_i mit der Formel (4.10) die folgenden unscharfen Bewertungen berechnen:

u	1	2	3	4	5	6	7	8	9
$\mu_1(u)$	0,7	0,88	1	0	0	0	0,3	0	0
$\mu_2(u)$	1	0	0	0	0	0,3	0,82	0,8	0
$\mu_3(u)$	0	0	0,4	0,8	1	0,7	0	0,3	0

Tab. 4.8: Zugehörigkeitswerte $\mu_i(u)$ *der unscharfen Bewertungen* $\tilde{U}(a_i)$, i = 1, 2, 3

Nach dem Niveau-Ebenen-Verfahren für diskrete Nutzenmengen, vgl. S.84 und [ROMMELFANGER 1984A, S. 566], berechnet man bei Beschränkung auf die drei Niveaus $\alpha = 0{,}3; 0{,}6; 0{,}9$ die Werte

$$H_5(\tilde{U}(a_1)) = 2{,}75 < H_5(\tilde{U}(a_2)) = 3{,}94 < H_5(\tilde{U}(a_3)) = 5\,,$$

so daß a_3 die optimale Alternative ist. ♦

JAIN untersucht diesen Fall auch für Entscheidungsmatrizen < A, Z, $U(a_i, z_k)$ > mit unscharfer Nutzenbewertung $\tilde{U}(a_i, z_k)$, wobei er annimmt, daß nur eine endliche Menge unscharfer Nutzenbewertungen $\tilde{U}_q = \left\{(u, \mu_{U_q}(u)) \mid u \in U \subset \mathbf{R}\right\}$, q = 1,...,Q, vorliegt, die aber mehrfach in der Entscheidungsmatrix vorkommen darf, vgl. dazu das Beispiel < 3.1 > auf Seite 90f.

Die aggregierte Nutzenbewertung $\tilde{U}(a_i)$ bei diesem Informationsstand ist dann nach JAIN [1976, S. 701] mittels des folgenden zweistufigen Verfahrens zu berechnen: Im 1. Schritt werden die unscharfen Mengen $\tilde{U}_{iS} = \left\{(\tilde{U}_q, \mu_{iS}(\tilde{U}_q))\right\}$ über der Menge $U = \{\tilde{U}_q\}$ gebildet mit

$$\mu_{iS}(\tilde{U}_q) = \begin{cases} 0 & \text{für } \nexists k \mid \tilde{U}_q = \tilde{U}(a_i, z_k) \\ \mu_S(z_k) & \text{für } \dot{\exists} k \mid \tilde{U}_q = \tilde{U}(a_i, z_k) \\ 1 - \prod\limits_{k \in I_{in}} (1 - \mu(z_k)) & \text{für } \exists I_{i\tilde{U}_q} \subset \mathbf{N} \text{ mit } \left| I_{iu_q} \right| > 1 \mid \tilde{U}_q = \tilde{U}(a_i, z_k) \forall k \in I_{iu_q} \end{cases} \tag{4.11}$$

Im 2. Schritt werden dann die Zugehörigkeitswerte $\mu_i(u)$ berechnet:

$$\mu_i(u) = 1 - \prod_{q=1,\ldots,Q} (1 - \mathrm{Min}(\mu_{u_q}(u), \mu_{iS}(\tilde{U}_q))) \tag{4.12}$$

< **4.6** > Die Fuzzy-Entscheidungsmatrix $\tilde{U}(a_i, z_k)$

	z_1	z_2	z_3	z_4	z_5	z_6	z_7	z_8	z_9	z_{10}
a_1	VH	H	L	L	M	VL	H	VH	VH	M
a_2	L	VL	H	VH	VL	H	H	M	M	VH
a_3	H	M	L	M	M	H	VH	M	L	L

Tab. 4.9: Entscheidungsmatrix $\tilde{U}(a_i, z_k)$

mit den in Beispiel < 3.1 > auf Seite 90 definierten Fuzzy-Nutzenbewertungen VL, L, M, H, VH ist nach JAIN [1976, S. 701] die unscharfe Version der Entscheidungsmatrix im Beispiel < 4.5 > .

Ist dem Entscheidungsträger bekannt, daß der Fuzzy-Zustand
$\tilde{S} = \{(z_3; 0{,}4), (z_4; 0{,}8), (z_5; 1), (z_6; 0{,}7), (z_7; 0{,}3)\}$ mit Sicherheit vorliegt, so lassen sich die Alternativen wie folgt bewerten:

Im 1. Schritt erhält man nach Formel (4.11):

$\tilde{U}_q$	VL	L	M	H	VH
$\mu_{1S}(\tilde{U}_q)$	0,7	0,88	1	0,3	0
$\mu_{2S}(\tilde{U}_q)$	1	0	0	0,87	0,8
$\mu_{3S}(\tilde{U}_q)$	0	0,4	1	0,7	0,3

Tab. 4.10: Zugehörigkeitswerte $\mu_{iS}(\tilde{U}_q)$

Mit Formel (4.12) errechnet man dann:

u	1	2	3	4	5	6	7	8	9
$\mu_1(u)$	0,82	0,93	0,7	0,7	1	0,7	0,58	0,3	0,3
$\mu_2(u)$	1	0,4	0	0	0	0	0,5	0,94	0,9
$\mu_3(u)$	0,4	0,4	0,64	0,7	1	0,7	0,7	0,79	0,65

Tab. 4.11: Zugehörigkeitswerte von $\tilde{U}(a_i)$, i = 1, 2, 3

Mit dem Niveau-Ebenen-Verfahren für diskrete Nutzenmengen berechnet man bei Beschränkung auf die drei Niveaus $\alpha = 0{,}3; 0{,}6; 0{,}9$ die Werte

$$H_5(\tilde{U}_1) = 4 < H_5(\tilde{U}_3) = 5{,}33 < H_5(\tilde{U}_2) = 5{,}80\,,$$

so daß nun a_2 die optimale Alternative ist.

Die den Modellen von JAIN zugrundeliegende Annahme, daß vollkommene Information über einen Fuzzy-Umweltzustand $\tilde{S}$ herrscht, dürfte in realen Entscheidungssituationen nur selten vorliegen. Eine Erweiterung der Methoden für die Fälle mit unvollkommener Information über die Menge $S = \{\tilde{S}_j\}$ erscheint aber nicht sinnvoll, da einerseits die Rechenverfahren schon jetzt recht aufwendig sind und andererseits eher davon auszugehen ist, daß dann der Entscheidungsträger unscharfe Nutzenbewertungen $\tilde{U}(a_i, \tilde{S}_j)$ angeben wird. Zu bedenken ist auch der Einwand von DUBOIS; PRADE gegen die Verwendung der algebraischen Summen, vgl. dazu die Ausführungen auf Seite 36.

ÜBUNGSAUFGABEN

4.1 Berechnen Sie für das Entscheidungsmodell in Beispiel < 4.1 > die 0,25-Niveau-Menge des Erwartungsnutzens $\tilde{E}^P(a_i)$. Benutzen Sie dabei den Algorithmus von DUBOIS und PRADE.

4.2 Überprüfen Sie in Beispiel < 4.5 >

a. die Berechnung von $\mu_1(2)$ und $\mu_2(7)$,

b. die mittels des Niveau-Ebenen-Verfahrens berechneten Werte $H_5(\tilde{U}(a_i))$, i = 1, 2, 3.

5. ZUR ERMITTLUNG VON FUZZY-NUTZENBEWERTUNGEN

In den vorangehenden Kapiteln 3 und 4 sind wir von der Prämisse ausgegangen, daß bei gegebenem Umweltzustand $s_j \in S$ der Entscheidungsträger in der Lage ist, jede Alternative $a_i \in A$ durch einen unscharfen Nutzenwert $\tilde{U}(a_i, s_j)$ zu bewerten. In Kapitel 5 soll nun untersucht werden, wie Fuzzy-Nutzenbewertungen ermittelt werden können.

5.1 KLASSISCHE NUTZENFUNKTION UND FUZZY-ERGEBNISSE

Nach der klassischen Nutzentheorie, vgl. z.B. [RAIFFA 1973, S. 71ff], [BAMBERG; COENENBERG 1992, S. 76ff.] oder [LAUX 1991, S. 170ff.], kann die Nutzenfunktion

$$v : G \to \mathbf{R} \tag{3.3}$$

auf die folgende Weise ermittelt werden:

Aus der Menge G der möglichen Ergebnisse wird ein schlechtestes Ergebnis $\underline{g}$ und ein bestes Ergebnis $\overline{g}$ so ausgewählt, daß alle anderen Ergebnisse $g_{ij} = g(a_i, s_j)$ des vorliegenden Entscheidungsproblems in der Präferenzordnung des Entscheidungsträgers zwischen $\underline{g}$ und $\overline{g}$ liegen, d.h.

$$\underline{g} \prec g(a_i,s_j) \prec \overline{g} \text{ für alle } a_i \in A \text{ und } s_j \in S. \tag{5.1}$$

Diesen extremen Ergebnissen kann der Entscheidungsträger nun beliebige reelle Zahlen $\underline{u}$ und $\overline{u}$ mit

$$\underline{u} = v(\underline{g}) < \overline{u} = v(\overline{g}) \tag{5.2}$$

als Nutzenwerte zuordnen.

Zur Ermittlung des Nutzenwertes $u_{ij} = u(a_i, s_j) = v(g_{ij})$ eines Ergebnisses $g_{ij} = g(a_i, s_j)$ wird dann der Entscheidungsträger befragt, für welche Wahrscheinlichkeit w_{ij} er indifferent ist zwischen

- dem *sicheren Ergebnis* g_{ij} und
- einer *Lotterie,* bei der das beste Ergebnis $\overline{g}$ mit der Wahrscheinlichkeit w_{ij} und das schlechteste Ergebnis $\underline{g}$ mit der Gegenwahrscheinlichkeit $1 - w_{ij}$ eintritt.

Ergebnis g_{ij} *mit Sicherheit* — *Lotterie mit den möglichen Ergebnissen* $\underline{g}$ *und* $\overline{g}$.

Abb.5.1: Gedachter Vergleich zwischen zwei Alternativen zur Bestimmung des Nutzenwertes $v(g_{ij})$

Da die Wahrscheinlichkeit w_{ij} gerade so bestimmt wird, daß der Entscheidungsträger indifferent ist zwischen dem sicheren Ergebnis g_{ij} und der Lotterie $(\underline{g}, w_{ij}, \overline{g})$, ist der Nutzen von g_{ij} gleich

$$v(g_{ij}) = u_{ij} = w_{ij}\,\overline{u} + (1 - w_{ij})\underline{u} \tag{5.3}$$

Eine so bestimmte *Risikonutzen-Funktion* ist nur bis auf eine positive lineare Transformation eindeutig bestimmt, vgl. z.B. [LAUX 1991, S. 182f]. Man kann daher die Nutzenskala auch so wählen, daß $[\underline{u}, \overline{u}] = [0, 1]$. In diesem Fall vereinfacht sich die Gleichung (5.3) zu

$$u_{ij} = v(g_{ij}) = w_{ij}. \tag{5.4}$$

Wird auf diese Weise jedem möglichen Ergebnis $g \in G$ mit $\underline{g} \prec g \prec \overline{g}$ die jeweilige *Indifferenzwahrscheinlichkeit* w zugeordnet, so erhält man die Nutzenfunktion v des Entscheidungsträgers auf der Ergebnismenge G.

< **5.1** > Die monetäre Nutzenfunktion eines risikoscheuen Geschäftsmannes könnte die in Abbildung 5.2 dargestellte konkave Form haben.

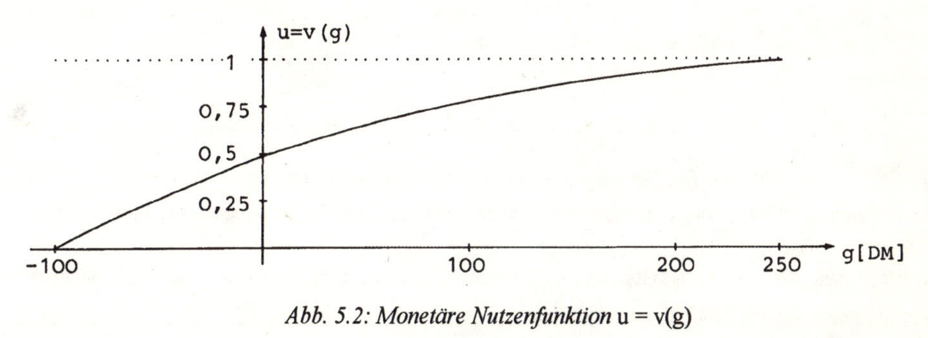

Abb. 5.2: Monetäre Nutzenfunktion u = v(g) ♦

Für die praktische Erstellung der Nutzenfunktion reicht es aus, wenn nur für wenige Ergebnisse der zugehörige Nutzenwert mit dem oben beschriebenen Indifferenzvergleich berechnet wird und die restliche Nutzenkurve in Form einer glatten Kurve durch diese Punkte gelegt wird, vgl. [RAIFFA 1973, S. 87-92] .

Betrachten wir nun eine Entscheidungssituation, in der der Entscheidungsträger eine eindimensionale Ergebnisfunktion g benutzt und seine (streng monotone) Nutzenfunktion u = v(g) kennt, er aber nur in der Lage ist, die zustandsspezifischen Konsequenzen der einzelnen Handlungsalternativen $a_i \in A$ größenordnungsmäßig in Form unscharfer Mengen $\tilde{G}(a_i, s_j) = \{(g, \mu_{ij}^G(g) \mid g \in G\}$ anzugeben.

In diesem Fall können auch die zustandsspezifischen Nutzenbewertungen nur größenordnungsmäßig bestimmt werden. Dabei lassen sich bei der Abbildung in Nutzenwerte gleichzeitig die Zugehörigkeitswerte $\mu_{ij}^G(g)$ mit übertragen, so daß gilt:

$$\tilde{U}(a_i, s_j) = \left\{(u, \mu_{ij}(u)) \,\middle|\, \mu_{ij}(u) = \mu_{ij}(v(g)) = \mu_{ij}^G(g), g \in G\right\}. \tag{5.5}$$

< **5.2** > Ein Geldbetrag, der durch die Fuzzy-Zahl $\tilde{G} = (50; 30; 10)_{LR}$ beschrieben wird, hat für eine Person mit der in Abbildung 5.2 dargestellten Nutzenfunktion v(g) den Nutzen $\tilde{U} = (0,66; 0,23; 0,03)_{L'R'}$, wobei die Referenzfunktionen L und L' bzw. R und R' im allgemeinen verschiedene Funktionen sind. Im Fall der Risikoneutralität mit linearer Nutzenfunktion gilt aber L = L' und R = R'. ♦

Orientiert sich der Entscheidungsträger an mehreren Zielen, so kann die Abbildung eines Ergebnisses $\tilde{G}(a_i, s_j)$ in einen Fuzzy-Nutzenwert $\tilde{U}(a_i, s_j)$ nicht mit der Formel (5.5) beschrieben werden, da nun mehrere Elemente der stützenden Menge von $\tilde{G}(a_i, s_j)$ auf der gleichen Indifferenzkurve I_u liegen können.

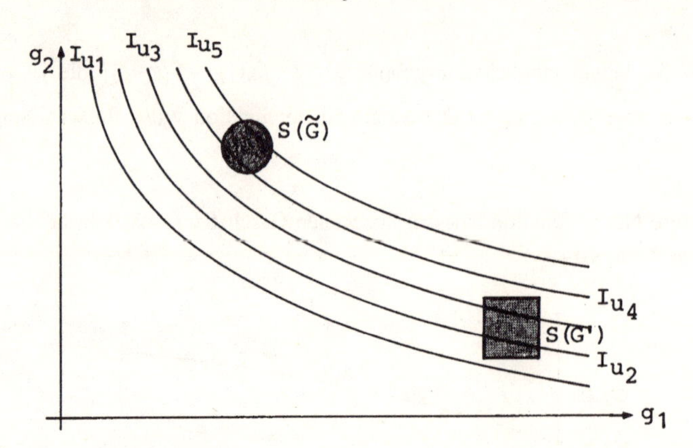

Abb.5.3: Indifferenkurven in einem zweidimensionalen Ergebnisraum.
Eingezeichnet sind ferner die stützenden Mengen zu zwei unscharfen Konsequenzen $\tilde{G}$ und $\tilde{G}'$.

Die Frage, wie die Zugehörigkeitswerte $\mu_{ij}(u)$ nun zu bestimmen sind, läßt sich aus der Sachlage nicht eindeutig beantworten. Sinnvoll erscheint uns der Ansatz

$$\mu_{ij}(u) = \underset{g \in I_u}{\mathrm{Max}}\, \mu_{ij}^{G}(g)\,, \tag{5.6}$$

der besagt, daß der größte Zugehörigkeitswert zuzuordnen ist, den ein Element $g \in \tilde{G}(a_i, s_j)$ auf der dem Nutzenwert entsprechenden Indifferenzkurve I_u trägt.

Die ebenfalls naheliegende Idee, die Zugehörigkeitswerte $\mu_{ij}^{G}(g)$ mit der algebraischen Summe zu verknüpfen, d.h., die Formel $\mu_{ij}(u) = 1 - \prod_{g \in I_u} (1 - \mu_{ij}^{G}(g))$ zu verwenden, ist unserer Meinung nach wenig geeignet. Insbesondere bei der Beschreibung der $\tilde{G}(a_i, s_j)$ mittels Fuzzy-Zahlen oder Fuzzy-Intervallen würde dann einer zu großen Anzahl von Nutzenwerten der Zugehörigkeitswert 1 zugeordnet; zur weiteren Begründung vgl. die Ausführungen auf Seite 36.

Der Vergleich mehrdimensionaler Ergebnisvektoren zur Aufstellung einer Präferenzfolge in G bzw. zur Bildung der Indifferenzkurven I_u stellt relativ hohe Anforderungen an das Differenzierungsvermögen des Entscheidungsträgers. Da bei Durchführung des Ansatzes (5.6) eine Vielzahl solcher Vergleiche auszuführen ist, halten wir ihn nicht für geeignet zur praktischen Bestimmung der Fuzzy-Nutzen $\tilde{U}(a_i, s_j)$.

Anwendungsfreundlicher ist nach unserer Meinung die folgende Methode *(Transformationsprinzip III)*, bei der alle unscharfen Ergebnisse der Entscheidungsmatrix schrittweise in äquivalente Ergebnisse so umgeformt werden, daß sie sich höchstens noch im Hinblick auf ein Ziel unterscheiden.

Dieses Verfahren, bei dem in jedem Transformationsabschnitt nur zwei Zielgrößen unmittelbar verglichen werden, ist nur dann anwendbar, wenn die Fuzzy-Ergebnisse als Vektoren der Form

$$\tilde{G}(a_i, s_j) = (\tilde{G}_1(a_i, s_j), \ldots, \tilde{G}_K(a_i, s_j)) \quad (5.7)$$

vorliegen, d.h., wenn die einzelnen Zielgrößen unscharf beschrieben sind. Dies dürfte bei praktischen Anwendungen stets der Fall sein. Da wir den Ansatz (5.6) nicht als Lösungsweg empfehlen, besteht kein Bedarf an der Erörterung der Frage, wie eine unscharfe Bewertung $\tilde{G}(a_i, s_j)$ des Typs (5.7) abgebildet werden sollte in eine Fuzzy-Größe $\tilde{G}(a_i, s_j) = \{(g, \mu_{ij}^G(g)) \mid g \in G\}$ auf einer Grundmenge $G = \{g = (g_1, \ldots, g_K)\}$ aus mehrdimensionalen Ergebnisvektoren.

Um den Arbeitsaufwand zu verringern, empfiehlt es sich, die Zielgrößen $\tilde{G}_k(a_i, s_j)$ noch nicht als Fuzzy-Menge zu strukturieren, sondern sie zunächst als linguistisch beschriebene Größe beizubehalten, d.h., die Bewertung in der Form zu übernehmen, wie sie der Entscheidungsträger verbal äußert. Er wird sich dabei auf wenige Standardbeschreibungen, wie *"nahe bei 8"*, *"leicht größer als 10"*, *"ungefähr zwischen 9 und 10"*, beschränken, die er mit festen Vorstellungen über die Ungenauigkeit verbindet.

Das *Transformationsprinzip* III, das sich eng anlehnt an das Konzept des mittelbaren Ergebnisvergleiches, das von LAUX [1991, S. 69 - 72 bzw. 1982, S. 49 - 60] unter den Bezeichnungen Transformationsprinzip I bzw. Transformationsprinzip II beschrieben wird, wollen wir anhand einer einfachen Zielgrößenmatrix veranschaulichen, welche nur zwei miteinander zu vergleichende Zielgrößenvektoren G^1 und G^2 enthält.

< 5.3 >

	z_1	z_2	z_3	z_4
$\tilde{G}^1$	$\tilde{3}$	$\tilde{7}$	$1\tilde{1}$	$\tilde{5}$
$\tilde{G}^2$	$1\tilde{0}$	$\tilde{4}$	$1\tilde{5}$	$\tilde{6}$

Tab. 5.1: Zielgrößenmatrix $\{\tilde{Z}_{ik}\}_{i=1, 2; k=1, 2, 3, 4}$

Für jedes dieser 4 Ziele möchte der Entscheidungsträger einen möglichst hohen Zielwert erreichen.

Um eine Präferenzbeziehung zwischen den Vektoren $\tilde{G}^1$ und $\tilde{G}^2$ festzustellen, wird nun $\tilde{G}^2$ schrittweise in äquivalente Vektoren transformiert, die sich lediglich in zwei benachbarten Zielgrößen unterscheiden. Im 1. Schritt hat der Entscheidungsträger einen Zielwert $\tilde{Z}_{22}^0$ so zu bestimmen, daß er indifferent zwischen den Vektoren $\tilde{G}^2 = (1\tilde{0}, \tilde{4}, 1\tilde{5}, \tilde{6})$ und $\tilde{G}^{2a} = (\tilde{3}, \tilde{Z}_{22}^0, 1\tilde{5}, \tilde{6})$ ist.

Dabei wurde als 1. Komponente von $\tilde{G}^{2a}$ die entsprechende Komponente von $\tilde{G}^1$ gewählt.

Im 2. Schritt muß der Entscheidungsträger einen Zielwert $\tilde{Z}_{23}^0$ so fixieren, daß er indifferent ist zwischen den Vektoren $\tilde{G}^{2a} = (\tilde{3}, \tilde{Z}_{22}^0, 1\tilde{5}, \tilde{6})$ und $\tilde{G}^{2b} = (\tilde{3}, \tilde{7}, \tilde{Z}_{23}^0, \tilde{6})$.

Im 3. Schritt ist letztlich ein Zielwert $\tilde{Z}_{24}^0$ so festzulegen, daß der neue Vektor $\tilde{G}^{2c} = (\tilde{3}, \tilde{7}, 1\tilde{1}, \tilde{Z}_{24}^0)$ äquivalent ist zu $\tilde{G}^{2b}$.

Da bei Annahme der Transitivität der Vektor $\tilde{G}^{2c}$ auch äquivalent zu dem Ausgangsvektor $\tilde{G}^2$ ist, kann die Präferenzordnung zwischen $\tilde{G}^1$ und $\tilde{G}^2$ durch Vergleich der Vektoren $\tilde{G}^1$ und $\tilde{G}^{2c}$, die sich höchstens in der letzten Komponente entscheiden, gewonnen werden, vgl. Tabelle 5.2.

	z_1	z_2	z_3	z_4
$\tilde{G}^1$	$\tilde{3}$	$\tilde{7}$	$\tilde{11}$	$\tilde{5}$
$\tilde{G}^{2c}$	$\tilde{3}$	$\tilde{7}$	$\tilde{11}$	$\tilde{Z}_{24}^0$

Tab.5.2: Matrix mit den Zielgrößenvektoren $\tilde{G}^1$ *und* $\tilde{G}^{2c}$

Falls $\tilde{Z}_{24}^0 \succ \tilde{5}$ gilt $\tilde{G}^{2c} \succ \tilde{G}^1$ und somit auch $\tilde{G}^2 \succ \tilde{G}^1$
$\tilde{Z}_{24}^0 \prec \tilde{5}$ gilt $\tilde{G}^{2c} \prec \tilde{G}^1$ und somit auch $\tilde{G}^2 \prec \tilde{G}^1$
$\tilde{Z}_{24}^0 \sim \tilde{5}$ gilt $\tilde{G}^{2c} \sim \tilde{G}^1$ und somit auch $\tilde{G}^2 \sim \tilde{G}^1$. ♦

Die Durchführung des Transformationsprinzips III ist unserer Ansicht nach für einen Entscheidungsträger mindestens so leicht zu bewältigen wie die Ausführung der mittelbaren Ergebnisvergleiche nach den Transformationsprinzipien I und II. Insbesondere in Fällen, in denen der Entscheidungsträger wenig Übung im Vergleich unterschiedlicher Zielgrößenskalen hat, dürfte es ihm auch bei vorgegebenen eindeutigen Zielgrößen z_{ik} leichter fallen, die gesuchten Zielgrößen z_{ik}^0 nur näherungsweise anzugeben, anstatt diese eindeutig zu fixieren. Grundsätzlich ist zu bemerken, daß ein Entscheidungsträger die Ergebnisse $\tilde{G}(a_i, s_j)$ und auch die mittelbaren Ergebnisvergleiche um so genauer angeben kann, je besser sein Informationsstand ist und je mehr er sich bemüht, die Werte möglichst genau zu beschreiben.

Ist ein Entscheidungsträger in der Lage, durch Anwendung des Transformationsprinzips III alle Vektoren $\tilde{G}(a_i, s_j)$ der Ergebnismatrix so in äquivalente Vektoren umzuformen, daß diese sich höchstens in den Ausprägungen eines Zieles unterscheiden, so sind bei der Ermittlung der zugehörigen Nutzenwerte nur noch diese Zielgrößen gegeneinander abzuwägen.

Zur Bestimmung der Nutzenwerte $\tilde{U}(a_i, s_j)$ kann daher wieder die Formel (5.5) herangezogen werden. Es darf aber nicht übersehen werden, daß die Anwendung des Transformationsprinzips um so aufwendiger wird, je mehr Alternativen, Zustände und Ziele unterschieden werden. Eine wesentliche Rolle beim mittelbaren Vektorenvergleich spielt auch die Auswahl des Vektors, mit dem alle anderen verglichen bzw. nach dem alle umstrukturiert werden. Um den Vergleich zu vereinfachen, sollte dieser Vektor ein mittelgutes Ergebnis in Bezug auf alle Ziele wiedergeben. Dies kann aber dann zu Schwierigkeiten führen, wenn einige Zielgrößen nach oben bzw. unten beschränkt sind und dann eine Änderung der Zielgröße z_k nicht durch eine ausreichend große Änderung der Zielgröße z_{k+1} kompensiert werden kann.

5.2 FUZZY-NUTZENBEWERTUNG

Die Prämisse der klassischen Nutzentheorie, daß ein Entscheidungsträger in der Lage ist, exakte Indifferenzwahrscheinlichkeiten w_{ij} anzugeben, ist nach Ansicht von DUBOIS und PRADE [1982, S. 310f] idealistisch. Sie vertreten die Meinung, daß man bei praktischen Anwendungen nur wenige Vertrauensniveaus wie "sehr wahrscheinlich", "wahrscheinlich", "ungewiß", "unwahrscheinlich", "sehr unwahrscheinlich" unterscheiden kann. Die Angabe von Indifferenzwahrscheinlichkeiten w_{ij} sei daher Ausdruck des Bemühens, die linguistischen Bewertungen numerisch abzubilden. Diese ließen sich aber bedeutend besser durch Fuzzy-Zahlen darstellen, wie dies beispielhaft in der nachfolgenden Abbildung 5.4 zum Ausdruck kommt.

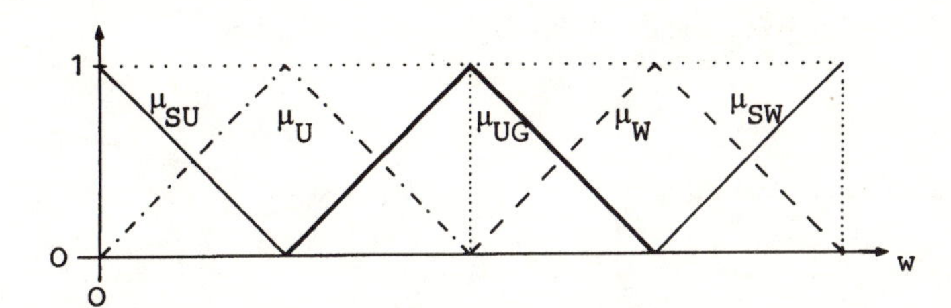

Abb. 5.4: ZGF *von* $\tilde{SU}$ = *sehr unwahrscheinlich,* $\tilde{U}$ = *unwahrscheinlich,* $\tilde{UG}$ = *ungewiß,* $\tilde{W}$ = *wahrscheinlich,* $\tilde{SW}$ = *sehr wahrscheinlich*

Die Gipfelpunkte dieser Fuzzy-Zahlen und deren Spannweiten sollten dabei vom Entscheidungsträger individuell festgelegt werden.

Die Unterstellung von DUBOIS und PRADE, daß ein realer Entscheidungsträger nur über ein beschränktes Urteilsvermögen verfügt, halten wir im Grundsatz für zutreffend. Wir sind aber der Meinung, daß sein Differenzierungsvermögen in Abhängigkeit des Informationsstandes und des Zeit- und Kostenaufwandes sehr stark variieren kann. Ein Entscheidungsträger, der sich schon des öfteren bemüht hat, Geldeinheiten in Nutzenwerte abzubilden, kann sehr wohl über eine ausreichend genau beschriebene monetäre Nutzenfunktion verfügen, die sich natürlich im Zeitablauf ändern kann. Andererseits wird die Angabe von exakten Indifferenzwahrscheinlichkeiten um so schwerer fallen, je weniger ein Entscheidungsträger mit den entsprechenden Zielgrößen bisher gearbeitet hat, bzw. je komplexer die Ergebnisse sind. Gerade beim Vorliegen mehrerer Ziele stellt sich die Frage, ob es sich lohnt, die mehrdimensionalen Ergebnisvektoren mit Hilfe des Transformationsprinzips so umzuformen, daß sich die Ergebnisse nur in einem Ziel unterscheiden, oder ob es nicht besser ist, die vorliegenden Ergebnisse $g(a_i, s_j)$ bzw. $\tilde{G}(a_i, s_j)$ direkt in Nutzenwerte abzubilden und dabei in Kauf zu nehmen, daß diese Nutzenwerte nur größenordnungsmäßig angegeben werden können. Diese Vorgehensweise birgt zwar die Gefahr in sich, daß keine der Alternativen als die optimale ermittelt werden kann, sie hat aber den Vorteil, daß mit wenig Aufwand in einem ersten Entscheidungsschritt eine zumeist kleine Auswahl aus der Menge der Handlungsalternativen getroffen werden kann, die dann mit Hilfe zusätzlicher Informationen genauer zu bewerten ist.

Die vorstehenden Ausführungen lassen es sinnvoll erscheinen, eine Lotterie mit linguistischen Wahrscheinlichkeiten zu definieren.

Definition 5.1:

Eine *linguistische Lotterie* ist eine ungewisse Situation, deren mögliche Ergebnisse $g_1,...,g_K$ mit linguistischen Wahrscheinlichkeiten $\tilde{W}_1,...,\tilde{W}_K$ eintreten, wobei die linguistischen Variablen $\tilde{W}_k = \{(w, \mu_{W_k}(w)) | w \in [0,1]\}$ durch Fuzzy-Zahlen oder Fuzzy-Intervalle dargestellt werden.

Zur Ermittlung eines Nutzenwertes $\tilde{U}_{ij} = \tilde{U}(a_i, g_j)$ reicht es aus, eine Lotterie mit zwei möglichen Ergebnissen zu betrachten. Gesucht ist dann die linguistische Wahrscheinlichkeit $\tilde{W}_{ij}$, für die der Entscheidungsträger indifferent ist zwischen

- dem sicheren Ergebnis g_{ij}
- der linguistischen Lotterie, bei der das beste Ergebnis $\overline{g}$ mit der Fuzzy-Wahrscheinlichkeit $\tilde{W}_{ij}$ und das schlechteste Ergebnis $\underline{g}$ mit der Wahrscheinlichkeit $1 - \tilde{W}_{ij}$ eintritt.

Ergebnis g_{ij} mit Sicherheit *Linguistische Lotterie mit den möglichen Ergebnissen $\underline{g}$ und $\overline{g}$*

Abb. 5.5: Gedachter Vergleich zwischen zwei Alternativen zur Bestimmung eines Nutzenwertes $\tilde{U}(g_{ij})$

Der erwartete Nutzen der linguistischen Lotterie $(\underline{g}, \tilde{W}_{ij}, \overline{g})$ ist $\tilde{U}_{ij} = \{(u, \mu_{ij}(u)) \mid u \in [\underline{u}, \overline{u}]\}$

$$\text{mit } \mu_{ij}(u) = \sup_{\substack{w \in [0,1] \\ \text{so daß } u = w\overline{u} + (1-w)\underline{u}}} \mu_{W_{ij}}, \tag{5.8}$$

wobei $\underline{u}$ und $\overline{u}$ die vom Entscheidungsträger vorgegebenen Nutzenwerte der Extremergebnisse $\underline{g}$ bzw. $\overline{g}$ und w mögliche Indifferenzwahrscheinlichkeiten sind.

Offensichtlich ist die stützende Menge von $\tilde{U}_{ij}$ eine Teilmenge des Intervalls $[\underline{u}, \overline{u}]$, d.h.

$$\text{Supp}(\tilde{U}_{ij}) \subset [\underline{u}, \overline{u}] \text{ für alle } i = 1,...,m; \;\; j = 1,...,n. \tag{5.9}$$

Weiterhin sieht man sofort, daß (5.8) vereinfacht werden kann zu

$$\mu_{ij}(u) = \mu_{W_{ij}}\left(\frac{u - \underline{u}}{\overline{u} - \underline{u}}\right) \qquad \text{für alle } u \in [\underline{u}, \overline{u}]. \tag{5.10}$$

Durch die linguistische Lotterie $(\underline{g}, \tilde{W}_{ij}, \overline{g})$, $i = 1,...,m;\; j = 1,...,n$, wird so eine Fuzzy-Nutzenfunktion $\tilde{V}$ auf $G = \{g_{ij}\}$ definiert mit

$$\tilde{V}(g_{ij}) = \tilde{U}_{ij} \tag{5.11}$$

Der wichtige Satz der klassischen Nutzentheorie, daß Risikonutzen-Funktionen nur bis auf eine positive lineare Transformation eindeutig bestimmt sind, läßt sich nicht direkt auf Fuzzy-Nutzenfunktionen übertragen, da Fuzzy-Zahlen nicht mehr linear angeordnet sind.

Definieren wir aber analog zur klassischen Nutzentheorie

Definition 5.2:

Zwei Nutzenfunktionen $\tilde{V}(g)$ und $\tilde{V}'(g)$ sind genau dann *strategisch äquivalent,* wenn sie auf der gleichen Menge linguistischer Lotterien $(\underline{g}, \tilde{W}_{ij}, \overline{g})$ basieren,

so gilt nach DUBOIS; PRADE [1982, S. 311] der

Satz 5.1:

Zwei Fuzzy-Nutzenfunktionen $\tilde{V}$ und $\tilde{V}'$ sind genau dann *strategisch äquivalent* auf G, wenn zwei reelle Konstanten a und b > 0 so existieren, daß

$$\tilde{V}'(g_{ij}) = a \oplus b \cdot \tilde{V}(g_{ij}) \qquad \text{für alle } g_{ij} \in G.$$

Beweis:

Aus Gleichung (5.10) und der strategischen Äquivalenz von $\tilde{V}$ und $\tilde{V}'$ folgt, daß reelle Zahlen $\underline{u}$, $\overline{u}$, $\underline{u}'$, $\overline{u}'$ so existieren, daß für alle i = 1,...,m; j = 1,...,n gilt:

$$\mu_{ij}(u) = \mu_{W_{ij}}\left(\frac{u-\underline{u}}{\overline{u}-\underline{u}}\right) \qquad \text{für alle } u \in [\underline{u}, \overline{u}]$$

und

$$\mu'_{ij}(u') = \mu_{W_{ij}}\left(\frac{u'-\underline{u}'}{\overline{u}'-\underline{u}'}\right) \qquad \text{für alle } u' \in [\underline{u}', \overline{u}'], \tag{5.12}$$

wobei $\mu'_{ij}(u')$ die Zugehörigkeitsfunktion von

$$v'(g_{ij}) = \tilde{U}'_{ij} = \{(u', \mu'_{ij}(u')) \mid u' \in [\underline{u}', \overline{u}']\} \quad \text{ist.}$$

Setzen wir nun $\quad b = \dfrac{\overline{u}'-\underline{u}'}{\overline{u}-\underline{u}} \Leftrightarrow \overline{u}'-\underline{u}' = b(\overline{u}-\underline{u})$

und $\quad a = \dfrac{\overline{u}\underline{u}'-\overline{u}'\underline{u}}{\overline{u}-\underline{u}}$,

so läßt sich $\underline{u}'$ darstellen als $\underline{u}' = a + b\underline{u}$ und somit (5.12) umschreiben zu

$$\mu'_{ij}(u') = \mu_{W_{ij}}\left(\frac{u'-a-b\underline{u}}{b(\overline{u}-\underline{u})}\right). \tag{5.13}$$

Mit dem ZADEHschen Erweiterungsprinzip folgt dann daraus

$$\mu'_{ij}(u') = \mu_{a \oplus b \cdot \tilde{U}_{ij}}(u'). \tag{5.14}$$

Nach Satz 5.1 reicht es daher auch zur Ermittlung von Fuzzy-Nutzenwerten aus, das Nutzenintervall gleich $[\underline{u}, \overline{u}] = [0, 1]$ zu setzen, so daß sich die Gleichung (5.10) vereinfacht zu

$$\mu_{ij}(u) = \mu_{W_{ij}}(u) \qquad \text{für alle } u \in [0,1]. \tag{5.15}$$

Unabhängig davon, ob der Entscheidungsträger die Ergebnisse exakt oder nur näherungsweise angibt, das schlechteste Ergebnis erhält stets den Nutzenwert 0 und das beste den Wert 1. Den übrigen Ergebnissen sind dann mit Hilfe der linguistischen Lotterie in Abbildung 5.5 Fuzzy-Indifferenzwahrscheinlichkeiten als Nutzenwerte zuzuordnen. Diese Größen werden um so fuzzier sein, d.h. haben als Fuzzy-Zahlen um so größere Spannweiten und als Fuzzy-Intervalle auch ein um so größeres Gipfelplateau, je geringer der Informationsstand des Entscheidungsträgers ist. Das Beispiel < 3.15 >, in dem die Nutzenbewertung in Form von Fuzzy-Intervallen erfolgt, zeigt aber, daß solche groben Wertungen ausreichen können, um Alternativen als nicht optimal von der weiteren Untersuchung auszuschließen, und daß durch Einholen zusätzlicher Informationen sogar eine eindeutige Entscheidung möglich sein kann.

5.3 FUZZY-NUTZENBEWERTUNG MITTELS GEWICHTETER ADDITION

Ein wohlbekannter und in der Praxis häufig angewandter Weg zur Bestimmung des Nutzens einer Alternativen a_i bei mehrfacher Zielsetzung besteht darin, daß man zunächst für jedes Ziel k getrennt einen Nutzenwert $r_{ik} \in [0, 1]$ bestimmt und dann mit Hilfe von positiven Gewichtungskoeffizienten $q_k \in \mathbf{R}$ den Gesamtnutzen als gewichteten Durchschnitt

$$\hat{r}_i = \frac{\sum_{k=1}^{K} q_k \cdot r_{ik}}{\sum_{k=1}^{K} q_k} \tag{5.16}$$

definiert. (Zur Vereinfachung der Darstellung wird in diesem Abschnitt auf die Abhängigkeit der Ergebnis- und der Nutzenwerte von Umweltzuständen verzichtet!)

Damit dieser Ansatz sinnvoll ist, müssen einschneidende Bedingungen, vgl. [FISHBURN 1970, S. 42ff.] erfüllt sein. U.a. muß gelten, daß den einzelnen Zielen unabhängig voneinander Nutzenwerte zugeordnet werden können. Auch muß der Entscheidungsträger in der Lage sein, die unterschiedliche Bedeutung der Ziele durch Wahl der Gewichte q_k auszudrücken.

BAAS und KWAKERNAAK betrachten nun den Fall, daß der Informationsstand des Entscheidungsträgers weder ausreicht, um eindeutige Nutzenwerte r_{ik} zuzuordnen, noch, um die Gewichte q_k exakt festzulegen. Sie gehen statt dessen davon aus, daß diese Größen nur näherungsweise in Form normalisierter unscharfer Mengen

$$\tilde{R}_{ik} = \left\{(r, \mu_{R_{ik}}(r)) \mid r \in [0,1]\right\}$$

und

$$\tilde{Q}_k = \left\{(q, \mu_{Q_k}(q)) \mid q \in \mathbf{R}_+\right\}.$$

angegeben werden; vgl. das Beispiel < 5.4 >.

Bei diesem Informationsstand sollte dann auch der Gesamtnutzen einer Alternative a_i in Form einer unscharfen Menge

$$\tilde{R}_i = \left\{ (\hat{r}, \mu_{R_i}(\hat{r})) \,\middle|\, \hat{r} \in [0,1] \right\}$$

bestimmt werden.

< **5.4** > In [BAAS; KWAKERNAAK 1977, S. 52] findet man die folgenden Beispiele für $\tilde{R}_{ik}$ bzw. $\tilde{Q}_k$.

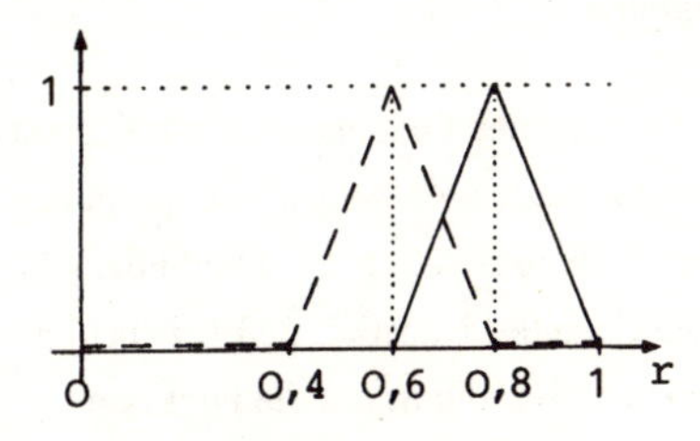

Abb.5.6: ZGF für die Bewertungen "gut" ___ und "befriedigend" ---

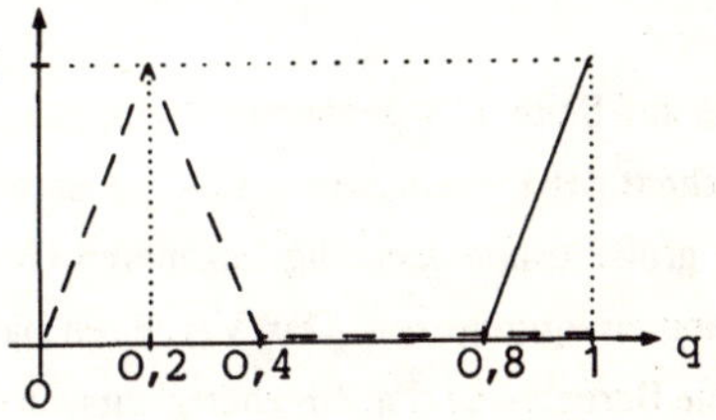

Abb.5.7: ZGF für die Gewichte "sehr wichtig" ___ "ziemlich unwichtig" ---

BAAS; KWAKERNAAK schlagen vor, die Zugehörigkeitsfunktion μ_{R_i} nach dem Erweiterungsprinzip von ZADEH zu konstruieren als

$$\mu_{R_i}(\hat{r}) = \underset{z}{\operatorname{Sup}} \operatorname{Min}\left[\mu_{R_{i1}}(r_1), \ldots, \mu_{R_{iK}}(r_K), \mu_{Q_1}(q_1), \ldots, \mu_{Q_K}(q_K)\right] \tag{5.17}$$

wobei das Supremum über alle Vektoren

$$z = (r_1, \ldots, r_K, q_1, \ldots, q_K) \in [0,1]^K \times \mathbf{R}_+^K$$

zu bilden ist mit

$$\hat{r}_i = \frac{\sum\limits_{k=1}^{K} q_k \cdot r_k}{\sum\limits_{k=1}^{K} q_k} \tag{5.18}$$

< **5.5** > Für das Entscheidungsproblem in Tabelle 5.3

	Gewicht	Bewertung der	
		Alternative 1	Alternative 2
1. Ziel	sehr wichtig	gut	befriedigend
2. Ziel	zieml. unwichtig	befriedigend	gut

Tab.5.3: Entscheidungsproblem mit den in den Abbildungen 5.6 und 5.7 beschriebenen Bewertungen und Gewichten

sind die mit der Formel (5.17) berechneten Zugehörigkeitsfunktionen der Fuzzy-Bewertungen $\tilde{R}_i$ in Abbildung 5.8 skizziert.

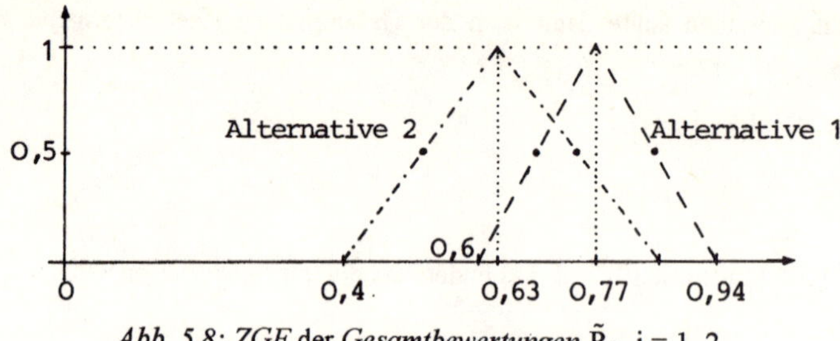

Abb. 5.8: ZGF der *Gesamtbewertungen* $\tilde{R}_i$, i = 1, 2

Sind die auf Seite 138 genannten Bedingungen für die Berechnung des Gesamtnutzens als gewichteter Durchschnitt der Einzelnutzen erfüllt, so ist der Ansatz von BAAS und KWAKERNAAK ein geeigneter Weg, die nur größenordnungsmäßig bekannten Gewichte und/oder Teilbewertungen zu einer Fuzzy-Gesamtbewertung zu aggregieren. Das Verfahren hat aber den entscheidenden Nachteil, daß bei mehr als zwei Zielen die Berechnung der Zugehörigkeitswerte $\mu_{R_i}(\hat{r})$ ziemlich aufwendig ist, da die Funktion

$$\hat{r} = \mu(r_1,\dots,r_K,q_1,\dots,q_K) = \frac{\sum_{k=1}^{K} q_k r_k}{\sum_{k=1}^{K} q_k}$$

weder monoton steigend noch monoton fallend ist.

ÜBUNGSAUFGABEN

5.1. Gegeben sei die monetäre Nutzenfunktion in Beispiel < 5.1 >. Bestimmen Sie mit Hilfe der Formel (5.5) den Fuzzy-Nutzen der vagen Geldbeträge $(0;\ 30;\ 30)_{LR}$ bzw. $(200;\ 30;\ 30)_{LR}$ mit $L(x) = R(x) = \text{Max}(0,\ 1 - x)$.

5.2. Beschreiben Sie durch Verwendung einfacher triangulärer Fuzzy-Zahlen bzw. trapezförmiger Fuzzy-Intervalle die nachfolgenden Fuzzy-Wahrscheinlichkeiten:

a. fast sicher ;

b. sehr unwahrscheinlich ;

c. mit einer Wahrscheinlichkeit

α) von ungefähr 0,7 , β) von mindestens 0,8 ,

γ) sehr nahe bei 0,4 , δ) ungefähr zwischen 0,6 und 0,7.

6. POSSIBILISTISCHE ENTSCHEIDUNGSMODELLE UND MULTIKRITERIA-BEWERTUNG

In den vorstehenden Kapiteln 3 bis 5 wird - wie in der klassischen Entscheidungstheorie - unterstellt, daß ein Entscheidungsträger in der Lage ist, die (zustandsspezifischen) Ergebnisse auf einer metrisch skalierten Nutzenskala $[\underline{u},\overline{u}] \subset \mathbf{R}$ zu bewerten. Dabei werden die einzelnen Nutzenwerte in Relation zu den beliebig festgelegten Nutzenwerten $\underline{u}$ und $\overline{u}$ für das schlechteste bzw. beste Ergebnis bestimmt. Der Unterschied des Fuzzy-Nutzenansatzes zum klassischen Nutzenkonzept besteht lediglich darin, daß nicht notwendigerweise eindeutige Werte aus diesem Nutzenintervall zuzuordnen sind, sondern daß es ausreicht, wenn der Entscheidungsträger jedes Ergebnis $g(a_i,s_j)$ durch eine unscharfe Menge $\tilde{U}(a_i,s_j)$ auf $[\underline{u},\overline{u}]$ bewertet.
In Kapitel 6 wollen wir ein anderes Konstrukt zur Nutzenbestimmung verwenden. Jedem Ergebnis $g(a_i,s_j)$ wird nun vom Entscheidungsträger als Nutzenwert der Grad zugeordnet, mit dem dieses Ergebnis zur Menge der voll zufriedenstellenden Ergebnisse gehört. D.h., er muß in der Lage sein, eine *unscharfe Menge der voll zufriedenstellenden Ergebnisse*

$$\tilde{U} = \{(g, \mu_U(g)) | \, g \in G\} \tag{6.1}$$

auf der Menge G der potentiellen Ergebnisse festzulegen. Seine Vorstellung über $\tilde{U}$ muß zumindestens so konkret sein, daß er jedem Element $g_{ij} = g(a_i,s_j) \in G$ einen Zugehörigkeitswert $\mu_U(g_{ij})$ als Nutzenwert zuordnen kann.

6.1 DAS POSSIBILISTISCHE NUTZEN-MAXIMIERUNGS-MODELL VON YAGER

Wie viele Ökonomen, z. B. PARETO [1909, S. 159]; HICKS; ALLEN [1934, S. 52-54]; HAUSCHILD [1977, S. 244] vertritt YAGER [1979A] die Meinung, daß der Nutzen nur ordinal meßbar ist und deshalb eine Nutzenbewertung der Handlungsalternativen nicht durch metrisch skalierte reelle Zahlen oder durch unscharfe Mengen über einer metrisch skalierten Zahlenmenge erfolgen darf. Als geeignetes ordinales Nutzenmaß sieht er den Grad $\mu_U(g_{ij})$ an, mit der ein Ergebnis g_{ij} zur Menge der voll zufriedenstellenden Ergebnisse $\tilde{U}$ gehört.

Der zustandsspezifische Nutzen einer Alternative $a_i \in A$ ist daher

$$u(a_i,s_j) = \mu_U(g_{ij}) = \mu_U(g(a_i,s_j)) \in [0,1] \ . \tag{6.2}$$

Da die Nutzenwerte nicht metrisch skaliert sind, ist es wenig sinnvoll, sie mit Wahrscheinlichkeiten zu multiplizieren und mit Formel (3.5) zu Erwartungsnutzen zu aggregieren. Damit stellt sich natürlich auch nicht das oft kontrovers diskutierte Problem der Bestimmung einer Wahrscheinlichkeitsverteilung über der Menge der Umweltzustände.

Statt dessen schlägt YAGER vor, jedem Umweltzustand s_j einen ordinalen Möglichkeitswert $\pi(s_j)$ zuzuordnen. Dieser wird definiert als Grad der Zugehörigkeit des Zustandes s_j zur *unscharfen Menge der möglichen wahren Umweltzustände*

$$\tilde{S} = \{(s_j,\mu_S(s_j)) \,|\, s_j \in S\}, \tag{6.3}$$

wobei der Zugehörigkeitswert $\pi(s_j) = \mu_S(s_j) \in [0,1]$ die relative Chance des Zustandes s_j angibt, der wahre zu sein.

Formuliert man $\tilde{S}$ als normalisierte unscharfe Menge, so erhält der Umweltzustand mit der höchsten Realisierungschance den Möglichkeitswert

$$\pi(s_j) = \mu_S(s_j) = 1.$$

In dem Entscheidungsmodell $< A, S, u(a_i,s_j), \pi(s_j) >$ ist dann nach YAGER der Alternative a_i der Gesamtnutzenwert

$$u(a_i) = \underset{s_j \in S}{\mathrm{Max}}\, \mathrm{Min}\, (u(a_i,s_j); \pi(s_j)) \qquad (6.4)$$

zuzuordnen. In der Anwendung des Minimumoperators in (6.4) kommt zum Ausdruck, daß ein Ergebnis nur dann befriedigt, wenn sowohl sein Nutzen als auch seine Realisierungschance hoch sind. Diese pessimistische Einstellung wird dann dadurch gemildert, daß der höchste Grad als Nutzenwert ausgewählt wird, mit dem ein Ergebnis erwünscht und möglich ist.

Rational ist es dann, die Alternative $a^* \in A$ auszuwählen, die den höchsten Gesamtnutzenwert aufweist

$$u(a^*) = \underset{a_i \in A}{\mathrm{Max}} \left[\underset{s_j \in S}{\mathrm{Max}}\, \mathrm{Min}(u(a_i, s_j); \pi(s_j)) \right]. \qquad (6.5)$$

< **6.1** > In Anlehnung an das Entscheidungsmodell in < 3.2 > wollen wir annehmen, daß der Entscheidungsträger die Gewinnmatrix in Tabelle 3.1 in die Nutzenmatrix

	s_1	s_2	s_3
a_1	1	0,6	0
a_2	0,8	0,75	0,1
a_3	0,4	0,4	0,4

Tab.6.1: Matrix ordinaler Nutzenwerte $u(a_i,s_j)$

abbildet.

Mit den Möglichkeitswerten $\pi(s_1) = 1$, $\pi(s_2) = 0,6$, $\pi(s_3) = 0,4$
berechnet man dann nach Formel (6.4):

$u(a_1) = 1$

$u(a_2) = \mathrm{Max}[\mathrm{Min}\,(0,8; 1); \mathrm{Min}\,(0,75; 0,6); \mathrm{Min}\,(0,1; 0,4)] = \mathrm{Max}\,[0,8; 0,6; 0,1] = 0,8$

$u(a_3) = 0,4$.

Damit ist nach (6.5) die Alternative a_1 auszuführen. ♦

An diesem Beispiel zeigt sich deutlich die Schwäche ordinaler Nutzenskalen. Da weder eine Multiplikation noch eine Addition zwischen ordinal skalierten Zahlen zulässig ist, sind nur einfachste Wertvergleiche möglich, die aber bei mehrdeutiger Nutzenbewertung einer Alternative kaum ausreichen. Erscheint das Ergebnis in Beispiel 6.1 noch akzeptabel, so gilt diese Einschätzung sicherlich nicht mehr für das nachfolgende Beispiel.

< **6.2** > Zwei Handlungsalternativen a_1 und a_2 werden in Abhängigkeit der Umweltzustände s_1, s_2, s_3 und s_4, wie in Tabelle 6.2 angegeben, bewertet.

	s_1	s_2	s_3	s_4
a_1	1	0	0	0
a_2	0,8	0,8	0,9	1
$\pi(s_j)$	1	0,9	0,8	0,8

Tab.6.2: Matrix der ordinalen Nutzenwerte $u(a_i,s_j)$ *und der ordinalen Möglichkeitswerte* $\pi(s_j)$

Nach dem Lösungssatz von YAGER ist dann a_1 mit $u(a_1) = \text{Max}\,(1; 0; 0; 0) = 1$ die optimale Alternative, da $u(a_2) = \text{Max}\,(0{,}8; 0{,}8; 0{,}8; 0{,}8) = 0{,}8$. ♦

6.2 DAS POSSIBILISTISCHE VERLUST-MINIMIERUNGS-MODELL VON WHALEN

WHALEN [1984] bemängelt an dem Lösungsansatz von YAGER, daß es zur Nutzenbewertung der Alternativen notwendig sein kann, Ergebnisse heranzuziehen, die durch keine Alternative des Modells zu erreichen sind. Es ist ja keineswegs zwingend, daß der Entscheidungsträger durch ein mögliches Ergebnis $g(a_i,s_j)$ voll befriedigt wird.
Diese Schwierigkeit kann offensichtlich nicht auftreten, wenn der Entscheidungsträger das Ziel verfolgt, den aus der Durchführung einer Handlungsalternative resultierenden Verlust zu minimieren. Darüberhinaus sieht WHALEN [1984] in der Minimierung des Verlustes eine adäquate Zielsetzung für einen Entscheidungsträger im Vergleich zur optimistischen Nutzenmaximierung; vgl. dazu auch die Bemerkung auf der nachfolgenden Seite. Der unterschiedliche Charakter dieser beiden Zielrichtungen wird in der klassischen Entscheidungstheorie nicht sichtbar, da hier der Verlust als Nutzenentgang definiert wird und die Maximierung des Erwartungsnutzens zur gleichen Lösung führt wie die Minimierung des erwarteten Verlusts. Dagegen können sich bei ordinaler Nutzenmessung unterschiedliche Lösungen ergeben.

WHALEN definiert als *Verlust* $L(a_i,s_j)$, der sich bei Ausführung der Handlungsalternative a_i und bei Eintritt des Umweltzustandes s_j ergibt, den Grad der Zugehörigkeit des Ergebnisses $g_{ij} = g(a_i,s_j)$ zur *unscharfen Menge der unerwünschten Ergebnisse*

$$\tilde{L} = \{(g, \mu_L(g)) \mid g \in G\}, \quad (6.6)$$

d.h. $$L(a_i, s_j) = \mu_L(g_{ij}) = \mu_L(g(a_i, s_j))\,. \quad (6.7)$$

Sind die Eintrittsmöglichkeiten $\pi(s_j)$ der Umweltzustände $s_j \in S$ bekannt, so sollte nach WHALEN das Gesamtrisiko einer Alternative a_i bestimmt werden als

$$L(a_i) = \underset{s_j \in S}{\text{Max}}\,\text{Min}(L(a_i,s_j),\pi(s_j)). \quad (6.8)$$

In dem Term $\text{Min}\,(L(a_i,s_j), \pi(s_j))$ kommt zum Ausdruck, daß ein möglicher Verlust dann tolerierbar ist, wenn die Verlusthöhe oder seine mögliche Realisierung gering ist. Insgesamt sollte aber der schlechteste Fall in die Bewertung von a_i eingehen, nämlich der Zustand, der zu einem Ergebnis führt, das in höchstem Grade sowohl unerwünscht als auch möglich ist.

Ein rational handelnder Entscheidungsträger wird dann die Handlungsalternative mit dem kleinsten Gesamtrisiko ausführen, d.h.

$$L(a^*) = \underset{a_i \in A}{\text{Min}}\left[\underset{s_j \in S}{\text{Max}}\,\text{Min}(L(a_i,s_j),\pi(s_j))\right]. \quad (6.9)$$

< 6.3 > Wählen wir, wiederum in Anlehnung an die Gewinnmatrix in Tabelle 3.1 des Beispiels < 3.2 > die Verlustmatrix

	s_1	s_2	s_3
a_1	0	0,35	1
a_2	0,2	0,25	0,8
a_3	0,5	0,5	0,5

Tab. 6.3: Matrix ordinaler Verluste $L(a_i,s_j)$

Mit den Möglichkeitswerten $\pi(s_1) = 1$, $\pi(s_2) = 0{,}6$, $\pi(s_3) = 0{,}4$
erhält man dann nach Formel (6.8)

$L(a_1) = 0{,}4$
$L(a_2) = \text{Max}\,[\text{Min}\,(0{,}2;\ 1);\ \text{Min}\,(0{,}25;\ 0{,}6);\ \text{Min}\,(0{,}8;\ 0{,}4)] = \text{Max}\,[0{,}2;\ 0{,}25;\ 0{,}4] = 0{,}4$
$L(a_3) = 0{,}5.$

Damit hat a_3 ein höheres Gesamtrisiko als die beiden anderen Alternativen und kommt zur Ausführung nicht in Betracht. Eine Präferenz zwischen den Alternativen a_1 und a_2 ist aber mit dem Ansatz (6.9) nicht feststellbar. ♦

Bemerkung: Besitzt der Entscheidungsträger keinerlei Informationen über die möglichen Realisierungsmöglichkeiten der Umweltzustände, so ist es im Einklang mit der Gleichverteilungsthese von SAVAGE sinnvoll, allen Zuständen den gleichen Möglichkeitswert zuzuordnen, d.h. $\pi(s_j) = 1$ für alle $s_j \in S$.

Der Lösungsansatz (6.5) von YAGER stellt dann ein optimistisches Maximax-Kriterium dar, während der Ansatz (6.9) von WHALEN dem eher pessimistischen Minimax-Kriterium entspricht.

Zur Gesamtwürdigung dieser beiden possibilistischen Modelle ist zunächst anzumerken, daß sie Lösungswege aufzeigen für eine Entscheidungssituation, in der der Entscheider die Ergebnisse nur auf einer ordinalen Skala bewertet. Da keine kardinale Meßbarkeit vorliegt, können keine Durchschnittswerte gebildet, sondern die Einzelbewertungen nur mit groben Rastern verglichen werden. Dies führt leicht zu fehlerhaften Entscheidungen, wie im Beispiel < 6.2 > deutlich wird.

Zu fragen bleibt auch, ob der Entscheidungsträger bei so geringem Informationsstand überhaupt eindeutige Zugehörigkeitswerte $\mu_U(g_{ij})$ und $\mu_S(s_j)$ angeben kann, oder ob diese Größen nur näherungsweise zu bestimmen sind, was zur Bildung unscharfer Mengen des Typs 2 führt, vgl. Seite 64f.

6.3 ZUR AGGREGATION VON NUTZENWERTEN

Orientiert sich der Entscheidungsträger an mehreren Zielen bzw. läßt sich das gewählte Ziel nicht direkt beobachten, sondern nur Teilaspekte desselben, so stellt die Abbildung der mehrdimensionalen Ergebnisse in Nutzenwerte hohe Anforderungen an sein Differenzierungsvermögen. Empirische Untersuchungen zeigen, vgl. [MAY 1954, S. 9-13], daß schon bei mehr als zwei Zielen Personen mit Aufgaben dieser Art i.a. überfordert sind. Ein Ausweg wäre auch hier die Anwendung des Transformationsprinzips, vgl. Seite

133f., nach dem alle Ergebnisse (gedanklich) so lange geändert werden, bis sie sich nur in den Ausprägungen eines Zieles unterscheiden.

Ein anderer in der Praxis häufig beschrittener Weg ist, den Ergebnissen der einzelnen Ziele Nutzenwerte zuzuordnen und dann diese Nutzenwerte zum Gesamtnutzen einer Handlungsalternativen zu aggregieren. Da in diesem Kapitel der Nutzenwert einer Zielgröße definiert wird als Grad der Zugehörigkeit dieses Ergebnisses zur Menge der voll zufriedenstellenden Ergebnisse bzgl. des betrachteten Zieles, sind somit Zugehörigkeitswerte zu aggregieren. Das Aggregationsverfahren sollte daher auf den in Abschnitt 1.2 behandelten Verknüpfungsoperatoren für unscharfe Mengen basieren. Zur Vereinfachung der Darstellung wollen wir in diesem Unterabschnitt auf die Unterscheidung von Umweltzuständen verzichten.

Werden die Ergebnisse $g_r(a_i)$ für die einzelnen Ziele r, $r = 1,\ldots,R$, mit den Zugehörigkeitswerten $\mu_r(a_i) \in [0,1]$ bewertet, so ist nach YAGER [1978] der Gesamtnutzen bei Ausführung der Alternative a_i zu berechnen als

$$u(a_i) = \mathrm{Min}[(\mu_1(a_i))^{W_1},\ldots,(\mu_R(a_i))^{W_R}]. \tag{6.10}$$

Die Gewichte W_r mit $\sum_{r=1}^{R} W_r = 1$ spiegeln dabei die Bedeutung der einzelnen Ziele wider.

Je unwichtiger ein Ziel und je kleiner deshalb das Gewicht ist, um so stärker werden die zwischen 0 und 1 liegenden Nutzenwerte $\mu_r(a_i)$ durch die Potenzierung mit W_r angehoben und haben damit geringere Chancen, den Nutzenwert $u(a_i)$ zu beeinflussen.

< **6.4** > Bezüglich der fünf Ziele r = 1, 2, 3, 4, 5 werden der Alternative a_1 die Einzelnutzen

$$\mu_1(a_1) = 0{,}6;\quad \mu_2(a_1) = 0{,}4;\quad \mu_3(a_1) = 1;\quad \mu_4(a_1) = 0{,}2;\quad \mu_5(a_1) = 0{,}3$$

zugeordnet. Die Bedeutung dieser 5 Ziele beurteilt der Entscheidungsträger durch Vergabe der Gewichte

$$W_1 = 0{,}2\ ;\quad W_2 = 0{,}4\ ;\quad W_3 = 0{,}1\ ;\quad W_4 = 0{,}1\ ;\quad W_5 = 0{,}2.$$

Nach Formel (6.10) hat dann a_1 den Gesamtnutzen

$$u(a_1) = \mathrm{Min}[0{,}6^{0,2};\ 0{,}4^{0,4};\ 1^{0,1};\ 0{,}2^{0,1};\ 0{,}3^{0,2}] = \mathrm{Min}[0{,}90;\ 0{,}69;\ 1;\ 0{,}85;\ 0{,}79] = 0{,}69\ . \qquad \blacklozenge$$

Die Verwendung von Zugehörigkeitswerten zur Bewertung der Alternative a_i in bezug auf die einzelnen Ziele ist unserer Ansicht nach ein sehr sinnvolles Vorgehen, denn es gestattet einen Vergleich der für die verschiedenen Ziele erreichten Ergebnisse sowohl bzgl. mehrerer Alternativen als auch bzgl. mehrerer Ziele. Auch das Problem der Festlegung geeigneter Gewichte erscheint zufriedenstellend lösbar, z.B. durch Benutzung der Eigenwertmethode von SAATY [1978] , die auf der subjektiven Einschätzung der Wichtigkeit der einzelnen Ziele basiert. Dagegen ist die Verwendung des Minimumoperators zum Verknüpfen der Einzelzielerreichungsgrade wenig einleuchtend, geeigneter dürfte die Verwendung des arithmetischen bzw. des geometrischen Mittels sein, vgl. dazu die Ausführungen auf den Seiten 26f.

Betrachten wir nun den Fall, daß ein Ziel nicht direkt bewertet werden kann, wohl aber Teilaspekte desselben. Ein geeigneter Weg, um die komplexen Eigenschaften dieses Bewertungskriteriums aufzuzeigen und den Zusammenhang zu den Teilzielen transparent zu machen, ist die Konstruktion einer Bewertungshierarchie, vgl. [ZIMMERMANN; ZYSNO 1980, S. 14-24]. Dahinter steht die Überlegung, daß

Menschen dank ihrer logischen Denkweise in der Lage sind, eine Bewertungskategorie stufenweise in ein System von Unterkategorien aufzufächern.

Der erste Schritt besteht darin, eine Qualität K in ein System von sekundären Konzepten K_j aufzufächern. Erscheinen diese noch zu komplex, so läßt sich jeder Aspekt K_j nochmals unterteilen. Diese Untergliederung kann so lange durchgeführt werden, bis der Analytiker der Meinung ist, alle für die Bewertung der Qualität K benötigten Merkmale erfaßt zu haben. Die nachfolgende Abbildung 6.1 zeigt eine solche Kategorienhierarchie.

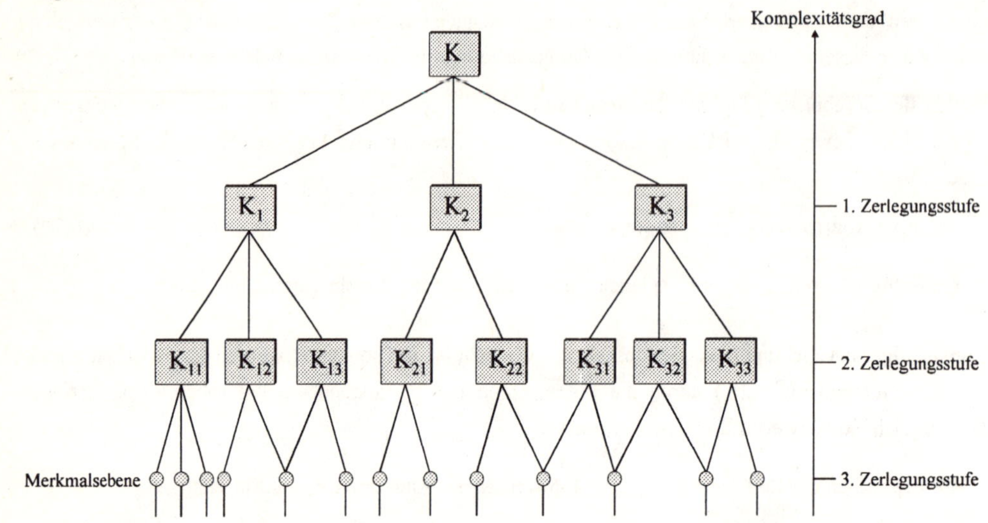

Abb.6.1: Schema der Konzept- bzw. Kategorienhierarchie

Jede Kategorie wird durch Eigenschaften beschrieben, denen ein Objekt genügen muß, um als zu dieser Kategorie zugehörig klassifiziert zu werden. Eine eindeutige Klassifikation im Sinne der dualen Logik und damit der klassischen Cantorschen Mengenlehre wird hierbei kaum möglich sein. Der Sachlage angemessen ist die Bewertung durch Zugehörigkeitswerte, welche die Zugehörigkeit dieses Objektes zu dieser Kategorie widerspiegeln. Dabei tritt durch die vom Bewerber vorgenommene Transformation von subjektiv wahrgenommenen Ausprägungsgraden in Zugehörigkeitswerte der klassifikatorische Charakter von Bewertungen zutage.

Hat nun ein Analytiker sein Kategorienschema vollständig erstellt und sich damit die relevanten Beurteilungsgesichtspunkte vor Augen geführt, so setzt der eigentliche Bewertungsprozeß ein. Beginnend auf der untersten Hierarchieebene werden sämtliche K_j getrennt bewertet. Die Einzelbewertungen einer untergeordneten Ebene werden in einem nächsten Schritt entsprechend der Kategorienhierarchie aggregiert und mit den auf der nächst höheren Ebene vorgenommenen Direktbewertungen verglichen. Treten dabei Diskrepanzen zwischen "direkter" und "indirekter" Bewertung auf, wird der Analytiker die Direktbewertungen der beiden Hierarchieebenen und das Aggregationsverfahren überprüfen und die erforderlichen Änderungen vornehmen. So in der Hierarchie von unten nach oben fortschreitend, gelangt der Analytiker schließlich zu einer Bewertung der Qualität K.

Ein Beispiel für ein solches hierarchisches Kategorienschema findet man in Abbildung 6.2. Es wurde auf der Grundlage einer empirischen Befragung von Kreditsachbearbeitern konzipiert und stellt eine schrittweise Zerlegung des Betrachtungsgegenstandes "Kreditwürdigkeit eines mittelständischen Unternehmens" dar, vgl. [ROMMELFANGER; UNTERHARNSCHEIDT 1986]. Die als Bewertung dienenden Zugehörigkeitswerte lassen sich in diesem Kategorienschema interpretieren als Grad der Zugehörigkeit der vorliegenden Kennzahlausprägung zur Menge der voll zufriedenstellenden Ausprägungen dieser Kennzahl in Bezug auf Kreditwürdigkeit.

Nachdem die Kennzahlen auf der untersten Hierarchieebene mittels Zugehörigkeitswerten bewertet sind, werden diese Bewertungen aggregiert zu Bewertungen der nächst höheren Stufe, und so weiter.

Als Verknüpfungsoperatoren stehen dabei eine Vielzahl von Fuzzy-Operatoren zur Verfügung, vgl. Abschnitt 1.2 auf den Seiten 18f.. Da in einem umfangreichen empirischen Test 50 Kreditsachbearbeiter jeweils 30 Kreditanträge bewertet hatten, wobei nicht nur die Kategorien auf der untersten Ebene, sondern auf allen Ebenen beurteilt wurden, war es möglich, die mit den verschiedenen Fuzzy-Operatoren berechneten Bewertungen mit den empirisch erhobenen zu vergleichen. Keiner der 14 getesteten Operatoren konnte in allen Aggregationsschritten die empirisch gewonnenen Daten ausreichend genau prognostizieren. In dieser empirischen Studie schnitten überraschenderweise das einfache arithmetische Mittel und der ε-Operator am besten ab; sie wiesen in 14 der 17 Aggregationsvorgänge die geforderte Prognosequalität auf. Dagegen erreichte der γ-Operator, der sich in der Studie "Kreditwürdigkeit" im Rahmen von privaten Kleinkrediten als das beste Aggregationsverfahren erwiesen hatte, vgl. [ZIMMERMANN; ZYSNO 1980] nur in 11 von 17 Fällen die geforderte Prognosegüte, vgl. die ausführlichen Analysen in [ROMMELFANGER; UNTERHARNSCHEIDT 1988].

Aus dieser empirischen Studie kann aber nicht der Schluß gezogen werden, daß das arithmetische Mittel der geeigneteste Operator zur Aggregation von Kreditwürdigkeitsaspekten darstellt. Eine mögliche Erklärung für diesen empirischen Befund ist, daß angesichts der sehr komplexen Entscheidungssituation mit 28 Unteraspekten die als Testpersonen eingesetzten Kreditsachbearbeiter - bewußt oder unbewußt - dieses einfache Verknüpfungsverfahren eingesetzt haben.

Gegen diese These spricht aber, daß auch das arithmetische Mittel in 3 der 17 überprüften Aggregationsvorgängen die empirisch ermittelten Bewertungen nicht ausreichend gut prognostizieren konnte. Eine bessere Erklärung könnte sein, daß die Verknüpfung von Einzelbewertungen zur Bewertung eines Oberaspekts viel komplexer ist, als dies durch einen symmetrisch strukturierten Operator, bei dem lediglich die Gewichte und der Kompromißparameter geeignet festzulegen sind, modelliert werden kann. Denkbar ist z. B., daß die Kompensationsbereitschaft oder die Gewichte mit von der Bewertung einzelner Aspekte abhängen. Um dieser Idee Rechnung zu tragen, wurde im Institut für Statistik und Mathematik der Universität Frankfurt am Main der σ-Operator entwickelt, vgl. [BRAUN 1991].

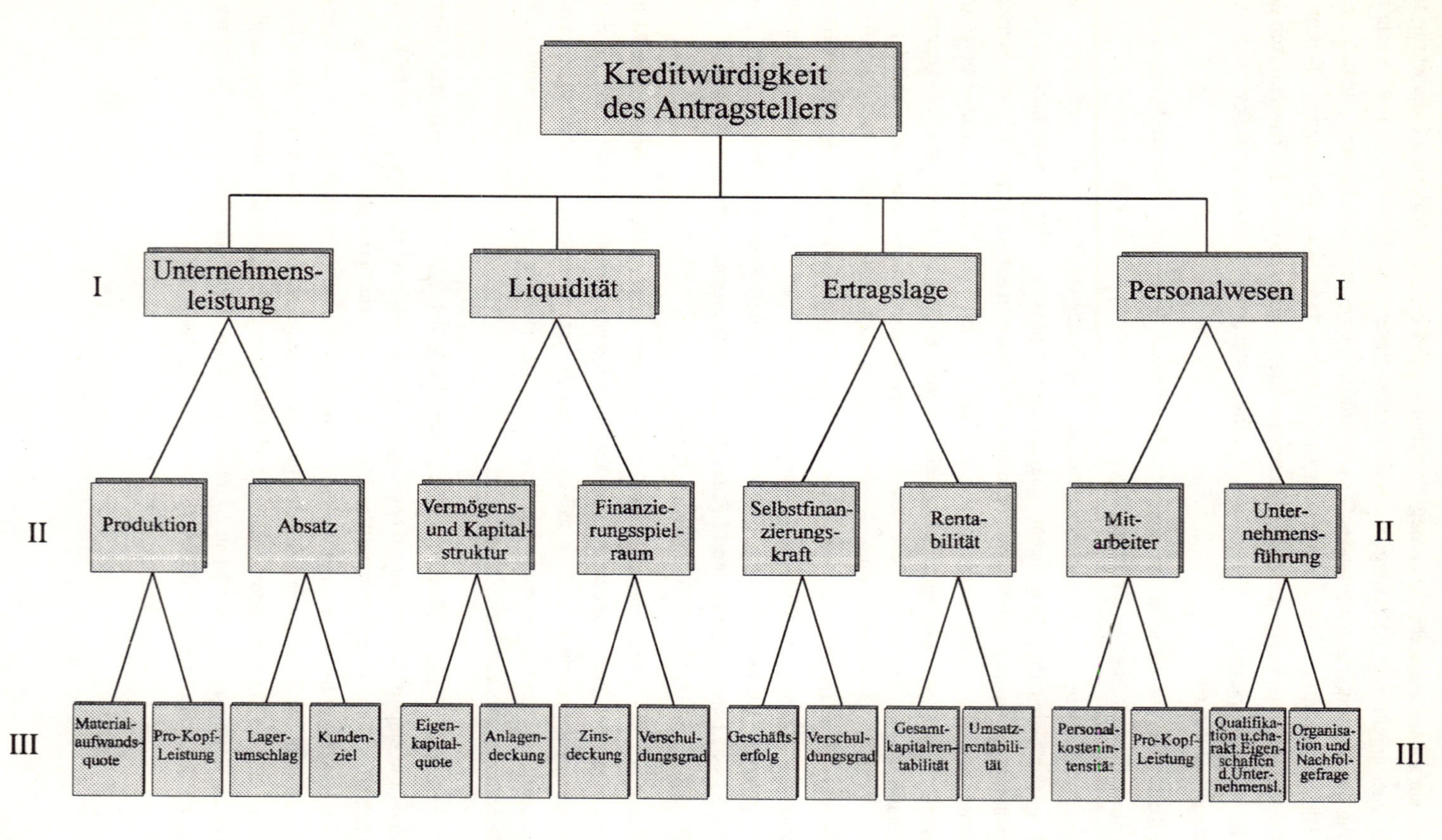

Abb. 6.2.: Hierarchisches Kategorienschema zur Kreditwürdigkeitsprüfung im mittelständischen Unternehmensbereich aus [ROMMELFANGER; UNTERHARNSCHEIDT 1987, S.5]

6.4 DER σ-OPERATOR

Empirische Beobachtungen legen die Vermutung nahe, daß die Bedeutung von Unterzielen und Teilaspekten, die bei parameterabhängigen Verknüpfungsoperatoren in den Gewichten zum Ausdruck kommen, sich mit den Zielerreichungsgraden bzw. den Aspektenbewertungen ändern können. Beispielsweise ist bei Kreditentscheidungen die wirtschaftliche Lage von Privatpersonen oder Unternehmen von nur untergeordneter Bedeutung, wenn die Kreditsumme vollständig durch Sicherheiten abgedeckt ist. Ist dies aber nicht gegeben, so hängt die Kreditvergabe hauptsächlich von der Bonität des Kreditnehmers ab. Aber selbst eine hohe Bonitätseinschätzung kann zu geringe Sicherheiten nicht vollständig kompensieren. Weitere Beispiele dazu finden sich in < 6.5 >, Tab. 7.1, Tab. 7.4 und in [Paysen 1992, S. 124-129].

Diese "Dominanz" eines Teilaspekts in Abhängigkeit seiner Bewertung läßt sich durch den σ-Operator modellieren, dessen Grundform lautet:

$$\mu_{A\sigma B_i}(x) = \sigma\mu_A(x) + \frac{1-\sigma}{n}\sum_{i=1}^{n}\mu_{B_i}(x) \tag{6.11}$$

wobei $\mu_A(x)$ die Bewertung des dominierenden Aspektes ist.

Durch geeignete Wahl von σ lassen sich dann gewünschte "Dominanzbereiche" beschreiben, wie die nachfolgenden Beispielfälle zeigen:

A. $\sigma = \mathrm{Max}\left\{\frac{1}{n+1},\ \mu_A\right\}$

Solange der dominierende Aspekt geringer als $\frac{1}{1+n}$ bewertet wird, entspricht der σ-Operator dem arithmetischen Mittel. Für $\mu_A \geq \frac{1}{n+1}$ steigt der Parameter σ und damit der Einfluß des dominierenden Aspektes stetig mit μ_A an, bis dieser bei $\mu_A = 1$ allein zum Tragen kommt.

B. Will man die in A modellierte "Dominanz nach oben" begrenzen und den restlichen Aspekten ein Mindestgewicht v, $0 < v < 1$, zubilligen, so läßt sich dies modellieren durch

$$\sigma = \mathrm{Min}\left\{1-v,\ \mathrm{Max}\left\{\frac{1}{n+1}, \mu_A\right\}\right\}.$$

C. Sollen geringere Bewertungen des dominierenden Aspektes ein hohes Gewicht erhalten, so könnte dies durch den Parameter

$$\sigma = \mathrm{Max}\left\{\frac{1}{n+1},\ (1-\mu_A)\right\}$$

ausgedrückt werden.

< **6.5** > In einer Zielhierarchie zur Bewertung von Unternehmensstrategien benutzt PAYSEN [1992] ausschließlich den σ-Operator zur Aggregation.

i. Für den Teilbereich

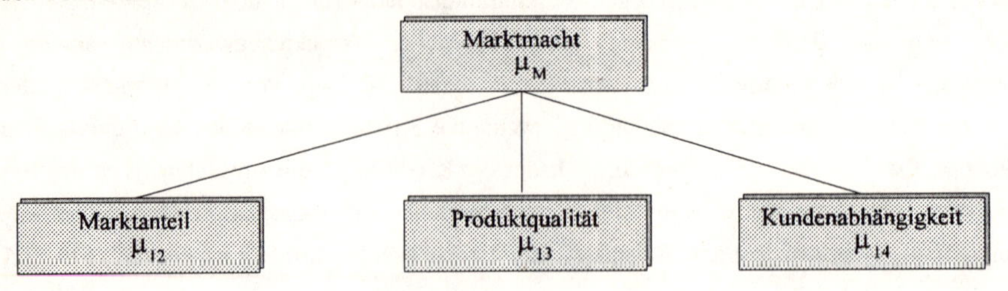

benutzt er den Operator $\mu_M(x) = \sigma_M \mu_{14}(x) + \frac{1-\sigma_M}{2}(\mu_{12}(x) + \mu_{13}(x))$

mit $\sigma_M(x) = \text{Min}\left\{1-0,2;\ \text{Max}\left\{\frac{1}{3},\ 1-\mu_{14}(x)\right\}\right\}$.

Er begründet dies damit, daß alle Aspekte gleichgewichtig seien bis auf den Fall, daß durch zu geringe Kundenunabhängigkeit eine potentielle Gefahr für den Fortbestand des Unternehmens bestehe. Diese "Dominanz nach unten" wird aber begrenzt auf eine maximale Gewichtung bis 80%.

ii. In der Teilhierarchie

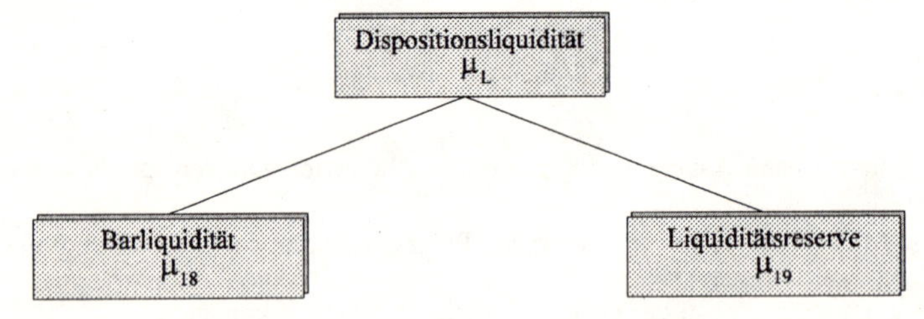

dominiert nach PAYSEN [1991, S. 126] die Barliquidität, solange sie besser als 0,3 bewertet wird.

$\mu_2(x) = \sigma_2 \mu_{18}(x) + (1-\sigma_2)\mu_{19}$ mit $\sigma_2 = \text{Max}\{\mu_{18}(x),\ 0,3\}$ ♦

Die Grundform (6.11) des σ-Operators läßt sich auf vielfache Weise erweitern.

Kann der Entscheidungsträger eine Gewichtung der Teilaspekte $w_A, w_{B_1}, \dots, w_{B_n}$ mit $w_A + \sum_{i=1}^{n} w_{B_i} = 1$ angeben, so läßt sich dies verarbeiten in der Formel

$$\mu_{A\sigma B_i}(x) = \sigma \mu_A(x) + \frac{1-\sigma}{\sum_{i=1}^{n} w_{B_i}} \sum_{i=1}^{n} w_{B_i} \mu_{B_i}(x) \tag{6.12}$$

wobei $\sigma \geq w_A$ zu wählen ist.

Für den Fall der "Dominanz nach oben" könnte σ z.B. festgelegt werden als

$\sigma = \text{Max}\{w_A;\ \mu_A\}$.

Eine andere Form der Verallgemeinerung von (6.11) wäre die Einbeziehung mehrerer "dominanter" Aspekte, vgl. [BRAUN 1991, S. 75ff].

Bei der Anwendung des σ-Operators in der Praxis besteht nicht nur das Problem der Auswahl des dominierenden Teilaspektes, sondern auch die nur subjektiv beantwortbaren Fragen nach

i. einer geeigneten Basisgewichtung w_A, w_{B_i},

ii. der Festlegung von Unter- und/oder Obergrenzen,

iii. der Begründung dafür, daß der σ-Wert sich linear mit der Bewertung μ_A ändert.

Auch erlaubt der σ-Operator kein Wechsel der Dominanzeigenschaft von einem Teilaspekt zum anderen, wie dies manchmal beobachtet wird, vgl. das Beispiel < 7. $ >.

Die Anwendung der Grundform des σ-Operators führte in den Beispielrechnungen von PAYSEN [1992] und SCHEFFELS [1990] zu plausiblen Ergebnissen. Angewendet auf den Datensatz der empirischen Studie "Kreditwürdigkeit eines mittelständischen Unternehmens" führte er aber nur zu marginal besseren Prognosen als das einfache arithmetischen Mittel.

Bei der genaueren Überprügung des empirisch ermittelten Datenmaterials wurde deutlich, daß die Testpersonen Schwierigkeiten hatten, die Aspekte auf der vorgegebenen Hunderterskala zu bewerten. Trotz Vorgabe von Branchenmittelwerten und Quantilen streuten die Bewertungen stark. Darüber hinaus kam es häufig vor, daß beide Unteraspekte schlechter (besser) bewertet wurden als der zugehörige Oberaspekt; vgl. auch [FIEDLER 1993, S. 49f]. Solche Fehler könnten vermieden werden, wenn den Sachbearbeitern exaktere Bewertungsskalen vorgegeben würden, die auf der Grundlage von Unternehmensdaten von Experten aufgestellt würden. Eine mögliche Vorgehensweise wird in Kapitel 7 aufgezeigt, vgl. dazu die Abbildung $. Vor allem aber wird in Kapitel 7 deutlich, daß eine Aggregation von Bewertungen mittels Regelsätzen ein viel variableres Instrumentarium darstellt, als dies durch parameterabhängige Operatoren modelliert werden kann.

ÜBUNGSAUFGABEN

6.1 In Abänderung des Beispiels < 6.1 > wird nun angenommen, daß der Entscheidungsträger die Möglichkeitsverteilung $\pi(s_1) = 0{,}4$, $\pi(s_2) = 0{,}7$, $\pi(s_3) = 1$ vorgibt.
Welche Alternative a_i, $i = 1, 2, 3$, ist nun gemäß Formel (6.5) die optimale, wenn die ordinalen Nutzenwerte $u(a_i,s_j)$ durch Tabelle 6.1 beschrieben werden?

6.2 Welche Alternative a_i, $i = 1, 2, 3$, ist nach Formel (6.9) die optimale, wenn der Entscheidungsträger die Verluste $L(a_i,s_j)$ in Tabelle 6.3 und die Möglichkeitswerte
$\pi(s_1) = 0{,}4$, $\pi(s_2) = 0{,}7$, $\pi(s_3) = 1$
festlegt?

6.3 Im Beispiel < 6.4 > wird die Gewichtung wie folgt geändert:
$W_1 = 0{,}3$; $W_2 = 0{,}2$; $W_3 = 0{,}2$; $W_4 = 0{,}2$; $W_5 = 0{,}1$.
Wie groß ist nun der Gesamtnutzen der Alternative a_1?

7. REGELBASIERTE AGGREGATION VON BEWERTUNGEN

7.1 REGELBASIERTE VERKNÜPFUNG VON INTERVALLBEWERTUNGEN

Die Ausführungen in den Abschnitten 6.3 und 6.4 lassen den Schluß zu, daß parameterabhängige Verknüpfungsoperatoren die recht komplexen Verknüpfungsmechanismen des menschlichen Geistes nur unvollkommen widerspiegeln. Im Rahmen von Expertensystemen wird daher seit einigen Jahren versucht, mit von Experten aufgestellten Verknüpfungsregeln zu arbeiten, die nicht durch mathematische Formalismen eingeschränkt und daher bedeutend flexibler sind.

Im Rahmen einer Forschungsarbeit mit dem Ziel, die Grundlagen für ein Expertensystem zur Prüfung der Kreditwürdigkeit im mittelständischen Unternehmensbereich zu erarbeiten, das neben der materiellen Kreditwürdigkeit auch die persönliche Kreditwürdigkeit und den Einfluß von Finanzplänen berücksichtigt, vgl. dazu die genaueren Ausführungen in [BAGUS 1991], wurden wir auf die Arbeiten einer Forschungsgruppe der Commerzbank AG, Frankfurt am Main, aufmerksam, vgl. [NOLTE-HELLWIG; LEINS; KRAKL 1991]. Anstelle eines mathematischen Operators erfolgte in diesem Ansatz die Aggregation mittels speziell von Expertenteams aufgestellten Regelblöcken. In der nachfolgenden Tabelle 7.1 ist einer dieser Regelblöcke dargestellt, dessen Bewertungsbasis in den Tabellen 7.2 und 7.3 näher erläutert wird.

CF-Rate	DVG	Selbstfinanzierungskraft
schlecht	schlecht	sehr schlecht
schlecht	mittel	schlecht
schlecht	gut	schwach mittel
mittel	**schlecht**	schlecht
mittel	mittel	mittel
mittel	gut	mittel
gut	schlecht	schwach mittel
gut	mittel	gut
gut	gut	gut

Tab. 7.1: Aggregationsregeln für die Selbstfinanzierungskraft

CF-Rate	Note	Bewertung
< 0%	(6)	
0% - 2%	6	schlecht
2% - 4%	5	(starkes Risiko)
4% - 6%	4	mittel
6% - 8%	3	(mittleres Risiko)
8% - 10%	2	gut
> 10%	1	(geringes Risiko)

Tab. 7.2: Bewertung der Cash Flow-Rate (CF-Rate)

DVG (Jahre)	Note	Bewertung
> 10	6	schlecht
8 - 10	5	(starkes Risiko)
6 - 8	4	mittel
4 - 6	3	(mittleres Risiko)
2 - 4	2	gut
< 2	1	(geringes Risiko)

Tab. 7.3: Bewertung des Dynamischen Verschuldungsgrades (DVG)

Ein weiterer Regelsatz ist in der Tabelle 7.4 dargestellt. Er gehört zu einem von SCHEFFELS in Zusammenarbeit mit Wirtschaftsprüfern der Treuhand-Vereinigung AG, Frankfurt am Main, aufgestellten hierarchischen System zur Beurteilung der Vermögens-, Finanz- und Ertragslage von Unternehmen auf der Basis von Jahresabschlußinformationen, von dem in der nachfolgenden Abbildung 7.1 nur der Ausschnitt "Vorräte" dargestellt ist.

Regel Nr.	$\frac{\Delta - \text{Umsatz}}{\Delta - \text{Vorräte}}$	$\frac{\Delta - \text{Auftragsbestand}}{\Delta - \text{Vorräte}}$	$\frac{\text{Umsatz (GJ)}}{\text{Umsatz (VJ)}}$	Änderung der Vorräte
1	hoch	hoch		gut
2	**hoch**	durchschnittlich		gut
3	hoch	niedrig		mittel
4	durchschnittlich	**hoch**		gut
5	durchschnittlich	durchschnittlich		mittel
6	durchschnittlich	**niedrig**		schlecht
7	niedrig	**hoch**		gut
8	niedrig	durchschnittlich	**hoch**	gut
9	niedrig	durchschnittlich	**durchschnittlich**	mittel
10	niedrig	durchschnittlich	**niedrig**	schlecht
11	niedrig	niedrig		schlecht

Tab. 7.4: Regelsatz zur Bewertung der "Veränderung der Vorräte"

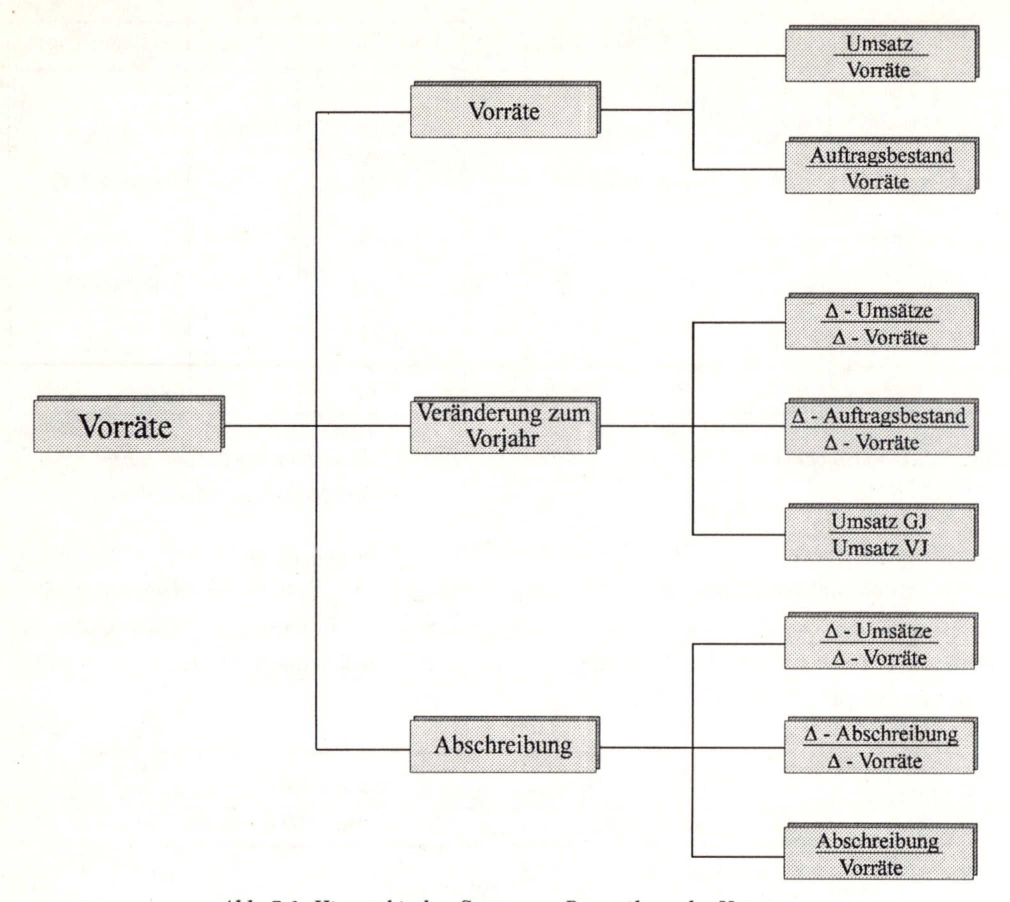

Abb. 7.1: Hierarchisches System zur Beurteilung der Vorräte

In beiden Tabellen wird sichtbar, daß sich die Gewichte der Merkmale mit den Ausprägungen ändern können. So fällt in Tabelle 7.4 auf, daß - nach Auskunft der Experten - die Kennzahl $\frac{\text{Umsatz GJ}}{\text{Umsatz VJ}}$ nur eine Rolle spielt, wenn die Kennzahl $\frac{\Delta - \text{Umsatz}}{\Delta - \text{Vorräte}}$ als "niedrig" und die Kennzahl $\frac{\Delta - \text{Auftragsbestand}}{\Delta - \text{Vorräte}}$ als "durchschnittlich" bewertet werden. Weiterhin sehen wir in Tabelle 7.4, daß die durch Fettdruck herausgehobene dominierende Bewertung in den einzelnen Regeln nicht an eine bestimmte Kennzahl gebunden ist.

Erfolgt, wie in den Tabellen 7.2 und 7.3, die mathematische Beschreibung der verbal gegebenen Ausprägungen in Form disjunkter Teilintervalle der gewählten Bewertungsskala, so ergeben sich leicht Akzeptanzprobleme. Sie werden dadurch hervorgerufen, daß die einzelnen Bewertungsklassen zu groß sind und damit die Begriffe "gut", "mittel" und "schlecht" ein relativ großes Bedeutungsspektrum aufweisen. Auch die harten Abgrenzungen zwischen den Bewertungsklassen erscheinen willkürlich.

< 7.1 > Um dieses Problem zu veranschaulichen betrachten wir die drei fiktiven Unternehmen A, B, C mit den folgenden Merkmalsausprägungen:

Firma A: Cash Flow-Rate 4,1% Dynamischer Verschuldungsgrad 7,9 Jahre

Firma B: Cash Flow-Rate 7,9% Dynamischer Verschuldungsgrad 4,1 Jahre

Firma C: Cash Flow-Rate 3,9% Dynamischer Verschuldungsgrad 4,1 Jahre.

Nach den Aggregationsregeln in Tabelle 7.1 wird bei den in den Kennzahlen Cash-Flow-Rate und dynamischer Verschuldungsgrad recht unterschiedlichen Firmen A und B die Selbstfinanzierungskraft mit dem gleichen Prädikat "mittel" bewertet, wogegen die Firma C, die nur eine geringfügig schwächere Cash-Flow-Rate als die Firma A aufweist, andererseits aber eine viel bessere Bewertung des dynamischen Verschuldungsgrades als die Firma A besitzt, mit "schlecht" beurteilt wird. ♦

Dieses einfache Beispiel verdeutlicht, daß kleine Veränderungen in den Werten für die Basiskennzahlen die Bewertungen der höheren Aspekte entscheidend beeinflussen können, während andererseits große Veränderungen wirkungslos bleiben, so lange die Bewertungsklasse nicht verlassen wird. Erschwerend kommt hinzu, daß die Klassengrenzen mit diesem harten Trennungscharakter nicht ausreichend begründet werden können.

Eine Verbesserung der Situation könnte nun darin gesehen werden, daß man mehr als drei Klassen bildet. Dies hätte aber die gravierende Folge, daß die Anzahl der Verknüpfungsregeln explosionsartig anwächst, denn solange keine der möglichen Kombinationen aus inhaltlichen Gründen ausgeschlossen werden kann, gilt für die Anzahl der Regeln die Formel "m^r", wenn für jedes der r Merkmale m Ausprägungen möglich sind. Würden wir z. B. bei drei Kennzahlen jeweils fünf Ausprägungen zulassen, so sind 125 Regeln aufzustellen. Damit steigt nicht nur der Rechenaufwand, sondern es wird auch immer unwahrscheinlicher, daß die Experten alle Regeln richtig aufstellen können und sie nicht nur in einen Basisregelsatz "einpassen". Auf jeden Fall sollten nur soviele Ausgangssituationen unterschieden werden, daß die Experten diese noch bewußt unterscheiden können. Dagegen gibt es keine direkten Probleme, wenn die Zielbewertung auf einer stärker gegliederten Skala erfolgt. In einem hierarchischen System bleibt dies aber nur auf der obersten Ebene ohne Folgen.

7.2 BESCHREIBUNG VON LINGUISTISCHEN BEWERTUNGEN MITTELS FUZZY SETS

Offensichtlich wird eine verbal beschriebene Kennzahlenausprägung unterschiedlich gut durch konkrete Kennzahlenwerte beschrieben. Während aber durch die Einteilung in Intervallklassen diese Unterschiede auf Ja-Nein-Aussagen beschränkt werden, bietet die Fuzzy Set-Theorie die Möglichkeit, diese Unterschiede mathematisch so genau zu beschreiben, wie dies der Experte sieht und wie er es ausdrücken kann.

Die Festlegung der Zugehörigkeitsfunktionen durch den Experten oder das Expertenteam müssen dabei sehr sorgfältig erfolgen, denn diese beeinflussen wesentlich den weiteren Bewertungsprozeß. Darüber hinaus wird erst mit Kenntnis dieser Zugehörigkeitsfunktionen der Inhalt der Regeln für Außenstehende verständlich. Auch wenn bei der Aufstellung der Zugehörigkeitsfunktionen die Daten vergleichbarer Unternehmen bzw. branchentypische Daten herangezogen werden, sind sie doch stark von den subjektiven

Vorstellungen der Experten geprägt. Es kann daher nur eine näherungsweise Beschreibung der Funktionsform erwartet werden. Dies kommt u. a. darin zum Ausdruck, daß man zumeist einfache Funktionsformen verwendet, und die gleichen Beschreibungsmuster wiederholt auftreten. In der Praxis reicht es dabei aus, mit Fuzzy-Zahlen bzw. Fuzzy-Intervallen des L-R-Typs zu arbeiten, vgl. S.40.

Um in der Praxis eine Zugehörigkeitsfunktion zu bestimmen, empfiehlt es sich, als erstes den Punkt bzw. das Teilintervall festzulegen, der/das am besten der verbal beschriebenen Kennzahlenausprägung entspricht. Anschließend sind dann die Referenzfunktionen und die Spannweiten festzulegen, wobei die Verwendung von graphischen Darstellungen nützlich sein kann.

Während es in den technischen Steuerungsalgorithmen des Fuzzy Control, vgl. z.B. [SUGENO 1985], [KAHLERT; FRANK 1993] ausreicht, die sehr einfachen Typen der triangulären oder trapezförmigen Fuzzy-Mengen zu benutzen, die auf der Referenzfunktion $L(u) = R(u) = \text{Max}(0, 1\text{-}u)$ basieren, empfiehlt es sich bei Bewertungssystemen und nicht-technischen Entscheidungen mit s-förmigen Referenzfunktionen zu arbeiten, die sich an die Nutzentheorie bzw. die Normalverteilung anlehnen. In den Abbildungen 7.2- 7.4 wurde als Referenzfunktion $L(u) = R(u) = e^{-u^2}$ verwandt. Dabei wurden die Spannweiten α bzw. β so gewählt, daß sie dem halben Abstand zum nächsten Gipfelpunkt entsprechen. Ein Problem ist die Festlegung des Kurvenverlaufes für kleine Zugehörigkeitswerte. Um hier Fehler zu vermeiden, die dann letztlich auch den weiteren Entscheidungsprozeß beeinflussen können, wird empfohlen, Zugehörigkeitswerte unter einem Mindestniveau ε zu vernachlässigen; in den Abbildungen 7.2- 7.3 wird $\varepsilon = 0{,}05$ gesetzt.

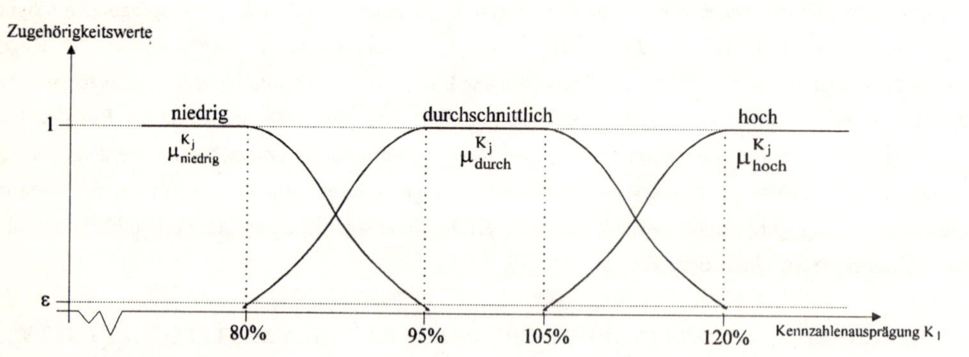

Abb. 7.2: Zugehörigkeitsfunktionen der Ausprägungen der Kennzahlen zu "Veränderung der Vorräte"

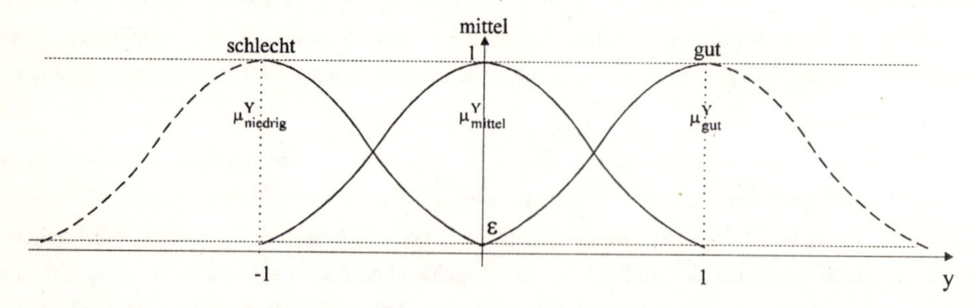

Abb. 7.3: Zugehörigkeitsfunktionen der Bewertung "Veränderung der Vorräte"

(In der Abbildung 7.3 dienen die unter -1 bzw. über +1 liegenden Kurvenstücke als rechnerische Korrekturhilfe für den Fall, daß im Rahmen von Defuzzyfizierungsverfahren die unter den Zugehörigkeitskurven liegenden Flächen benutzt werden, vgl. Seite 165.

Die in der Abbildung 7.2 verwendeten Fuzzy-Intervalle zur Beschreibung des Prädikats "durchschnittlich" spiegeln die "Denkweise" von Wirtschaftsprüfern wider, stets auf "wesentliche" Abweichungen von Durchschnittswerten zu achten. In dieser Zeichnung wird angenommen, daß eine Abweichung bis zu ± 5% zum Referenzwert 100% nicht als wesentlich anzusehen ist, wogegen Abweichungen über 20% als wesentlich gelten sollen.

7.3 FUZZY-INFERENZ

Erfolgt die Bewertung der Zustandsmerkmale durch disjunkte Intervallklassen, wie z.B. in den Tabellen 7.2 und 7.3, so erfüllt ein zu beurteilendes Unternehmen stets genau die Zustandsbeschreibung einer Regel und erhält daher die zugehörige Bewertung. Bei der Beschreibung der linguistischen Bewertungen mittels Fuzzy-Mengen ist dies nur für den Spezialfall gegeben, daß im konkreten Fall alle Zustandsvariablen eine Ausprägung mit dem Zugehörigkeitswert 1 aufweisen.

< **7.2** > Das Unternehmen D mit dem Kennzahlenvektor

$$(K_1, K_2, K_3) = (\frac{\Delta-\text{Umsatz}}{\Delta-\text{Vorräte}}, \frac{\Delta-\text{Auftragsbestand}}{\Delta-\text{Vorräte}}, \frac{\text{Umsatz GJ}}{\text{Umsatz VJ}}) = (79\%, 103\%, 98\%)$$

hat nach Abbildung 7.2 die Zugehörigkeiten $\mu^{K_1}_{\text{niedrig}}(79\%) = \mu^{K_2}_{\text{durch}}(103\%) = \mu^{K_3}_{\text{durch}}(98\%) = 1$

Nach der Regel 9 in Tabelle 7.4 ist daher die "Veränderung der Vorräte" für das Unternehmen D mit dem Prädikat "mittel" zu bewerten.

Betrachten wir dagegen das Unternehmen E mit dem Kennzahlenvektor

$$(K_1, K_2, K_3) = (\frac{\Delta-\text{Umsatz}}{\Delta-\text{Vorräte}}, \frac{\Delta-\text{Auftragsbestand}}{\Delta-\text{Vorräte}}, \frac{\text{Umsatz GJ}}{\text{Umsatz VJ}}) = (109\%, 111\%, 86\%),$$

so lassen sich aus Abbildung 7.2 die Zugehörigkeitswerte

$\mu^{K_1}_{\text{durch}}(109\%) = 0{,}75$ oder $\mu^{K_1}_{\text{hoch}}(109\%) = 0{,}12$

$\mu^{K_2}_{\text{durch}}(111\%) = 0{,}53$ oder $\mu^{K_2}_{\text{hoch}}(111\%) = 0{,}24$

$\mu^{K_3}_{\text{niedrig}}(82\%) = 0{,}93$ oder $\mu^{K_3}_{\text{durch}}(82\%) = 0{,}05$ ablesen.

Fraglich ist, welche Regeln nun zur Anwendung kommen sollen und wie die Gesamtbewertung aussieht.

♦

Betrachten wir zunächst den vereinfachten Fall, daß nur eine Zustandsvariable *(Inputvariable)* und nur eine Bewertungsvariable *(Outputvariable)* vorliegen, wie dies in der nachfolgenden Tabelle 7.5 gegeben ist.

$\frac{\Delta - \text{Umsatz}}{\Delta - \text{Vorräte}}$	Änderung der Vorräte
hoch	gut
durchschnittlich	mittel
niedrig	schlecht

Tab. 7.5: Vereinfachte Bewertung der "Veränderung der Vorräte"

Die Schlußfolgerungen von dem Zustand $\frac{\Delta - \text{Umsatz}}{\Delta - \text{Vorräte}}$ auf die Bewertung $\begin{matrix}\text{Änderung}\\ \text{der Vorräte}\end{matrix}$ stellen Implikationen dar und lassen sich auch formulieren in der Form:

WENN $\frac{\Delta - \text{Umsatz}}{\Delta - \text{Vorräte}}$ "hoch" , DANN ist die $\begin{matrix}\text{Änderung}\\ \text{der Vorräte}\end{matrix}$ mit "gut" zu beurteilen.

Ein Regelblock oder eine Menge von Implikationen werden in der Literatur als *Inferenz* bezeichnet.

Da sowohl die Variable $K_1 = \frac{\Delta - \text{Umsatz}}{\Delta - \text{Vorräte}}$ der Prämisse als auch die Variable $Y = \begin{matrix}\text{Änderung}\\ \text{der Vorräte}\end{matrix}$ der Konklusion nur endlich viele Ausprägungen aufweisen, läßt sich ein spezielles Unternehmen U mit dem Zustand $K_1(U)$ beschreiben bzw. bewerten durch die Vektoren mit Zugehörigkeitswerten *(Fuzzy-Vektoren)*:

$$\mu^{K_1}(U) = \left(\mu^{K_1}_{\text{niedrig}}(K_1(U)), \mu^{K_1}_{\text{durch}}(K_1(U)), \mu^{K_1}_{\text{hoch}}(K_1(U))\right) \text{ bzw.}$$

$$\mu^{Y}(U) = \left(\mu^{Y}_{\text{schlecht}}(U), \mu^{Y}_{\text{mitte}}(U), \mu^{Y}_{\text{gut}}(U)\right)$$

Dieser Übergang von einem exakten Wert $K_1(U)$ zu einem Fuzzy-Vektor wird in der Literatur als *Fuzzifizierung* bezeichnet.

< 7.3 > Der Zustand des Unternehmens E mit $K_1(E) = 109\%$ läßt sich durch den Fuzzy-Vektor $\mu^{K_1}(K_1(E)) = (0,\ 0{,}75,\ 0{,}12)$ beschreiben. ♦

<u>Bemerkung</u>:

Obwohl in beiden Fuzzy-Vektoren die Zugehörigkeitswerte interpretiert werden können als "die Merkmalsausprägung ist mit dem Wahrheitsgrad μ gegeben", ist der Unterschied zu beachten, daß bei der Zustandsvariablen die Fuzzy-Ausprägungen über einer realen Skala definiert sind, während der Bewertungsvariablen nur eine fiktive Skala zugrunde liegt. Die Zugehörigkeitswerte beziehen sich daher bei μ^Y nicht auf einzelne Skalenwerte sondern auf die Fuzzy-Ausprägungen.

Wird nun der Zustand eines Unternehmen U durch den Fuzzy-Vektor $\mu^{K_1}(U) = (1, 0, 0)$ beschrieben, d.h. trifft die Merkmalsausprägung "niedrig" genau zu, so wird U gemäß dem Regelsatz in Tabelle 7.5 durch den Vektor $\mu^{Y}(U) = (1, 0, 0)$, d.h. mit "schlecht", bewertet. Formal läßt sich dieser Regelblock modellieren als Max-Min-Verknüpfung des Fuzzy-Vektors μ^{K_1} mit einer Fuzzy-Relation **R**, die durch eine 3×3-Einheitsmatrix beschrieben wird, vgl. dazu die Definitionen auf Seite 68 ff.:

$$\mu^{K_1} \circ \mathbf{R} = \mu^{Y} \ .$$

Man kann daher $\mu^{Y}(U)$ bezeichnen als *Fuzzy-Inferenzbild* von $\mu^{K_1}(U)$ bzgl. der Fuzzy-Relation **R**.

Z.B. erhält man gemäß der Tabelle 7.4:

$$(1, 0, 0) \circ \begin{pmatrix} 1 & 0 & 0 \\ 0 & 1 & 0 \\ 0 & 0 & 1 \end{pmatrix} = (1, 0, 0) \quad \text{oder} \quad (0, 1, 0) \circ \begin{pmatrix} 1 & 0 & 0 \\ 0 & 1 & 0 \\ 0 & 0 & 1 \end{pmatrix} = (0, 1, 0) \, .$$

Da vorstehend nur Zugehörigkeitswerte 1 und 0 auftreten, liegt letztlich ein Nicht-Fuzzy-Fall vor, der lediglich in Fuzzy-Form geschrieben ist. Dieser Formalismus läßt sich aber nun in zwei Richtungen erweitern.

i. Zum einen könnte man eine echte Fuzzy-Relation verwenden,

z.B. von der Form $\mathbf{R}^* = \begin{pmatrix} 1 & 0{,}6 & 0{,}1 \\ 0{,}3 & 1 & 0{,}4 \\ 0 & 0{,}2 & 1 \end{pmatrix}$.

Durch die Max-Min-Verknüpfung von $\mu^{K_1}(U) = (1, 0, 0)$ mit $\mathbf{R}^*$ erhält man den Fuzzy-Vektor

$$\mu^{K_1} \circ \mathbf{R} = (1, 0, 0) \circ \begin{pmatrix} 1 & 0{,}6 & 0{,}1 \\ 0{,}3 & 1 & 0{,}4 \\ 0 & 0{,}2 & 1 \end{pmatrix} = \mu^{Y} = (1, 0{,}6, 0{,}1) \, ,$$

der interpretiert werden kann als die "Veränderung der Vorräte" ist wahrscheinlich mit "schlecht" zu bewerten, höchstens aber mit "mittel".

Ein der Relation **R*** entsprechender Regelsatz ist zwar denkbar, liegt aber in der Praxis normalerweise nicht vor, da ein zu hoher Informationsbedarf bei der Aufstellung solcher Regeln notwendig ist.. Deshalb soll diese Erweiterung, die ZADEH [1973, 1975] als *Approximate Reasoning* bezeichnet, hier nicht weiter verfolgt werden.

ii. Zum andern könnte man anstelle von Singletons als Zustandbeschreibung echte Fuzzy-Vektoren verwenden. Wählen wir dazu aus Beispiel < 7.3 > das Unternehmen E mit einem $\frac{\Delta - \text{Umsatz}}{\Delta - \text{Vorräte}}$-Wert von 109%, der fuzzifiziert wird zu $\mu^{K_1}(E) = (0, 0{,}75, 0{,}12)$.

Als Bewertung ergibt sich dann mittels der Max-Min-Verknüpfung

$$\mu^{K_1}(E) \circ \mathbf{R} = (0, 0{,}75, 0{,}12) \circ \begin{pmatrix} 1 & 0 & 0 \\ 0 & 1 & 0 \\ 0 & 0 & 1 \end{pmatrix} = \mu^{Y}(E) = (0, 0{,}75, 0{,}12) \, , \tag{7.1}$$

die besagt, daß die "Veränderung der Vorräte" mit dem Wahrheitsgrad 0,75 als "mittel" und mit dem Wahrheitsgrad 0,12 als "gut" zu bewerten ist.

Die Fuzzy-Matrix **R** des Regelblocks kann man sich auch aufgebaut denken als Vereinigung der Fuzzy-Relationen der einzelnen Regeln, die hier mittels des Maximum-Operators erfolgt:

$$\mathbf{R} = \begin{pmatrix} 1 & 0 & 0 \\ 0 & 1 & 0 \\ 0 & 0 & 1 \end{pmatrix} = \begin{pmatrix} 1 & 0 & 0 \\ 0 & 0 & 0 \\ 0 & 0 & 0 \end{pmatrix} \cup \begin{pmatrix} 0 & 0 & 0 \\ 0 & 1 & 0 \\ 0 & 0 & 0 \end{pmatrix} \cup \begin{pmatrix} 0 & 0 & 0 \\ 0 & 0 & 0 \\ 0 & 0 & 1 \end{pmatrix} = \mathbf{R}_1 \cup \mathbf{R}_2 \cup \mathbf{R}_3 \,, \tag{7.2}$$

d.h. mehrere Implikationen (Regeln) lassen sich mit dem Max-Operator als Oder-Verknüpfung in einer einzigen Relationsmatrix zusammenfassen.

Betrachten wir nur eine einzige Regel des Regelsatzes, z.B. die zweite, so erhalten wir für das Unternehmen die Teilbewertung:

$$\mu^{K_1}(E) \circ \mathbf{R}_2 = (0, 0{,}75, 0{,}12) \circ \begin{pmatrix} 0 & 0 & 0 \\ 0 & 1 & 0 \\ 0 & 0 & 0 \end{pmatrix} = \mu^{Y}_{R_2}(E) = (0, 0{,}75, 0)\,.$$

D.h., wird die Implikation durch eine Relation beschrieben, die eigentlich nicht-fuzzy ist, so wird der Wahrheitsgrad der Prämisse übertragen als Wahrheitsgrad der Konklusion. Anstelle von Wahrheitsgrad spricht man auch vom *Erfülltheitsgrad (degree of fulfillment DOF)*. Da die hier betrachteten Regeln als Konklusion nur eine Ausprägung zulassen, reicht es aus, sich anstelle von $\mu^{Y}_{R_2}(E) = (0, 0{,}75, 0)$ den positiven Wert $DOF_{R_2}(E) = 0{,}75$ zu merken.

Offen ist noch, was unter einer Bewertung der "Veränderung der Vorräte"mit dem Prädikat "mittel mit dem Wahrheitsgrad 0,75" genauer verstanden werden soll.

Da für einen Wahrheitsgrad 1 die Bewertung durch $\mu^{Y}_{mittel}(y)$ dargestellt wird, vgl. Abb. 7.3 , bieten sich an, bei einem niedrigeren Wahrheitsgrad die Bewertung durch

$$\mu^{E}_{R_2}(y) = \mathrm{Min}\left(DOF_{R_2}(E), \mu^{Y}_{mittel}(y)\right) \tag{7.3}$$

zu beschreiben. Man erhält dann eine ab der Höhe $\mu^{Y}_{mittel}(E)$ "abgeschnittene" Zugehörigkeitsfunktion, vgl. Abbildung 7.4.

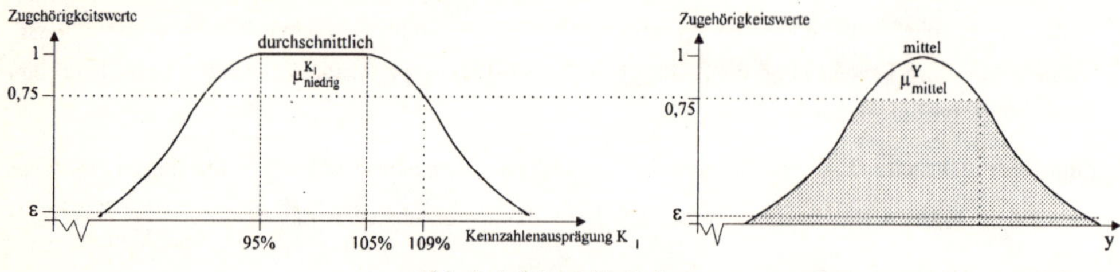

Abb. 7.4: Max-Min-Inferenz

Neben der Interpretation (7.3) , die zumeist bei den technischen Anwendungen von Fuzzy-Control benutzt wird, sind hier auch andere Und-Verküpfungen denkbar. Zu nennen ist vor allem das Algebraische Produkt, das zu der Formel

$$\mu^{E}_{R_2}(y) = DOF_{R_2}(E) \cdot \mu^{Y}_{mittel}(y) \tag{7.4}$$

führt, vgl. Abbildung 7.5.

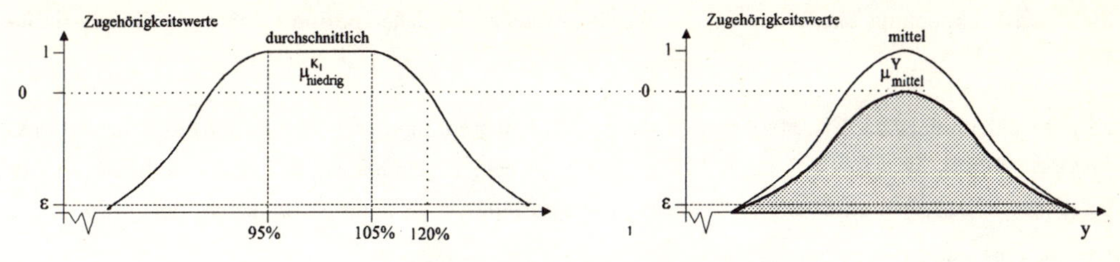

Abb. 7.5: Max-Prod-Inferenz

Werden für ein zu beurteilendes Unternehmen E die Regeln R_i einzeln abgearbeitet und die Bewertungen $\mu_{R_i}^{E}(y)$ berechnet, dann ergibt sich nach den vorstehenden Ausführungen die Gesantbewertung als

$$\mu_R^E(y) = \bigcup_i \mu_{R_i}^E(y) = \mathrm{Max}\left(\mu_{R_1}^E(y), \mu_{R_2}^E(y), \ldots\right) \tag{7.5}$$

vgl. die Abbildung 7.6.

Von seinem formalen Aufbau her bezeichnet man das auf (7.3) basierende Inferenz-Schema als *Max-Min-Inferenz,* wogegen man im Falle der Anwendung der Formel (7.4) von der *Max-Prod-Inferenz* spricht.

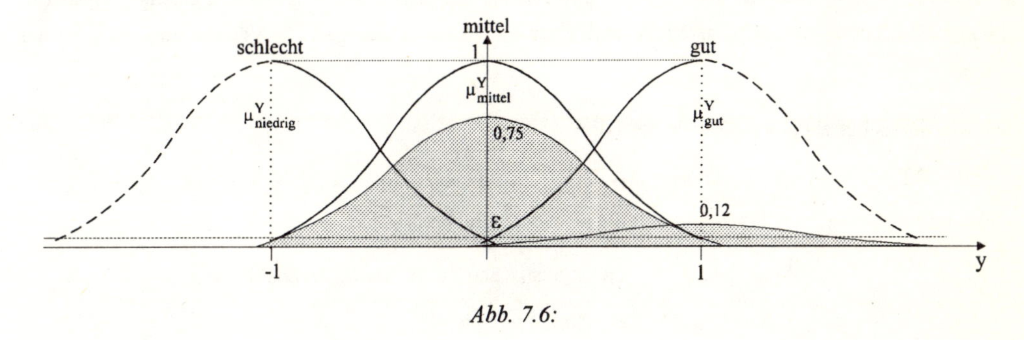

Abb. 7.6:

Um eine Beurteilung des vorstehend beschriebenen fuzzy-logischen Schließens *(Fuzzy-Implikation)* auf der Basis der Max-Min-Verknüpfung geben zu können, wollen wir es mit der Wahrheitstafel der klassischen Implikation "A ⇒ B" vergleichen:

A	B	$A \Rightarrow B$	$A \tilde{\Rightarrow} B$
1	1	1	1
1	0	0	0
0	1	1	0
0	0	1	0

Tab.: 7.6: Wahrheitstafel

Während die klassische Implikation nur dann falsch ist, wenn die Prämisse A wahr und die Konklusion B falsch ist, ist die Fuzzy-Implikation nur dann wahr, wenn Prämisse <u>und</u> Konklusion wahr sind. Das auf der

Max-Min-Verknüpfung basierende fuzzy-logische Schließen ist daher pessimistischer als die klassische Implikation.

Zu klären bleibt noch die Erweiterung der Prämissen auf mehrere Inputvariablen. In der Literatur, vgl. u.a. [SUGENO 1985], [KAHLERT; FRANK 1993], wird allgemein angenommen, daß der Wahrheitsgrad der Regel durch das Minimum über die Wahrheitsgrade aller Inputvariablen dieser Regel bestimmt wird.

Für die 2. Regel in Tabelle 7.4 gilt dann

$$DOF_{R_2} = \text{Min}\,(\mu^{K_1}_{hoch}(\;),\ \mu^{K_2}_{durch}(\;))$$

und für die Regel 8

$$DOF_{R_8} = \text{Min}\,(\mu^{K_1}_{niedrig}(\;),\ \mu^{K_2}_{durch}(\;),\ \mu^{K_3}_{hoch}(\;)).$$

7.4 FUZZY-LOGIK-BASIERTE VERARBEITUNG VON EXPERTENREGELN

Nach den Grundsatzüberlegungen im letzten Abschnitt können wir nun allgemein die Verarbeitung von Expertenregeln mittels fuzzy-logischem Schließen beschreiben. Wir betrachten dazu ein regelbasiertes System mit m Inputvariablen und einer Outpuvariablen, das sich zusammensetzt aus einemr Regelbasis, d.h. einem System von Inferenzregeln, und einem Inferenzschema, das die Verarbeitungsvorschriften enthält.

Die Regelbasis besteht aus m Regeln der Form:

$$R_i\text{: WENN } x_1 = \tilde{A}_{i1} \text{ UND } x_2 = \tilde{A}_{i2} \text{ UND ... UND } x_m = \tilde{A}_{im} \text{ DANN } y = \tilde{B}_i\,, \quad i = 1, 2, ..., n$$

Dabei sind	$x_1, x_2, ..., x_m$	die nicht-fuzzy Inputvariablen,
	$\tilde{A}_{i1}, \tilde{A}_{i2}, ..., \tilde{A}_{im}$	die linguistischen Terme der Inputvariablen x_i
	y	die Outputvariable
	$\tilde{B}_1, \tilde{B}_2, ..., \tilde{B}_n$	die linguistischen Terme der Outputvariablen

Fur eine aktuelle Zustandsbeschreibung $(\hat{x}_1, \hat{x}_2, \ldots, \hat{x}_m)$ wird dann gemäß dem vorstehend diskutierten Inferenzschema (bei Verwendung der Max-Min-Inferenz) jeder Regel R_i eine Fuzzy-Menge zugeordnet:

$$R_i\text{:}\ \ \text{Min}\left\{\mu_{i1}(\hat{x}_1), \mu_{i2}(\hat{x}_2), \ldots, \mu_{im}(\hat{x}_{ml}), \mu_{B_i}(y)\right\} = \mu_{\hat{B}_i}(y). \tag{7.6}$$

Anschließend wird durch Vereinigung dieser "abgeschnittenen" Fuzzy-Mengen $\mu_{\hat{B}_i}(y)$ mittels des Max-Operators die Gesamtbewertung über alle Regeln der Regelbasis gebildet:

$$\mu_{gesamt}(y) = \text{Max}\left\{\mu_{\hat{B}_1}(y), \mu_{\hat{B}_2}(y), \ldots, \mu_{\hat{B}_n}(y)\right\} \tag{7.7}$$

< 7.4 > Betrachten wir zur Illustration nochmals das Unternehmen E in Beispiel < 7.2 > mit dem Kennzahlenvektor

$$(K_1, K_2, K_3) = (\frac{\Delta - \text{Umsatz}}{\Delta - \text{Vorräte}}, \frac{\Delta - \text{Auftragsbestand}}{\Delta - \text{Vorräte}}, \frac{\text{Umsatz GJ}}{\text{Umsatz VJ}}) = (109\%, 111\%, 86\%)$$

Wegen der Minimumbildung über die Inputvariablen weisen nur die Regeln 1, 2, 4 und 5 einen positiven DOF-Wert auf:

$$DOF_{R_1} = \text{Min}\,(\mu^{K_1}_{hoch}(109\%), \mu^{K_2}_{hoch}(111\%)) = \text{Min}\,(0{,}12,\ 0{,}24) = 0{,}12 \qquad \text{"gut"}$$

$$DOF_{R_2} = \text{Min}\,(\mu^{K_1}_{hoch}(109\%), \mu^{K_2}_{durch}(111\%)) = \text{Min}\,(0{,}12,\ 0{,}53) = 0{,}12 \qquad \text{"gut"}$$

$$DOF_{R_4} = \text{Min}\,(\mu^{K_1}_{durch}(109\%), \mu^{K_2}_{hoch}(111\%)) = \text{Min}\,(0{,}75,\ 0{,}24) = 0{,}24 \qquad \text{"gut"}$$

$$DOF_{R_5} = \text{Min}\,(\mu^{K_1}_{durch}(109\%), \mu^{K_2}_{durch}(111\%)) = \text{Min}\,(0{,}75,\ 0{,}53) = 0{,}53 \qquad \text{"mittel"}$$ ♦

Alle Regeln mit positivem DOF tragen nun zur Bewertung der "Änderung der Vorräte" bei. Dabei werden die den einzelnen Regeln entsprechenden Bewertungen proportional zum Erfüllungsgrad "abgesenkt", vgl. Abb. 7.7.

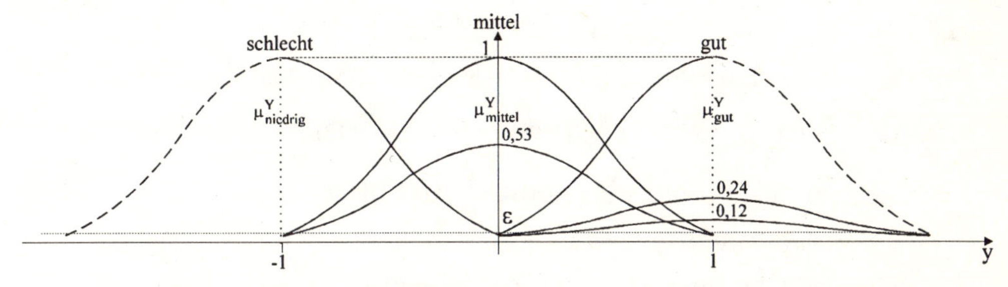

Abb. 7.7: Bewertung der "Änderung der Vorräte" für das Unternehmen E

Die hier benutzte Max-Prod-Inferenz ist unserer Ansicht nach besser geeignet als die bei Fuzzy-Control-Anwendungen häufig anzutreffende Max-Min-Inferenz, da das dort praktizierte "Abschneiden" der Zugehörigkeitswerte, die größer als der errechnete Erfüllungsgrad sind, i. a. dazu führt, daß die Regeln mit einem mittleren DOF-Wert einen relativ zu starken Einfluß erhalten, vgl. [ROMMELFANGER 1993B].

In dem Beispiel < 7.4 > führen die ersten drei Regeln zur gleichen Bewertung "gut". Wir halten es nun weder für angebracht, lediglich die Regel mit dem höchsten DOF zu wählen, wie dies bei Fuzzy-Control-Algorithmen üblich ist, noch sollten die einzelnen DOF-Werte addiert werden. Gegen das letztgenannte Vorgehen spricht schon die theoretische Möglichkeit, hierbei DOF-Werte größer als 1 zu erhalten. Als Mittelweg, mit dem wir in Simulationsversuchen plausible Ergebnisse erzielt haben, schlagen wir vor, mittels der algebraischen Summe einen Gesamterfüllungsgrad zu berechnen:

$$DOF_{Gesamt}(\text{Bewertung} *) = [1 - \prod_{\substack{\text{Regel i führt zur} \\ \text{Bewertung} *}} (1 - DOF(\text{Regel i})] \qquad (7.8)$$

< 7.5 > Für das Unternehmen E aus Beispiel < 7.2 > ergibt sich mit (7.7) ein Gesamterfüllungsgrad für die Bewertung "gut" in Höhe von

$$DOF_{Gesamt}(gut) = [1 - (1 - 0{,}12)\ (1 - 0{,}12)\ (1 - 0{,}24)] = 0{,}41\ .$$

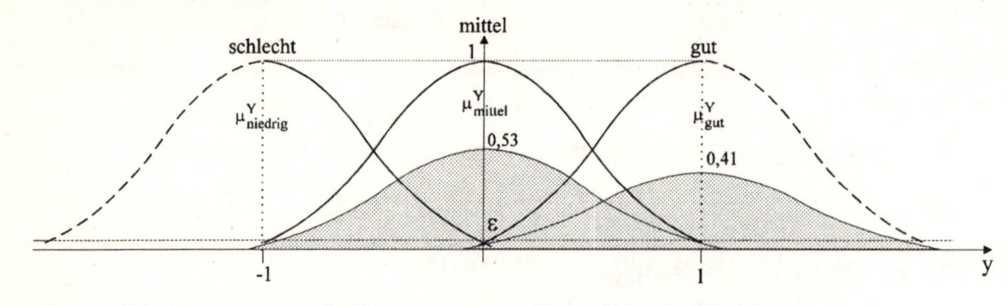

Abb. 7.8: Bewertung der "Veränderung der Vorräte" für das Unternehmen E ♦

< 7.6 > Als weiteres Beispiel betrachten wir ein Unternehmen F mit dem Zustand

$$(K_1, K_2, K_3) = (\frac{\Delta - \text{Umsatz}}{\Delta - \text{Vorräte}}, \frac{\Delta - \text{Auftragsbestand}}{\Delta - \text{Vorräte}}, \frac{\text{Umsatz GJ}}{\text{Umsatz VJ}}) = (\ 89\%,\ 109\%,\ 82\%)$$

$DOF_{R_4} = \text{Min}\ (\mu^{K_1}_{durch}(89\%),\ \mu^{K_2}_{hoch}(109\%)) = \text{Min}\ (0{,}53,\ 0{,}12) = 0{,}12$ "gut"

$DOF_{R_5} = \text{Min}\ (\mu^{K_1}_{durch}(89\%),\ \mu^{K_2}_{durch}(109\%)) = \text{Min}\ (0{,}53,\ 0{,}75) = 0{,}53$ "mittel"

$DOF_{R_7} = \text{Min}\ (\mu^{K_1}_{niedrig}(89\%),\ \mu^{K_2}_{hoch}(109\%)) = \text{Min}\ (0{,}24,\ 0{,}12) = 0{,}12$ "gut"

$DOF_{R9} = \text{Min}\ (\mu^{K_1}_{niedrig}(89\%),\ \mu^{K_2}_{durch}(109\%),\ \mu^{K_3}_{durch}(82\%))$

$= \text{Min}\ (0{,}24,\ 0{,}75,\ 0{,}05) = 0{,}05$ "mittel"

$DOF_{R10} = \text{Min}\ (\mu^{K_1}_{niedrig}(89\%),\ \mu^{K_2}_{durch}(109\%),\ \mu^{K_3}_{durch}(82\%))$

$= \text{Min}\ (0{,}24,\ 0{,}75,\ 0{,}93) = 0{,}24$ "schlecht"

Mit der Formel (7.8) ergeben sich dann die Gesamterfüllungsgrade für die Fuzzy-Bewertungen "mittel" und "gut":

$$DOF_{Gesamt}(gut) = [1 - (1 - 0{,}12)\ (1 - 0{,}12)] = 0{,}226\ .$$

$$DOF_{Gesamt}(mittel) = [1 - (1 - 0{,}53)\ (1 - 0{,}05)] = 0{,}554\ .$$

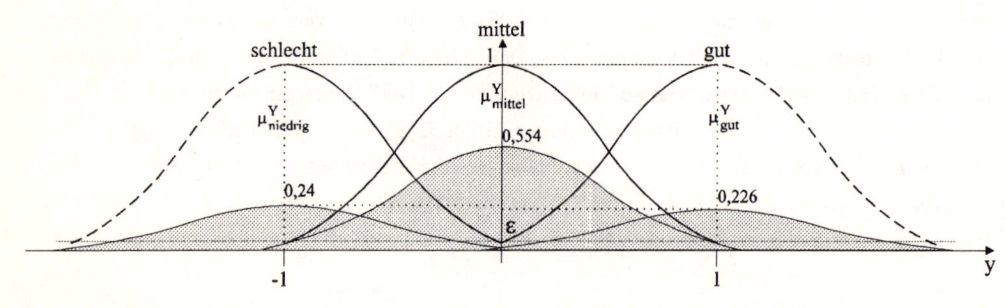

Abb. 7.9: Bewertung der "Veränderung der Vorräte" für das Unternehmen F ♦

Gerade am Beispiel < 7.6 > kann man den Vorteil des Fuzzy-Ansatzes im Vergleich zur Bewertung der Kennzahlen mittels Intervallklassen gut erkennen. Würde man z.B. die linguistischen Bewertungen durch die in der Abbildung 7.9 dargestellten Intervallklassen beschreiben, so würde das Unternehmen F nach Regel 10 bewertet und die "Veränderung der Vorräte" erhielte die Beurteilung "niedrig". Dagegen liefert die mit dem Fuzzy-Inferenz-Ansatz ermittelte Bewertung in Abbildung 7.9 ein viel detaillierteres und, wie ich glaube, auch ein besseres Bild über die "Veränderung der Vorräte".

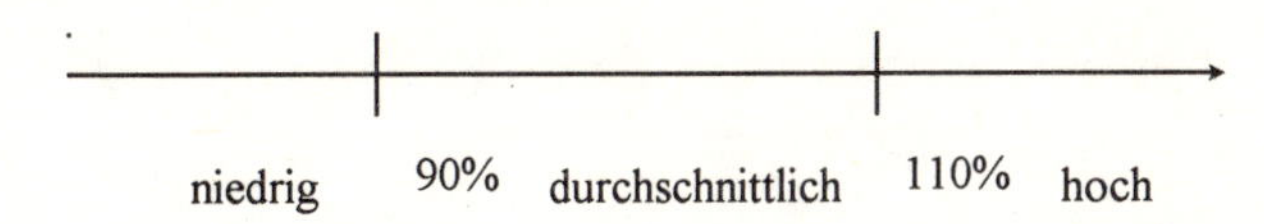

Abb. 7.10: Intervallbewertungsklassen zu den Kennzahlen in Tabelle 7.4

Bei Bedarf kann die ermittelte Bewertung "verdichtet" werden. So könnte man in Beispiel < 7.6 > wegen des annähernd symmetrischen "Gewichtes" der Bewertungen "niedrig" und "hoch" und des mehr als doppelt so hohen Erfüllungsgrades der Bewertung "mittel" das Gesamturteil zusammenziehen auf "mittel". Darüber läßt sich mit dem in Fuzzy Control-Anwendungen üblichen Schwerpunktverfahren oder dem einfacheren Flächenhalbierungsverfahren die Fuzzy-Bewertung auf einen Punkt verdichten, vgl. [Sugeno 1985], [Kahlert; Frank 1993]. Ein solcher Defuzzifizierungsschritt ist aber in hierarchischen Bewertungssystemen nur als Reduktionsschritt zur Vereinfachung nachfolgender Rechnungen oder als Orientierungshilfe nötig. Im Rahmen einer hierarchischen Regelverarbeitung ist es besser, die vorliegenden Fuzzy-Bewertungen direkt als Inputs für die nächste Aggregationsstufe zu verwenden, wobei die zugehörigen Erfüllungsgrade als Zugehörigkeitsgrade aufgefaßt werden. Erste Erfahrungen mit diesem Modell und Beispielrechnungen legen nahe, vor dieser Weiterverarbeitung unscharfer Bewertungen die Zugehörigkeitsgrade so zu normieren, daß ihre Summe gleich 1 wird. Eine Defuzzifizierung als Reduktionsschritt bietet sich dann an, wenn zu viele Fuzzy-Ausprägungen in der Bewertung auftreten; neben zu großem Rechenaufwand kann dies, insbesondere bei vielen Hierarchiestufen zur Folge haben, daß sich die Bewertungen immer mehr zur Mitte orientieren.

Zusammenfassend läßt sich sagen, daß die Modellierung linguistischer Variablen mittels Fuzzy-Mengen und die Fuzzy-Inferenz-Verfahren einen Weg bieten, menschliche Denkprozesse zu formalisieren und damit Expertensysteme zu konstruieren, die diesen Namen auch verdienen. Die Beschreibungen der Bewertungsausprägungen mittels Fuzzy-Zahlen und Fuzzy-Intervallen hat im Vergleich zur Verwendung von klassischen Intervallen den Vorteil, daß der Experte genau erklären muß, wann die einzelnen Regeln idealtypisch zutreffen. Dadurch wird es den Benutzern des Expertensystems ermöglicht, die Grundgedanken des Experten nachzuvollziehen, und dieses "Verstehenkönnen" ist eine wesentliche Voraussetzung für die Akzeptanz eines Expertensystems und damit für seine erfolgreiche Umsetzung in die Praxis. Die vorstehend getroffenen Korrekturen an den eingesetzten Verknüpfungsoperatoren erscheinen sinnvoll, müßten aber noch in Praxistests überprüft werden. Darüberhinaus sind auch weitere Und- bzw. Oder-Operatoren denkbar, vgl. dazu die Seiten 18-33. Offensichtlich reicht es nicht aus, die in Fuzzy Control-Verfahren erprobten Vorgehensweisen einfach auf nicht-technische Bewertungs- und Entscheidungsaufgaben zu übertragen, denn ein wesentlicher Unterschied ist zu beachten. Da die Steuerungsentscheidungen in technischen Prozessen in schneller Folge wiederholt werden, ist es ausreichend, wenn eine ungefähr richtige Aktion ergriffen wird, die nächste Korrektur erfolgt ja unmittelbar danach. Bei Entscheidungsunterstützungssystemen wird aber eine **einmalige** Entscheidung in jedem Teilbereich getroffen. Diese sollte daher möglichst richtig sein. Ein hier nicht behandelter Punkt ist, daß bei nicht-technischen Anwendungen der Ist-Zustand nicht immer exakt beschrieben werden kann. Die zur Behandlung dieser Aufgabe in der Literatur angebotenen Verfahrensweisen können unseerer Ansicht nach bislang nicht überzeugen, vgl. [TILLI 1993], [KRUSE; GEBHARDT; KLAWONN 1993],[TANAKA 1993].

B. FUZZY - OPTIMIERUNGSMODELLE

Während im Hauptteil A Entscheidungsmodelle mit enumerativ vorgegebener Alternativenmenge behandelt werden, wollen wir in den beiden nachfolgenden Kapiteln 8 und 9 Entscheidungsmodelle untersuchen, bei denen die zulässigen Alternativen lediglich durch Restriktionen eingegrenzt werden. Aus der großen Klasse dieser sogenannten *Mathematischen Optimierungssysteme* wollen wir ausschließlich lineare Modelle näher untersuchen. Neben dem einfachsten und in der Praxis weitaus gebräuchlichsten Typ, den linearen Programmierungsmodellen, werden auch Mehrzieloptimierungssysteme erörtert.

Wird ein reales Entscheidungsproblem in Form eines LP-Modells

$$z = c_1 x_1 + c_2 x_2 + \cdots + c_n x_n \rightarrow \text{Max}$$

unter Beachtung der Restriktionen (B1)

$$a_{i1} x_1 + a_{i2} x_2 + \cdots + a_{in} x_n \leq b_i \qquad i = 1,\ldots, m_1$$

$$a_{i1} x_1 + a_{i2} x_2 + \cdots + a_{in} x_n \geq b_i \qquad i = m_1 + 1,\ldots,m_2$$

$$a_{i1} x_1 + a_{i2} x_2 + \cdots + a_{in} x_n = b_i \qquad i = m_2 + 1,\ldots,m$$

$$x_1, x_2,\ldots ,x_n \geq 0$$

abgebildet, so muß der Entscheidungsträger in der Lage sein, allen Koeffizienten c_j und a_{ij}, $j = 1,\ldots,n$, $i = 1,\ldots,m$, und allen Restriktionsgrenzen b_i, $i = 1,\ldots,m$, eine eindeutig bestimmte reelle Zahl zuzuordnen. In vielen praktischen Anwendungsfällen reichen aber die Informationen des Entscheiders nicht aus, um diesen hohen Anforderungen zu genügen. Insbesondere lassen sich Größen, die erst in der Zukunft realisiert werden, im voraus nur selten exakt prognostizieren.

Betrachten wir als Beispiel das folgende einfache Investitionsmodell von JACOB [1976, S. 684]:

$$\sum_i w_i m_i \rightarrow \text{Max}$$

unter Beachtung der Restriktionen

$$\sum_i A_i m_i \leq B \qquad \textit{Finanzierung}$$

$$\sum_i x_{tzi} m_i \leq N_{tz} \qquad z = 1,\ldots,Z;\ t = 1,\ldots,T \qquad \textit{Absatz}$$

$$\sum_{t=1}^{\hat{t}} \left(\sum_i (a_{ti} - l_{ti}) m_i \right) \leq \hat{B} \qquad \hat{t} = 1,2,\ldots,T \qquad \textit{Liquidität}$$

$$\sum_i Q_{tiv}\, m_i \leq \overline{Q}_{tv} \qquad v = 1,\ldots,V;\ t = 1,\ldots,T \qquad \textit{Beschaffung}$$

mit den Variablen

m_i = Anzahl der Investitionsobjekte des Typs i

und den Konstanten

a_{ti} = Auszahlungen (Ausgaben) in der Periode t bei Verwirklichung eines Investitionsobjektes i;

l_{ti} = Einzahlungen (Einnahmen) in der Periode t bei Verwirklichung eines Investitionsobjektes i;

w_i = Kapitalwert des Investitionsprojektes i;

x_{tzi} = Menge des Erzeugnisses z, die bei Verwirklichung eines Investitionsprojektes des Typs i in der Periode t hergestellt wird; die Mengen x_{tzi} liegen der Ermittlung der Kapitalwerte w_i zugrunde;

A_i = Anschaffungsausgaben eines Investitionsprojektes des Typs i;

B = am Anfang der Planungsperiode für Investitionszwecke verfügbare Mittel;

B = Betrag, der zur Finanzierung zeitweiliger Überschüsse der laufenden Auszahlungen über die laufenden Einzahlungen herangezogen werden kann; zu keinem relevanten Zeitpunkt darf der kumulierte Überschuß der Ausgaben über die Einnahmen mehr als $\hat{B}$ Geldeinheiten betragen;

N_{tz} = Nachfrage nach dem Erzeugnis z in der Periode t;

Q_{tiv} = Menge des Produktionsfaktors v, die bei Verwirklichung eines Investitionsprojektes des Typs i in der Periode t benötigt wird;

$\overline{Q}_{tv}$ = Menge des Produktionsfaktors v, über die in der Periode t höchstens verfügt werden kann.

Als zukunftsorientierte Größe ist die Nachfrage N_{tz} i.a. nicht eindeutig, sondern bestenfalls in Bandbreiten prognostizierbar. Analoges gilt für die Ein- und Auszahlungen späterer Perioden. Ein weiteres Problem ist auch die Festlegung des Kalkulationszinsfußes, der neben den Einnahmeüberschüssen in die Berechnung der Kapitalwerte w_i eingeht. Zumindestens die hier genannten Daten sind nur größenordnungsmäßig bestimmbar. Dabei kann der Entscheidungsträger aber oft neben einem Prognoseintervall noch weitere Aussagen über unterschiedliche Realisierungschancen der in Betracht kommenden Werte geben.

Informationen dieser Art lassen sich adäquat durch unscharfe Mengen, insbesondere durch Fuzzy-Zahlen und Fuzzy-Intervalle ausdrücken. Es ist daher sinnvoll, anstelle eindeutiger Koeffizienten und fester Restriktionsgrenzen Fuzzy-Größen einzusetzen.

Da sich auch jede reelle Zahl d schreiben läßt als unscharfe Menge

$$\tilde{D} = \{(y, \mu_D(y)) \mid y \in R\} \quad \text{mit} \quad \mu_D(y) = \begin{cases} 1 & \text{für } y = d \\ 0 & \text{sonst,} \end{cases}$$

führt die vorstehende Argumentation zu der Empfehlung, reale Entscheidungsmodelle abzubilden in Form eines linearen Fuzzy-Optimierungsmodells:

$$\tilde{Z}(\mathbf{x}) = \tilde{C}_1 x_1 + \cdots + \tilde{C}_n x_n \rightarrow \widetilde{\text{Max}}$$

unter Beachtung der Restriktionen (B.2)

$$\begin{aligned} \tilde{A}_{i1}x_1 + \cdots + \tilde{A}_{in}x_n &\tilde{\leq} \tilde{B}_i & i &= 1,\ldots,m_1 \\ \tilde{A}_{i1}x_1 + \cdots + \tilde{A}_{in}x_n &\tilde{\geq} \tilde{B}_i & i &= m_1+1,\ldots,m \\ \tilde{A}_{i1}x_1 + \cdots + \tilde{A}_{in}x_n &\tilde{=} \tilde{B}_i & i &= m_2+1,\ldots,m \\ x_1,\ldots,x_n &\geq 0 \end{aligned}$$

Damit stellt sich aber die Frage, wie Optimierungsmodelle mit Fuzzy-Daten zu lösen sind.

In Kapitel 8 wollen wir den einfachsten Modelltyp diskutieren, bei dem lediglich die rechten Seiten ungenau sind. Neben der Berücksichtigung eines Zieles werden wir auch lineare Vektoroptimierungssysteme behandeln und einen leistungsfähigen Lösungsalgorithmus entwickeln, der iterativ über die Vorgabe von Anspruchsniveaus gesteuert wird.

Das Kapitel 9 ist dann dem allgemeineren Modell (B.2) gewidmet. Hier sind vor allem die Interpretation der Ungleichungsrelationen "$\tilde{\leq}$", "$\tilde{\geq}$", "$\tilde{=}$" zu untersuchen und zu klären, was unter " $\widetilde{\text{Max}}$" zu verstehen ist. Wir werden dabei sehr unterschiedliche Lösungsansätze darstellen und miteinander vergleichen.

Neben den in diesem Buch dargestellten linearen Optimierungssystemen mit Fuzzy-Größen gibt es eine Vielzahl weiterer Arbeiten, in denen Mathematische Optimierungssysteme mit Hilfe der Theorie unscharfer Mengen verallgemeinert bzw. gelöst werden. Einen guten Überblick geben die Bücher von Zimmermann [1985A,1987], Kacprzyk; Yager [1985], Kacprzyk; Orlovski [1987], Verdegay; Delgano [1989], Slowinski; Teghem [1990], Federizzi; Kacprzyk; Rubens [1991] und Lai; Hwang [1992].

Während einige Autoren, vgl. z.B. [Yazenin 1987], die Fuzzy-Mathematische Programmierung als eine konkurrierende Darstellungsform zur Stochastischen Programmierung ansehen, sind wir der Ansicht, daß die Fuzzy Set-Theorie und die Stochastik zwei unterschiedliche Aspekte der Ungenauigkeit beschreiben, vgl. die Ausführungen auf den Seiten 3-5.

Die Devise sollte daher nicht lauten "entweder Fuzzyness oder Wahrscheinlichkeit", sondern "sowohl Fuzzyness als auch Wahrscheinlichkeit". Erste Arbeiten in diesem Sinne sind schon erstellt worden, vgl. [Hanuscheck 1986], [Rommelfanger; Wolf 1987] und [Rommelfanger 1991C], es bedarf aber noch weiterer Forschungen, um beide Konzepte zufriedenstellend zu verbinden.

Dagegen besteht unserer Ansicht nach in der Praxis kaum Bedarf an Entscheidungsmodellen, bei denen eine Lösung in Form unscharfer Größen ermittelt wird, vgl. z.B. [Tanaka; Asai; Ichihashi 1985]. In der Regel sucht der Entscheidungsträger nach einer eindeutig bestimmten optimalen Alternative, die realisiert werden soll. Um diese zu ermitteln, ist bei gegebener Fuzzy-Lösung ein weiterer Entscheidungsprozeß erforderlich, vgl. auch Abschnitt 4.2. Die hier eingehenden Restriktionen und Ziele hätten aber schon von vornherein in die Entscheidungsfindung einbezogen werden können und so direkt zur auszuführenden Lösung geführt. Lediglich in Situationen, in denen die Lösung des Entscheidungsprozesses als Verhandlungsbasis dient, sind Fuzzy-Lösungen sinnvoll, da sie den Entscheidungsträger über seinen Verhandlungsspielraum informieren.

8. LINEARE OPTIMIERUNGSMODELLE MIT FLEXIBLEN RESTRIKTIONSGRENZEN

In diesem Kapitel wollen wir lineare Programmierungs- und lineare Vektoroptimierungsmodelle untersuchen, bei denen die Restriktionsgrenzen nicht starr festgelegt werden, wie dies für klassische Optimierungsverfahren gefordert wird, sondern es wird zugelassen, daß die "gesicherten" Grenzen in einem gewissen Ausmaß überschritten werden dürfen.

Dabei reicht es aus, lineare Restriktionen des Typs

$$a_{i1}x_1 + \cdots + a_{in}x_n \leq b_i \tag{8.1}$$

zu betrachten, da jede "$\geq$"-Restriktion durch Multiplikation mit (-1) stets in eine "$\leq$"-Restriktion umgeformt werden kann und jede Restriktionsgleichung

$$a_{k1}x_1 + \cdots + a_{kn}x_n = b_k$$

äquivalent zu dem System

$$\begin{aligned} a_{k1}x_1 + \cdots + a_{kn}x_n &\leq b_k \\ a_{k1}x_1 + \cdots + a_{kn}x_n &\geq b_k \quad \text{ist.} \end{aligned}$$

Während in den klassischen Optimierungsmodellen die Überschreitung einer Restriktionsgrenze nicht zulässig ist, wollen wir hier annehmen, daß die Grenze b_i zwar bis zu d_i Einheiten überschritten werden darf, dies aber nicht erwünscht ist. Dieser Fall tritt bei praktischen Entscheidungsproblemen sehr häufig auf. So kann z.B. ein Produzent davon überzeugt sein, daß ihm mit Sicherheit b_i Einheiten eines benötigten Rohstoffes zum vorgesehenen Preis zur Verfügung stehen. Darüber hinaus hält er es für möglich, weitere Einheiten dieses Rohstoffes zu kaufen, dies aber ohne feste Lieferzusage und evtl. zu höherem Preis. Eine solche *weiche Restriktion (soft constraint)* wollen wir nach SOMMER [1978, S.B2] darstellen durch

$$a_{i1}x_1 + \cdots + a_{in}x_n \tilde{\leq} b_i\, ;\ b_i + d_i\, , \tag{8.2}$$

wobei die *weiche Ordnungsrelation* "$\tilde{\leq}$" zu interpretieren ist als "überschreite möglichst nicht b_i, bleibe aber auf jeden Fall kleiner oder gleich $b_i + d_i$".

<u>Bemerkung</u>

In der Literatur wird zumeist auf die Angabe der maximal möglichen Überschreitung d_i verzichtet, so daß die Restriktion (8.2) die aussageärmere Form (8.3) aufweist

$$a_{i1}x_1 + \cdots + a_{in}x_n \tilde{\leq} b_i\, . \tag{8.3}$$

Dementsprechend ist auch die verbale Formulierung der "$\tilde{\leq}$" Relation weniger präzise, was z.B. in der Interpretation "essentially smaller than or equal", vgl. [ZIMMERMANN 1985, S.222], oder "ungefähr oder möglichst kleiner als", vgl. [WERNERS 1984, S.23], deutlich wird.

8.1 MODELLIERUNG FLEXIBLER RESTRIKTIONSGRENZEN

In einer weichen Restriktion

$g_i(\mathbf{x}) = \mathbf{a}_i' \cdot \mathbf{x} = a_{i1}x_1 + \cdots + a_{in}x_n \tilde{\leq} b_i;\; b_i + d_i$ kommt neben der harten Beschränkung

$g_i(\mathbf{x}) = \mathbf{a}_i' \cdot \mathbf{x} \leq b_i + d_i$

die Zielsetzung des Entscheidungsträgers zum Ausdruck, nach Möglichkeit die als gesichert angesehene Grenze b_i nicht zu überschreiten. Er ist nur dann bedenkenlos mit einer Lösung $\mathbf{x}$ zufrieden, wenn

$g_i(\mathbf{x}) \leq b_i$ ist.

Dagegen möchte er Lösungen mit $g_i(\mathbf{x}) > b_i$ vermeiden, da ihre Realisierung mit Problemen verbunden sein kann. Allgemein kann wohl unterstellt werden, daß er eher bereit ist, kleinere Überschreitungen zu tolerieren als größere.

Um dieses subjektive Zufriedenheitsempfinden des Entscheidungsträgers bzgl. einer benötigten Quantität $g_i = g_i(\mathbf{x})$ durch einen Nutzenwert $\hat{\mu}_i(g_i)$ zu charakterisieren, kann man in Anlehnung an die Ausführungen in Kapitel 6 den Nutzen $\hat{\mu}_i(g_i)$ definieren als Zugehörigkeitswert der Größe g_i zur unscharfen Menge der bedenkenlos akzeptablen Quantitäten.
Die Nutzenfunktion $\hat{\mu}_i : R \to [0, 1]$ weist somit die folgenden Eigenschaften auf:

i. $\hat{\mu}_i(g_i) = 1$ für $g_i \leq b_i$
ii. $\hat{\mu}_i(g_i) = 0$ für $g_i > b_i + d_i$
iii. $\hat{\mu}_i(g_i) \in [0, 1]$ für $b_i < g_i \leq b_i + d_i$
iv. $\hat{\mu}_i(g_i)$ ist monoton fallend in $[b_i, b_i + d_i]$.

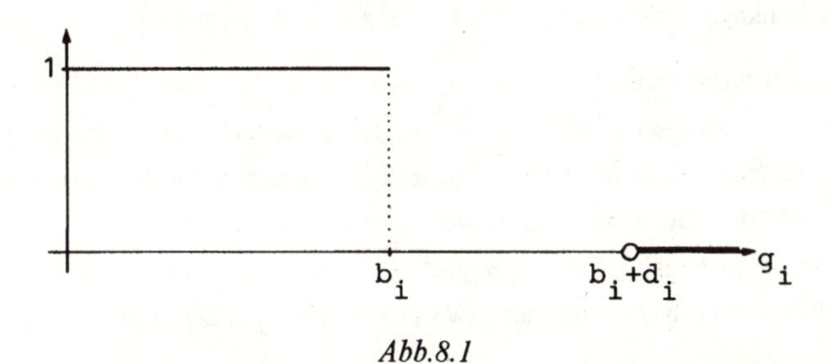

Abb.8.1

Durch die Verkettung der Funktionen $\hat{\mu}_i(g_i)$ und $g_i = g_i(\mathbf{x})$ zu $\mu_i(\mathbf{x}) = \hat{\mu}_i \circ g_i(\mathbf{x}) = \hat{\mu}_i(g_i(\mathbf{x}))$ läßt sich dann auch jeder Lösung $\mathbf{x}$ direkt ein Nutzenwert in bezug auf die Restriktion i zuordnen.

Zu erörtern bleibt die Frage, welchen Verlauf die Nutzenfunktion $\hat{\mu}_i$ im Intervall $]b_i, b_i + d_i]$ nimmt. Ein Blick in die Literatur, vgl. z.B. [SAKAWA 1983, S.491-493], zeigt, daß eine Vielzahl von Funktionstypen zur Beschreibung dieser Nutzenfunktionen vorgeschlagen wird. Nachfolgend werden die wichtigsten Funktionsformen dargestellt und diskutiert, wobei zur Vereinfachung der Schreibweise auf den Index i verzichtet wird.

Lineare Zugehörigkeitsfunktion

Der einfachste Typ einer Zugehörigkeitsfunktion ergibt sich aus der Annahme, daß die Zufriedenheit über dem Toleranzintervall $[b, b+d]$ linear abfällt. Wir erhalten dann die Funktionsgleichung:

$$\hat{\mu}(g) = \begin{cases} 1 & \text{für } g \leq b \\ 1 - \dfrac{g-b}{d} & \text{für } b < g \leq b+d \\ 0 & \text{für } b+d < g \end{cases} \tag{8.4}$$

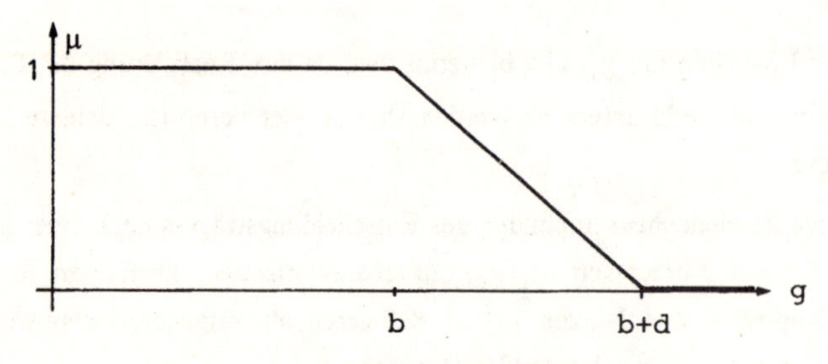

Abb.8.2: Lineare Zughörigkeitsfunktion

Konkave Zugehörigkeitsfunktionen

Eine Zugehörigkeitsfunktion $\hat{\mu} : \mathbf{R} \to [0, 1]$ wollen wir als *konkave Zugehörigkeitsfunktion* bezeichnen, wenn

i. $\hat{\mu}(g) = 1$ für $g \leq b$
ii. $\hat{\mu}(g) = 0$ für $b + d < g$
iii. $\hat{\mu}(g)$ eine konkave Funktion über dem Toleranzintervall $[b, b+d]$ ist.

Solche konkaven Zugehörigkeitsfunktionen geben nach ROMMELFANGER [1983, S.17] das subjektive Zufriedenheitsgefühl besonders gut wieder, da sie die oft zu beobachtende Einstellung beschreiben, daß die Zufriedenheit um so mehr abnimmt, je weiter die gesetzte Grenze b überschritten wird. Auch HANNAN [1981, S.247] betont die Bedeutung konkaver Zugehörigkeitsfunktionen: "...sometimes concave membership function is essential". Einen geeigneten Funktionstyp zur Darstellung einer konkaven Funktion über dem Intervall $[b, b+d]$ sieht SAKAWA [1983, S.492] in der Exponentialfunktion

$$\hat{\mu}(g) = \alpha\left[1 - \exp\left(\frac{\beta(g-b-d)}{d}\right)\right], \tag{8.5}$$

wobei die Parameter $\alpha > 1$ und $\beta > 0$ dadurch bestimmt werden können, daß neben den Forderungen $\hat{\mu}(b) = 1$ und $\hat{\mu}(b+d) = 0$ der Entscheidungsträger den Zugehörigkeitsgrad eines Zwischenpunktes $g \in]b, b+d[$ festlegt, vgl. Aufgabe 8.1.

Dagegen empfehlen HANNAN [1981], ROMMELFANGER [1983] und NAKAMURA [1984] die Verwendung stückweise linearer Funktionen über $[b, b+d]$. Sie begründen dies damit, daß bei praktischen Problemstellungen ein Entscheidungsträger nur selten in der Lage ist, den kompletten Verlauf der Zugehörigkeitsfunktion anzugeben. Zumeist wird es ihm nur möglich sein, wenigen Werten $g \in]b, b+d[$ einen Zugehörigkeitswert $\hat{\mu}(g)$ zuzuordnen. Diese Punktepaare $(g, \hat{\mu}(g))$ und die Endpunkte (b, 1) und

$(b+d, 0)$ werden dann so durch Geradenstücke verbunden, daß ein linearer Polygonenzug entsteht und $\hat{\mu}$ somit eine stetige, stückweise lineare Funktion über $[b, b+d]$ ist. Durch Angabe weiterer Punktepaare $(g, \hat{\mu}(g))$ kann der Entscheidungsträger seine Nutzenvorstellung $\hat{\mu}(g)$ genauer beschreiben, und zwar so präzise, wie dies bei seinem Informationsstand möglich ist, und wie notwendig er es erachtet.

Andererseits läßt sich auch jede stetige Funktion $\hat{\mu}(g)$ über $[b, b+d]$ beliebig genau durch eine stückweise lineare Funktion approximieren, vgl. Abbildung 8.3.

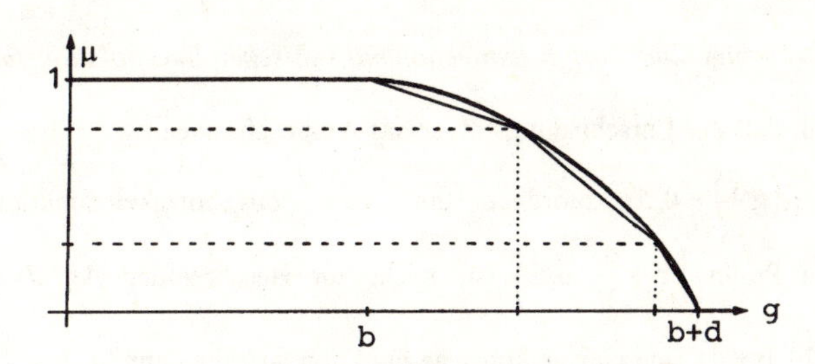

Abb. 8.3: Konkave Zugehörigkeitsfunktion

S-förmige Zugehörigkeitsfunktionen

Empirische Untersuchungen über den Verlauf von Nutzenfunktionen, vgl. z.B. [FRIEDMANN; SAVAGE 1948], vor allem aber Arbeiten der Anspruchsniveau-Theorie, vgl. z.B. [SIMON 1955, S.105], [BECKER; SIEGEL 1958], legen die Verwendung s-förmiger Nutzenfunktionen nahe. Dabei soll die Funktion oberhalb des Anspruchsniveaus einen konkaven Verlauf aufweisen, während der Verlauf unterhalb des Anspruchsnniveaus zumeist als konvex angenommen wird. Der konkave Funktionsteil steht auch im Einklang mit dem GOSSENschen Gesetz, das einen degressiv steigenden Grenznutzen postuliert. Die praktische Bedeutung s-förmiger Zugehörigkeitsfunktionen wird auch in neueren empirischen Arbeiten von HERSH ; CARAMAZZA [1976] und MILLING [1982, S.728] bestätigt.

S-förmige Zugehörigkeitsfunktionen lassen sich mit verschiedenen Funktionstypen darstellen:

SCHWAB [1983] verwendet kubische Funktionen zur Interpolation der vorgegebenen Stützstellen (b, 1), $(g^A, \hat{\mu}(g^A))$ und $(b+d, 0)$, wobei mit g^A das Anspruchsniveau symbolisiert wird. Man erhält dann Zugehörigkeitsfunktionen mit einer Funktionsgleichung

$$\hat{\mu}(g) = \begin{cases} 1 & \text{für} \quad g \leq b \\ \alpha g^3 + \beta g^2 + \gamma g + \delta & \text{für} \quad b < g \leq g^A \\ \overline{\alpha} g^3 + \overline{\beta} g^2 + \overline{\gamma} g + \overline{\delta} & \text{für} \quad g^A < g \leq b+d \\ 0 & \text{für} \quad b+d < g \end{cases} \tag{8.6}$$

wobei die reellen Koeffizienten α, β, γ, δ, $\overline{\alpha}$, $\overline{\beta}$, $\overline{\gamma}$, $\overline{\delta}$ so zu wählen sind, daß $\hat{\mu}$ auf $[b, g^A]$ konkav und auf $[g^A, b+d]$ konvex ist, vgl. Abbildung 8.4.

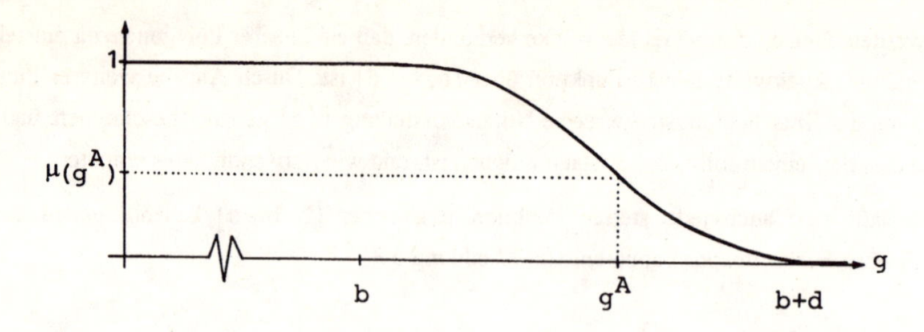

Abb.8.4: S-förmige Zugehörigkeitsfunktion mit kubischen Interpolationsfunktionen

Für den speziellen Fall, daß der Entscheidungsträger das Anspruchsniveau $g^A = b + \frac{d}{2}$ wählt, diesem den Zugehörigkeitswert $\hat{\mu}(g^A) = 0{,}5$ zuordnet und eine Zugehörigkeitsfunktion akzeptiert, die drehsymmetrisch zum Punkt $\left(b + \frac{d}{2};\ 0{,}5\right)$ ist, reicht zur Beschreibung der Zugehörigkeitsfunktion $\hat{\mu}$ auf dem Intervall $[b,\ b+d]$ eine einzige kubische Funktion aus, die dann in $b + \frac{d}{2}$ ihren Wendepunkt hat.

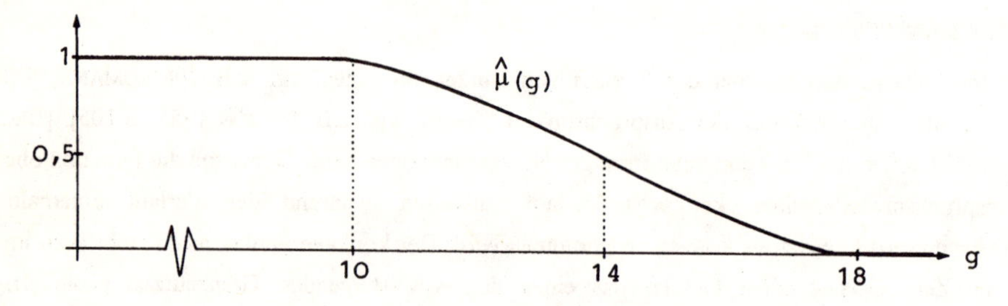

Abb.8.5: S-förmige Zugehörigkeitsfunktion mit der Gleichung

$$\hat{\mu}(g) = +0{,}0002\left(g^3 - 42g^2 + 572g - 2520\right) - 0{,}125g + 2{,}25 \qquad \text{für} \quad g \in [10, 18]$$

LEBERLING [1981,1983] empfiehlt die Verwendung *hyperbolischer Zugehörigkeitsfunktionen,* die auf **R** definiert sind als

$$\hat{\mu}^H(g) = \frac{1}{2} - \frac{1}{2} \cdot \frac{\exp\left[\beta\left(g - \left(b + \frac{d}{2}\right)\right)\right] - \exp\left[-\beta\left(g - \left(b + \frac{d}{2}\right)\right)\right]}{\exp\left[\beta\left(g - \left(b + \frac{d}{2}\right)\right)\right] + \exp\left[-\beta\left(g - \left(b + \frac{d}{2}\right)\right)\right]}, \tag{8.7}$$

wobei der vom Entscheidungsträger zu wählende Parameter $\beta \in \mathbf{R}_+$ die Krümmung beeinflußt, die mit wachsendem β zunimmt.

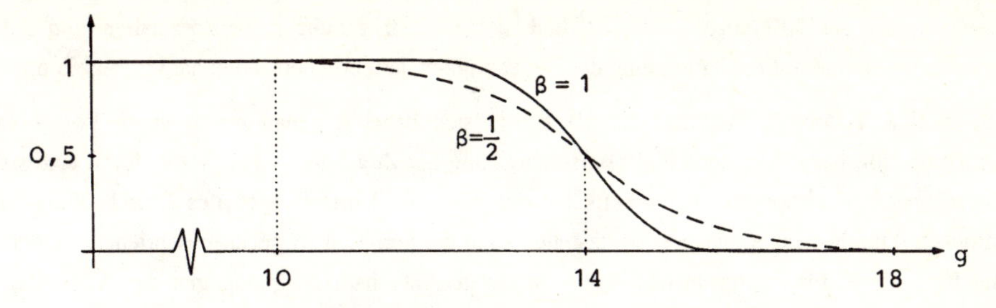

Abb.8.6: Hyperbolische Zugehörigkeitsfunktionen

$$\hat{\mu}^{H}(g) = \frac{1}{2} - \frac{1}{2} \cdot \frac{\exp[\beta(g-14)] - \exp[-\beta(g-14)]}{\exp[\beta(g-14)] + \exp[-\beta(g-14)]} \text{ für } \beta = 1 \text{ und } \beta = \frac{1}{2}$$

Von ZIMMERMANN; ZYSNO [1982] wird für die Darstellung einer s-förmigen Zugehörigkeitsfunktion die *logistische Funktion* μ^{L}: $\mathbf{R} \to [0, 1]$ mit

$$\hat{\mu}^{L}(g) = \frac{1}{1 + \exp\left[\gamma\left(g - g^{A}\right)\right]} \tag{8.8}$$

vorgeschlagen, wobei im Anspruchsniveau $\hat{\mu}^{L}\left(g^{A}\right) = 0{,}5$ gilt und der Parameter $\gamma > 0$ die Steigung der Funktion in diesem Punkt angibt.

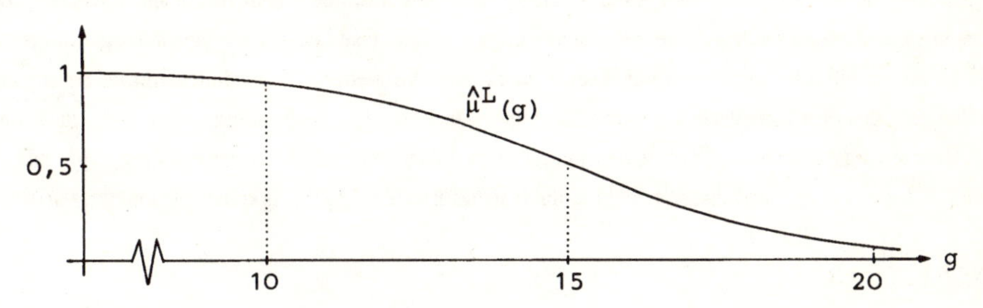

Abb.8.7: Logistische Zugehörigkeitsfunktion $\hat{\mu}^{L} = \dfrac{1}{1 + \exp\left[\frac{1}{2}(g-15)\right]}$

Die auffallende Ähnlichkeit zwischen einer hyperbolischen und einer logistischen Zugehörigkeitsfunktion ist damit zu erklären, daß beide verschiedene Schreibweisen des für $g^{A} = b + \frac{d}{2}$ und $\gamma = 2\beta$ gleichen Funktionstyps sind, denn es gilt für beliebiges $y \in \mathbf{R}$:

$$\frac{1}{2} - \frac{1}{2} \cdot \frac{e^{\beta y} - e^{-\beta y}}{e^{\beta y} + e^{-\beta y}} = \frac{1}{2} \cdot \frac{2e^{-\beta y}}{e^{\beta y} + e^{-\beta y}} = \frac{1}{e^{2\beta y} + 1}.$$

Hyperbolische und logistische Zugehörigkeitsfunktionen haben nicht nur den Nachteil, daß damit nur Zugehörigkeitsfunktionen dargestellt werden können, die drehsymmetrisch zum Punkt $\left(g^{A}, \frac{1}{2}\right)$ sind, sie genügen auch nicht den Bedingungen $\hat{\mu}(g) = 1$ für $g \leq b$ und $\hat{\mu}(g) = 0$ für $b + d < g$. Dies hat zur Folge, daß der Entscheidungsträger seine Wahlmöglichkeit bei der Festlegung des Parameters β bzw. γ dazu benutzen muß, um die Differenzen $[1-\hat{\mu}(b)]$ und $[\hat{\mu}(b+d)-0]$ möglichst klein zu halten, und er somit keinen weiteren Einfluß auf die Krümmung der Zugehörigkeitsfunktion nehmen kann, vgl. Abb.8.6.

Da jede stetige, s-förmige Funktion auf $[b, b+d]$ sich beliebig genau durch einen Polygonenzug approximieren läßt, halten wir auch hier die Beschreibung der Zugehörigkeitsfunktion durch eine stetige, stückweise lineare Funktion für den praktikabelsten Weg, die Vorstellungen des Entscheidungsträgers auszudrücken. Durch Angabe weiterer Stützstellen kann die Funktion so genau beschrieben werden, wie dies der Entscheider für richtig ansieht. Für weniger geeignet halten wir dagegen den Vorschlag von WERNERS [1984, S.152f], s-förmige Funktionen durch lineare Zugehörigkeitsfunktionen des Typs (8.4) zu approximieren, da diese einfache Funktionsform dem Entscheidungsträger zu wenig Gestaltungsmöglichkeiten bietet und zumeist nur eine grobe Näherung ermöglicht.

Über der Diskussion möglicher Funktionsformen darf die von Kritikern der Fuzzy-Optimierung immer wieder gestellte Frage nach der sachadäquaten Gewinnung der Zugehörigkeitsfunktionen $\hat{\mu}_i(g_i)$ nicht vergessen werden. Es ist sicherlich richtig, daß bei praktischen Problemstellungen ein Entscheidungsträger nur selten in der Lage ist, jedem möglichen Wert $g_i = g_i(\mathbf{x})$ einen wohlbestimmten Zugehörigkeitswert $\hat{\mu}_i(g_i)$ zuzuordnen und damit den kompletten Verlauf der Zugehörigkeitsfunktion $\hat{\mu}_i$ anzugeben. Es dürfte ihm aber nicht allzu schwer fallen, einige wenige Punktepaare $(g_i, \hat{\mu}_i(g_i))$ festzulegen, unter ihnen insbesondere $(b_i, 1)$ und $(g_i^A, \hat{\mu}_i(g_i^A))$. Aber schon die Bestimmung der Stelle $b_i + d_i$ und somit des Punktes $(b_i + d_i, 0)$ ist oft nicht einfach; vgl. dazu auch die Ausführungen auf Seite 73 dieses Buches.

Diese Stützstellen könnten dann mit einer Funktion der gewünschten Form interpoliert werden. Dabei reicht es unserer Ansicht nach aus, sie mit einem stetigen, stückweise linearen Polygonenzug zu verbinden. Diese Näherungsfunktion kann dann bei Bedarf durch Angabe weiterer Stützstellen immer besser an die Vorstellungen des Entscheiders angepaßt werden. Da wir die Auffassung vertreten, daß lineare Fuzzy-Optimierungsmodelle in Form eines interaktiven Prozesses gelöst werden sollten, vgl. dazu den Abschnitt 8.7, genügt es, zunächst mit recht einfach strukturierten Zugehörigkeitsfunktionen zu arbeiten.

ÜBUNGSAUFGABEN

8.1 Eine Zugehörigkeitsfunktion $\hat{\mu}(g)$ werde auf dem Intervall $[b, b+d] = [10, 18]$ durch eine Exponentialfunktion mit der Funktionsgleichung $\hat{\mu}(g) = \alpha\left[1 - \exp\frac{\beta(g-b-d)}{d}\right]$ beschrieben.

Bestimmen Sie die Parameter $\alpha > 1$ und $\beta > 0$ so, daß der Graph dieser Zugehörigkeitsfunktion durch die Punkte $(10, 1)$, $(18, 0)$ und $(14, 0{,}7)$ verläuft.

8.2 VOLLSTÄNDIGE LÖSUNG EINES LP-MODELLS MIT FLEXIBLEN RESTRIKTIONSGRENZEN

Betrachten wir nun ein lineares Maximierungsproblem[1], dessen Aktionenmenge dadurch unscharf beschrieben ist, daß nicht alle Restriktionsgrenzen vom Entscheidungsträger "hart" festgelegt werden. Ein solches Entscheidungsproblem läßt sich darstellen in Form des nachfolgenden *Fuzzy LP-Modells*

$$z(\mathbf{x}) = \mathbf{c}'\cdot\mathbf{x} \rightarrow \text{Max}$$

unter Beachtung der Restriktionen (8.9)

$$\begin{aligned} g_i(\mathbf{x}) &= \mathbf{a}_i^{'}\cdot\mathbf{x} \,\tilde{\leq}\, b_i;\ \ b_i + d_i, & i &= 1,\dots,m_1 \\ g_i(\mathbf{x}) &= \mathbf{a}_i^{'}\cdot\mathbf{x} \leq b_i, & i &= m_1+1,\dots,m \\ &\mathbf{x} \geq \mathbf{0} \end{aligned}$$

mit den reellwertigen Vektoren $\mathbf{x}' = (x_1,\dots, x_n)$, $\mathbf{c}' = (c_1,\dots,c_n)$, $\mathbf{a}_i^{'} = (a_{i1},\dots, a_{in})$, $i = 1,\dots,m$, und mit den reellen Größen b_i, $i = 1,\dots,m_1,\dots,m$ und $d_i > 0$, $i = 1,\dots,m_1$.

Um das Augenmerk gezielt auf die Restriktionen mit unscharfen Grenzen zu lenken, aber auch, um die Schreibarbeit zu verringern, wollen wir die Menge der nicht-negativen Alternativen, die den Restriktionen mit festen Restriktionsgrenzen genügen, mit X bezeichnen, d.h.

$$X = \left\{\mathbf{x} \in R_+^n \mid g_i(\mathbf{x}) = \mathbf{a}_i^{'}\cdot\mathbf{x} \leq b_i \text{ für alle } i = m_1+1,\dots,m\right\}.$$

Das LP-Modell (8.9) läßt sich dann vereinfachen zu

$$z(\mathbf{x}) = \mathbf{c}'\cdot\mathbf{x} \rightarrow \text{Max}$$

unter Beachtung der Restriktionen (8.10)

$$\begin{aligned} g_i(\mathbf{x}) &= \mathbf{a}_i^{'}\cdot\mathbf{x} \,\tilde{\leq}\, b_i;\ \ b_i + d_i, \qquad i = 1,\dots, m_1 \\ &\mathbf{x} \in X. \end{aligned}$$

Nehmen wir nun an, daß der Entscheidungsträger in der Lage ist, für jede Restriktion $i \in \{1,\dots,m_1\}$ die Alternative $\mathbf{x} \in X$ zu bewerten durch eine Zugehörigkeitsfunktion μ_i: $X \rightarrow [0, 1]$ mit

$$\begin{aligned} \mu_i(\mathbf{x}) &= 1 && \text{für} \quad g_i(\mathbf{x}) \leq b_i \\ 0 < \mu_i(\mathbf{x}) &< 1 && \text{für} \quad b_i < g_i(\mathbf{x}) \leq b_i + d_i \\ \mu_i(\mathbf{x}) &= 0 && \text{für} \quad b_i + d_i < g_i(\mathbf{x}) \quad . \end{aligned}$$

Die Menge der Alternativen aus X, die der Restriktion i genügen, läßt sich dann beschreiben durch die unscharfe Menge

$$\tilde{R}_i = \{(\mathbf{x}, \mu_i(\mathbf{x})) \mid \mathbf{x} \in X\}. \tag{8.11}$$

---

[1] Da jedes lineare Minimierungsproblem durch Multiplikation der Zielfunktion mit (-1) in ein äquivalentes Maximierungsproblem transformiert werden kann, reicht es aus, einen dieser Modelltypen zu untersuchen.

Und die Menge der Alternativen, die dem gesamten Restriktionensystem des Modells (8.10) genügen, läßt sich darstellen als

$$\tilde{R} = \{(\mathbf{x}, \mu_R(\mathbf{x})) \mid \mathbf{x} \in X\} = \bigcap_{i=1}^{m_1} \tilde{R}_i \ . \qquad (8.12)$$

Wird, wie in der klassischen mathematischen Optimierung, keine Kompensation[1] zwischen den Restriktionen zugelassen, so kann der Durchschnitt in (8.12) durch den Minimum-Operator adäquat modelliert werden, d.h.:

$$\mu_R(\mathbf{x}) = \mathrm{Min}(\mu_1(\mathbf{x}), \ldots, \mu_{m_1}(\mathbf{x})) \quad \text{für alle } \mathbf{x} \in X. \qquad (8.13)$$

Gemäß der Semantik des Begriffs "Zugehörigkeitsfunktion" kommen nur diejenigen Vektoren $\mathbf{x}$ als Lösung des Problems (8.10) in Betracht, die der Bedingung $\mu_R(\mathbf{x}) > 0$ genügen, für die also gemäß (8.13) gilt:

$$\mu_i(\mathbf{x}) > 0 \qquad \text{für alle} \qquad i = 1, \ldots, m_1.$$

Die Menge X_U der *zulässigen Lösungen* des Fuzzy-LP-Modells (8.10) ist daher gleich der stützenden Menge von $\tilde{R}$, d.h.:

$$X_U = \mathrm{supp}(\tilde{R}) = \bigcap_{i=1}^{m_1} \mathrm{supp}(\tilde{R}_i) = \bigcap_{i=1}^{m_1} \{\mathbf{x} \in X \mid \mu_i(\mathbf{x}) > 0\}. \qquad (8.14)$$

Haben alle Zugehörigkeitsfunktionen μ_i, $i = 1, \ldots, m_1$, die Eigenschaft

$$\begin{aligned} &\mu_i(\mathbf{x}) > 0 \quad \text{für} \quad g_i(\mathbf{x}) < b_i + d_i \qquad \text{und} \\ &\mu_i(\mathbf{x}) = 0 \quad \text{für} \quad g_i(\mathbf{x}) \geq b_i + d_i \ , \end{aligned} \qquad (8.15)$$

so läßt sich die Menge X_U einfach beschreiben, denn es gilt offensichtlich:

$$X_U = \left\{\mathbf{x} \in \mathbf{R}^n_+ \mid g_i(\mathbf{x}) < b_i + d_i \ \ \forall\, i = 1, \ldots, m_1 \ \text{ und } \ g_i(\mathbf{x}) \leq b_i \ \ \forall\, i = m_1 + 1, \ldots, m\right\}. \qquad (8.16)$$

Wird eine Restriktion

$$g_i(\mathbf{x}) = \mathbf{a}_i' \cdot \mathbf{x} < b_i + d_i \qquad , \ i \in \{1, \ldots, m_1\}$$

mit Hilfe einer Zugehörigkeitsfunktion $\mu_i(\mathbf{x})$ genauer beschrieben, so kommt in der unscharfen Eingrenzung der Alternativenmenge auf $\tilde{R}_i = \{(\mathbf{x}, \mu_i(\mathbf{x})) \mid \mathbf{x} \in X\}$ auch die Zielsetzung des Entscheidungsträgers zum Ausdruck, eine Alternative $\mathbf{x} \in X$ mit möglichst hohem Zugehörigkeitswert $\mu_i(\mathbf{x})$ auszuwählen.

Neben der ursprünglichen Zielsetzung

$$z(\mathbf{x}) = \mathbf{c}' \cdot \mathbf{x} \rightarrow \mathrm{Max}$$

sind daher die weiteren Ziele

$$\mu_i(\mathbf{x}) \rightarrow \mathrm{Max} \qquad , \ i = 1, \ldots, m_1$$

zu berücksichtigen.

---

1 Vgl. dazu die Bemerkungen 2 und 3 auf Seite 186.

Das Entscheidungsproblem in (8.10) läßt sich somit bei Angabe von Zugehörigkeitsfunktionen μ_i, $i = 1,\ldots,m_1$, genauer beschreiben durch das Mehrzieloptimierungsmodell

$$\underset{\mathbf{x} \in X_U}{\text{Max}} \; (z(\mathbf{x}), \mu_1(\mathbf{x}), \ldots, \mu_{m_1}(\mathbf{x})), \tag{8.17}$$

wobei in den *Fuzzy-Zielfunktionen* $\mu_i(\mathbf{x})$ die unscharfen Alternativenmengen $\tilde{R}_i$ weiterhin präsent sind.

Da der Vektorraum $\mathbf{R}^{m_1+1}$, $m_1 \in \mathbf{N}$ nicht vollständig geordnet ist, können nicht alle Ergebnisse $\{(z(\mathbf{x}), \mu_1(\mathbf{x}), \ldots, \mu_{m_1}(\mathbf{x})) | \, \mathbf{x} \in X_U\}$ miteinander verglichen werden, und es existiert somit im allgemeinen kein Optimum des Problems (8.17).

Mit Hilfe der nachfolgenden Definition 8.1 läßt sich aber eine Teilmenge von X_U bestimmen, die nur diejenigen Handlungsalternativen enthält, denen aufgrund der Maximierungsvorschrift kein anderes Element aus X_U echt vorgezogen wird.

Definition 8.1:

Eine zulässige Handlungsalternative $\mathbf{x} \in X_U$ heißt *effiziente, nicht dominierte* oder *pareto-optimale Lösung* des Modells (8.10), falls kein zulässiges Element $\hat{\mathbf{x}} \in X_U$ existiert, so daß

$$z(\hat{\mathbf{x}}) \geq z(\mathbf{x})$$

und $\mu_i(\hat{\mathbf{x}}) \geq \mu_i(\mathbf{x})$ für alle $i = 1,\ldots,m_1$

und wenigstens eine dieser Ungleichungen im strengen Sinne erfüllt ist.

Definition 8.2:

Die Menge P aller effizienten Lösungen des Optimierungsmodells (8.17) wird als *vollständige Lösung* bezeichnet, d.h.:

$$P = \{\mathbf{x} \in X_U | \, \nexists \, \hat{\mathbf{x}} \in X_U \text{ mit } (z(\hat{\mathbf{x}}), \mu_1(\hat{\mathbf{x}}), \ldots, \mu_{m_1}(\hat{\mathbf{x}})) >_p (z(\mathbf{x}), \mu_1(\mathbf{x}), \ldots, \mu_{m_1}(\mathbf{x}))\} \,. \tag{8.18}$$

Bemerkungen:

1. Das Ordnungszeichen "$>_p$" zwischen Vektoren drückt aus, daß zwischen den entsprechenden Komponenten dieser Vektoren die "$\geq$"-Beziehung gilt, die Gleichheit der Vektoren aber ausgeschlossen wird.
2. Während in den vorstehenden Definitionen die in der klassischen mathematischen Optimierung übliche Terminologie benutzt wird, bezeichnet WERNERS [1984, S.78f] Lösungen mit diesen Eigenschaften als *fuzzy-effizient* bzw. *fuzzy-vollständig*. Da aber die Zugehörigkeitsfunktionen reellwertige Funktionen mit zumindest ordinaler Skalierung sind, kommt in den Definitionen die übliche Pareto-Optimalität zum Tragen, der spezielle Zusatz "fuzzy" ist daher nicht notwendig, sondern in Ermangelung von Unschärfe eher irreführend.

< **8.1** > Der Modellbildungsprozeß und die diesem Kapitel vorgestellten Lösungsverfahren sollen jeweils anhand des nachfolgenden einfachen Beispiels "Optimaler Bebauungsplan" veranschaulicht werden:

Die gemeinnützige Baugenossenschaft BAGE möchte auf einem 39.000m² großen Gelände in der Ortschaft A Wohnungen bauen. Die Gemeindeverwaltung überläßt der Baugenossenschaft die Erstellung des Bebauungsplanes, macht aber die Einhaltung der folgenden Punkte zur Auflage:

1. Es dürfen nur zweistöckige Häuser mit (durchschnittlich) 4 Wohnungen und sechsstöckige Häuser mit (durchschnittlich) 12 Wohnungen gebaut werden.

2. Für jedes zweistöckige Haus werden mindestens 500 m^2 und für jedes sechsstöckige Haus wenigstens 800 m^2 Bauland vorgeschrieben.

3. Zur Vermeidung einer zu engen Bebauung sollen mindestens soviel zweistöckige wie sechsstöckige Häuser gebaut werden.

Eine relativ große Anzahl von Genossenschaftsmitgliedern ist gegen eine so starke Bebauung des Grundstücks. Die Zustimmung zu einem Bebauungsplan in der Mitgliederversammlung scheint aber auf jeden Fall gesichert, wenn die Baugrundstücke pro Haus um jeweils 10% erhöht werden.

Zur Durchführung des Bauvorhabens stehen der Genossenschaft zinsverbilligte Kreditmittel in Höhe von 41.250.000 DM zur Verfügung. Dabei sind die Baukosten für ein zweistöckiges Haus mit 450.000 DM und für ein sechsstöckiges Haus mit 1.200.00 DM anzusetzen. Es besteht die Möglichkeit, einen weiteren zinsgünstigen Kredit zu gleichen Konditionen zu erhalten mit der Auflage, daß das Sozialamt der Gemeinde A ein Vorschlagsrecht bei der Belegung erhält, und zwar pro angefangene Hunderttausend DM für je eine Wohnung in einem sechsstöckigen Haus. Da die Inanspruchnahme dieses zusätzlichen Kredites i.a. zu einer dichteren Bebauung führt und durch die zu erwartende Fluktuation in der Belegung dieser Wohnungen eine stärkere Abnutzung der Gebäude erwartet wird, ist der Vorstand der Genossenschaft der Ansicht, daß die Genossenschaftsmitglieder dieser Aufstockung des Bankkredits reserviert gegenüberstehen und maximal einer Fremdbelegung von 50 Wohnungen zustimmen werden.

Wieviel zweistöckige und wieviel sechsstöckige Häuser soll die Genossenschaft auf diesem Gebäude erstellen, wenn ihr einziges Ziel darin besteht, möglichst viele Wohnungen zu bauen? ♦

Bemerkung

Um die Menge der zulässigen Alternativen, die vollständige Lösung und die Kompromißlösungen auch zeichnerisch darstellen zu können, wurde hier ein Beispiel mit nur zwei Variablen ausgesucht. Das Bemühen, ein inhaltlich sinnvolles Beispiel zu entwickeln, führte dazu, daß ein Problem der ganzzahligen Optimierung vorliegt. Wir wollen es dennoch durch lineare Optimierungsmodelle abbilden und dann ausgehend von der gefundenen Modell-Lösung eine ganzzahlige Näherungs-Lösung suchen. Zur Begründung unseres Vorgehens wird nochmals nachdrücklich darauf hingewiesen, daß es Ziel der Arbeit ist, lineare Ersatzprogramme für lineare unscharfe Optimierungsmodelle zu entwickeln und die ökonomische Interpretation des Beispiels deshalb von untergeordneter Bedeutung ist. Die nachfolgende Rechendurchführung zeigt aber, daß insbesondere für den Fall, daß auch die Zielfunktion(en) nur ganzzahlige Werte annehmen dürfen, die entwickelten Lösungsverfahren auch vorzüglich zur Lösung ganzzahliger bzw. gemischt ganzzahliger linearer Fuzzy-Optimierungsprobleme geeignet sind.

< 8.2 > Das Beispiel "Optimaler Bebauungsplan" läßt sich formal darstellen als

$$z(x,y) = 4x + 12y \rightarrow \text{Max}$$

unter Beachtung der Restriktionen (8.19)

$$\begin{array}{rcll} 450.000x + 1.200.000y & \tilde{\leq} & 41.250.000;\ 46.250.000 & \textit{Kapital} \\ 500x + \quad 800y & \tilde{\leq} & \dfrac{39.000}{1,10};\ 39.000 & \textit{Fläche} \\ -x + \quad y & \leq & 0 & \textit{Anzahl} \\ x, y & \geq & 0 & \textit{Nichtnegativität,} \end{array}$$

wenn x bzw. y die Anzahl der zu bauenden zwei- bzw. sechsstöckigen Häuser angibt.

Beschreibt der Entscheidungsträger seine subjektive Zufriedenheit mit der Höhe des benötigten Kredits und der bebauten Gesamtfläche durch Zugehörigkeitsfunktionen mit der Eigenschaft (8.15), so ist die Menge X_U der zulässigen Lösungen die in der nachfolgenden Abbildung 8.8 markierte Fläche. Dabei sind die nicht zu X_U gehörenden Ränder gestrichelt gezeichnet und die ausgeschlossenen Eckpunkte durch offene Kreise markiert.

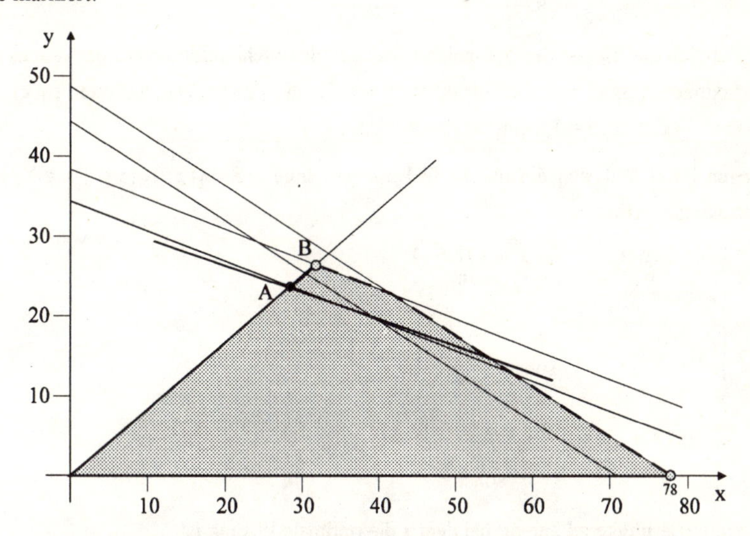

Abb.8.8: Menge X_U *der zulässigen Lösungen und vollständige Lösung* P

Sind die gewählten Zugehörigkeitsfunktionen darüber hinaus im Toleranzbereich streng monoton fallend, so ist die vollständige Lösung P die in Abbildung 8.8 fett gezeichnete Strecke zwischen A und B. Dieses Beispiel stellt einen Spezialfall dar, da sich normalerweise als vollständige Lösung eine Teilmenge von X_U gleicher Dimension ergibt. Die hier zu beobachtende Reduktion um eine Dimension ist darauf zurückzuführen, daß die Steigung der Zielfunktion weniger steil ist als die Steigungen der Restriktionen mit flexiblen rechten Seiten. (Da in diesem Beispiel x und y die Anzahl der zu bauenden Häuser angeben, sind nur die ganzzahligen Lösungen praktikabel.) ♦

8.3 UNSCHARFER MAXIMALER ZIELWERT

Mit der Bestimmung der vollständigen Lösung P des Modells (8.17) ist i.a. das vorliegende Entscheidungsproblem noch nicht gelöst, da der Entscheidungsträger weiterhin mit einer Vielzahl möglicher Handlungsalternativen konfrontiert ist. Es stellt sich daher die Aufgabe, die optimale Alternative zu bestimmen oder zumindestens den Lösungsraum weiter einzuschränken.

Als geeigneten Lösungsweg schlägt ORLOVSKI [1977] die Berechnung einer unscharfen Menge $\tilde{Z}_{Max}$ der maximalen Zielwerte $w = z(\mathbf{x})$ auf $\tilde{R}$ vor. Dieses Konzept basiert auf den α-Niveau-Mengen R_α der unscharfen Menge $\tilde{R}$, die alle die Alternativen enthalten, die dem Restriktionensystem des Modells (8.10) genügen, d.h.

$$R_\alpha = \{\mathbf{x} \in X \mid \mu_R(\mathbf{x}) \geq \alpha\} \qquad \text{mit} \quad \alpha \in \,]0, 1]\,.$$

Für jedes $\alpha \in \,]0,1]$ mit $R_\alpha \neq \emptyset$ läßt sich dann eine Teilmenge $N(\alpha)$ der bzgl. der Zielfunktion z optimalen Alternativen aus R_α bilden:

$$N(\alpha) = \left\{ \mathbf{x} \in R_\alpha \mid z(\mathbf{x}) = \sup_{\mathbf{x} \in R_\alpha} z(\mathbf{x}) \right\} \,. \tag{8.20}$$

$N(\alpha)$ ist offensichtlich die Menge der optimalen Lösungen des Mehrzieloptimierungssystems (8.17), wenn für $z(\mathbf{x})$ das Maximierungsziel bestehen bleibt, während für die Fuzzy-Zielfunktionen $\mu_i(\mathbf{x})$ nur noch das Satisfizierungsziel $\mu_i(\mathbf{x}) \geq \alpha$, $i = 1,...,m_1$, verlangt wird.

Aus den Mengen $N(\alpha)$ läßt sich die unscharfe Lösungsmenge $\tilde{S} = \{(\mathbf{x}, \mu_S(\mathbf{x})) \mid \mathbf{x} \in X_U\}$ ableiten, deren Zugehörigkeitsfunktion

$$\mu_S(\mathbf{x}) = \begin{cases} \sup\limits_{\substack{\alpha \\ \text{so daß } \mathbf{x} \in N(\alpha)}} \alpha & \text{für } \mathbf{x} \in \bigcup\limits_{\alpha > 0} N(\alpha) \\ 0 & \text{sonst} \end{cases} \tag{8.21}$$

$$= \begin{cases} \mu_R(\mathbf{x}) & \text{für } \mathbf{x} \in \bigcup\limits_{\alpha > 0} N(\alpha) \\ 0 & \text{sonst} \end{cases}$$

den höchsten Satisfizierungsgrad angibt, bei dem $\mathbf{x}$ die optimale Lösung ist.

ORLOVSKI definiert dann den *unscharfen maximalen Zielwert* auf $\tilde{R}$ als die unscharfe Menge $\tilde{Z}_{Max} = \{(w, \hat{\mu}_{Max}(w)) \mid w \in \mathbf{R}\}$ mit der Zugehörigkeitsfunktion

$$\hat{\mu}_{Max}(w) = \sup_{\mathbf{x} \in z^{-1}(w)} \mu_S(\mathbf{x}) \quad , \tag{8.22}$$

wobei $z^{-1}(w)$ die Urbildmenge von w in bezug auf die Zielfunktion $w = z(\mathbf{x})$ symbolisiert.

In $\tilde{Z}_{max}$ wird jeder mögliche Zielwert $w \in \mathbf{R}$ beurteilt hinsichtlich der Satisfizierung der Ziele μ_i. Dem Entscheidungsträger bleibt die Aufgabe, den Satisfizierungsgrad $\hat{\mu}_{Max}(w)$ mit seiner Wertschätzung der Größe w abzuwägen und dann das Element $(w^*, \hat{\mu}_{Max}(w^*)) \in \tilde{Z}_{Max})$ auszuwählen, das seiner Vorstellung von einem hohen Zielwert und einem hohen Satisfizierungsgrad am besten entspricht. Die auszuführende Alternative $\mathbf{x}^*$ wird dann bestimmt als

$$\mathbf{x}^* \in z^{-1}(w^*) \cap P \quad \text{mit} \quad \mu_S(\mathbf{x}^*) = \mu_{Max}(w^*) \tag{8.23}$$

Die Durchschnittsbildung mit P soll dabei sicherstellen, daß eine Alternative $\mathbf{x}^*$ ausgewählt wird, die auch pareto-optimale Lösung des Modells (8.17) ist. Dies ist nicht von vornherein gegeben, da für die vollständige Lösung P nur gilt: $P \subseteq \bigcup_{\alpha>0} N(\alpha)$.

Andererseits existiert für jedes Element $(w^*, \hat{\mu}_{Max}(w^*)) \in \tilde{Z}_{Max}$ eine pareto-optimale Alternative, denn ORLOVSKI [1977] zeigt, daß die unscharfe Lösungsmenge $\tilde{P} = \{(\mathbf{x}, \mu_P(\mathbf{x}) \mid \mathbf{x} \in X_U\}$ mit

$$\mu_P(\mathbf{x}) = \begin{cases} \mu_R(\mathbf{x}) & \text{für } \mathbf{x} \in P \\ 0 & \text{sonst} \end{cases} \tag{8.24}$$

zum gleichen unscharfen maximalen Zielwert $\tilde{Z}_{Max}$ führt wie die Lösungsmenge $\tilde{S}$.

Für den Fall, daß die unscharfen Restriktionen $i = 1,\ldots,m_1$ durch lineare Zugehörigkeitsfunktionen μ_i beschrieben und durch den Minimum-Operator aggregiert werden, lassen sich die Zugehörigkeitswerte $\hat{\mu}_{Max}$ mittels parametrischer Programmierung bestimmen. CHANAS [1983] zeigt, daß unter diesen Annahmen die Zugehörigkeitsfunktion $\hat{\mu}_{Max}$ stückweise linear ist und die mit (8.23) bestimmten zugehörigen Alternativen pareto-optimal in X_U sind.

< **8.3** > Für das Beispiel "Optimaler Bebauungsplan" ist dann das parametrische Optimierungsmodell

$$z(x, y) = 4x + 12y \rightarrow \text{Max}$$

unter Beachtung der Restriktionen (8.25)

$$\begin{aligned} 450.000x + 1.200.000y &\leq 46.250.000 - \alpha \cdot 5.000.000 \\ 500x + 800y &\leq 39.000 - \alpha \cdot 3.545{,}45 \\ -x + y &\leq 0 \quad , \quad x, y \geq 0 \end{aligned}$$

zu lösen, wobei α zwischen 0 und 1 variiert wird. Die sich so ergebende Zugehörigkeitsfunktion $\hat{\mu}_{Max}(w)$ des maximierenden Zielwertes $\tilde{Z}_{Max}$ ist in Abbildung 8.9 dargestellt.

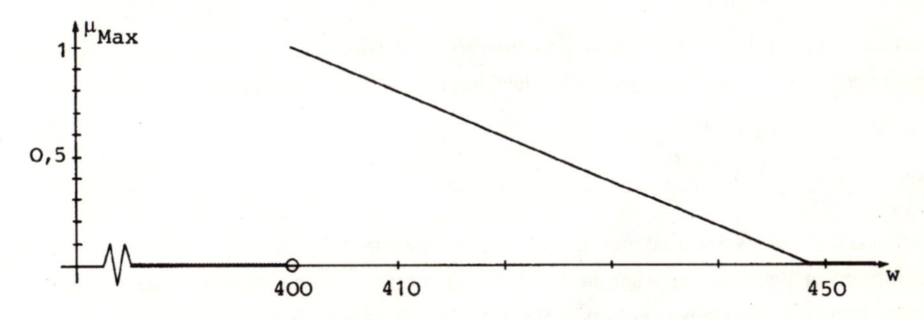

Abb.8.9: Zugehörigkeitsfunktion des maximalen Zielwertes w = z(**x**) *auf* $\tilde{R}$. ♦

8.4 NUTZENBEWERTUNG DER ZIELWERTE

Nach ORLOVSKI [1977] soll der Entscheidungsträger das Paar $(w^*, \mu_{Max}(w^*))$ aus der Menge $\tilde{Z}_{Max}$ auswählen, das seinen Wünschen in bezug auf die beiden gegenläufigen Ziele "möglichst hoher Zielwert w" und "möglichst hoher Satisfizierungsgrad $\mu_{Max}(w)$" am besten entspricht. Eine Hilfe zum Lösen dieses Entscheidungsproblems wird aber von diesem Autor nicht geboten.

Ein geeigneter Lösungsweg besteht unserer Ansicht darin, daß der Entscheidungsträger zunächst angibt, welchen Nutzen er mit den einzelnen Zielwerten w verbindet. Dabei sollte auch hier die Quantifizierung des Nutzens erfolgen durch Zuordnung des Zugehörigkeitswertes zur unscharfen Menge der zufriedenstellenden Zielwerte $\tilde{Z} = \{(w, \mu_Z(w)) \mid w \in \mathbf{R}\}$.

Bezeichnen wir mit $\underline{w}$ bzw. $\overline{w}$ die optimalen Zielwerte der beiden LP-Modelle

$$\begin{aligned} &\underline{w} = \underset{\mathbf{x} \in \underline{X}}{\text{Max}} \ z(\mathbf{x}) \\ &\text{mit } \underline{X} = \{\mathbf{x} \in \mathbf{R}_0^n \mid g_i(\mathbf{x}) = \mathbf{a}_i' \cdot \mathbf{x} \le b_i \qquad \forall\ i = 1, \ldots m_1, \ldots, m\} \end{aligned} \tag{8.26}$$

bzw.

$$\begin{aligned} &\overline{w} = \underset{\mathbf{x} \in \overline{X}}{\text{Max}} \ z(\mathbf{x}) \\ &\text{mit } \overline{X} = \{\mathbf{x} \in \mathbf{R}_0^n \mid g_i(\mathbf{x}) = \mathbf{a}_i' \cdot \mathbf{x} \le b_i + d_i \qquad \forall\ i = 1, \ldots m_1 \text{ und} \\ &\qquad\qquad g_i(\mathbf{x}) = \mathbf{a}_i' \cdot \mathbf{x} \le b_i \qquad \forall\ i = m_1 + 1, \ldots, m\} \ , \end{aligned} \tag{8.27}$$

so gilt offensichtlich

$$\mu_Z(w) = 0 \qquad \text{für } w < \underline{w} \quad \text{und} \quad \mu_Z(w) = 1 \qquad \text{für } w \ge \overline{w} ,$$

denn der Zielwert $\underline{w}$ kann erreicht werden, ohne eine einzige Restriktionsgrenze b_i zu überschreiten, und ein höherer Zielwert als $\overline{w}$ kann unter den gegebenen Bedingungen nicht realisiert werden.

Die Festlegung der Grenzen w_0 - d_0 und w_0 mit

$$\mu_Z(w) = 0 \qquad \text{für } w < w_0 - d_0 \tag{8.28}$$

und

$$\mu_Z(w) = 1 \qquad \text{für } w \ge w_0 \tag{8.29}$$

liegt natürlich im Ermessen des Entscheidungsträgers. Er wird aber, zumindestens nach Erhalt der Informationen $\underline{w}$ und $\overline{w}$, nur dann rational handeln, wenn er die Beschränkungen

$$\underline{w} \le w_0 - d_0 \qquad \text{und} \qquad w_0 \le \overline{w} \tag{8.30}$$

beachtet.

Für den Verlauf der Nutzenfunktion $\mu_Z(w)$ im Entscheidungsbereich $[w_0 - d_0, w_0]$ kommen alle Funktionstypen in Betracht, die schon in Abschnitt 8.1 erörtert wurden; allerdings nun in der monoton steigenden Version und mit einem konkaven Verlauf rechts des Anspruchsniveaus w^A .

< **8.4** > Für das Beispiel "Optimaler Bebauungsplan" gilt:

$\underline{w} = z(25;25) = 400$ und $\overline{w} = z(28,\overline{03};28,\overline{03}) = 448,\overline{48}$.

Da für dieses Entscheidungsproblem nur ganzzahlige Lösungen sinnvoll sind, setzen wir

$w_0 - d_0 = 400$ und $w_0 = 448$.

Wählen wir dann, der Einfachheit halber, die lineare Zugehörigkeitsfunktion

$$\mu_Z(\mathbf{x}) = \begin{cases} 0 & \text{für } w = z(\mathbf{x}) < 400 \\ \dfrac{z(\mathbf{x}) - 400}{48} & \text{für } 400 \le w = z(\mathbf{x}) < 448 \\ 1 & \text{für } 448 \le w = z(\mathbf{x}) \end{cases}, \tag{8.31}$$

so läßt sich das Entscheidungsproblem durch Abbildung 8.10 veranschaulichen.

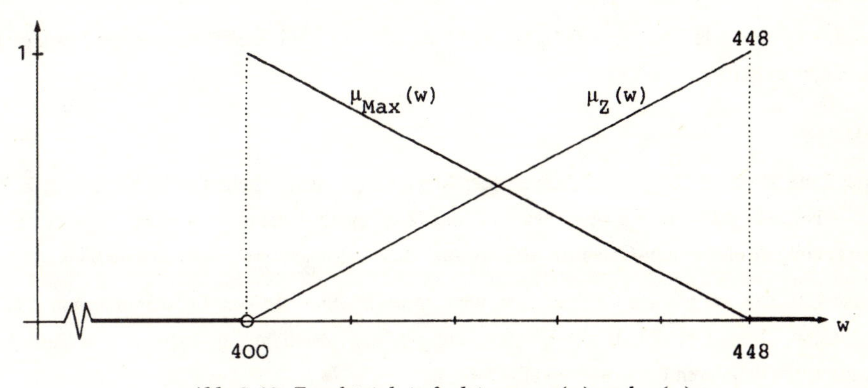

Abb. 8.10: Zugehörigkeitsfunktion $\mu_{Max}(w)$ und $\mu_Z(w)$ ♦

Um die Frage nach dem maximalen Gesamtnutzen beantworten zu können, bleibt noch zu klären, welcher "und"-Operator zur Verknüpfung der beiden Nutzenbewertungen am besten geeignet ist. In Abschnitt 1.2 haben wir eine Vielzahl möglicher Verknüpfungsoperatoren diskutiert und resümiert, daß ihre Eignung vom jeweiligen Anwendungsfall abhängt. Weiterhin wurde beim Vergleich des Possibility- mit dem Probability-Konzepts deutlich, daß zur Bildung von Mittelwerten eine metrische Skalierung der zu aggregierenden Größen vorliegen muß.

Beachtet man, daß in den hier betrachteten Entscheidungsproblemen sowohl die Zugehörigkeitsfunktion μ_Z als auch die Zugehörigkeitsfunktionen $\mu_i, i = 1,...,m_1$, i.a. nur näherungsweise vom Entscheidungsträger angegeben werden und diese Näherungen darüber hinaus zumeist noch sehr grob sind, so ist die Annahme kardinal meßbarer Zugehörigkeitsfunktionen sehr gewagt. Es ist eher davon auszugehen, daß diese Funktionen nur ordinal meßbar sind. Dann aber sind die auf der Addition und der Multiplikation basierenden Verknüpfungsoperatoren nicht anwendbar[1] und es bleibt nur die Möglichkeit, die Größen mit dem Minimum-Operator zu vergleichen.

---

[1] Man beachte dazu auch die ausführlichen Bemerkungen auf der nachfolgenden Seite.

Der optimale Zielwert w* hat somit die Eigenschaft

$$\mu_{Max}(w^*) = \mu_z(w^*) = \underset{w \in \mathbf{R}}{\mathrm{Max}}\ \mathrm{Min}(\mu_{Max}(w), \mu_z(w)) \quad . \qquad (8.32)$$

Die durch die ungenaue Beschreibung der Zugehörigkeitsfunktionen bedingten Fehler können dabei dadurch abgeschwächt werden, daß die optimale Entscheidung in einem interaktiven Prozeß ermittelt wird bzw. daß die für die Entscheidung relevanten Zugehörigkeitsfunktionen schrittweise genauer beschrieben werden, vgl. dazu den Lösungsalgorithmus in Abschnitt 8.7.

< **8.5** > Durch Anwendung des Minimumoperators ergibt sich für das Beispiel "Optimaler Bebauungsplan" mit der in Abbildung 8.9 dargestellten Zugehörigkeitsfunktion ein optimaler Zielwert $w^* = 424{,}12$, da

$$\mu_{Max}(424{,}12) = \mu_z(424{,}12) = 0{,}5025.$$

Die zugehörige optimale Lösung ist $(x^*,y^*) = (26{,}508;\ 26{,}508)$. Bzgl. einer ganzzahligen Lösung vgl. die Ausführungen in Beispiel < 8.6 >. ♦

Bemerkungen:

1. In der "und"-Verknüpfung von maximierender Menge $\tilde{Z}_{Max}$ und unscharfer Zielbewertung $\tilde{Z}$ kommt zum Ausdruck, daß die Restriktionen und das Ziel gleich behandelt werden. Dies wird in der Verwendung des Minimum-Operators als Ausdruck des "logischen und" besonders deutlich.

   In der Literatur spricht man daher auch vom *symmetrischen Ansatz.* Er wurde schon 1970 von BELLMANN, ZADEH [1970, B148 ff] vorgeschlagen und gleich auf m Ziele und n Restriktionen erweitert. Sie definieren Entscheidung allgemein als

   "Decision = Confluence of Goals and Constraints"

   und beschreiben dies formal durch

   $$\tilde{D} = \tilde{Z}_1 \cap \ldots \cap \tilde{Z}_k \ldots \cap \tilde{Z}_K \cap \tilde{R}_1 \cap \ldots \cap \tilde{R}_i \cap \ldots \cap \tilde{R}_{m_1} \quad ,$$

   wobei mit $\tilde{Z}_k$ die unscharfen Ziele und mit $\tilde{R}_i$ die unscharfen Restriktionen beschrieben werden. Neben dem Minimum-Operator zur Beschreibung der Durchschnittsbildung können ihrer Ansicht nach auch andere "und"-Operatoren zur Anwendung kommen, wenn diese den Sachverhalt besser beschreiben.

2. Sollte der Entscheidungsträger imstande sein, kardinal skalierte Zugehörigkeitsfunktionen anzugeben, so wird ihm natürlich empfohlen, den seiner Ansicht nach geeignetsten "und"-Operator, vgl. die Übersicht auf den Seiten 26ff, zur Verknüpfung von $\tilde{Z}_{Max}$ und $\tilde{Z}$ einzusetzen.

   SOMMER [1978, S. 15ff] schlägt die Verwendung eines gewogenen arithmetischen Mittels zur Aggregation der Zugehörigkeitswerte vor. Abgesehen von den Skalierungsproblemen und der ungelösten Frage nach der geeigneten Gewichtung, weisen die in diesem Aufsatz dargestellten numerischen Beispiele wenig überzeugende Lösungen auf.

Auch die von WERNERS [1984, S. 171-193] vorgeschlagene uñd-*Verknüpfung*

$$\mu_{\tilde{und}}(x) = \delta \cdot \mathrm{Min}(\mu_1(x),\ldots,\mu_m(x)) + (1-\delta)\frac{1}{m}\sum_{i=1}^{m}\mu_i(x) \qquad (1.40)$$

ist nur bei kardinal skalierten Zugehörigkeitswerten anwendbar. Zu lösen ist auch die Frage nach dem geeigneten Kompensationsparameter $\delta \in [0,\ 1]$, der wohl kaum im voraus, sondern nur im Rahmen eines interaktiven Lösungsprozesses "richtig" bestimmt werden kann.

Diese beiden Autoren versuchen durch die Verwendung des Arithmetischen Mittel-Operators bzw. der uñd-Verknüpfung den empirischen Beobachtungen Rechnung zu tragen, daß Menschen sehr oft niedrige durch hohe Zugehörigkeitswerte kompensieren.

Wenig realistisch ist dagegen der Vorschlag von ANGELOV [1993], einen parameterabhängigen und-Operator zu verwenden, der noch pessimistischer als der Minimum-Operator ist.
In abgeschwächter Form gilt diese Kritik auch für den Lösungsansatz von ODER; RENTZ [1993]. Diese Autoren schlagen zur Berücksichtigung kompensatorischer Effekte vor, anstelle des Minimum-Operators eine Kompensation aus Minimum-Operator und beschränkter Summe , vgl. S. 23, der Form

$$\mu_D = \delta \cdot \mathrm{Min}\left[\mathrm{Min}\left\{\mu_{Z_1},\ldots,\mu_{Z_s},\mu_{R_1},\ldots,\mu_{R_t}\right\},\mathrm{Min}\left\{\mu_{Z_{s+1}},\ldots,\mu_{Z_K},\mu_{R_{t+1}},\ldots,\mu_{m_1}\right\}\right]$$

$$+(1-\delta)\mathrm{Min}\left[1,\mathrm{Min}\left\{\mu_{Z_1},\ldots,\mu_{Z_s},\mu_{R_1},\ldots,\mu_{R_t}\right\}+\mathrm{Min}\left\{\mu_{Z_{s+1}},\ldots,\mu_{Z_K},\mu_{R_{t+1}},\ldots,\mu_{R_{m_1}}\right\}\right]$$

zu verwenden. Hierbei wurden die Funktionen μ_{Z_k} und μ_{R_i} in inhaltlich "gleichartigen" Gruppen zusammengefaßt. Der Parameter $\delta \in [0,\ 1]$ ist ein vom Entscheidungsträger zu bestimmender Kompensationsgrad.

8.5 KOMPROMISSLÖSUNG

Ein gewichtiger Nachteil der vorstehend beschriebenen Methode zur Bestimmung der optimalen Lösung eines linearen Optimierungsmodells mit flexiblen Grenzen ist, daß die Berechnung der Lösungsmenge $\tilde{S}$ und des unscharfen maximalen Zielwertes $\tilde{Z}_{Max}$ sehr rechenaufwendig sein kann. Zumindest theoretisch ist für jedes $\alpha \in [0, 1]$ die Menge $N(\alpha)$ der bzgl. der Zielfunktion $z(\mathbf{x})$ optimalen Alternativen aus R_α zu bestimmen. Praktisch kann man die Rechnung auf endlich viele α-Werte beschränken, wobei die Anzahl und die Auswahl der α-Niveaus von der Anzahl der Restriktionen und der Funktionsform der Zugehörigkeitsfunktionen μ_i abhängen.

Aus diesen rechnerischen Schwierigkeiten erwächst der Wunsch nach einer direkten Berechnung des optimalen Zielwertes w^* und der zugehörigen optimalen Lösung $\mathbf{x}^*$. Dabei legen die Ausführungen in Abschnitt 8.4 nahe, anstelle des Optimierungsmodells

$$\underset{\mathbf{x}\in X_U}{\mathrm{Max}}\ (z(\mathbf{x}),\mu_1(\mathbf{x}),\ldots,\mu_{m_1}(\mathbf{x})) \qquad (8.17)$$

das Mehrzieloptimierungssystem

$$\underset{\mathbf{x}\in X_U}{\mathrm{Max}}\ (\mu_Z(\mathbf{x}),\mu_1(\mathbf{x}),\ldots,\mu_{m_1}(\mathbf{x})) \quad \text{zu lösen.} \qquad (8.33)$$

Offensichtlich haben für $z(\mathbf{x}) > \underline{w}$ und für eine über dem Entscheidungsbereich $[\underline{w},\ \overline{w}]$ streng monoton steigende Zugehörigkeitsfunktion $\mu_Z(w)$ beide Systeme die gleiche vollständige Lösung P. Die Nutzenfunktion μ_Z beschreibt aber die Zielvorstellung genauer und läßt sich vor allem besser mit den übrigen Zielen μ_i, $i = 1,...,m_1$, vergleichen.

Da wir davon ausgehen müssen, daß die Zugehörigkeitsfunktionen nicht kardinal meßbar sind, kommt nur der Minimum-Operator zur Beschreibung der "und"-Verknüpfung in Betracht, so daß der *Gesamtnutzen* oder die *Gesamtbefriedigung* des Entscheidungsträgers bei Ausführung einer Alternative $\mathbf{x} \in X_U$ beschrieben wird durch

$$\lambda(\mathbf{x}) = \mathrm{Min}(\mu_Z(\mathbf{x}), \mu_1(\mathbf{x}), ..., \mu_{m_1}(\mathbf{x})) \quad . \qquad (8.34)$$

Mit der Gesamtbefriedigung $\lambda(\mathbf{x})$ als Präferenzfunktion soll nun eine Kompromißlösung des Entscheidungsproblems (8.33) im Sinne der nachfolgenden Definition 8.3 bestimmt werden.

Definition 8.3:

Sei $H : X_U \to \mathbf{R}$ eine beliebige Präferenzfunktion des Mehrzieloptimierungsmodells (8.32), dann heißt ein Element $\hat{\mathbf{x}} \in X_U$ *Kompromißlösung* des Systems (8.33), wenn gilt:

$$\hat{\mathbf{x}} \in P \quad \text{und} \quad H(\mathbf{x}) \le H(\hat{\mathbf{x}}) \quad \text{für alle} \quad \mathbf{x} \in X_U \, . \qquad (8.35)$$

Mit der Präferenzfunktion $\lambda(\mathbf{x})$ ergibt sich dann das nicht-lineare Optimierungsproblem

$$\underset{\mathbf{x} \in X_U}{\mathrm{Max}} \ \mathrm{Min}(\mu_Z(\mathbf{x}), \mu_1(\mathbf{x}), \ . \ . \ . \ , \mu_{m_1}(\mathbf{x})) \quad . \qquad (8.36)$$

Bemerkung

Die Verwendung des Maximum-Operators in (8.36) zur Berechnung einer Kompromißlösung $\hat{\mathbf{x}} \in X_U$ ist in der Literatur nicht unumstritten. FILEV; YAGER [1991] weisen darauf hin, daß alternativ weitere Defuzzyfizierungsverfahren eingesetzt werden könnten, z.B. die in Fuzzy Control-Anwendungen übliche "Center of Gravity"-Methode, vgl. S. 165. Diese Autoren und auch ANGELOV [1993] empfehlen die Verwendung eines verallgemeinerten Defuzzyfizierungsverfahrens, das als BADD-Methode bezeichnet wird. Die Kompromißlösung wird dabei als gewogenes arithmetisches Mittel aller zulässigen Lösungen aus X_U berechnet, wobei die Gewichtung die Präferenz des Entscheidungsträgers für die einzelnen Lösungen widerspiegeln soll. Wie dies in praktischen Anwendungsfällen erfolgen kann und vor allem, wie bei nicht endlichen Mengen X_U zu verfahren ist, wird in diesen Arbeiten nicht erörtert.

Nach NEGOITA; SULARIA [1976, S.6, Corollary 2 des Theorems 1] hat das Entscheidungsproblem (8.36) die gleiche Lösungsmenge wie das nachfolgende Optimierungssystem (8.37), vorausgesetzt die vollständige Lösung P ist nicht leer.

$$\begin{aligned} & \lambda \to \mathrm{Max} \\ & \text{unter Beachtung der Restriktionen} \\ & \lambda \le \mu_Z(\mathbf{x}) \\ & \lambda \le \mu_i(\mathbf{x}) \quad \text{für alle } i = 1,...,m_1 \\ & \lambda \ge 0 \\ & \lambda \le 1 \\ & \mathbf{x} \in X_U \quad . \end{aligned} \qquad (8.37)$$

Wie schon im Lösungsansatz von ORLOVSKI, so ist auch beim Max-Min-Ansatz nicht allgemein gesichert, daß eine nach (8.36) oder (8.37) berechnete Kompromißlösung $\hat{\mathbf{x}}$ auch eine pareto-optimale Lösung des Mehrzieloptimierungssystems (8.33) ist.

Nach RAMIK [1987] ist aber die Pareto-Optimalität zumindestens dann gegeben, wenn das System (8.37) eine eindeutige Lösung besitzt. Des weiteren beweist RAMIK den nachfolgenden

Satz 8.1:

Sind alle Zugehörigkeitsfunktionen $\mu_Z(\mathbf{x})$ und $\mu_i(\mathbf{x})$, $i = 1,\ldots,m_1$, normalisiert, stetig und explizit quasikonkav, so sind entweder alle Lösungen des Systems (8.36) oder keine pareto-optimal in X_U.

Dabei benutzt RAMIK [1987] die nachfolgende Definition 8.4

Definition 8.4:

Eine Funktion $\mu : X \to [0, 1]$, $X \subseteq \mathbf{R}^n$, heißt *explizit quasikonkav*, wenn

i. für beliebige $\mathbf{x}, \mathbf{y} \in X$ und für jedes
   $\mathbf{z} = \lambda\mathbf{x} + (1 - \lambda)\mathbf{y}$ mit $\lambda \in [0, 1]$ gilt:
   $$\mu(\mathbf{z}) \geq \text{Min}\,(\mu(\mathbf{x}), \mu(\mathbf{y})) \tag{8.38}$$

ii. für beliebige $\mathbf{x}, \mathbf{y} \in X$ mit $\mu(\mathbf{x}) \neq \mu(\mathbf{y})$
   und $\text{Min}\,(\mu(\mathbf{x}), \mu(\mathbf{y})) > \inf_{\mathbf{v} \in X} \mu(\mathbf{v})$
   und für jedes $\mathbf{z} = \lambda\mathbf{x} + (1 - \lambda)\mathbf{y}$ mit $\lambda \in \,]0, 1[$ gilt:
   $$\mu(\mathbf{z}) > \text{Min}\,(\mu(\mathbf{x}), \mu(\mathbf{y}))\,. \tag{8.39}$$

Offensichtlich sind die verketteten Zugehörigkeitsfunktionen $\mu_Z(\mathbf{x}) = \hat{\mu}_Z(z(\mathbf{x}))$ und $\hat{\mu}_i(\mathbf{x}) = \mu_i(g_i(\mathbf{x}))$, $i = 1,\ldots,m_1$, auf jeden Fall dann explizit quasikonkav auf X_U, wenn die Zugehörigkeitsfunktionen $\hat{\mu}_Z(w)$ und $\hat{\mu}_i(g_i)$ stetige, streng monotone Funktionen auf $[\underline{w}, \overline{w}]$ bzw. $[b_i, b_i+d_i]$ sind. Bei Verwendung der in Abschnitt 8.1 erörterten Funktionsformem ist daher jede Lösung des Optimierungssystems (8.37) mit $\lambda > 0$ pareto-optimal in X_U.

Es hängt nun von der Wahl der Zugehörigkeitsfunktionen μ_i ab, ob das Optimierungsmodell (8.37) ein lineares Programmierungsproblem darstellt und damit durch Anwendung effizienter Standard-Software leicht zu lösen ist.

Fall A: Alle Funktionen μ_Z und μ_i, $i = 1,\ldots,m_1$, sind lineare Zugehörigkeitsfunktionen

Nach der Definitionsgleichung (8.4) sind die Zugehörigkeitsfunktionen dann definiert als

$$\mu_Z(\mathbf{x}) = \begin{cases} 0 & \text{für } z(\mathbf{x}) < w_0 - d_0 \\ \dfrac{z(\mathbf{x}) - (w_0 - d_0)}{d_0} & \text{für } w_0 - d_0 \leq z(\mathbf{x}) < w_0 \\ 1 & \text{für } w_0 \leq z(\mathbf{x}) \end{cases} \tag{8.40}$$

$$\mu_i(\mathbf{x}) = \begin{cases} 1 & \text{für} \quad g_i(\mathbf{x}) < b_i \\ 1 - \dfrac{g_i(\mathbf{x}) - b_i}{d_i} & \text{für} \quad b_i \le g_i(\mathbf{x}) < b_i + d_i \qquad i = 1,2,\dots,m_1 \\ 0 & \text{für } b_i + d_i \le g_i(\mathbf{x}) \end{cases} \tag{8.41}$$

Die Restriktionsgleichung $\lambda \le \mu_i(\mathbf{x})$ läßt sich dann schreiben als

$$\lambda \le \frac{z(\mathbf{x}) - (w_0 - d_0)}{d_0} \quad \Leftrightarrow \quad d_0\lambda - z(\mathbf{x}) \le -(w_0 - d_0) \tag{8.42}$$

$$\Leftrightarrow \quad d_0\lambda - \mathbf{c}' \cdot \mathbf{x} \le -(w_0 - d_0)$$

und die Gleichungen $\lambda \le \mu_i(\mathbf{x})$, $i = 1,\dots,m_1$, lassen sich umformen zu

$$\lambda \le 1 - \frac{g_i(\mathbf{x}) - b_i}{d_i} \quad \Leftrightarrow \quad \lambda d_i + g_i(\mathbf{x}) \le b_i + d_i \tag{8.43}$$

$$\Leftrightarrow \quad \lambda d_i + \mathbf{a}_i' \cdot \mathbf{x} \le b_i + d_i \quad .$$

Da die Werte d_0, d_1,..., d_{m_1} positiv sind und λ zumindest nicht-negativ ist, werden durch diese Ungleichungen gleichzeitig die nicht relevanten Fälle $z(\mathbf{x}) < w_0 - d_0$ und $g_i(\mathbf{x}) > b_i + d_i$, $i = 1,\dots,m_1$, ausgeschlossen. Da außerdem für jede Lösung $\mathbf{x} \in X_U$ zumindestens ein Element der Menge

$$\left\{ \frac{z(\mathbf{x}) - (w_0 - d_0)}{d_0},\ 1 - \frac{g_1(\mathbf{x}) - b_1}{d_1}, \dots,\ 1 - \frac{g_{m_1}(\mathbf{x}) - b_{m_1}}{d_{m_1}} \right\}$$

kleiner gleich 1 ist, führt die entsprechende Ungleichung zu $\lambda \le 1$ und es bleibt ohne Folgen für die Lösung des Optimierungssystems, wenn eines oder mehrere dieser Elemente Werte größer als 1 annehmen.

Bei Verwendung linearer Zugehörigkeitsfunktionen ist daher das nichtlineare Optimierungssystem (8.37) äquivalent dem LP-Modell

$$\lambda \to \text{Max}$$

unter Beachtung der Restriktionen (8.44)

$$\begin{aligned} & d_0\lambda - \mathbf{c}' \cdot \mathbf{x} \le -(w_0 - d_0) & & \\ & d_i\lambda + \mathbf{a}_i' \cdot \mathbf{x} \le b_i + d_i & & \text{für alle } i = 1,\dots,m_1 \\ & \mathbf{a}_i' \cdot \mathbf{x} \le b_i & & \text{für alle } i = m_1+1,\dots,m \\ & \mathbf{x} \ge 0 \quad , \quad \lambda \ge 0 & & \end{aligned}$$

< **8.6** > Die Zustimmung der Genossenschaftsmitglieder zu einem vom Vorstand vorgeschlagenen Bebauungsplan hängt ab von den drei Kriterien: Anzahl der Wohnungen, Höhe des Zusatzkredits (und damit Anzahl der fremd vergebenen Wohnungen) und Grundstücksfläche pro Haus. Vertritt nun der Vorstand die Ansicht, daß die prozentuale Zustimmung jeweils eine lineare Funktion der Überschreitung der Restriktionsgrenzen $b_1 = 41.250.000$ und $b_2 = \dfrac{39.000}{1.10}$ bzw. Unterschreitung der maximal möglichen Wohnungszahl $w_0 = 448$ ist, so läßt sich die Zufriedenheit der Genossenschaftsversammlung mit einem Bebauungsplan (x, y) durch die folgenden linearen Zugehörigkeitsfunktionen ausdrücken:

$$\mu_Z(x,y) = \begin{cases} 1 & \text{für } 448 \le 4x + 12y \\ \dfrac{4x + 12y - 400}{48} & \text{für } 400 \le 4x + 12y < 448 \\ 0 & \text{für } \qquad 4x + 12y < 400 \end{cases}$$

$$\mu_1(x,y) = \begin{cases} 1 & \text{für } \qquad 45x + 120y \le 4125 \\ 1 - \dfrac{45x + 120y - 4125}{500} & \text{für } 4125 < 45x + 120y \le 4625 \\ 0 & \text{für } 4625 < 45x + 120y \end{cases}$$

$$\mu_2(x,y) = \begin{cases} 1 & \text{für } \qquad 500x + 800y \le 35455 \\ 1 - \dfrac{500x + 800y - 35455}{3545} & \text{für } 35455 < 500x + 800y \le 39000 \\ 0 & \text{für } 39000 < 500x + 800y \end{cases} .$$

Das Optimierungssystem (8.41) hat dann die spezielle Form

$\lambda \to \text{Max}$

unter Beachtung der Restriktionen (8.45)

$$\begin{aligned} 48\lambda \ - 4x \ -12y &\le -400 \\ 500\lambda \ + 45x + 120y &\le 4625 \\ 3545\lambda + 500x + 800y &\le 39000 \\ -x \quad + y &\le 0 \\ \lambda, x, y &\ge 0 \quad . \end{aligned}$$

Die Lösung dieses LP-Programms

$\lambda^* = 0{,}503, \quad x^* = 26{,}508, \quad y^* = 26{,}508$

stimmt mit der im Beispiel < 8.5 > berechneten Lösung überein. ♦

Es ist nun die Frage zu erörtern, ob der Entscheidungsträger diese Lösung akzeptieren soll. Damit ist allgemein das Problem eines "ausreichenden" λ-Wertes angesprochen.

Nach Definition ist λ der schlechteste Zugehörigkeitswert, der einer der Zielsetzungen zugeordnet wird. Bei Verwendung linearer Zugehörigkeitsfunktionen entspricht dann λ der relativen Mindestverbesserung vom schlechtesten zum besten Wert. So drückt ein Wert $\lambda > 0{,}5$ aus, daß für diesen Bebauungsplan (x,y) der Zielwert $z(x, y) > w_0 - \frac{d_0}{2}$ ist und für alle unscharfen Restriktionen gilt:

$g_i(x,y) < b_i + \frac{d_i}{2}, \; i=1,...m_1$.

Angesichts dieses Sachverhaltes ist es sicher sinnvoll anzunehmen, daß der Entscheidungsträger sich einen λ-Wert λ_A vorgibt und eine Lösung des Optimierungssystems dann akzeptiert, wenn $\lambda^* \ge \lambda_A$ ist. Reicht z.B. die einfache Mehrheit bei der Abstimmung in der Genossenschaftsversammlung aus, so würde im Einklang mit der Wahl der Zugehörigkeitsfunktionen der Bebauungsplan auf jeden Fall dann eine Mehrheit finden, wenn $\lambda_A = 0{,}5$ gesetzt wird.

Da im vorliegenden Beispiel eine ganzzahlige Lösung gesucht wird, wollen wir für die beiden ganzzahligen Näherungslösungen

$$(x, y) = (27, 26) \quad \text{und} \quad (x, y) = (28, 26)$$

die sich aus den einzelnen Restriktionen ergebenden λ -Werte berechnen:

(x, y)	$\lambda_{\text{Anzahl der Wohnungen}}$	λ_{Kredit}	$\lambda_{\text{Grundstücksgröße}}$
(27, 26)	0,417	0,58	1
(28, 26)	0,5	0,49	1

Da für keine dieser Näherungslösungen alle λ-Werte $\geq 0{,}5$ sind, könnte man voreilig schließen, daß keine der ganzzahligen Lösungen eine Mehrheit in der Genossenschaftsversammlung finden dürfte. Um zu entscheiden, ob ein solcher Schluß richtig ist, wollen wir uns nochmals in Erinnerung rufen, daß die hier unterstellten linearen Zugehörigkeitsfunktionen eindeutig festgelegt werden durch Angabe der Intervalle $[w_0\text{-}d_0, w_0]$ und $[b_i, b_i\text{+}d_i]$, $i = 1,\ldots,m_1$. Diese Eckwerte lassen sich aber i.a. nicht so exakt festlegen, wie dies ihr Einfluß auf die Lösung verlangt. Wählt man z.B. $w_0 = 440$ anstelle von $w_0 = 448$ und hält $w_0 - d_0 = 400$ fest, so ergibt sich für (x, y) = (27, 26) ein Wert $\lambda_{\text{Anzahl der Wohnungen}} = 0{,}50$. Dieser Bebauungsplan, der die Errichtung von 420 Wohnungen vorsieht, würde eine Mehrheit in der Mitgliederversammlung finden.

<u>Fall B:</u> Alle Zugehörigkeitsfunktionen $\hat{\mu}_Z$ und $\hat{\mu}_i$, $i = 1,\ldots,m_1$, sind hyperbolische Funktionen

Beschreibt der Entscheidungsträger sein subjektives Zufriedenheitsempfinden mittels hyperbolischer Zugehörigkeitsfunktionen des Typs (8.8), so sind die Ungleichungen

$$\lambda \leq \mu_Z(\mathbf{x}) = \hat{\mu}_Z(z(\mathbf{x})) = \frac{1}{2} + \frac{1}{2} \cdot \frac{\exp\left[\beta_0\left(z(\mathbf{x}) - \left(w_0 - \frac{d_0}{2}\right)\right)\right] - \exp\left[-\beta_0\left(z(\mathbf{x}) - \left(w_0 - \frac{d_0}{2}\right)\right)\right]}{\exp\left[\beta_0\left(z(\mathbf{x}) - \left(w_0 - \frac{d_0}{2}\right)\right)\right] + \exp\left[-\beta_0\left(z(\mathbf{x}) - \left(w_0 - \frac{d_0}{2}\right)\right)\right]}$$

und

$$\lambda \leq \mu_i(\mathbf{x}) = \hat{\mu}_i(g_i(\mathbf{x})) = \frac{1}{2} - \frac{1}{2} \cdot \frac{\exp\left[\beta_i\left(g_i(\mathbf{x}) - \left(b_i + \frac{1}{2}d_i\right)\right)\right] - \exp\left[-\beta_i\left(g_i(\mathbf{x}) - \left(b_i + \frac{1}{2}d_i\right)\right)\right]}{\exp\left[\beta_i\left(g_i(\mathbf{x}) - \left(b_i + \frac{1}{2}d_i\right)\right)\right] + \exp\left[-\beta_i\left(g_i(\mathbf{x}) - \left(b_i + \frac{1}{2}d_i\right)\right)\right]}$$

nicht-linear.

Mit der Hyperbeltangensfunktion $\tanh y = \frac{e^y - e^{-y}}{e^y + e^y}$ läßt sich aber die Ungleichung $\lambda \leq \mu_Z(\mathbf{x})$ schreiben als

$$2\lambda - 1 \leq \tanh\left[\beta_0\left(z(\mathbf{x}) - \left(w_0 - \frac{d_0}{2}\right)\right)\right]$$

und mit der neuen Variablen

$$v = \tanh^{-1}(2\lambda - 1) = \operatorname{ar\,tanh}(2\lambda - 1)$$

darstellen in Form der linearen Ungleichung

$$\frac{1}{\beta_0} v - z(\mathbf{x}) \le -w_0 + \frac{d_0}{2} \; .$$

Analog gilt

$$\lambda \le \mu_i(\mathbf{x}) \; \Leftrightarrow \; \frac{1}{\beta_i} v + g_i(\mathbf{x}) \le b_i + \frac{d_i}{2}.$$

Da $v = \tanh^{-1}(2\lambda - 1)$ für $0 < \lambda < 1$ eine streng monoton steigende Funktion von λ ist, läßt sich, vgl. auch [LEBERLING 1981, S.116 und 1983, S.416f], das bei Verwendung hyperbolischer Zugehörigkeitsfunktionen nicht-lineare Modell (8.37) überführen in das äquivalente LP-Modell

$$v \to \text{Max}$$

unter Beachtung der Restriktionen (8.46)

$$\begin{aligned}
\frac{1}{\beta_0} v - \mathbf{c}'\cdot\mathbf{x} &\le -w_0 + \frac{d_0}{2} \; , \\
\frac{1}{\beta_i} v + \mathbf{a}_i'\cdot\mathbf{x} &\le b_i + \frac{d_i}{2} \; , \qquad i = 1,\ldots,m_1 \\
\mathbf{a}_i'\cdot\mathbf{x} &\le b_i \; , \qquad i = m_1+1,\ldots,m \\
\mathbf{x} &\ge \mathbf{0}
\end{aligned}$$

Wählt man die Krümmungsparameter β_i, $i = 0,1,\ldots,m_1$, gleich

$$\beta_i = \frac{\gamma}{d_i} \quad \text{mit beliebigem reellen } \gamma > 0, \tag{8.47}$$

so lassen sich die ersten Ungleichungen in (8.46) schreiben als

$$d_0\left(\frac{v}{\gamma} + \frac{1}{2}\right) - \mathbf{c}'\cdot\mathbf{x} \le -w_0 + d_0$$

$$d_i\left(\frac{v}{\gamma} + \frac{1}{2}\right) + \mathbf{a}_i'\cdot\mathbf{x} \le b_i + d_i, \quad i = 1,\ldots,m_1.$$

Vergleicht man das sich so für $\beta_i = \frac{\gamma}{d_i}$, $i = 0,1,\ldots,m_1$, ergebende LP-Problem (8.46) mit dem LP-Modell (8.44), das auf linearen Zugehörigkeitsfunktionen basiert, so erkennt man, daß beide Systeme zur gleichen optimalen Lösung $\mathbf{x}^*$ führen und sich nur im Zielwert λ bzw. v unterscheiden.
Dieses Ergebnis ist nicht zufällig, sondern nur ein Beispiel für eine allgemeine Aussage, die WERNERS [1984, S.143] als Satz formuliert und beweist.

Satz 8.2:

Gegeben seien

i. eine endliche Familie von Funktionen $\mu_j : X \to \mathbf{R}$, $X \subset \mathbf{R}^n$, $j = 1,\ldots,m$,
ii. eine streng monoton steigende Funktion $g : \mathbf{R} \to \mathbf{R}$,
iii. reelle Variablen $\lambda, v \in \mathbf{R}$,

iv. die beiden Maximierungssysteme

$$\begin{aligned} &\lambda \to \text{Max} \\ &\text{unter Beachtung der Restriktionen} \\ &\lambda \le \mu_j(\mathbf{x}) \quad \text{für alle } j=1,\dots,m \\ &\mathbf{x} \in X \end{aligned} \tag{8.48}$$

und

$$\begin{aligned} &v \to \text{Max} \\ &\text{unter Beachtung der Restriktionen} \\ &v \le g(\mu_j(\mathbf{x})) \quad \text{für alle } j=1,\dots,m \\ &\mathbf{x} \in X. \end{aligned} \tag{8.49}$$

Dann gilt:

Existiert eine optimale Lösung $(\lambda^*, \mathbf{x}^*)$ von (8.48), so existiert ein $v^* \in \mathbf{R}$ so, daß $(v^*, \mathbf{x}^*)$ optimale Lösung von (8.49) ist, und umgekehrt.

Wählen wir dagegen Krümmungsparameter β_i, die nicht der Bedingung (8.47) genügen, so führt das LP-Modell (8.46) i.a. zu einer anderen Lösung als das entsprechende Modell (8.44) mit linearen Zugehörigkeitsfunktionen, wie das nachfolgende Beispiel zeigt.

< **8.7** > Unterstellen wir für das Beispiel "Optimaler Bebauungsplan", daß die Zufriedenheit der Genossenschaftsversammlung mit einem Bebauungsplan (x, y) durch hyperbolische Zugehörigkeitsfunktionen

$$\text{mit } \beta_0 = \frac{1}{3} \ne \frac{6}{d_0} \quad \text{und} \quad \beta_i = \frac{6}{d_i} \quad ,i = 1,\dots,m_1 \quad ,$$

ausgedrückt werden kann, so läßt sich der optimale Bebauungsplan ermitteln als Lösung des LP-Modells

$$v \to \text{Max}$$

unter Beachtung der Restriktionen (8.50)

$$\begin{aligned} 3v - 4x - 12y &\le -424 \\ \frac{250}{3}v + 45x + 120y &\le 4375 \\ 590{,}9v + 500x + 800y &\le \frac{39.000}{1{,}05} = 37.143 \\ -x + y &\le 0 \\ x,\ y &\ge 0\ . \end{aligned}$$

Die optimale Lösung von (8.50), x** = y** = 26,5041, unterscheidet sich, wenn auch nur geringfügig, von der Lösung x* = y* = 26,508 im Beispiel < 8.6 >. ♦

Beachtet man neben den vorstehenden Ausführungen auch die in Abschnitt 8.1 auf Seite 174f. aufgezeigten gravierenden Nachteile hyperbolischer Zugehörigkeitsfunktionen, so ist zu folgern, daß dieser Funktionstyp keinen Vorteil gegenüber linearen Zugehörigkeitsfunktionen beim Beschreiben des subjektiven Zufriedenheitsempfindens eines Entscheidungsträgers aufweist.

Fall C: Alle Funktionen $\hat{\mu}_Z$ und $\hat{\mu}_i$, $i = 1,\dots,m_1$, sind stetige, stückweise lineare Funktionen.

Mit den Stützstellen $\left(w^k,\ \hat{\mu}_Z\left(w^k\right)\right)$, $\quad k = 0,1,\dots,K_0,\ K_0 \in \mathbf{N}$,

wobei $\left(w^0,\ \hat{\mu}_Z\left(w^0\right)\right) = \left(w_0 - d_0,\ 0\right)$, $\left(w^{K_0},\ \hat{\mu}_Z\left(w^{K_0}\right)\right) = \left(w_0,\ 1\right)$ und

$$w^{k-1} < w^k, \quad \hat{\mu}_Z\left(w^{k-1}\right) < \hat{\mu}_Z\left(w^k\right) \quad \text{für } k = 1,\dots,K_0,$$

läßt sich dann $\hat{\mu}_Z$ in jedem Intervall $\left[w^{k-1},\ w^k\right]$, $k = 1,\dots,K_0$, darstellen als

$$\hat{\mu}_Z(w) = \hat{\mu}_Z\left(w^{k-1}\right) + \frac{\hat{\mu}_Z\left(w^k\right) - \hat{\mu}_Z\left(w^{k-1}\right)}{w^k - w^{k-1}}\left(w - w^{k-1}\right). \tag{8.51}$$

Analog ist mit den Stützstellen $\left(g_i^k,\ \hat{\mu}_i\left(g_i^k\right)\right)$, $k = 0,1,\dots,K_i,\ K_i \in \mathbf{N}$,

wobei $\left(g_i^0,\ \hat{\mu}_i\left(g_i^0\right)\right) = \left(b_i,\ 1\right)$, $\left(g_i^{K_i},\ \hat{\mu}_i\left(g_i^{K_i}\right)\right) = \left(b_i + d_i,\ 0\right)$ und

$$g_i^{k-1} < g_i^k, \quad \hat{\mu}_i\left(g_i^{k-1}\right) > \hat{\mu}_i\left(g_i^k\right) \quad \text{für } k = 1,\dots,K_i,$$

die Zugehörigkeitsfunktion $\hat{\mu}_i$ im Intervall $\left[g_i^{k-1},\ g_i^k\right]$, $k = 1,\dots,K_i$, darstellbar als

$$\hat{\mu}_i(g_i) = \hat{\mu}_i\left(g_i^{k-1}\right) + \frac{\hat{\mu}_i\left(g_i^k\right) - \hat{\mu}_i\left(g_i^{k-1}\right)}{g_i^k - g_i^{k-1}}\left(g_i - g_i^{k-1}\right). \tag{8.52}$$

Nehmen wir nun weiter an, daß die Zugehörigkeitsfunktionen $\hat{\mu}_Z$ und $\hat{\mu}_i$, $i = 1,\dots,m_1$, konkav über $\left[w_0 - d_0,\ w_0\right]$ bzw. $\left[b_i,\ b_i + d_i\right]$ sind, und beachten wir den

Satz 8.3:

Gegeben ist die stückweise lineare, nicht-negative Funktion

$$h(y) = \begin{cases} h_1(y) = a_1 + c_1 y & \text{für } y_0 \le y \le y_1 \\ h_2(y) = a_2 + c_2 y & \text{für } y_1 < y \le y_2 \\ \vdots & \vdots \quad \vdots \\ h_K(y) = a_K + c_K y & \text{für } y_{K-1} < y \le y_K \end{cases},$$

die stetig und konkav in $\left[y_0,\ y_K\right]$ ist.

Für jedes $y \in \left[y_0,\ y_K\right]$ gilt dann die Äquivalenzbeziehung

$$\lambda \le h(y) \iff \begin{cases} \lambda \le h_1(y) \\ \lambda \le h_2(y) \\ \vdots \\ \lambda \le h_K(y) \end{cases} \tag{8.53}$$

(Einen Beweis des Satzes 8.3 findet man z.B. in [ROMMELFANGER 1983,S.51 f].)

Für eine stetige, stückweise lineare und konkave Zugehörigkeitsfunktion $\hat{\mu}_Z$ ist dann die Restriktion $\lambda \le \mu_Z(\mathbf{x}) = \hat{\mu}_Z(z(\mathbf{x}))$ äquivalent dem linearen Restriktionssystem

$$\lambda \le \hat{\mu}_Z\left(w^{k-1}\right) + \frac{\hat{\mu}_Z\left(w^k\right) - \hat{\mu}_Z\left(w^{k-1}\right)}{w^k - w^{k-1}}\left(z(\mathbf{x}) - w^{k-1}\right), \quad k = 1,\dots,K_0, \tag{8.54}$$

$$\lambda \le 1.$$

Analog läßt sich jede Restriktionsgleichung $\lambda \le \mu_i(\mathbf{x}) = \hat{\mu}_i(g_i(\mathbf{x}))$ schreiben als

$$\lambda \le \hat{\mu}_i\left(g_i^{k-1}\right) + \frac{\hat{\mu}_i\left(g_i^k\right) - \hat{\mu}_i\left(g_i^{k-1}\right)}{g_i^k - g_i^{k-1}}\left(g_i(\mathbf{x}) - g_i^{k-1}\right), \quad k = 1,\ldots K_i,\; i = 1,\ldots,m_1, \tag{8.55}$$

$$\lambda \le 1.$$

Das Optimierungssystem (8.37) ist daher bei Vorliegen stetiger, stückweise linearer, konkaver Zugehörigkeitsfunktionen äquivalent zu dem LP - Modell

$\lambda \to$ Max

unter Beachtung der Restriktionen (8.56)

$$\frac{w^k - w^{k-1}}{\hat{\mu}_Z\left(w^k\right) - \hat{\mu}_Z\left(w^{k-1}\right)}\lambda - \mathbf{c}_i' \cdot \mathbf{x} \le -w^{k-1} + \frac{w^k - w^{k-1}}{\hat{\mu}_Z\left(w^k\right) - \hat{\mu}_Z\left(w^{k-1}\right)} \cdot \hat{\mu}_Z\left(w^{k-1}\right), \quad k = 1,..,K_0,$$

$$-\frac{g_i^k - g_i^{k-1}}{\hat{\mu}_i\left(g^k\right) - \hat{\mu}_i\left(g_i^{k-1}\right)}\lambda + \mathbf{a}_i' \cdot \mathbf{x} \le g_i^{k-1} - \frac{g_i^k - g_i^{k-1}}{\hat{\mu}_i\left(g_i^k\right) - \hat{\mu}_i\left(g_i^{k-1}\right)} \cdot \hat{\mu}_i\left(g_i^{k-1}\right), \quad k = 1,\ldots,K_i;\; i = 1,\ldots,m_1,$$

$$\mathbf{a}_i' \cdot \mathbf{x} \le b_i \qquad i = m_1 + 1,\ldots,m$$

$$\mathbf{x} \ge 0$$

$$\lambda \ge 0$$

Auf Seite 176 haben wir argumentiert, daß bei der Beschreibung von Zugehörigkeitsfunktionen $\hat{\mu}_i$ durch stetige, stückweise lineare Funktionen neben den Punkten $(b_i,\ 1)$ und $(b_i + d_i,\ 0)$ vor allem die Anspruchsniveaus $g_i^A \in [b_i,\ b_i + d_i]$ eine wesentliche Rolle spielen. Zur Vereinfachung des Vergleichs der Zugehörigkeitsfunktionen und damit auch der Zufriedenheitsaussagen sollte den Anspruchsniveaus jeweils der gleiche Wert $\hat{\mu}_i\left(g_i^A\right) = \lambda_A \in]0,\ 1]$ zugeordnet werden. Dieser Wert λ_A kann zwar beliebig gewählt werden, es empfiehlt sich aber, einen mittleren λ-Wert zu wählen, um extreme Steigungen bei den Zugehörigkeitsfunktionen zu vermeiden. In Anwendungsfällen läßt sich der Wert λ_A oft so festlegen, daß er einen ökonomischen Sachverhalt widerspiegelt. So wird im Beispiel "Optimaler Bebauungsplan" $\lambda_A = 0{,}5$ gesetzt, um zu symbolisieren, daß nur Bebauungspläne in Betracht kommen, welche zumindest die einfache Mehrheit der Genossenschaftsversammlung finden.

Wird auch dem Anspruchsniveau $z^A \in]w_0 - d_0,\ w_0]$ für die Zielfunktion $z(\mathbf{x})$ der Zugehörigkeitswert λ_A zugeordnet, so wird der Entscheidungsträger nur eine Lösung des LP-Modells (8.37) akzeptieren, deren Zielwert größer gleich λ_A ist.

Sieht sich der Entscheidungsträger außerstande, für eine oder mehrere Restriktionen bzw. für die Zielsetzung ein Anspruchsniveau anzugeben, so wird empfohlen, die jeweilige Intervallmitte als Anspruchsniveau zu wählen.

Eine erste Näherung für den Verlauf einer Zugehörigkeitsfunktion $\hat{\mu}_i$ über $[b_i,\ b_i + d_i]$ erhält man, indem man die Punkte $(b_i,\ 1)$, $\left(g_i^A,\ \lambda_A\right)$, und $(b_i + d_i,\ 0)$ mit Geradenstücken verbindet. Dabei können natürlich auch noch weitere Stützstellen berücksichtigt werden, sofern der Entscheidungsträger diese vorgeben kann bzw. will.

Erhält man nach diesem Konstruktionsprinzip eine stetige, stückweise lineare Funktion $\hat{\mu}_i$, die nicht konkav über $[b_i,\ b_i + d_i]$ ist, so wird die folgende Vorgehensweise vorgeschlagen:
Aufgrund der Aussagen der Nutzen- und Anspruchsniveau-Theorie sollte $\hat{\mu}_i$ auf jeden Fall über dem Intervall $\left[b_i,\ b_i + g_i^A\right]$ konkav sein. Ist dies nicht gegeben, so wird der Entscheidungsträger darüber informiert und gebeten, seine Punktvorgaben entsprechend abzuändern.
Ist $\hat{\mu}_i$ aber konkav auf $\left[b_i,\ b_i + g_i^A\right]$, so kann die Konkavitätseigenschaft auf $[b_i,\ b_i + d_i]$ dadurch erreicht werden, daß man die Toleranzgröße d_i soweit auf d_i' verkleinert, bis $\hat{\mu}_i$ auf dem verkleinerten Intervall $[b_i,\ b_i+d_i']$ konkav ist, vgl. die Abbildungen 8.11 und 8.13. Die Verkleinerung des Überschreitungsintervalls hat dabei keinerlei Einfluß auf die gesuchte Kompromißlösung, da nur Lösungen mit $\lambda \geq \lambda_A$ den gesetzten Anspruchsniveaus genügen und somit als Lösungen akzeptabel sind. Erhält man einen Zielwert $\lambda < \lambda_A$, so müssen die Anspruchsniveaus der Zielfunktion und <u>der</u> Restriktionen verschlechtert werden, denen bei dieser Lösung ein Zugehörigkeitswert kleiner als λ_A zugeordnet wird.

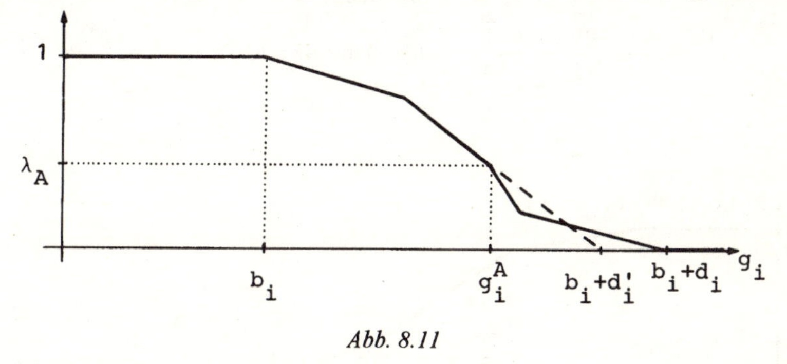

Abb. 8.11

Den ausführlichen Algorithmus des interaktiven Prozesses zur Ermittlung der optimalen Lösung wollen wir erst in Abschnitt 8.7 für den allgemeineren Fall eines Mehrzieloptimierungsprozesses mit flexiblen Restriktionsgrenzen formulieren. In dem nachfolgenden Beispiel < 8.8 > wird aber schon gut sichtbar, wie dieser iterative Entscheidungsprozeß abläuft.

< **8.8** > Um anzudeuten, daß im Beispiel "Optimaler Bebauungsplan" der zu realisierende Plan zumindest mit einfacher Mehrheit von der Genossenschaftsversammlung genehmigt werden muß, wählt der Vorstand als kritischen λ-Wert $\lambda_A = 0{,}5$.

Er legt dann die Anspruchsniveaus

$$w^A = 416, \qquad g_1^A = 43.650.000, \qquad g_2^A = 37.500$$

fest, ordnet diesen das Zufriedenheitsmaß $\lambda_A = 0{,}5$ zu und gibt für die Zugehörigkeitsfunktion der Kapitalrestriktion noch zusätzlich den Punkt (42.450.000; 0,9) vor.
Mit diesen Angaben lassen sich dann für die relevanten Intervalle die stetigen, (stückweise) linearen Zugehörigkeitsfunktionen aufstellen:

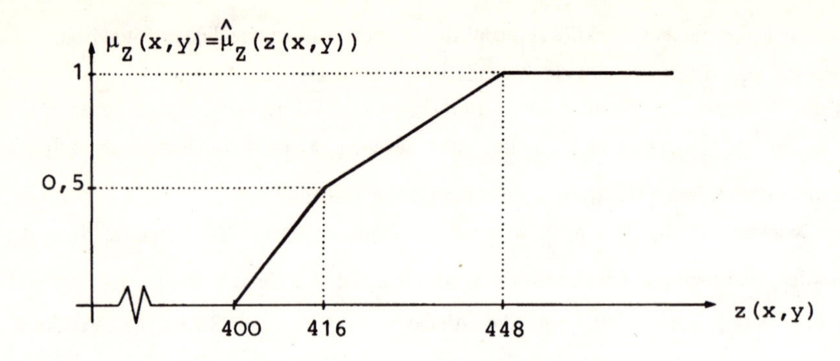

Abb.8.12: Zugehörigkeitsfunktion $\mu_Z(x,y)$

$$\mu_Z^1(x,y) = \begin{cases} \dfrac{4x + 12y - 400}{16} \cdot \dfrac{1}{2} & \text{für } 400 \leq 4x + 12y < 416 \\ \dfrac{1}{2} + \dfrac{4x + 12y - 416}{32} \cdot \dfrac{1}{2} & \text{für } 416 \leq 4x + 12y \leq 448 \end{cases}$$

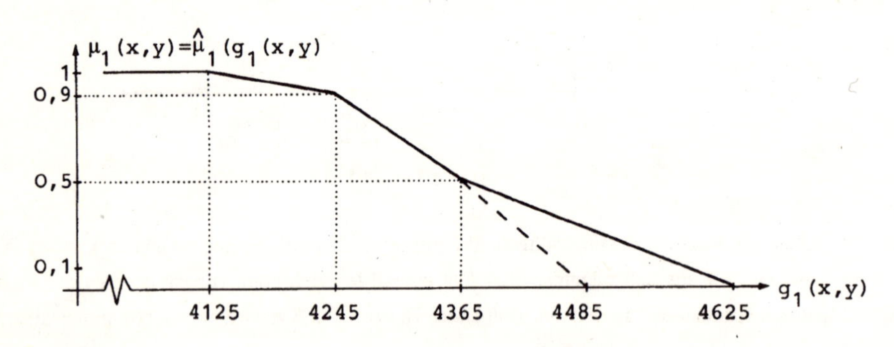

Abb.8.13: Zugehörigkeitsfunktion $\mu_1(x,y)$

$$\mu_1^1(x,y) = \begin{cases} 1 & \text{für } 45x + 120y \leq 4125 \\ 0{,}9 + \dfrac{4245 - (45x + 120y)}{120} \cdot 0{,}1 & \text{für } 4125 < 45x + 120y \leq 4245 \\ \dfrac{1}{2} + \dfrac{4365 - (45x + 120y)}{120} \cdot 0{,}4 & \text{für } 4245 < 45x + 120y \leq 4365 \\ \dfrac{4625 - (45x + 120y)}{340} \cdot \dfrac{1}{2} & \text{für } 4365 < 45x + 120y \leq 4625 \end{cases}$$

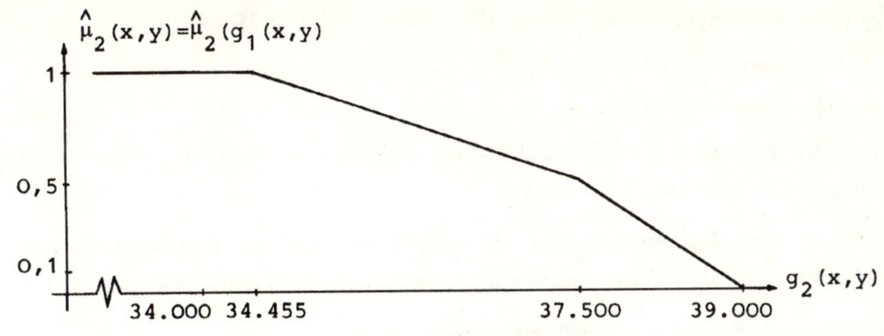

Abb. 8.14: Zugehörigkeitsfunktion $\mu_2(x,y)$

$$\mu_2^1(x,y)=\begin{cases} 1 & \text{für} \quad 500x+800y \le 34455 \\ \frac{1}{2}+\frac{37500-(500x+800y)}{2545}\cdot\frac{1}{2} & \text{für } 34455 < 500x+800y \le 37500 \\ \frac{39000-(500x+800y)}{1500}\cdot\frac{1}{2} & \text{für } 37500 < 500x+800y \le 39000 \end{cases}$$

Da die Zugehörigkeitsfunktion μ_1^1 nicht konkav über [4125, 4625] ist, wollen wir sie so abändern, daß wir mit einer konkaven Zugehörigkeitsfunktion arbeiten können. Beachten wir, daß für das vorliegende Problem nur Lösungen mit einem λ-Wert größer als 0,5 in Frage kommen, so wird das Problem in bezug auf die optimale Lösung nicht geändert, wenn wir die Zugehörigkeitsfunktion μ_1^1 für $g_1(x,y) > 4365$ entsprechend ändern. Definieren wir μ_1^1 im Intervall]4365, 4625] um und setzen

$$\mu_1^1(x,y)=\begin{cases} \frac{4485-(45x+120y)}{120}\cdot\frac{1}{2} & \text{für } 4365 < 45x+120y \le 4485 \\ 0 & \text{für } 4485 < 45x+120y \end{cases},$$

so ist μ_1 im nun relevanten Intervall [4125, 4485] eine konkave Funktion, vgl. die gestrichelte Linie in Abbildung 8.13.

Mit diesen Zugehörigkeitsfunktionen hat das Optimierungssystem (8.56) die spezielle Form

$\lambda \to \text{Max}$

unter Beachtung der Restriktionen (8.57)

$$\begin{array}{rcrcrcrcrcl} 32\lambda & - & 4x & - & 12y & \le & -400 & & & & \\ 64\lambda & - & 4x & - & 12y & \le & -416 & + & 32 & = & -384 \\ 1200\lambda & + & 45x & + & 120y & \le & 4245 & + & 1080 & = & 5325 \\ 300\lambda & + & 45x & + & 120y & \le & 4365 & + & 150 & = & 4515 \\ 240\lambda & + & 45x & + & 120y & \le & 4485 & & & & \\ 5090\lambda & + & 500x & + & 800y & \le & 37500 & + & 2545 & = & 40045 \\ 3000\lambda & + & 500x & + & 800y & \le & 39000 & & & & \\ & & -x & + & y & \le & 0 & & & & \\ & & & & \lambda, x, y & \ge & 0 & . & & & \end{array}$$

Die Lösung dieses LP-Programms ist $\lambda^1 = 0{,}5781, \quad x^1 = y^1 = 26{,}3125.$

Der Wert $\lambda^1 = 0{,}5781 > \lambda_A = 0{,}5$ zeigt an, daß der durch diese Lösung erreichte Zielwert

$$z(x^1, y^1) = (4+12) \cdot 26{,}3125 = 421$$

den gesetzten Anspruch $z^A = 416$ übersteigt und daß außerdem die als zulässig erachteten Restriktionsüberschreitungen nicht ganz ausgenutzt wurden.

Anstatt die errechnete Kompromißlösung zu akzeptieren, kann der Entscheidungsträger nun sein Zielanspruchsniveau auf $w^A = 424$ anheben; die Restriktionsniveaus sollen dabei unverändert bleiben.

Mit der entsprechend abgeänderten Zugehörigkeitsfunktion

$$\mu_Z^2(x,y) = \begin{cases} \dfrac{4x+12y-400}{24} \cdot \dfrac{1}{2} & \text{für } 400 \le 4x+12y < 424 \\ \dfrac{1}{2} + \dfrac{4x+12y-424}{24} \cdot \dfrac{1}{2} & \text{für } 424 \le 4x+12y \le 448 \end{cases}$$

$$= \frac{4x+12y-400}{48} \qquad \text{für } 400 \le 4x+12y \le 448$$

erhalten wir dann ein neues Optimierungssystem, das sich vom LP-Problem (8.58) nur dadurch unterscheidet, daß die ersten beiden Restriktionsungleichungen ersetzt werden durch

$$48\lambda - 4x - 12y \le -400.$$

Der λ-Wert der Lösung $\lambda^2 = 0{,}4898, \; x^2 = y^2 = 26{,}4694$ zeigt an, daß kein Bebauungsplan existiert, der allen gesetzten Anspruchsniveaus genügt.

Es bleibt nun noch zu untersuchen, ob es eine ganzzahlige Lösung gibt, die den Restriktionsniveaus genügt und die zur Erstellung von 420 Wohnungen führt.
Da für (x, y) = (27, 26) gilt

$$\mu\ (27, 26) = 0{,}60 \qquad \text{und} \qquad \mu_2^1\ (27, 26) = 1 \qquad ,$$

ist der optimale Bebauungsplan gefunden. Er sieht vor, 27 zweistöckige und 26 sechsstöckige Häuser in diesem Baugebiet zu errichten. Da die Baukosten sich dann auf 43.350.000 DM belaufen, hat das Sozialamt der Stadt ein Vorschlagsrecht für 21 der 420 Wohnungen. Die Grundstücke pro Haus sind dabei um über 11% größer als die Mindestbaufläche. ♦

8.6 LINEARE VEKTOROPTIMIERUNGSMODELLE MIT FLEXIBLEN RESTRIKTIONSGRENZEN

Betrachten wir nun den allgemeinen Fall eines linearen, multikriteriellen Optimierungsproblems, dessen Aktionenmenge dadurch unscharf beschrieben wird, daß der Entscheidungsträger einige Restriktionsgrenzen nur "weich" festlegen kann. Solche *Fuzzy-Vektoroptimierungssysteme* lassen sich formal darstellen als

$$\mathbf{z}(\mathbf{x}) = \begin{pmatrix} z_1(\mathbf{x}) \\ \vdots \\ z_K(\mathbf{x}) \end{pmatrix} = \begin{pmatrix} \mathbf{c}_1'\mathbf{x} \\ \vdots \\ \mathbf{c}_K'\mathbf{x} \end{pmatrix} \rightarrow \text{Max} \tag{8.58}$$

unter Beachtung der Restriktionen

$$\begin{aligned} g_i(x) &= \mathbf{a}_i' \cdot \mathbf{x} \lesssim b_i\,;\, b_i + d_i & i &= 1,\dots,m_1 \\ g_i(x) &= \mathbf{a}_i' \cdot \mathbf{x} \le b_i & i &= m_1+1,\dots,m \\ \mathbf{x} &\ge \mathbf{0} \end{aligned}$$

mit reellwertigen Vektoren $\mathbf{x}' = (x_1,\dots,x_n)$; $\mathbf{c}_k' = (c_{k1},\dots,c_{kn})$, $k = 1,\dots,K$; $\mathbf{a}_i' = (a_{i1},\dots,a_{in})$, $i = 1,\dots,m$, und reellen Größen b_i, $i = 1,\dots,m$, und $d_i > 0$, $i = 1,\dots,m_1$.

In Analogie zu den Ausführungen auf Seite 184 wollen wir auch hier annehmen, daß der Entscheidungsträger imstande ist, für jede weiche Restriktionsgrenze seine Nutzenvorstellung bzgl. möglicher Überschreitungen der Restriktionsgrenze b_i durch eine Zugehörigkeitsfunktion $\mu_i(\mathbf{x})$ auszudrücken. Haben darüber hinaus alle Funktionen μ_i, $i = 1,\dots,m_1$, die Eigenschaft

$$\mu_i(\mathbf{x}) = \begin{cases} 1 & \text{für} \quad g_i(\mathbf{x}) \le b_i \\ 0 < \mu_i(\mathbf{x}) < 1 & \text{für} \quad b_i < g_i(\mathbf{x}) < b_i + d_i \\ 0 & \text{für} \quad b_i + d_i \le g_i(\mathbf{x}) \end{cases}, \tag{8.59}$$

so ist die Menge der zulässigen Lösungen von (8.58) ebenfalls gleich

$$X_U = \{\mathbf{x} \in \mathbf{R}_+^n \mid g_i(\mathbf{x}) < b_i + d_i \quad \forall \quad i = 1,\dots,m_1 \quad \text{und} \quad g_i(\mathbf{x}) \le b_i \quad \forall \quad i = m_1+1,\dots,m\}.$$

Mit diesen Zugehörigkeitsfunktionen $\mu_i(\mathbf{x})$, $i = 1,\dots,m_1$, läßt sich dann das Optimierungssystem (8.58) genauer beschreiben durch das Mehrzieloptimierungssystem

$$\underset{\mathbf{x}\in X_U}{\text{Max}} \; (z_1(\mathbf{x}),\dots,z_K(\mathbf{x}),\mu_1(\mathbf{x}),\dots,\mu_{m_1}(\mathbf{x})). \tag{8.60}$$

Die Definitionen 8.1 und 8.2 lassen sich problemlos auf mehrere Ziele erweitern, da diese Begriffe aus der klassischen Vektoroptimierungstheorie abgeleitet wurden, vgl. z.B. [HWANG; MASUD 1979] oder [ISERMANN 1979].

Definition 8.4.:

Eine zulässige Handlungsalternative $\mathbf{x} \in X_U$ heißt *effiziente, nicht-dominierte* oder *pareto-optimale Lösung* des Modells (8.61), falls kein zulässiges Element $\hat{\mathbf{x}} \in X_U$ existiert, so daß

$$z_k(\hat{\mathbf{x}}) \ge z_k(\mathbf{x}) \quad \text{für alle} \quad k = 1,\dots,K \quad \text{und}$$

$$\mu_i(\hat{\mathbf{x}}) \ge \mu_i(\mathbf{x}) \quad \text{für alle} \quad i = 1,\dots,m_1$$

und wenigstens eine dieser Ungleichungen im strengen Sinne erfüllt ist.

Definition 8.5:

Die Menge P aller effizienten Lösungen des Optimierungssystems (8.60) wird als *vollständige Lösung* bezeichnet, d.h.

$$P = \{ \mathbf{x} \in X_U \mid \nexists\ \hat{\mathbf{x}} \in X_U \quad \text{mit} \quad (z_1(\hat{\mathbf{x}}), \ldots, z_K(\hat{\mathbf{x}}), \mu_1(\hat{\mathbf{x}}), \mu_{m_1}(\hat{\mathbf{x}})) >_p (z_1(\mathbf{x}), \ldots, z_K(\mathbf{x}), \mu_1(\mathbf{x}), \ldots, \mu_{m_1}(\mathbf{x})) \}.$$

Bezeichnen wir mit X_S die Menge

$$X_S = \{\mathbf{x} \in \mathbf{R}^n_+ \mid g_i(\mathbf{x}) = \mathbf{a}_i' \cdot \mathbf{x} \le b_i \quad \text{für alle } i = 1, \ldots, m\},$$

und ist P_S die vollständige Lösung des klassischen Vektoroptimierungssystems

$$\underset{\mathbf{x} \in X_S}{\text{Max}} \ (z_1(\mathbf{x}), \ldots, z_K(\mathbf{x})), \tag{8.61}$$

d.h. $P_S = \{\mathbf{x} \in X_S \mid \nexists\ \hat{\mathbf{x}} \in X_S \ \text{mit} \ (z_1(\hat{\mathbf{x}}), \ldots, z_K(\hat{\mathbf{x}})) >_p z_1(\mathbf{x}), \ldots, z_K(\mathbf{x})) \}$,

so läßt sich P offensichtlich darstellen als

$$P = (X_U \setminus X_S) \cup P_S. \tag{8.62}$$

< 8.9 > Für das Beispiel "Optimaler Bebauungsplan" wollen wir nun annehmen, daß die Genossenschaft neben dem Ziel, möglichst viele Wohnungen zu bauen, ein zweites Ziel verfolgt, das darin besteht, einen möglichst hohen Gewinn aus der Vermietung der Wohnungen zu erwirtschaften. Da für die Wohnungen in den zweistöckigen Häusern, die über große Kellerräume und einen Gartenanteil verfügen, ein höherer Mietzins erhoben werden kann, rechnet man mit einem Jahresgewinn von DM 6.400 DM für ein zweistöckiges und mit 7.200 DM für ein sechsstöckiges Haus.

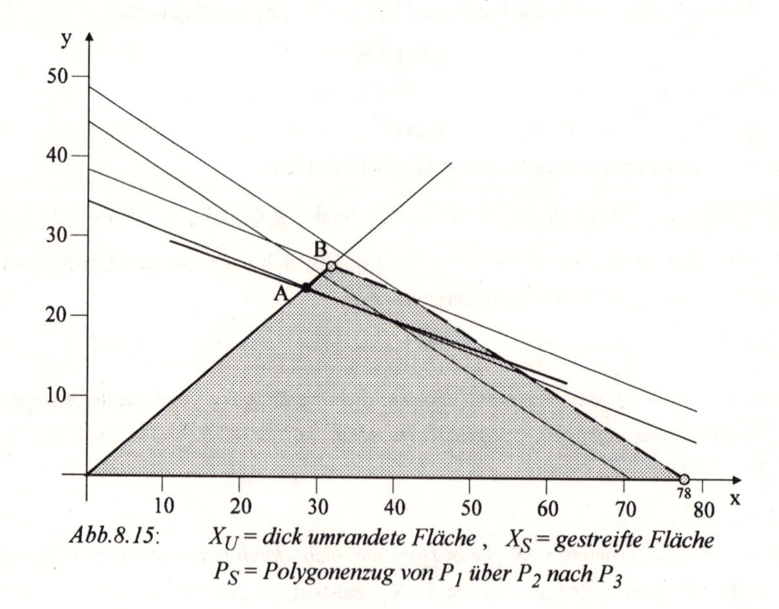

Abb.8.15: X_U *= dick umrandete Fläche ,* X_S *= gestreifte Fläche*
P_S *= Polygonenzug von* P_1 *über* P_2 *nach* P_3

Dieses Entscheidungsproblem läßt sich durch das nachfolgende Zweizieloptimierungsmodell sachadäquat abbilden.

$$z(x,y) = \begin{pmatrix} z_1(x,x) \\ z_2(x,y) \end{pmatrix} = \begin{pmatrix} 4x+12y \\ 6400x+7200y \end{pmatrix} \rightarrow \text{Max} \tag{8.63}$$

unter Beachtung der Restriktionen

$$\begin{aligned} 45x + 120y &\tilde{\leq} 4125;\; 4625 \\ 500x + 800y &\tilde{\leq} 35454{,}55;\; 39000 \\ -x + \quad y &\leq 0 \\ x, y &\geq 0 \quad . \end{aligned}$$

♦

Um eine sinnvolle Kompromißlösung des Optimierungssystems (8.60) zu ermitteln, ist es notwendig, die verschiedenen Ziele vergleichbar zu machen. Unserer Ansicht nach kann dies dadurch erreicht werden, daß der Entscheidungsträger die einzelnen Zielwerte $z_k = z_k(\mathbf{x})$ in Nutzenwerte $\hat{\mu}_{Z_k}(z_k)$ abbildet, wobei auch hier der Nutzen quantifiziert werden soll durch Zuordnung des entsprechenden Zugehörigkeitswertes aus der unscharfen Menge der zufriedenstellenden Zielwerte

$$\tilde{Z}_k = \left\{(z_k, \hat{\mu}_{Z_k}(z_k)) \mid z_k \in \mathbf{R}\right\}.$$

Um diese Zugehörigkeitsfunktionen sinnvoll festlegen zu können, benötigt der Entscheidungsträger Informationen darüber, welche Zielwerte unter den vorgegebenen Restriktionen überhaupt erreicht werden können. Von Interesse sind u.a. die maximal erzielbaren Werte, wenn nur jeweils eines der K Ziele verfolgt wird. Bezeichnen wir mit $\mathbf{x}_k^{**}$ die optimale Lösung des LP-Modells

$$\underset{\mathbf{x} \in \overline{X}}{\text{Max}}\; z_k(\mathbf{x}) \tag{8.64}$$

mit

$$\overline{X} = \left\{\mathbf{x} \in \mathbf{R}_+^n \mid \begin{array}{ll} g_i(\mathbf{x}) = \mathbf{a}_i' \cdot \mathbf{x} \leq b_i + d_i & \forall\; i = 1,\dots,m_1 \text{ und} \\ g_i(\mathbf{x}) = \mathbf{a}_i' \cdot \mathbf{x} \leq b_i & \forall\; i = m_1+1,\dots,m \end{array}\right\},$$

so ist $\overline{z}_k = z_k(\mathbf{x}_k^{**})$ der höchste Wert, der bei maximalem Lösungsraum erreicht werden kann. Ein rational handelnder Entscheidungsträger wird daher

$$\hat{\mu}_{Z_k}(z_k) = 1 \quad \text{für} \quad z_k \geq \overline{z}_k \tag{8.65}$$

wählen. Um andererseits untere Grenzen $\underline{z}_k$ zu finden mit

$$\hat{\mu}_{Z_k}(z_k) = 0 \quad \text{für} \quad z_k < \underline{z}_k\,, \tag{8.66}$$

kann man davon ausgehen, daß ein Entscheidungsträger einen Zielwert z_k nicht mehr akzeptieren wird, der kleiner ist als der minimale Zielwert $\underline{z}_k$, der sich einstellt, wenn bei einem der anderen Ziele das Maximum eintritt.

Dabei reicht es nicht aus, die unteren Grenzen $\underline{z}_k$ gleich

$$\underline{z}_k^S = \text{Min}\,(z_k(\mathbf{x}_1^*), \ldots, z_k(\mathbf{x}_{k-1}^*), z_k(\mathbf{x}_{k+1}^*), \ldots, z_k(\mathbf{x}_K^*))$$

zu setzen, wenn $\mathbf{x}_k^*$, k = 1, ... ,K, die optimale Lösung des LP-Modells

$$\underset{\mathbf{x} \in \underline{X}}{\text{Max}} \; z_k(\mathbf{x}) \tag{8.67}$$

mit $\underline{X} = \left\{ \mathbf{x} \in \mathbf{R}_+^n \,|\, g_i(\mathbf{x}) = \mathbf{a}_i' \cdot \mathbf{x} \le b_i \quad \forall \; i = 1, \ldots, m \right\}$ ist.

Anhand eines Gegenbeispiels zeigt WERNERS [1984, S.84], daß keine allgemeine Anordnung $\underline{z}_k^S \le \underline{z}_k^U$ existiert, wobei $\underline{z}_k^U$ definiert ist als

$$\underline{z}_k^U = \text{Min}\,(z_k(\mathbf{x}_1^{**}), \ldots, z_k(\mathbf{x}_{k-1}^{**}), z_k(\mathbf{x}_{k+1}^{**}), \ldots, z_k(\mathbf{x}_K^{**}))\,.$$

Vgl. dazu auch das Beispiel < 9.8 > auf der Seite 242f. .

Um den Lösungsraum nicht frühzeitig einzuengen, sollte daher der pessimistische Wert $\underline{z}_k$ gleich

$$\underline{z}_k = \text{Min}(\underline{z}_k^S, \underline{z}_k^U) \tag{8.68}$$

gewählt werden.

Bemerkungen

1. Bei Verwendung der in dieser Arbeit favorisierten, stückweise linearen Zugehörigkeitsfunktionen mit starker Orientierung an den Anspruchsniveaus spielen die pessimistischen Werte $\underline{z}_k$ nur eine geringe Rolle bei der Bestimmung der optimalen Lösung. Sie dienen nur zur besseren Orientierung des Entscheidungsträgers bei der Festlegung der Anspruchsniveaus. Dagegen sind die Werte $\underline{z}_k$ bei den Lösungsverfahren von ZIMMERMANN [1978B] und WERNERS [1984] von entscheidender Bedeutung, weil sie zusammen mit den optimistischen Werten $\bar{z}_k$ die linearen Zugehörigkeitsfunktionen eindeutig bestimmen und somit direkt auf die optimale Lösung einwirken.

2. Da die LP-Modelle (8.64) und (8.67) auch mehrere optimale Basislösungen aufweisen können, stellt sich die Frage, welche dieser Lösungen bei der Berechnung der pessimistischen Werte $\underline{z}_k^U$ bzw $\underline{z}_k^S$ zu verwenden ist. Da der Entscheidungsträger bei optimaler Erfüllung eines Zieles auch die anderen Ziele möglichst gut befriedigen will, ist es unserer Ansicht nach konsequent, bei der Berechnung der pessimistischen Werte jeweils die optimale Basislösung zu berücksichtigen, die zum höheren Wert für $\underline{z}_k^S$ bzw. $\underline{z}_k^U$ führt.

< 8.10 > Für das Beispiel "optimaler Bebauungsplan" bei der Wahl ganzzahliger optimaler Lösungen gilt, vgl. das Beispiel < 8.4 >,

$$\bar{z}_1 = z_1(28, 28) = 448 \quad \text{für} \quad \mathbf{x}_1^{**} = (28, 28) \quad \text{und}$$
$$\mathbf{x}_1^* = (25, 25) \quad \text{mit} \quad z_1(\mathbf{x}_1^*) = 400 \,.$$

Da $z_2(\mathbf{x}_1^*) = 340.000 < z_2(\mathbf{x}_1^{**}) = 380.800$

ist $\underline{z}_2 = 340.000$

Das LP-Problem

$$z_2(x, y) = 6400x + 7200y \rightarrow \text{Max}$$

unter Beachtung der Restriktionen (8.69)

$$\begin{aligned} 45x + 120y &\le 4125 \\ 500x + 800y &\le 35454{,}55 \\ -x + y &\le 0 \\ x, y &\ge 0 \end{aligned}$$

hat die Lösung $(x_2^*, y_2^*) = (70{,}91;\ 0)$ mit dem maximalen Zielwert

$$z_2^* = z_2(x_2^*, y_2^*) = 453.818{,}24\ .$$

Das LP-Problem

$$z_2(x, y) = 6400x + 7200y \rightarrow \text{Max}$$

unter Beachtung der Restriktionen (8.70)

$$\begin{aligned} 45x + 120y &\le 4.625 \\ 500x + 800y &\le 39.000 \\ -x + y &\le 0 \\ x, y &\ge 0 \end{aligned}$$

hat die Lösung $\mathbf{x}_2^{**} = (x_2^{**}, y_2^{**}) = (78, 0)$ mit dem optimalen Zielwert $\overline{z}_2 = z_2(x_2^{**}, y_2^{**}) = 499.200$.

Da $z_1(\mathbf{x}_2^*) = 283{,}64 < z_1(\mathbf{x}_2^{**}) = 312$, setzen wir bei zusätzlicher Beachtung der Ganzzahligkeit $\underline{z}_1 = 284$. Damit kommt für die Zielfunktion z_1 nur ein Wert aus dem Intervall [284, 448] und für die Zielfunktion z_2 nur ein Wert aus dem Intervall [340.000, 499.200] in Betracht. ♦

Mit geeigneten Zugehörigkeitsfunktionen $\mu_{Z_k}(\mathbf{x}) = \hat{\mu}_{Z_k}(z_k(\mathbf{x}))$ erhält man nun für das anstelle des Optimierungssystems (8.60) zu lösende Optimierungssystem

$$\underset{\mathbf{x} \in X_U}{\text{Max}} \quad (\mu_{Z_1}(\mathbf{x}), \dots, \mu_{Z_K}(\mathbf{x}), \mu_1(\mathbf{x}), \dots, \mu_{m_1}(\mathbf{x})) \tag{8.71}$$

eine vollständige Lösung P_F, die sich von P nur um <u>die</u> Punkte $\mathbf{x}$ unterscheidet, für die gilt:

$$z_k(\mathbf{x}) \le \underline{z}_k \qquad \text{für wenigstens ein } k \in 1, \dots, K.$$

< **8.11** > Für das Beispiel "Optimaler Bebauungsplan" ist die vollständige Lösung in Abbildung 8.16 dargestellt. Sie unterscheidet sich von der Menge $\underline{P}$ in der Abbildung 8.15 nur um den Punkt P_1 und eine Umgebung des Punktes P_3.

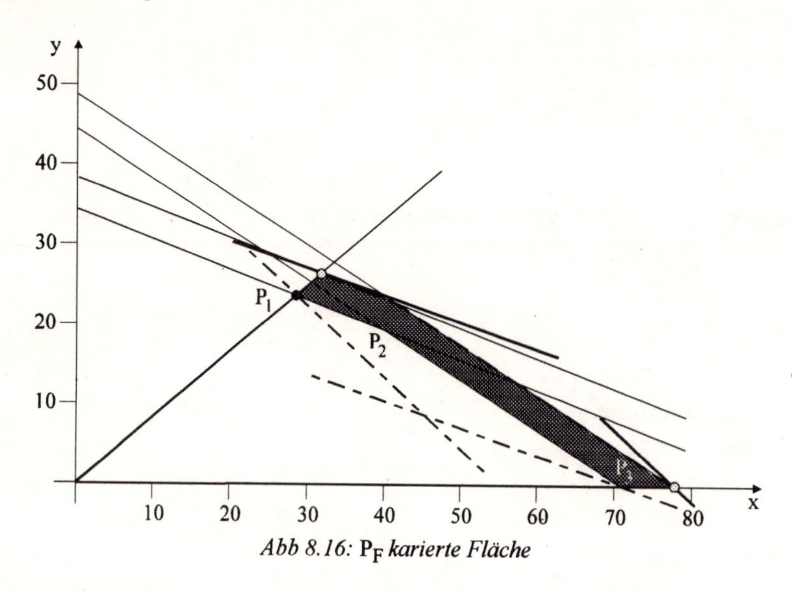

Abb 8.16: P_F *karierte Fläche*

Nach dem symmetrischen Ansatz von BELLMANN; ZADEH sind unscharfe Ziele und unscharfe Restriktionen gleich zu behandeln, vgl. die Bemerkung 1 auf Seite 186. Es macht daher im Prinzip keinen Unterschied, ob wir wie in den vorhergehenden Abschnitten ein Ziel und mehrere Restriktionen haben oder nun neben mehreren Restriktionen auch mehrere Ziele. Mit der gleichen Argumentation wie in Abschnitt 8.5 plädieren wir auch hier für die Anwendung des Minimumoperators als Präferenzfunktion bei der Berechnung einer Kompromißlösung des Mehrzieloptimierungsmodells (8.71). Die *Gesamtbefriedigung* oder der *Gesamtnutzen* wird dann definiert als

$$\lambda(\mathbf{x}) = \mathrm{Min}(\mu_{Z_1}(\mathbf{x}),\ldots,\mu_{Z_K}(\mathbf{x}),\mu_1(\mathbf{x}),\ldots,\mu_{m_1}(\mathbf{x})) \quad . \tag{8.72}$$

Das nun zu lösende Optimierungssystem

$$\underset{\mathbf{x}\in X_U}{\mathrm{Max}}\ \mathrm{Min}(\mu_{Z_1}(\mathbf{x}),\ldots,\mu_{Z_K}(\mathbf{x}),\mu_1(\mathbf{x}),\ldots,\mu_{m_1}(\mathbf{x})) \tag{8.73}$$

ist unter der Voraussetzung, daß die vollständige Lösung P_F nicht leer ist, äquivalent dem Optimierungssystem

$$\lambda \to \mathrm{Max}$$

unter Beachtung der Restriktionen (8.74)

$$\begin{aligned} &\lambda \le \mu_{Z_k}(\mathbf{x}) && \forall\ k = 1, \ldots, K \\ &\lambda \le \mu_i(\mathbf{x}) && \forall\ i = 1, \ldots, m_1 \\ &\lambda \ge 0 \\ &\mathbf{x} \in X_U \ . \end{aligned}$$

Mit den in den Abschnitten 8.1 und 8.5 gegebenen Begründungen wollen wir auch hier die Verwendung stetiger, stückweise linearer Zugehörigkeitsfunktionen μ_{Z_k}, $k = 1, \dots, K$, und μ_i, $i = 1, \dots, m_1$, empfehlen. Wir wollen dabei annehmen, daß der Entscheidungsträger bei Kenntnis der Daten $\underline{z}_k, \overline{z}_k$, $k = 1, \dots, K$ und b_i, $b_i + d_i$, $i = 1, \dots, m_1$, jedem Ziel bzw. jeder Restriktionsüberschreitung ein Anspruchsniveau

$$z_k^A \in \left]\underline{z}_1, \overline{z}_k\right[\quad \text{bzw.} \quad g_i^A \in \left[b_i, b_i + d_i\right[$$

zuordnen kann. Er drückt damit seinen Anspruch aus, bei seinem derzeitigen Informationsstand nur eine Lösung $\mathbf{x}$ dieses Entscheidungsproblems zu akzeptieren, für die gilt

$$\begin{aligned} z_k(\mathbf{x}) &\geq z_k^A \qquad \forall\ k = 1, \dots, K \\ g_i(\mathbf{x}) &\leq g_i^A \qquad \forall\ i = 1, \dots, m_1 . \end{aligned}$$

Sollte der Entscheidungsträger sich außerstande erklären, eins oder mehrere dieser Anspruchsniveaus vorzugeben, so wird empfohlen, diese Größe zunächst gleich

$$z_k^A = \frac{\underline{z}_k + \overline{z}_k}{2} \quad \text{bzw.} \quad g_i^A = b_i + \frac{d_i}{2} \quad \text{zu setzen.}$$

Der Entscheidungsträger wählt dann einen kritischen λ-Wert λ_A, $0 < \lambda_A < 1$, aus, der allen Anspruchsniveaus als Zugehörigkeitswert zuzuordnen ist, vgl. dazu die Hinweise auf Seite 196. Der Entscheidungsträger kann dann die Zugehörigkeitsfunktionen noch genauer beschreiben, indem er weitere Punktepaare vorgibt, denen die Funktionen μ_{Z_k} bzw. μ_i genügen sollen. Da er nur schlecht überblicken kann, welche Zielvektoren $(z_1(\mathbf{x}), \dots, z_K(\mathbf{x}))$ machbar sind, werden sich diese zusätzlichen Angaben in erster Linie auf die Funktionen μ_i beziehen. Mit den vom Entscheidungsträger festgelegten Daten wird dann im interaktiven Mensch-Maschine-Verfahren der erste Lösungsvorschlag ermittelt. Dazu setzen wir

$$z_k^A[1] = z_k^A, \quad k = 1, \dots, K, \quad \text{und} \quad g_i^A[1] = g_i^A, \quad i = 1, \dots, m \quad ,$$

und führen das nachfolgende Verfahren für $r = 1$ durch.

Interaktives Lösungsverfahren MOLPAL[1]

Mit den Daten $(\underline{z}_k, 0)$, $(z_k^A[r], \lambda_A)$, $(\overline{z}_k, 1)$, $\quad k = 1, \dots, K$
und $\quad (b_i, 1)$, $(g_i^A[r], \lambda_A)$, $(b_i + d_i, 0)$, $i = 1, \dots, m_1$

und eventuellen weiteren Angaben des Entscheidungsträgers werden nun stetige stückweise lineare Zugehörigkeitsfunktionen μ_{Z_k} und μ_i aufgestellt. Verzichtet der Entscheidungsträger auf die Angabe weiterer Punktepaare, so haben diese Zugehörigkeitsfunktionen die Gleichung

$$\mu_i(\mathbf{x}) = \begin{cases} 1 & \text{für} \quad g_i(\mathbf{x}) \leq b_i \\ 1 - \dfrac{g_i(\mathbf{x}) - b_i}{g_i^A[r] - b_i}(1 - \lambda_A) & \text{für} \quad b_i < g_i(\mathbf{x}) \leq g_i^A[r] \\ \dfrac{b_i + d_i - g_i(\mathbf{x})}{b_i + d_i - g_i^A[r]} \cdot \lambda_A & \text{für} \quad g_i^A[r] < g_i(\mathbf{x}) \leq b_i + d_i \\ 0 & \text{für} \quad b_i + d_i < g_i(\mathbf{x}) \end{cases} \tag{8.75}$$

---

[1] **M**ulti**O**bjective **L**inear **P**rogramming based on **A**spiration **L**evels

bzw.

$$\mu_{Z_k}(\mathbf{x}) = \begin{cases} \dfrac{z_k(x) - \underline{z}_k}{z_k^A[r] - \underline{z}_k} \cdot \lambda_A & \text{für} \quad \underline{z}_k \leq z_k(\mathbf{x}) \leq z_k^A[r] \\ \lambda_A + \dfrac{z_k(\mathbf{x}) - z_k^A[r]}{\overline{z}_k - z_k^A[r]}(1-\lambda_A) & \text{für} \quad z_k^A[r] < z_k(\mathbf{x}) \leq \overline{z}_k \end{cases} \quad (8.76)$$

Ergeben sich dabei nicht-konkave Zugehörigkeitsfunktionen, d.h. ist

$$z_k^A[r] > \lambda_A \overline{z}_k + (1-\lambda_A)\underline{z}_k$$

bzw.

$$g_i^A[r] < \lambda_A b_i + (1-\lambda_A) d_i,$$

so sind diese Funktionen durch Verkleinerung der Intervalle $[\underline{z}_k, \overline{z}_k]$ bzw. $[b_i, b_i + d_i]$ so abzuändern, daß sich konkave Funktionen über den verkürzten Intervallen ergeben, vgl. Seite 197.

Für die einfachen Zugehörigkeitsfunktionen (8.75) und (8.76) erhält man dabei die Funktionsgleichungen

$$\mu_i(\mathbf{x}) = \begin{cases} 1 & \text{für} \quad g_i(\mathbf{x}) \leq b_i \\ 1 - \dfrac{g(\mathbf{x}) - b_i}{g_i^A[r] - b_i}(1-\lambda_A) & \text{für} \quad b_i < g_i(\mathbf{x}) \leq \dfrac{g_i^A[r] - \lambda_A b_i}{1-\lambda_A} \\ 0 & \text{für} \quad \dfrac{g_i^A[r] - \lambda_A b_i}{1-\lambda_A} < g_i(\mathbf{x}) \end{cases} \quad (8.77)$$

bzw.

$$\mu_{Z_k}(\mathbf{x}) = \begin{cases} 0 & \text{für} \quad \underline{z}_k \leq z_k(\mathbf{x}) < \dfrac{z_k^A[r] - \lambda_A \overline{z}_k}{1-\lambda_A} \\ 1 - \dfrac{\overline{z}_k - z_k(\mathbf{x})}{\overline{z}_k - z_k^A[r]}(1-\lambda_A) & \text{für} \quad \dfrac{z_k^A[r] - \lambda_A \overline{z}_k}{1-\lambda_A} \leq z_k(\mathbf{x}) \leq \overline{z}_k \end{cases} \quad (8.78)$$

Sind nun alle Zugehörigkeitsfunktionen stetig, konkav und stückweise linear über den relevanten Intervallen, so läßt sich nach Satz 8.3 das Optimierungsmodell (8.74) durch ein äquivalentes LP-Modell (8.80r) ersetzen, vgl. das analoge Vorgehen auf den Seiten 195 ff.

Die Lösung $(\lambda, \mathbf{x}^r)$ dieses LP-Problems (8.80r) wird nun mit einem der bekannten Algorithmen ermittelt und dem Entscheidungsträger bekanntgegeben. Zur besseren Beurteilung dieses Lösungsvorschlages werden dem Entscheidungsträger zusätzlich die zugehörigen Zielwerte

$$z_1^r := z_1(\mathbf{x}^r), \ldots, z_K^r := z_K(\mathbf{x}^r)$$

und die benötigten "Ressourcen"

$$g_1^r := g_1(\mathbf{x}^r) = \mathbf{a}_1' \cdot \mathbf{x}^r, \ldots, g_{m_1}^r := g_{m_1}(\mathbf{x}^r) = \mathbf{a}_{m_1}' \cdot \mathbf{x}^r$$

anhand von Diagrammen der nachstehenden Form vorgelegt.

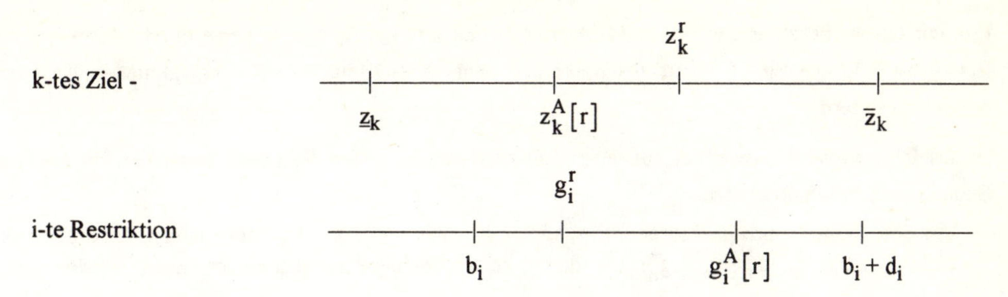

Abb.8.17: Diagramme zur Information des Entscheidungsträgers

Fall A: $\lambda^r \geq \lambda_A$

Ist $\lambda^r \geq \lambda_A$, so genügt die Lösung $\mathbf{x}^r$ den Ansprüchen des Entscheidungsträgers. Er kann diesen Lösungsvorschlag akzeptieren, und das Entscheidungsproblem ist damit gelöst.

Ist λ^r echt größer als λ_A, so kann der Entscheidungsträger daraus schließen, daß es eine Lösung $\overline{\mathbf{x}}$ des Optimierungssystems (8.74) gibt, die den Anspruchsniveaus genügt und für mindestens ein Ziel k, $k \in \{1, \ldots, K\}$, einen höheren Zielwert $z_k(\overline{\mathbf{x}}) > z_k(\mathbf{x}^r)$ aufweist oder für mindestens eine Restriktion $i \in \{1, \ldots, m_1\}$ weniger "Ressourcen" $g_i(\overline{\mathbf{x}}) < g_i(\mathbf{x}^r)$ benötigt.

Der Entscheidungsträger kann daher mindestens eines der Anspruchsniveaus $z_k^A[r]$ bzw. $g_i^A[r]$ so verbessern, daß für das neue Niveau gilt

$$z_k^A[r+1] > z_k(\mathbf{x}^r) \quad \text{bzw.} \quad g_i^A[r+1] < g_i(\mathbf{x}^r).$$

Da $\mathbf{x}^r$ eine effiziente Lösung ist,[1] dürfen aber nicht alle Anspruchsniveaus über die der Lösung $\mathbf{x}^r$ entsprechenden Werte hinaus verbessert werden. Eine dem neuen Anspruchsniveauvektor $(z_1^A[r+1], \ldots, z_K^A[r+1], \; g_1^A[r+1], \ldots, g_{m_1}^A[r+1])$ des Entscheidungsträgers genügende Lösung des Optimierungsproblems kann dann nur erwartet werden, wenn für wenige Ziele und/oder Restriktionen gilt:

$$z_k^A[r+1] > z_k(\mathbf{x}^r) \quad \text{bzw.} \quad g_i^A[r+1] < g_i(\mathbf{x}^r),$$

während die übrigen Anspruchsniveaus unverändert bleiben oder nur so verbessert werden, daß gilt:

$$z_k^A[r] \leq z_k^A[r+1] \leq z_k(\mathbf{x}^r) \quad \text{bzw.} \quad g_i(\mathbf{x}^r) \leq g_i^A[r+1] \leq g_i^A[r] .$$

Fall B: $\lambda^r < \lambda_A$

Ist dagegen $\lambda^r < \lambda_A$, so wird zumindest bei einem Ziel und bei einer Restriktion das vorgegebene Anspruchsniveau nicht erreicht.

Da $\mathbf{x}^r$ eine effiziente Lösung ist, existiert auch keine andere Lösung dieses Fuzzy-Vektoroptimierungsproblems, die den vorgegebenen Anspruchsninveaus genügt. Der Entscheidungsträger ist daher gehalten, wenigstens eines dieser nicht erreichten Anspruchsniveaus zu senken, und zwar auf ein Niveau, das unterhalb des entsprechenden Wertes $z_k(\mathbf{x}^r)$ bzw. oberhalb des entsprechenden Wertes $g_i(\mathbf{x}^r)$ liegt.

---

[1] Vgl. dazu die Ausführungen auf Seite 187, die hier analog gelten.

Das vorstehend beschriebene Lösungsverfahren ist nun für $r = 2, 3,...$ so lange durchzuführen, bis der Entscheidungsträger eine Lösung akzeptiert und keine Notwendigkeit sieht, die aktuellen Anspruchsniveaus zu ändern.

Dieses Iterationsverfahren endet auf jeden Fall nach endlich vielen Schritten, wenn die folgenden drei Bedingungen beachtet werden:

1. Ein zu einer akzeptierbaren Lösung, d.h. mit $\lambda^r \geq \lambda_A$ führender Anspruchsvektor $(z_1^A[r],...,z_K^A[r],\ g_1^A[r],...,g_{m_1}^A[r])$, darf in keiner Komponente mehr verschlechtert werden, d.h.

$$\left.\begin{array}{ll} z_k^A[r+j] \geq z_k^A[r] & \forall \quad k=1,...,K \\ & \\ g_i^A[r+j] \leq g_i^A[r] & \forall \quad i=1,...,m_1 \end{array}\right. \quad \forall \quad j=1,2,... \ .$$

2. Ein zu einer nicht akzeptablen Lösung, d.h. mit $\lambda^r < \lambda_A$, führender Anspruchsniveauvektor darf in keiner Komponente mehr verbessert werden, d.h.

$$\left.\begin{array}{ll} z_k^A[r+j] \leq z_k^A[r] & \forall \quad k=1,...,K \\ & \\ g_i^A[r+j] \geq g_i^A[r] & \forall \quad i=1,...,m_1 \end{array}\right. \quad \forall \quad j=1,2,... \ .$$

3. Für jedes Ziel und für jede unscharfe Restriktion besitzt der Entscheidungsträger eine Fühlbarkeitsschranke. Er wird daher Änderungen eines Anspruchsniveaus nur mit einem solchen Mindestausmaß vornehmen, daß die jeweilige Fühlbarkeitsschranke überschritten wird. Ist dies für ein Niveau nicht mehr möglich, ohne gegen eine der beiden vorstehenden Bedingungen zu verstoßen, so wird dieses Anspruchsniveau im weiteren Iterationsprozeß konstant gehalten.

Die beiden ersten Bedingungen sind Ausdruck einer konsequenten Haltung des Entscheidungsträgers während des iterativen Prozesses. In der Praxis steht es aber selbstverständlich im Ermessen des Entscheidungsträgers, von diesen Beschränkungen abzuweichen und eine Verlängerung des Entscheidungsprozesses in Kauf zu nehmen, vgl. dazu die Ausführungen auf S. 267.

Bevor im Abschnitt 8.7 das interaktive Lösungsverfahren MOLPAL in Form eines Programmablaufplanes genauer strukturiert wird, wollen wir es zuvor anhand des Beispiels "Optimaler Bebauungsplan" veranschaulichen.

< **8.12** > Für das Beispiel "Optimaler Bebauungsplan" wird der kritische λ-Wert wiederum gleich 0,5 gesetzt, d.h. $\lambda_A = 0{,}5$.

Der Vorstand legt für das Ziel "möglichst viele Wohnungen" ein Anspruchsniveau $z_1^A[1] = 400$ fest.

Da die aus den Punktepaaren (284, 0), (400, 0,5) und (448, 1) gebildete stückweise lineare Funktion nicht konkav über dem Intervall [312, 448] ist, vgl. Abbildung 8.18,

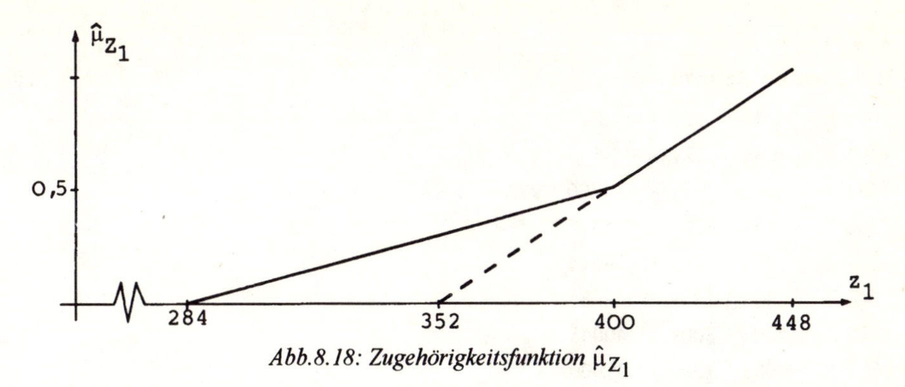

Abb.8.18: Zugehörigkeitsfunktion $\hat{\mu}_{Z_1}$

werden die mengenrelevanten Zielwerte verkleinert auf [352, 448], und die nun konkave Zugehörigkeitsfunktion hat die Gleichung

$$\mu_{Z_1}(x,y) = \begin{cases} 0 & \text{für} \quad 4x+12y < 352 \\ \dfrac{4x+12y-352}{96} & \text{für} \quad 352 \le 4x+12y \le 448. \end{cases}$$

Bzgl. der zweiten Zielsetzung "möglichst hoher Gewinn" ist der Vorstand der Ansicht, daß ein Jahresgewinn in Höhe von 400.000 DM als zufriedenstellend anzunehmen ist, und gibt daher $z_2^A[1] = 400.000$ vor. Die aus den Punktepaaren (340.000, 0), (400.000, 0,5) und (499.200, 1) gebildete stückweise lineare Zugehörigkeitsfunktion,wobei die Gewinne zur Vereinfachung in 100 DM angegeben werden,

$$\mu_{Z_2}(x,y) = \begin{cases} \dfrac{64x+72y-3400}{600} \cdot \dfrac{1}{2} & \text{für} \quad 3400 \le 64x+72y < 4000 \\ \dfrac{1}{2} + \dfrac{64x+72y-4000}{992} \cdot \dfrac{1}{2} & \text{für} \quad 4000 \le 64x+72y \le 4992 \end{cases}$$

ist konkav über [3400, 4992].

Als Zugehörigkeitsfunktionen für die unscharfen Restriktionen werden die auf Seite 198f. dargestellten Funktionen $\mu_1(x, y)$ und $\mu_2(x, y)$ gewählt.

Das Optimierungssystem

$$\lambda \rightarrow \text{Max}$$

unter Beachtung der Restriktionen (8.79)

$$\begin{aligned} \lambda &\le \mu_{Z_k}(x, y) & k &= 1,2 \\ \lambda &\le \mu_i(x, y) & i &= 1,2 \\ -x + y &\le 0 & & \\ \lambda,\ x,\ y &\ge 0 & & \end{aligned}$$

ist bei Vorgabe der obigen stückweise linearen Zugehörigkeitsfunktionen äquivalent dem LP-Modell

$\lambda \rightarrow \text{Max}$

unter Beachtung der Restriktionen (8.80.1)

$$\begin{aligned}
96\,\lambda \; - \quad 4x - \;\, 12y &\leq - \;\, 352 \\
1200\,\lambda \; - \; 64x - \;\, 72y &\leq - \; 3400 \\
1984\,\lambda \; - \; 64x - \;\, 72y &\leq - \; 4000 + 992 = -3008 \\
1200\,\lambda \; + \; 45x + 120y &\leq \;\; 5325 \\
300\,\lambda \; + \; 45x + 120y &\leq \;\; 4515 \\
240\,\lambda \; + \; 45x + 120y &\leq \;\; 4485 \\
5090\,\lambda \; + 500x + 800y &\leq \; 40045 \\
3000\,\lambda \; + 500x + 800y &\leq \; 39000 \\
-x + \quad y &\leq \quad 0 \\
\lambda, x, y &\geq \quad 0 \quad .
\end{aligned}$$

Der λ - Wert der Lösung

$$\lambda^1 = 0{,}5761, \qquad x^1 = 42{,}6798, \qquad y^1 = 19{,}7158$$

des Optimierungsmodells (8.80.1), die zu den Zielwerten

$$z_1^1 = z_1\,(42{,}6798,\ 19{,}7158) = 407{,}31$$
$$z_2^1 = z_2\,(42{,}6798,\ 19{,}7158) = 415.104{,}48$$

führt, zeigt an, daß sich bei Beibehaltung der übrigen Anspruchsniveaus die Anzahl der zu bauenden Wohnungen auf über 407 erhöhen läßt.

Für den zweiten Lösungszyklus wird nun für das 1. Ziel das Anspruchsniveau auf $z_1^A[2] = 416$ erhöht, während die übrigen Niveaus konstant bleiben. Dann ändert sich die Zugehörigkeitsfunktion μ_{Z_1} zu

$$\mu_{Z_1}^2(x,y) = \begin{cases} 0 & \text{für} \quad 4x + 12y < 384 \\ \dfrac{4x + 12y - 384}{64} & \text{für} \quad 384 \leq 4x + 12y \leq 448 \end{cases} .$$

Dementsprechend wird im Optimierungssystem (8.80.1) die 1. Restriktion ausgetauscht durch die Ungleichung

$$64\,\lambda - 4x - 12y \leq -384 \quad .$$

Das sich so ergebende LP-Modell (8.80.2) hat die Lösung

$$\lambda^2 = 0{,}5199, \quad x^2 = 38{,}1965, \quad y^2 = 22{,}0140$$

mit den Zielwerten

$$z_1^2 = z_1\,(38{,}1965,\ 22{,}0140) = 416{,}95$$

$$z_2^2 = z_2\,(38{,}1965,\ 22{,}0140) = 402.958{,}40.$$

Die knappe Differenz $\lambda^2 - \lambda_A = 0{,}0199$ läßt schon vermuten, daß es keinen Bebauungsplan gibt, der zur Erstellung von 420 Wohnungen führt und auch den übrigen Anspruchsniveaus genügt. Die "Sprunghöhe" 4 als Fühlbarkeitsschranke bietet sich hier an, da alle zu errichtenden Häuser ein Vielfaches von 4 an Wohnungen bieten.

Bilden wir dennoch die einem neuen Anspruchsniveau $z_1^A[3] = 420$ entsprechende konkave Zugehörigkeitsfunktion

$$\mu_{Z_1}^3(x,y) = \begin{cases} 0 & \text{für} \quad 4y + 12y < 392 \\ \dfrac{4x + 12y - 392}{56} & \text{für} \quad 392 \le 4x + 12y \le 448, \end{cases}$$

so hat das nun zu lösende LP-Modell (8.80.3) die Lösung

$$\lambda^3 = 0{,}4752, \qquad x^3 = 36{,}9702, \quad y^3 = 22{,}5608 \qquad ,$$

die nicht allen Anspruchsniveaus des Entscheidungsträgers genügt, denn es gilt:

$$\begin{aligned} z_1^3 &= z_1(x^3, y^3) = 418{,}61 &&< z_1^A[3] = 420 \\ z_2^3 &= z_2(x^3, y^3) = 399.047{,}04 &&< z_2^A[3] = 400.000 \\ g_1^3 &= g_1(x^3, y^3) = 43.709.600 &&> g_1^A[3] = 43.650.000 \\ g_2^3 &= g_2(x^3, y^3) = 36.533{,}74 &&< g_2^A[3] = 38.500 \quad . \end{aligned}$$

Die optimale ganzzahlige Lösung des Bebauungsplanproblems ist somit $x = 38$ und $y = 22$.

Werden 38 zweistöckige und 22 sechsstöckige Häuser auf dem Baugebiet erstellt, so werden 416 Wohnungen errichtet, die einen zufriedenstellenden Jahresgewinn in Höhe von 401.600 DM erwirtschaften. Da die Baukosten mit 43.500.000 die ursprüngliche Kreditsumme um 2.250.000 DM übersteigen, besitzt das Sozialamt der Stadt ein Vorschlagsrecht für 23 Wohnungen in den sechsstöckigen Häusern. Die Grundstücke sind um den Faktor

$$a = \frac{39000}{500 \cdot 38 + 800 \cdot 22} - 1 = \frac{39000}{36600} - 1 = 0{,}06557$$

größer als die Mindestgröße laut Bauauflage. ♦

8.7. ANSPRUCHSNIVEAUGESTEUERTES INTERAKTIVES VERFAHREN MOLPAL ZUR LÖSUNG LINEARER MEHRZIELOPTIMIERUNGSSYSTEME

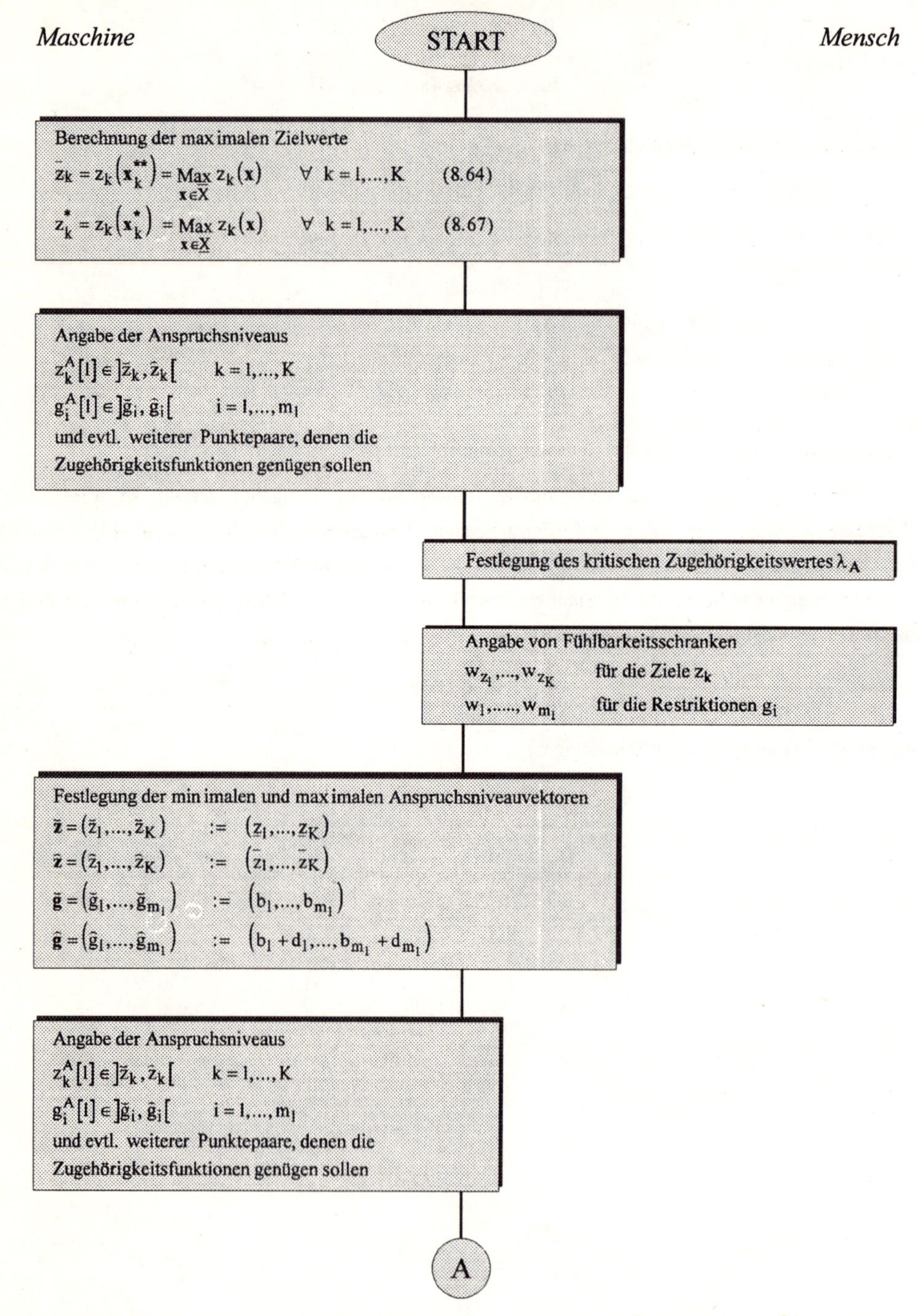

1) Liegt nur eine zu maximierende Zielfunktion vor, d.h. ist k=1, so ist $\underline{z}_1 = z_1^*$ zu setzen.

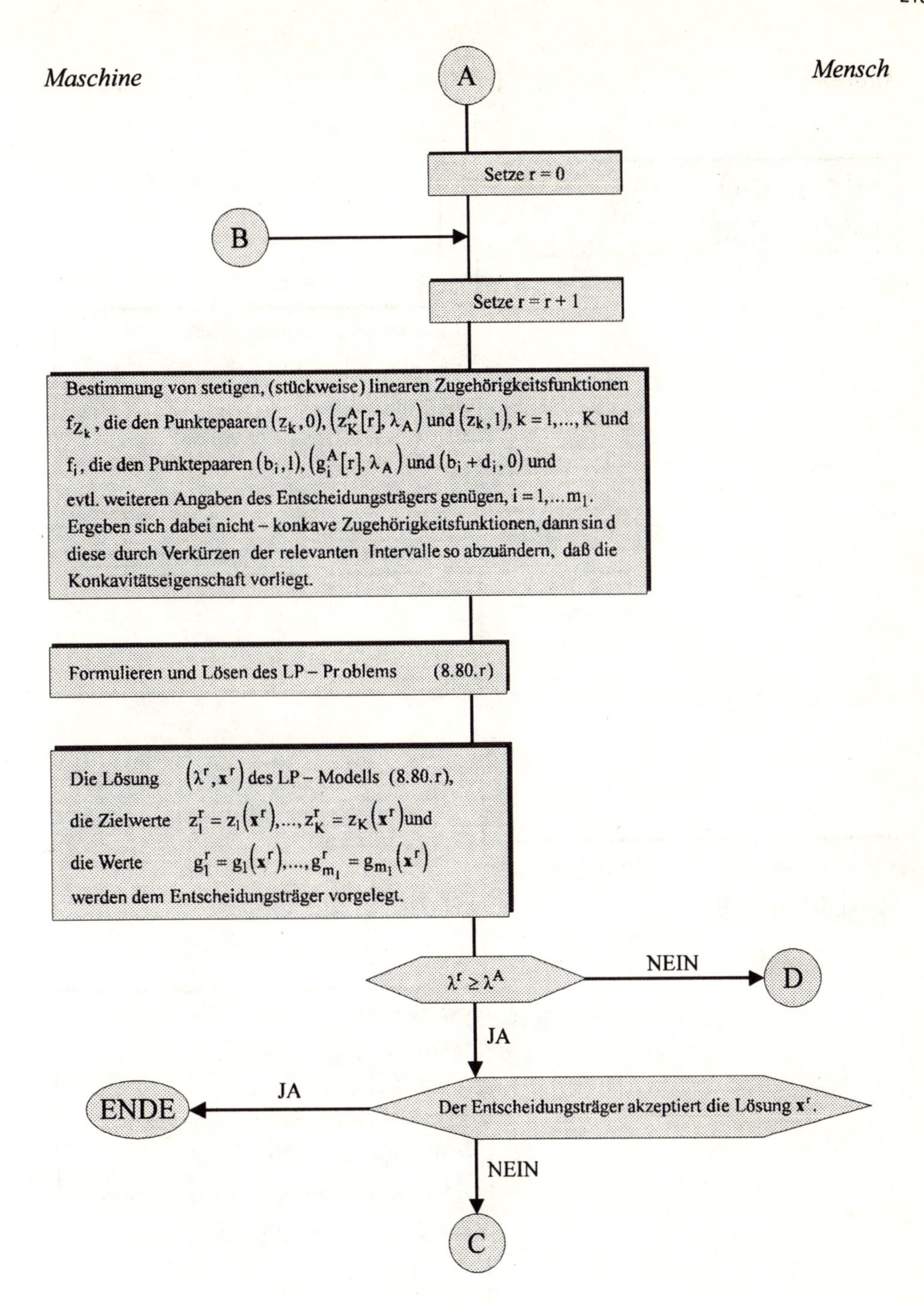
Maschine
Mensch
A
Setze r = 0
B
Setze r = r + 1
Bestimmung von stetigen, (stückweise) linearen Zugehörigkeitsfunktionen f_{Z_k}, die den Punktepaaren $(z_k, 0), (z_K^A[r], \lambda_A)$ und $(\bar{z}_k, 1)$, $k = 1,\ldots, K$ und f_i, die den Punktepaaren $(b_i, 1), (g_i^A[r], \lambda_A)$ und $(b_i + d_i, 0)$ und evtl. weiteren Angaben des Entscheidungsträgers genügen, $i = 1,\ldots m_1$. Ergeben sich dabei nicht – konkave Zugehörigkeitsfunktionen, dann sind diese durch Verkürzen der relevanten Intervalle so abzuändern, daß die Konkavitätseigenschaft vorliegt.
Formulieren und Lösen des LP – Problems (8.80.r)
Die Lösung $(\lambda^r, \mathbf{x}^r)$ des LP – Modells (8.80.r),
die Zielwerte $z_1^r = z_1(\mathbf{x}^r),\ldots, z_K^r = z_K(\mathbf{x}^r)$ und
die Werte $g_1^r = g_1(\mathbf{x}^r),\ldots, g_{m_1}^r = g_{m_1}(\mathbf{x}^r)$
werden dem Entscheidungsträger vorgelegt.
$\lambda^r \geq \lambda^A$
NEIN
D
JA
ENDE
JA
Der Entscheidungsträger akzeptiert die Lösung $\mathbf{x}^r$.
NEIN
C

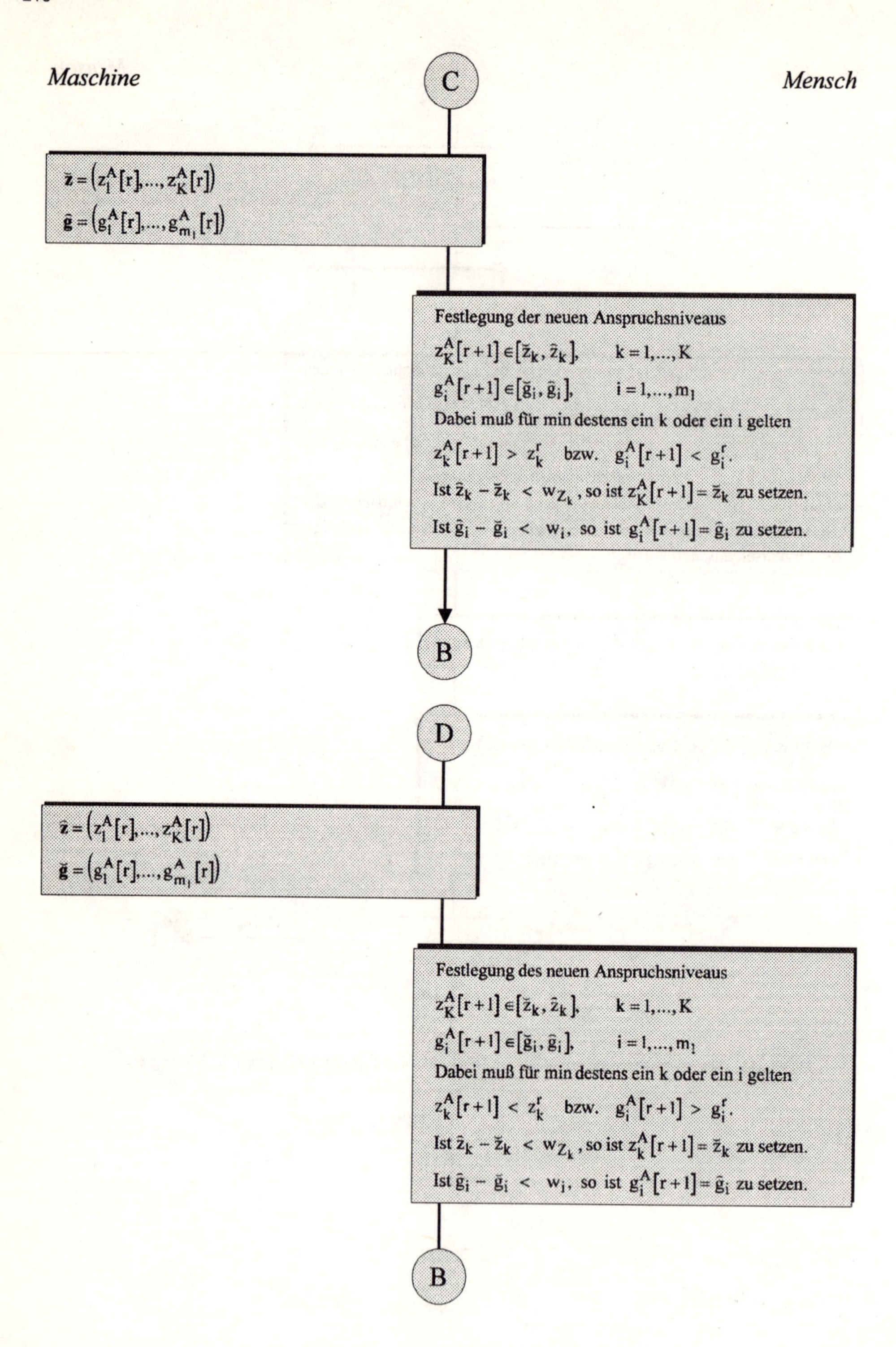

Maschine
C
Mensch
$\bar{\mathbf{z}} = (z_1^A[r], ..., z_K^A[r])$
$\hat{\mathbf{g}} = (g_1^A[r], ..., g_{m_1}^A[r])$
Festlegung der neuen Anspruchsniveaus
$z_K^A[r+1] \in [\bar{z}_k, \hat{z}_k]$, $k = 1,...,K$
$g_i^A[r+1] \in [\breve{g}_i, \hat{g}_i]$, $i = 1,...,m_1$
Dabei muß für min destens ein k oder ein i gelten
$z_k^A[r+1] > z_k^r$ bzw. $g_i^A[r+1] < g_i^r$.
Ist $\hat{z}_k - \bar{z}_k < w_{Z_k}$, so ist $z_K^A[r+1] = \bar{z}_k$ zu setzen.
Ist $\hat{g}_i - \breve{g}_i < w_i$, so ist $g_i^A[r+1] = \hat{g}_i$ zu setzen.
B
D
$\hat{\mathbf{z}} = (z_1^A[r], ..., z_K^A[r])$
$\breve{\mathbf{g}} = (g_1^A[r], ..., g_{m_1}^A[r])$
Festlegung des neuen Anspruchsniveaus
$z_K^A[r+1] \in [\bar{z}_k, \hat{z}_k]$, $k = 1,...,K$
$g_i^A[r+1] \in [\breve{g}_i, \hat{g}_i]$, $i = 1,...,m_1$
Dabei muß für min destens ein k oder ein i gelten
$z_k^A[r+1] < z_k^r$ bzw. $g_i^A[r+1] > g_i^r$.
Ist $\hat{z}_k - \bar{z}_k < w_{Z_k}$, so ist $z_k^A[r+1] = \bar{z}_k$ zu setzen.
Ist $\hat{g}_i - \breve{g}_i < w_i$, so ist $g_i^A[r+1] = \hat{g}_i$ zu setzen.
B

8.8 KRITISCHE WÜRDIGUNG

Mit dem interaktiven Decision-Support-System MOLPAL steht dem Entscheidungsträger ein wirkungsvolles Instrumentarium zur Lösung von Problemen zur Verfügung, die als lineare Optimierungssysteme modelliert werden können. Es bietet insbesondere:

- die Berücksichtigung mehrerer Ziele,
- die Verwendung flexibler Restriktionsgrenzen,
- eine recheneffiziente Auswertung, da zum Lösen der LP-Ersatzmodelle leistungsfähige Algorithmen zur Verfügung stehen,
- die Einbeziehung der subjektiven Vorstellungen des Entscheidungsträgers auf der Basis der Fuzzy Set-Theorie,
- relativ geringe Anforderungen an den Entscheidungsträger, da lediglich Anspruchsniveaus festzulegen bzw. zu variieren sind,
- leichte Modifikationsmöglichkeiten über die Änderung weniger Parameter (Anspruchsniveaus),
- schrittweise Eingrenzung der in Betracht kommenden Alternativen, wobei die Geschwindigkeit der Einengung vom Entscheidungsträger gesteuert wird.

Im Gegensatz zu den meisten Lösungsverfahren auf der Grundlage der Theorie unscharfer Mengen, vgl. z.B. [ZIMMERMANN 1986 B], [WERNERS 1984], [SAKAWA; YANO 1986, 1987], werden die Zugehörigkeitsfunktionen μ_{Z_k} und μ_i nicht endgültig festgelegt, sondern bewußt als vorläufige Näherung formuliert, die im Laufe des iterativen Lernprozesses dem neuesten Informationsstand angepaßt werden kann, soweit dies vom Entscheidungsträger als notwendig erachtet wird.

Die Vergleichbarkeit der verschiedenen Ziele, auch im Hinblick auf die weichen Restriktionsgrenzen, ist durch das verwendete Nutzenkonzept, insbesondere durch Zuordnung des gleichen Zugehörigkeitswertes λ_A zu allen Anspruchsniveaus, gegeben.

Die Schwächen des Minimumoperators als "und"-Verknüpfung werden dadurch gemildert, daß letztendlich die Zugehörigkeitswerte, die die Lösung bestimmen, in der Nähe von λ_A liegen und daher echt miteinander verglichen werden können.

Selbst für den praxisfernen Fall, daß der Entscheidungsträger wohlbestimmte, kardinal-meßbare Zugehörigkeitsfunktionen angeben kann, ist die Verwendung des Minimumoperators ein gangbarer Lösungsweg. Allerdings müßte der Lösungsalgorithmus dann abgeändert werden, wobei die Steuerung wie in [SAKAWA; YANO 1986, 1987] über Mindestzugehörigkeitswerte $\underline{\lambda}_{Z_k}$ bzw. $\underline{\lambda}_i$ erfolgen könnte.
Weniger empfehlenswert ist meiner Ansicht nach die Verwendung eines gewichteten arithmetischen Mittels oder der Verknüpfungsoperatoren uñd bzw. odẽr, vgl. die Definition 1.25 auf Seite 32, da hier die Festlegung der Gewichte bzw. des Parameters δ kaum ausreichend begründet werden kann.
Andere kompensatorische Operatoren, wie z.B. der λ - Operator, haben darüber hinaus den gravierenden Nachteil, daß sie selbst bei Verwendung linearer Zugehörigkeitsfunktionen zu nicht-linearen Modellen führen, für die keine recheneffiziente Lösungsalgorithmen existieren.

9. LINEARE OPTIMIERUNGSMODELLE MIT FUZZY-RESTRIKTIONEN UND/ODER FUZZY-ZIELEN

Die in Kapitel 8 diskutierten linearen Modelle bieten zwar die Möglichkeit, Restriktionsgrenzen flexibel zu halten und erst im Verlaufe des Entscheidungsprozesses genauer einzuschränken, sie verlangen aber wie die klassischen Modelle der mathematischen Optimierung, daß sowohl die Koeffizienten der Restriktionen als auch die der Zielfunktion(en) von Entscheidungsträgern eindeutig festgelegt werden können. Diese Prämisse ist bei realen Entscheidungsproblemen oft nur schwer erfüllbar, und der Versuch, sich mit mittleren Werten zu behelfen, birgt die Gefahr, daß kein adäquates Bild der Realität modelliert wird.

Insbesondere Planungsdaten, die erst in Zukunft realisiert werden, lassen sich i.a. nicht exakt ermitteln, sondern nur innerhalb gewisser Bandbreiten schätzen. So können z.B. die mit einzelnen Investitionsprojekten verbundenen Zahlungsreihen oder die Verzinsung von Alternativanlagemöglichkeiten in späteren Perioden häufig nur größenordnungsmäßig angegeben werden.

Um zu vermeiden, daß eine Lösung für ein Formal-Modell ermittelt wird, das kein adäquates Bild des real vorliegenden Entscheidungsproblems ist, halten wir es für erforderlich, die Daten nur mit der Genauigkeit in das Modell aufzunehmen, wie sie vom Entscheidungsträger angegeben werden. Ein geeignetes Instrumentarium zur Formulierung solcher Modelle bietet die Theorie unscharfer Mengen, indem z.B. der Koeffizient der j-ten Variablen in der i-ten Restriktion geschrieben wird als

$$\tilde{A}_{ij} = \left\{(y, \mu_{A_{ij}}(y)) \mid y \in \mathbf{R}\right\} \quad . \tag{9.1}$$

Dabei beschreibt die Zugehörigkeitsfunktion $\mu_{A_{ij}} : \mathbf{R} \to [0, 1]$ die subjektive Vorstellung des Entscheidungsträgers, ob und mit welchem Grad eine reelle Zahl als der wahre Parameter a_{ij} in Betracht kommt.

Da ein eindeutig bestimmter Parameter $a_{ij} \in \mathbf{R}$ ebenfalls als unscharfe Mengen $\tilde{A}_{ij}$ geschrieben werden kann, nämlich mit der Zugehörigkeitsfunktion

$$\mu_{A_{ij}}(y) = \begin{cases} 1 & \text{für } y = a_{ij} \\ 0 & \text{sonst,} \end{cases}$$

sind die Modelle mit Fuzzy-Koeffizienten bestens geeignet, um reale Probleme sachadäquat zu beschreiben.

In diesem Kapitel wollen wir daher Optimierungsmodelle der Form

$$\tilde{C}_1 x_1 + \cdots + \tilde{C}_n x_n \to \widetilde{\text{Max}}$$

unter Beachtung der Restriktionen (9.2)

$$\begin{aligned} \tilde{A}_{i1} x_1 + \cdots + \tilde{A}_{in} x_n &\mathrel{\tilde{\leq}} \tilde{B}_i \qquad && i = 1, \ldots, m \\ x_j &\geq 0 && j = 1, \ldots, n \end{aligned}$$

untersuchen. Dabei sind $\tilde{C}_j, \tilde{A}_{ij}$ und $\tilde{B}_i$, $j = 1, \ldots, n$, $i = 1, \ldots, m$, Fuzzy-Zahlen bzw. Fuzzy-Intervalle im Sinne der Definitionen 1.10 und 1.12.

Die linearen Ausdrücke des Systems (9.2) lassen sich mit der erweiterten Addition und der erweiterten Multiplikation genauer darstellen als

$$\tilde{Z}(\mathbf{x}) = \tilde{C}_1 \cdot x_1 \oplus \cdots \oplus \tilde{C}_n \cdot x_n \rightarrow \tilde{\text{Max}} \qquad \text{bzw.} \tag{9.3}$$

$$\tilde{A}_i(\mathbf{x}) = \tilde{A}_{i1} \cdot x_1 \oplus \cdots \oplus \tilde{A}_{in} \cdot x_n \,\tilde{\leq}\, \tilde{B}_i, \qquad i = 1,\ldots,m. \tag{9.4}$$

Dabei sind nach den Ausführungen in Abschnitt 1.3 diese erweiterten Operationen dann einfach durchzuführen, wenn alle Koeffizienten der Zielfunktion bzw. einer Restriktion Fuzzy-Intervalle des gleichen L-R-Typs sind. Ob diese Voraussetzung bei Entscheidungsproblemen gegeben ist, wollen wir in Abschnitt 9.1 näher untersuchen.

Zu klären ist weiterhin die Frage, wie die Kleiner-Gleich-Relation "$\tilde{\leq}$" zwischen unscharfen Mengen zu interpretieren ist. In Abschnitt 9.2 werden wir mehrere Ansätze auf ihre Verwendbarkeit überprüfen.

Letztlich müssen wir uns klar darüber werden, was unter "Max" zu verstehen ist. Wir wollen dazu in Abschnitt 9.3 zunächst ein Modell mit Fuzzy-Restriktionen und deterministischer Zielfunktion $z(\mathbf{x}) = c_1x_1 + \ldots + c_nx_n \rightarrow$ Max diskutieren.

Im Abschnitt 9.4 werden wir dann lineare Optimierungssysteme untersuchen, bei denen sowohl die Alternativenmenge als auch die Ziele unscharf beschrieben sind. Für diesen allgemeinen Modelltyp wird in Abschnitt 9.5 ein interaktiver Lösungsalgorithmus entwickelt.

In den Abschnitten 9.6 und 9.7 werden wir zwei weitere Verfahren zur Lösung linearer Optimierungsmodelle mit Fuzzy-Zielen und/oder Fuzzy-Restriktionen darstellen und mit der ersteren Methode vergleichen.

9.1 MODELLIERUNG DER FUZZY-PARAMETER $\tilde{C}_{kj}, \tilde{A}_{ij}, \tilde{B}_i$

Betrachten wir die Restriktion

$$a_{i1}x_1 + \cdots + a_{in}x_n \leq b_i$$

eines klassischen LP-Modells, so besagt die Formulierung "$\leq b_i$", daß <u>maximal</u> die Quantität b_i zur Verfügung steht.

Analog dazu ist in der Restriktion (9.4) die Größe $\tilde{B}_i$ zu interpretieren als unscharfe Menge der <u>maximal</u> zur Verfügung stehenden Quantitäten. Offensichtlich existiert dann eine größte Quantität, sagen wir b_i, die mit Sicherheit zur Verfügung steht. Darüber hinaus kommen aber auch Werte größer als b_i in Betracht, deren Realisierung aber nicht sicher ist und mit wachsendem Abstand zu b_i weiter sinkt.

Der Parameter $\tilde{B}_i$ läßt sich daher sachadäquat beschreiben durch eine Fuzzy-Zahl mit dem Gipfelpunkt b_i, deren linke Spannweite gleich Null ist[1], d.h. mit $\mu_{B_i}(y_i) = 0$ für $y_i < b_i$. Zur Beschreibung des Verlaufes der Zugehörigkeitsfunktion $\mu_{B_i}(y)$ für $y_i > b_i$ kommen alle die Funktionstypen in Betracht, die in Abschnitt 8.1 ausführlich diskutiert wurden.

---

[1] Die Beschreibung der Parameter $\tilde{B}_i$ durch Fuzzy-Intervalle $\tilde{B}_i = (\underline{b}_i; b_i; \underline{\beta}_i; \beta_i)_{LR}$ mit $\underline{\beta}_i \neq 0$ vgl. z.B. TANAKA; ASAI [1984 A] oder RAMIK; RIMANEK [1985], ist unserer Ansicht nach nicht sachadäquat. In diesen Arbeiten werden die Zahlen b_i fuzzyfiziert, ohne die Einbindung in eine Ungleichung zu berücksichtigen.

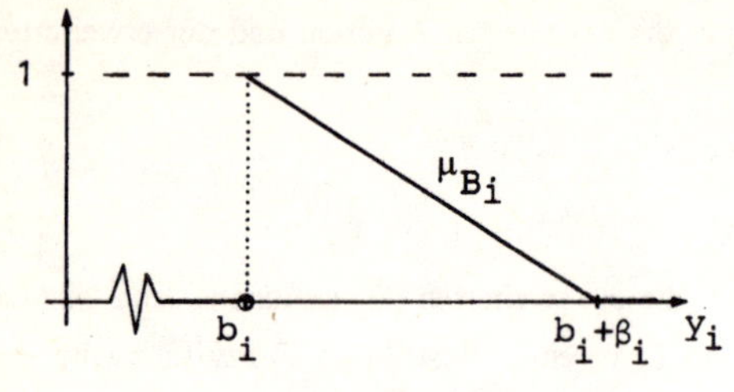

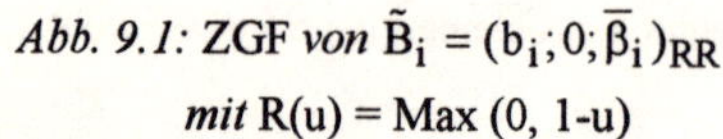
Abb. 9.1: ZGF *von* $\tilde{B}_i = (b_i;0;\overline{\beta}_i)_{RR}$
mit R(u) = Max (0, 1-u)

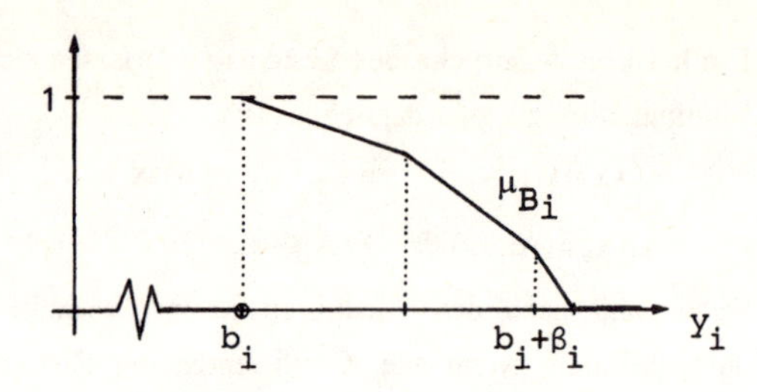

Abb. 9.2: stückweise lineare ZGF von $\tilde{B}_i$

Dagegen enthalten die <u>unscharfen</u> Koeffizienten $\tilde{A}_{ij}$ und $\tilde{C}_{kj}$ kein Element, das mit Sicherheit zu dieser Menge gehört. Denn würde man den wahren Wert des Parameters kennen, so erübrigte sich die Beschreibung durch eine unscharfe Menge.

Ein geeigneter Referenzpunkt zur Formulierung einer Zugehörigkeitsfunktion $\mu_{A_{ij}}(y)$ auf **R** ist unserer Ansicht nach die Teilmenge $\left[\underline{a}_{ij}, \overline{a}_{ij}\right] \subset \mathbf{R}$, die die reellen Zahlen umfaßt, welche den Parameter a_{ij} am besten beschreiben. Allen diesen Werten mit der höchsten Realisierungschance soll dann der Zugehörigkeitswert 1 zugeordnet werden, d.h.:

$$\mu_{A_{ij}}(y) = 1 \qquad \text{für} \qquad y \in \left[\underline{a}_{ij}, \overline{a}_{ij}\right] \quad .$$

Diese Zuordnung läßt sich damit begründen, daß ein Entscheidungsträger bei der Abbildung des Problems in ein klassisches LP-Modell mit großer Wahrscheinlichkeit einen Wert aus diesem Intervall, und zwar - zur Sicherung einer ausführbaren Lösung - den Wert $\overline{a}_{ij}$, auswählen würde. Dabei wird das Intervall $\left[\underline{a}_{ij}, \overline{a}_{ij}\right]$ um so größer sein, je geringer der Informationsstand des Entscheiders ist. Der spezielle Fall $\underline{a}_{ij} = \overline{a}_{ij}$, der z.B. in [RAMIK; RIMANEK 1985, S.135ff.] und [SLOWINSKI 1986] unterstellt wird, dürfte in der Praxis nur selten auftreten.

Um den übrigen Verlauf einer Zugehörigkeitsfunktion $\mu_{A_{ij}}$ festzulegen, reicht es für praktische Problemstellungen aus, $\tilde{A}_{ij}$ als L-R-Fuzzy-Intervall $\tilde{A}_{ij} = (\underline{a}_{ij};\overline{a}_{ij};\underline{\alpha}_{ij};\overline{\alpha}_{ij})_{LR}$ zu beschreiben. Dazu wählt der Entscheidungsträger anhand geeigneter Graphiken Referenzfunktionen aus und bestimmt die Spannweiten $\underline{\alpha}_{ij}$ und $\overline{\alpha}_{ij}$.

Fühlt sich der Entscheider damit überfordert, so empfehlen wir, mit trapezförmigen Zugehörigkeitsfunktionen zu arbeiten; vgl. dazu auch Seite 73. Um eine möglichst gute Näherung zu erhalten, sollten dabei die Werte vernachlässigt werden, denen der Entscheidungsträger nur sehr geringe Realisierungschancen zubilligt. Denn gerade die Größen, die zwar als Wert für a_{ij} in Frage kommen, aber bei realistischer Betrachtung kaum erwartet werden, führen zu einer Aufblähung der stützenden Menge von $\tilde{A}_{ij}$ und damit auch von $\tilde{A}_i(\mathbf{x})$. Dies führt, wie in Abschnitt 9.2 noch genauer gezeigt wird, zu einer sehr starken und kaum noch vertretbaren Einschränkung bei der Wahl von **x**.

Darüber hinaus ist die stützende Menge supp($\tilde{A}_{ij}$) schwer abgrenzbar. Wir halten es daher für praktikabler, eine Größe ε, $0 \le \varepsilon < 1$, zu wählen und ε so zu interpretieren, daß der Entscheidungsträger nur Werte mit $\mu_{A_{ij}}(y) \ge \varepsilon$ für praktisch relevant hält. Das Risiko, daß ein Wert y mit $\mu_{A_{ij}}(y) < \varepsilon$ der wahre ist, nimmt er in Kauf.

Zur Bestimmung von $\tilde{A}_{ij}$ genügt es dann, wenn der Entscheidungsträger ein Intervall $\left[\underline{\underline{a}}_{ij}, \overline{\overline{a}}_{ij}\right]$ angibt, das gerade die Größen enthält, die er in Betracht ziehen möchte. Der Koeffizient $\tilde{A}_{ij}$ läßt sich dann darstellen als $\tilde{A}_{ij} = (\underline{a}_{ij}; \overline{a}_{ij}; \underline{\alpha}_{ij}; \overline{\alpha}_{ij})_{LR}$ mit den Referenzfunktionen L(u) = R(u) = Max (0, 1-u) und den Spannweiten

$$\underline{\alpha}_{ij} = \frac{\underline{a}_{ij} - \underline{\underline{a}}_{ij}}{1-\varepsilon} \quad \text{und} \quad \overline{\alpha}_{ij} = \frac{\overline{\overline{a}}_{ij} - \overline{a}_{ij}}{1-\varepsilon} .$$

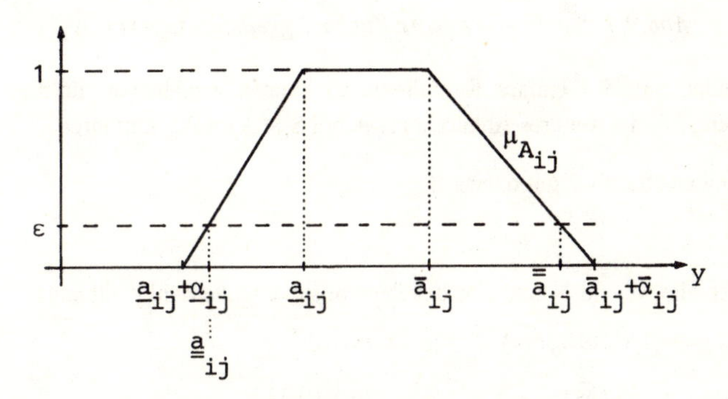

Abb.9.3: Trapezförmige Menge $\tilde{A}_{ij}$

Werden alle $\tilde{A}_{ij}$ der Restriktion (9.4) durch L-R-Fuzzy-Intervalle mit gleichen Referenzfunktionen beschrieben, so bereitet die Multiplikation mit x_j und die nachfolgende Aufsummierung keine Schwierigkeiten, denn nach (1.61) und (1.70) gilt:

$$\tilde{A}_i(\mathbf{x}) = \left(\sum_{j=1}^{n} \underline{a}_{ij} \cdot x_j; \sum_{j=1}^{n} \overline{a}_{ij} \cdot x_j; \sum_{j=1}^{n} \underline{\alpha}_{ij} \cdot x_j; \sum_{j=1}^{n} \overline{\alpha}_{ij} \cdot x_j \right)_{LR} . \tag{9.5}$$

Werden dagegen unterschiedliche Referenzfunktionen zur Beschreibung der unscharfen Koeffizienten der gleichen Restriktion benutzt, so ist die Berechnung von $\tilde{A}_i(\mathbf{x})$ i.a. recht aufwendig, vgl. z.B. [DUBOIS; PRADE 1980, S.26ff.].

Kann der Entscheidungsträger sich nicht entschließen, Referenzfunktionen des gleichen Typs zu verwenden, so ist unserer Ansicht nach der folgende Weg praktikabel:

Der Entscheidungsträger bestimmt ein weiteres Niveau σ, ε < σ < 1, so daß die Niveau-Menge $A_{ij}(\sigma) = \left\{ y \in \mathbf{R} \mid \mu_{A_{ij}}(y) \geq \sigma \right\}$ alle die Werte umfaßt, die nach seiner Ansicht hohe Chancen haben, der wahre Wert für a_{ij} zu sein.

Wie die nachfolgende Abbildung 9.4 zeigt, läßt sich dann jeder Koeffizient $\tilde{A}_{ij}$ näherungsweise durch eine stetige stückweise lineare Zugehörigkeitsfunktion beschreiben.

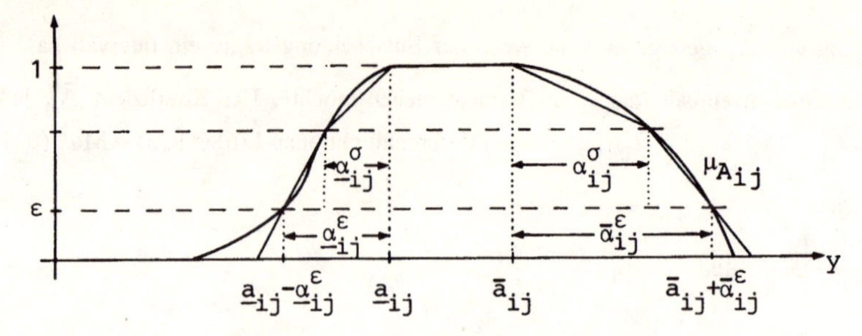

Abb.9.4: Stückweise lineare Zugehörigkeitsfunktion von $\tilde{A}_{ij}$

Um den nachfolgenden Satz 9.1 einfach formulieren zu können, wollen wir für die α-Niveau-Mengen einer unscharfen Menge $\tilde{A}$ als weiteres Abkürzungssymbol $S_\alpha(\tilde{A}) = A_\alpha$ einführen.

Als direkte Folgerung aus Satz 1.7 gilt dann

Satz 9.1:

Für zwei Fuzzy-Intervalle $\tilde{M}$ und $\tilde{N}$ und eine beliebige positive reelle Zahl y gilt stets:

i. $S_\alpha(\tilde{M} \oplus \tilde{N}) = S_\alpha(\tilde{M}) \oplus S_\alpha(\tilde{N}) \qquad \forall \alpha \in [0,1]$ (9.6)

ii $S_\alpha(y \cdot \tilde{M}) \quad = y \cdot S_\alpha(\tilde{M}) \qquad \forall \alpha \in [0,1]$ (9.7)

Für jedes Niveau $\alpha \in [0, 1]$ lassen sich somit die α-Niveau-Mengen eines linearen Ausdrucks $\tilde{A}_i(\mathbf{x})$ wie folgt umformen:

$$\begin{aligned} S_\alpha(\tilde{A}_i(\mathbf{x})) &= S_\alpha(\tilde{A}_{i1} \cdot x_1 \oplus \cdots \oplus \tilde{A}_{in} \cdot x_n) \\ &= S_\alpha(\tilde{A}_{i1} \cdot x_1) \oplus \cdots \oplus S_\alpha(\tilde{A}_{in} \cdot x_n) \\ &= x_1 \cdot S_\alpha(\tilde{A}_{i1}) \oplus \cdots \oplus x_n \cdot S_\alpha(\tilde{A}_{in}). \end{aligned}$$

Speziell erhält man für die Niveaus 1, σ und ε bei der Beschreibung der Koeffizienten $\tilde{A}_{ij}$ mittels stückweiser linearer Zugehörigkeitsfunktionen, vgl. Abbildung 9.4, die Intervalle

$$S_1(\tilde{A}_i(\mathbf{x})) = \left[\sum_{j=1}^{n} \underline{a}_{ij} x_j , \sum_{j=1}^{n} \bar{a}_{ij} x_j \right], \tag{9.8}$$

$$S_\sigma(\tilde{A}_i(\mathbf{x})) = \left[\sum_{j=1}^{n} (\underline{a}_{ij} - \underline{\alpha}_{ij}^{\sigma}) x_j , \sum_{j=1}^{n} (\bar{a}_{ij} - \bar{\alpha}_{ij}^{\sigma}) x_j \right], \tag{9.9}$$

$$S_\varepsilon(\tilde{A}_i(\mathbf{x})) = \left[\sum_{j=1}^{n} (\underline{a}_{ij} - \underline{\alpha}_{ij}^{\varepsilon}) x_j , \sum_{j=1}^{n} (\bar{a}_{ij} - \bar{\alpha}_{ij}^{\varepsilon}) x_j \right]. \tag{9.10}$$

Da offensichtlich die Eigenschaft der erweiterten Addition, daß die Summe zwischen Fuzzy-Intervallen des gleichen L-R-Typs ebenfalls vom gleichen L-R-Typ ist, analog für Fuzzy-Intervalle mit stückweise linearer Zugehörigkeitsfunktion gilt, läßt sich die Zugehörigkeitsfunktion von $\tilde{A}_i(\mathbf{x})$ aus den obigen Niveau-Mengen konstruieren, vgl. dazu das nachfolgende Beispiel.

< 9.1 > Gegeben sind die Koeffizienten $\tilde{A}_{11}$, $\tilde{A}_{12}$ und $\tilde{A}_{13}$, deren Zugehörigkeitsfunktionen in der Abbildung 9.5 dargestellt sind.

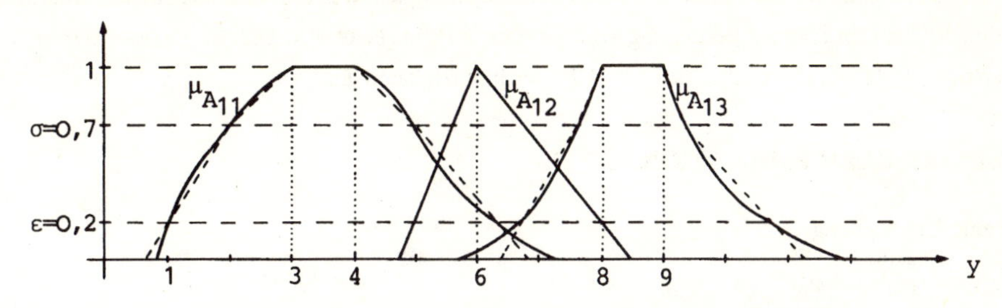

Abb.9.5: Zugehörigkeitsfunktionen von $\tilde{A}_{11}$, $\tilde{A}_{12}$ *und* $\tilde{A}_{13}$

Nach Vorgabe der beiden Niveaus $\varepsilon = 0{,}2$ und $\sigma = 0{,}7$ werden die nichtlinearen Funktionsteile durch stückweise lineare Funktionen approximiert. Die durch diese Näherungsfunktionen beschriebenen unscharfen Mengen lassen sich dann z.B. zu dem linearen Ausdruck $\tilde{A}_{11} \cdot 2 \oplus \tilde{A}_{12} \cdot 1 \oplus \tilde{A}_{13} \cdot \frac{1}{2}$ verknüpfen, dessen Zugehörigkeitsfunktion in Abbildung 9.6 gezeichnet ist.

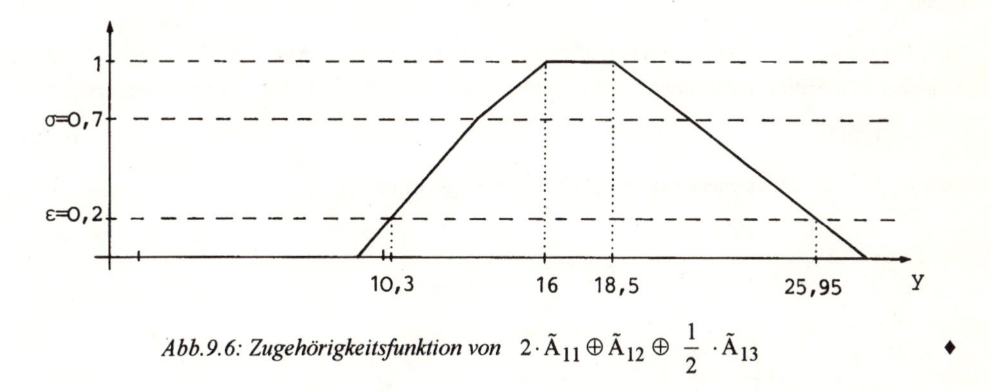

Abb.9.6: Zugehörigkeitsfunktion von $2 \cdot \tilde{A}_{11} \oplus \tilde{A}_{12} \oplus \frac{1}{2} \cdot \tilde{A}_{13}$ ♦

Durch Hinzunahme weiter Niveaus kann man auf diesem Wege die Zugehörigkeitsfunktionen der unscharfen Koeffizienten $\tilde{A}_{ij}$ beliebig genau beschreiben und aus diesen Angaben die Zugehörigkeitsfunktionen von $\tilde{A}_i(\mathbf{x})$ bestimmen.

Der praktischen Anwendung dieses Verfahrens sind aber Schranken gesetzt, denn ein Entscheidungsträger wird nur selten in der Lage sein, die Zugehörigkeitsfunktionen $\mu_{A_{ij}}$ genau festzulegen. Mit der Angabe der Intervalle $[\underline{a}_{ij}, \overline{a}_{ij}]$ und $[\underline{\underline{a}}_{ij}, \overline{\overline{a}}_{ij}] = [\underline{a}_{ij} - \underline{\alpha}_{ij}^{\varepsilon}, \overline{a}_{ij} + \overline{\alpha}_{ij}^{\varepsilon}]$ ist im allgemeinen seine Information ausgeschöpft. Dieses Wissen reicht auch aus, um im ersten Zyklus des Entscheidungsprozesses, der bei dieser komplexen Sachlage natürlich ebenfalls als interaktives Verfahren durchgeführt werden sollte, einen Lösungsvorschlag zu ermitteln. Ergibt sich dabei, daß die ermittelte Lösung durch die Restriktion i* bestimmt wird, so sind die Koeffizienten $\tilde{A}_{i*j}$ nochmals zu überprüfen und gegebenenfalls exakter zu bestimmen.

Doch selbst wenn der Entscheider präzisere Vorstellungen über den Verlauf der Zugehörigkeitsfunktionen $\mu_{A_{ij}}$ hat, stellt sich in der Praxis das Problem, wie diese weiteren Niveaus inhaltlich bestimmt werden sollen, denn nur dann ist ein echter Vergleich der Zugehörigkeitswerte der verschiedenen Koeffizienten $\tilde{A}_{ij}$ möglich. Die rein formale Festlegung von Niveaus, z.B. in [NEGOITA; MINOIU; STAN 1976, S.92-94] die Werte $\alpha = 0$, $\alpha = 0{,}25$, $\alpha = 0{,}5$ und $\alpha = 0{,}75$, reicht dazu kaum aus.

9.2 KLEINER-GLEICH-RELATION "$\tilde{\leq}$"

Durch eine Ungleichung

$$g(\mathbf{x}) = a_1x_1 + \cdots + a_nx_n \leq b$$

wird z.B. ausgedrückt, daß die zur Realisierung der Alternative $x \in \mathbf{R}_+^n$ benötigte Quantität $g(\mathbf{x})$ eines Gutes kleiner oder gleich der maximal zur Verfügung stehenden Quantität b dieses Gutes ist.

Eine dazu gleichwertige Formulierung ist offensichtlich

$$g(\mathbf{x}) \in \left]-\infty, b\right], \tag{9.11}$$

wobei]-∞, b] zu interpretieren ist als die Menge der Quantitäten, die zur Verfügung gestellt werden können.

Die Formulierung (9.11) läßt sich unmittelbar auf Fuzzy-Restriktionen $\tilde{A}(\mathbf{x}) \tilde{\leq} \tilde{B}$ übertragen, indem man im Sinne der Definition 1.7 schreibt:

$$\tilde{A}(\mathbf{x}) \subseteq \tilde{D} \quad . \tag{9.12}$$

Dabei ist $\tilde{D}$ die unscharfe Menge auf $\mathbf{R}$ mit der Zugehörigkeitsfunktion

$$\mu_D(y) = \begin{cases} 1 & \text{für } y < b \\ \mu_B(y) & \text{für } y \geq b. \end{cases}$$

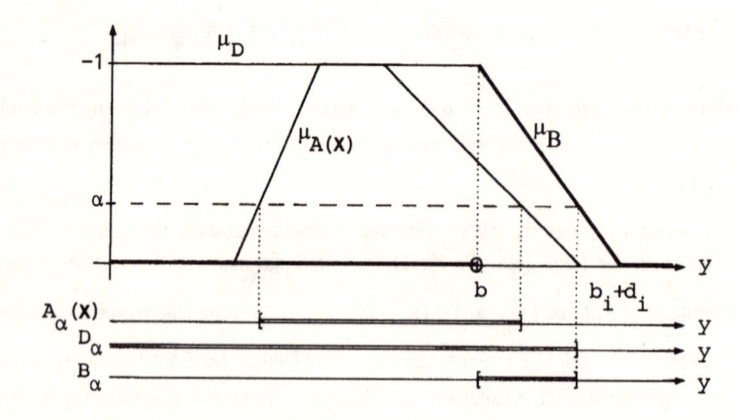

Abb. 9.7: Zugehörigkeitsfunktion $\mu_{A(\mathbf{x})}$, μ_B, μ_D

Bezeichnen wir mit $A_\alpha(\mathbf{x})$ bzw. D_α die α-Niveau-Mengen von $\tilde{A}(\mathbf{x})$ und $\tilde{D}$, so gilt nach Satz 1.2 die Äquivalenzaussage:

$$\tilde{A}(\mathbf{x}) \subseteq \tilde{D} \Leftrightarrow A_\alpha(\mathbf{x}) \subseteq D_\alpha \qquad \forall\ \alpha \in [0,1]. \tag{9.13}$$

Da nach der Definition von $\tilde{D}$ alle α-Niveau-Mengen D_α unendliche Intervalle der Form $]-\infty; d_\alpha]$ sind, ist die Bedingung (9.13) genau dann erfüllt, wenn gilt:

$$\operatorname{Sup} A_\alpha(\mathbf{x}) \le \operatorname{Sup} D_\alpha \qquad \forall\ \alpha \in [0,1]. \tag{9.14}$$

Da außerdem nach der Konstruktion von $\tilde{B}$ und $\tilde{D}$ für die zugehörigen α-Niveau-Mengen gilt:

$$\operatorname{Sup} D_\alpha = \operatorname{Sup} B_\alpha \qquad \forall\ \alpha \in [0,1]$$

folgt aus (9.13) und (9.14):

$$\tilde{A}(\mathbf{x}) \,\tilde{\le}\, \tilde{B} \Leftrightarrow \operatorname{Sup} A_\alpha(\mathbf{x}) \le \operatorname{Sup} B_\alpha \qquad \forall\ \alpha \in [0,1]. \tag{9.15}$$

Die Kleiner-Gleich-Relation "$\tilde{\le}$" im Sinne der Äquivalenzausssage (9.15) stimmt offensichtlich überein mit der schwachen ε-Präferenz für $\varepsilon = 0$, vgl. Definition 2.4 auf der Seite 76. Wegen der speziellen Form von $\tilde{B}$ ist der zweite Teil der Bedingung (2.9), $\operatorname{Inf} A_\alpha(\mathbf{x}) \le \operatorname{Inf} B_\alpha \ \forall\ \alpha \in [0,1]$, immer dann gegeben, wenn der erste Teil erfüllt ist. Durch das Adjektiv *schwach* wird, wie bei Präferenzordnungen üblich, zum Ausdruck gebracht, daß die Gleichheit von $\tilde{A}(\mathbf{x})$ und $\tilde{B}$ nicht ausgeschlossen wird und daher keine der Ungleichungen (2.9) im strengen Sinne erfüllt sein muß.

Analog läßt sich auch eine Kleiner-Gleich-Relation auf der Basis der ρ-Präferenz, vgl. Definition 2.2 auf der Seite 74 definieren als

$$\tilde{A}(\mathbf{x}) \,\tilde{\le}_\rho\, \tilde{B} \Leftrightarrow \operatorname{Sup} A_\alpha(\mathbf{x}) \le \operatorname{Inf} B_\alpha \qquad \forall\ \alpha \in [\rho,1]. \tag{9.16}$$

Diese Äquivalenzausssage, die z.B. in Modellen von TANAKA u.a [1984A; 1984B; 1985; 1986] benutzt wird, ist Ausdruck einer viel zu pessimistischen Grundhaltung, vgl. Abbildung 9.8 .

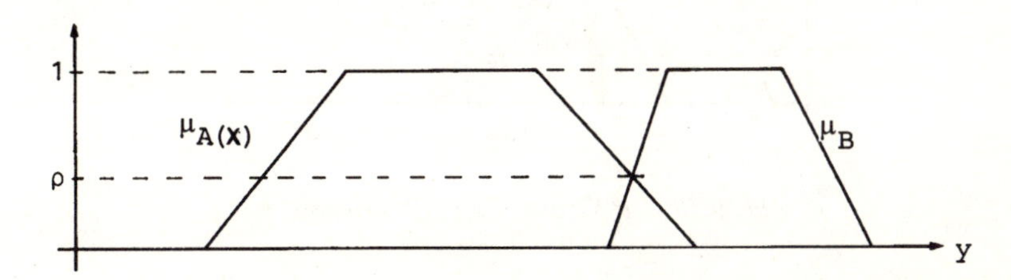

Abb.9.8: Zugehörigkeitsfunktion von $\tilde{A}(\mathbf{x})$ *und* $\tilde{B}$

Selbst wenn die Menge $\tilde{B}$ zutreffender als "einseitige" Fuzzy-Zahl modelliert wird, kann die Definition (9.16) nicht überzeugen. Wie in den Abbildungen 9.9 a und b verdeutlicht wird, kann die "$\tilde{\le}_\rho$"-Relation dazu führen, daß einerseits für kein α die Ressourcen ausgeschöpft werden, andererseits sind auch nichtrealisierbare Lösungen möglich.

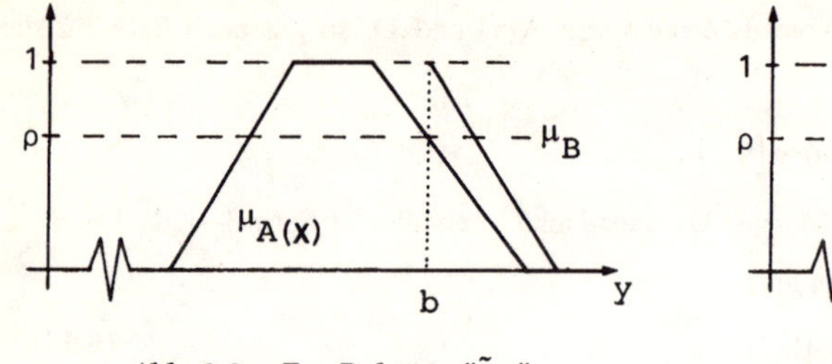

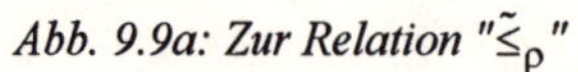
Abb. 9.9a: Zur Relation "$\tilde{\leq}_\rho$"

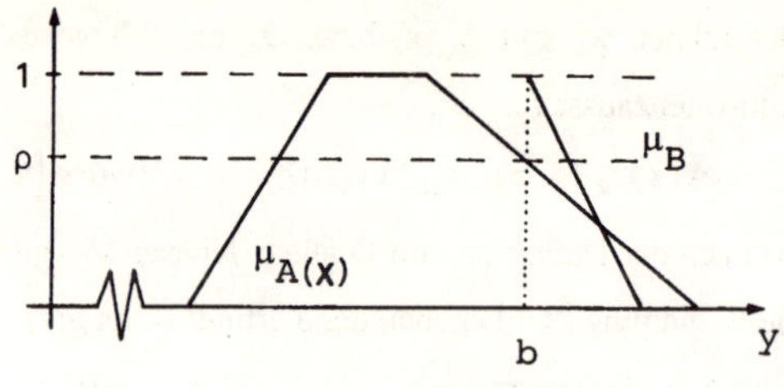

Abb. 9.9b: Zur Relation "$\tilde{\leq}_\rho$"

Darüber hinaus gibt es keine zufriedenstellende Antwort auf die Frage, wie das Niveau ρ zu wählen ist. Die hier aufgeführten Gründe reichen unserer Ansicht nach aus, um die Definition (9.16) nicht weiter zu behandeln.

Kleiner-Gleich-Relation "$\tilde{\leq}_\varepsilon$"

Wie schon auf Seite 219 argumentiert wurde, kann die Berücksichtigung von Werten mit sehr kleinen Realisierungschancen $\mu_{A_j}(y)$, j = 1,...,n, dazu führen, daß bedingt durch die Multiplikation mit x_j und anschließender Addition über j die stützende Menge von $\tilde{A}(\mathbf{x})$ sehr umfangreich wird und dann durch die Bedingung (9.15) die Menge der zulässigen Lösung zu stark eingeschränkt wird. Wir wollen daher auch hier vorschlagen, Zugehörigkeitswerte, die kleiner als ein vom Entscheidungsträger festzulegender Toleranzwert ε > 0 sind, zu vernachlässigen und an Stelle der Definition (9.15) mit der Äquivalenzaussage

$$\tilde{A}(\mathbf{x}) \tilde{\leq}_\varepsilon \tilde{B} \Leftrightarrow \operatorname{Sup} A_\alpha(\mathbf{x}) \leq \operatorname{Sup} B_\alpha \qquad \forall \quad \alpha \in [\varepsilon, 1] \tag{9.17}$$

zu arbeiten.

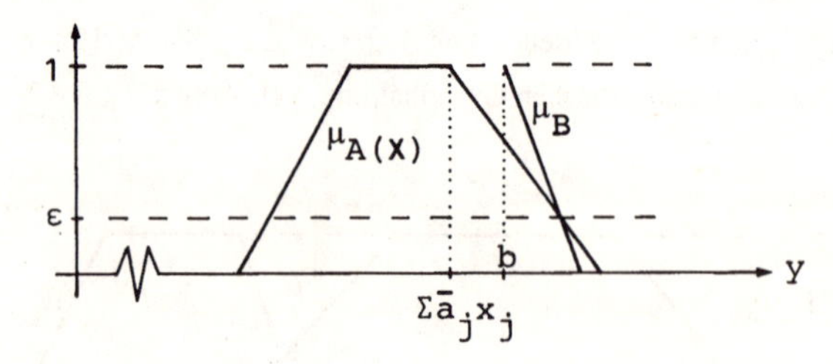

Abb. 9.10: Zur Kleiner-Gleich-Restriktion "$\tilde{\leq}_\varepsilon$"

Sind für eine Restriktion

$$\tilde{A}(\mathbf{x}) = \tilde{A}_1 \cdot x_1 \oplus \cdots \oplus \tilde{A}_n \cdot x_n \tilde{\leq} \tilde{B} \tag{9.18}$$

sowohl alle Koeffizienten $\tilde{A}_j$ als auch die rechte Seite $\tilde{B}$ L-R-Fuzzy-Intervalle bzw. -Zahlen mit der gleichen rechten Referenzfunktion, d.h. $\tilde{A}_j = (\underline{a}_j; \bar{a}_j; \underline{\alpha}_j; \bar{\alpha}_j)_{L_j R}$; $\tilde{B} = (b; 0; \beta)_{RR}$, so ist nach der Beweisführung auf Seite 76 die Restriktion $\tilde{A}(\mathbf{x}) \tilde{\leq}_\varepsilon \tilde{B}$ äquivalent zu dem Ungleichungssystem

$$\operatorname{Sup} A_\alpha(\mathbf{x}) \leq \operatorname{Sup} B_\alpha \qquad \text{für} \quad \alpha = 1 \quad \text{und} \quad \alpha = \varepsilon \quad . \tag{9.19}$$

Mit den Gleichungen (9.8) und (9.10) kann (9.18) auch geschrieben werden als lineares Ungleichungssystem

$$\sum_{j=1}^{n} \bar{a}_j x_j \quad \leq b \tag{9.20a}$$

$$\sum_{j=1}^{n} (\bar{a}_j + \bar{\alpha}_j R^{-1}(\varepsilon)) x_j \leq b + \bar{\beta} R^{-1}(\varepsilon). \tag{9.20b}$$

Ist die Bedingung gleicher rechter Referenzfunktionen nicht erfüllt, oder sind nicht alle Referenzfunktionen bekannt, so empfehlen wir, die Koeffizienten $\tilde{A}_j$ und die rechte Seite $\tilde{B}$ von (9.18) mittels stetiger, stückweise linearer Zugehörigkeitsfunktionen zu beschreiben. Zur Formulierung der Funktionsgleichungen sind dabei so viele weitere Niveaus $\sigma_s \in]\varepsilon, 1[$ zu verwenden, wie dies der Entscheidungsträger für notwendig erachtet. Wie auf Seite 222 erläutert, kann dann die Bedingung (9.17) ebenfalls vereinfacht werden. Allerdings ist dann das Ungleichungssystem (9.20 a, b) zu ergänzen um die linearen Restriktionen

$$\sum_{j=1}^{n} (\bar{a}_j + \bar{\alpha}_j^{\sigma_s}) x_j \leq b + \bar{\beta}^{\sigma_s}, \quad s = 1,\ldots,S\,,\ S \in \mathbf{N}\ . \tag{9.20c}$$

Dabei sind $\bar{\alpha}^{\sigma_s}$ und β^{σ_s} die entsprechenden Spannweiten auf dem Niveau σ_s. Bei Vorliegen einer Referenzfunktion R gilt $\bar{\alpha}_j^{\sigma_s} = \bar{\alpha}_j R^{-1}(\sigma_s)$ bzw. $\beta^{\sigma_s} = \bar{\beta} R^{-1}(\sigma_s)$.

Sind nicht alle Referenzfunktionen bekannt, so ist zusätzlich die Ungleichung (9.20b) zu ersetzen durch

$$\sum_{j=1}^{n} (\bar{a}_j + \bar{\alpha}_j^{\varepsilon}) x_j \leq b + \bar{\beta}^{\varepsilon}. \tag{9.20b'}$$

< **9.2** > Betrachten wir die Restriktion (9.21)

$$\tilde{A}_{11} \cdot x_1 \oplus \tilde{A}_{12} \cdot x_2 \oplus \tilde{A}_{13} \cdot x_3 \tilde{\leq}_\varepsilon \tilde{B}$$

mit den durch stückweise lineare Funktionen beschriebenen unscharfen Koeffizienten $\tilde{A}_{1j}$ aus Beispiel < 9.1 > und der rechten Seite $\tilde{B} = (40;\ 0;\ 10)_{RR}$ mit $R(u) = \text{Max}(0, 1\text{-}u)$. Dann ist mit $\varepsilon = 0{,}2$ und dem Zwischenniveau $\sigma = 0{,}7$ die Bedingung (9.21) äquivalent dem linearen Ungleichungssystem

$$\begin{aligned} 4x_1 + \quad 6x_2 + \quad 9x_3 &\leq 40 \\ 5x_1 + 6{,}7x_2 + \ 9{,}3x_3 &\leq 43 \\ 6{,}3x_1 + \quad 8x_2 + 10{,}7x_3 &\leq 48\ . \end{aligned}$$

♦

Nach den obigen Ausführungen ist es bei Verwendung der Kleiner-Gleich-Relation "$\tilde{\leq}_\varepsilon$" stets möglich, eine Restriktion $\tilde{A}(\mathbf{x}) \tilde{\leq} \tilde{B}$ durch ein lineares Ungleichungssystem zu ersetzen, das die Lösungsmenge dieser Restriktion beliebig genau beschreibt.

Die Kleiner-Gleich-Relation "$\tilde{\leq}_\varepsilon$" hat aber dennoch einen wesentlichen Makel. Sie läßt, wie die "≤"-Relation in klassischen LP-Modellen, nicht zu, daß die "gesicherte" Restriktionsgrenze b überschritten wird. Dies wird besonders sichtbar für den Spezialfall, daß alle Koeffizienten eindeutige reelle Zahlen sind und nur die rechte Seite vage ist.

Nach der "$\tilde{\leq}_\varepsilon$"-Relation ist dann die Restriktion

$$a_1x_1+\cdots+a_nx_n \tilde{\leq} \tilde{B} = (b;0;\overline{\beta})_{LL} \quad \text{äquivalent der Ungleichung}$$

$$a_1x_1+\cdots+a_nx_n \leq b \quad .$$

In Kapitel 8 haben wir aufgezeigt, daß es sinnvoll sein kann, Überschreitungen von b in Kauf zu nehmen, wenn dadurch der Zielwert genügend erhöht wird. Wir wollen daher untersuchen, ob auch für Fuzzy-Restriktionen die "harten" Restriktionsgrenzen "aufgeweicht" werden können.

Dabei darf nach der Definition von $\tilde{B}$ und der inhaltlichen Bedeutung des Niveaus ε der Wert $b + \overline{\beta}^\varepsilon$ aber nicht überschritten werden, so daß die Bedingung (9.20b') auf jeden Fall erhalten bleiben muß.

<u>Kleiner-Gleich-Relation "$\tilde{\leq}_s$"</u>

In [SLOWINSKI 1986] finden wir den Vorschlag, neben dem *pessimistischen Index* (9.20b') den <u>*optmistischen Index*</u>

$$\pi(\tilde{B} \tilde{\succ} \tilde{A}(\mathbf{x})) \geq \rho \quad , \quad \rho \in [0,1], \tag{9.22}$$

wobei $\pi(\tilde{B} \tilde{\succ} \tilde{A}(\mathbf{x}))$ gemäß Gleichung (2.8), vgl. Seite 76, definiert ist und die Größe $\rho \in]\varepsilon, 1]$ vom Entscheidungsträger festzulegen ist.

Sind nun $\tilde{A}(\mathbf{x})$ und $\tilde{B}$ Fuzzy-Zahlen der Form

$$\tilde{A}(\mathbf{x}) = (a(\mathbf{x});\underline{\alpha}(\mathbf{x});\overline{\alpha}(\mathbf{x}))_{LR} \quad \text{und } \tilde{B} = (b;0;\overline{\beta})_{LL},$$

so läßt sich $\pi(\tilde{B} \tilde{\succ} \tilde{A}(\mathbf{x}))$ leicht berechnen, denn es gilt

$$\pi(\tilde{B} \tilde{\succ} \tilde{A}(\mathbf{x})) = 1 \quad \text{für} \quad b \geq a(\mathbf{x}) \tag{9.23}$$

und

$$\pi(\tilde{B} \tilde{\succ} \tilde{A}(\mathbf{x})) = L\left(\frac{a(\mathbf{x})-b}{\underline{\alpha}(\mathbf{x})+\overline{\beta}}\right) \quad \text{für} \quad b \leq a(\mathbf{x}) \quad . \tag{9.24}$$

Zum Verständnis der Gleichung (9.24) beachte man, daß für den Schnittpunkt der beiden Zugehörigkeitsfunktionen gilt:

$$b+\overline{\beta}L^{-1}(\rho) = a(\mathbf{x})-\underline{\alpha}(\mathbf{x})L^{-1}(\rho) \quad \Leftrightarrow \quad L^{-1}(\rho) = \frac{a(\mathbf{x})-b}{\underline{\alpha}(\mathbf{x})+\overline{\beta}} \quad ,$$

vgl. Abbildung 9.11.

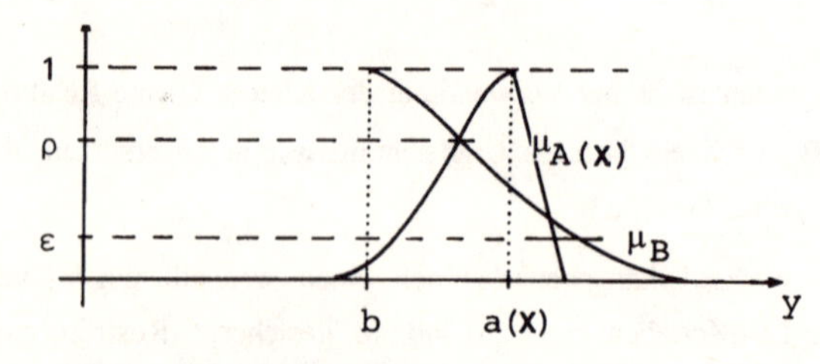

Abb. 9.11: Zugehörigkeitsfunktion zu $\tilde{A}(\mathbf{x})$ *und* $\tilde{B}$

Für Fuzzy-Zahlen $\tilde{A}(\mathbf{x})$ und $\tilde{B}$ der speziellen Form

$$\tilde{A}(\mathbf{x}) = (a(\mathbf{x}); \underline{\alpha}(\mathbf{x}); \overline{\alpha}(\mathbf{x}))_{LR} \quad \text{und } \tilde{B} = (b; 0; \overline{\beta})_{LL},$$

gilt daher die Äquivalenzbeziehung

$$\tilde{A}(\mathbf{x}) \tilde{\leq}_S \tilde{B} \quad \Leftrightarrow \quad a(\mathbf{x}) - b \leq (\underline{\alpha}(\mathbf{x}) + \overline{\beta})L^{-1}(\rho) \qquad (9.25a)$$

$$a(\mathbf{x}) + \overline{\alpha}(\mathbf{x})R^{-1}(\varepsilon) \leq b + \overline{\beta}L^{-1}(\varepsilon). \qquad (9.25b)$$

Offensichtlich ist die Bedingung (9.25a) stets erfüllt für $b \geq a(\mathbf{x})$. Die Ungleichung (9.25b) ist lediglich eine speziellere Schreibweise für die Restriktion (9.20b').

Da Referenzfunktionen monoton fallende Funktionen sind, wird durch die Bedingung (9.25b) sichergestellt, daß auch auf keinem Niveau $\alpha > \varepsilon$ die nach Ansicht des Entscheidungsträgers maximal zur Verfügung stehende Quantität $b + \overline{\beta}L^{-1}(\varepsilon)$ überschritten wird, d.h., es gilt:

$$a(\mathbf{x}) - \overline{\alpha}(\mathbf{x})R^{-1}(\alpha) \leq b + \overline{\beta}L^{-1}(\varepsilon) \qquad \forall \alpha \in [\varepsilon, 1].$$

Andererseits vermittelt aber das Erfülltsein der Bedingung (9.25a) dem Entscheidungsträger keine Vorstellung darüber, ob und in welchem Ausmaß für ein Niveau $\alpha \in]\varepsilon, 1]$ die benötigte Quantität $a(\mathbf{x}) - \overline{\alpha}(\mathbf{x})R^{-1}(\alpha)$ die zur Verfügung stehenden $b + \overline{\beta}L^{-1}(\alpha)$ übersteigt.

Dieser Nachteil der Relation "$\tilde{\leq}_S$" wird besonders deutlich, wenn $\tilde{A}(\mathbf{x})$ keine Fuzzy-Zahl ist, sondern ein Fuzzy-Intervall der Form $\tilde{A}(\mathbf{x}) = (\underline{a}(\mathbf{x}); \overline{a}(\mathbf{x}); \underline{\alpha}(\mathbf{x}); \overline{\alpha}(\mathbf{x}))_{LR}$. Bei genügend großer Plateaulänge $\overline{a}(\mathbf{x}) - \underline{a}(\mathbf{x})$ ist dann die entsprechend geänderte Bedingung (9.25a)

$$\underline{a}(\mathbf{x}) - b \leq (\underline{\alpha}(\mathbf{x}) + \overline{\beta})L^{-1}(\rho)$$

auch für hohe Niveaus ρ sehr leicht zu erfüllen, so daß $\mathbf{x}$ im wesentlichen durch die Bedingung (9.25b) mit $a(\mathbf{x}) = \overline{a}(\mathbf{x})$ beschränkt wird.

Ungünstig für die Anwendung der Relation "$\tilde{\leq}_S$" ist weiterhin, daß sich die Bedingung (9.22) nur dann einfach formulieren läßt, wenn die linke Referenzfunktion von $\tilde{A}(\mathbf{x})$ mit der rechten Referenzfunktion von $\tilde{B}$ übereinstimmt.

Zur Erleichterung der praktischen Lösung von linearen Mehrzieloptimierungsmodellen mit Fuzzy-Koeffizienten mittels des auf der "$\tilde{\leq}_S$"-Relation basierenden interaktiven Lösungsverfahren wurde das PC-Software-Programm "FLIP" entwickelt, vgl. [SLOWINSKI 1990]. Besonders erwähnenswert ist dabei die Möglichkeit, die den einzelnen Lösungen entsprechenden linken Restriktionsseiten mit den vorgegebenen rechten Seiten graphisch zu vergleichen, vgl. hierzu auch [CZYZAK 1990].

Kleiner-Gleich-Relation "$\tilde{\leq}_R$"

Angesichts der Mängel der vorstehend diskutierten Kleiner-Gleich-Relationen wollen wir noch eine weitere Relation vorschlagen. Dabei wird auch diesmal die Restriktion (9.20b') beibehalten.

Damit die Überschreitung der "gesicherten" Grenze b für Niveaus $\alpha > \varepsilon$ nicht zu groß wird, wird nun die Überschreitung auf dem Niveau $\alpha = 1$ bewertet durch $\mu_D(\bar{a}(\mathbf{x}))$. Beachtet man die Definition von μ_D auf Seite 224 so gibt $\mu_D(\bar{a}(\mathbf{x}))$ eine Aussage darüber, ob die benötigte Quantität $\bar{a}(\mathbf{x})$ zur unscharfen Menge $\tilde{D}$ der zur Verfügung stehenden Quantitäten gehört.

Ziel des Entscheidungsträgers ist es dabei, $\mu_D(\bar{a}(\mathbf{x}))$ möglichst zu maximieren, wobei das Maximum für $\bar{a}(\mathbf{x}) \leq b$ mit $\mu_D(\bar{a}(\mathbf{x})) = 1$ erreicht wird.

Soll aber eine Zielvorstellung maximiert werden bei Beachtung einer oder mehrerer Fuzzy-Restriktionen, so kann es zur Erreichung eines Gesamtoptimums sinnvoll sein, $\bar{a}(\mathbf{x}) > b$ zuzulassen.

Wir definieren daher für ein Fuzzy-Intervall
$\tilde{A}(\mathbf{x}) = (\underline{a}(\mathbf{x}); \bar{a}(\mathbf{x}); \underline{\alpha}(\mathbf{x}); \bar{\alpha}(\mathbf{x}))_{LR}$ und eine Fuzzy-Zahl $\tilde{B} = (b; 0; \bar{\beta})_{R'R'}$
die Relation

$$\tilde{A}(\mathbf{x}) \tilde{\leq}_R \tilde{B} \Leftrightarrow \begin{cases} \bar{a}(\mathbf{x}) + \bar{\alpha}(\mathbf{x}) R'^{-1}(\varepsilon) \leq b + \bar{\beta} R'^{-1}(\varepsilon) & (9.26) \\ \mu_D(\bar{a}(\mathbf{x})) \to \text{Max}. & (9.27) \end{cases}$$

Dabei gilt:

$$\mu_D(\bar{a}(\mathbf{x})) = \begin{cases} 1 & \text{für } \bar{a}(\mathbf{x}) \leq b \\ R'\left(\dfrac{\bar{a}(\mathbf{x}) - b}{\bar{\beta}}\right) & \text{für } b < \bar{a}(\mathbf{x}) \end{cases}.$$

Offensichtlich reicht es zur Formulierung der Ungleichungen der Systeme (9.26), (9.27) aus, daß die Koeffizienten $\tilde{A}_j$ der Restriktion (9.18) Fuzzy-Intervalle von beliebiger Form sind; die Bedingung (9.26) läßt sich dann schreiben als

$$\sum_{j=1}^{n} (\bar{a}_j + \bar{\alpha}_j^{\varepsilon}) x_j \leq b + \bar{\beta}^{\varepsilon} \qquad (9.20b')$$

und die Zielvorstellung (9.27) als

$$\mu_D\left(\sum_{j=1}^{n} (\bar{a}_j x_j)\right) = \mu_D(\bar{\mathbf{a}}' \cdot \mathbf{x}) \to \text{Max} \quad , \qquad (9.28)$$

wenn mit $\bar{\mathbf{a}}'$ der Zeilenvektor $\bar{\mathbf{a}}' = (\bar{a}_1, \ldots, \bar{a}_n)$ bezeichnet wird.

Darüber hinaus kann auch die Referenzfunktion R' von $\tilde{B}$ unabhängig von der Form der Koeffizienten $\tilde{A}_j$ gewählt werden.

In realen Anwendungsfällen wird man die Entscheidungsträger nicht nach den Zugehörigkeitswerten für $\tilde{B}$, sondern direkt nach dem Verlauf von $\mu_D(\bar{\mathbf{a}}' \cdot \mathbf{x})$ befragen. Dabei sollte $\mu_D(\bar{\mathbf{a}}' \cdot \mathbf{x})$ das subjektive Zufriedenheitsempfinden des Entscheiders bzgl. der benötigten Qualität $\bar{\mathbf{a}}' \cdot \mathbf{x}$ widerspiegeln. In Betracht kommen daher die Funktionstypen, die in Abschnitt 8.1 diskutiert werden, insbesondere stückweise lineare Funktionen.

9.3 LINEARE OPTIMIERUNGSMODELLE MIT FUZZY-RESTRIKTIONEN

In diesem Abschnitt wollen wir lineare Optimierungsmodelle untersuchen, die sich von klassischen LP-Systemen dadurch unterscheiden, daß die Alternativenmenge unscharf mittels Fuzzy-Restriktionen beschrieben ist. Sie lassen sich allgemein darstellen als

$$z(\mathbf{x}) = \mathbf{c}'\cdot\mathbf{x} = c_1x_1 + \cdots + c_nx_n \to \text{Max} \tag{9.29}$$

unter Beachtung der Restriktionen

$$\begin{aligned} \tilde{A}_{i1}\cdot x_1 \oplus \cdots \oplus \tilde{A}_{in}\cdot x_n \mathrel{\tilde{\le}} \tilde{B}_i \qquad & i = 1,\ldots,m_1 \\ \mathbf{a}_i'\cdot\mathbf{x} = a_{i1}x_1 + \cdots + a_{in}x_n \le b_i \qquad & i = m_1+1,\ldots,m \\ x_1,\ldots,x_n \ge 0\ . & \end{aligned}$$

In dieser formalen Darstellung wird sichtbar, daß das in Kapitel 8 behandelte Modell (8.9) der Spezialfall des Systems (9.29) ist, bei dem alle Koeffizienten $\tilde{A}_{ij}$, $j = 1,\ldots, n$, $i = 1,\ldots,m_1$, eindeutige reelle Zahlen sind.

Zur Illustration der verschiedenen Lösungsansätze wollen wir das nachfolgende Zahlenbeispiel mit nur zwei Variablen verwenden. Der Einfachheit halber weisen alle Koeffizienten $\tilde{A}_{ij}$ und die rechten Seiten $\tilde{B}_i$ die gleichen Referenzfunktion L(u) = R(u) = Max (0, 1-u) auf. Um Schreibarbeit zu sparen, wird die Referenzfunktion im Beispiel weggelassen und die Spannweiten auf dem ε-Niveau angegeben in der Form $\tilde{A}_{ij} = (\underline{a}_{ij};\overline{a}_{ij};\underline{\alpha}_{ij}^{\varepsilon};\overline{\alpha}_{ij}^{\varepsilon})^{\varepsilon}$ bzw. $\tilde{B}_i = (b_i;0;\overline{\beta}_i^{\varepsilon})^{\varepsilon}$.

< 9.3 > Zu lösen ist das Optimierungsmodell

$$z\,(x, y) = 4x + 7y \to \text{Max}$$

unter Beachtung der Nebenbedingungen (9.30)

(A) $(2;\ 2;\ 0{,}5;\ 0{,}5)^{0,1}\cdot x \oplus (1{,}5;\ 2;\ 0{,}5;\ 1)^{0,1}\cdot y \mathrel{\tilde{\le}} (20;\ 0;\ 8)^{0,1}$

(B) $(3;\ 4;\ 1;\ 1{,}5)^{0,1}\cdot x \oplus (5;\ 6;\ 1;\ 1)^{0,1}\cdot y \mathrel{\tilde{\le}} (48;\ 0;\ 12)^{0,1}$

(C) $(2{,}5;\ 3;\ 0{,}5;\ 0{,}4)^{0,1}\cdot y \mathrel{\tilde{\le}} (18;\ 0;\ 7)^{0,1}$

$$x, y \ge 0\ .$$ ♦

<u>Kleiner-Gleich-Relation "$\tilde{\le}_\varepsilon$"</u>

Verwendet man die Relation "$\tilde{\le}_\varepsilon$", so ist nach (9.20) jede Restriktion

$$\tilde{A}_{i1}\cdot x_1 \oplus\cdots\oplus \tilde{A}_{in}\cdot x_n \mathrel{\tilde{\le}_\varepsilon} \tilde{B}_i \tag{9.31i}$$

äquivalent dem linearen Ungleichungssystem

$$\begin{aligned} &\overline{a}_{i1}x_1 + \cdots + \overline{a}_{in}x_n \le b_i \\ &(\overline{a}_{i1} + \overline{\alpha}_{i1}^{\varepsilon})x_1 + \cdots + (\overline{a}_{in} + \overline{\alpha}_{in}^{\varepsilon})x_n \le b_i + \overline{\beta}^{\varepsilon}\ . \end{aligned} \tag{9.32i}$$

Damit ist das Optimierungssystem (9.29) äquivalent einem klassischen LP-Modell, das mit den normalen Algorithmen gelöst werden kann.

< 9.4 > Das numerische Optimierungsmodell (9.30) in Beispiel < 9.3 > ist bei Verwendung der "$\tilde{\lesssim}_\varepsilon$"-Relation äquivalent dem LP-Modell

$$z(x,y) = 4x + 7y \rightarrow \text{Max}$$

unter Beachtung der Nebenbedingungen (9.33)

$$\begin{array}{ll} I_1 & 2x + 2y \leq 20 \\ I_\varepsilon & 2{,}5x + 3y \leq 28 \\ II_1 & 4x + 6y \leq 48 \\ II_\varepsilon & 5{,}5x + 7y \leq 60 \\ III_1 & 3y \leq 18 \\ III_\varepsilon & 3{,}4y \leq 25 \\ & x, y \geq 0\,. \end{array}$$

Die optimale Lösung (x, y) = (3, 6) mit z (3, 6) = 54 kann unmittelbar der nachfolgenden Abbildung 9.12 entnommen werden.

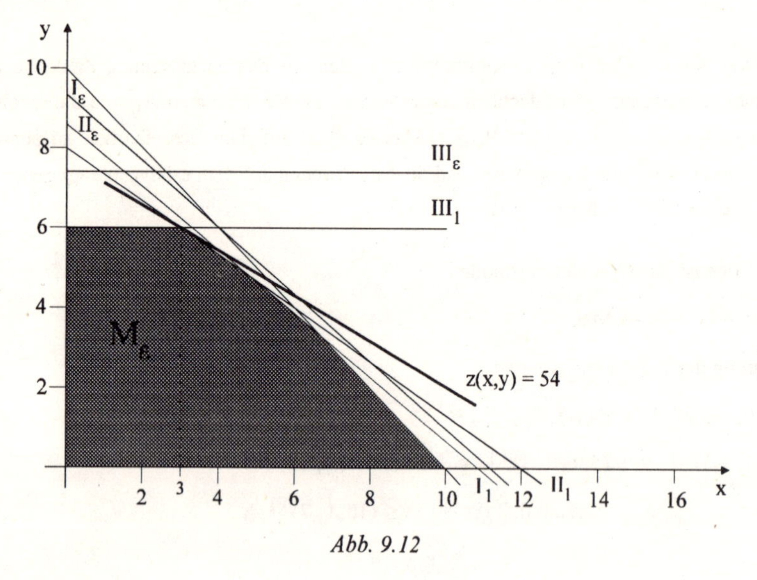

Abb. 9.12

Kleiner-Gleich-Relation "$\tilde{\lesssim}_s$"

Wird dagegen die Ordnungsbeziehung "$\tilde{\lesssim}_s$" benutzt, so ist nach (9.25) jede Fuzzy-Restriktion (9.31i) äquivalent dem linearen Ungleichungssystem

$$\begin{array}{lll} (\underline{a}_{i1} - \underline{\alpha}_{i1}L^{-1}(\rho))x_1 & +\cdots+(\underline{a}_{in} - \underline{\alpha}_{in}L^{-1}(\rho))x_n & \leq b_i + \overline{\beta}_i L^{-1}(\rho) \\ (\overline{a}_{i1} + \overline{\alpha}_{i1}^{\varepsilon})x_1 & +\cdots+(\overline{a}_{in} + \overline{\alpha}_{in}^{\varepsilon})x_n & \leq b_i + \overline{\beta}_i^{\varepsilon} \end{array} \qquad (9.34i)$$

Auch dieser Lösungsansatz führt somit zu einem klassischen LP-Modell.

< **9.5** > Das numerische Maximierungsproblem (9.30) in Beispiel < 9.3 > ist bei Verwendung der "$\tilde{\leq}_s$"-Relation und dem "optimistischen" Niveau $\rho = 0{,}9$ gleichwertig dem LP-Modell

$$z(x, y) = 4x + 7y \rightarrow \text{Max}$$

unter Beachtung der Nebenbedingungen (9.35)

$$\begin{array}{lrrl}
I_\rho & 1{,}94x & +1{,}44y \leq & 20{,}89 \\
I_\varepsilon & 2{,}5x & +3y \leq & 28 \\
II_\rho & 2{,}89x & +4{,}89y \leq & 49{,}33 \\
II_\varepsilon & 5{,}5x & +7y \leq & 60 \\
III_\rho & & 2{,}44y \leq & 18{,}78 \\
III_\varepsilon & & 3{,}4y \leq & 25 \\
 & & x, y \geq & 0\ .
\end{array}$$

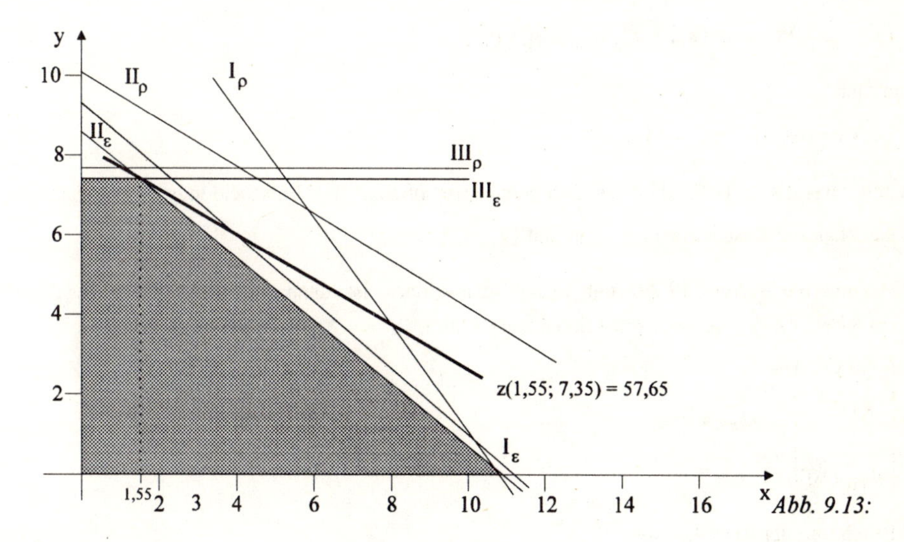

Abb. 9.13:

Die optimale Lösung des linearen Optimierungssystems (9.35) ist $(x,y) = (1{,}55;\ 7{,}35)$ mit dem maximalen Zielwert $z(1{,}55;\ 7{,}35) = 57{,}65$, vgl. auch Abbildung 9.13.

Aus der Abbildung 9.13 läßt sich ablesen, daß in diesem numerischen Beispiel die Alternativenmenge im wesentlichen durch den pessimistischen Index (9.20b') und nur geringfügig durch den optimistischen Index (9.22) eingeschränkt wird.

Betrachten wir die bei der Lösung $(x, y) = (1{,}55;\ 7{,}85)$ benötigten Quantitäten, so ergibt sich für das Niveau $\alpha=1$:

$I_1 \quad 2 \cdot 1{,}55 + 2 \cdot 7{,}35 = 17{,}80 < 20; \quad \mu_{B_1}(17{,}80) = 1$

$II_1 \quad 4 \cdot 1{,}55 + 6 \cdot 7{,}35 = 50{,}30 > 48; \quad \mu_{B_2}(50{,}30) = 0{,}83$

$III_1 \quad 3 \cdot 7{,}35 = 22{,}05 > 18; \quad \mu_{B_3}(22{,}05) = 0{,}48\ .$

In den beiden letzteren Restriktionen werden somit die "gesicherten" Grenzen überschritten.

In der Arbeit von SLOWINSKI [1986] werden solche Werte nicht ausgerechnet. Es wird auch nicht erörtert, wie der Entscheidungsträger agieren soll, wenn er Überschreitungen in diesem Ausmaß nicht akzeptieren möchte. ♦

Das auf der "$\tilde{\leq}_S$"-Interpretation basierende PC-Programm "FLIP" weist diese Schwächen nicht mehr auf. Hier wird der Entscheidungsträger sehr umfassend mit graphischen Mitteln über die einzelnen Lösungen im interaktiven Prozeß informiert, vgl. [SLOWINSKI 1990] und [CZYZAK 1990].

Kleiner-Gleich-Relation "$\tilde{\leq}_R$"

Im Gegensatz zu den beiden obigen Ordnungsbeziehungen führt die Relation "$\tilde{\leq}_R$" nicht zu einem klassischen LP-Modell, sondern zu einem Mehrzieloptimierungssystem. Nach der Definition von "$\tilde{\leq}_R$" wird nun jede Restriktion (9.31i) ersetzt durch eine Ungleichung

$$(\bar{a}_{i1} + \bar{\alpha}_{i1}^{\varepsilon})x_1 + \cdots + (\bar{a}_{in} + \bar{\alpha}_{in}^{\varepsilon})x_n \leq b_i + \bar{\beta}_i^{\varepsilon} \tag{9.36i}$$

und ein Ziel

$$\mu_i(\mathbf{x}) = \mu_{D_i}(\bar{\mathbf{a}}_i' \cdot \mathbf{x}) \to \text{Max} \quad , \tag{9.37i}$$

wenn mit $\mu_{D_i}(\bar{\mathbf{a}}_i' \cdot \mathbf{x}) \in [0,\ 1]$ das Zufriedenheitsempfinden des Entscheidungsträgers charakterisiert wird, daß bzgl. der Restriktion i die Quantität $(\bar{\mathbf{a}}_i' \cdot \mathbf{x})$ benötigt wird.

Das Maximierungssystem (9.29) mit Fuzzy-Restriktionen ist dann gleichwertig dem Mehrzieloptimierungssystem (9.38), dessen Restriktionensystem linear ist.

$$\begin{pmatrix} z(\mathbf{x}) \\ \mu_1(\mathbf{x}) \\ \vdots \\ \mu_{m_1}(\mathbf{x}) \end{pmatrix} \to \text{Max}$$

unter Beachtung der Restriktionen (9.38)

$$\begin{array}{llll} (\bar{a}_{i1} + \bar{\alpha}_{i1}^{\varepsilon})x_1 & + \cdots + (\bar{a}_{in} + \bar{\alpha}_{in}^{\varepsilon})x_n & \leq b_i + \bar{\beta}_i^{\varepsilon} & i = 1,\ldots,m_1 \\ a_{i1}x_1 & + \cdots + \quad a_{in}x_n & \leq b_i & i = m_1 + 1,\ldots m \\ & x_1,\ldots,x_n \geq 0. & & \end{array}$$

Zur Abkürzung der Schreibweise wollen wir die Menge aller Vektoren $\mathbf{x}' = (x_1,\ldots,x_n)$, die dem Restriktionensystem des Modells (9.38) genügen, mit X_R symbolisieren.

Um eine Kompromißlösung des Optimierungssystems (9.38) zu bestimmen, wollen wir analog dem Vorgehen in Abschnitt 8.4 anstelle der Zielfunktion $z(\mathbf{x}) = \mathbf{c}' \cdot \mathbf{x}$ die zugehörige Nutzenfunktion verwenden, wobei auch hier die Quantifizierung des Nutzens erfolgen soll durch Zuordnung des Zugehörigkeitswertes zur unscharfen Menge der zufriedenstellenden Zielwerte $\tilde{Z} = \{(w, \mu_Z(w)) |\ w \in \mathbf{R}\}$.

Gute Orientierungswerte bei der Formulierung der Zugehörigkeitsfunktion μ_Z sind die optimalen Zielwerte der beiden LP-Modelle

$$\overline{w} = \underset{x \in X_R}{\text{Max}}\ z(\mathbf{x}) \tag{9.39}$$

und

$$\underline{w} = \text{Max}\ z(\mathbf{x})$$

unter Beachtung der Restriktionen (9.40)

$$\mathbf{x} \in X_R$$
$$\bar{a}_{i1}x_1 + \ldots + \bar{a}_{in}x_n \leq b_i .$$

Die Größe $\underline{w}$ ist offensichtlich die optimale Lösung des Optimierungssystems (9.29) bei Verwendung der Relation "$\tilde{\leq}_\varepsilon$" . Da hier auf keinem α-Niveau die entsprechende Restriktionsgrenze überschritten wird, sollte gelten:

$$\mu_Z(w) < \varepsilon \qquad \text{für } w < \underline{w} .$$

Andererseits kann $z(\mathbf{x})$ auf X_R keinen höheren Wert als $\overline{w}$ annehmen.

Bei der Modellierung der Zugehörigkeitsfunktion μ_Z wollen wir auf die Ergebnisse aus den Abschnitten 8.1 und 8.4 zurückgreifen und stetige, stückweise lineare Zugehörigkeitsfunktionen empfehlen. Der Entscheidungsträger sollte daher auch hier ein Anspruchsniveau $w^A \in]\underline{w}, \overline{w}[$ festlegen und diesem einen Orientierungswert $\lambda_A \in]\varepsilon, 1[$ zuordnen. Die Punkte $(\underline{w}, \varepsilon), (w^A, \lambda_A), (\overline{w}, 1)$ und evtl. weitere vom Entscheider bestimmte Punkte sind dann durch einen linearen Polygonenzug zu verbinden . Durch Verkettung der so definierten Funktion $\hat{\mu}_Z(w)$ mit der Zielfunktion $w = z(\mathbf{x})$ erhält man die Zugehörigkeitsfunktion $\mu_Z(\mathbf{x}) = \hat{\mu}_Z(z(\mathbf{x}))$.

Das nun zu lösende Mehrzieloptimierungsmodell

$$\underset{x \in X_R}{\text{Max}} \left(\mu_Z(\mathbf{x}), \mu_1(\mathbf{x}), \ldots, \mu_{m_1}(\mathbf{x})\right) \tag{9.41}$$

hat für eine über $[\underline{w}, \overline{w}]$ streng monoton steigende Zugehörigkeitsfunktion $\mu_Z(w)$ offensichtlich die gleiche vollständige Lösung wie das System (9.38).

Zur Bestimmung einer Kompromißlösung von (9.41) wollen wir wiederum den Minimum-Operator als Präferenzfunktion einsetzen und erhalten dann das Optimierungsmodell

$$\underset{x \in X_R}{\text{Max}}\ \text{Min}\left(\mu_Z(\mathbf{x}), \mu_1(\mathbf{x}), \ldots, \mu_{m_1}(\mathbf{x})\right), \tag{9.42}$$

das, nach den Ausführungen auf Seite 188, äquivalent ist dem System

$$\lambda \to \text{Max}$$

unter Beachtung der Restriktionen (9.43)

$$\lambda \leq \mu_Z(\mathbf{x})$$
$$\lambda \leq \mu_i(\mathbf{x}) \quad , \quad i = 1, \ldots, m_1,$$
$$\lambda \geq 0$$
$$\mathbf{x} \in X_R .$$

Sind alle Zugehörigkeitsfunktionen $\hat{\mu}_Z(w)$ und $\mu_{D_i}(\bar{\mathbf{a}}_i' \cdot \mathbf{x})$ stetige, stückweise lineare und über $[\underline{w}, \overline{w}]$ bzw. $[b_i, b_i + \overline{\beta}_i]$ konkave Funktionen, so ist nach der Ausführung auf Seite 195f. das Optimierungssystem (9.43) äquivalent einem klassischen LP-Modell.

< 9.6 > Für das numerische Beispiel < 9.3 > ist die Menge der zulässigen Alternativen X_R gleich

$$X_R = \left\{(x,y) \in \mathbf{R}_+^2 \mid \; 2{,}5 + 3y \le 28, \;\; 5{,}5 + 7y \le 60, \;\; 3{,}4y \le 25\right\}.$$

Nach Beispiel < 9.4 > ist $\underline{w} = z\,(3{,}6) = 54$.

Aus der Abbildung 9.13 läßt sich ablesen: $\overline{w} = z\,(1{,}55;\, 7{,}35) = 57{,}65$.

Bestimmt der Entscheidungsträger nach Übermittlung dieser Daten das Anspruchsniveau $w^A = 55$, und ordnet er den kritischen Wert $\lambda_A = 0{,}5$ zu, so hat μ_Z die Funktionsgleichung

$$\mu_Z(x,y) = \begin{cases} 0{,}1 + \dfrac{z(x,y) - 54}{1} \cdot 0{,}4 & \text{für } 54 \le z(x,y) < 55 \\ 0{,}5 + \dfrac{z(x,y) - 55}{2{,}65} \cdot 0{,}5 & \text{für } 55 \le z(x,y) \le 57{,}65. \end{cases}$$

Bzgl. der Restriktionen wollen wir die in Beispiel < 9.3 > gegebenen linearen Refererenzfunktionen beibehalten und als Anspruch des Entscheidungsträgers unterstellen, daß die Grenzen b_i jeweils bis zu $\frac{5}{9}\overline{\beta}_i^{\varepsilon}$ überschritten werden dürfen, d.h. mit $\lambda_A = 0{,}5$ liegen die Punkte $(b_i + \frac{5}{9}\overline{\beta}_i^{\varepsilon};\; 0{,}5)$ auf der linearen Zugehörigkeitsfunktion μ_{D_i}.

Zur Ermittlung einer Kompromißlösung von (9.30) ist damit das LP-Modell (9.44) zu lösen.

$$\begin{array}{lrrrcr} & \lambda \rightarrow \text{Max} & & & & \\ \multicolumn{5}{l}{\text{unter Beachtung der Restriktionen}} & \qquad (9.44) \\ & 2{,}5\lambda & -\,4x & -\,7y & \le & -53{,}75 \\ & 5{,}3\lambda & -\,4x & -\,7y & \le & -52{,}35 \\ & 8\lambda & +\,2x & +\,2y & \le & 28 \\ & 12\lambda & +\,4x & +\,6y & \le & 60 \\ & 7\lambda & & +\,3y & \le & 25 \\ \text{I}_\varepsilon & & 2{,}5x & +\,3y & \le & 28 \\ \text{II}_\varepsilon & & 5{,}5x & +\,7y & \le & 60 \\ \text{III}_\varepsilon & & & 3{,}4y & \le & 25 \\ & & & \lambda, x, y & \ge & 0\,. \end{array}$$

Der λ-Wert der optimalen Lösung von (9.44)

$$\lambda^1 = 0{,}738\,; \quad x^1 = 2{,}494\,; \;\; y^1 = 6{,}612$$

zeigt an, daß diese Lösung den vorgegebenen Anspruchsniveaus genügt. Sie führt zum Zielwert

$$z\,(2{,}494;\, 6{,}612) = 56{,}26 > w^A = 55.$$

Da $\lambda^1 = 0{,}738$ deutlich größer als $\lambda_A = 0{,}5$ ist, besteht eine gute Chance, den Zielwert weiter zu erhöhen, ohne die für die Restriktionen gesetzten Anspruchsniveaus zu verändern. Wir setzen daher $w^A = 57$ und erhalten die neue Zugehörigkeitsfunktion

$$\mu_Z(x,y) = \begin{cases} 0{,}1 + \dfrac{z(x,y)-54}{3} \cdot 0{,}4 & \text{für } 54 \le z(x,y) < 57 \\ 0{,}5 + \dfrac{z(x,y)-57}{0{,}65} \cdot 0{,}5 & \text{für } 57 \le z(x,y) \le 57{,}56. \end{cases}$$

Da diese Funktion nicht konkav über [54; 57,65] ist, ändern wir sie gemäß den Ausführungen auf Seite 197 ab und definieren

$$\mu_Z(x,y) = \begin{cases} 0{,}5 + \dfrac{z(x,y)-57}{0{,}65} \cdot 0{,}5 & \text{für } 56{,}35 \le z(x,y) \le 57{,}65 \\ 0 & \text{sonst} \end{cases}$$

Ersetzen wir im LP-Modell (9.44) die beiden ersten Ungleichungen durch

$$1{,}3\lambda - 4x - 7y \le -56{,}35\,,$$

so erhält man die neue Kompromißlösung

$$\lambda^2 = 0{,}555\,, \quad x^2 = 1{,}952\,, \quad y^2 = 7{,}038$$

mit dem Zielwert $z(1{,}952;\ 7038) = 57{,}074$.

Da dieser Zielwert nur geringfügig über z^A liegt und der Wert $\lambda^2 = 0{,}555$ auch nur geringe Variationsmöglichkeiten im Restriktionenbereich signalisiert, wollen wir den Entscheidungsprozeß abbrechen und die Lösung $(x,y) = (1{,}952;\ 7{,}038)$ akzeptieren. ♦

ÜBUNGSAUFGABEN

9.1 Berechnen Sie für die zwei Kompromißlösungen (x^r, y^r), $r = 1, 2$, in Beispiel < 9.6 > die Zugehörigkeitswerte $\mu_Z(x^r, y^r)$ und $\mu_i(x^r, y^r)$, $i = I, II, III$.

9.4 LINEARE OPTIMIERUNGSMODELLE MIT FUZZY-ZIELEN

Während im vorangehenden Abschnitt lediglich dle Alternativenmenge unscharf beschrieben ist, wird nun auch das Ziel vage formuliert als

$$\tilde{Z}(\mathbf{x}) = \tilde{C}_1 \cdot x_1 \oplus \cdots \oplus \tilde{C}_n \cdot x_n \to \widetilde{\text{Max}} \quad . \tag{9.3}$$

Sind alle Zielkoeffizienten $\tilde{C}_j$ Fuzzy-Intervalle des gleichen L-R-Typs, d.h. $\tilde{C}_j = (\underline{c}_j; \overline{c}_j; \underline{\gamma}_j; \overline{\gamma}_j)_{LR}$, so ist $\tilde{Z}(\mathbf{x})$ ebenfalls ein Fuzzy-Intervall dieses L-R-Typs und läßt sich nach (1.61) und (1.70) leicht berechnen als

$$\tilde{Z}(\mathbf{x}) = (\underline{c}(\mathbf{x}); \overline{c}(\mathbf{x}); \underline{\gamma}(\mathbf{x}); \overline{\gamma}(\mathbf{x}))_{LR} = \left(\sum_{j=1}^{n} \underline{c}_j x_j;\ \sum_{j=1}^{n} \overline{c}_j x_j;\ \sum_{j=1}^{n} \underline{\gamma}_j x_j;\ \sum_{j=1}^{n} \overline{\gamma}_j x_j; \right)_{LR} . \tag{9.45}$$

Sind nicht alle Fuzzy-Koeffizienten $\tilde{C}_j$ Fuzzy-Intervalle des gleichen LR-Typs bzw. sind die Referenzfunktionen nicht bekannt, so kann das Fuzzy-Intervall $\tilde{Z}(\mathbf{x})$ zumindest hinreichend genau berechnet werden, indem man alle Koeffizienten $\tilde{C}_j$ durch stückweise lineare Funktionen beschreibt; vgl. dazu die analoge Behandlung von linken Restriktionsseiten auf Seite 222.

Beschränken wir der Einfachheit halber unsere Überlegungen auf den Fall, daß ein L-R-Fuzzy-Intervall $\tilde{Z}(\mathbf{x})$ über einer Alternativenmenge $\{\mathbf{X}\}$ zu maximieren ist, dann bedeutet diese Forderung, daß simultan die vier miteinander zusammenhängenden Ziele

$$\underline{c}(\mathbf{x}) - \underline{\gamma}(\mathbf{x}) \to \text{Max}; \quad \underline{c}(\mathbf{x}) \to \text{Max}; \quad \overline{c}(\mathbf{x}) \to \text{Max}; \quad \overline{c}(\mathbf{x}) + \overline{\gamma}(\mathbf{x}) \to \text{Max}$$

zu erfüllen sind.

Da im allgemeinen keine *ideale* Lösung existiert, die gleichzeitig alle vier Ziele zum Maximum führt, halten wir es für sinnvoll, eine Satisfizierungslösung anzustreben.

Sei $\tilde{N}$ ein unscharfes, vom Entscheidungsträger vorgegebenes Zielanspruchsniveau, so suchen wir eine Lösung mit der Eigenschaft $\tilde{N} \tilde{\leq} \tilde{Z}(\mathbf{x})$.

Zur Interpretation der Ordnungsbeziehung "$\tilde{\leq}$" kommen die drei in Abschnitt 8.2 diskutierten Kleiner-Gleich-Relationen in Betracht. Wir wollen aber im weiteren Verlauf der Arbeit nur mit der Relation "$\tilde{\leq}_R$" arbeiten[1], da sie dem Entscheidungsträger große Freiheit bei der Wahl der Koeffizienten und der Restriktionsgrenzen läßt, und der Lösungsprozeß darüber hinaus leicht und übersichtlich gesteuert werden kann.[2]

Das unscharfe Anspruchsniveau $\tilde{N}$ läßt sich offensichtlich darstellen als eine Fuzzy-Zahl, deren rechte Spannweite gleich Null ist. Ihren Gipfelpunkt wollen wir mit n, die linke Spannweiten auf dem Niveau $\alpha = \varepsilon$ mit $\underline{\nu}^{\varepsilon}$ und ihre Zugehörigkeitsfunktion mit μ_N symbolisieren.

Kürzen wir außerdem die linke Spreizung von $\tilde{Z}(\mathbf{x})$ auf dem ε-Niveau ab mit $\underline{\gamma}^{\varepsilon}(\mathbf{x})$, so läßt sich nach (9.26) und (9.27) die Restriktion $\tilde{N} \tilde{\leq}_R \tilde{Z}(\mathbf{x})$ schreiben als

$$n - \underline{\nu}^{\varepsilon} \leq \underline{c}(\mathbf{x}) - \underline{\gamma}^{\varepsilon}(\mathbf{x}) \tag{9.46}$$

und

$$\mu_N(\underline{c}(\mathbf{x})) \to \text{Max.} \tag{9.47}$$

---

[1] SLOWINSKI [1986,S.230ff] verwendet auch für die Restriktion $\tilde{N} \tilde{\leq} \tilde{Z}(\mathbf{x})$ die Relation "$\tilde{\leq}_S$". Neben den auf Seite 229 aufgeführten Mängel dieser Ordnungsbeziehung stellt sich die von SLOWINSKI nicht erörterte Frage, wie $\tilde{N}$ bestimmt werden soll.

[2] ODER; RENTZ [1993] behalten die vier Ziele

$$Z_1(\mathbf{x}) = \underline{c}(\mathbf{x}) - \gamma(\mathbf{x})L^{-1}(\varepsilon) \to \text{Max}$$
$$Z_2(\mathbf{x}) = \underline{c}(\mathbf{x}) \to \text{Max}$$
$$Z_3(\mathbf{x}) = \overline{c}(\mathbf{x}) \to \text{Max}$$
$$Z_4(\mathbf{x}) = \overline{c}(\mathbf{x}) + \overline{\gamma}(\mathbf{x})R^{-1}(\varepsilon) \to \text{Max}$$

bei und bestimmen für jedes dieser Ziele ein deterministisches Anspruchsniveau und entwickeln daraus für jeden dieser Zielfunktionen eine Zugehörigkeitsfunktion $\mu_{Z_j}(\mathbf{x}), \quad j = 1,2,3,4$.

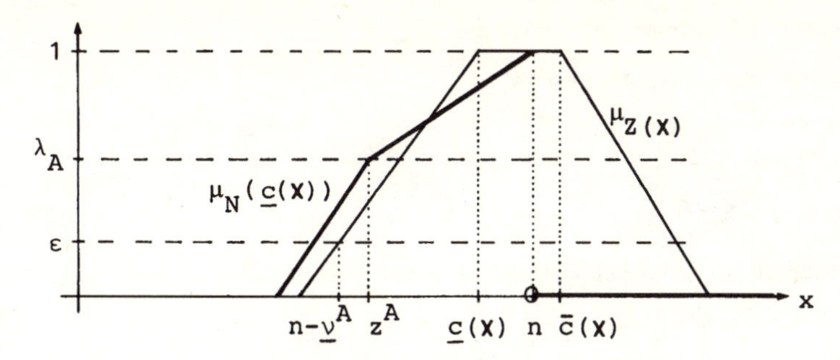

Abb.9.14: Zugehörigkeitsfunktionen von $\tilde{N}$ *und* $\tilde{Z}(\mathbf{x})$

Zur Bestimmung des Anspruchsniveaus $\tilde{N}$ benötigt der Entscheidungsträger Informationen darüber, welche Werte die Zielfunktionen $\underline{c}(\mathbf{x})$ und $\underline{c}(\mathbf{x}) - \underline{\gamma}(\mathbf{x})$ über dem Alternativenraum annehmen können.

Da $\underline{c}(\mathbf{x}) - \underline{\gamma}(\mathbf{x}) \leq \underline{c}(\mathbf{x}) \leq \bar{c}(\mathbf{x}) \leq \bar{c}(\mathbf{x}) + \bar{\gamma}(\mathbf{x})$,

sollte $n - \underline{\nu}^{\varepsilon}$ möglichst hoch gewählt und dieser Wert dann auf keinen Fall unterschritten werden.

Betrachten wir dazu das Optimierungsmodell

$$\tilde{Z}(\mathbf{x}) = \tilde{C}_1 \cdot x_1 \oplus \cdots \oplus \tilde{C}_n \cdot x_n \rightarrow \widetilde{\text{Max}}$$

unter Beachtung der Restriktionen (9.48)

$$\begin{aligned} \tilde{A}_{i1} \cdot x_1 \oplus \cdots \oplus \tilde{A}_{in} \cdot x_n &\,\tilde{\leq}\, \tilde{B}_i, \qquad i = 1,\ldots,m_1 \\ a_{i1}x_1 + \cdots + a_{in}x_n &\leq b_i, \qquad i = m_1+1,\ldots,m \\ x_1,\ldots,x_n &\geq 0 . \end{aligned}$$

Ein geeigneter Minimalwert $\underline{z} = n - \underline{\nu}^{\varepsilon}$ ist unserer Ansicht nach die optimale Lösung des LP-Modells

$$\sum_{j=1}^{n} (\underline{c}_j - \underline{\gamma}_j^{\varepsilon}) x_j \rightarrow \text{Max}$$

unter Beachtung der Restriktionen (9.49)

$$\begin{aligned} &(x_1,\ldots,x_n)' \in X_R \\ &\bar{a}_{i1}x_1 + \ldots + \bar{a}_{in}x_n \leq b_i \qquad i = 1,\ldots m_1 . \end{aligned}$$

Als Gipfelpunkt von $\tilde{N}$ wollen wir den höchsten Wert wählen, den $\underline{c}(\mathbf{x})$ auf X_R annehmen kann, d.h.:

$$n = \underset{\mathbf{x} \in X_R}{\text{Max}}\ \underline{c}(\mathbf{x}). \qquad (9.50)$$

Bei diesem Informationsstand sollte der Entscheidungsträger zusätzlich ein Anspruchsniveau $z^A \in]\underline{z}, \bar{z}[$ für $\underline{c}(\mathbf{x})$ festlegen und diesem einen Orientierungswert $\lambda_A \in]\varepsilon, 1[$ zuordnen.

Der lineare Polygonenzug durch die Punkte $(\underline{z}, \varepsilon), (z^A, \lambda_A), (\bar{z}, 1)$ stellt dann den relevanten Teil der Zugehörigkeitsfunktion $\mu_N(\underline{c}(\mathbf{x})) = \mu_Z(\mathbf{x})$ von $\tilde{N}$ dar. Kann der Entscheidungsträger kein Anspruchsniveau z^A festlegen, so sind die Punkte $(\underline{z}, \varepsilon)$ und $(\bar{z}, 1)$ direkt miteinander zu verbinden.

Zu lösen ist nun das Mehrzieloptimierungssystem

$$(\mu_N(\underline{c}(\mathbf{x})), \mu_1(\mathbf{x}), \ldots, \mu_{m_1}(\mathbf{x})) \to \text{Max}$$

unter Beachtung der Restriktionen (9.51)

$$-\underline{c}(\mathbf{x}) + \underline{\gamma}^{\varepsilon}(\mathbf{x}) \leq -\underline{z}$$

$$\mathbf{x} \in X_R .$$

Analog dem Vorgehen auf den Seiten 208f. läßt sich eine Kompromißlösung von (9.51) berechnen durch Lösen des Optimierungssystems

$$\lambda \to \text{Max}$$

unter Beachtung der Restriktionen (9.52)

$$\lambda \leq \mu_N(\underline{c}(\mathbf{x}))$$

$$\lambda \leq \mu_i(\mathbf{x}), \quad i = 1, \ldots, m_1$$

$$\lambda \geq 0 \quad , \quad \mathbf{x} \in X_R$$

$$-\underline{c}(\mathbf{x}) + \underline{\gamma}^{\varepsilon}(\mathbf{x}) \leq -\underline{z},$$

das bei Verwendung stetiger, stückweise linearer und konkaver Zugehörigkeitsfunktionen äquivalent einem klassischen LP-Modell ist.

< **9.7** > Zur Illustration dieses Lösungsverfahrens betrachten wir wiederum das Maximierungsproblem aus Beispiel < 9.3 >, diesmal aber mit dem unscharf beschriebenen Ziel

$$(4; 4{,}5; 0{,}3; 0{,}3)^{0,1} \cdot x \oplus (7; 8; 0{,}3; 0{,}6)^{0,1} \cdot y \to \text{Max} .$$

Unter Beachtung der Nebenbedingungen I_1, I_ε, II_1, II_ε, III_1, III_ε, NN aus aus Beispiel < 9.6 > nimmt die Zielfunktion

$$(4 - 0{,}3)x + (7 - 0{,}3)y = 3{,}7x + 6{,}7y$$

maximal den Wert $\underline{z} = 3{,}7 \cdot 3 + 6{,}7 \cdot 6 = 51{,}3$ an.

Andererseits hat nach Abbildung 9.13 die Zielfunktion 4x + 7y bei Beachtung der Restriktionen I_ε, II_ε, III_ε , NN ihr Maximum in

$$(x^*, y^*) = (1{,}55; 7{,}35) \text{ mit } \overline{z} = 57{,}65.$$

Da außerdem gilt $4 \cdot 3 + 7 \cdot 6 = 54$, setzt der Entscheidungsträger das Anspruchsniveau $z^A = 55$ fest und ordnet ihm den Zugehörigkeitswert $\lambda_A = 0{,}5$ zu. Damit hat μ_N die Gestalt

$$\mu_N(4x + 7y) = \begin{cases} 0{,}1 + \dfrac{4x + 7y - 51}{4} \cdot 0{,}4 & \text{für } 51 \leq 4x + 7y < 55 \\ 0{,}5 + \dfrac{4x - 7y - 55}{2{,}65} \cdot 0{,}5 & \text{für } 55 \leq 4x + 7y \leq 57{,}65 \end{cases} .$$

Für die Restriktionen wollen wir wiederum die linearen Zugehörigkeitsfunktionen beibehalten und annehmen, daß jeweils das Anspruchsniveau des Entscheidungsträgers gerade die Quantität mit dem Zugehörigkeitswert $\lambda_A = 0{,}5$ ist. Zu lösen ist dann das LP-Modell

$\lambda \to \text{Max}$

unter Beachtung der Restriktionen (9.53)

$$\begin{array}{rrrcr}
 & -3{,}7x & -6{,}7y & \leq & -51{,}3 \\
10\lambda & -4x & -7y & \leq & -47 \\
5{,}3\lambda & -4x & -7y & \leq & -52{,}35 \\
8\lambda & +2x & +2y & \leq & 28 \\
12\lambda & +4x & +6y & \leq & 60 \\
7\lambda & & +3y & \leq & 25 \\
I_\varepsilon \quad & 2{,}5x & +3y & \leq & 28 \\
II_\varepsilon \quad & 5{,}5x & +7y & \leq & 60 \\
III_\varepsilon \quad & & 3{,}4y & \leq & 25 \\
 & & \lambda, x, y & \geq & 0\,.
\end{array}$$

Die Lösung des Systems (9.53) stimmt überein mit der Lösung des LP-Modells (9.44), d.h.:

$\lambda^1 = 0{,}738; \qquad x^1 = 2{,}494; \qquad y^1 = 6{,}612.$

Damit kommt die der Satifizierungsbedingung (9.46) entsprechende Restriktion

$$3{,}7x + 6{,}7y \geq \underline{z} = 51{,}3$$

nicht weiter zum Tragen. Sie ist eine redundante Ungleichung bzgl. der übrigen "Zielrestriktionen" und kann im weiteren Verlauf des interaktiven Lösungsprozesses weggelassen werden. Der weitere Lösungsfindungsprozeß verläuft daher genau so ab, wie dies in Beispiel < 9.6 > beschrieben wird. ♦

Das obige Lösungsverfahren läßt sich leicht erweitern auf den Fall, daß **mehrere Zielfunktionen**

$$\tilde{Z}_k(\mathbf{x}) = \tilde{C}_{k1} \cdot x_1 \oplus \cdots \oplus \tilde{C}_{kn} \cdot x_n \qquad , k = 1,\ldots,K,$$

simultan über dem unscharf abgegrenzten Alternativenraum X_R zu maximieren sind.

Zu klären bleibt lediglich die Festlegung der Zugehörigkeitsfunktionen $\mu_{Z_k}(\mathbf{x})$.

In Analogie zu dem Vorgehen in Abschnitt 8.6, vgl. Seite 201f., wollen wir $\bar{z}_k$ gleich dem höchsten Wert setzen, der bei Verfolgung des Zieles

$$\underline{\mathbf{c}}_k' \cdot \mathbf{x} = \underline{c}_{k1}x_1 + \cdots + \underline{c}_{kn}x_n \to \text{Max}$$

auf der Alternativenmenge X_R realisiert werden kann, d.h.:

$$\bar{z}_k = \mathbf{c}_k' \cdot \mathbf{x}_k^{**} = \max_{\mathbf{x} \in X_R} (\underline{c}_{k1}x_1 + \ldots + \underline{c}_{kn}x_n). \tag{9.54}$$

Bezeichnen wir mit $\mathbf{x}_k^*$ die optimale Lösung des LP-Modells

$$(\underline{\mathbf{c}}_k - \underline{\gamma}_k)' \cdot \mathbf{x} = (\underline{c}_{k1} - \underline{\gamma}_{k1})x_1 + \ldots + (\underline{c}_{kn} - \underline{\gamma}_{kn})x_n \to \text{Max}$$

unter Beachtung der Restriktionen (9.55)

$$\mathbf{x} \in X_R$$

$$\underline{\mathbf{a}}_i' \cdot \mathbf{x} = \underline{a}_{i1}x_1 + \cdots + \underline{a}_{in}x_n \leq b_i \;, \qquad i = 1,\ldots,m_1 \quad ,$$

so setzen wir als unteren Wert für das Ziel k

$$\underline{z}_k = \text{Min}\,(\underset{\substack{h=1\\h\neq k}}{\overset{K}{\text{Min}}}((\underline{c}_k - \underline{\gamma}_k)'\cdot \mathbf{x}_h^*), \underset{\substack{h=1\\h\neq k}}{\overset{K}{\text{Min}}}((\underline{c}_k - \underline{\gamma}_k)'\cdot \mathbf{x}_h^{**})). \tag{9.56}$$

Existieren mehrere optimale Basislösungen für ein LP-Modell (9.54) bzw. (9.55), so ist in (9.56) jeweils die Lösung zu verwenden, die zum höchsten Wert für $\overline{z}_k$ führt.

<u>Bemerkung:</u> Schon bei der Berechnung der Lösungen $\mathbf{x}_k^*$ und $\mathbf{x}_k^{**}$, k = 1,...,n, wird deutlich, welche Restriktionen Engpässe darstellen. Dem Entscheidungsträger sollte daher schon jetzt Gelegenheit gegeben werden, die Koeffizienten und rechten Seiten dieser Restriktionen zu überprüfen und gegebenenfalls durch Einholen zusätzlicher Informationen genauer zu fixieren.

Bei Kenntnis der Werte $\underline{z}_k$ und $\overline{z}_k$, k = 1,...,K, sind vom Entscheidungsträger Anspruchsniveaus z_k^A für die einzelnen Ziele k = 1,...,K festzulegen. Die Zugehörigkeitsfunktionen $\mu_{Z_k}(\mathbf{x}) = \hat{\mu}_{Z_k}(\underline{c}_k' \cdot \mathbf{x})$ entsprechen dann dem linearen Polygonenzug von $(\underline{z}_k, \varepsilon)$ über (z_k^A, λ_A) zu $(\overline{z}_k, 1)$.

Eine Kompromißlösung des Mehrzieloptimierungssystems

$$\begin{pmatrix} \tilde{Z}_1(\mathbf{x}) \\ \vdots \\ \tilde{Z}_K(\mathbf{x}) \end{pmatrix} = \begin{pmatrix} \tilde{C}_{11}\cdot x_1 \oplus \cdots \oplus \tilde{C}_{1n}\cdot x_n \\ \vdots \\ \tilde{C}_{K1}\cdot x_1 \oplus \cdots \oplus \tilde{C}_{Kn}\cdot x_n \end{pmatrix} \rightarrow \widetilde{\text{Max}}$$

unter Beachtung der Restriktionen (9.57)

$$\begin{aligned} \tilde{A}_{i1}\cdot x_1 \oplus \cdots \oplus \tilde{A}_{in}\cdot x_n &\,\tilde{\le}\, \tilde{B}_i && i = 1,...,m_1 \\ a_{i1}x_1 + \cdots + a_{in}x_n &\le b_i && i = m_1+1,..., m \\ x_1,...,x_n &\ge 0 \end{aligned}$$

läßt sich dann ermitteln durch Lösen des LP-Modells

$$\lambda \rightarrow \text{Max}$$

unter Beachtung der Restriktionen (9.58)

$$\begin{aligned} \lambda &\le \mu_{Z_k}(\mathbf{x}) && k = 1,...,K \\ \lambda &\le \mu_i(\mathbf{x}) && i = 1,...,m_1 \\ \lambda &\ge 0 \\ (\underline{c}_k - \underline{\gamma}_k)'\cdot \mathbf{x} &\ge \underline{z}_k && k = 1,...,K \\ \mathbf{x} &\in X_R \,. \end{aligned}$$

Bevor wir das hier entwickelte Lösungsverfahren in Form eines Programmablaufplanes genauer strukturieren, wollen wir es anhand eines numerischen Beispiels demonstrieren.

< 9.8 > Betrachten wird dazu nochmals das Maximierungsproblem in Beispiel < 9.3 >, nun aber mit der zweidimensionalen unscharfen Zielsetzung

$$\begin{pmatrix} \tilde{Z}_1(x,y) \\ \tilde{Z}_2(x,y) \end{pmatrix} = \begin{pmatrix} (4;\ 4{,}5;\ 0{,}3;\ 0{,}3)^{0,1}\cdot x \oplus (7;\ 8;\ 0{,}3;\ 0{,}6)^{0,1}\cdot y \\ (5;\ 5{,}3;\ 0{,}3;\ 0{,}3)^{0,1}\cdot x \oplus (3;\ 3{,}3;\ 0{,}1;\ 0{,}3)^{0,1}\cdot y \end{pmatrix} \rightarrow \widetilde{\text{Max}} \,.$$

Nach Beispiel < 9.7 > ist $\bar{z}_1 = 57{,}65$ und $(x_1^*, y_1^*) = (3; 6)$.

Für das zweite Ziel ergibt die Lösung der entsprechenden LP-Modelle (9.54) und (9.55) die Werte:

$$\bar{z}_2 = 5 \cdot 10{,}909 + 3 \cdot 0 = 54{,}545 \quad \text{und} \quad (x_2^*, y_2^*) = (10, 0).$$

Daraus folgt nach (9.55) und (9.56)

$$\underline{z}_1 = 3{,}7 \cdot 10 + 6{,}7 \cdot 0 = 37 \quad \text{und}$$
$$\underline{z}_2 = 4{,}7 \cdot 1{,}55 + 2{,}9 \cdot 7{,}35 = 28{,}6.$$

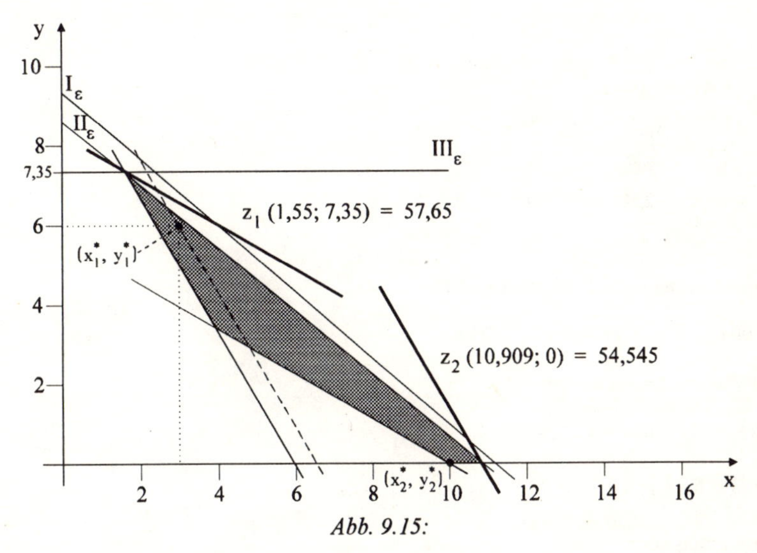

Abb. 9.15:

Wählen wir nun als Anspruchsniveaus für die beiden Ziele die Werte $z_1^A = 45$ und $z_2^A = 40$ und $\lambda_A = 0{,}5$, so erhält man die Zugehörigkeitsfunktionen

$$\mu_{Z_1}(x,y) = \begin{cases} 0{,}1 + \dfrac{4x + 7y - 37}{8} \cdot 0{,}4 & \text{für } 37 \le 4x + 7y < 45 \\ 0{,}5 + \dfrac{4x + 7x - 45}{12{,}65} \cdot 0{,}5 & \text{für } 45 \le 4x + 7y \le 57{,}65 \end{cases}$$

$$\mu_{Z_2}(x,y) = \begin{cases} 0{,}1 + \dfrac{5x + 3y - 28{,}6}{11{,}4} \cdot 0{,}4 & \text{für } 28{,}6 \le 5x + 3y < 40 \\ 0{,}5 + \dfrac{5x + 3x - 40}{14{,}545} \cdot 0{,}5 & \text{für } 40 \le 5x + 3y \le 54{,}545 \end{cases} .$$

Wählt man die Anspruchsniveaus der Restriktionen wiederum so, daß die $\mu_i(x, y)$ lineare Zugehörigkeitsfunktionen bleiben, so ist zur Berechnung einer Kompromißlösung das folgende Modell zu lösen:

$$\lambda \to \text{Max}$$

unter Beachtung der Restriktionen (9.59)

$$\begin{array}{rrrrl}
20\lambda & -4x & -7y & \leq & -35 \\
25{,}3\lambda & -4x & -7y & \leq & -32{,}35 \\
28{,}5\lambda & -5x & -3y & \leq & -25{,}75 \\
29{,}09\lambda & -5x & -3y & \leq & -25{,}455 \\
8\lambda & +2x & +2y & \leq & 28 \\
12\lambda & +4x & +6y & \leq & 60 \\
7\lambda & & +3y & \leq & 25 \\
& 2{,}5x & +3y & \leq & 28 \\
& 5{,}5x & +7y & \leq & 60 \\
& & 3{,}44y & \leq & 25 \\
& -3{,}7x & -6{,}7y & \leq & -37 \\
& -4{,}7x & -2{,}9y & \leq & -31{,}5 \\
& & \lambda, x, y & \geq & 0\,.
\end{array}$$

Der λ-Wert der Lösung des LP-Modells (9.59)

$$\lambda^1 = 0{,}661\ ; \quad x^1 = 7{,}180\ ; \quad y^1 = 2{,}930$$

signalisiert, daß einer der Zielwerte

$$z_1(x^1, y^1) = 4 \cdot 7{,}180 + 7 \cdot 2{,}930 = 49{,}23 > z_1^A = 45$$

$$z_2(x^1, y^1) = 5 \cdot 7{,}180 + 3 \cdot 2{,}930 = 44{,}69 > z_2^A = 40$$

weiter erhöht werden kann.

Wir wollen das zweite Ziel weiter erhöhen und setzen daher $z_2^A = 45$, während die übrigen Anspruchsniveaus beibehalten werden. Das entsprechend in der 3. und 4. Restriktion geänderte LP-Modell (9.59) hat die Lösung

$$\lambda^2 = 0{,}588\ ; \quad x^2 = 8{,}419\ ; \quad y^2 = 1{,}957$$

mit den Zielwerten $z_1(x^2,y^2) = 47{,}375$ und $z_2(x^2,y^2) = 47{,}966$.

Damit wir für das erste Ziel einen höheren Wert erreichen als für das zweite Ziel, ändern wir nun z_1^A ab auf $z_1^A = 47$. Das zugehörige LP-Modell hat die Lösung

$$\lambda^3 = 0{,}5465\ ; \quad x^3 = 7{,}891\ ; \quad y^3 = 2{,}371$$

mit $z_1(x^3,y^3) = 48{,}161$ und $z_2(x^3,y^3) = 46{,}569$. ♦

ÜBUNGSAUFGABEN

9.2 Bestimmen Sie für den zweiten Iterationsschritt in Beispiel < 9.8 > die dem neuen Anspruchsniveau $z_2^A = 45$ entsprechende Zugehörigkeitsfunktion μ_{Z_2}. Geben Sie auch an, wie dann die 3. und die 4. Restriktion des LP-Modells (9.59) lauten müssen.

9.5 ANSPRUCHSNIVEAUGESTEUERTES INTERAKTIVES VERFAHREN FULPAL ZUR LÖSUNG LINEARER OPTIMIERUNGSMODELLE MIT FUZZY-RESTRIKTIONEN UND/ODER FUZZY-ZIELEN

Der Lösungsalgorithmus FULPAL[1] dient zur Bestimmung einer Komromißlösung für lineare Optimierungsmodelle der Form

$$\begin{pmatrix} \tilde{Z}_1(\mathbf{x}) \\ \vdots \\ \tilde{Z}_K(\mathbf{x}) \end{pmatrix} = \begin{pmatrix} \tilde{C}_{11}\cdot x_1 & \oplus\cdots\oplus & \tilde{C}_{1n}\cdot x_n \\ & \vdots & \\ \tilde{C}_{K1}\cdot x_1 & \oplus\cdots\oplus & \tilde{C}_{Kn}\cdot x_n \end{pmatrix} \to \tilde{\text{Max}}$$

unter Beachtung der Restriktionen

$$\begin{array}{llllll} \tilde{A}_{i1}\cdot x_1 & \oplus\cdots\oplus & \tilde{A}_{in}\cdot x_n & \tilde{\leq} & \tilde{B}_i & i=1,\ldots,m_1 \\ a_{i1}x_1 & +\cdots+ & a_{in}x_n & \leq & b_i & i=m_1+1,\ldots,m \\ & \mathbf{x}=(x_1,\ldots,x_n)' & & \geq & \mathbf{0} & . \end{array}$$

Dabei seien die Größen $\tilde{C}_{kj}$ und $\tilde{A}_{ij}$ trapezförmige oder trianguläre unscharfe Mengen, während die rechten Seiten $\tilde{B}_i$ Fuzzy-Zahlen darstellen, deren linke Spreizung jeweils gleich Null ist.

Da jede reelle Zahl d sich als unscharfe Menge $\tilde{D} = \{(y, \mu_D(y)) \mid y \in \mathbf{R}\}$ darstellen läßt mit der Zugehörigkeitsfunktion

$$\mu_D(y) = \begin{cases} 1 & \text{für} \quad y = d \\ 0 & \text{sonst} \end{cases} ,$$

sind in dem Modell (9.57) u.a. die Spezialfälle enthalten, daß

- alle Zielkoeffizienten eindeutig bestimmte reelle Zahlen sind,
- alle Zielkoeffizienten einer oder aller Restriktionen eindeutig bestimmte reelle Zahlen sind,
- nur ein Ziel verfolgt wird, d.h. $K = 1$.

Das in Kapitel 8 dargestelllte interaktive Lösungsverfahren MOLPAL ist offensichtlich der Spezialfall des Algorithmus FULPAL, für den alle Ziel- und alle Restriktionskoeffizienten eindeutige Zahlen sind. Die in Abschnitt 8.8 zusammengefaßten Vorzüge von MOLPAL gelten in besonderem Maße auch für die allgemeinere Methode FULPAL.

Die nach dem Verfahren FULPAL berechneten Werte $z_k^r = \underline{c}_k' \cdot \mathbf{x}^r$ stellen untere Zielwerte dar. Ist man dagegen an mittleren Werten interessiert, so lassen sich diese mit $\mathbf{x}^r$ berechnen als

$$E^1(z_k^r) = \frac{1}{2}(\underline{c}_k + \bar{c}_k)' \cdot \mathbf{x}^r \qquad \text{oder} \tag{9.60}$$

$$E^\varepsilon(z_k^r) = \frac{1}{4}(2\underline{c}_k + 2\bar{c}_k - \underline{\gamma}_k^\varepsilon + \bar{\gamma}_k^\varepsilon)'\mathbf{x}^r \tag{9.61}$$

je nachdem, ob man nur das Niveau $\alpha = 1$ oder zusätzlich das Niveau $\alpha = \varepsilon$ berücksichtigt.

---

[1] Fuzzy Linear Programming based on Aspiration Levels

Maschine START *Mensch*

Festlegen des Toleranzwertes $\varepsilon \in [0, 1[$

Angabe der Größen

$\underline{c}_{kj}, \underline{c}_{kj} - \underline{\gamma}_{kj}^{\varepsilon}$ für jeden Zielkoeffizienten $\tilde{C}_{kj}$, $j = 1,\dots n$; $k = 1,\dots, K$

$\bar{a}_{ij}, \bar{a}_{ij} + \bar{\alpha}_{ij}^{\varepsilon}$ für jeden Restriktionskoeffizienten $\tilde{A}_{ij}$, $j = 1,\dots n$; $i = 1,\dots, m_1$

$b_i, b_i + \bar{b}_i^{\varepsilon}$ für jede rechte Seite $\tilde{B}_i$, $i = 1,\dots, m_1$

Berechnung der maximalen Zielwerte

$$\bar{z}_k = \underline{\mathbf{c}}_k' \cdot \mathbf{x}_k^{**} = \underset{\mathbf{x} \in x_R}{\text{Max}} \left(\underline{c}_{k1} x_1 + \dots + \underline{c}_{kn} x_n\right) \quad (9.54)$$

$$z_k^* = \left(\underline{\mathbf{c}}_k - \underline{\gamma}_k\right)' \cdot \mathbf{x}_k^* = \underset{\mathbf{x} \in \underline{x}}{\text{Max}} \left(\left(\underline{c}_{k1} - \underline{\gamma}_{k1}\right) x_1 + \dots + \left(\underline{c}_{kn} - \underline{\gamma}_{kn}\right) x_n\right) \quad (9.55)$$

$$\text{mit } \underline{x} = \left\{\mathbf{x} \in x_R \,\middle|\, \underline{\mathbf{a}}_i' \cdot \mathbf{x} \le b_i\right\}$$

Berechnung der Zieluntergrenzen

$$\underline{z}_k = \text{Min}\left(\underset{\substack{h=1 \\ h \neq k}}{\overset{K}{\text{Min}}} \left(\underline{\mathbf{c}}_k - \underline{\gamma}_k\right)' \cdot \mathbf{x}_h^*, \ \underset{\substack{h=1 \\ h \neq k}}{\overset{K}{\text{Min}}} \left(\underline{\mathbf{c}}_k - \underline{\gamma}_k\right)' \cdot \mathbf{x}_h^{**} \right) \quad (9.56)$$

Ist $K = 1$, so ist $\underline{z}_1 = \left(\underline{\mathbf{c}}_1 - \underline{\gamma}_1\right)' \cdot \mathbf{x}_1^*$

Festlegung des kritischen Zugehörigkeitswertes $\lambda_A \in]\varepsilon, 1[$

Angabe von Fühlbarkeitsschwellen

$w_{Z_1}, \dots, w_{Z_K}$ für die Ziele

$w_1, \dots, w_{m_1}$ für die Restriktionen

Festlegung der minimalen und maximalen Anspruchsniveauvektoren

$\check{\mathbf{x}} = (\check{z}_1, \dots, \check{z}_K) \ := \ (\underline{z}_1, \dots, \underline{z}_K)$

$\hat{\mathbf{x}} = (\hat{z}_1, \dots, \hat{z}_K) \ := \ (\bar{z}_1, \dots, \bar{z}_K)$

$\check{\mathbf{x}} = (\check{g}_1, \dots, \check{g}_{m_1}) \ := \ (b_1, \dots, b_{m_1})$

$\hat{\mathbf{x}} = (\hat{g}_1, \dots, \hat{g}_{m_1}) \ := \ (b_1 + d_1, \dots, b_{m_1} + d_{m_1})$

A

Maschine | *Mensch*

A

Angabe der Anspruchsniveaus
$z_k^A[1] \in]\check{z}_k, \hat{z}_k[\quad k = 1,\ldots,K$
$g_i^A[1] \in]\check{g}_i, \hat{g}_i[\quad k = 1,\ldots,m_1$
und evtl. weitere Punktepaare, denen die Zugehörigkeits-funktionen genügen sollen

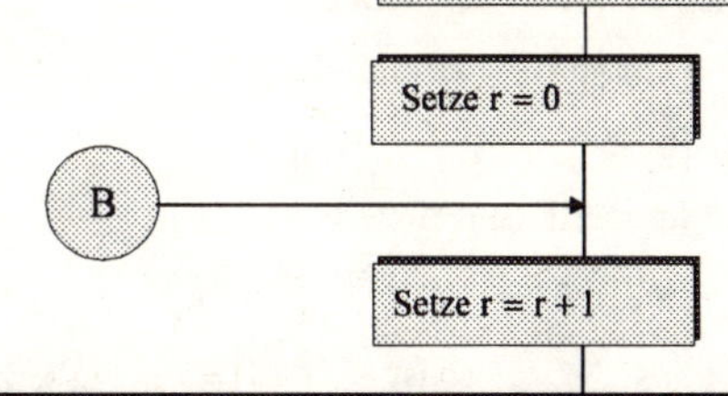

Bestimmung von stetigen, stückweise linearen Zugehörigkeitsfunktionen f_{Z_k}, die den Punktepaaren $(\underline{z}_k, \varepsilon), (z_k^A[r], \lambda_A)$ und $(\bar{z}_k, 1)$ genügen, $k = 1,\ldots,K$ und f_i, die den Punktepaaren $(b_i, 1), (g_i^A[r], \lambda_A), (b_i + \beta_i, \varepsilon)$ und evtl. weiteren Angaben des Entscheidungsträgers genügen, $i = 1,\ldots,m_1$.

Ergeben sich dabei nicht-konkave Zugehörigkeitsfunktionen, dann sind diese durch Verkürzen der relevanten Intervalle so abzuändern, daß die Konkavitäts-eigenschaft vorliegt.

Formulieren und Lösen des LP-Problems

Die Lösung $(\lambda^r, \mathbf{x}^r)$ des LP-Problems,
die Zielwerte $z_k^r = \underline{\mathbf{c}}_k' \cdot \mathbf{x}^r, \quad k = 1,\ldots,K$ und
die Werte $g_i^r = \bar{\mathbf{a}}_i' \cdot \mathbf{x}^r, \quad i = 1,\ldots,m_1$
werden dem Entscheidungsträger vorgelegt.

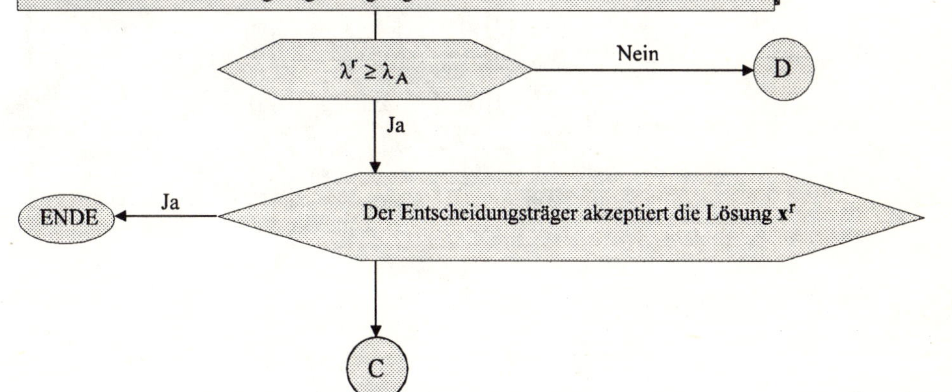

Maschine *Mensch*

C

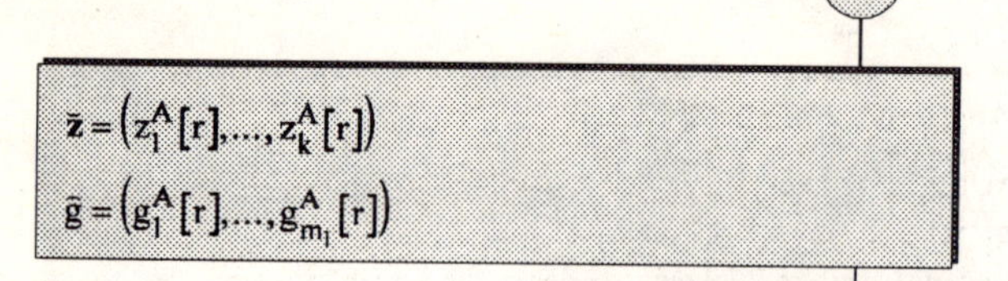

Festlegung der neuen Anspruchsniveaus

$z_k^A[r+1] \in [\breve{z}_k, \hat{z}_k], \quad k = 1,\ldots,K$

$g_i^A[r+1] \in [\breve{g}_i, \hat{g}_i], \quad i = 1,\ldots,m_1.$

Dabei muß für min destens ein k oder i gelten:

$z_k^A[r+1] > z_k^r$ bzw. $g_i^A[r+1] < g_i^r$.

Ist $\hat{z}_k - \hat{z}_k < w_{Z_k}$, so ist $z_k^A[r+1] = \hat{z}_k$ zu setzen.

Ist $\hat{g}_i - \breve{g}_i < w_i$, so ist $g_i^A[r+1] = \hat{g}_i$ zu setzen.

B

D

$\hat{\mathbf{z}} = \left(z_1^A[r],\ldots,z_k^A[r]\right)$

$\breve{\mathbf{g}} = \left(g_1^A[r],\ldots,g_{m_1}^A[r]\right)$

Festlegung der neuen Anspruchsniveaus

$z_k^A[r+1] \in [\breve{z}_k, \hat{z}_k], \quad k = 1,\ldots,K$

$g_i^A[r+1] \in [\breve{g}_i, \hat{g}_i], \quad i = 1,\ldots,m_1.$

Dabei muß für min destens ein k o der i gelten:

$z_k^A[r+1] < z_k^r$ bzw. $g_i^A[r+1] > g_i^r$.

Ist $\hat{z}_k - \breve{z}_k < w_{zk}$, so ist $z_k^A[r+1] = \breve{z}_k$ zu setzen.

Ist $\hat{g}_i - \breve{g}_i < w_i$, so ist $g_i^A[r+1] = \hat{g}_i$ zu setzen.

B

Auf der Grundlage des vorstehenden Flußdiagramms wurde 1988 von RÖHLING [1988] ein PC-Software-Programm entwickelt, das zunächst als PC-FULP und später als FULPAL 1.0 bezeichnet wurde. Mit diesem, in TURBO PASCAL geschriebenen Programm, vgl. [ROMMELFANGER 1991], kann der interaktive Lösungsprozeß bequem durchgeführt werden. Die gut aufbereiteten Lösungen der einzelnen Iterationsschritte geben dem Entscheidungsträger genügend Informationen, um durch Änderung des Anspruchsniveaus oder sogar durch Überprüfung und daraus folgender Änderung der Ausgangsdaten eine Kompromißlösung anzustreben, die seinen Vorstellungen am besten entspricht.

9.6 α-NIVEAU-BEZOGENE PAARBILDUNG

Das Verfahren FULPAL zur Bestimmung einer Kompromißlösung für lineare Optimierungssysteme mit Fuzzy-Restriktionen und/oder Fuzzy-Zielen basiert auf der Grundkonzeption, daß für jedes Ziel ein möglichst hohes Anspruchsniveau nicht unterschritten werden darf. Es beinhaltet damit ein Sicherheitsdenken, wie es auch im Alltag sehr häufig zu beobachten ist.

Im Vergleich dazu besitzt das nachfolgend dargestellte Verfahren der α-niveau-bezogenen Paarbildung eine optimistischere Grundhaltung. Diese Methode wurde von ROMMELFANGER; HANUSCHECK; WOLF [1988], vgl. auch [WOLF 1983], [HANUSCHECK; ROMMELFANGER 1987], entwickelt und insbesondere zur Lösung linearer Investitionsmodelle angewandt, vgl.[HANUSCHECK 1986], [WOLF 1988].

Im Gegensatz zu FULPAL ist die Methode der α-niveau-bezogenen Paarbildung nur dann anzuwenden, wenn ein einziges unscharfes Ziel verfolgt wird. Die Alternativenmenge darf aber auch unscharf durch Fuzzy-Restriktionen oder mit vagen rechten Seiten beschrieben werden, vgl. Seite 257f.. Zur Herausarbeitung der wesentlichen Züge dieses Verfahrens wollen wir dennoch für die nachfolgende Untersuchung annehmen, daß die Alternativenmenge eindeutig bestimmt ist.

Wir betrachten somit lineare Optimierungssysteme der Form

$$\tilde{Z}(\mathbf{x}) = \tilde{C}_1 x_1 + \cdots + \tilde{C}_n x_n \to \widetilde{\text{Max}}$$

unter Beachtung der Restriktionen (9.62)

$$g_i(\mathbf{x}) = \mathbf{a}_i' \cdot \mathbf{x} = a_{i1}x_1 + \cdots + a_{in}x_n \le b_i \qquad i = 1, \ldots, m$$
$$\mathbf{x}' = (x_1, \ldots, x_n)' \ge \mathbf{0}.$$

Dabei seien die Zielkoeffizienten $\tilde{C}_j$ Fuzzy-Intervalle, die vom Entscheidungsträger beschrieben werden durch die α-Niveau-Mengen

$$[\underline{c}_j; \overline{c}_j] \qquad \text{für } \alpha = 1 \quad \text{und}$$
$$[\underline{c}_j - \underline{\gamma}_j^{\varepsilon}; \overline{c}_j + \overline{\gamma}_j^{\varepsilon}] \qquad \text{für } \alpha = \varepsilon \quad ,$$

wobei ε der Toleranzparameter im Sinne der Argumentation auf Seite 221 ist.

Bei Bedarf und entsprechend hohem Informationsstand des Entscheidungsträgers können die Koeffizienten $\tilde{C}_j$ durch Hinzunahme weiterer Niveau-Mengen

$$\left[\underline{c}_j - \underline{\gamma}_j^{\alpha}; \overline{c}_j + \overline{\gamma}_j^{\alpha}\right] \qquad \text{für} \quad \alpha = \sigma_1,\dots,\sigma_L \in]\varepsilon,\ 1[,\ L \in \mathbf{N}$$

genauer beschrieben werden. Da man davon ausgehen kann, daß in der Praxis höchstens ein oder zwei zusätzliche Niveaus berücksichtigt werden, wollen wir in unserer Darstellung nur ein weiteres Niveau einbeziehen, das wir mit σ bezeichnen.

Die Zugehörigkeitsfunktion des Koeffizienten $\tilde{C}_j$ wird dann näherungsweise beschrieben durch den Polygonenzug von $(\underline{c}_j - \underline{\gamma}_j^{\varepsilon}, \varepsilon)$ über $(\underline{c}_j - \underline{\gamma}_j^{\sigma}, \sigma), (\underline{c}_j, 1), (\overline{c}_j, 1), (\overline{c}_j + \overline{\gamma}_j^{\sigma}, \sigma)$ bis $(\overline{c}_j + \overline{\gamma}_j^{\varepsilon}, \varepsilon)$.

< **9.9** > Zur Illustration des Verfahrens der α-niveau-bezogenen Paarbildung wollen wir das folgende numerische Beispiel betrachten:

$$\tilde{Z}(x_1, x_2) = \tilde{C}_1 x_1 + \tilde{C}_2 x_2 \rightarrow \tilde{\text{Max}}$$

unter Beachtung der Restriktionen (9.63)

$$\begin{array}{ll}
1x_1 + 3x_2 \le 76 & 1x_1 + 2x_2 \le 53 \\
3x_1 + 5x_2 \le 138 & 3x_1 + 4x_2 \le 120 \\
7x_1 + 8x_2 \le 260 & 1x_1 + 1x_2 \le 36 \\
3x_1 + 2x_2 \le 103 & 2x_1 + 1x_2 \le 68 \\
1x_1 + 4x_2 \le 100 & x_1, x_2 \ge 0.
\end{array}$$

Die Fuzzy-Koeffizienten $\tilde{C}_1$ und $\tilde{C}_2$ werden vom Entscheidungsträger beschrieben durch α-Niveau-Mengen für die drei Niveaus $\alpha = 1$, $\alpha = \sigma = 0{,}6$ und $\alpha = \varepsilon = 0{,}1$:

$$C_1^1 = [3{,}2;\, 4{,}5], \quad C_1^{0,6} = [1{,}9;\, 5], \quad C_1^{0,1} = [1;\, 7]$$

$$C_2^1 = [6{,}5;\, 7{,}3], \quad C_2^{0,6} = [6;\, 9], \quad C_2^{0,1} = [5;\, 10] \ .$$

Die Zugehörigkeitsfunktionen $\tilde{C}_1$ und $\tilde{C}_2$ lassen sich dann näherungsweise beschreiben durch die in den Abbildungen 9.16 und 9.17 gezeichneten stückweise linearen Funktionen.

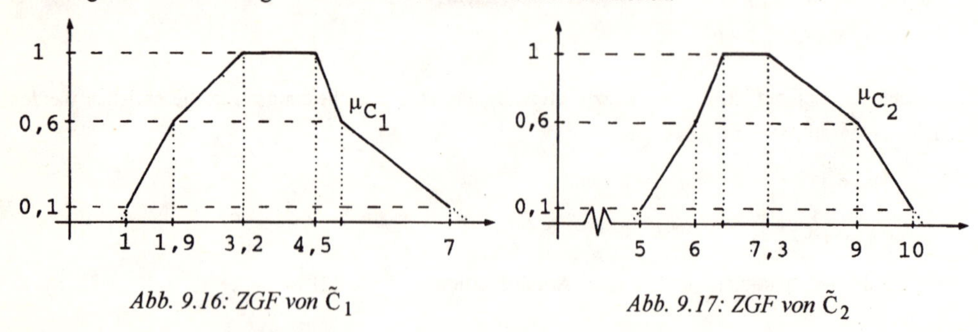

Abb. 9.16: ZGF von $\tilde{C}_1$ *Abb. 9.17: ZGF von* $\tilde{C}_2$

Um eine Lösung des Optimierungsmodells (9.62) zu bestimmen, kann man nun so vorgehen, daß man zunächst nur die Zielfunktionen in $\tilde{Z}(\mathbf{x})$ betrachtet, deren Koeffizienten alle den höchsten Zugehörigkeitsgrad 1 aufweisen.

Berücksichtigt werden dann nur noch Zielfunktionen $z(\mathbf{x}) = \mathbf{c}'\cdot\mathbf{x}$ mit einem Koeffizientenvektor $\mathbf{c}$ aus dem Intervall

$$C^1 = \left\{\mathbf{c} \in \mathbf{R}^n \mid \underline{\mathbf{c}} \le \mathbf{c} \le \overline{\mathbf{c}}\right\} \text{ mit } \underline{\mathbf{c}}' = (\underline{c}_1,\ldots,\underline{c}_n) \text{ und } \overline{\mathbf{c}}' = (\overline{c}_1,\ldots,\overline{c}_n).$$

Zu lösen ist dann das lineare Maximierungsmodell mit Intervallkoeffizienten

$$\underset{\mathbf{x}\in X}{\text{Max}}\left\{z(\mathbf{x}) = \mathbf{c}'\cdot\mathbf{x} \mid \mathbf{c} \in C^1\right\}, \tag{9.64}$$

wenn mit X die Menge der Vektoren $\mathbf{x}' = (x_1,\ldots,x_n)$ bezeichnet wird, die dem Restriktionensystem des Modells (9.62) genügen.

Das Modell (9.64) ist offensichtlich ein lineares Mehrziel-Optimierungssystem mit unendlich vielen Zielfunktionen. Wir wollen daher die Definitionen 8.4 und 8.5 verallgemeinern zu:

Definition 9.1:

Eine zulässige Handlungsalternative $\mathbf{x}\in X$ heißt *effiziente, nicht dominierte* oder *pareto-optimale* Lösung des Modells (9.64), falls kein zulässiges Element $\hat{\mathbf{x}} \in X$ existiert, so daß

$$\mathbf{c}'\cdot\hat{\mathbf{x}} \ge \mathbf{c}'\cdot\mathbf{x} \qquad \text{für alle } \mathbf{c} \in C^1 \tag{9.65}$$

und wenigstens eine dieser Ungleichungen im strengen Sinne erfüllt ist. Die Menge P aller effizienten Lösungen von (9.64) wird als *vollständige Lösung* von (9.64) bezeichnet.

< **9.10** > Für das Maximierungsproblem in Beispiel <9.9> lautet die Zielfunktion mit Intervallkoeffizienten

$$z(\mathbf{x}) = [3{,}2;\ 4{,}5]\cdot x_1 + [6{,}5;\ 7{,}3]\cdot x_2 \rightarrow \text{Max}.$$

Die vollständige Lösung dieses Optimierungsmodells ist der Polygonenzug von P_2 über P_3 bis P_4, vgl. die Abbildung 9.18. ♦

Um eine Kompromißlösung von (9.64) zu ermitteln, wird in der Literatur zumeist vorgeschlagen, in jedem Intervall $\left[\underline{c}_j;\ \overline{c}_j\right]$ einen Repräsentanten $\hat{c}_j$ auszuwählen und dann das LP-Modell

$$\underset{\mathbf{x}\in X}{\text{Max}}(\hat{c}_1 x_1 + \cdots + \hat{c}_n x_n) \tag{9.66}$$

zu lösen. Zumeist werden dabei die Intervallmitten ausgewählt, d.h.:

$$c_j = \frac{\underline{c}_j + \overline{c}_j}{2}, \quad j = 1,\ldots,n.$$

Dagegen schlägt SINGER [1971] vor, in Anlehnung an die Entscheidungsregel von HURWICZ mit der Kompromißzielfunktion

$$z_{\text{Hurw}}(\mathbf{x}) = ((1-\lambda)\underline{\mathbf{c}} + \lambda\overline{\mathbf{c}})'\cdot\mathbf{x}$$

zu arbeiten, wobei der Parameter $\lambda \in [0, 1]$ die Risikoneigung des Entscheidungsträgers widerspiegelt.

Die Beschränkung auf eine einzige Kompromißzielfunktion hat aber die entscheidenden Nachteile, daß

i. die Schwankungsbreiten der Intervalle $\left[\underline{c}_j,\ \overline{c}_j\right]$ nicht weiter beachtet werden und

ii. nur ein Eckpunkt des Simplex X als Optimallösung in Frage kommt.

< 9.11 > Das Maximierungsproblem in Beispiel < 9.10 > hat

für $\lambda < \frac{1}{15}$ die Lösung $P_2 = (7,\ 23)$,

für $\frac{1}{15} < \lambda < \frac{35}{41}$ die Lösung $P_3 = (11,\ 21)$,

für $\frac{35}{41} < \lambda$ die Lösung $P_4 = (16,\ 18)$.

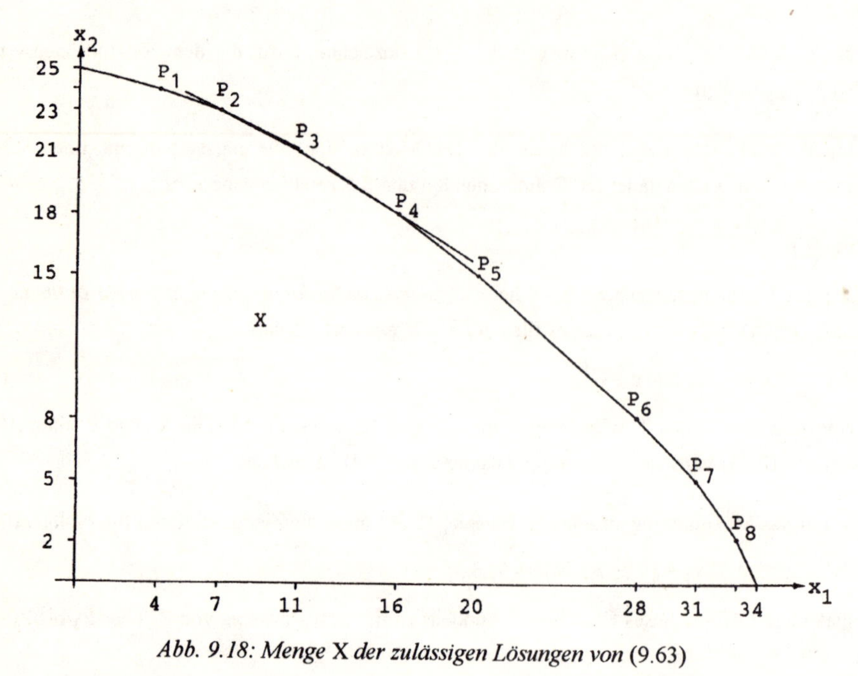

Abb. 9.18: Menge X der zulässigen Lösungen von (9.63) ♦

Dagegen wird in [ROMMELFANGER; HANUSCHECK; WOLF 1988] vorgeschlagen, die unendlich vielen Zielfunktionen des Problems (9.66) zu reduzieren auf die beiden extremen Zielfunktionen

$$z^1_{Min}(\mathbf{x}) = \underline{\mathbf{c}}'\cdot\mathbf{x} \to \text{Max} \qquad \text{und}$$

$$z^1_{Max}(\mathbf{x}) = \overline{\mathbf{c}}'\cdot\mathbf{x} \to \text{Max} \quad .$$

Die Autoren rechtfertigen diese Auswahl mit dem Hinweis, daß für jede Zielfunktion $z(\mathbf{x}) = \mathbf{c}'\cdot\mathbf{x}$ mit $\mathbf{c} \in [\underline{\mathbf{c}}, \overline{\mathbf{c}}]$ gilt:

$$z^1_{Min}(\mathbf{x}) = \underline{\mathbf{c}}'\cdot\mathbf{x} \le \mathbf{c}'\cdot\mathbf{x} \le \overline{\mathbf{c}}'\cdot\mathbf{x} = z^1_{Max}(\mathbf{x}) \qquad \forall \mathbf{x} \in X \quad .$$

Um eine Kompromißlösung des Vektoroptimierungsmodells

$$\underset{\mathbf{x}\in X}{\text{Max}} \begin{pmatrix} z^1_{Min}(\mathbf{x}) \\ z^1_{Max}(\mathbf{x}) \end{pmatrix} = \underset{\mathbf{x}\in X}{\text{Max}} \begin{pmatrix} \underline{\mathbf{c}}'\cdot\mathbf{x} \\ \overline{\mathbf{c}}'\cdot\mathbf{x} \end{pmatrix} \tag{9.67}$$

zu ermitteln, kann das in Abschnitt 8.7 dargestellte Verfahren MOLPAL verwendet werden. Durch geeignete Wahl der Anspruchsniveaus kann der Entscheidungsträger dabei seine persönliche Risikoeinstellung einbringen.

< 9.12 > Für das Maximierungsproblem in den Beispielen < 9.9 > und < 9.10 > haben die Extremzielfunktionen die Gleichung

$$z^1_{Min}(x_1,x_2) = 3{,}2x_1 + 6{,}5x_2 \rightarrow \text{Max}$$

$$z^1_{Max}(x_1,x_2) = 4{,}5x_1 + 7{,}3x_2 \rightarrow \text{Max}.$$

Wie sich leicht anhand der Abbildung 9.18 ermitteln läßt, gilt:

$$\bar{z}^1_{Min} = z^1_{Min}(\mathbf{x}^{*1}_{Min}) = z^1_{Min}(7;\ 23) = 171{,}9 \quad \text{und}$$

$$\bar{z}^1_{Max} = z^1_{Max}(\mathbf{x}^{*1}_{Max}) = z^1_{Max}(16;\ 18) = 203{,}4\ .$$

Daraus folgt:

$$\underline{z}^1_{Min} = z^1_{Min}(\mathbf{x}^{*1}_{Max}) = 168{,}2 \quad \text{und}$$

$$\underline{z}^1_{Max} = z^1_{Max}(\mathbf{x}^{*1}_{Min}) = 199{,}4\ .$$

Da die beiden Differenzen $\bar{z}^1_{Min} - \underline{z}^1_{Min} = 3{,}7$ und $\bar{z}^1_{Max} - \underline{z}^1_{Max} = 4$ relativ klein sind im Vergleich mit $\bar{z}^1_{Min}$ bzw. $\bar{z}^1_{Max}$, wollen wir darauf verzichten, durch die Wahl entsprechender Anspruchsniveaus eine der beiden Zielsetzungen stärker zu betonen. Wir formulieren daher $\mu_{Z_{Min}}$ und $\mu_{Z_{Max}}$ mit dem einfachsten Funktionstyp, nämlich in Form der linearen Zugehörigkeitsfunktionen

$$\mu^1_{Z_{Min}}(x_1,x_2) = \begin{cases} 0 & \text{für} \quad z^1_{Min}(\mathbf{x}) < 168{,}2 \\ \dfrac{3{,}2x_1 + 6{,}5x_2 - 168{,}2}{3{,}7} & \text{für} \quad 168{,}2 \le z^1_{Min}(\mathbf{x}) \le 171{,}9\ , \\ 1 & \text{für} \quad 171{,}9 < z^1_{Min}(\mathbf{x}) \end{cases}$$

$$\mu^1_{Z_{Max}}(x_1,x_2) = \begin{cases} 0 & \text{für} \quad z^1_{Min}(\mathbf{x}) < 199{,}4 \\ \dfrac{4{,}5x_1 + 7{,}3x_2 - 199{,}4}{4} & \text{für} \quad 199{,}4 \le z^1_{Max}(\mathbf{x}) \le 203{,}4\ . \\ 1 & \text{für} \quad 203{,}4 < z^1_{Max}(\mathbf{x}) \end{cases}$$

Die Menge X^1 der zulässigen Lösungen des nun zu lösenden Fuzzy-Mehrzieloptimierungssystems

$$\underset{\mathbf{x} \in X^1}{\text{Max}} \begin{pmatrix} \mu^1_{Z_{Min}}(x_1,x_2) \\ \mu^1_{Z_{Max}}(x_1,x_2) \end{pmatrix} \tag{9.68}$$

ist der in Abbildung 9.19 eingezeichnete Simplex mit den Ecken P_2, P_3, P_4 und K^1. Die vollständige Lösung von (9.68) ist der Polygonenzug von P_2 über P_3 nach P_4.

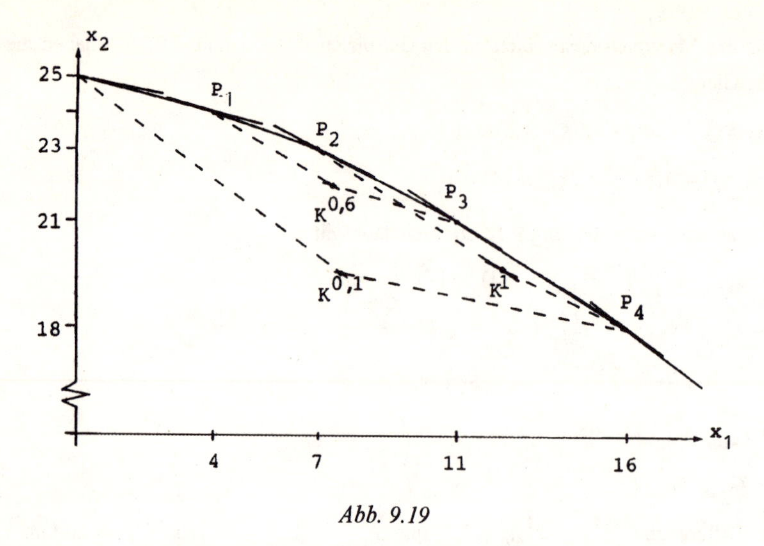

Abb. 9.19

Eine Kompromißlösung von (9.67) und (9.68) erhält man dann aus dem LP-Modell:

$\lambda \rightarrow \text{Max}$

unter Beachtung der Restriktionen (9.69)

$$\begin{aligned} 3{,}7\lambda \quad -3{,}2x_1 \quad -6{,}5x_2 &\le -168{,}2 \\ 4\lambda \quad -4{,}5x_1 \quad -7{,}3x_2 &\le -199{,}4 \\ \lambda &\ge 0 \\ (x_1, x_2) &\in X. \end{aligned}$$

Die Berechnung ergibt: $\lambda^1 = 0{,}863,\ (x_1^1;\ x_2^2) = (11{,}438;\ 20{,}737)$. ♦

Bei der Berechnung der vorstehenden Lösung wurden nur die Zielkoeffizienten von $\tilde{Z}(\mathbf{x})$ berücksichtigt, die den höchsten Zugehörigkeitsgrad 1 aufweisen.

Mit analogem Lösungsgang hätte man eine Lösung $\mathbf{x}^\alpha$ des Maximierungsmodells

$$\underset{\mathbf{x} \in X}{\text{Max}} \left\{ z(\mathbf{x}) = \mathbf{c}'\mathbf{x} | \mathbf{c} \in C^\alpha \right\} \tag{9.70}$$

mit

$$C^\alpha = \left\{ \mathbf{c}' = (c_1, \ldots, c_n) \in R^n |\ \underline{c}_j - \underline{\gamma}_j^\alpha \le c_j \le \overline{c}_j + \overline{\gamma}_j^\alpha \quad \forall j = 1, \ldots, n \right\}$$

bestimmen können, das nur die Zielkoeffizienten von $\tilde{Z}(\mathbf{x})$ mit einem Zugehörigkeitsgrad größer gleich α berücksichtigt. Dabei ist es offensichtlich sinnvoll, nur die α-Niveaus zu berücksichtigen, die vom Entscheidungsträger bei der Formulierung der Zugehörigkeitsfunktionen der $\tilde{C}_j$ angegeben werden.

< **9.13** > Betrachten wir nochmals das Maximierungsproblem in dem Beispiel < 9.9 >.
Berücksichtigt man nur die Zielkoeffizienten mit einem Zugehörigkeitswert größer gleich $\sigma = 0{,}6$, so

lautet die Zielfunktion mit Intervallkoeffizienten:

$$z^{0,6}(\mathbf{x}) = [1,9;\ 5]\cdot x_1 + [6;\ 9]\cdot x_2 \rightarrow \text{Max}\,.$$

Die vollständige Lösung des Optimierungssystems ist der Polygonenzug von P_0 über P_1, P_2, P_3, P_4 bis P.

Bei Beschränkung auf die Extremzielfunktionen

$$z^{0,6}_{Min}(x_1, x_2) = 1{,}9x_1 + 6x_2 \quad \text{und}$$

$$z^{0,6}_{Max}(x_1, x_2) = 5x_1 + 9x_2$$

erhält man

$$\bar{z}^{0,6}_{Min} = z^{0,6}_{Min}(\mathbf{x}^{*0,6}_{Min}) = z^{0,6}_{Min}(4;\ 24) = 151{,}6\ ,$$

$$\bar{z}^{0,6}_{Max} = z^{0,6}_{Max}(\mathbf{x}^{*0,6}_{Max}) = z^{0,6}_{Max}(11;\ 21) = 244$$

und

$$\underline{z}^{0,6}_{Min} = z^{0,6}_{Min}(\mathbf{x}^{*0,6}_{Max}) = 146{,}9$$

$$\underline{z}^{0,6}_{Max} = z^{0,6}_{Max}(\mathbf{x}^{*0,6}_{Max}) = 236\ .$$

Bei Wahl linearer Zugehörigkeitsfunktion $\mu^{0,6}_{Z_{Min}}$ und $\mu^{0,6}_{Z_{Max}}$ ist die Menge $X^{0,6}$ der zulässigen Lösungen des entsprechenden Fuzzy-Optimierungssystems (9.69) der in Abbildung 9.19 eingezeichnete Simplex mit den Ecken P_1, P_2, P_3 und $K^{0,6}$ und die vollständige Lösung $E^{0,6}$ der Polygonenzug von P_1 über P_2 nach P_3. Als Kompromißlösung erhält man

$$(x_1^{0,6}, x_2^{0,6}) = (9{,}263;\ 21{,}868) \quad \text{mit} \quad \lambda^{0,6} = 0{,}89.$$

Berücksichtigt man alle Zielkoeffizienten mit einem Zugehörigkeitswert größer gleich $\varepsilon = 0{,}1$, so lautet die Zielfunktion

$$z^{0,1}(\mathbf{x}) = [1;\ 7]\cdot x_1 + [5;\ 10]\cdot x_2 \rightarrow \text{Max}\ .$$

Die vollständige Lösung dieses Optimierungssystems mit Intervallkoeffizienten ist der Polygonenzug von P_0 über P_1, P_2, P_3, P_4, P_5, P_6 bis P_7.

Beschränkt man sich auf die Maximierung der Extremzielfunktionen $z^{0,1}_{Min}$ und $z^{0,1}_{Max}$ so ist bei Wahl linearer Zugehörigkeitsfunktionen $\mu^{0,1}_{Z_{Min}}$ und $z^{0,1}_{Z_{Max}}$ die Menge $X^{0,1}$ der zulässigen Lösungen des entsprechenden Fuzzy-Optimierungssystems (9.69) gleich dem Simplex mit den Ecken P_0, P_1, P_2, P_3, P_4, $K^{0,1}$, vgl. Abbildung 9.19 und die Lösung der Aufgabe 9.3 auf Seite 293f..

Als Kompromißlösung erhält man

$$(x_1^{0,1}, x_2^{0,1}) = (8{,}198;\ 22{,}401) \quad \text{mit} \quad \lambda^{0,1} = 0{,}748.$$

♦

Die Grundidee des Verfahrens der α-niveau-bezogenen Paarbildung besteht nun darin, nicht nur jeweils ein α-Niveau bei der Ermittlung einer Kompromißlösung zu berücksichtigen, sondern alle relevanten α-Niveaus simultan mit einzubeziehen, in unserer Betrachtung also gleichzeitig die Niveaus $\alpha = 1$, $\alpha = \sigma$ und $\alpha = \varepsilon$.

Dies kann dadurch geschehen, daß zunächst für jedes Niveau getrennt die Zugehörigkeitsfunktionspaare μ^{α}_{Min} und μ^{α}_{Max}, $\alpha = 1, \sigma, \varepsilon$, gebildet werden. Die Ermittlung der Kompromißlösung erfolgt dann durch Lösen des Vektoroptimierungssystems

$$\underset{\mathbf{x} \in X}{\mathrm{Max}}\left(\mu^{1}_{Z_{Min}}(\mathbf{x}), \mu^{1}_{Z_{Max}}(\mathbf{x}), \mu^{\sigma}_{Z_{Min}}(\mathbf{x}), \mu^{\sigma}_{Z_{Max}}(\mathbf{x}), \mu^{\varepsilon}_{Z_{Min}}(\mathbf{x}), \mu^{\varepsilon}_{Z_{Max}}(\mathbf{x})\right). \tag{9.71}$$

Nach Konstruktionen der Zugehörigkeitsfunktionen kommen als Lösung von (9.71) nur Vektoren $\mathbf{x} \in X$ in Betracht, die im Durchschnitt der zulässigen Alternativenmenge X^{α}, $\alpha = 1, \sigma, \varepsilon$, liegen:

$$\mathbf{x} \in X^{1} \cap X^{\sigma} \cap X^{\varepsilon}.$$

Die vollständige Lösung E von (9.71) ist dann der Durchschnitt der vollständigen Lösungen E^{α}, $\alpha = 1, \sigma, \varepsilon$, d.h.:

$$E = E^{1} \cap E^{\sigma} \cap E^{\varepsilon}. \tag{9.72}$$

Aus der Formel (9.72) läßt sich direkt folgern, daß

i. keine Lösung des Fuzzy-Optimierungssystems (9.71) existiert, wenn der Durchschnitt $E^{1} \cap E^{\sigma} \cap E^{\varepsilon}$ oder schon der Durchschnitt $X^{1} \cap X^{\sigma} \cap X^{\varepsilon}$ leer ist,

ii. zwei Extremzielfunktionen des gleichen α-Niveaus, welche dieselbe Optimallösung $\mathbf{x}^*$ haben, die Lösung von (9.71) eindeutig determinieren. (Falls überhaupt eine Lösung (9.71) existiert!)

Der letzte Fall tritt vorrangig bei Modellen mit wenigen Variablen und wenigen Restriktionen auf, er ist aber auch bei großen Optimierungssystemen nicht auszuschließen. Da durch ihn jede Flexibilität verlorengeht, sollen Extremzielfunktionspaare mit dieser Eigenschaft bei der weiteren Berechnung ausgelassen bzw. durch ein Funktionenpaar auf einem neu zu wählenden α-Niveau ersetzt werden.

Zur Ermittlung einer Kompromißlösung von (9.71) kann das Verfahren MOLPAL benutzt werden. Hat der Entscheidungsträger keinerlei Präferenzen bzgl. der Extremzielfunktionen $z^{\alpha}_{Min}, z^{\alpha}_{Max}, \alpha = 1, \sigma, \varepsilon$, so wird er lineare Zugehörigkeitsfunktionen verwenden. In diesem speziellen Fall erhält man eine Kompromißlösung von (9.71) durch Lösen des LP-Modells

$$\lambda \to \mathrm{Max} \tag{9.73}$$

unter Berücksichtigung der Restriktionen

$$\begin{aligned}
(\overline{z}^{\alpha}_{Min} - \underline{z}^{\alpha}_{Min})\lambda - z^{\alpha}_{Min}(\mathbf{x}) &\le -\underline{z}^{\alpha}_{Min}, \quad && \alpha = 1, \sigma, \varepsilon \\
(\overline{z}^{\alpha}_{Max} - \underline{z}^{\alpha}_{Max})\lambda - z^{\alpha}_{Max}(\mathbf{x}) &\le -\underline{z}^{\alpha}_{Max}, \quad && \alpha = 1, \sigma, \varepsilon \\
\lambda &\ge 0 \\
\mathbf{x} &\in X.
\end{aligned}$$

< 9.14 > Für das Maximierungsproblem in Beispiel < 9.9 > ergibt sich bei Berücksichtigung der Ergebnisse in den Beispielen < 9.12 > und < 9.13 > das LP-Modell

$$\lambda \to \text{Max}$$

unter Beachtung der Restriktionen

$$\begin{array}{rrrcr} 3{,}7\lambda & -3{,}2x_1 & -6{,}5x_2 & \leq & -168{,}2 \\ 4\lambda & -4{,}5x_1 & -7{,}3x_2 & \leq & -199{,}4 \\ 25{,}7\lambda & -1{,}9x_1 & -6x_2 & \leq & -125{,}9 \\ 8\lambda & -5x_1 & -9x_2 & \leq & -236 \\ 19\lambda & -x_1 & -5x_2 & \leq & -106 \\ 42\lambda & -7x_1 & -10x_2 & \leq & -250 \\ & & \lambda & \geq & 0 \\ & & (x_1, x_2) & \in & X \end{array}$$

Seine Lösung ist $\lambda = 0{,}614$, $(x_1; x_2) = (9{,}889; 21{,}555)$. ♦

An dem obigen einfachen Beispiel kann man die Wirkungsweise des Verfahrens der α-niveau-bezogenen Paarbildung gut erkennen. Durch die Hinzunahme der Extremzielfunktionen für niedrigere α-Niveaus, wird die in Beispiel < 9.12 > bei Beschränkung auf das Niveau $\alpha = 1$ errechnete Lösung so variiert, daß alle Fuzzy-Extremzielfunktionen möglichst hohe Werte annehmen.

Die Methode der α-niveau-bezogenen Paarbildung läßt sich auch anwenden, wenn die Alternativenmenge unscharf beschrieben ist. Sie läßt sich problemlos mit dem interaktiven Verfahren FULPAL kombinieren. Dabei ist lediglich zu beachten, daß zwar nur ein Ziel verfolgt wird, d.h. K = 1, daß aber dieses Ziel durch mehrere Extremzielfunktionspaare ausgedrückt wird. Für die Berechnung der maximalen Zielwerte sind dazu die Formeln

$$\bar{z}^{\alpha}_{Min} = (\underline{c} - \underline{\gamma}^{\alpha})' \cdot \mathbf{x}^{\alpha *}_{Min} = \max_{\mathbf{x} \in X_R} ((\underline{c}_1 - \underline{\gamma}^{\alpha}_1)x_1 + \cdots + (\underline{c}_n - \underline{\gamma}^{\alpha}_n)x_n) \quad , \alpha = 1, \sigma, \varepsilon$$

$$\bar{z}^{\alpha}_{Max} = (\bar{c} - \bar{\gamma}^{\alpha})' \cdot \mathbf{x}^{\alpha *}_{Max} = \max_{\mathbf{x} \in X_R} ((\bar{c}_1 + \bar{\gamma}^{\alpha}_1)x_1 + \cdots + (\bar{c}_n + \bar{\gamma}^{\alpha}_n)x_n) \quad , \alpha = 1, \sigma, \varepsilon$$

zu verwenden.

Die Berechnung der Zielgrenzen erfolgt gemäß

$$\underline{z}^{\alpha}_{Min} = (\underline{c} - \underline{\gamma}^{\alpha})' \cdot \mathbf{x}^{\alpha *}_{Max},$$

$$\underline{z}^{\alpha}_{Max} = (\bar{c} + \bar{\gamma}^{\alpha})' \cdot \mathbf{x}^{\alpha *}_{Min}.$$

Die Kompromißlösung wird ermittelt mit dem LP-Modell

$$\lambda \to \text{Max}$$

unter Beachtung der Restriktionen

$$\begin{array}{ll} \lambda \leq \mu^{\alpha}_{Min}(\mathbf{x}) & \alpha = 1, \sigma, \varepsilon \\ \lambda \leq \mu^{\alpha}_{Max}(\mathbf{x}) & \alpha = 1, \sigma, \varepsilon \\ \lambda \leq \mu_i(\mathbf{x}) & i = 1, \ldots, m_1 \\ \lambda \geq 0 & \\ \mathbf{x} \in X^R & . \end{array}$$

ÜBUNGSAUFGABEN

9.3 Bestimmen Sie in Beispiel < 9.13 > die Größen

$\bar{z}^{0,1}_{Min}, \bar{z}^{0,1}_{Max}, \mathbf{x}^{*0,1}_{Min}, \mathbf{x}^{*0,1}_{Max}, \underline{z}^{0,1}_{Min}, \underline{z}^{0,1}_{Max}$.

Stellen Sie die Gleichungen der linearen Zugehörigkeitsfunktionen $\mu^{0,1}_{Z_{Min}}$ und $\mu^{0,1}_{Z_{Max}}$ auf und formulieren Sie ein LP-Modell zur Ermittlung einer Kompromißlösung des Vektoroptimierungssystems $\underset{x \in X}{\mathrm{Max}}(z^{0,1}_{Min}, z^{0,1}_{Max})$.

9.7 G-α -PARETO-OPTIMALE LÖSUNG

Ein weiteres Verfahren zur Lösung linearer Optimierungsmodelle (9.57) mit Fuzzy-Restriktionen und Fuzzy-Zielen wurde von SAKAWA und YANO [1986, 1987] vorgeschlagen. Dabei sind die Größen $\tilde{A}_{ij}, \tilde{B}_i, \tilde{C}_{kj}$, $j = 1,...,n$, $i = 1,...,m_1$, $k = 1,...,K$, beliebige Fuzzy-Zahlen.

Bezeichnen wir mit $\tilde{\mathbf{A}}$ die $m_1 \times n$-Matrix $(\tilde{A}_{ij})$, mit $\tilde{\mathbf{C}}$ die $K \times n$-Matrix $(\tilde{C}_{kj})$ und mit $\tilde{\mathbf{b}}$ den Spaltenvektor $(\tilde{B}_i)$, dann läßt sich für ein beliebiges $\alpha \in [0,1]$ die α-Niveau-Menge $L_\alpha(\tilde{\mathbf{A}}, \tilde{\mathbf{b}}, \tilde{\mathbf{C}})$ definieren als

$$L_\alpha(\tilde{\mathbf{A}}, \tilde{\mathbf{b}}, \tilde{\mathbf{C}}) = \left\{ (\mathbf{A}, \mathbf{b}, \mathbf{C}) \middle| \; \mu_{A_{ij}}(a_{ij}) \geq \alpha, \; \mu_{B_i}(b_i) \geq \alpha, \; \mu_{C_{kj}}(c_{kj}) \geq \alpha \right\},$$

$$j = 1,...,n, \quad i = 1,...,m_1, \quad k = 1,...,K.$$

Für jedes Niveau $\alpha \in [0, 1]$ und für jedes Element $(\mathbf{A}, \mathbf{b}, \mathbf{C}) \in L_\alpha(\tilde{\mathbf{A}}, \tilde{\mathbf{b}}, \tilde{\mathbf{C}})$ läßt sich dann aus dem Fuzzy-Optimierungssystem (9.57) ein klassisches Vektoroptimierungsmodell der Form

$$\begin{pmatrix} \mathbf{c}_1' \cdot \mathbf{x} \\ \vdots \\ \mathbf{c}_K' \cdot \mathbf{x} \end{pmatrix} = \begin{pmatrix} c_{11}x_1 & +...+ & c_{1n}x_n \\ \vdots & & \vdots \\ c_{K1}x_1 & +...+ & c_{Kn}x_n \end{pmatrix} \to \mathrm{Max}$$

unter Beachtung der Restriktionen (9.74)

$$\mathbf{x} \in X(\mathbf{A}, \mathbf{b}) = \left\{ \mathbf{x} \in \mathbf{R}^n_+ \middle| \; a_{i1}x_1 + \cdots + a_{i1}x_n \leq b_i \; ; \; i = 1,..., m_1 \right\}$$

ableiten.

Die Gesamtheit dieser Vektoroptimierungssysteme (9.74) auf $L_\alpha(\tilde{\mathbf{A}}, \tilde{\mathbf{b}}, \tilde{\mathbf{C}})$ bezeichnen SAKAWA; YANO als α-MOLP-Problem (α-**m**ulti **o**bjective **l**inear **p**rogramming-problem). Sie führen dann die folgende Definition 9.2 ein.

Definition 9.2:

Eine Alternative $\mathbf{x}^* \in X(\mathbf{A}, \mathbf{b})$ heißt *α-pareto-optimale Lösung* vom α-MOLP, wenn kein $x \in X(\mathbf{A}, \mathbf{b})$, $(\mathbf{A}, \mathbf{b}, \mathbf{C}) \in L_\alpha(\tilde{\mathbf{A}}, \tilde{\mathbf{b}}, \tilde{\mathbf{C}})$ existiert, so daß

$$\mathbf{c}_k' \cdot \mathbf{x} \geq \mathbf{c}_k^{*'} \cdot \mathbf{x}^* \qquad \forall \; k = 1,...,K \tag{9.75}$$

und für wenigstens ein k die Ungleichung (9.75) im strengen Sinne gilt. Die zu einer α-pareto-optimalen Lösung zugehörigen Parameter $(\mathbf{A}^*, \mathbf{b}^*, \mathbf{C}^*)$ werden *α-niveau-optimale Parameter* von α-MOLP genannt.

SAKAWA; YANO führen nun für jedes Ziel k streng monoton steigende Zugehörigkeitsfunktionen $\mu_{Z_k}(\mathbf{c}_k^{'} \cdot \mathbf{x})$ ein, ohne das Problem der Gewinnung dieser Funktionen anzusprechen.

Wird in (9.74) der Zielvektor ersetzt durch

$$\begin{pmatrix} \mu_{Z_1}(\mathbf{c}_1^{'} \cdot \mathbf{x}) \\ \vdots \\ \mu_{Z_K}(\mathbf{c}_K^{'} \cdot \mathbf{x}) \end{pmatrix} \to \text{Max} \quad ,$$

so bezeichnen die Autoren die Gesamtheit dieser Fuzzy-Vektor-Optimierungssysteme auf $L_\alpha(\tilde{\mathbf{A}}, \tilde{\mathbf{b}}, \tilde{\mathbf{C}})$ als G-α-MOLP-Problem (generalized α-MOLP-problem). In Analogie zur Definition 9.2 gilt dann:

Definition 9.3

Eine Alternative $\mathbf{x}^* \in X(\mathbf{A}, \mathbf{b})$ heißt G-α-*pareto-optimale Lösung* von G-α-MOLP, wenn kein $\mathbf{x} \in X(\mathbf{A}, \mathbf{b})$, $(\mathbf{A}, \mathbf{b}, \mathbf{C}) \in L_\alpha(\tilde{\mathbf{A}}, \tilde{\mathbf{b}}, \tilde{\mathbf{C}})$ existiert, so daß

$$\mu_{Z_k}(\mathbf{c}_k^{'} \cdot \mathbf{x}) \geq \mu_{Z_k}(\mathbf{c}_k^{*'} \cdot \mathbf{x}^*) \qquad \forall\, k = 1, \ldots, K \qquad (9.76)$$

und für wenigstens ein k die Ungleichung (9.76) im strengen Sinne erfüllt ist.

Da es offensichtlich für $\alpha < 1$ im allgemeinen unendlich viele G-α-pareto-optimale Lösungen zu einem G-α-Problem gibt, besteht die Notwendigkeit, eine Kompromißlösung auszuwählen. Um diese zu bestimmen, schlagen SAKAWA; YANO ein interaktives Verfahren vor, bei dem der Entscheidungsträger bei jedem Iterationszyklus einen α-Wert und "Referenzzugehörigkeitswerte" $\bar{\mu}_{Z_k}$ für jedes Ziel $k = 1, \ldots, K$ festlegt.

Die Kompromißlösung erhält man dann durch Lösen des Minimax-Problems

$$\min_{\mathbf{x} \in X(\mathbf{A}, \mathbf{b})} \max_{k=1}^{K} (\bar{\mu}_{Z_k} - \mu_{Z_k}(\mathbf{c}_k^{'} \cdot \mathbf{x})) \qquad \text{über alle } (\mathbf{A}, \mathbf{b}, \mathbf{C}) \in L_\alpha(\tilde{\mathbf{A}}, \tilde{\mathbf{b}}, \tilde{\mathbf{C}}), \qquad (9.77)$$

das äquivalent ist zu

$$\nu \to \text{Min}$$

unter Beachtung der Restriktionen (9.78)

$$\bar{\mu}_{Z_k} - \mu_{Z_k}(\mathbf{c}_k^{'} \cdot \mathbf{x}) \leq \nu \quad , \; k = 1, \ldots, K$$

$$\mathbf{A}\mathbf{x} \leq \mathbf{b}$$

$$\mathbf{x} \geq \mathbf{0}$$

$$(\mathbf{A}, \mathbf{b}, \mathbf{C}) \in L_\alpha(\tilde{\mathbf{A}}, \tilde{\mathbf{b}}, \tilde{\mathbf{C}}).$$

Dem Modell (9.77) liegt offensichtlich der Minimum-Regret-Ansatz zugrunde, wobei zur Aggregation der Ziele der Maximum-Operator verwendet wird.

Um das Problem (9.78) einfacher lösen zu können, werden die folgenden Umformungen durchgeführt:

Da die Zugehörigkeitsfunktionen μ_{Z_k} streng monoton steigende Funktionen sind, läßt sich jede Restriktion

$$\bar{\mu}_{Z_k} - \mu_{Z_k}(\mathbf{c}_k' \cdot \mathbf{x}) \leq \nu$$

äquivalent schreiben als

$$\mathbf{c}_k' \cdot \mathbf{x} \leq \mu_{Z_k}^{-1}(\bar{\mu}_{Z_k} - \nu).$$

Definiert man nun die mengenwertigen Funktionen

$$S_k(\mathbf{c}_k) = \left\{(\mathbf{x}, \nu) \middle| \, \mathbf{c}_k' \cdot \mathbf{x} \geq \mu_{Z_k}^{-1}(\bar{\mu}_{Z_k} - \nu)\right\}$$

und

$$T_i(\mathbf{a}_i, b_i) = \left\{\mathbf{x} \middle| \, \mathbf{a}_i' \cdot \mathbf{x} \leq b_i\right\},$$

so gilt offensichtlich für $\mathbf{x} \geq \mathbf{0}$:

i. $\mathbf{c}_k \leq \hat{\mathbf{c}}_k \Rightarrow S_k(\mathbf{c}_k) \supseteq S_k(\hat{\mathbf{c}}_k)$

ii. $\mathbf{a}_i \leq \hat{\mathbf{a}}_i \Rightarrow T_i(\mathbf{a}_i, b_i) \supseteq T_i(\hat{\mathbf{a}}_i, b_i)$

iii. $b_i < \hat{b}_i \Rightarrow T_i(\mathbf{a}_i, b_i) \subseteq T_i(\mathbf{a}_i, \hat{b}_i)$

Beachtet man andererseits, daß für ein gegebenes α die Menge der zulässigen Werte $\mathbf{a}_i$, b_i, $\mathbf{c}_k$ Intervalle darstellen, die geschrieben werden können als

$$[\underline{\mathbf{a}}_{i\alpha}, \bar{\mathbf{a}}_{i\alpha}], [\underline{b}_{i\alpha}, \bar{b}_{i\alpha}] \text{ und } [\underline{\mathbf{c}}_{k\alpha}, \bar{\mathbf{c}}_{k\alpha}],$$

so läßt sich eine optimale Lösung von (9.78) ermitteln, indem wir das nachfolgende Optimierungsmodell lösen:

$$\nu \to \text{Min} \tag{9.79}$$

unter Beachtung der Restriktionen

$$\bar{\mathbf{c}}_{k\alpha}' \cdot \mathbf{x} \leq \mu_{Z_k}^{-1}(\bar{\mu}_{Z_k} - \nu) \quad , \quad k = 1,\ldots,K$$

$$\underline{\mathbf{c}}_{i\alpha}' \cdot \mathbf{x} \leq \bar{b}_{i\alpha} \quad , \quad i = 1,\ldots,m_1$$

$$\mathbf{x} \geq \mathbf{0}$$

Beachtet man, daß für konstantes ν das Restriktionensystem von (9.79) linear ist, so kann der optimale Zielwert ν^* dadurch iterativ bestimmt werden, daß man in den Restriktionen ν vorgibt und mittels eines LP-Standard-Algorithmus überprüft, ob dieses ν als Lösung von (9.79) in Betracht kommt.

Ist dann ν^* bestimmt, so läßt sich eine Kompromißlösung $\mathbf{x}^*$ des G-α-MOLP-Problems ermitteln, in dem man eines der K Ziele, z.B. k = 1, auswählt und dann das LP-Modell (9.80) löst.

$$\bar{\mathbf{c}}_k \cdot \mathbf{x} \to \text{Max}$$

unter Beachtung der Restriktionen (9.80)

$$\bar{\mathbf{c}}_{k\alpha}' \cdot \mathbf{x} \leq \mu_{Z_k}^{-1}(\bar{\mu}_{Z_k} - \nu^*) \quad , \quad k = 1,\ldots,K$$

$$\underline{\mathbf{c}}_{i\alpha} \cdot \mathbf{x} \leq \bar{b}_{i\alpha} \quad , \quad i = 1,\ldots\ldots m_1$$

$$\mathbf{x} \geq \mathbf{0} \; .$$

Das interaktive Verfahren besteht dann darin, daß der Entscheidungsträger bei Nicht-Akzeptanz dieser Kompromißlösung das Niveau α und/oder die Referenzzugehörigkeitswerte $\bar{\mu}_{Z_k}$ ändern kann. Zur Unterstützung des Entscheidungsträgers werden ihm dabei "Trade-off"-Informationen zwischen den Zugehörigkeitsfunktionen und in bezug auf das Niveau geliefert, vgl. [SAKAWA; YANO 1987].

Dieses interaktive Verfahren basiert auf einer Lösungsmethode, die SAKAWA u.a. schon vorher für linear gebrochene Programmierungsprobleme vorgeschlagen haben, vgl. [SAKAWA; YUMINE 1983].

Die Autoren gehen dabei von der wenig realistischen Annahme aus, daß der Entscheidungsträger in der Lage ist, für jedes Ziel $k \in \{1,...,K\}$ eine streng monoton steigende Zugehörigkeitsfunktion anzugeben, die zur Ableitung der "Trade-off"-Information darüber hinaus auch differenzierbar ist. Die für eine praktische Anwendung dieses Verfahrens vorrangige Frage, wie diese Funktionen in der Praxis ermittelt werden können, wird nicht angesprochen.
Weiterhin wird vorausgesetzt, daß der Entscheider für jedes Ziel Referenzzugehörigkeitswerte $\bar{\mu}_{Z_k}$ angeben kann. Dies ist unserer Ansicht nach nur indirekt möglich, indem er Anspruchsniveaus z_K^A festlegt und dann bei bekannter Zugehörigkeitsfunktion die Werte $\bar{\mu}_{Z_k} = \mu_{Z_k}(z_K^A)$ berechnet. Auch dazu ist es notwendig, daß die Zugehörigkeitsfunktion kardinal meßbar und genau bekannt ist, eine Prämisse, die unserer Ansicht nach bei realen Anwendungsproblemen kaum gegeben ist, vgl. die Ausführungen auf Seite 185. Es scheint uns auf jeden Fall sinnvoller zu sein, wie beim Algorithmus FULPAL direkt mit Anspruchsniveaus zu arbeiten. Fraglich ist auch, ob der Entscheider die mit (9.80) berechnete Kompromißlösung richtig bewerten kann. Welches Ziel ist das geeignete, um es als neue Zielfunktion in (9.80) einzusetzen?

Um die ermittelte Kompromißlösung $\mathbf{x}^*$ werten zu können, ist der Begriff G-α-pareto-optimal näher zu untersuchen. Hierbei ist vor allem zu bedenken, daß aus diesem Optimalitätsbegriff u.a. folgt, daß für jedes α-Niveau nur die Restriktion

$$\underline{\mathbf{a}}_{i\alpha} \cdot \mathbf{x} \le \bar{b}_{i\alpha} \qquad i = 1,...,m_1 \tag{9.81}$$

zum Tragen kommt. D.h., für jeden Koeffizienten a_{ij} wird jeweils der auf diesem Niveau kleinste Wert gewählt, während auf der linken Seite der größtmöglichste Wert zum Tragen kommt. Wir halten diese Interpretation von $\tilde{A}_{ij} \cdot x_1 \oplus \cdots \oplus \tilde{A}_{in} \cdot x_n \le \tilde{B}_i$, $i = 1,...,m_1$, für so übertrieben optimistisch, daß sie nicht mehr akzeptabel ist.
Letztlich ist auch der Rechenaufwand bei diesem Verfahren weitaus höher als bei der Methode FULPAL.

Die vorstehenden Mängel dieser interaktiven Methode von SAKAWA und YANO sind unserer Ansicht nach so gewichtig, daß wir dieses Verfahren nicht weiter vertiefen wollen und auch auf ein numerisches Beispiel verzichten.

9.8 FUZZY-OPTIMIERUNGMODELLE AUF DER BASIS DER YAGERSCHEN T-NORM Tp

Nicht nur die vorstehend besprochenen, sondern alle aus der Literatur bekannten Lösungsverfahren für lineare (Mehrziel-)Optimierungssysteme mit Fuzzy-Koeffizienten benutzen die auf dem Minimax-Operator basierenden erweiterte Addition zur Aggregation der linken Restriktionsseiten und/oder der Zielfunktionen zu jeweils einem Fuzzy-Intervall. Dies kann zur Folge haben, daß schon vor dem eigentlichen Lösungsprozeß die Menge der zulässigen Lösungen zu eng oder zu weit gefaßt wird. Ist der pessimistische Index

$$\bar{a}_i(\mathbf{x}) + \bar{\alpha}_i^{\varepsilon}(\mathbf{x}) \leq b_i + \bar{\beta}_i^{\varepsilon} \tag{9.36 i}$$

Bestandteil der "$\tilde{\leq}$"-Interpretation, wie dies z.B. in den Vorschlägen von SLOWINSKI [1986], RAMIK; RIMANEK [1985] (mit $\varepsilon = 0$) und ROMMELFANGER [1988] der Fall ist, so schrumpft die Menge der zulässigen Lösungen des Fuzzy-Optimierungssystems, wenn die Anzahl und die Größe der Variablen x_j ansteigt; d.h. der pessimistische Charakter dieses Index wird durch Verwendung der Minimum-Norm in der erweiterten Addition verstärkt.

Andererseits wird aber der optimistische Charakter anderer "$\tilde{\leq}$"-Interpretationen verstärkt. Dies gilt sowohl für die "G-α-pareto-optimale Lösung" von SAKAWA; YANO [1987], welche die "$\tilde{\leq}$"-Interpretation

$$\tilde{A}_i(\mathbf{x}) \tilde{\leq} \tilde{B}_i \quad \Leftrightarrow \quad \underline{a}_i(\mathbf{x}) - \underline{\alpha}_i^{\sigma}(\mathbf{x}) \leq b_i + \bar{\beta}_i^{\sigma} \tag{9.81'}$$

mit $\sigma \in [0, 1]$ verwenden, als auch für den "optimistischen Index" von SLOWINIKI [1986]

$$\underline{a}_i - \underline{b}_i \leq (\underline{\alpha}_i(\mathbf{x}) + \bar{\beta}_i)L^{-1}(\rho) \quad , \quad \rho \in]0, 1] \;. \tag{9.25'b}$$

Um die Möglichkeit zu erhalten, die Addition der Summanden auf den linken Seiten der Restriktion flexibler zu gestalten, haben ROMMELFANGER; KERESZTFALVI [1991] vorgeschlagen, eine erweiterte Addition zu verwenden, die auf der parameterabhängigen YAGERschen T-Norm basiert, vgl. S. 47ff..
Für den in dieser Arbeit angenommenen Fall, daß alle Koeffizienten $\tilde{A}_{ij}$ trapezförmige Fuzzy-Intervalle der Form $\tilde{A}_{ij} = (\underline{a}_{ij}, \bar{a}_{ij}, \underline{\alpha}_{ij}^{\varepsilon}, \bar{\alpha}_{ij}^{\varepsilon})^{\varepsilon}$ sind, läßt sich der Satz 1.9 erweitern zu:

<u>Satz 8.2:</u>

Sind alle Koeffizienten $\tilde{A}_{ij}$ auf der linken Seite der Fuzzy-Restriktion

$$\tilde{A}_{i1}x_1 \oplus \tilde{A}_{i2}x_2 \oplus \cdots \oplus \tilde{A}_{in}x_n \tilde{\leq} \tilde{B}_i \qquad i = 1,\ldots,m_1 \tag{9.82}$$

trapezförmige Fuzzy-Intervalle der Form $\tilde{A}_{ij} = (\underline{a}_{ij}, \bar{a}_{ij}, \underline{\alpha}_{ij}^{\varepsilon}, \bar{\alpha}_{ij}^{\varepsilon})^{\varepsilon}$,

und wird in der erweiterten Addition (1.44) die YAGERsche T-Norm (1.45) mit $p \geq 1$ verwendet, dann ist das Ergebnis

$$\tilde{A}_i(\mathbf{x}) = \tilde{A}_{i1}x_1 \oplus \tilde{A}_{i2}x_2 \oplus \cdots \oplus \tilde{A}_{in}x_n = \left(\underline{a}_i(\mathbf{x}), \bar{a}_i(\mathbf{x}), \underline{\alpha}_i^{\varepsilon}(\mathbf{x}), \bar{\alpha}_i^{\varepsilon}(\mathbf{x})\right)^{\varepsilon}$$

ebenfalls ein Fuzzy-Intervall mit linearen Referenzfunktionen und es gilt:

$$\underline{a}_i(\mathbf{x}) = \sum_{j=1}^{n} \underline{a}_{ij}x_j, \qquad \bar{a}_i(\mathbf{x}) = \sum_{j=1}^{n} \bar{a}_{ij}x_j \tag{9.83}$$

$$\underline{\alpha}_i^{\varepsilon}(\mathbf{x},p) = \left\| \left(\underline{\alpha}_{i1}^{\varepsilon} x_1, \dots, \underline{\alpha}_{in}^{\varepsilon} x_n \right) \right\|_q = \left(\left(\underline{\alpha}_{i1}^{\varepsilon} x_1 \right)^q + \dots + \left(\underline{\alpha}_{in}^{\varepsilon} x_n \right)^q \right)^{1/q} \tag{9.84}$$

$$\overline{\alpha}_i^{\varepsilon}(\mathbf{x},p) = \left\| \left(\overline{\alpha}_{i1}^{\varepsilon} x_1, \dots, \overline{\alpha}_{in}^{\varepsilon} x_n \right) \right\|_q = \left(\left(\overline{\alpha}_{i1}^{\varepsilon} x_1 \right)^q + \dots + \left(\overline{\alpha}_{in}^{\varepsilon} x_n \right)^q \right)^{1/q} , \tag{9.85}$$

wobei $q = \dfrac{p}{p-1} \geq 1$.

Wie auf Seite 49 bewiesen wurde, sind die Spannweiten streng monoton wachsende Funktionen von p im Intervall $[1, +\infty[$. Bezeichnen wir mit $X_i(p)$ die Menge der zulässigen Lösungen der Fuzzy-Restriktion

$$\overline{a}_i(\mathbf{x}) + \overline{\alpha}_i(\mathbf{x},p) \leq b_i + \overline{\beta}_i^{\varepsilon} \quad , \; \mathbf{x} \in \mathbf{R}_+^n \qquad \text{, so gilt}$$

$$X_i(p) \subset X_i(\hat{p}) \quad \text{für } p > \hat{p}, \quad p, \hat{p} \in \,]1, +\infty[.$$

Da die Norm $\|\ldots\|_q$ auch der Dreiecksungleichung genügt, sind die Mengens $X_i(p)$ konvex für alle $p \in [1,+\infty[$.

Der Einfluß des Parameters p auf die Menge der zulässigen Lösungen einer Fuzzy-Restriktion wird an Hand des folgenden einfachen Beispiels deutlich:

Die Menge der zulässigen Lösungen der Fuzzy-Restriktion

$$(3,4,1,2)^{\varepsilon} x_1 + (5,6,2,3)^{\varepsilon} x_2 \,\tilde{\leq}\, (50,0,22)^{\varepsilon} \tag{9.86}$$

im $\mathbf{R}_+^2$ entspricht, bei Verwendung der auf der T_P-Norm basierenden erweiterten Addition, der zulässigen Lösungsmenge der Restriktion

$$4x_1 + 6x_2 + \left((2x_1)^q + (3x_2)^q \right)^{1/q} \leq 50 + 22 = 72 \; . \tag{9.87}$$

(a) Setzen wir $p = +\infty$, d.h. verwenden wir den Minimum-Operator, so vereinfacht sich (9.87) zu

$$6x_1 + 9x_2 \leq 72 \; . \tag{9.88}$$

(b) Wählen wir $p = 1$, d.h. benutzen wir die LUKASIEWICZsche T-Norm, so ergibt sich die Ungleichung

$$4x_1 + 6x_2 + \operatorname{Min}(2x_1, 3x_2) \leq 72 \; ,$$

die äquivalent ist zu dem Restriktionssystem

$$6x_1 + 6x_2 \leq 72 \tag{9.89a}$$

$$4x_1 + 9x_2 \leq 72 \tag{9.89b}$$

(c) Wählen wir $p = 2$, d.h. $q = \dfrac{p}{p-1} = 2$, so läßt sich (9.86) vereinfachen zu

$$4x_1 + 6x_2 + \sqrt{4x_1^2 + 9x_2^2} \leq 72 \; . \tag{9.90}$$

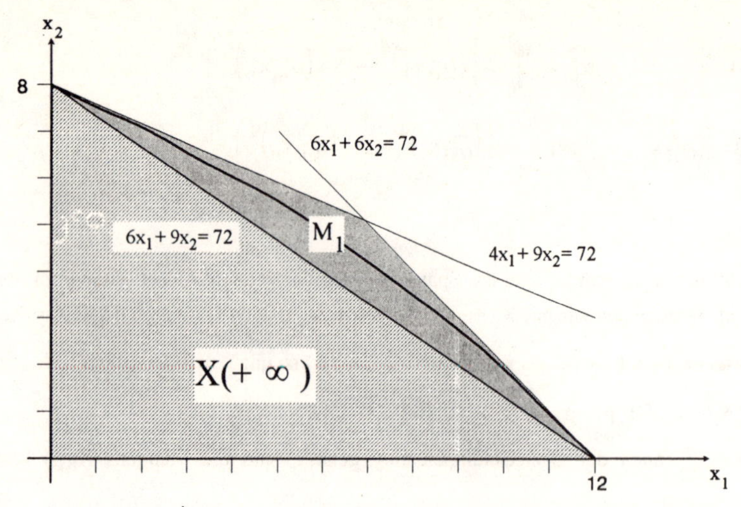

Abb. 9.20: Zulässige Lösungen des Restriktionssystems (9.86) *im* $\mathbf{R}_+^2$

Die zulässige Lösung von (9.88) ist X(+∞). Im Vergleich dazu ist die zulässige Lösung von (9.89) um die Menge M_1 größer als X(+∞), d.h. $X(1) = X(+\infty) \cup M_1$. Die Menge X(2) der zulässigen Lösungen von (9.90) ist ebenfalls in der Abbildung eingezeichnet, und es gilt $X(+\infty) \subset X(2) \subset X(1)$.

Bei Benutzung der Tp-Norm basierten Addition ist dann die Ungleichheitsrelation "$\tilde{\leq}_R$" zu erweitern zu der vom Parameter p abhängigen Relation

$$\tilde{A}_i(\mathbf{x}) \tilde{\leq}_{KR} \tilde{B}_i \Leftrightarrow \begin{cases} \bar{a}_i(\mathbf{x}) + \bar{\alpha}_i(\mathbf{x}, p) \leq b_i + \bar{\beta}_i^{\varepsilon} \\ \mu_i(\mathbf{x}) = \mu_{D_i}(\bar{a}_i(\mathbf{x})) \rightarrow \text{Max} \end{cases}, \tag{9.91}$$

die für p →∞ mit "$\tilde{\leq}_R$" übereinstimmt.

Bei Verwendung der Interpretation des Kleiner-Gleich-Zeichens im Sinne von "$\tilde{\leq}_{KR}$" hat der Entscheidungsträger nun zwei Möglichkeiten, seine Risikoneigung auszudrücken:

(a) wie bei "$\tilde{\leq}_R$" durch die Festlegung der Spannweiten $\bar{\alpha}_{ij}^{\varepsilon}, \underline{\gamma}_{kj}^{\varepsilon}, \bar{\beta}_i^{\varepsilon}, \underline{\nu}_k^{\varepsilon}$ und zusätzlich

(b) durch die Wahl eines Parameters $p \in [1, +\infty[$, der für jede Restriktion getrennt festgelegt werden kann.

Bei Verwendung der Tp-basierten erweiterten Addition zur Aggregation der linken Seiten der Restriktionen des MFLP (2), ist das Multikriteria-Optimierungssystem (9.57) umzuschreiben zu

$$(\mu_{z_1}(\underline{c}_1(\mathbf{x})), \ldots, \mu_{z_K}(\underline{c}_K(\mathbf{x})), \mu_{D_1}(\bar{a}_1(\mathbf{x})), \ldots, \mu_{D_m}(\bar{a}_m(\mathbf{x}))) \rightarrow \text{Max}$$

unter Beachtung der Nebenbedingungen (9.92)

$$\underline{c}_k(\mathbf{x}) - \underline{\gamma}_k^{\varepsilon}(\mathbf{x}) \geq n_k - \underline{\nu}_k^{\varepsilon}, \quad k = 1, \ldots K$$

$$\bar{a}_i(\mathbf{x}) + \bar{\alpha}_i^{\varepsilon}(\mathbf{x}, p_i) \leq b_i + \bar{\beta}_i^{\varepsilon}, \quad i = 1, \ldots, m_1$$

$$a_{i1}x_1 + \cdots + a_{in}x_n \leq b_i \;, \quad i = m_1 + 1, \ldots, m$$

$$x_j \geq 0, \quad j = 1, \ldots, n \;.$$

Sei $X_D = \left\{ \mathbf{x} \in \mathbf{R}_0^n \middle| a_{i1}x_1 + \cdots + a_{in}x_n \le b_i \quad, i = m_1+1,\ldots,m \right\}$.

Mit $X_i(p_i) = \left\{ \mathbf{x} \in X_D \middle| \bar{a}_i(\mathbf{x}) + \overline{\alpha}_i^\varepsilon(\mathbf{x}, p_i) \le b_i + \overline{\beta}_i^\varepsilon, \quad \forall\ i = 1,\ldots,m_1 \right\}$ bzw.

$$X_{KR} = \left\{ \mathbf{x} \in X_D \middle| \bar{a}_i(\mathbf{x}) + \overline{\alpha}_i^\varepsilon(\mathbf{x}, p_i) \le b_i + \overline{\beta}_i^\varepsilon, \quad \forall\ i = 1,\ldots,m_1 \right\}$$

bezeichnen wir die von der Wahl der Parameter p_i, i = 1,..,m, abhängigen Alternativenmengen.

Bemerkung:

Konstruktionsbedingt ist es nicht sinnvoll, in den durch die Ziele bedingten Restriktionen

$$\tilde{Z}_k = \tilde{C}_{k1}x_1 \oplus \cdots \oplus \tilde{C}_{kn}x_n \tilde{\ge} \tilde{N}_k, \qquad k = 1,\ldots,K$$

die Ungleichheitsrelation "$\tilde{\le}_{KR}$" zu verwenden, da die Werte mittels des Minimumoperators berechnet wurden.

Aus den vorstehenden Ausführungen und dem Zahlenbeispiel wurde deutlich, daß die Menge X_{KR} nur dann einen Simplex darstellt, wenn in allen Restriktionen der Parameter p_i gleich 1 oder gleich $+\infty$ gewählt wird. Sobald für mindestens eine Restriktion mit mehr als zwei Fuzzy-Koeffizienten dem Parameter p_i ein Wert $0 < p_i < 1$ zugeordnet wird, ist damit zu rechnen, daß X_{KR} einen nicht-linearen Rand aufweist. Da der Durchschnitt konvexer Mengen ebenfalls konvex ist, ist zwar X_{KR} stets konvex, doch hilft dieses Wissen wenig, da Restriktionen der Form

$$\sum_{j=1}^{n} \bar{a}_{ij}x_j + \left(\left(\overline{\alpha}_{i1}^\varepsilon x_1\right)^q + \cdots + \left(\overline{\alpha}_{in}^\varepsilon x_n\right)^q \right)^{1/q} \le b_i + \overline{\beta}_i^\varepsilon \tag{9.93}$$

nur schwer handhabbar und Verfahren der nicht-linearen Optimierung, wie z. B. die Methode der reduzierten Gradienten, nicht mehr praktikabel sind, vgl. [NEUMANN 1975].

Angesichts dieser Sachlage liegt es nahe, eine lineare Approximation der Mengen $X_i(p_i)$ und damit auch der Menge X_{KR} zu versuchen. Dabei kann man sich auf wenige p_i-Werte aus dem Intervall $]1, +\infty[$ beschränken, denn wegen der komplexen Form von (9.93) hat der Entscheidungsträger kaum eine genauere Vorstellung von dem Ausmaß einer Menge $X_i(p_i)$ in Abhängigkeit von p_i. Darüber hinaus hängt die Entscheidung, ob eine Kompensation der Spannweiten bei der Aggregation der linken Seite einer Fuzzy-Restriktion vorgenommen werden soll, nicht nur von der inhaltlichen Bedeutung dieser Restriktion allein ab, sondern auch von der jeweiligen Lösung, da normalerweise die Koeffizienten zu verschiedenen Variablen derselben Restriktion unterschiedlich starke Kompensationschancen besitzen. Die Mengen $X_i(p_i)$ sollten daher so approximiert werden, daß der Entscheidungsträger eine Vorstellung vermittelt bekommt, wie sich diese Mengen mit p_i von $p_i \to +\infty$ nach $p_i = 1$ vergrößern. Wie groß der Entscheidungsträger dann die p_i der einzelnen Restriktionen wählt, hängt davon ab, welche Hyperebenen die Lösungsecke bilden und ob er der Meinung ist, daß die Spannweiten der Koeffizienten in diesen Restriktionen kompensiert werden können.

Ein für die Praxis völlig ausreichendes und dabei einfach zu handhabendes Approximationsverfahren wurde von ROMMELFANGER; KERESZTFALVI [1993] vorgeschlagen. Es soll zunächst anhand des Zahlenbeispiels (9.86) erläutert werden.

Anstelle der Restriktion

$$4x_1 + 6x_2 + \left((2x_1)^q + (3x_2)^q\right)^{1/q} \leq 50 + 22 = 72, \tag{9.87}$$

ist die lineare Näherung

$$\begin{aligned} (4+2)x_1 \quad + (6+3(1-\lambda))x_2 &\leq 72 \\ (4+2(1-\lambda))x_1 \quad + \quad (6+3)x_2 &\leq 72 \end{aligned} \tag{9.94}$$

mit $\lambda = 0/4, 1/4, 2/4, 3/4, 4/4$ zu wählen.

Dabei stimmt das System (9.94) für $\lambda = 0/4 = 0$ mit der Restriktion (9.88) (*Minimum-Norm*) und für $\lambda = 4/4 = 1$ mit der Restriktion (9.89) (LUKASIEWICZ*sche* T-Norm) überein. Wie die nachfolgende Abbildung 9.21 veranschaulicht, bieten die drei Zwischenwerte $\lambda = 1/4, 2/4, 3/4$ die Möglichkeit, ein gut nachvollziehbares Anwachsen des Lösungsraumes von X(+∞), d.h. $\lambda = 0$, bis X(1), d.h. $\lambda = 1$ zu beschreiben. Die Verwendung von drei Zwischenmengen dürfte für praktische Anwendungen ausreichend sein, ihre Anzahl kann aber durch Wahl zusätzlicher λ-Werte leicht vergrößert werden.

Allgemein läßt sich dieses Approximationsverfahren für eine Restriktion

$$\sum_{j=1}^{n} \bar{a}_{ij} x_j + \left(\left(\bar{\alpha}_{i1}^{\varepsilon} x_1\right)^q + \dots + \left(\bar{\alpha}_{in}^{\varepsilon} x_n\right)^q\right)^{1/q} \leq b_i + \bar{\beta}_i^{\varepsilon} \tag{9.93}$$

formulieren in Gestalt des nachfolgenden Restriktionssystems (9.94):

$$\begin{array}{lllll} (\bar{a}_{11} + \bar{\alpha}_{11})x_1 & + (\bar{a}_{12} + \bar{\alpha}_{12}(1-\lambda))x_2 & + \cdots & + (\bar{a}_{1n} + \bar{\alpha}_{1n}(1-\lambda))x_n & \leq b_1 + \bar{\beta}_1^{\varepsilon} \\ (\bar{a}_{21} + \bar{\alpha}_{21}(1-\lambda))x_1 & + (\bar{a}_{22} + \bar{\alpha}_{22})x_2 & + \cdots & + (\bar{a}_{2n} + \bar{\alpha}_{2n}(1-\lambda))x_n & \leq b_2 + \bar{\beta}_2^{\varepsilon} \\ \vdots & \vdots & \vdots & \vdots & \vdots \\ (\bar{a}_{m_1 1} + \bar{\alpha}_{m_1 1}(1-\lambda))x_1 & + (\bar{a}_{m_1 2} + \bar{\alpha}_{m_1 2}(1-\lambda))x_2 & + \cdots & + (\bar{a}_{m_1 n} + \bar{\alpha}_{m_1 n})x_n & \leq b_{m_1} + \bar{\beta}_{m_1}^{\varepsilon} \end{array}$$

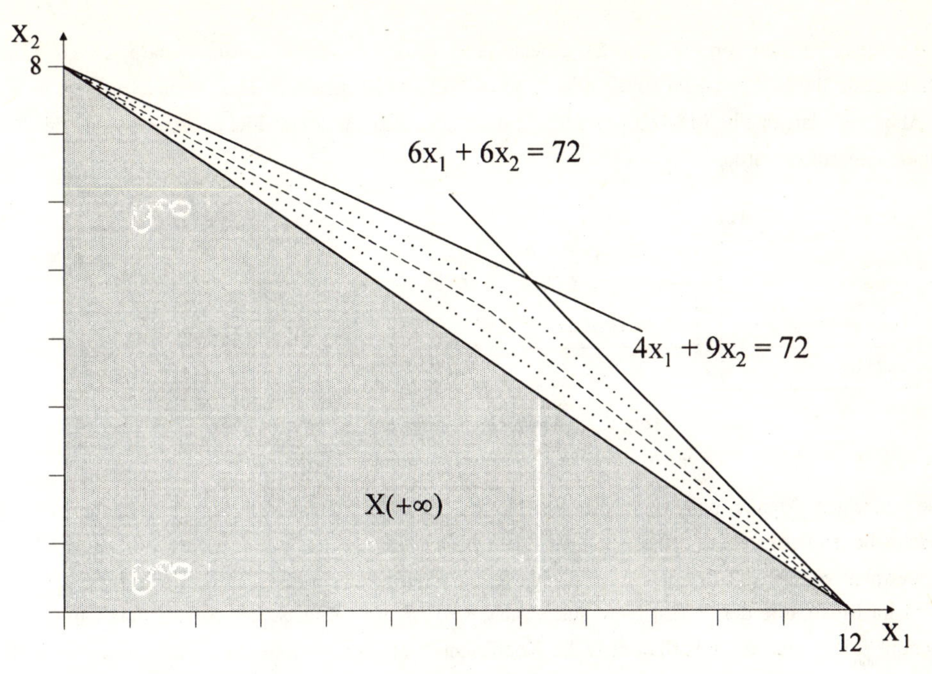

Abb. 9.21: Zulässige Lösungen von (9.86) bei linearer Approximation

9.9 FULPAL 2.0

Um Anwendern eine bequeme Handhabung des um eine flexible Aggregation der linken Restriktionsseiten erweiterten Lösungsverfahrens FULPAL zu bieten, wurde das Software-Programm FULPAL 1 nicht nur überarbeitet, sondern völlig neu geschrieben. Zur Lösung der klassischen LP-Modelle wurde das von Csaba István FÁBIÁN entwickelte Programm LINX integriert, das sich im NETLIP-Test als besonders leistungsfähig erwies. Da beide Programme in C geschrieben sind, ist die Option gegeben, das Programm FULPAL 2.0 nach Überarbeitung mittels Visual C++ unter einer WINDOWS-Oberfläche auszuführen.

Der Lösungsalgorithmus FULPAL, vgl. das Flußdiagramm in Abb. 9.16, und das PC-Programm FULPAL 1.0 enthalten die Zielsetzung, die Konvergenz des Lösungsprozesses in endlich vielen Iterationsschritten zu sichern. Zu diesem Zweck wurden Fühlbarkeitsschranken eingebaut und die Annahme getroffen, daß schon realisierte Anspruchsniveaus nicht mehr gesenkt werden dürfen. Da die bisherigen Erfahrungen mit FULPAL 1.0 gezeigt haben, daß in der Praxis diese Maßnahmen nicht benötigt werden, während andererseits der Entscheidungsträger manchmal größere Freiheit bei der Festlegung der Anspruchsniveaus wünscht, wird in dem neuen PC-Programm FULPAL 2.0 auf diese Einschränkungen verzichtet. Stark verbessert und viel umfangreicher ist dagegen die Information über die aktuelle Kompromißlösung. Der Anwender erhält nicht nur Auskunft über die Lösung selbst und die erreichten Fuzzy-Zielwerte, sondern auch über den Einfluß der einzelnen Restriktionen auf diese Lösung. Mit diesem Wissen kann er die Suche nach einer ihm genehmeren Lösung gezielt beeinflussen.

Die aktuelle Version von FULPAL 2.0 arbeitet unter einer MS-DOS-Oberfläche, und nach Eingabe des Startbefehls "Fulpal" erscheint auf dem Monitor ein MS-DOS-Fenster mit einer Menüleiste, vgl. dazu das in Abb. 9.22 dargestellte MS-DOS-Fenster, in dem zusätzlich das Menü **File** geöffnet ist und der Befehl **Open** aufgerufen wurde.

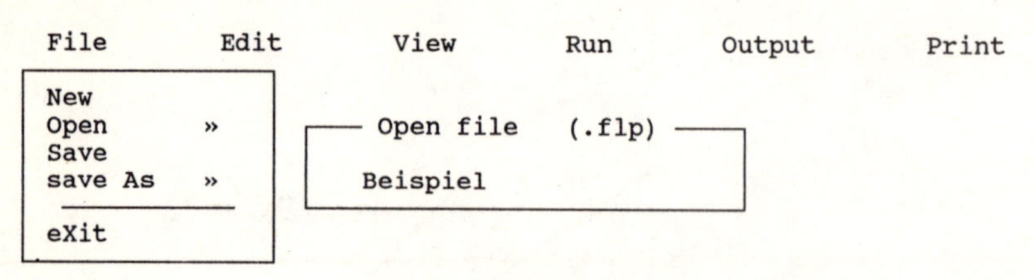

Abb. 9.22: MS-DOS-Fenster mit Menüleiste,
*nach Aufruf des Menüs **File** und des Befehls **Open***

Die einzelnen Menüs und auch die Befehle lassen sich grundsätzlich durch Eingabe des groß geschriebenen Buchstabens öffnen. Soll nach dem Öffnen eines Menüs keiner der dort möglichen Befehle ausgewählt werden, so läßt sich das Menü-Fenster durch Drücken der **ESC**-Taste wieder schließen.
Wird im Menü **File** der Befehl **New** ausgewählt, so sind nach Angabe der Anzahl der Variablen, der Zielfunktionen und der Restriktionen, die Koeffizienten der Restriktionen, die rechten Seiten und die Koeffizienten der Zielfunktionen einzugeben. Zur besseren Übersicht über die Daten wird dabei nicht die L-R-Darstellung von Fuzzy-Intervallen $\tilde{A}_{ij} = (\underline{a}_{ij}; \bar{a}_{ij}; \underline{\alpha}^{\varepsilon}_{ij}; \bar{\alpha}^{\varepsilon}_{ij})^{\varepsilon}$ und Fuzzy-Zahlen $\tilde{B}_i = (b_i; 0; \beta^{\varepsilon}_i)^{\varepsilon}$ benutzt, sondern die Schreibweisen $\tilde{A}_{ij} = (\underline{a}_{ij} - \underline{\alpha}^{\varepsilon}_{ij}; \underline{a}_{ij}; \bar{a}_{ij}; \bar{a}_{ij} + \bar{\alpha}^{\varepsilon}_{ij})^{\varepsilon}$ bzw. $\tilde{B}_i = (b_i;\ b_i + \beta^{\varepsilon}_i)^{\varepsilon}$, vgl. das Fenster in Abb. 9.24. Auch für die aggregierten linken Restriktionsseiten und die aggregierten Fuzzy-Ziele werden analoge Darstellungsformen verwendet, z.B. in den Menüs **View** und , **Output**, vgl. Abb. 9.25, und die ausgedruckten Output-Files in den nachfolgenden Tabellen 9.1 - 9.5.

```
File        Edit        View        Run        Output        Print

                    Edit Constraints
                    Edit Right hand side
                       Edit Objectives

     Size of matrix:  [ 4 , 6 ]

  3,  6 :   (      3.0000      3.5000      4.0000      4.7000 )

  4,  1 :   (      1.0000      1.0000      1.2000      1.5000 )
  4,  2 :   (      0.5000      0.7000      0.9000      1.2000 )
  4,  3 :   (      1.0000      1.0000      1.0000      1.0000 )
  4,  4 :   (     -1.9000     -1.5000     -1.3000     -1.1000 )
  4,  5 :   (      0.6000      1.0000      1.0000      1.4000 )
  4,  6 :   (      2.0000      2.0000      2.0000      2.0000 )

     Change ?   ( [Yes] / [No=Next] / [Goto] / [Quit] )
```

Abb. 9.23: MS-DOS-Fenster mit Menüleiste,
*nach Aufruf des Menüs **File** und des Befehls **New***

In den meisten Fenstern sind die hier möglichen Befehle in einer am unteren Bildrand befindlichen Befehlsleiste übersichtlich aufgelistet, vgl. hierzu Abb. 9.23 und 9.24.

Im Menü **Edit** ermöglicht der Befehl **t-norm** die Wahl des Hilfsparameters λ. Zur Vereinfachung der Eingabe werden hier anstelle der Werte $\lambda = 0/4, 1/4, 2/4, 3/4, 4/4$ die Werte p = 0, 1, 2, 3, 4 benutzt.

Bei der Festlegung der Anspruchsniveaus $g_i^{\lambda_A}$ und $z_k^{\lambda_A}$ bestehen im Menü **Run** drei Möglichkeiten:

- Die Übernahme der Anspruchsniveaus aus einem Outputfile einer vorhergehenden Rechnung,
- die manuelle Festlegung von Anspruchsniveaus, bei der auch die Daten der letzten Rechnung bestätigt werden können,
- die automatische Festlegung der Anspruchsniveaus; dabei werden $z_k^{\lambda_A} = \underline{z}_k + \frac{\overline{z}_k - \underline{z}_k}{4}$, k = 1, 2,..., K

  und $g_i^{\lambda_A} = b_i + \frac{3}{4}\beta_i$, i = 1, 2,...,m, gesetzt.

Eine automatische Festlegung der Anspruchsniveaus bietet sich für den ersten Iterationsschritt an, um schnell Informationen über mögliche Lösungen des Problems zu erhalten.

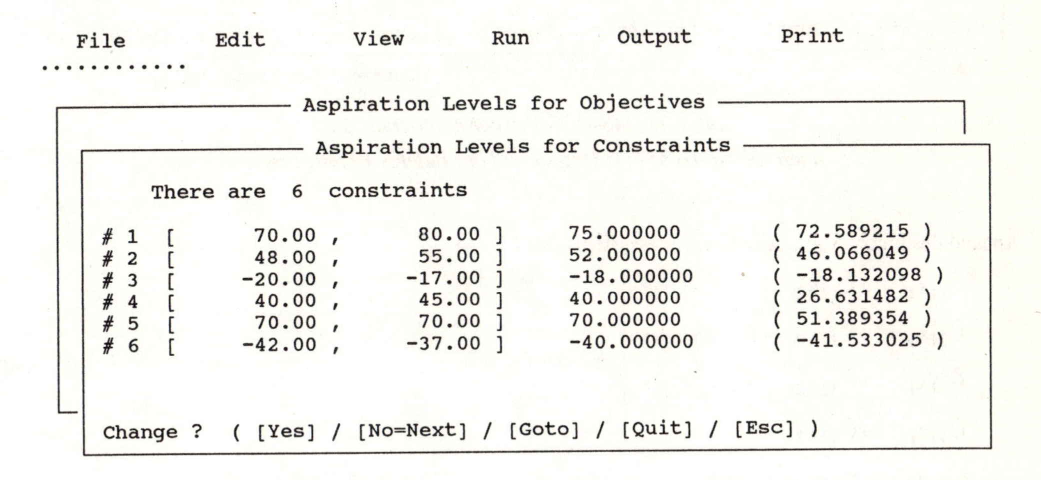

Abb.9.24: MS-DOS-Fenster mit Menüleiste,
*nach Aufruf des Menüs **Run** und des Befehls **Manual aspiration levels***

Im Menü **Output** besteht die Wahl, neben der Angabe der zu der aktuellen Lösung $\mathbf{x}^r$ gehörenden Zielwerte und aggregierten linken Seiten in natürlicher Enumeration, auch eine Anordnung dieser Größen zu erhalten, die

- bei den Zielen angeordnet ist nach den Zugehörigkeitswerten $\mu_{Z_k}(\mathbf{x}^r)$ in aufsteigender Reihenfolge und
- bei den Restriktionen zunächst angeordnet ist nach den Nebenbedingungen, die $\mathbf{x}^r$ als Gleichung $\overline{a}_i(\mathbf{x}) + \overline{\alpha}_i^\varepsilon = b_i + \beta_i^\varepsilon$ erfüllen, und dann nach den Zugehörigkeitswerten $\mu_{D_i}(\mathbf{x}^r)$ in aufsteigender Reihenfolge.

Die Restriktionen, auf deren Hyperebene $\bar{a}_i(\mathbf{x}) + \bar{\alpha}_i^{\varepsilon} = b_i + \beta_i^{\varepsilon}$ die Lösung $\mathbf{x}^r$ liegt, sind zusätzlich durch das Zeichen -->>█ markiert, vgl. Abb. 9.25.

```
File          Edit          View          Run          Output          Print

 ---------------------------- Detailed report ---------------------------------
 5 variables,  6 constraints,  4 objectives                 Lambda = 0.507033

  Variables     x(1) = 3.033041

  Objectives  -  Unsorted
 3. (#3)     (      75.6274      75.6274       75.6274       75.6274 )
 Rhs         (      14.3102     119.5993 )
 Asp. level                75.0000                          μ(3) = 0.507033

  Constraints  -  Unsorted
 2. (#2)     (      41.5789       46.0526       50.5263       55.0000 )  >-->>█
 Rhs                                  (         48.0000       55.0000 )
 Asp. level                                          53.2500
 p = 0                                                      μ(2) = 0.759398

 C/O=[TAB] / [Sort] / next=[Enter],[Space] / [Arrow keys] / [Goto] / [Quit]
 ------------------------------------------------------------------------------
                                              | Current problem: Beispa
```

Abb.9.25: MS-DOS-Fenster mit Menüleiste,
nach Aufruf des Menüs ***Output*** *und des Befehls* ***Detailed report***

Anhand des Fuzzy-Mehrzieloptimierungssystems (MFLP- A)

$$\left.\begin{array}{llll} \tilde{C}_{11}x_1 & +\tilde{C}_{12}x_2 & \cdots & +\tilde{C}_{15}x_5 \\ \tilde{C}_{21}x_1 & +\tilde{C}_{22}x_2 & \cdots & +\tilde{C}_{25}x_5 \\ \tilde{C}_{31}x_1 & +\tilde{C}_{32}x_2 & \cdots & +\tilde{C}_{35}x_5 \\ \tilde{C}_{41}x_1 & +\tilde{C}_{42}x_2 & \cdots & +\tilde{C}_{45}x_5 \end{array}\right| \to \widetilde{\text{Max}}$$

unter Beachtung der Restriktionen

$$\tilde{A}_{i1}x_1 + \tilde{A}_{i2}x_2 + \cdots + \tilde{A}_{i5}x_5 \,\tilde{\leq}\, \tilde{B}_i \qquad i = 1,2,\ldots,6$$
$$x_1, x_2, \ldots, x_5 \geq 0$$

mit 5 Variablen, 4 Zielen und 6 Restriktionen, dessen Daten in der nachfolgenden Tabelle 9.1 dargestellt sind, soll die Wirkungsweise des Software-Programms FULPAL 2.0 veranschaulicht werden. Dieses Beispiel enthält sowohl Fuzzy-Ziele als auch deterministische Zielfunktionen. Weiterhin kommen neben Restriktionen mit Fuzzy-Koeffizienten eine Restriktion mit flexibler rechter Seite und eine klassische lineare Restriktion vor. Zusätzlich ist zu bemerken, daß die Restriktionen 2 und 6 zusammen eine Fuzzy-Gleichung bilden.

Für die erste Iterationslösung wurden die Anspruchsniveaus automatisch bestimmt und als T-Norm der Minimum-Operator (p = 0) gewählt, vgl. Tab. 9.2. Der Lambda-Wert 0,734158 signalisiert, daß alle gesetzten Anspruchsniveaus bedeutend überschritten wurden. Neben der genauen Lösung und den erreichten Fuzzy-Zielwerten zeigt das Output-Protokoll auf, daß diese Lösung determiniert wurde durch die Zugehörigkeitswerte $\mu_{Z_1}(\underline{c}_1(\mathbf{x})) = \mu_{Z_3}(\underline{c}_3(\mathbf{x})) = \mu_{D_3}(\bar{a}_3(\mathbf{x})) = 0,734158$ und beiden Restriktionen $\bar{a}_i(\mathbf{x}) + \bar{\alpha}_i^{\varepsilon}(\mathbf{x}) \le b_i + \bar{\beta}_i^{\varepsilon}$, i = 1,2.

Im nächsten Iterationsschritt wird versucht, den Zielen 1 und 3 einen noch höheren Zielwert zuzuordnen, was durch Erhöhung der Anspruchsniveaus auf $\underline{z}_1^{\lambda_A} = 50$ und $\underline{z}_3^{\lambda_A} = 70$ erreicht werden soll. Auch die Anspruchsniveaus der beiden anderen Ziele werden deutlich erhöht, bleiben aber unter den in der ersten Lösung erreichten Werten. Auch die Anspruchniveaus aller Restriktionen werden erhöht, wobei auch hier die Werte der vorliegenden Lösung berücksichtigt werden, vgl. Tab. 9.3. Die so berechnete 2. Lösung erfüllt auch noch alle Anspruchniveaus, wie der Lambda-Wert 0,30427 erkennen läßt. Dabei wird diese Lösung von den gleichen Zielen und Restriktionen wie die erste Lösung determiniert.

Um die Ziele 1 und 3 weiter zu verbessern, werden deren Anspruchsniveaus nochmals leicht erhöht auf $\underline{z}_1^{\lambda_A} = 52$ und $\underline{z}_3^{\lambda_A} = 74$. Weiterhin ist der Entscheidungsträger der Meinung, daß bei dieser Lösung die Spannweiten in den beiden Restriktionen 1 und 2 sich kompensieren können und setzt $p_1 = 2$ und $p_2 = 1$.

Die Lösung in Tabelle 9.4 läßt erkennen, daß die neue Lösung sich so verändert hat, daß nicht mehr die Restriktion 2 sondern sein "Zwilling", die Restriktion 6, diese Lösung begrenzt.

Ohne die Anspruchsniveaus zu ändern, erhöhen wir für die "auf ε-Niveau bestimmenden" Restriktionen die p-Werte auf 4. Die Lösung in Tab. 9.5 zeigt auf, daß dies zu einer Verbesserung aller Zielwerte führt, da nun die Restriktionsgrenzen dieser beiden Restriktionen auf dem 1-Niveau stärker überschritten werden.

5 variables, 6 constraints, 4 objectives

C 1				
1	3.000000	3.500000	3.800000	4.000000
2	1.000000	1.000000	1.000000	1.000000
3	4.400000	5.000000	5.600000	6.000000
4	1.000000	1.500000	1.500000	1.900000
5	1.000000	1.200000	1.500000	1.700000
Rhs			70.000000	80.000000
C 2				
1	3.000000	3.000000	3.000000	3.000000
2	6.000000	6.500000	7.000000	7.500000
3	-3.500000	-3.300000	-3.000000	-2.700000
4	2.000000	2.000000	2.000000	2.000000
5	-4.000000	-4.000000	-4.000000	-4.000000
Rhs			48.000000	55.000000
C 3				
2	-2.200000	-2.000000	-2.000000	-1.900000
3	-4.000000	-3.700000	-3.500000	-3.300000
Rhs			-20.000000	-17.000000
C 4				
1	1.000000	1.000000	1.000000	1.000000
2	2.000000	2.000000	2.000000	2.000000
3	3.000000	3.000000	3.000000	3.000000
4	-1.000000	-1.000000	-1.000000	-1.000000
5	1.500000	1.500000	1.500000	1.500000
Rhs			40.000000	45.000000
C 5				
1	4.000000	4.000000	4.000000	4.000000
4	1.500000	1.500000	1.500000	1.500000
5	0.700000	0.700000	0.700000	0.700000
Rhs			70.000000	70.000000
C 6				
1	-3.000000	-3.000000	-3.000000	-3.000000
2	-7.500000	-7.000000	-6.500000	-6.000000
3	2.700000	3.000000	3.500000	3.700000
4	-2.000000	-2.000000	-2.000000	-2.000000
5	4.000000	4.000000	4.000000	4.000000
Rhs			-42.000000	-37.000000
O 1				
1	4.000000	4.200000	4.500000	4.800000
2	0.800000	1.000000	1.300000	1.500000
5	2.000000	2.000000	2.000000	2.000000
O 2				
1	3.000000	3.000000	3.000000	3.000000
2	3.700000	4.000000	4.200000	4.700000
3	2.700000	3.000000	3.000000	3.300000
4	1.000000	1.000000	1.000000	1.000000
5	1.000000	1.000000	1.000000	1.000000
O 3				
1	1.000000	1.000000	1.000000	1.000000
3	2.000000	2.000000	2.000000	2.000000
4	4.000000	4.000000	4.000000	4.000000
O 4				
2	7.000000	7.000000	7.000000	7.000000
3	4.000000	4.500000	5.000000	6.000000
5	3.000000	3.000000	3.000000	3.000000

Tab. 9.1: Fuzzy-Mehrzieloptimierungssystem MFLP A

```
5 variables,  6 constraints,  4 objectives              Lambda = 0.734158

VARIABLES

        x(1)    =  2.320461
        x(2)    =  9.401857
        x(3)    =  0.000000
        x(4)    =  18.823379
        x(5)    =  15.030517

OBJECTIVES

1.                (      46.8644       49.2088       52.7255       55.3020 )
Rhs               (       1.1847       81.0602 )
Asp. level                    21.1535                       μ(1) = 0.734158

2.                (      75.6021       78.4227       80.3031       85.0040 )
Rhs               (      44.6773       89.9843 )
Asp. level                    56.0040                       μ(2) = 0.829878

3.                (      77.6140       77.6140       77.6140       77.6140 )
Rhs               (      14.3102      119.5993 )
Asp. level                    40.6325                       μ(3) = 0.734158

4.                (     110.9045      110.9045      110.9045      110.9045 )
Rhs               (      27.5615      139.2273 )
Asp. level                    55.4780                       μ(4) = 0.830908

CONSTRAINTS

1.                (      50.2171       63.7952       69.0005       80.0000 ) -->>█
Rhs                                          (       70.0000       80.0000 )
Asp. level                                                 77.5000
p = 0                                                       μ(1) = 1.000000

2.                (      40.8972       45.5981       50.2991       55.0000 ) -->>█
Rhs                                          (       48.0000       55.0000 )
Asp. level                                                 53.2500
p = 0                                                       μ(2) = 0.781041

3.                (     -20.6841      -18.8037      -18.8037      -17.8635 )
Rhs                                          (      -20.0000      -17.0000 )
Asp. level                                                -17.7500
p = 0                                                       μ(3) = 0.734158

4.                (      24.8466       24.8466       24.8466       24.8466 )
Rhs                                          (       40.0000       45.0000 )
Asp. level                                                 43.7500
p = 0                                                       μ(4) = 1.000000

5.                (      48.0383       48.0383       48.0383       48.0383 )
Rhs                                          (       70.0000       70.0000 )
Asp. level                                                 70.0000
p = 0                                                       μ(5) = 1.000000

6.                (     -55.0000      -50.2991      -45.5981      -40.8972 )
Rhs                                          (      -42.0000      -37.0000 )
Asp. level                                                -38.2500
p = 0                                                       μ(6) = 1.000000
```

Tab. 9.2: Lösung A0 *des* MFLP A

mit automatischer Festlegung der Anspruchsniveaus und $p_i = 0$

```
5 variables,  6 constraints,  4 objectives               Lambda = 0.530427

VARIABLES

        x(1)    =  3.320458
        x(2)    =  9.060854
        x(3)    =  0.000000
        x(4)    =  17.424459
        x(5)    =  14.441673

OBJECTIVES

1.                (      49.4139      51.8901      55.6045      58.4128 )
Rhs               (       1.1847      81.0602 )
Asp. level                     50.0000                    μ(1) = 0.530427

2.                (      75.3527      78.0709      79.8831      84.4135 )
Rhs               (      44.6773      89.9843 )
Asp. level                     70.0000                    μ(2) = 0.701932

3.                (      73.0183      73.0183      73.0183      73.0183 )
Rhs               (      14.3102     119.5993 )
Asp. level                     70.0000                    μ(3) = 0.530427

4.                (     106.7510     106.7510     106.7510     106.7510 )
Rhs               (      27.5615     139.2273 )
Asp. level                     90.0000                    μ(4) = 0.670139

CONSTRAINTS

1.                (      50.8884      64.1492      69.4778      80.0000 ) -->>█
Rhs                                 (      70.0000      80.0000 )
Asp. level                                       75.0000
p = 0                                              μ(1) = 1.000000

2.                (      41.4087      45.9391      50.4696      55.0000 ) -->>█
Rhs                                 (      48.0000      55.0000 )
Asp. level                                       52.0000
p = 0                                              μ(2) = 0.691303

3.                (     -19.9339     -18.1217     -18.1217     -17.2156 )
Rhs                                 (     -20.0000     -17.0000 )
Asp. level                                      -18.0000
p = 0                                              μ(3) = 0.530427

4.                (      25.6802      25.6802      25.6802      25.6802 )
Rhs                                 (      40.0000      45.0000 )
Asp. level                                       40.0000
p = 0                                              μ(4) = 1.000000

5.                (      49.5277      49.5277      49.5277      49.5277 )
Rhs                                 (      70.0000      70.0000 )
Asp. level                                       70.0000
p = 0                                              μ(5) = 1.000000

6.                (     -55.0000     -50.4696     -45.9391     -41.4087 )
Rhs                                 (     -42.0000     -37.0000 )
Asp. level                                      -40.0000
p = 0                                              μ(6) = 1.000000
```

Tab. 9.3: Lösung M0 *des* MFLP A

mit manueller Festlegung der Anspruchsniveaus und $p_i = 0$

```
5 variables,  6 constraints,  4 objectives              Lambda = 0.513530

VARIABLES

        x(1)    =  3.004842
        x(2)    =  9.027059
        x(3)    =  0.000000
        x(4)    =  18.067891
        x(5)    =  15.578166

OBJECTIVES

1.                (     50.3973      52.8037      56.4133      59.1202 )
Rhs               (      1.1847      81.7025 )
Asp. level                     52.0000                    μ(1) = 0.513530

2.                (     76.0607      78.7688      80.5742      85.0878 )
Rhs               (     44.6773      91.2941 )
Asp. level                     70.0000                    μ(2) = 0.705898

3.                (     75.2764      75.2764      75.2764      75.2764 )
Rhs               (     14.3102     121.1709 )
Asp. level                     74.0000                    μ(3) = 0.513530

4.                (    109.9239     109.9239     109.9239     109.9239 )
Rhs               (     27.5615     140.2500 )
Asp. level                     90.0000                    μ(4) = 0.698248

CONSTRAINTS

1.                (     51.6876      65.3396      70.9145      80.0000 ) -->>█
Rhs                                (           70.0000      80.0000 )
Asp. level                                          75.0000
p = 2                                             μ(1) = 0.908546

2.                (     37.0000      41.5135      46.0271      50.5406 )
Rhs                                (           48.0000      55.0000 )
Asp. level                                          52.0000
p = 1                                             μ(2) = 1.000000

3.                (    -19.8595     -18.0541     -18.0541     -17.1514 )
Rhs                                (          -20.0000     -17.0000 )
Asp. level                                         -18.0000
p = 0                                             μ(3) = 0.513530

4.                (     26.3583      26.3583      26.3583      26.3583 )
Rhs                                (           40.0000      45.0000 )
Asp. level                                          40.0000
p = 0                                             μ(4) = 1.000000

5.                (     50.0259      50.0259      50.0259      50.0259 )
Rhs                                (           70.0000      70.0000 )
Asp. level                                          70.0000
p = 0                                             μ(5) = 1.000000

6.                (    -50.5406     -46.0271     -41.5135     -37.0000 ) -->>█
Rhs                                (          -42.0000     -37.0000 )
Asp. level                                         -40.0000
p = 0                                             μ(6) = 0.878382
```

Tab. 9.4: Lösung M1 *des* MFLP A

mit manueller Festlegung der Anspruchsniveaus und $p_1 = 2$, $p_2 = 1$

```
5 variables,  6 constraints,  4 objectives                 Lambda = 0.533025

VARIABLES

        x(1)     =  3.109419
        x(2)     =  9.066049
        x(3)     =  0.000000
        x(4)     =  18.526964
        x(5)     =  15.944619

OBJECTIVES

1.               (      51.5798       54.0148       57.6675       60.4135 )
Rhs              (       1.1847       82.5053 )
Asp. level                      52.0000                     μ(1)  = 0.533025

2.               (      77.3442       80.0640       81.8772       86.4103 )
Rhs              (      44.6773       92.6612 )
Asp. level                      70.0000                     μ(2)  = 0.722054

3.               (      77.2173       77.2173       77.2173       77.2173 )
Rhs              (      14.3102      122.7103 )
Asp. level                      74.0000                     μ(3)  = 0.533025

4.               (     111.2962      111.2962      111.2962      111.2962 )
Rhs              (      27.5615      141.3113 )
Asp. level                      90.0000                     μ(4)  = 0.707520


CONSTRAINTS

1.               (      52.8659       66.8730       72.5892       80.0000 ) -->>
Rhs                                 (             70.0000       80.0000 )
Asp. level                                             75.0000
p = 4                                                  μ(1)  = 0.741079

2.               (      37.0000       41.5330       46.0660       50.5991 )
Rhs                                 (             48.0000       55.0000 )
Asp. level                                             52.0000
p = 1                                                  μ(2)  = 1.000000

3.               (     -19.9453      -18.1321      -18.1321      -17.2255 )
Rhs                                 (            -20.0000      -17.0000 )
Asp. level                                            -18.0000
p = 0                                                  μ(3)  = 0.533025

4.               (      26.6315       26.6315       26.6315       26.6315 )
Rhs                                 (             40.0000       45.0000 )
Asp. level                                             40.0000
p = 0                                                  μ(4)  = 1.000000

5.               (      51.3894       51.3894       51.3894       51.3894 )
Rhs                                 (             70.0000       70.0000 )
Asp. level                                             70.0000
p = 0                                                  μ(5)  = 1.000000


6.               (     -50.5991      -46.0660      -41.5330      -37.0000 ) -->>
Rhs                                 (            -42.0000      -37.0000 )
Asp. level                                            -40.0000
p = 4                                                  μ(6)  = 0.883256
```

Tab. 9.5: Lösung M2 *des* MFLP A

mit manueller Festlegung der Anspruchsniveaus und $p_1 = 4$, $p_2 = 1$, $p_6 = 4$

9.10 STOCHASTISCHE PROGRAMMIERUNG MIT FUZZY - DATEN

9.10.1 STOCHASTISCHE LINEARE PROGRAMMIERUNG

In den vorstehenden Abschnitten wurde die Ungenauigkeit in den Daten linearer Optimierungssysteme mittels Fuzzy-Größen modelliert. Eine andere Möglichkeit, Ungenauigkeit zu beschreiben, bietet die Wahrscheinlichkeitstheorie. Dieser klassische Weg ist zu empfehlen, wenn realistische Aussagen darüber gemacht werden können, mit welcher Wahrscheinlichkeit sich ein Wert realisiert.

Allgemein läßt sich ein solches *stochastisches lineares Programm* (SLP) darstellen in der Form

$$z(\mathbf{x},\omega) = c_1(\omega)x_1 + \cdots + c_n(\omega)x_n \rightarrow \text{Max}$$

unter Beachtung der Nebenbedingungen (9.95)

$$\begin{aligned} a_{i1}(\omega)x_1 + \cdots + a_{in}(\omega)x_n \le b_i(\omega) \quad &, \quad i = 1,\dots,m \\ x_j \ge 0 \quad &, \quad j = 1,\dots,n \end{aligned} ,$$

dabei sind $c_j(\omega)$, $a_{ij}(\omega)$, $b_i(\omega)$ Zufallsvariablen, die über einem Wahrscheinlichkeitsraum definiert sind, vgl. S.58.

Da auch die Wahrscheinlichkeitsverteilung $P(A) = \begin{cases} 1 & \text{für } A = \{d\} \quad , d \in \mathbf{R} \\ 0 & \text{sonst} \end{cases}$ zugelassen ist, können in (9.95) auch eindeutige reelle Zahlen als Koeffizienten oder rechte Seiten auftreten.

Das System (9.95) enthält daher die Spezialfälle, daß

- nur rechte Seiten,
- nur Koeffizienten der Zielfunktion,
- nur Koeffizienten von Restriktionen, durch Zufallsvariablen beschrieben werden,

und Kombinationen dieser Fälle.

Zur Lösung stochastischer linearer Programme bietet die Literatur verschiedene Verfahren an. Die bekanntesten sind:

A. Bzgl. der Restriktionen

A.1. das "Fat solution"-Modell , vgl. [MADANSKY 1962]

A.2 die "Chance Constrained"-Methode , vgl. [CHARNES; COOPER 1959]

A.3 die stochastische Programmierung mit Regreß, vgl. [KALL 1982]

A.4 die "Integrated Chance Constrained"-Methode, vgl. [KLEIN HANEVELD 1986]

A.5 das "Kompensations"-Modell, vgl. [DINKELBACH 1982]

B. Bzgl. der Zielfunktion

B.1 die Maximierung des Erwartungswertes $\underset{\mathbf{x}}{\text{Max}}\ E(z(\mathbf{x},\omega))$

B.2 die Minimierung der Varianz $\underset{\mathbf{x}}{\text{Min}}\ \text{Var}(z(\mathbf{x},\omega))$

B.3 die Minimierung des Risikos $\underset{\mathbf{x}}{\text{Min}}\ P(z(\mathbf{x},\omega) \ge \gamma)$,

wobei γ ein gegebenes Anspruchsniveau ist.

Aber nur für bestimmte Wahrscheinlichkeitsverteilungen und einige Kombinationen aus A.1 - A.5 und B.1 - B.3 lassen sich äquivalente deterministische Modelle formulieren, für die dann leistungsfähige Lösungsalgorithmen existieren, vgl. [KALL 1976], [VAJDA 1972], [ROUBENS; TEGHEM 1988].

In vielen ökonomischen Problemen, z.B. bei Investitionsentscheidungen, genügen die auftretenden Zufallsvariablen nicht den einfachen Wahrscheinlichkeitsverteilungen, wie Normal-, Exponential- oder Gleichverteilung. Wenn man überhaupt in der Lage sein sollte, z.B. für die Gewinne in einer zukünftigen Periode, eine Wahrscheinlichkeitsdichtefunktion anzugeben, so müßte man mit mehrgipfligen Kurven rechnen, vgl. das Beispiel in Abbildung 9.26.

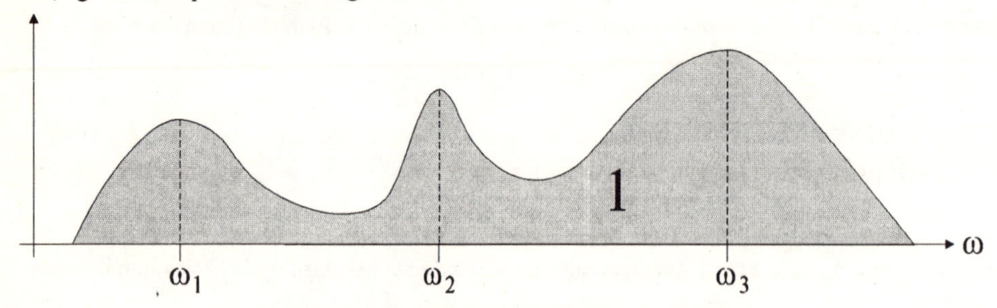

Abb. 9.26 Wahrscheinlichkeitsdichtefunktion

Ein klassischer Weg in der Investitionsplanung, vgl. [LAUX 1971], [HAX 1985] ist die Unterscheidung von endlich vielen Umweltzuständen $s \in \{1,\ldots,S\}$ und die Annahme, daß für jeden Umweltzustand s die Größen $a_{ij}(\omega_s)$, $c_j(\omega_s)$, $b_i(\omega_s)$ $\in \mathbf{R}$ bestimmt werden können. Für jeden Umweltzustand stellt dann (9.95) ein klassisches LP-Modell dar.

Nimmt man weiter an, daß der Entscheidungsträger eine Wahrscheinlichkeitsverteilung $\{p(\omega_s)\}$ für die Umweltzustände angeben kann (*Risikofall*):

$$p(\omega_s) \geq 0 , \quad \sum_{s=1}^{S} p(\omega_s) = 1 \quad ,$$

so wird in der Literatur zumeist als Lösungsverfahren die Kombination aus "Fat-solution"-Methode (A.1) und Erwartungswert-Konzept (B.1) angewendet.

Zu lösen ist dann das LP-Modell

$$E\ (z(\mathbf{x},\omega)) = \sum_{j=1}^{n} \left(\sum_{s=1}^{S} c_j(\omega_s)\ p(\omega_s) \right) \cdot \mathbf{x}_j \rightarrow \text{Max}$$

unter Beachtung der Nebenbedingungen (9.96)

$$a_{i1}(\omega_s)x_1 + \cdots + a_{in}(\omega_s)x_n \leq b_i(\omega_s) \qquad , i = 1,\ldots,m , \quad s = 1,\ldots,S$$

$$x_1, x_2, \ldots, x_n \geq 0 \quad .$$

Diese Vorgehensweise hat aber einige gravierende Schwächen:

A. Da alle m·s Restriktionen erfüllt werden müssen, unabhängig von den Eintrittswahrscheinlichkeiten der einzelnen Zustände, ist die Menge der zulässigen Lösungen von (9.96) i.a. bedeutend kleiner als die Menge der Vektoren **x**, die - mit unterschiedlichen Dichtewerten - dem Restriktionssystem von (9.95) genügen.

B. Die Zusammenfassung der Zielfunktionen für die einzelnen Umweltzustände mittels der Erwartungswertbildung führt zu einer Kompromiß-Zielfunktion, die nicht unbedingt die Vorstellung des Entscheidungsträgers widerspiegelt.

C. Auch bei der Unterscheidung von Umweltzuständen kann in vielen Problemstellungen nicht erwartet werden, daß die umweltspezifischen Parameter $a_{ij}(\omega_s)$, $c_j(\omega_s)$, $b_i(\omega_s)$ als eindeutig bestimmte reelle Zahlen vorliegen, vgl. dazu auch die Argumentation in Kapitel 3. Realistischer erscheint die Annahme zu sein, daß einige dieser Daten nur größenordnungsmäßig festgelegt werden können.

9.10.2 SLP-MODELLE MIT FUZZY-DATEN

Um eine realitätsnähere Modellierung zu erhalten, wollen wir vorschlagen, die nur ungenau bekannten Daten mittels Fuzzy-Zahlen und Fuzzy-Intervallen zu modellieren. Da auch reelle Zahlen als Fuzzy-Größen beschrieben werden können, läßt sich dann für jeden Umweltzustand $s \in \{1,\dots,S\}$ das Problem allgemeiner beschreiben durch ein FLP-Modell der Form

$$\tilde{Z}_s(\mathbf{x}) = \tilde{C}_1(\omega_s)\cdot x_1 + \dots + \tilde{C}_n(\omega_s)\cdot x_n \to \widetilde{\text{Max}}$$

unter Beachtung der Restriktion (9.97s)

$$\tilde{A}_{i1}(\omega_s)\cdot x_1 + \dots + \tilde{A}_{in}(\omega_s)\cdot x_n \mathrel{\tilde{\le}} \tilde{B}_i(\omega_s) \quad i = 1,\dots,m$$

$$x_1, x_2, \dots, x_n \ge 0$$

SLP-Modelle mit Fuzzy-Daten des Typs (9.97s) sind für den Risikofall mehrfach in der Literatur zu finden:

i. LAI; HWANG [1993] untersuchen Bank-Sicherungsgeschäfte und benutzen zur formalen Darstellung die einfachste Form von (9.97), in dem sie unterstellen, daß nur die Koeffizienten der Zielfunktion mit den Umweltzuständen variieren. Darüber hinaus werden allen Koeffizienten der Restriktionen und die Mehrzahl der rechten Seiten durch reelle Zahlen beschrieben. Durch Verwendung des Erwartungswertansatzes (B.1) wird dann das Gesamtproblem reduziert auf ein Fuzzy-LP-System mit Fuzzy-Koeffizienten in der Zielfunktion und einigen flexiblen rechten Seiten.

ii. Auch in dem Investitionsmodell von HANUSCHECK [1986] werden alle Restriktionskoeffizienten durch reelle Zahlen beschrieben, diese dürfen aber mit den Umweltzuständen variieren. Auch die rechten Seiten und die Zielkoeffizienten, die zum Teil mit Fuzzy-Größen modelliert werden, werden zustandsspezifisch beschrieben. Die Reduktion des SLP-Problems zu einem Fuzzy-LP-Modell erfolgt hier durch Anwendung der "Fat solution"-Methode und des Erwartungswert-Konzeptes.

iii. Wolf [1988] benutzt einen noch allgemeineren Modellansatz für die Investitionsplanung, denn nun dürfen zusätzlich die Koeffizienten der Restriktionen durch Fuzzy-Intervalle modelliert werden. Auch dieser Autor benutzt die "Fat-solution"-Methode und die Erwartungswertbildung zur Reduktion zu einem nichtstochastischen Fuzzy-Optimierungsmodell der Form

$$\sum_{j=1}^{n}\left(\sum_{s=1}^{S}\tilde{C}_j(\omega_s)\,p(\omega_s)\right)\cdot x_j \to \widetilde{\text{Max}}$$

unter Beachtung der Restriktionen (9.98)

$$\tilde{A}_{ij}(\omega_s)\cdot x_1+\cdots+\tilde{A}_{in}(\omega_s)\cdot x_n \leq \tilde{B}_i(\omega_s) \quad ,i=1,\ldots,m, \quad s=1,\ldots,S,$$

$$x_1,x_2,\ldots,x_n \geq 0 \ .$$

Da für diese drei Arbeiten die Kritikpunkte A und B von Seite 278f. weiter gelten, hat ROMMELFANGER [1991] einen neuen Lösungsweg vorgeschlagen, der beeinflußt ist durch die "Integrated Chance Constrained"-Methode von KLEIN HANEVELD [1986].

Dieses neue Verfahren basiert auf dem interaktiven Lösungsprozeß FULPAL und verlangt eine Modifikation der Fuzzy-Optimierungssysteme (9.98) in drei Punkten.

Zur Vereinfachung der Formulierung benutzen wir die Schreibweisen

$$\tilde{A}_{ij}(\omega_s)=\left(\underline{a}_{ijs},\ \bar{a}_{ijs},\ \underline{\alpha}^{\varepsilon}_{ijs},\ \bar{\alpha}^{\varepsilon}_{ijs}\right)^{\varepsilon},\quad \tilde{B}_i(\omega_s)=\left(b_{is},0,\bar{\beta}^{\varepsilon}_{is}\right)^{\varepsilon},\quad p(\omega_s)=p_s$$

I. Absenkung der Anspruchsniveaus $g_{is}^{\lambda_A}$ in Abhängigkeit von p_s

Nachdem der Entscheidungsträger für jede Restriktion ein Anspruchsniveau $g_{is}^{\lambda_A}$ festgelegt hat, wird dieses gemäß der Formel

$$\hat{g}_{is}^{\lambda_A} = g_{is}^{\lambda_A} + \left(b_{is}+\bar{\beta}^{\varepsilon}_{is}-g_{is}^{\lambda_A}\right)\cdot(1-p_s) \tag{9.99}$$

abgesenkt.

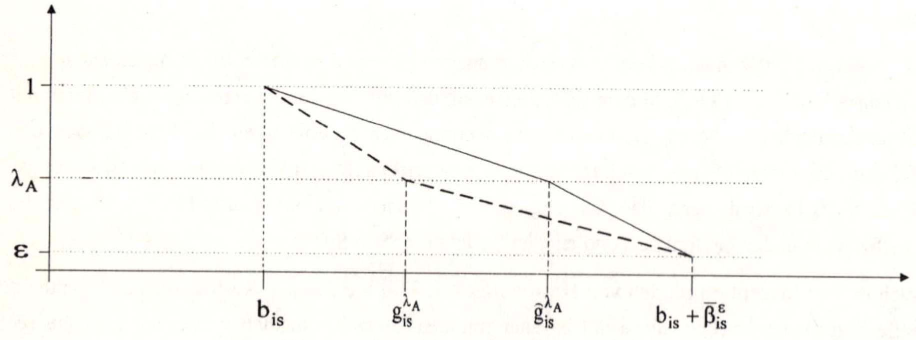

Abb. 9.27 Zugehörigkeitsfunktion $\mu_{B_{is}}$

II. Vergrößerung der Spannweiten $\bar{\beta}^{\varepsilon}_{is}$ in Abhängigkeit von p_s

Da die Restriktionsgrenzen nicht mit Sicherheit gelten, sollte der Entscheidungsträger eine Verletzung der Restriktion

$$\sum_{j=1}^{n}\left(\bar{a}_{ijs}+\bar{\alpha}^{\varepsilon}_{ijs}\right)x_j \leq b_{is}+\bar{\beta}^{\varepsilon}_{is} \tag{9.100}$$

riskieren. In Analogie zur "Integrated Chance Constrained"-Methode wird das Risiko über den Erwartungswert

$$E\left(r_i(\mathbf{x})\right)=\sum_{s=1}^{S} r_i(\mathbf{x},\omega_s)\cdot p_s \tag{9.101}$$

$$\text{mit } r_i(\mathbf{x},\omega_s) = \text{Max}\left[0,\ \sum_{j=1}^{N}(\bar{a}_{ijs} + \bar{\alpha}^{\varepsilon}_{ijs})x_j - b_{is} + \bar{\beta}^{\varepsilon}_{is}\right]$$

definiert.

Bezeichnen wir mit $d_i^{\varepsilon} \in \mathbf{R}_0$ die vom Entscheidungsträger im voraus festzulegenden Aversionsparameter, die natürlich für die einzelnen Restriktionen differieren können, so muß gelten

$$E(r_i(\mathbf{x})) \le d_i^{\varepsilon} \quad , \; i = 1,\ldots,m \; . \tag{9.102}$$

Offensichtlich gilt für die Mengen $X(d_i^{\varepsilon}) = \left\{\mathbf{x} \in \mathbf{R}^n \middle| E(r_i(\mathbf{x})) \le d_i^{\varepsilon}\right\}$:

$d_i^{\varepsilon} \le \hat{d}_i^{\varepsilon} \;\Rightarrow\; X(d_i^{\varepsilon}) \subseteq X(\breve{d}_i^{\varepsilon})$,wobei d_i^{ε} und $\hat{d}_i^{\varepsilon}$ beliebige Aversionsparameter sind.

Bei Annahme der Risikodefinition (9.102) kann dann die Restriktion (9.100) abgeschwächt werden zu

$$\sum_{j=1}^{n}\left(\bar{a}_{ijs} + \bar{\alpha}^{\varepsilon}_{ijs}\right)x_j \;\le\; b_{is} + \bar{\beta}^{\varepsilon}_{is}\frac{d_i^{\varepsilon}}{p_s} \; . \tag{9.103}$$

III. Beibehaltung der umweltspezifischen Zielfunktionen

Anstelle der Aggregation der den einzelnen Umweltzuständen zugeordneten Zielfunktionen mittels der Erwartungswert-Bildung zu einer Kompromißzielfunktion, sollten die gegebenen Zielfunktionen beibehalten werden. Der Entscheidungsträger kann dann anhand der im interaktiven Prozeß FULPAL berechneten Lösungen seine Zielvorstellungen durch die Festlegung der Anspruchsniveaus zum Ausdruck bringen. Bei der Bestimmung dieser Werte $Z_s^{\lambda_A}$ sollte er die Eintrittswahrscheinlichkeit mit berücksichtigen.

10. SCHLUSSBEMERKUNGEN

Die vorstehenden Ausführungen zeigen auf, daß die Theorie unscharfer Mengen ein geeignetes Instrumentarium ist, um reale Entscheidungsprobleme sachadäquat zu modellieren. Sie gestattet, die Daten und deren Interdependenzen so in das Modell aufzunehmen, wie der Entscheidungsträger sie sieht.

Nach den in diesem Buch entwickelten Lösungskonzepten empfiehlt es sich, mit den verfügbaren Informationen einen ersten Lösungsvorschlag zu erarbeiten, der dann im Rahmen eines interaktiven Prozesses schrittweise verbessert wird. Dies hat den Vorteil, daß zusätzliche Informationen zielgerichtet ermittelt und nur diejenigen Daten präzisiert werden, die für die Lösung bestimmend sind. Bei dieser Vorgehensweise können Informationskosten in großem Ausmaß eingespart werden, denn es ist nicht notwendig, für alle Parameter des Entscheidungsmodells eindeutige Daten zu bestimmen, wie dies die klassischen Modelle voraussetzen. Um jedem Parameter einen realistischen eindeutigen Wert zuzuordnen ist i.a. ein hoher Informationsbedarf erforderlich, der aber oft nicht diskutiert wird, da die Informationsaufnahme und -Verarbeitung vor dem Entscheidungsalgorithmus im engeren Sinne liegt.

Der Verzicht auf "Mittelwerte" als Repräsentanten von nur ungenau bekannten Daten und die statt dessen hier vorgeschlagene Modellierung mit Fuzzy-Größen hat den weiteren Vorteil, daß man weniger Gefahr läuft, das Realproblem durch ein falsches Modell abzubilden.

Sowohl für die Fuzzy-Entscheidungs- als auch für die Fuzzy-Optimierungsmodelle stehen recheneffiziente Lösungsalgorithmen zur Verfügung, die auf klassischen Lösungsverfahren basieren und für die Standard-Software existiert.

Das für die praktische Anwendung der Fuzzy-Modelle brisante Problem der Bestimmung von Zugehörigkeitsfunktionen wird in diesem Buch nicht ausgeklammert, sondern für jeden Modelltyp ausführlich diskutiert. Dabei wird die Grundhaltung vertreten, die Zugehörigkeitsfunktionen zunächst nur näherungsweise festzulegen und sie bei Bedarf im Laufe des Entscheidungsprozesses zu präzisieren.

Der Kritik von ZELENY [1984], FRENCH [1986] u.a. an einer rein formalen "Fuzzifizierung" klassischer Entscheidungsmodelle, die leider auf viele Veröffentlichungen zutrifft, wird in diesem Buch Rechnung getragen. In allen hier dargestellten Modellen wird sorgfältig überprüft, ob und wie Ungenauigkeiten in den Modellkonzepten mit Hilfe der Theorie unscharfer Mengen beschrieben werden können.

LÖSUNGEN ZU DEN ÜBUNGSAUFGABEN

Die Lösungen zu den Übungsaufgaben werden hier nicht ausführlich dargestellt. Neben dem Ergebnis werden aber Hinweise zum Lösungsweg und wichtige Zwischenergebnisse angegeben, so daß es möglich sein müßte, den Lösungsgang nachzuvollziehen.

LÖSUNGEN ZU DEN AUFGABEN DES 1. KAPITELS

1.1 a. Die Mengen $\tilde{A}$ und $\tilde{D}$ sind normalisiert.

Um die Mengen $\tilde{B}$ und $\tilde{C}$ zu normalisieren, muß ihre Zugehörigkeitsfunktion mit 4 bzw. 2 multipliziert werden.

$\tilde{B} = \left\{(x, \mu_B(x)) \in \mathbf{R}^2 \mid \mu_B(x) = (1 + \frac{1}{4}(x-6)^2)^{-1}\right\}$

$\tilde{C} = \{(1; 0,4), (2; 0,8), (3; 0,9), (4; 1), (5; 0,6), (6; 0,4), (7; 0,2)\}$

b. $\tilde{A}$ und $\tilde{C}$ sind Fuzzy-Darstellungen für den Ausdruck "ungefähr gleich vier" auf der Menge der natürlichen Zahlen

c. $\tilde{A} \not\subseteq \tilde{C}$

d. $A_\alpha = \{1, 2, 3, 4, 5, 6, 7\}$ für $\alpha \in [0; 0,1]$

$A_\alpha = \{1, 2, 3, 4, 5, 6\}$ für $\alpha \in [0,1; 0,2]$

$A_\alpha = \{2, 3, 4, 5, 6, \}$ für $\alpha \in [0,2; 0,3]$

$A_\alpha = \{2, 3, 4, 5\}$ für $\alpha \in [0,3; 0,5]$

$A_\alpha = \{3, 4, 5\}$ für $\alpha \in [0,5; 0,7]$

$A_\alpha = \{3, 4\}$ für $\alpha \in [0,7; 1]$.

e. Da $(1 + 4(x - 6)^2)^{-1} > 0,1 \Leftrightarrow 4,5 < x < 7,5$ ist $B_{\overline{0,1}} =]4,5; 7,5[$.

Da $(1 + 4(x - 6)^2)^{-1} > 0,5 \Leftrightarrow 5,5 < x < 6,5$ ist $B_{\overline{0,5}} =]5,5; 6,5[$.

f. Die normalisierte Menge $\tilde{B}$ ist eine Fuzzy-Zahl und die normalisierte Menge $\tilde{C}$ ist eine diskrete Fuzzy-Zahl. Dagegen ist $\tilde{A}$ keine diskrete Fuzzy-Zahl, da kein eindeutiger Gipfelpunkt existiert. $\tilde{D}$ ist keine Fuzzy-Zahl, da $\tilde{D}$ weder konvex ist noch einen eindeutigen Gipfelpunkt besitzt.

g. $|\tilde{A}| = 0,2 + 0,5 + 1 + 0,7 + 0,3 + 0,1 = 3,8;\quad \|\tilde{A}\| = \frac{3,8}{7} \approx 0,54$

$|\tilde{C}| = 3,5;\quad \|\tilde{C}\| = 0,5.$

1.2 Die nachfolgend dargestellten unscharfen Mengen sind nur Beispiele für eine mögliche Beschreibung der vorgegebenen vagen Aussagen.

a. $\tilde{A} = \left\{(x, \mu_A(x)) \mid \mu_A(x) = (1 + (x-7)^2)^{-1} \text{ und } x \in \mathbf{R}\right\}$

b. $\tilde{B} = \{(1; 1), (2; 1), (3; 0,9), (4; 0,5), (5; 0,1)\}$

c. $\tilde{C} = \{x, \mu_C(x)) \mid x \in \mathbf{R}\}$ mit $\mu_C(x) = \begin{cases} x-4 & \text{für } 4 \le x < 5 \\ 1 & \text{für } 5 \le x \le 9 \\ \frac{1}{2}(11-x) & \text{für } 9 < x \le 11 \\ 0 & \text{sonst} \end{cases}$.

1.3 a. $\tilde{A} \cap \tilde{B} = \{(4; 0{,}2), (5; 0{,}4), (6; 0{,}6), (7; 0{,}2)\}$

$\tilde{A} \cup \tilde{B} = \{(1; 0{,}1), (2; 0{,}3), (3; 0{,}6), (4; 0{,}9), (5; 1), (6; 0{,}7), (7; 0{,}8), (8; 0{,}9), (9; 1)\}$

b. $\tilde{A} \cdot \tilde{B} = \{(4; 0{,}18), (5; 0{,}4), (6; 0{,}42), (7; 0{,}16)\}$

$\tilde{A} \dot{+} \tilde{B} = \{(1; 0{,}1), (2; 0{,}3), (3; 0{,}6), (4; 0{,}92), (5; 1), (6; 0{,}88), (7; 0{,}84), (8; 0{,}9), (9; 1)\}$

c. $\tilde{A} -_b \tilde{B} = \{(3; 0{,}1), (4; 0{,}7), (5; 1), (6; 0{,}6)\}$

$\tilde{A} +_b \tilde{B} = \{(1; 0{,}1), (2; 0{,}5), (3; 1), (4; 1), (5; 1), (6; 1), (7; 0{,}8), (8; 0{,}3)\}$

d. $\dfrac{\tilde{A} + \tilde{B}}{2} = \{(1; 0{,}05), (2; 0{,}15), (3; 0{,}3), (4; 0{,}55), (5; 0{,}7), (6; 0{,}65), (7; 0{,}5), (8; 0{,}45), (9; 0{,}5)\}$

$\sqrt{\tilde{A} \cdot \tilde{B}} = \{(4; 0{,}42), (5; 0{,}63), (6; 0{,}65), (7; 0{,}40)\}$

e. $\tilde{A} ._{0,4} \tilde{B} = \{(4; 0{,}35), (5; 0{,}58), (6; 0{,}56), (7; 0{,}31)\}$

f. $\tilde{A} \|_{0,7} \tilde{C} = \{(1; 0{,}07), (2; 0{,}27), (3; 0{,}57), (4; 0{,}87), (5; 1), (6; 0{,}84), (7; 0{,}48), (8; 0{,}21)\}$

g. Da $\varepsilon(1) = \varepsilon(2) = \varepsilon(3) = \varepsilon(8) = \varepsilon(9) = 0$ ist nur über die Werte $\varepsilon(4) = 0{,}31$, $\varepsilon(5) = 0{,}38$, $\varepsilon(6) = \dfrac{0{,}05}{0{,}10} = 0{,}50$ und $\varepsilon(7) = 0{,}33$ zu mitteln, d.h. der Kompensationsgrad für das geometrische Mittel $\sqrt{\tilde{A} \cdot \tilde{B}}$ ist $\varepsilon = 0{,}38$.

Wird $\varepsilon(6)$ nicht zur Schätzung herangezogen, da $\mu_A(6) - \mu_B(6) = 0{,}7 - 0{,}6 = 0{,}1$ recht gering ist, so erhalten wir $\varepsilon = 0{,}34$.

h. $\dfrac{\tilde{A} + \tilde{B} + \tilde{C}}{3} = \{(1; 0{,}03), (2; 0{,}17), (3; 0{,}37), (4; 0{,}63), (5; 0{,}8), (6; 0{,}73), (7; 0{,}53), (8; 0{,}40), (9; 0{,}33)\}$

$\tilde{A}$ $\widetilde{\text{und}}$ $\tilde{B}$ $\widetilde{\text{und}}$ $\tilde{C} = \{(1; 0{,}02), (2; 0{,}12), (3; 0{,}26), (4; 0{,}50), (5; 0{,}68), (6; 0{,}69), (7; 0{,}43), (8; 0{,}28), (9; 0{,}23)\}$

$\tilde{A}$ $\widetilde{\text{oder}}$ $\tilde{B}$ $\widetilde{\text{oder}}$ $\tilde{C} = \{(1; 0{,}05), (2; 0{,}21), (3; 0{,}44), (4; 0{,}71), (5; 0{,}86), (6; 0{,}78), (7; 0{,}61), (8; 0{,}55), (9; 0{,}53)\}$

1.4 

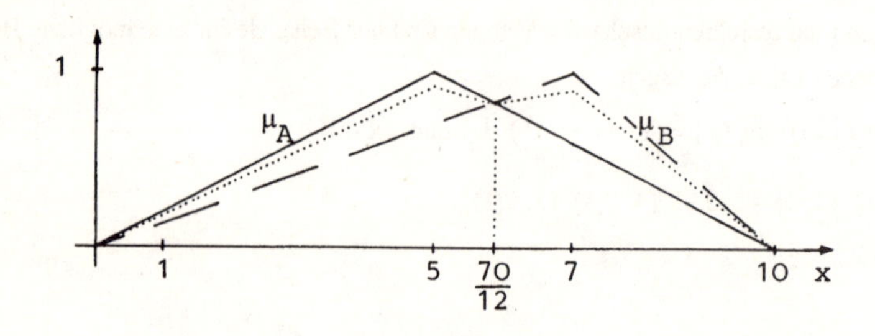

a. $\mu_{A\cap B}(x)=\begin{cases}\frac{x}{7} & \text{für} \quad x\in\left[0,\frac{70}{12}\right]\\ 2-\frac{x}{5} & \text{für} \quad x\in\left]\frac{70}{12},10\right]\end{cases}$ $\qquad \mu_{A\cup B}(x)=\begin{cases}1-\frac{1}{5}|x-5| & \text{für} \quad x\in\left[0,\frac{70}{12}\right]\\ \frac{x}{7} & \text{für} \quad x\in\left]\frac{70}{12},7\right]\\ \frac{10-x}{3} & \text{für} \quad x\in\left]7,10\right]\end{cases}$

b. $\mu_{A\|_{0,7}B}(x)=\begin{cases}0{,}18x & \text{für} \quad x\in[0,5[\\ 1{,}40-0{,}10x & \text{für} \quad x\in\left[5,\frac{70}{12}\right]\\ 0{,}60+0{,}04x & \text{für} \quad x\in\left]\frac{70}{12},7\right]\\ 2{,}93(1-0{,}1x) & \text{für} \quad x\in\left]7,10\right]\end{cases}$

1.5 a. $\mu_{A_1\times A_2}$

x_1 \ x_2	4	5	6	7
2	0,3	0,3	0,3	0,1
3	0,4	0,7	0,7	0,1
4	0,4	1	0,8	0,1
5	0,4	0,5	0,5	0,1

b. i. $\tilde{A}_1 \odot \tilde{A}_2$ = {(8; 0,3), (10; 0,3), (12; 0,4), (14; 0,1), (15; 0,7), (16; 0,4), (18; 0,7), (20; 1), (21; 0,1), (24; 0,8), (25; 0,5), (28; 0,1), (30; 0,5), (35; 0,1)}

ii. $\tilde{\text{Min}}(\tilde{A}_1,\tilde{A}_2)$ = {(2; 0,3), (3; 0,7), (4; 1), (5; 0,5)}

1.6 a., c.

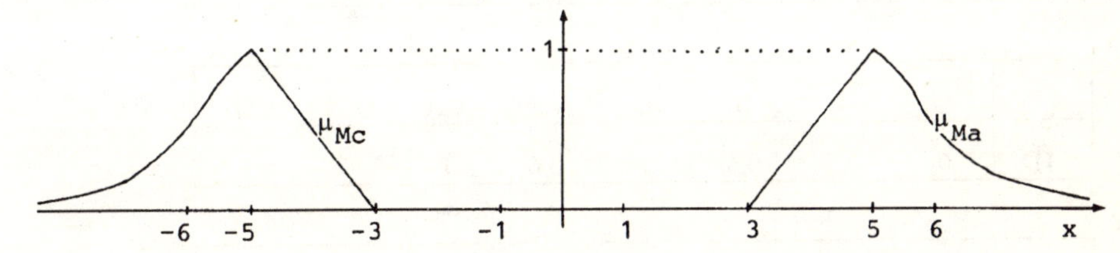

b., d.

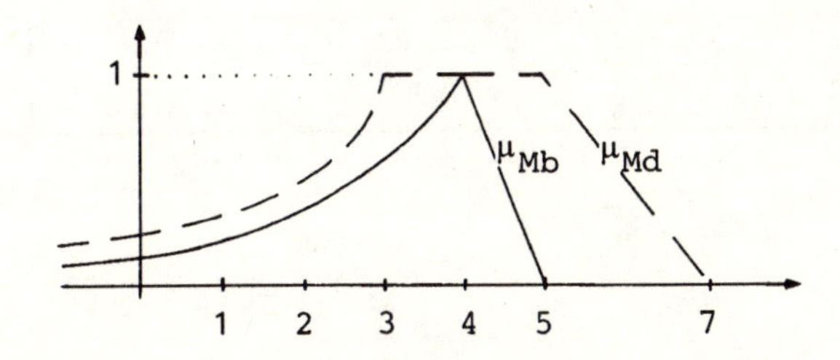

1.7 $\tilde{M} \oplus \tilde{N} = (9; 3; 5)$

$-\tilde{K} = (-2; 2; 1)_{LR}$

$\tilde{N} \ominus \tilde{K} = (4; 4; 4)_{LR}$

$\tilde{M} \odot \tilde{N} = (18; 12; 21)_{LR}$ mit (1.58)

$\tilde{M} \odot \tilde{N} = (18; 10; 27)_{LR}$ mit (1.59)

$\tilde{K}^{-1} = (0{,}5; 0{,}5; 0{,}25)_{LR}$ mit (1.65)

$\tilde{K}^{-1} = (0{,}5; 0{,}25; 0{,}5)_{LR}$ mit (1.66)

$\tilde{N} \oslash \tilde{K} = (3; 4; 3)_{LR}$ mit (1.67)

$\tilde{N} \oslash \tilde{K} = (3; 2; 6)_{LR}$ mit (1.68')

1.8 a. $\tilde{K} \oplus \tilde{N} = (13; 16; 4; 4)_{LR}$

$-\tilde{M} = (-3; -2; 2; 1)_{LR}$

b. $\tilde{K} \odot \tilde{N} = (40; 63; 22; 33)_{LR}$

c. $$\tilde{M}^{-1} = \left(\frac{1}{m_2}; \frac{1}{m_1}; \frac{\beta}{m_2^2}(1-\frac{\beta}{m_2+\beta}); \frac{\alpha}{m_1^2}(1+\frac{\alpha}{m_1-\alpha})\right)_{LR} = \left(\frac{1}{3}; \frac{1}{2}; \frac{2}{15}; \frac{1}{2}\right)_{LR}$$

$$\tilde{N} \oslash \tilde{M} = \left(\frac{n_1}{m_2}; \frac{n_2}{m_1}; \frac{n_1\beta + m_2\gamma}{m_2}(1-\frac{\beta}{m_2+\beta}); \frac{n_2\alpha + m_1\delta}{m_1}(1+\frac{\alpha}{m_1-\alpha})\right)_{LR}$$

$$= \left(\frac{n_1}{m_2}; \frac{n_2}{m_1}; \frac{n_1\beta + m_2\gamma}{m_2(m_2+\beta)}; \frac{n_2\alpha + m_1\delta}{m_1(m_1-\alpha)}\right)_{LR} = \left(\frac{8}{3}; \frac{9}{2}; \frac{22}{15}; \frac{15}{2}\right)$$

1.9 a.

	∅	A	B	C	A∪B	A∪C	B∪C	Ω
P	0	0,5	0,1	0,4	0,6	0,9	0,5	1
Π	0	1	0,3	0,6	1	1	0,6	1
$g_{-1/4}$	0	0,5	0,2	0,308	0,675	0,77	0,493	1

b.

	∅	A	B	C	A∪B	A∪C	B∪C	Ω
Π	0	0,3	0,6	1	0,6	1	1	1

c.

	∅	A	B	C	A∪B	A∪C	B∪C	Ω
b	0	0,2	0,1	0	0,6	0,2	0,5	1
P_1	0	0,5	0,8	0,4	1	0,9	0,8	1

1.10 $\gamma = 0{,}1 + 0{,}8 + 0{,}1 = 1.$

1.11 a. $P(\tilde{C}) = \frac{1}{30}(5\cdot 0,3 + 5\cdot 1 + 5\cdot 1 + 5\cdot 0,3) = \frac{13}{30} = 0,4\overline{3}...$

b. $P(\tilde{C} \cap \tilde{B}) = \frac{2}{30}(1 + 0,7 + 0,2 + 0,3 + 0,3 + 0,2) = \frac{2\cdot 2,7}{30} = 0,18$

$P(\tilde{C} \cup \tilde{B}) = \frac{2}{30}(1 + 0,7 + 0,2 + 1 + 0,7 + 3\cdot 0,3 + 5\cdot 1) = \frac{19}{30} = 0,6\overline{3}...$

$P(\tilde{C}) + P(\tilde{B}) - P(\tilde{C} \cap \tilde{B}) = \frac{13}{30} + \frac{11,4}{30} - \frac{5,4}{30} = \frac{19}{30} = P(\tilde{C} \cup \tilde{B})$

c. $P(\tilde{C}\cdot\tilde{B}) = \frac{2}{30}(0,3 + 0,21 + 0,06 + 1 + 0,7 + 0,2) = \frac{4,94}{30} = 0,1647$

$P(\tilde{C})\cdot P(\tilde{B}) = \frac{13}{30}\cdot\frac{1,9}{5} = \frac{4,94}{30}$.

1.12 Die nachfolgenden Matrizen charakterisieren die Verknüpfungen

$\tilde{R}_1 \circ \tilde{R}_1$ und $\tilde{R}_2 \circ \tilde{R}_2$

	y_1	y_2	y_3
x_1	1	0,8	0,5
x_2	0,8	1	0,5
x_3	0,5	0,5	1

	y_1	y_2	y_3
x_1	1	0,8	0,6
x_2	0	1	0,4
x_3	0	0	1

Da $\tilde{R}_1 \circ \tilde{R}_1 \supseteq \tilde{R}_1$ ist $\tilde{R}_1$ nicht transitiv.

Aus $\tilde{R}_2 \circ \tilde{R}_2 \subseteq \tilde{R}_2$ folgt, daß $\tilde{R}_2$ transitiv ist. Nach Beispiel < 1.52 > ist $\tilde{R}_2$ außerdem reflexiv und perfekt antisymmetrisch. Somit stellt $\tilde{R}_2$ eine Fuzzy-(Halb-)Ordnung dar.

1.13

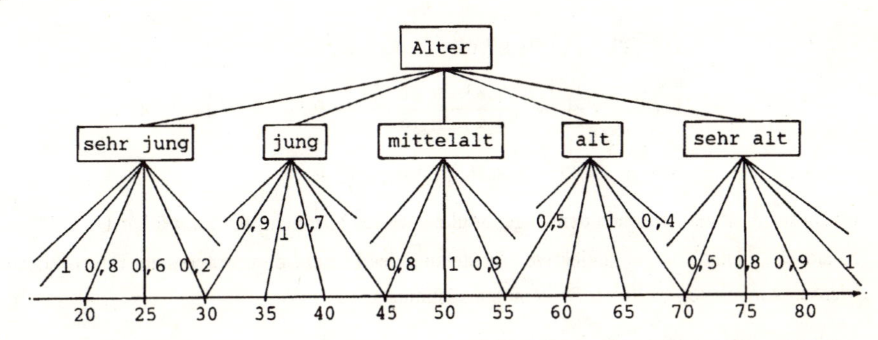

LÖSUNGEN ZU DEN AUFGABEN DES 2. KAPITELS

2.1

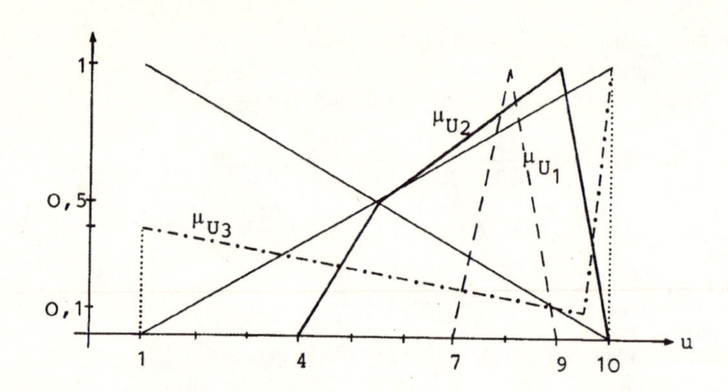

a. Nach BAAS und KWAKERNAAK ist $\mu_C(3) = 1 > \mu_C(2) = \mu_C(1) = 0,4$ und somit $\tilde{U}_3$ die beste Bewertung, während $\tilde{U}_2$ und $\tilde{U}_1$ als gleichwertig anzusehen ist.

b. Nach JAIN gilt $\mu_C^M(3) = 1 > \mu_C^M(2) = 0,9 > \mu_C^M(1) = 0,8$ und somit $\tilde{U}_3 \succ \tilde{U}_2 \succ \tilde{U}_1$.

c. Da $\mu_C^G(3) = 0,4$, $\mu_C^G(2) = 0,5$ und $\mu_C^G(1) = 0,3$ gilt nach dem CHEN-Kriterium $\mu_C(3) = \frac{1+0,6}{2} = 0,8 > \mu_C(1) = \frac{0,8+0,7}{2} = 0,75 > \mu_C(2) = \frac{0,9+0,5}{2} = 0,7$ und somit $\tilde{U}_3 \succ \tilde{U}_1 \succ \tilde{U}_2$.

d. Werden im Niveau-Ebenen-Verfahren die drei Niveaus α = 0,3; 0,6; 0,9 berücksichtigt, so rechnet man
$$H_5(\tilde{U}_1) = \frac{1}{3}(8+8+8) = 8$$
$$H_5(\tilde{U}_2) = \frac{1}{3}(6,98+7,62+8,66) = 7,75$$
$$H_5(\tilde{U}_3) = \frac{1}{3}\left(\frac{1,92 \cdot 2,83 + 9,81 \cdot 0,39}{2,83+0,39} + 9,89 + 9,97\right) = 7,58$$
und somit $\mu_C(1) = 1 > \mu_C(2) = \frac{7,55}{8} = 0,97 > \mu_C(3) = 0,95$.

Ob dieser Abstand zwischen den Zugehörigkeitswerten ausreicht, die Rangfolge $\tilde{U}_1 \succ \tilde{U}_2 \succ \tilde{U}_3$ zu sichern, hängt von der subjektiven Einstellung des Entscheidungsträgers ab. Ein risikoscheuer Mensch wird sicherlich dieser Reihenfolge zustimmen.

e. Nach dem "Erwartungswert"-Verfahren gilt
$$H_1(\tilde{U}_1) = \frac{2 \cdot 3,83}{2 \cdot 0,5} = 7,66$$
$$H_1(\tilde{U}_2) = \frac{1,875 + 19,54 + 4,67}{0,37 + 2,626 + 0,5} = 7,46$$
$$H_1(\tilde{U}_2) = \frac{14,39 + 2,7}{2,125 + 1,25} = 5,06$$
und somit
$$\mu_C(1) = 1 > \mu_C(2) = \frac{7,46}{7,66} = 0,97 > \mu_C(3) = \frac{5,06}{7,66} = 0,66,$$

d.h. die Alternative a_1 ist geringfügig besser als die Alternative a_2; beide sind aber deutlich der Alternativen a_3 vorzuziehen.

2.2

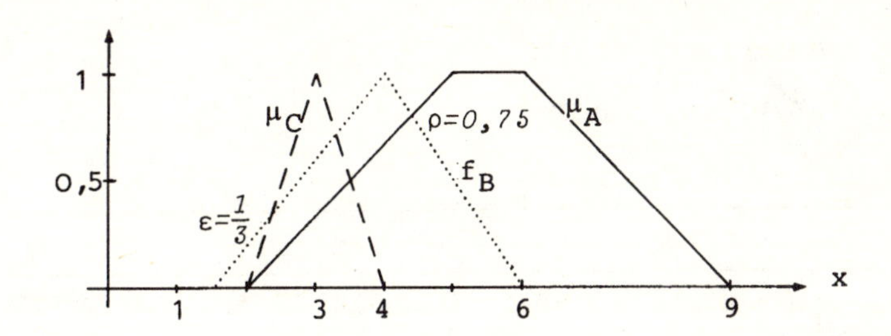

a. $\tilde{A} \ominus \tilde{B} = (1; 2; 4; 5{,}5)_{LR}$ ist fast positiv auf dem Niveau h = 0,25.
$\tilde{A} \ominus \tilde{C} = (2; 3; 4; 4)_{LR}$ ist fast positiv auf dem Niveau h = 0,5.

b. Für $\rho = \frac{5}{7} = 0{,}71$ gilt $\tilde{B} \succ_\rho \tilde{C}$.

c. Da $\rho = 1 - h$, ist nach Teilaufgaben a. $\tilde{A} \succ_\rho \tilde{B}$ auf dem Niveau $\rho = 0{,}75$ erfüllt. Zusammen mit der Anwort zur Teilaufgabe b. folgt dann, daß $\tilde{A} \succ_\rho \tilde{B} \succ_\rho \tilde{C}$ gültig ist, da
$\text{Min}\,(0{,}75; 0{,}71) = 0{,}71 < 0{,}8 = \rho^*$.

d. $\tilde{A} \succ_\varepsilon \tilde{B}$ ist gegeben auf dem Niveau $\varepsilon = 0$.
$\tilde{B} \succ_\varepsilon \tilde{C}$ ist erfüllt auf dem Niveau $\varepsilon = \frac{1}{3}$.

e. Aus den Antworten zur Teilaufgabe d. folgt, daß die Doppelungsgleichung $\tilde{A} \succ_\varepsilon \tilde{B} \succ_\varepsilon \tilde{C}$ bei gegebenem Niveau $\varepsilon^* = 0{,}5$ erfüllt ist, da $\text{Max}\,(0, \frac{1}{3}) = \frac{1}{3} < 0{,}5 = \varepsilon^*$.

LÖSUNGEN ZU DEN AUFGABEN DES 3. KAPITELS

3.1 a. Mit Formel (3.15) erhält man die a-priori-Gewinnerwartungswerte

$\tilde{E}(a_1) = (68; 32; 23)_{LR}$
$\tilde{E}(a_2) = (97; 27; 15)_{LR}$
$\tilde{E}(a_3) = (50; 10{,}5; 4{,}5)_{LR}$

Nach beiden Präferenzen ist $a^* = a_2$ die optimale Alternative. Bei Annahmen der Referenzfunktionen $L(x) = \text{Max}\,(0, 1 - x)$ sind die ε-Präferenzen $\tilde{E}(a_2) \succ_\varepsilon \tilde{E}(a_1)$ und $\tilde{E}(a_2) \succ_\varepsilon \tilde{E}(a_3)$ auf dem bestmöglichen Niveau $\varepsilon = 0$ gesichert.

Dagegen ist die ε-Präferenz $\tilde{E}(a_2) \succ_\varepsilon \tilde{E}(a_1)$ nach Formel (2.6) nur gesichert auf dem Niveau

$$\rho = 1 - \frac{97-68}{27+23} = 1 - \frac{29}{50} = 0{,}42.$$

b. Mit der Formel (3.11) folgt:
$p(x_1) = 0{,}33$; $p(x_2) = 0{,}40$; $p(x_3) = 0{,}27$.

Mit der BAYESschen Formel (3.6) erhält man

$p(s_j \mid x_r)$	x_1		x_3
s_1	0,4545	0,10	0,037
s_2	0,4545	0,75	0,185
s_3	0,0910	x_2	0,778

c.

$\tilde{E}(a_i \mid x_r)$	x_1	x_2	x_3
a_1	(133,62; 34,55; 20,91)	(81,20; 32,05; 22,55)	(-43,74; 30,37; 27,78)
a_2	(130,90; 29,09; 15,46)	(103,15; 29,20; 13,20)	(23,67; 22,22; 18,15)
a_3	(50; 8,18; 6,82)	(50; 10,78; 4,75)	(50; 13,71; 2,22)

Bei Annahme der Referenzfunktion L(x) = R(x) = Max (0, 1 - x) ergeben sich die a-posteriori-Präferenzfolgen:

$\tilde{E}(a_1 \mid x_1) \succ_{\varepsilon=0,50} \tilde{E}(a_2 \mid x_1) \succ_{\varepsilon=0} \tilde{E}(a_3 \mid x_1)$

$\tilde{E}(a_2 \mid x_2) \succ_{\varepsilon=0} \tilde{E}(a_1 \mid x_2) \succ_{\varepsilon=0} \tilde{E}(a_3 \mid x_2)$

$\tilde{E}(a_3 \mid x_3) \succ_{\varepsilon=0} \tilde{E}(a_2 \mid x_3) \succ_{\varepsilon=0} \tilde{E}(a_1 \mid x_3)$.

d. $\tilde{E}(X) = (13{,}62;\ 34{,}55;\ 20{,}91)_{LR} \odot 0{,}33 \oplus (103{,}15;\ 29{,}20;\ 13{,}20)_{LR} \odot 0{,}40 \oplus$
$(50;\ 13{,}71;\ 2{,}22)_{LR} \odot 0{,}27\ =\ 98{,}85;\ 26{,}78;\ 12{,}78)_{LR}$

$\tilde{W}(X) = \tilde{E}(X) \ominus \tilde{E}(a^*)$
$= (98{,}85;\ 26{,}78;\ 12{,}78)_{LR} \ominus (97;\ 27;\ 15)_{LR} = (1{,}85;\ 41{,}78;\ 39{,}78)_{LR}$.

Die maximale Höhe akzeptierbarer Informationskosten auf dem Niveau $\varepsilon = 0$ ist nach Formel (3.31) gleich $K_2(X \mid \varepsilon = 0) = \text{Min}(1{,}85;\ 2{,}07;\ -0{,}37) = -0{,}37$, d.h., will der Entscheidungsträger auf dem Sicherheitsniveau $\varepsilon = 0$ entscheiden, so lohnt sich das Einholen der Information nicht. Soll die Entscheidung dagegen auf dem schwächeren Niveau $\varepsilon = 0{,}4$ erfolgen, so dürfen maximal

$K_2(X \mid \varepsilon = 0{,}4) = \text{Min}(1{,}85;\ 1{,}98;\ -0{,}52) = -0{,}52$

Geldeinheiten für die Information X bezahlt werden.

3.2 a. Mit der Formel (3.11) erhält man

$p(y_1) = 0{,}339;\quad p(y_2) = 0{,}169;\quad p(y_3) = 0{,}141;\quad p(y_4) = 0{,}104;$
$p(y_5) = 0{,}059;\quad p(y_6) = 0{,}065;\quad p(y_7) = 0{,}123$.

b. Mit der BAYESschen Formel (3.6) erhält man die a-posteriori-Wahrscheinlichkeiten

$p(s_j \mid y_q)$	y_1	y_2	y_3	y_4	y_5	y_6	y_7
s_1	0,88	0,56	0,35	0,19	0,25	0,15	0,08
s_2	0,10	0,36	0,54	0,75	0,51	0,23	0,07
s_3	0,02	0,08	0,11	0,06	0,24	0,62	0,85

c. Die a-posteriori-Gewinnerwartungswerte sind dann gemäß der Formel (3.7) gleich

$\tilde{E}(a_j \mid y_q)$	y_1	y_2	y_3	y_4	y_5	y_6	y_7
a_1	**193,20**	**147,20**	118,70	110,10	84,30	4,90	-44,20
a_2	145,80	133,60	**127,00**	**132,90**	**106,50**	48,50	13,30
a_3	50	50	50	50	50	**50**	**50**

d. Der ex-ante Erwartungsnutzen mit Information ist dann E(Y) = 137,78.

e. Der ex-ante Wert der Information Y ist dann W(Y) = E(Y) - E(a*) = 137,78 - 119 = 18,78.

LÖSUNGEN ZU DEN AUFGABEN DES 4. KAPITELS

4.1

	1	2	3
$U_h^{0,25}$	[-102,5; -57,5]	[77,5; 115]	[180; 225]
$P_{1h}^{0,25}$	[0,125; 0,2375]	[0,225; 0,375]	[0,425; 0,65]

Berechnung von Inf E_1 (0,25)

1. Schritt: -102,5 < 77,5 < 180

2. Schritt: $k^- = 1$ $\quad 1 - (0{,}225 + 0{,}425) = 0{,}35 \notin [0{,}125; 0{,}2375]$

$k^- = 2$ $\quad 1 - 0{,}2375 - 0{,}425 = 0{,}3375 \in [0{,}225; 0{,}375]$

3. Schritt: Inf E_1 (0,25) = 0,2375(-102,5) + (1 - 0,2375 - 0,425) 77,5 + 0,425 · 180 = 78,31 .

Berechnung von Sup E_1 (0,25)

1. Schritt: -57,5 < 115 < 225

2. Schritt: $k^+ = 1$ $\quad 1 - (0{,}375 + 0{,}65) = 0{,}025 \notin [0{,}125; 0{,}2375]$

$k^+ = 2$ $\quad 1 - 0{,}125 - 0{,}65 = 0{,}225 \in [0{,}223; 0{,}375]$

3. Schritt: Sup E1 (o,25) = 0,125 (-57,5) + (1 - 0,125 - 0,65) 115 + 0,65 · 225 = 164,94 .

4.2 a. $\mu_1(2) = 0{,}4 + 0{,}8 - 0{,}4 \cdot 0{,}8 = 1{,}2 - 0{,}32 = 0{,}88$

$\mu_2(7) = 0{,}4 + 0{,}7 - 0{,}4 \cdot 0{,}7 = 1{,}1 - 0{,}28 = 0{,}82$.

b. $H_5(\tilde{U}(a_1)) = \frac{1}{3}(\frac{1+2+3+7}{4} + \frac{1+2+3}{3} + 3) = 0{,}75$

$H_5(\tilde{U}(a_2)) = \frac{1}{3}(\frac{1+6+7+8}{4} + \frac{1+7+8}{3} + 1) = 3{,}94$

$H_5(\tilde{U}(a_3)) = \frac{1}{3}(\frac{3+4+5+6+8}{5} + \frac{4+5+6}{3} + 5) = 5$.

LÖSUNGEN ZU DEN AUFGABEN DES 5. KAPITELS

5.1 Der Fuzzy-Nutzen des Geldbetrages $(0; 30; 30)_{LR}$ ist gleich $(0{,}49; 0{,}13; 0{,}10)_{L'R'}$ und des Betrages $(200; 30; 30)_{LR}$ gleich $(0{,}94; 0{,}04; 0{,}03)_{L''R''}$.

5.2 a. *fast sicher* $(1; 0{,}1; 0)_{LR}$

b. *sehr unwahrscheinlich* $(0; 0; 0)_{LR}$

c. Eine Wahrscheinlichkeit

α. *von ungefähr 0,7* $(0{,}7; 0{,}2; 0{,}2)_{LR}$

β. *von mindestens 0,8* $(0{,}7; 1; 0{,}1; 0)_{LR}$

γ. *sehr nahe bei 0,4* $(0{,}4; 0{,}05; 0{,}05)_{LR}$

δ. *ungefähr zwischen 0,6 und 0,7* $(0{,}6; 0{,}7; 0{,}1; 0{,}1)_{LR}$

LÖSUNGEN ZU DEN AUFGABEN DES 6. KAPITELS

6.1 Nach Formel (6.4) gilt:

$u(a_1) = \text{Max}[\text{Min}(1; 0{,}4); \text{Min}(0{,}6; 0{,}7); \text{Min}(0;1)] = \text{Max}[0{,}4; 0{,}6; 0] = 0{,}6$

$u(a_2) = \text{Max}[0{,}4; 0{,}7; 0{,}1] = 0{,}7$

$u(a_3) = \text{Max}[0{,}4; 0{,}4; 0{,}4] = 0{,}4$,

d.h., die Alternative a_2 weist den höchsten Gesamtnutzenwert auf.

6.2 Nach Formel (6.8) gilt:

$L(a_1) = \text{Max}[0; 0{,}35; 1] = 1$

$L(a_2) = \text{Max}[\text{Min}(0{,}2; 0{,}4); \text{Min}(0{,}25; 0{,}7); \text{Min}(0{,}8; 1)]$

$L(a_3) = \text{Max}[0{,}4; 0{,}5; 0{,}5] = 0{,}5$,

d.h., die Altenative a_3 ist die Alternative mit dem kleinsten Gesamtrisiko.

6.3 Der Gesamtnutzen der Alternativen a_1 ist nach Form (6.10) gleich

$u(a_1) = \text{Min}[0{,}6^{0,3}; 0{,}4^{0,2}; 1^{0,2}; 0{,}2^{0,2}; 0{,}3^{0,1}]$

$\text{Min}[0{,}86; 0{,}83; 1; 0{,}72; 0{,}89] = 0{,}72$.

LÖSUNGEN ZU DEN ÜBUNGSAUFGABEN DES 8. KAPITELS

8.1 Setzen wir die drei gegebenen Punkte in die Funktionsgleichung ein, so erhalten wir die drei Bestimmungsgleichungen

$$\text{I.} \quad 1 = \alpha\left[1 - \exp\frac{\beta(-8)}{8}\right] = \alpha\left[1 - e^{-\beta}\right]$$

$$\text{II.} \quad 0{,}7 = \alpha\left[1 - \exp\frac{\beta(-4)}{8}\right] = \alpha\left[1 - e^{-\frac{1}{2}\beta}\right]$$

$$\text{III.} \quad 0 = \alpha\left[1 - \exp\frac{\beta \cdot 0}{8}\right] = \alpha\left[1 - 1\right] \quad .$$

Multipliziert man die Gleichung II. mit $\left[1+e^{-1/2\beta}\right]$ und subtrahiert dann diese Gleichung von I., so erhält man:

$$1-0{,}7\left[1+e^{-1/2\beta}\right]=0 \quad\Leftrightarrow\quad \frac{0{,}3}{0{,}7}=e^{-1/2\beta} \quad\Leftrightarrow\quad (e^{\beta})^{1/2}=\frac{7}{3} \quad\Leftrightarrow\quad e^{\beta}=(\frac{7}{3})^2$$

$$\Leftrightarrow \quad \text{II.*:} \quad \beta=\ln(\frac{7}{3})^2=2\ln\frac{7}{3} \quad .$$

Setzt man II.* in I. ein, so bestimmt sich α als

$$\alpha=\frac{1}{1-e^{-2\ln\frac{3}{7}}}=\frac{1}{1-e^{2\ln\frac{3}{7}}}=\frac{1}{1-(\frac{3}{7})^2}=\frac{49}{40} \quad .$$

LÖSUNGEN ZU DEN AUFGABEN DES 9. KAPITELS

9.1

r	$\mu_Z(x^r, y^r)$	$\mu_I(x^r, y^r)$	$\mu_{II}(x^r, y^r)$	$\mu_{III}(x^r, y^r)$
1	0,738	1	0,863	0,738
2	0,555	1	0,830	0,555

9.2 Mit dem neuen Anspruchsniveau $z_2^A = 45$ ergibt sich die Zugehörigkeitsfunktion

$$\mu_{Z_2}(x,)=\begin{cases} o & \text{sonst} \\ 0{,}5+\dfrac{5x-3y-45}{9{,}545}\cdot 0{,}5 & \text{für} \quad 35{,}455\le 5x+3y\le 54{,}545 \end{cases}$$

Die 3. und 4. Restriktion des Systems (8.59) wird dann durch eine einzige Restriktion ersetzt. Diese lautet: $19{,}09\lambda - 5x - 3y \le -35{,}455$.

9.3 $z_{Min}^{0,1}(x_1,x_2)=x_1+5x_2$

$z_{Max}^{0,1}(x_1,x_2)=7x_1+10x_2$

$\bar{z}_{Min}^{0,1}=\bar{z}_{Min}^{0,1}(x^{*0,1}_{Min})=\bar{z}_{Min}^{0,1}(0;25)=125$

$\bar{z}_{Max}^{0,1}=\bar{z}_{Max}^{0,1}(x^{*0,1}_{Max})=\bar{z}_{Max}^{0,1}(16;18)=292$

$\underline{z}_{Min}^{0,1}=z_{Min}^{0,1}(16;18)=106$

$\underline{z}_{Max}^{0,1}=z_{Max}^{0,1}(0;25)=250$

$$\mu_{Z_{Min}}^{0,1}(x_1,x_2)=\begin{cases} 0 & \text{für} \quad x_1+5x_2<106 \\ \dfrac{x_1+5x_2-106}{16} & \text{für} \quad 106\le x_1+5x_2\le 125 \\ 1 & \text{für} \quad 125<x_1+5x_2 \end{cases}$$

$$\mu_{Z_{Max}}^{0,1}(x_1,x_2)=\begin{cases}0 & \text{für} \quad 7x_1+10x_2<250\\ \dfrac{7x_1+10x_2-250}{42} & \text{für} \quad 250\le 7x_1+10x_2\le 292\\ 1 & \text{für} \quad 292<7x_1+10x_2\end{cases}$$

λ - Max

unter Beachtung der Restriktionen

$$19\lambda - x_1 - 5x_2 \le -106$$

$$42\lambda - 7x_1 - 10x_2 \le -250$$

$$\lambda \ge 0$$

$$(x_1, x_2) \in X \quad .$$

SYMBOLVERZEICHNIS

Die Symbole sind i.d.R. nach der Reihenfolge ihres Auftretens verzeichnet. Die Zahlenangaben beziehen sich auf die Seiten, auf denen die Symbole das erste Mal auftreten. Vektoren bzw. Matrizen werden durch fett geschriebene kleine bzw. große Buchstaben symbolisiert.

Symbol	Bedeutung	Seite
$A \times S$	cartesisches Produkt	S.2
$\in$	Element von	S.2
$\rightarrow$	...wird abgebildet auf...	S.2
< 1.1 >	Nummer eines Beispiels	S.7
♦	Ende eines Beispiels	S.7
$\tilde{A}$	unscharfe Menge	S.8
$\mu_A(x)$	Zugehörigkeitsfunktion	S.8
$\tilde{A}(x)$	Zugehörigkeitsfunktion	S.9
$\mu_{\tilde{A}}(x)$	Zugehörigkeitsfunktion	S.9
$m_A(x)$	Zugehörigkeitsfunktion	S.9
$>$	größer als	S.9
$\geq$	größer gleich	S.9
$>_p$	semi-größer als	S.179
$\mathbf{R}$	Menge der reellen Zahlen	S.9
$\mathbf{R}_0$	Menge d. nicht - negativen reellen Zahlen	S.37
$\mathbf{N}$	Menge d. natürl. Zahlen	S.34
$supp(\tilde{A})$	stützende Menge von $\tilde{A}$	S.10
$\forall$	für alle	S.10
$\tilde{\emptyset}$	leere unscharfe Menge	S.10
$\subseteq$	Inklusion	S.10
$\subset$	echte Inklusion	S.11
$\Leftrightarrow$	äquivalent	S.11
$\Rightarrow$	aus ... folgt	S.12
$hgt(\tilde{A})$	Höhe von $\tilde{A}$	S.11
Sup	Supremum	S.11
$\tilde{\wp}(X)$	Fuzzy-Potenzmenge	S.11
A_α	α-Niveau-Menge von A	S.12
$A_{\overline{\alpha}}$	strenge α-Niveau-Menge	S.12
$\lvert\tilde{A}\rvert$	Mächtigkeit von $\tilde{A}$	S.16
$\lVert\tilde{A}\rVert$ bzw. $card_x(\tilde{A})$	rel. Mächtigkeit von $\tilde{A}$	S.16
Min	Minimum	S.18
Max	Maximum	S.19
C	Komplement von	S.19
$\tilde{A} \cap \tilde{B}$	Durchschnitt von $\tilde{A}$ und $\tilde{B}$	S.18
$\tilde{A} \cap_p \tilde{B}$	Durchschnitt von $\tilde{A}$ und $\tilde{B}$	S.24
$\tilde{A} \cup \tilde{B}$	Vereinigung von $\tilde{A}$ und $\tilde{B}$	S.19
$\tilde{A} \cup_p \tilde{B}$	Vereinigung von $\tilde{A}$ und $\tilde{B}$	S.24
$\tilde{A} + \tilde{B}$	algebraische Summe	S.22
$\tilde{A} \cdot \tilde{B}$	algebraisches Produkt	S.22
$A -_b B$	beschränkte Differenz	S.23
$A +_b B$	beschränkte Summe	S.23
T_w	drastisches Produkt	S.26
$\frac{\tilde{A} + \tilde{B}}{2}$	arithmetisches Mittel	S.28
$\sqrt{\tilde{A} \cdot \tilde{B}}$	geometrisches Mittel	S.28
$\tilde{A} \cdot_\gamma \tilde{B}$	γ - Verknüpfung	S.29
$\tilde{A} \Vert_\varepsilon \tilde{B}$	ε - Verknüpfung	S.32
$\tilde{und} / \tilde{oder}$	und/oder -Verknüpfung	S.32
$\tilde{A}_1 \times ... \times \tilde{A}_n$	cartesisches Produkt	S.34
$g^{-1}(y)$	Urbildmenge von y	S.35

Symbol	Bedeutung	Seite
$\tilde{Max}$	erweitertes Maximum	S.35
$\tilde{Min}$	erweitertes Minimum	S.38
$*$	binäre Operation in **R**	S.36
T_p	YAGERsche T-Norm	S.36
$\circledast$	erweiterte binäre Operation	S.36
$\oplus$	erweiterte Addition	S.37
$\ominus$	erweiterte Subtraktion	S.37
$\odot$	erweiterte Multiplikation	S.37
$\oslash$	erweiterte Division	S.37
$\tilde{M} = (m; \alpha, \beta)_{LR}$	L-R-Fuzzy-Zahl	S.40
$\approx$	näherungsweise gleich	S.43
$\tilde{M}^{-1}$	Inverse der Fuzzy-Zahl M	S.44
$\tilde{M} = (m_1; m_2; \alpha; \beta)_{LR}$ $\tilde{M} = (m_1; c; \alpha; \beta)_{LR}$	L-R-Fuzzy-Intervalle	S.46
$\mathcal{f}$	σ-Algebra	S.51
P (A)	Wahrscheinlichkeit von A	S.51
Π (A)	Möglichkeitsmaß von A	S.53
π (x)	Possibility-Verteilung	S.54
b(A)	Glaubensfunktion	S.56
pl(A)	Plausibilitätsfunktion	S.56
$P(\tilde{A})$	Wahrscheinlichkeit von $\tilde{A}$	S.58
$\bar{x}_{\tilde{A}}$	Erwartungswert von $\tilde{A}$	S.61
$\Pi(\tilde{A})$	Möglichkeitsmaß von $\tilde{A}$	S.62
$\tilde{R}_1 \circ \tilde{R}_2$	Max-Min-Verknüpfung	S.68
$\bigcup_i$	Vereinigung über alle i	S.72
Inf	Infimum	S.73
$\succ$	Präferenz	S.70
$\succ_\rho$	ρ-Präferenz	S.74
$\succ_h$	fast positiv	S.74
$\tilde{\succ}$	schwache Präferenz	S.76
$\succ_\varepsilon$	ε-Präferenz	S.76
$\tilde{P}_{ij}$	unscharfe Wahrsch.lichk.	S.74
π( )	Grad der Möglichkeit	S.76
R^{-1}	Umkehrfunktion	S.77
$f \circ g$	Verkettung von Fkt.	S.86
$\tilde{E}(a_i)$	Fuzzy-Erwartungswert	S.89
$\tilde{E}(a_i \mid x_r)$	a posteriori-Fuzzy-Erw.	S.92
$\tilde{W}(X)$	Fuzzy-Informationswert	S.95
$\tilde{E}(X, K(X))$	ex ante - Erwartungswert mit Info	S.97
$\tilde{U}^B(a_i)$	a priori-Nutzenbewertung	S.105
ld	logarithmus dualis	S.112
$\nexists$	es existiert kein	S.127
$\lvert I_{in} \rvert$	Mächtigkeit von I_{in}	S.128
$\sim$	äquivalent	S.134
$\tilde{\leq}$	Kleiner-Gleich-Relation	S.168
$\tilde{\leq}_\rho$	Kleiner-Gleich-Relation	S.225
$\tilde{\leq}_\varepsilon$	Kleiner-Gleich-Relation	S.226
$\tilde{\leq}_S$	Kleiner-Gleich-Relation	S.228
$\tilde{\leq}_R$	Kleiner-Gleich-Relation	S.230
$\tilde{\leq}_{KR}$	Kleiner-Gleich-Relation	S.265
$\bigcap_{i=1}^{n} \tilde{R}_i$	Durchschnitt der $\tilde{R}_i$	S.178
$Z_k^A[r]$	Anspruchsniveau	S.209
$S_\alpha(\tilde{A})$	α-Niveau-Menge von $\tilde{A}$	S.222
$(b_i; 0; \bar{\beta}_i^\varepsilon)^\varepsilon$	Fuzzy-Zahl des ε - Typs	S.231
$\left(\underline{a};\ \bar{a};\ \underline{\alpha}^\varepsilon; \bar{\alpha}^\varepsilon\right)^\varepsilon$	Fuzzy – Intervall des ε – Typs	S.231
$\tilde{N}$	Zielanspruchsniveau	S.238

LITERATURVERZEICHNIS

ADAMO J.M. (1980) FUZZY DECISION TREES. FSS 4, 207-219

ANGELOV P. (1993) A GENERALIZED APPROACH TO FUZZY OPTIMIZATION. INTERNATIONAL JOURNAL OF INTELLIGENT SYSTEMS (TO APPEAR)

ASSILIAN S.; MAMDANI EH. (1974) ARTIFICIAL INTELLIGENCE IN THE CONTROL OF REAL DYNAMIC SYSTEMS. REPORT. QUEEN MARY COLLEGE, ELECTRICAL ENGINEERING DEPARTMENT

BAAS S.M.; KWAKERNAAK H. (1977) RATING AND RANKING OF MULTIPLE-ASPECT ALTERNATIVES USING FUZZY SETS. AUTOMATICA 13, 47-58

BAGUS T. (1992) WISSENSBASIERTE BONITÄTSANALYSE FÜR FIRMENKUNDENGESCHÄFT DER KREDITINSTITUTE. VERLAG PETER LANG FRANKFURT A. M.

BALDWIN J.F.; GUILD N.C.F. (1977) COMPARISON OF FUZZY SETS ON THE SAME DECISION SPACE. FSS 2, 213-231

BAMBERG G.; COENENBERG A.G. (1992) BETRIEBSWIRTSCHAFTLICHE ENTSCHEIDUNGSLEHRE. VERLAG VAHLEN, MÜNCHEN 7. AUFL.

BANDEMER H. (ED.) (1992) MODELLING UNCERTAIN DATA. AKADEMIE-VERLAG, BERLIN

BANDEMER H. GOTTWALD S. (1992) EINFÜHRUNG IN FUZZY-METHODEN. AKADEMIE-VERLAG, BERLIN 4. AUFL.

BECKER S.W.; SIEGEL S. (1958) UTILITY OF GRADES: LEVEL OF ASPIRATION IN A DECISION THEORY CONTEXT. J. EXP. PSYCHOL. 55, 81-85

BELLMANN R.; GIERTZ M. (1973) ON THE ANALYTIC FORMALISM OF THE THEORY OF FUZZY SETS. INFORMATION SCIENCES 5, 149-156

BELLMANN R.; ZADEH L.A. (1970) DECISION-MAKING IN A FUZZY ENVIROMENT. MANAGEMENT SCIENCE 17, NR.4, B141-B164

BEZDEK J.C. (1991) PATTERN RECOGNITION WITH FUZZY OBJECTIVE FUNCTION ALGORITHMS. PLENUM PRESS, NEW YORK

BEZDEK J.C.; PAL S.K. (EDS.) (1992) FUZZY MODELS FOR PATTERN REGOGNITION. IEEE PRESS, NEW YORK

BITZ M. (1977) DIE STRUKTURIERUNG ÖKONOMISCHER ENTSCHEIDUNGSMODELLE. WIESBADEN

BONISSONE P.P. (1987) SUMMARIZING AND PROPAGATING UNCERTAIN INFORMATION WITH TRIANGULAR NORMS. INTERNATIONAL JOURNAL. OF APPROXIMATE REASONIG 1, 71-101

BORTOLAN G.; DEGANI R. (1985) RANKING FUZZY SUBSETS. FSS 15, 1-19

BRAUN F. (1991) FUZZY-VERKNÜPFUNGSOPERATOREN MIT ASYMETRISCHER KOMPENSATION - THEORIE UND EMPIRISCHE ÜBERPRÜFUNG. DIPLOMARBEIT AN DER UNIVERSITÄT FRANKFURT AM MAIN, FB WIRTSCHAFTSWISSENSCHAFTEN

BRETZKE W.-R. (1980) DER PROBLEMBEZUG VON ENTSCHEIDUNGSMODELLEN. TÜBINGEN

BUCKLEY J.J. (1988) POSSIBILISTIC LINEAR PROGRAMMING WITH TRIANGULAR FUZZY NUMBERS. FSS 26, 135-138

BUCKLEY J.J. (1990) STOCHASTIC VERSUS POSSIBILISTIC PROGRAMMING. FSS 34, 173-177

BUCKLEY J.J. (1992) THEORY OF FUZZY CONTROLLER: AN INTRODUCTION. FSS 51, 249-258

BUCKLEY J.J.; QU Y. (1991) SOLVING FUZZY EQUATIONS: A NEW CONCEPT. FSS 39, 291-302

CARLSSON C. (1984) ON THE RELEVANCE OF FUZZY SETS IN MANAGEMENT SCIENCE METHODOLOGY. [ZIMMENRMANN; ZADEH; GAINES 1984], 11-28

CARLSSON C.; KORHONEN P. (1986) A PARAMETRIC APPROACH TO FUZZY LINEAR PROGRAMMING. FSS 20, 17-30

CHANAS S. (1983) THE USE OF PARAMETRIC PROGRAMMING IN FUZZY LINEAR PROGRAMMING. FSS 11, 243-251

CHANAS S. (1989) FUZZY PROGRAMMING IN MULTIOBJECTIVE LINEAR PROGRAMMING A PARAMETRIC APPROACH. FSS 29, 303-313

CHANG W. (1981) RANKING OF FUZZY UTILITIES WITH TRIANGULAR MEMBERSHIP FUNCTIONS. PROC. INT. CONF. ON POLICY ANAL. AND INF. SYSTEMS 1981, 263-272

CHARNES A.; COOPER W.W. (1959) CHANCE-CONSTRAINED PROGRAMMING, MANAGEMENT SCIENCES 6, 73-79

CHARNES A.; COOPER W.W. (1962) PROGRAMMING WITH LINEAR FRACTIONAL FUNCTIONALS. NAVAL RESEARCH LOGISTICS QUARTERLY 9, 181-186

CHEN S.H. (1985) RANKING FUZZY NUMBERS WITH MAXIMIZING AND MINIMIZING SET. FSS 17, 113-129

CHEN S.J.; HWANG C.L. (1992) FUZZY MULTIPLE ATTRIBUTE DECISION MAKING: SPRINGER-VERLAG, HEIDELBERG

CZOGALA E. (1984) PROBABILISTIC SETS IN DECISION MAKING AND CONTROL. VERLAG TÜV RHEINLAND, KÖLN

DELGADO M.; VERDEGAY J.L.; VILA M.A. (1989) A GENERAL MODEL FOR FUZZY LINEAR PROGRAMMING. FSS 29, 21-30

DEMPSTER A.P. (1967) UPPER AND LOWER PROBABILITIES INDUCED BY MULTIVALUED MAPPING. ANNALS OF MATHEMATICAL STATISTICS 38, 325-339

DINKELBACH W. (1982) ENTSCHEIDUNGSMODELLE. BERLIN NEW YORK

DUBOIS D.; LANG J.; PRADE H. (1991) FUZZY SETS IN APPROXIMATE REASONING, PART 2: LOGICAL APPROACHES. FSS 40, 203-244

DUBOIS D.; PRADE H. (1978A) COMMENT ON 'TOLERANCE ANALYSIS USING FUZZY SETS' AND A 'PROCEDURE FOR MULTIPLE ASPECT DECISION MAKING'. INT J SYSTEMS SCI 9, 357-360

DUBOIS D.; PRADE H. (1978B) OPERATIONS ON FUZZY NUMBERS. INT J SYSTEMS SCI 9, 613-626

DUBOIS D.; PRADE H. (1979) FUZZY REAL ALGEBRA: SOME RESULTS. FSS 2, 327-348

DUBOIS D.; PRADE H. (1980) FUZZY SETS AND SYSTEMS: THEORY AND APPLICATIONS. NEW YORK LONDON TORONTO

DUBOIS D.; PRADE H. (1982) THE USE OF FUZZY NUMBERS IN DECISION ANALYSIS. [GUPTA; SANCHEZ 1982], 309-321

DUBOIS D.; PRADE H. (1983) RANKING OF FUZZY NUMBERS IN THE SETTING OF POSSIBILITY THEORY. INFORMATION SCIENCES 30, 183-224

DUBOIS D.; PRADE H. (1984) CRITERIA AGGREGATION AND RANKING OF ALTERNATIVES IN THE FRAMEWORK OF FUZZY SET THEORY. TIMS/STUDIES IN THE MANAGEMENT SCIENCES 20, 209-240

DUBOIS D.; PRADE H. (1985) A REVIEW OF FUZZY SET AGGREGATION CONNECTIVES. INFORMATION SCIENCES 36, 85-121

DUBOIS D.; PRADE H. (1986) FUZZY SETS AND STATISTICAL DATA. EUROPEAN JOURNAL OF OPERATIONAL RESEARCH 25, 345-356

DUBOIS D.; PRADE H. (1988) POSSIBILITY THEORY: AN APPROACH TO COMPUTERIZED PROCESSING OF UNCERTAINTY. PLENUM PRESS, NEW YORK

DUBOIS D.; PRADE H. (1991) FUZZY SETS IN APPROXIMATE REASONING, PART 1: INFERENCE WITH POSSIBILITY DISTRIBUTIONS. FSS 40, 143-202

ENTA Y. (1982) FUZZY DECISION THEORY. [YAGER 1982]

FANDEL G.; GRAUER M.; KURZHANSKI A.; WIERZBICKE P. (EDS.) (1986) LARGE-SCALE MODELING AND INTERACTIVE DECISION ANALYSIS. BERLIN HEIDELBERG NEW YORK

FEDRIZZI M.; FULLER R. (1992) STABILITY IN POSSIBILISTIC LINEAR PROGRAMMING WITH CONTINUOUS FUZZY NUMBER PARAMETERS. FSS 47, 187-192

FEDRIZZI M.; KACPRZYK J.; RUBENS M. (EDS.) (1991) INTERACTIVE FUZZY OPTIMIZATION AND MATHEMATICAL PROGRAMMING. SPRINGER-VERLAG, BERLIN HEIDELBERG

FILEV D.; ANGELOV P. (1992) FUZZY OPTIMAL CONTROL. FSS 47, 151-156

FISHBURN P.C. (1970) UTILITY THEORY FOR DECISION MAKING. NEW YORK LONDON SYDNEY TORONTO

FREELING A.N.S. (1980) FUZZY SETS AND DECISION ANALYSIS. IEEE TRANSACTIONS ON SYSTEMS, MAN, AND CYBERNETICS, SMC-10, 341-354

FRENCH S. (1986) DECISION THEORY. CHICHESTER

FRIEDMAN M.; SAVAGE L.J. (1948) THE UTILITY OF CHOICES INVOLVING RISK. POLITICAL ECONOMY 56, 279-304

FULLER R.; KERESZTFALVI T. (1991) ON GENERALISATION OF NGUYEN'S THEOREM. FSS 41, 371-374

FUNG L.W.; FU K.S. (1975) AN AXIOMATIC APPROACH TO RATIONAL DECISION MAKING IN A FUZZY ENVIRONMENT. [ZADEH; FU; TANAKA; SHIMURA 1975], 227-256

GABRIEL R.; JAEGER A. (EDS.) (1993) FUZZY TECHNOLOGIEN: PRINZIPIEN, POTENTIALE UND ANWENDUNGEN. INSTITUT FÜR UNTERNEHMENSFÜHRUNG UND UNTERNEHMENSFORSCHUNG, ARBEITSBERICHT NR. 55, RUHR-UNIVERSITÄT BOCHUM

GEYER-SCHULZ A. (1986) UNSCHARFE MENGEN IM OPERATIONS RESEARCH. WIEN

GILES R. (1976) LUKASIEWICZ LOGIC AND FUZZY THEORY. INT. J. MAN.-MACH. STUD. 8, 313-327

GILES R. (1982) SEMANTICS FOR FUZZY REASONING. INT. J. MAN.-MACH. STUD. 17, 401-415

GILES R. (1988) THE CONCEPT OF GRADE OF MEMBERSHIP. FSS 25, 297-323

GOEDECKE U.; HANUSCHECK R. (1987) REDUKTION KOMPLEXER ERWARTUNGSSTRUKTUREN IN MEHRSTUFIGEN ENTSCHEIDUNGSSITUATIONEN. OPERATIONS RESEARCH PROCEEDINGS 1986, 479-486

GOTTWALD S. (1993) FUZZY SETS AND FUZZY LOGIC. VIEWEG VERLAG, WIESBADEN

GRAHAM I.; JONES P.L. (1988) EXPERT SYSTEMS - KNOWLEDGE, UNCERTAINTY AND DECISION. CHAPMAN AND HALL COMPUTING, NEW YORK

GUPTA M.M.; KAUFMANN A. (1991) FUZZY MATHEMATICAL MODELS IN ENGINEERING AND MANAGEMENT SCIENCE. NORTH-HOLLAND, AMSTERDAM

GUPTA M.M.; SANCHEZ E. (1982) FUZZY INFORMATION AND DECISION PROCESSES. AMSTERDAM NEW YORK OXFORD

GUPTA M.M.; YAMAKAWA T.(EDS.) (1988A) FUZZY COMPUTING -THEORY, HARDWARE AND APPLICATIONS. NORTH-HOLLAND, AMSTERDAM

GUPTA M.M.; YAMAKAWA T.(EDS.) (1988B) FUZZY LOGIC IN KNOWLEDGE-BASED SYSTEMS, DECISION AND CONTROL. NORTH HOLLAND, AMSTERDAM

HALEY K.B. (ED.) (1979) OPERATIONAL RESEARCH 1978. AMSTERDAM, NEW YORK OXFORD

HALL L.O., KANDEL A. (1986) DESIGNING FUZZY EXPERT SYSTEMS. VERLAG TÜV RHEINLAND, KÖLN

HAMACHER H. (1978) ÜBER LOGISCHE AGGREGATIONEN NICHT-BINÄR EXPLIZITER ENTSCHEIDUNGSKRITERIEN. FRANKFURT/M

HAMACHER H.; LEBERLING H.; ZIMMERMANN H.J. (1978) SENSITIVITY ANALYSIS IN FUZZY LINEAR PROGRAMMING. FSS 1, 269-281

HANNAN E.L. (1981) LINEAR PROGRAMMING WITH MULTIPLE FUZZY GOALS. FSS 6, 235-248

HANUSCHECK R. (1986) INVESTITIONSPLANUNG AUF DER GRUNDLAGE VAGER DATEN. IDSTEIN

HANUSCHECK R.; ROMMELFANGER H. (1987) LINEARE ENTSCHEIDUNGSMODELLE MIT VAGEN ZIELKOEFFIZIENTEN. OPERATIONS RESEARCH PROCEEDINGS 1986, 589-596

HAUSCHILD J. (1977) ENTSCHEIDUNGSZIELE. TÜBINGEN

HAX H. (1985) INVESTITIONSTHEORIE. WÜRZBURG, 5. AUFL.

HERSH H.M.; CARAMAZZA A.A. (1976) A FUZZY SET APPROACH TO MODIFIERS AND VAGUENESS IN NATURAL LANGUAGE. J. EXP. PSYCHOL. (GENERAL) 105, 254-276

HICKS J.R.; ALLEN R.G.D. (1934) A RECONSIDERATION OF THE THEORY OF VALUE. ECONOMICA 1, 52-76 AND 196-219

HWANG L.L.; MASUD A.S.M. (1979) MULTIPLE OBJECTIVE DECISION MAKING - METHODS AND APPLICATIONS. BERLIN HEIDELBERG NEW YORK

ISERMANN H. (1979) STRUKTURIERUNG VON ENTSCHEIDUNGSPROZESSEN BEI MEHRFACHER ZIELSETZUNG. OR-SPEKTRUM 1, 3-26

JACOB H. (1976)ALLGEMEINE BETRIEBSWIRTSCHAFTSLEHRE. WIESBADEN

JAIN R. (1976) DECISIONMAKING IN THE PRESENCE OF VARIABLES. IEEE TRANSACTIONS ON SYSTEMS, MAN, AND CYBERNETICS 6, 698-703

JAIN R. (1980) FUZZYISM AND REAL WORLD PROBLEMS, IN [WONG; CHANG 1980], 129-132

JILIANG M. (ED.) (1989) A BIBLIOGRAPHY OF FUZZY SYSTEMS. XUEYUAN PRESS, BEIJING

JONES A.; KAUFMANN A.; ZIMMERMANN H.J. (EDS) (1986) FUZZY SETS THEORY AND APPLICATIONS. DORDRECHT BOSTON LANCASTER TOKYO

KACPRZYK J. (1985) GROUP DECISION MAKING WITH A FUZZY MAJORITY VIA LINGUISTIC QUANTIFIERS. J. CYBERNETICS AND SYSTEMS 16, PART I: A CONSENSORY-LIKE POOLING 119-129; PART II: A COMPETITIVE POOLING 131-144

KACPRZYK J.; FEDRIZZI M. (1990) MULTIPERSON DECISION MAKING MODELS USING FUZZY SETS AND POSSIBILITY THEORY. KLUWER, DORDRECHT

KACPRZYK J.; FEDRIZZI M. (EDS.) (1988) COMBINING FUZZY IMPRECISION WITH PROBABILISTIC UNCERTAINTY IN DECISION MAKING. SPRINGER-VERLAG, BERLIN HEIDELBERG

KACPRZYK J.; FEDRIZZI M.; NURMI H. (1992) GROUP DECISION MAKING AND CONSENSUS UNDER FUZZY PREFERENCES AND FUZZY MAJORITY. FSS 49, 21-32

KACPRZYK J.; ORLOVSKY S.A. (EDS.) (1987) OPTIMIZATION MODELS USING FUZZY SETS AND POSSIBILITY THEORY. D. REICHEL, DORDRECHT

KACPRZYK J.; YAGER R.R. (EDS.) (1985) MANAGEMENT DECISION SUPPORT SYSTEMS USING FUZZY SETS AND POSSIBILITY THEORY. VERLAG TÜV RHEINLAND, KÖLN

KAHLERT J.; FRANK H. (1993) FUZZY-LOGIK UND FUZZY-CONTROL. VIEWEG, WIESBADEN

KALL P. (1976) STOCHASTIC LINEAR PROGRAMMING. SPRINGER-VERLAG, BERLIN HEIDELBERG

KALL P. (1982) STOCHASTIC PROGRAMMING, EUROPEAN JOURNAL OF OPERATIONAL RESEARCH 10, 125-130

KAUFMANN A. (1986) ON THE RELEVANCE OF FUZZY SETS FOR OPERATIONS RESEARCH. EUROPEAN JOURNAL OF OPERATIONAL RESEARCH 25, 330-335

KAUFMANN A.; GUPTA M.M. (1985) INTRODUCTION TO FUZZY ARITHMETIC. NEW YORK

KAUFMANN A.; GUPTA M.M. (1988) FUZZY MATHEMATICAL MODELS IN ENGINEERING AND MANAGEMENT SCIENCE. NORTH HOLLAND, AMSTERDAM

KERESTFALVI T. (1992A) T-NORM-BASED ADDITION FOR FUZZY INTERVALS. FSS 51, 155-159

KERESTFALVI T. (1992B) OPERATIONS ON FUZZY NUMBERS EXTENDED BY YAGER'S FAMILIY OF T-NORMS. [BANDEMER 1992], 163-168

KERESTFALVI T.(1994) A NOTE ON MULTIPLICATION OF L-R-FUZZY NUMBERS: FSS, (TO APPEAR)

KICKERT W.J.M. (1978) FUZZY THEORIES ON DECISION-MAKING. MARTINUS NIJHOFF, LEIDEN

KLEIN HANEVELD W.K. (1986) QUALITY IN STOCHASTIC LINEAR AND DYNAMIC PROGRAMMING. SPRINGER-VERLAG, BERLIN HEIDELBERG

KLEMENT E.P.; SLANY W. (1993) FUZZY LOGIC IN ARTIFICIAL INTELLIGENCE. SPRINGER-VERLAG, BERLIN HEIDELBERG

KOSKO B. (1992) NEURAL NETWORK AND FUZZY SYSTEMS. PRENTICE HALL, ENGLEWOOD CLIFFS

KOVACS M. (1988) ON THE G-FUZZY LINEAR SYSTEMS. BUSEFAL. 37, 69-77

KOVACS M. (1992) STABLE EMBETTING OF ILL-POSED LINEAR EQUALITY AND INEQUALITY SYSTEMS INTO FUZZY SYSTEMS. FSS 45, 305-312

KRISHNAPURAM R.; LEE J. (1992) FUZZY CONNECTIVE-BASED HIERARCHICAL AGGRGATION NETWORKS FOR DECISION MAKING. FSS 46, 11-28

KRUSE R.; GEBHARDT J.; KLAWONN F. (1993) FUZZY SYSTEME. B.G. TEUBNER, STUTTGART

KRUSE R.; MEYER K.D. (1987) STATISTICS WITH VAGUE DATA. D. REICHEL, DORDRECHT

KRUSE R.; SCHWENCKE E.; HEINSOHN J. (1991) UNCERTAINTY AND VAGUENESS IN KNOWLEDGE BASED SYSTEMS. SPRINGER-VERLAG, BERLIN HEIDELBERG

KRUSE R.; SIEGEL P. (EDS.) (1991) SYMBOLIC AND QUANTITATIVE APPROACHES TO UNCERTAINTY. SPRINGER-VERLAG, HEIDELBERG BERLIN

LAI Y.J.; HWANG C.L. (1992) FUZZY MATHEMATICAL PROGRAMMING - METHODS AND APPLICATIONS. SPRINGER-VERLAG, BERLIN HEIDELBERG

LAI Y.J.; HWANG C.L. (1992) INTERACTIVE FUZZY LINEAR PROGRAMMING. FSS 45, 169-183

LAI Y.J.; HWANG C.L. (1993) A NEW APPROACH TO SOME POSSIBILISTIC LINEAR PROGRAMMING PROBLEMS. FFS 49

LAUX H. (1971) FLEXIBLE INVESTITIONSPLANUNG. WESTDEUTSCHER VERLAG, OPLADEN

LAUX H. (1991) ENTSCHEIDUNGSTHEORIE I. GRUNDLAGEN. SPRINGER-VERLAG, BERLIN HEIDELBERG 2. AUFLAGE

LAUX H. (1982) ENTSCHEIDUNGSTHEORIE II. ERWEITERUNG UND VERTIEFUNG. SPRINGER-VERLAG, BERLIN HEIDELBERG

LEBERLING H. (1981) ON FINDING COMPROMISE SOLUTIONS IN MULTICRITERIA PROBLEMS USING THE FUZZY MIN-OPERATOR. FSS 6, 105-118

LEBERLING H. (1983) ENTSCHEIDUNGSFINDUNG BEI DIVERGIERENDEN FAKTORINTERESSEN UND RELAXIERTEN KAPAZITÄTSRESTRIKTIONEN MITTELS EINES UNSCHARFEN LÖSUNGSANSATZES. ZEITSCHRIFT FÜR BETRIEBSWIRTSCHAFTSLEHREF 35, 398-419

LEUNG Y. (1984) COMPROMISE PROGRAMMING UNDER FUZZINESS. CONTROL AND CYBERNETICS 13, 203-214

LODWICK W.A. (1990) ANALYSIS OF STRUCTURE IN FUZZY LINEAR PROGRAMS. FSS 38, 15-26

LUHANDJULA M.K. (1982) COMPENSATORY OPERATORS IN FUZZY LINEAR PROGRAMMING WITH MULTIPLE OBJECTIVES. FSS 8, 245-252

LUHANDJULA M.K. (1984) FUZZY APPROACHES FOR MULTIPLE OBJECTIVE LINEAR FRACTIONAL OPTIMIZATION. FSS 13, 11-23

LUHANDJULA M.K. (1986) ON POSSIBILISTIC LINEAR PROGRAMMING. FSS 18, 15-30

LUHANDJULA M.K. (1987) MULTIPLE OBJECTIVE PROGRAMMING WITH POSSIBLE COEFFICIENTS. FUZZY SETS AND SYSTEMS 21, 135-146

LUHANDJULA M.K. (1990) FUZZY OPTIMIZATION: AN APPRAISAL. FSS 30, 257-282

MADANSKY A. (1962) METHODS OF SOLUTION ON LINEAR PROGRAMS UNDER UNCERTAINTY. OPERATIONS RESEARCH 10, 463-471

MATHES W. (1985) RANGORDNUNG ÜBER UNSCHARFE MENGEN. (DIPLOMARBEIT) FACHBEREICH WIRTSCHAFTSWISSENSCH. D. UNIVERSITÄT FRANKFURT A.M.

MAY K.O. (1954) INTRANSITIVITY, UTILITY, AND THE AGGREGATION OF PREFERENCE PATTERNS. ECONOMETRICA 22, 1-19

MILLING P. (1982) ENTSCHEIDUNG BEI UNSCHARFEN PRÄMISSEN - BETRIEBSWIRTSCHAFTLICHE ASPEKTE DER THEORIE UNSCHARFER MENGEN. ZEITSCHRIFT FÜR BETRIEBSWIRTSCHAFTSLEHRE 52, 716-734

NAKAMURA K. (1984) SOME EXTENSIONS OF FUZZY LINEAR PROGRAMMING. FSS 14, 211-219

NEGOITA C.V. (1981) FUZZY SYSTEMS. TURNBRIDGE WELLS

NEGOITA C.V.; MINOIU S.; STAN E. (1976) ON CONSIDERING IMPRECISION IN DYNAMIC LINEAR PROGRAMMING. ECONOMIC COMPUTATION AND ECONOMIC CYBERNETICS STUDIES AND RESEARCH 3, 83-95

NEGOITA C.V.; RALESCU D.A. (1975) APPLICATION OF FUZZY SETS TO SYSTEMS ANALYSIS. BASEL STUTTGART

NEGOITA C.V.; RALESCU D.A. (1987) SIMULATION, KNOWLEDGE-BASED COMPUTING AND FUZZY STATISTICS. VAN NOSTRAND REINHOLD, NEW YORK

NEGOITA C.V.; SULARIA M. (1976) ON FUZZY MATHEMATICAL PROGRAMMING AND TOLERANCES IN PLANNING. ECONOMIC COMPUTATION AN ECONOMIC CYBERNETICS STUDIES AND RESEARCH 3, 3-15

NETLIP, A LIBRARY OF LINEAR PROGRAMMING TEST PROBLEMS, COLLECTED BY D.M. GAY, AT&T BELL LABORATORIES

NEUMANN K. (1975) OPERATIONS RESEARCH VERFAHREN. VOL. I. CARL HAUSER VERLAG, MÜNCHEN

NGUYEN H.T. (1978) A NOTE ON THE EXTENSION PRINCIPLE FOR FUZZY SETS. J. MATH. ANAL. APPL. 64, 369-380

NOLA A.D.; VENTRE A.G.S. (1986) THE MATHEMATICS OF FUZZY SYSTEMS. VERLAG TÜV RHEINLAND, KÖLN

NOLTE-HELLWIG K.U.; LEINS H.; KRAKL J. (1991) DIE STEUERUNG VON BONITÄTSRISIKEN IM FIRMENKUNDENGESCHÄFT. IN: LÜTHJE B (ED.) RISIKOMANAGEMENT IN BANKEN - KONZEPTIONEN UND STEUERUNGSSYSTEME. VERBAND ÖFFENTLICHER BANKEN, BONN (BERICHTE UND ANALYSEN BD. 13)

NOVÁK V. (1989) FUZZY SETS AND THEIR APPLICATIONS. ADAM HILGER, BRISTOL PHILADELPHIA

ODER C.; RENTZ O. (1993) ENTWICKLUNG EINES AUF DER THEORIE UNSCHARFER MENGEN BASIERENDEN ENERGIE-EMISSIONS-MODELLS. OPERATIONS RESEARCH PROCEEDINGS 1992, 111-118

OKUDA T.; TANAKA H.; ASAI K. (1974) DECISION-MAKING AND INFORMATION IN FUZZY EVENTS. BULL. UNIV. OSAKA PREFECT., SER. A 23, 193-202

OKUDA T.; TANAKA H.; ASAI K. (1975) A FORMULATION OF FUZZY DECISION PROBLEMS WITH FUZZY INFORMATION USING PROBABILITY MEASURES OF FUZZY EVENTS. 7th INTERNATIONAL CONFERENCE ON OPERATIONAL RESEARCH, TOKYO

ORLOVSKI S.A. (1977) ON PROGRAMMING WITH FUZZY CONSTRAINT SETS. KYBERNETES , 197-201

ORLOVSKI S.A. (1984) MULTIOBJECTIVE PROGRAMMING PROBLEMS WITH FUZZY PARAMETERS. CONTROL AND CYBERNETICS 13, 173-183

ORLOVSKI S.A. (1985) MATHEMATICAL PROGRAMMING PROBLEMS WITH FUZZY PARAMETERS. [KACPRZYK; YAGER 1985], 136-145

PARETO V.(1909) MANUAL D'ECONOMIC POLITIQUE. PARIS

PAWLAW Z. (1991) ROUGH SETS - THEORETICAL ASPECTS OF REASONING ABOUT DATA. KLUWER ACADEMIC PUBLISHERS, DORDRECHT

PAYSEN N. (1992) UNTERNEHMENSPLANUNG BEI VAGEN DATEN. VERLAG PETER LANG FRANKFURT AM MAIN

PEDRYCZ W. (1992) FUZZY CONTROL AND FUZZY SYSTEMS. RESEARCH STUDIES PRESS, TAUNTON

PRADE H.; NEGOITA C.V. (EDS.) (1986) FUZZY LOGIC IN KNOWLEDGE ENGINEERING. VERLAG TÜV RHEINLAND, KÖLN

RAIFFA H. (1973) EINFÜHRUNG IN DIE ENTSCHEIDUNGSTHEORIE. MÜNCHEN WIEN

RALESCU A.L.; RALESCU D.A. (1984) PROBABILITY AND FUZZINESS. INF. SCI. 34, 85-92

RAMÍK J. (1986) EXTENSION PRINCIPLE IN FUZZY OPTIMIZATION. FSS 19, 29-36

RAMÍK J. (1987) A UNIFIED APPROACH TO FUZZY OPTIMIZATION. REPRINTS OF THE SECOND IFSA CONGRESS IN TOKYO 1987, VOL 1, 128-130

RAMÍK J. (1991) FUZZY PREFERENCES IN LINEAR PROGRAMMING, [FEDRIZZI; KACPRZYK; ROUBENS 1991], 49-58

RAMÍK J.; RIMANEK J. (1985) INEQUALITY BETWEEN FUZZY NUMBERS AND ITS USE IN FUZZY OPTIMIZATION. FSS 16, 123-138

RAMÍK J.; RIMANEK J. (1987) FUZZY PARAMETERS IN OPTIMAL ALLOCATION OF RESOURCES, [KACPRZYK; ORLOVSKI 1987], 359-374

RAMÍK J.; ROMMELFANGER H. (1993) A SINGLE- AND A MULTI-VALUED ORDER ON FUZZY NUMBERS AND ITS USE IN LINEAR PROGRAMMING WITH FUZZY COEFFICIENTS. FSS 57, 203-208

RAMÍK J.; ROMMELFANGER H. (1994) NONNEGATIVE EXTREMAL SOLUTION OF FUZZY EQUATION $\tilde{\mathbf{A}} \oplus \tilde{\mathbf{X}} \cong \tilde{\mathbf{B}}$ AND ITS USE IN NETWORK ANALYSIS. FOUNDATIONS OF COMPUTING AND DECISION SCIENCES (TO APPEAR)

RÖDDER W. (1975) ON 'AND' AND 'OR' CONNECTIVES IN FUZZY SET THEORY. INST. F. WIRTSCHAFTSWISSENSCHAFTEN, RWTH AACHEN, ARBEITSBERICHT NR. 75/07

RÖDDER W.; ZIMMERMANN H.J. (1977) ANALYSE, BESCHREIBUNG UND OPTIMIERUNG VON UNSCHARF FORMULIERTEN PROBLEMEN. ZEITSCHRIFT FÜR OPERATIONS RESEARCH 21, 1-18

ROMMELFANGER H. (1983) LINEARE ERSATZMODELLE FÜR LINEARE FUZZY-OPTIMIERUNGSMODELLE MIT KONKAVEN ZUGEHÖRIGKEITSFUNKTIONEN. DISKUSSIONSPAPIER DES INSTITUTS FÜR STATISTIK UND MATHEMATIK, UNIVERSITÄT FRANKFURT AM MAIN

ROMMELFANGER H. (1984A) ENTSCHEIDUNGSMODELLE MIT FUZZY NUTZEN. OPERATIONS RESEARCH PROCEDINGS 1983, 559-567

ROMMELFANGER H. (1984B) CONCAVE MEMBERSHIP FUNCTIONS AND THEIR APPLICATION IN FUZZY MATHEMATICAL PROGRAMMING. PROCEEDINGS OF THE WORKSHOP ON THE MEMBERSHIP FUNCTION, ED. BY THE EUROPEAN INSTITUTE FOR ADVANCED STUDIES IN MANAGEMENT (EIASM), 88-101

ROMMELFANGER H. (1985) ZUR LÖSUNG LINEARER VEKTOROPTIMIERUNGSSYSTEME MIT HILFE DER FUZZY SET - THEORY. OPERATION RESEARCH PROCEEDINGS 1984, 431-438

ROMMELFANGER H. (1986A) RANGORDNUNGSVERFAHREN FÜR UNSCHARFE MENGEN. OR-SPEKTRUM 8, 219-228

ROMMELFANGER H. (1986B) FUZZY ENTSCHEIDUNGSMODELLE. DISKUSSIONSPAPIER DES INSTITUTS FÜR STATISTIK UND MATHEMATIK, UNIVERSITÄT FRANKFURT AM MAIN

ROMMELFANGER H. (1987) INTERACTIVE DECISION MAKING IN FUZZY LINEAR OPTIMIZATION PROBLEMS. REPRINT OF SECOND IFSA CONGRESS IN TOKYO 1987, VOL. 2, 707-709

ROMMELFANGER H. (1988) ENTSCHEIDEN BEI UNSCHÄRFE - FUZZY DECISION SUPPORT-SYSTEME. SPRINGER VERLAG, BERLIN HEIDELBERG

ROMMELFANGER H. (1989A) LINEARE FUZZY-OPTIMIERUNGSMODELLE. OPERATIONS RESEARCH PROCEEDINGS 1988, 386-373

ROMMELFANGER H. (1989B) INEQUALITY RELATIONS IN FUZZY CONSTRAINTS AND ITS USE IN LINEAR FUZZY OPTIMIZATION.[VERDEGAY; DELGADO 1989], 195-211

ROMMELFANGER H. (1990A) FULPAL EIN INTERAKTIVES VERFAHREN ZUR LÖSUNG LINEARER (MEHRZIEL-) OPTIMIERUNGSPROBLEME MIT VAGEN DATEN. OPERATIONS RESEARCH PROCEEDINGS 1989, 530-537

ROMMELFANGER H. (1990B) FULPAL - AN INTERACTIVE METHOD FOR SOLVING (MULTICRITERIA) FUZZY LINEAR PROGRAMMING PROBLEMS. [SLOWINSKI; TEGHEM 1990], 279-299

ROMMELFANGER H. (1991A) FULP - A PC-SUPPORTED PROCEDURE FOR SOLVING MULTICRITERIA LINEAR PROGRAMMING PROBLEMS WITH FUZZY DATA. [FEDRIZZI; KACPRZYK; RUBENS 1991], 154-167

ROMMELFANGER H. (1991B) STOCHASTIC PROGRAMMING WITH VAGUE DATA. ANNALES UNIVERSITATIS SCIENTIARUM BUDAPESTINENSIS DE ROLANDO EÖTVÖS NOMINATAE SECTIO COMPUTATORICA 12, 213-221

ROMMELFANGER H. (1991C) FUZZY CONTROL UND FUZZY-LOGIC-BASIERTE EXPERTEN-SYSTEME. FRANKFURTER VOLKSWIRTSCHAFTLICHE DISKUSSIONSBEITRÄGE,WORKING PAPER NO. 19, FB WIRTSCHAFTSWISSENSCHAFTEN, J.W. GOETHE-UNIVERSITÄT FRANKFURT AM MAIN

ROMMELFANGER H. (1992A) BESCHREIBUNG VAGER GRÖßEN MIT FUZZY-SETS. [VIERTL 1992], 160-171

ROMMELFANGER H. (1992B) FUZZY MATHEMATICAL PROGRAMMING - MODELLING OF VAGUE DATA BY FUZZY SETS AND SOLUTION PROCEDURES. [BANDEMER 1992], 142-153

ROMMELFANGER H. (1993A) FUZZY-LOGIK-BASIERTE VERARBEITUNG VON EXPERTENREGELN BEI DER BEURTEILUNG DER VERMÖGENSLAGE VON UNTERNEHMEN AUF DER GRUNDLAGE VON JAHRESABSCHLUSSINFORMATIONEN. [GABRIEL; JAEGER 1993], 27-50

ROMMELFANGER H. (1993B) FUZZY-LOGIK BASIERTE VERARBEITUNG VON EXPERTENREGELN. OR-SPEKTRUM 15, 31-42

ROMMELFANGER H. (1993C) FUZZY LOGIC-BASED PROCESSING OF EXPERT RULES USED IN CHECKING THE CREDITABILITY OF SMALL BUSINESS FIRMS. [KLEMENT; SLANY 1993], 103-113

ROMMELFANGER H.; BAGUS T.; HIMMELSBACH E. (1990) MERKMALE DER PERSÖNLICHEN KREDITWÜRDIGKEIT BEI KREDITANTRÄGEN MITTELSTÄNDISCHER UNTERNEHMEN. BANK-ARCHIV 38, 786-797

ROMMELFANGER H.; HANUSCHECK R. (1984) OPTIMALKOMPLEXION UND FUZZY SETS. DISKUSSIONSPAPIER DES INSTITUTS FÜR STATISTIK UND MATHEMATIK DER UNIVERSITÄT FRANKFURT AM MAIN

ROMMELFANGER H.; HANUSCHECK R. (1985) LINEAR PROGRAMMING WITH FUZZY OBJECTIVE FUNCTIONS. FIRST IFSA CONGRESS ABSTRACTS IN PALMA DE MALLORCA 1985, VOL. I

ROMMELFANGER H.; HANUSCHEK R.; WOLF J. (1989) LINEAR PROGRAMMING WITH FUZZY OBJECTIVES. FUZZY SETS AND SYSTEMS 29, 31-48

ROMMELFANGER H.; KERESZTFALVI T. (1991) MULTICRITERIA FUZZY OPTIMIZATION BASED ON YAGER'S PARAMETERIZED T-NORM. FOUNDATIONS OF COMPUTING AND DECISIONS SCIENCES 16, 99-110

ROMMELFANGER H.; KERESZTFALVI T. (1993) FUZZY OPTIMIERUNGSMODELLE AUF DER BASIS DER YAGERSCHEN T-NORM Tp. DFG-FORSCHUNGSBERICHT. J.W. GOETHE-UNIVERSITÄT FRANKFURT AM MAIN, 59 SEITEN

ROMMELFANGER H.; SCHÜPKE M. (1993) NETZPLANTECHNIK MIT FUZZY-DATEN. OPERATIONS RESEARCH PROCEEDINGS 1992, 298-305

ROMMELFANGER H.; UNTERHARNSCHEID D. (1987) ZUR KOMPENSATION DIVERGIERENDER KENNZAHLENAUSPRÄGUNGEN BEI DER KREDITWÜRDIGKEITSPRÜFUNG MITTELSTÄNDISCHER UNTERNEHMEN. OPERATIONS RESEARCH PROCEEDINGS 1986, 361-369

ROMMELFANGER H.; UNTERHARNSCHEIDT D. (1986) ENTWICKLUNG EINER HIERARCHIE GEWICHTETER BONITÄTSKRITERIEN FÜR MITTELSTÄNDISCHE UNTERNEHMEN. ÖSTERREICHISCHES BANK-ARCHIV 33, 419-437

ROMMELFANGER H.; UNTERHARNSCHEIDT D. (1988) MODELLE ZUR AGGREGATION VON BONITÄTSKRITERIEN. ZEITSCHRIFT FÜR BETRIEBSWIRTSCHAFTLICHE FORSCHUNG 40, 471-503

ROMMELFANGER H.; WOLF J. (1987) LINEARE STOCHASTISCHE OPTIMIERUNG MIT VAGEN DATEN. DISCUSSION PAPER. FACHBEREICH WIRTSCHAFTSWISSENSCHAFTEN. JOHANN WOLFGANG GOETHE - UNIVERSITÄT. FRANKFURT AM MAIN

ROUBENS M.; TEGHEM J. (1988) COMPARISON OF METHODOLOGIES FOR MULTICRITERIA FEASIBILITY CONSTRAINT FUZZY AND MULTIOBJECTIVE STOCHASTIC LINEAR PROGRAMMING. [KACPRZYK; FEDRIZZI 1988], 240-265

ROUBENS M.; VINCKE P. (1985) PREFERENCE MODELLING. SPRINGER-VERLAG, BERLIN HEIDELBERG

SAATY T.L. (1978) EXPLORING IN THE INTERFACE BETWEEN HIERARCHIES, MULTIPLE OBJECTIVES AND FUZZY SETS. FSS 1, 57-68

SAKAWA M. (1983) INTERACTIVE COMPUTER PROGRAMS FOR FUZZY LINEAR PROGRAMMING WITH MULTIPLE OBJECTIVES. INT. J. MAN-MACHINE STUDIES 18, 489-503

SAKAWA M.; YANO H. (1985) INTERACTIVE DECISION MAKING FOR MULTIOBJECTIVE LINEAR FRACTIONAL PROGRAMMING PROBLEMS WITH FUZZY PARAMETERS. CYBERNETICS AND SYSTEMS 16, 377-394

SAKAWA M.; YANO H. (1986) INTERACTIVE DECISION MAKING FOR MULTIOBJECTIVE LINEAR PROGRAMMING PROBLEMS WITH FUZZY PARAMETERS. [FANDEL; GRAUER; KURZHANSKI; WIERZBICKI 1986], 88-96

SAKAWA M.; YANO H. (1987) INTERACTIVE FUZZY DECISION MAKING FOR GENERALIZED MULTIOBJECTIVE LINEAR PROGRAMMING PROBLEMS WITH FUZZY PARAMETER. REPRINT OF SECOND IFSA CONGRESS IN TOKYO 1987, VOL. 1, 191-194

SAKAWA M.; YANO H. (1989) INTERACTIVE FUZZY DECISION MAKING FOR GENERALIZED MULTIOBJECTIVE LINEAR PROGRAMMING PROBLEMS WITH FUZZY PARAMETERS. FSS 35, 125-142

SAKAWA M.; YANO H. (1990A) INTERACTIVE DECISION MAKING FOR MULTIOBJECTIVE PROGRAMMING PRIOBLEMS WITH FUZZY PARAMETERS. [SLOWINSKI; TEGHEM 1990], 191-228

SAKAWA M.; YANO H. (1990B) AN INTERACTIVE FUZZY SATISFICING METHOD FOR GENERALIZED MULTIOBJECTIVE LINEAR PROGRAMMING PROBLEMS WITH FUZZY PARAMETERS. FSS 29, 315-326

SAKAWA M.; YANO H. (1991) FEASIBILITY AND PARETO OPTIMALITY FOR MULTIOBJECTIVE PROGRAMMING PRIOBLEMS WITH FUZZY PARAMETERS. FSS 43, 1-16

SCHEFFELS R. (1991) ERSTELLUNG UND QUANTIFIZIERUNG EINER HIERARCHIE ZUR BEURTEILUNG DER VERMÖGENS-, FINANZ- UND ERTRAGSLAGE AUF DER GRUNDLAGE VON JAHRESABSCHLUSSINFORMATIONEN, DIPLOMARBEIT AN DER UNIVERSITÄT FRANKFURT AM MAIN, FB WIRTSCHAFTSWISSENSCHAFTEN

SCHNEEWEISS C. (1983) ELEMENTE EINER THEORIE ZUR BILDUNG BETRIEBSWIRTSCHAFTLICHER ENTSCHEIDUNGSMODELLE. DISKUSSIONSPAPIER NR. 7 DES LEHRSTUHLS FÜR ALLGEMEINE BETRIEBSWIRTSCHAFTSLEHRE UND UNTERNEHMENSFORSCHUNG DER UNIVERSITÄT MANNHEIM. MANNHEIM

SCHNEEWEISS C. (1985) HYPOTHESEN- UND ENTSCHEIDUNGSVALIDIERUNG IM PROZESS DER MODELLBILDUNG. OPERATIONS RESEARCH PROCEEDINGS 1984, 403-410

SCHNEEWEISS C. (1987) ON A FORMALISATION OF THE PROCESS OF QUANTITATIVE MODEL BUILDING. EUROPEAN JOURNAL OF OPERATIONAL RESEARCH 29, 24-41

SCHNEEWEISS H. (1966) DAS GRUNDMODELL DER ENTSCHEIDUNGSTHEORIE. STATISTISCHE HEFTE 7, 125-137

SCHNEIDER M.; KANDEL A. (1988) COOPERATIVE FUZZY EXPERT SYSTEMS - THEIR DESIGN AND APPLICATIONS IN INTELLIGENT RECOGNITION. VERLAG TÜV RHEINLAND, KÖLN

SCHUPP P.; NGUYEN HUU C.T. (1987) EXPERTENSYSTEMPRAKTIKUM. BERLIN HEIDELBERG

SCHWAB K.-D. (1983) EIN AUF DEM KONZEPT DER UNSCHARFEN MENGEN BASIERENDEN ENTSCHEIDUNGSMODELL BEI MEHRFACHENER ZIELSETZUNG. FRANKFURT BERN NEW YORK

SHAFER G. (1976) A MATHEMATICAL THEORY OF EVIDENCE. NEW JERSEY

SHANNON C.E.; WEAVER W. (1963) THE MATHEMATICAL THEORY OF COMMUNICATION. URBANO (ILL.)

SIMON H.A. (1955) A BEHAVIORAL MODEL OF RATIONAL CHOICE. QUARTERLY JOURNAL OF ECONOMICS 69, 99-118

SINGER D. (1971) LINEARE PROGRAMMIERUNG MIT INTERVALLKOEFFIZIENTEN. DISS. MÜNCHEN

SLOWINSKI R. (1986) A MULTICRITERIA FUZZY LINEAR PROGRAMMING METHOD FOR WATER SUPPLY SYSTEM DEVELOPMENT PLANNING. FSS 19, 217-237

SLOWINSKI R. (1990) "FLIP" : AN INTERACTIVE METHOD FOR MULTIOBJECTIVE LINEAR PROGRAMMING WITH FUZZY COEFFICIENTS. [SLOWINSKI; TEGHEM 1990], 249-262

SLOWINSKI R.; TEGHEM J. (EDS.) (1990) STOCHASTIC VERSUS FUZZY APPROACHES TO MULTIOBJECTIVE MATHEMATICAL PROGRAMMING UNDER UNCERTAINTY. KLUWER ACADEMIC PUBLISHER, DORDRECHT

SMETS P. (1982) PROBABILITY OF A FUZZY EVENT: AN AXIOMATIC APPROACH. FSS 7, 153-164

SMITHSON M. (1987) FUZZY SET ANALYSIS FOR BEHAVIORAL AND SOCIAL SCIENCES. SPRINGER-VERLAG, BERLIN HEIDELBERG

SMITHSON M. (1989) IGNORANCE AND UNCERTAINTY. SPRINGER-VERLAG, BERLIN HEIDELBERG

SOMMER G. (1978) LINEARE ERSATZPROGRAMME FÜR UNSCHARFE ENTSCHEIDUNGSPROBLEME ZUR OPTIMIERUNG BEI UNSCHARFER PROBLEMBESCHREIBUNG. ZEITSCHRIFT FÜR OPERATIONS RESEARCH 22, B1-B24

SOMMER G. (1980) BAYES-ENTSCHEIDUNGEN BEI UNSCHARFER PROBLEMBESCHREIBUNG. FRANKFURT BERN CIRENCESTER/U.K.

SOYSTER A.L. (1973) CONVEX PROGRAMMING WITH SET-INCLUSIVE CONSTRAINTS AND APPLICATIONS TO INEXACT LINEAR PROGRAMMING. OPERATIONS RESEARCH 21, 1154-1157

SPENGLER T. (1992) FUZZY-ENTSCHEIDUNGSMODELLE FÜR DIE PLANUNG DER PERSONALBEREITSTELLUNG. OPERATIONS RESEARCH PROCEEDINGS 1991, 501-508

SPENGLER T. (1993) LINEARE ENTSCHEIDUNGSMODELLE ZUR ORGANISATIONS- UND PERSONALPLANUNG. PHYSICA-VERLAG, HEIDELBERG

SPIES M. (1993) UNSICHERES WISSEN - WAHRSCHEINLICHKEIT, FUZZY-LOGIK, NEURONALE NETZE UND MENSCHLICHES DENKEN. SPEKTRUM AKADEMISCHER VERLAG, HEIDELBERG

SUGENO M. (1974) THEORY OF FUZZY INTEGRAL AND ITS APPLICATIONS. PH. D. THESIS. TOKYO INST. OF TECHNOLOGY. TOKYO

SUGENO M. (ED.) (1985) INDUSTRIAL APPLICATIONS OF FUZZY CONTROL. NORTH-HOLLAND, AMSTERDAM

TANAKA H. (1987) FUZZY DATA ANALYSIS BY POSSIBILISTIC LINEAR MODELS. FSS 24, 363-376

TANAKA H.; ASAI K. (1980) FUZZY LINEAR PROGRAMMING BASED ON FUZZY FUNCTIONS. BULLETIN OF THE UNIVERSITY OF OSAKA PREFECTURE. SERIES A, 29, 113-125

TANAKA H.; ASAI K. (1981) FUZZY LINEAR PROGRAMMING BASED ON FUZZY FUNCTIONS. PROCEEDINGS IF THE 8TH TRIENNIAL WORLD CONGRESS OF IFAC CONTROL SCIENCE AND TECHNOLOGY, KYOTO, 785-790

TANAKA H.; ASAI K. (1984A) FUZZY LINEAR PROGRAMMING WITH FUZZY NUMBERS. FSS 13, 1-10

TANAKA H.; ASAI K. (1984B) FUZZY SOLUTION IN FUZZY LINEAR PROGRAMMING PROBLEMS. IEEE TRANSACTIONS ON SYSTEMS, MAN, AND CYBERNETICS, SMC-14, 325-328

TANAKA H.; ICHIHASHI H.; ASAI K. (1984) A FORMULATION OF LINEAR PROGRAMMING PROBLEMS BASED ON COMPARISON OF FUZZY NUMBERS. CONTROL AND CYBERNETICS 13, 185-194

TANAKA H.; ICHIHASHI H.; ASAI K. (1985) FUZZY DECISION IN LINEAR PROGRAMMING PROBLEMS WITH TRAPEZOID FUZZY PARAMETERS. [KACPRZYK; YAGER 1985], 146-154

TANAKA H.; ICHIHASHI K.; ASAI K. (1986) A VALUE OF INFORMATIONS IN FLP PROBLEMS VIA SENSITIVITY ANALYSIS. FSS 18, 119-129

TANAKA H.; OKUDA T.; ASAI K. (1976) A FORMULATION OF FUZZY DECISION PROBLEMS AND ITS APPLICATION TO AN INVESTMENT PROBLEM. KYBERNETES 5, 25-30

TANAKA K.(1993) REGELBASIERTE SYSTEME ZUR BEWERTUNG VON AKTIEN AUF DER GRUNDLAGE DER FUZZY-LOGIK. DIPLOMARBEIT AN DER UNIVERSITÄT FRANKFURT AM MAIN, FB WIRTSCHAFTSWISSENSCHAFTEN

TERANO T.; ASAI K.; SUGENO M. (1991) FUZZY SYSTEMS THEORY AND APPLICATIONS. ACADEMIC PRESS, BOSTON

THOLE U.; ZIMMERMANN H.J.; ZYSNO P. (1979) ON THE SUITABILITY OF MINIMUM AND PRODUCT OPERATORS FOR THE INTERSECTION OF FUZZY SETS. FSS 2, 167-180

TILLI T. (1993) FUZZY-LOGIK. FRANZI-VERLAG, MÜNCHEN

TIWARI R.N.; DHARMAR S.; RAO J.R. (1987) FUZZY GOAL PROGRAMMING - AN ADDITIVE MODEL. FSS 24, 27-34

VAJDA S. (1972) PROBABILISTIC PROGRAMMING. ACADEMIC PRESS, NEW YORK

VERDEGAY J. (1982) FUZZY MATHEMATICAL PROGRAMMING. [GUPTA; SANCHEZ 1982], 231-237

VERDEGAY J.L.; DELGADO M. (EDS.) (1989) THE INTERFACE BETWEEN ARTIFICIAL INTELLIGENCE AND OPERATIONS RESEARCH IN FUZZY ENVIRONMENT. VERLAG TÜV RHEINLAND, KÖLN

VERDEGAY J.L.; DELGADO M. (EDS.) (1990) APPROXIMATE REASONING TOOLS FOR ARTIFICIAL INTELLIGENCE. VERLAG TÜV RHEINLAND, KÖLN

VIERTL R. (ED.) (1992) BEITRÄGE ZUR UMWELTSTATISTIK. SCHRIFTENREIHE DER TECHNISCHEN UNIVERSITÄT WIEN, WIEN

WANG Z.; KLIR G.J. (1992) FUZZY MEASURE THEORY. PLEMUM PRESS, NEW YORK

WATSON S.R.; WEISS J.J.; DONELL M.L. (1979) FUZZY DECISION ANALYSIS. IEEE TRANSACTIONS ON SYSTEMS, MAN, AND CYBERNETICS 9, 1-9

WEBER R. (1982) ENTSCHEIDUNGSPROBLEME BEI UNSICHERHEIT UND MEHRFACHER ZIELSETZUNG. MEISENHEIM

WERNERS B. (1984) INTERAKTIVE ENTSCHEIDUNGSUNTERSTÜTZUNG DURCH EIN FLEXIBLES MATHEMATISCHES PROGRAMMIERUNGSSYSTEM. MÜNCHEN

WHALEN T. (1984) DECISION MAKING UNDER UNCERTAINTY WITH VARIOUS ASSUMPTIONS ABOUT AVAILABLE INFORMATION. IEEE TRANSACTIONS ON SYSTEMS, MAN, AND CYBERNETICS 14, 888-900

WIEDEY G.; ZIMMERMANN H.J. (1978) MEDIA SELECTION AND FUZZY LINEAR PROGRAMMING. JOURN. OPERATION RESEARCH SOCIETY 29, 1071-1084

WOLF J. (1983) LINEARE INVESTITIONSMODELLE - DIE FORMULIERUNG UND LÖSUNG REALITÄTSKONFORMER INVESTITIONSMODELLE DURCH VERWENDUNG UNSCHARFER MENGEN. DIPLOMARBEIT DES FACHBEREICHS WIRTSCHAFTSWISSENSCHAFTEN DER UNIVERSITÄT FRANKFURT/M

WOLF J. (1988) LINEARE FUZZY-MODELLE ZUR UNTERSTÜTZUNG DER INVESTITIONSENTSCHEIDUNG. FRANKFURT/M. BERN NEW YORK PARIS

WONG P.P.; CHANG S.K. (1980) FUZZY SETS. NEW YORK

YAGER R.R. (1978) FUZZY DECISION MAKING INCLUDING UNEQUAL OBJECTIVES. FSS 1, 87-95

YAGER R.R. (1979A) POSSIBILISTIC DECISION MAKING. IEEE TRANSACTIONS ON SYSTEMS, MAN, AND CYBERNETICS 9

YAGER R.R. (1979B) ON THE MEASURE OF FUZZINESS AND NEGATION. PART I: MEMBERSHIP IN THE UNIT INTERVAL. INT. J. GEN. SYST. 5, 221-229

YAGER R.R. (1980A) ON CHOOSING BETWEEN FUZZY SUBSETS. KYBERNETES 9, 151-154

YAGER R.R. (1980B) ON A GENERAL CLASS OF FUZZY CONNECTIVES. FSS 3, 235-242

YAGER R.R. (1981) A PROCEDURE FOR ORDERING FUZZY SUBSETS OF THE UNIT INTERVAL. INFORM. SCI 24, 143-161

YAGER R.R. (1982) FUZZY SETS AND POSSIBILITY THEORY. NEW YORK OXFORD TORONTO

YAGER R.R. (1986) EXPECTED VALUES FROM PROBABILITIES OF FUZZY SUBSETS. EUROPEAN JOURNAL OF OPERATIONAL RESEARCH 25, 336-344

YAGER R.R.; FILEV D. (1991) A GENERALIZED DEFUZZIFICATION METHOD VIA BAD DISTRIBUTION. INTERNATIONAL JOURNAL OF INTELLIGENT SYSTEMS 6, 678-697

YAGER R.R.; ZADEL L.A. (1992) AN INTRODUCTION TO FUZZY LOGIC APPLICATIONS IN INTELLIGENT SYSTEMS. KLUWER, BOSTON

YAMAKAWA T. (1989) STABILIZATION OF AN INVERTED PENDULUM BY A HIGH-SPEED FUZZY LOGIC CONTROLLER HARDWARE SYSTEM. FFS 32, 161-180

YAZENIN A.V. (1987) FUZZY AND STOCHASTIC PROGRAMMING. FSS 22, 171-180

ZADEH L.A. (1965) FUZZY SETS. INFORMATION AND CONTROL 8, 338-353

ZADEH L.A. (1968) PROBABILITY MEASURES OF FUZZY EVENTS. JOURN. MATH. ANAL. AND APPL. 23, 421-427

ZADEH L.A. (1972) A FUZZY SET THEORETIC INTERPRETATION OF LINGUISTIC HENGES. J. CYBERN. 2, 4-34

ZADEH L.A. (1975) THE CONCEPT OF A LINGUISTIC VARIABLE AND ITS APPLICATION TO APPROXIMATE REASONING. INF. SCI. 8, 199-249; 8, 301-357; 9, 43-80

ZADEH L.A. (1978) FUZZY SETS AS A BASIS FOR A THEORY OF POSSIBILITY. FSS 1, 3-28

ZADEH L.A.; FU K.S.; TANAKA K.; SHIMURA M. (EDS.) (1975) FUZZY SETS AND THEIR APPLICATIONS TO COGNITIVE AND DECISION PROCESSES. NEW YORK

ZADEH L.A.; KACPRZYK J. (EDS.) (1992) FUZZY LOGIC FOR THE MANAGEMENT OF UNCERTAINTY. JOHN WILEY AND SONS, NEW YORK

ZELENY M. (1984) ON THE (IR)RELEVANCY OF FUZZY SETS THEORIES. HUMAN SYSTEMS MANAGEMENT 4, 301-306

ZENTES J. (1976) DIE OPTIMALKOMPLEXION VON ENTSCHEIDUNGSMODELLEN. KÖLN BERLIN BONN MÜNCHEN

ZIMMERMANN H.J. (1975) OPTIMALE ENTSCHEIDUNGEN BEI UNSCHARFEN PROBLEMBESCHREIBUNGEN. ZEITSCHRIFT FÜR BETRIEBSWIRTSCHAFTLICHE FORSCHUNG 27, 785-795

ZIMMERMANN H.J. (1976) OPTIMALE ENTSCHEIDUNGEN BIE MEHREREN ZIELKRITERIEN. ZEITSCHRIFT FÜR ORGANISATION 8, 455-460

ZIMMERMANN H.J. (1978A) RESULTS OF EMPIRICAL STUDIES IN FUZZY SET THEORY. APPLIED GENERAL SYSTEMS RESEARCH. PLENUM PUBLISHING COOPERATION, 303-312

ZIMMERMANN H.J. (1978B) FUZZY PROGRAMMING AND LINEAR PROGRAMMING WITH SEVERAL OBJECTIVE FUNCTIONS. FSS 1, 45-55

ZIMMERMANN H.J. (1979) EMPIRISCHE UNTERSUCHUNGEN UNSCHARFER ENTSCHEIDUNGEN. DFG-ARBEITSBERICHT NR. ZI 104/7. RWTH AACHEN

ZIMMERMANN H.J. (1983) USING FUZZY SETS IN OPERATIONAL RESEARCH. EUROPEAN JOURNAL OF OPERATIONAL RESEARCH 13, 201-216

ZIMMERMANN H.J. (1985A) FUZZY SET THEORY AND ITS APPLICATIONS. BOSTON DORDRECHT LANCASTER

ZIMMERMANN H.J. (1985B) APPLICATIONS OF FUZZY SET THEORY TO MATHEMATICAL PROGRAMMING. INFORMATION SCIENCES 36, 29-58

ZIMMERMANN H.J. (1986) MULTI CRITERIA DECISION MAKING IN CRISP AND FUZZY ENVIRONMENTS [JONES; KAUFMANN; ZIMMERMANN 1986], 233-256

ZIMMERMANN H.J. (1987A) METHODEN UND MODELLE DES OPERATIONS RESEARCH. BRAUNSCHWEIG WIESBADEN

ZIMMERMANN H.J. (1987B) FUZZY SETS, DECISION-MAKING AND EXPERT SYSTEMS. DORDRECHT

ZIMMERMANN H.J. (ED.) (1993) FUZZY TECHNOLOGIEN - PRINZIPIEN, WERKZEUGE, POTENTIALE. VDI-VERLAG, DÜSSELDORF

ZIMMERMANN H.J.; GUTSCHE L. (1991) MULTI-CRITERIA-ANALYSE. SPRINGER-VERLAG, BERLIN HEIDELBERG

ZIMMERMANN H.J.; ZADEH L.A.; GAINES B.R. (1984) FUZZY SETS AND DECISION ANALYSIS. AMSTERDAM NEW YORK OXFORD

ZIMMERMANN H.J.; ZYSNO P. (1980) LATENT CONNECTIVES IN HUMAN DECISION MAKING. FSS 4, 37-51

ZIMMERMANN H.J.; ZYSNO P. (1982) ZUGEHÖRIGKEITSFUNKTION: MODELLIERUNG, EMPIRISCHE BESTIMMUNG UND VERWENDUNG IN ENTSCHEIDUNGSMODELLEN. ARBEITSBERICHT 1. TEIL DES DFG-PROJEKTES ZI 104/15-1

ZIMMERMANN HJ, ZYSNO P (1983) DECISIONS AND EVALUATIONS BY HIERARCHICAL AGGREGATION OF INFORMATION. FUZZY SETS AND SYSTEMS 10: 243-266

ABKÜRZUNGEN

FSS FUZZY SETS AND SYSTEMS

SACHREGISTER